U0831244

新一代

智能变电站二次系统技术问答

国家电网有限公司国家电力调度控制中心
国网浙江电力调度控制中心
编

中国电力出版社
CHINA ELECTRIC POWER PRESS

内 容 提 要

本书针对新一代变电站二次系统的技术特点，通过问答方式深入浅出地阐述了变电站的系统架构、装置原理，以及安装调试、工程验收、运维检修的具体要求。

本书包括名词解释、DL/T 860 通信报文、变电站二次系统数据及系统配置、变电站二次系统网络通信、采集执行单元、继电保护及安全自动装置、多功能测控装置、智能故障录波装置、结算及集中计量装置、辅助设备、主辅一体化监控主机、综合应用主机、变电站在线智能巡视主机、数据通信网关机、站控系统应用、SCD 配置及在线运维管控、自动对点、电气防误操作、二次设备安全防护、测试要求及方法等二十章内容。

本书内容全面、通俗易懂，可作为变电站二次专业相关从业人员日常学习和培训用书，也可供电力专业大专院校、电力培训机构学员阅读学习。

图书在版编目（CIP）数据

新一代智能变电站二次系统技术问答 / 国家电网有限公司国家电力调度控制中心，国网浙江电力调度控制中心编. —北京：中国电力出版社，2023.1（2025. 7 重印）

ISBN 978-7-5198-7253-3

Ⅰ. ①新…　Ⅱ. ①国…　②国…　Ⅲ. ①智能系统–变电所–二次系统–问题解答　Ⅳ. ①TM63-44

中国版本图书馆 CIP 数据核字（2022）第 220546 号

出版发行：中国电力出版社
地　　址：北京市东城区北京站西街 19 号（邮政编码 100005）
网　　址：http://www.cepp.sgcc.com.cn
责任编辑：刘　薇
责任校对：黄　蓓　郝军燕　李　楠
装帧设计：张俊霞
责任印制：石　雷

印　　刷：北京天泽润科贸有限公司
版　　次：2023 年 1 月第一版
印　　次：2025 年 7 月北京第二次印刷
开　　本：787 毫米×1092 毫米　16 开本
印　　张：33
字　　数：696 千字
印　　数：2001—2500 册
定　　价：146.00 元

序

为适应“变电站+集控站”生产体系变革，2019 年起国家电网有限公司在继承和发展现有变电站建设成果的基础上，开展新一代变电站二次系统研究与开发，完成系统设计、标准制定、设备研制、考核验证、装置测试等工作，稳步进入工程试点建设阶段。新一代变电站二次系统建设方案是对变电站二次系统的一次重构，是二次系统核心技术的突破，极大地提升了变电站安全运行水平和运检工作效率。

“设备实现即插即用、多维信息智能应用”是新一代变电站二次系统的重要特征，也是实现“业务自主”的物理基础。促进全业务核心班组建设和二次专业融合，切实履行设备主人职责，自主承担二次核心业务，推动班组由“作业执行单元”向“价值创造单元”转变，实现班组核心业务“自己干”“干得精”，常规业务和其他业务“干得了”“管得住”。

本书针对新一代变电站二次系统的技术特点，通过问答方式深入浅出地阐述了变电站的系统架构、装置原理，以及安装调试、工程验收、运维检修的具体要求。本书内容全面，通俗易懂，既有理论性又有实践性，对建设好、维护好新一代变电站具有很强的指导意义。

希望本书的出版有助于专业管理人员提升新一代变电站全寿命周期的管理水平，有助于一线班组快速掌握新一代变电站生产准备和运维检修的技术要点，为保障新型电力系统的安全稳定运行做出应有的贡献。

前言

变电站是电力系统能量传输的枢纽，其二次系统对保障变电站安全稳定运行意义重大。变电站二次系统由保护设备、自动化设备、站控层设备和软件、计量装置、电能质量设备、通信设备、安全设备、辅助设备等设备和系统构成，担负着保护、控制、测量、监视的任务，实现设备运行数据、告警信息、监视数据等数据信息实时采集与上送，为远方主站提供运行及数据支撑，对保障电力系统安全稳定运行至关重要。

变电站历经常规变电站、数字化变电站、智能变电站等多个发展阶段，其二次系统在硬件升级、统一规约、系统升级、运维检修、监控模式等各个方面均取得了重大突破。但是，现有的智能变电站二次系统在运行中仍存在多方面的问题，如功能保障存在盲区、技术配置有待优化、安全防护有待加强等。这些问题的存在使得现有变电站二次系统难以满足设备精益管理、数据远方监测及网络安全防护的要求，因而支撑电力系统安全稳定运行的可靠性大大降低。

为适应公司新的生产体系变革要求，充分发挥变电站二次系统对电力系统防护、设备精益管理、变电站无人值守的支撑作用，国家电网有限公司从2019年底开始组织开展了对新一代变电站二次系统的系列研究工作，并在二次系统顶层设计、配置优化、技术研究、论证分析、试点推广等方面均取得极大成效。通过聚焦变电站二次系统建设发展的实际需求，以设备研制、功能整合、回路精简、有效替代、统一规约等方式为重要抓手，从系统功能优化、运行全面监控、安全防护有效等多个维度重构新一代变电站二次系统架构体系，实现二次系统整体性能的跨代升级和运行可靠性的显著提升。

本书紧密围绕新一代变电站二次系统的技术要求，兼具继电保护先进技术和发展趋势的前沿视野，结合新一代变电站二次系统试点应用中的运行经验和实际问题，精选出一批极具典型性、代表性的问题，从基本概念出发，结合实例由浅入深、层层递进，充分满足不同层次读者的阅读需求。同时，本书在详细描述新一代变电站二次系统的技术特点之外，特别重视二次从业人员的实际岗位需求，在一定程度上缓解了智能变电站技术快速发展更迭与基层工作者技能短板之间的矛盾，对助力打造一支适应新型电力系统发展的二次专业人才队伍具有较强的指导意义。

本书共分为二十章，以问答的形式对新一代变电站二次系统的基本概念、网络通信、系统配置、装置特性、高级应用和测试方法进行了总结汇编，同时精炼文字表达、巧用图表设计，提高了图书的可读性和吸引力。

本书编写过程中得到了国家电力调度控制中心、国网浙江省电力有限公司相关领导的关心支持，国网浙江省电力有限公司各地市供电公司、中国电力科学研究院、国网经济技术研究院、国网技术学院、国电南京自动化股份有限公司、许继电气有限公司、北京四方继保自动化股份有限公司、长园深瑞继保自动化有限公司、武汉凯默电气有限公司、华北电力大学等单位对本书的编写提供了较大的帮助，南京南瑞继保电气有限公司龚啸、方佳维，国电南京自动化股份有限公司左建勋、王哲等多位具有深厚理论基础和丰富现场经验的专业技术人员参与了本书的审定工作，在此致以衷心的感谢！

由于编者水平有限，书中难免有疏漏和不足之处，恳请读者批评指正。

编　者

2022年8月

目 录

第一章

名 词 解 释

1. APPID（Application Identification）

答：应用标识，用以选择含有通用变电站事件（Generic Substation Event，GSE）管理和通用面向对象变电站事件（Generic Object Oriented Substation Event，GOOSE）报文信息的 ISO/IEC 8802－3 帧，以及区分应用关联。

2. CCD（Configured Circuit Description）

答：智能电子设备（Intelligent Electronic Device，IED）二次回路实例配置文件，用于描述 IED 的 GOOSE、SV（Sampled Value，采集值）发布/订阅信息的配置文件，包括发布/订阅的控制块配置、内部变量映射、物理端口描述和虚端子连接关系等信息，装置的发布/订阅信息以 CCD 文件为准。该文件从全站系统配置文件（Substation Configuration Description，SCD）导出后下装到 IED 中运行。

3. CID（Configured IED Description）

答：IED 实例配置文件，由装置厂商根据 SCD 文件中本 IED 相关配置生成，描述 IED 的实例配置和通信参数。

4. CIM（Common Information Model）

答：公共信息模型，描述电力企业的所有主要对象，特别是与电力运行有关的对象。

5. COA（Change of Analog）

答：遥测变化。

6. COS（Change of Status）

答：遥信变位。

7. CRC（Cyclic Redundancy Check）

答：循环冗余校验，是常用于数字网络和存储设备的错误检测码，以检测原始数据的意外改变。根据原始数据的多项式除法的余数，进入系统的数据块帧会附加一个简短的检查值。接收设备和发送设备执行类似算法，在检索时重复计算，在校验值不匹配的情况下可以针对数据损坏采取纠正措施。

8. CSD（Configured Switch Description）

答：交换机配置描述文件，由交换机配置运维工具导入全站 SCD 文件和网络拓扑图而生成，包含交换机端口连接配置、端口 VLAN 配置等信息。

9. CSWI（Switch Controller）

答：开关控制逻辑节点，包括开关状态、开关控点等数据。

10. DA（Data Attribute）

答：数据属性，定义数据的名称（语义）、格式、可能数值的范围，传输时表示该数值。

11. 带值选择（Select With Value）

答：抽象通信服务接口（Abstract Communication Service Interface，ACSI）控制服务，用于进行带值选择操作。

12. DL/T 860 通信报文规范

答：DL/T 860《变电站通信网络和系统》系列标准为基于通用网络通信平台的变电站自动化系统唯一国际标准，制定了满足实时信息和其他信息传输要求的服务模型，采用了抽象通信服务接口、特定通信服务映射、对象建模等技术以适应网络技术迅猛发展的要求和应用开放互操作性要求，包括变电站通信网络和系统总体要求、系统和项目管理、一致性测试等系列标准。

13. DL/T 476

答：DL/T 476—2012《电力系统实时数据通信应用层协议》定义了电力系统实时数据通信应用层协议，描述了数据格式、控制序列及服务原语，适用于电力系统调度（控制）中心之间以及调度（控制）中心与厂站之间的实时数据通信。

14. DL/T 634.5104

答：DL/T 634.5104—2009《远动设备及系统　第 5－104 部分：传输规约　采用标准

传输协议集的 IEC60870－5－101 网络访问》。该标准适用于具有串行比特编码数据传输的远动设备和系统，用于对地理广域过程的监视和控制，使兼容的远动设备之间达到互操作。

15. DO（Data Object）

答：数据对象，一个逻辑节点对象部分，代表特定信息，如状态或测量量。数据对象是由数据属性构成的公用数据类的命名实例。

16. GB/T 26865.2

答：GB/T 26865.2—2011《电力系统实时动态监测系统　第 2 部分：数据传输协议》规定了电力系统实时动态监测系统的数据传输协议，包括实时数据传输协议及离线数据传输协议。适用于实时动态监测系统主站与主站之间，以及主站与子站之间实时数据的传输及历史文件的传输。

17. GB/T 33602

答：GB/T 33602—2017《电力系统通用服务协议》规定了电力系统通用服务的体系结构、交互方式、服务原语及通信协议，适用于各级电网调度控制中心，各类发电厂、变电站内部及相互间的预定义和自定义的服务数据交互，适用于各类监控系统及设备的设计、开发、建设、运行、维护各个环节。

18. GOOSE（Generic Object Oriented Substation Event）

答：GOOSE 是一种面向通用对象的变电站事件。主要用于实现在多 IED 之间的信息传递，包括传输跳合闸信号（命令），具有高传输成功概率。

19. REST（Representational State Transfer）

答：表现层状态传输，是一种软件架构风格，REST 为 Web 服务的架构定义了一组约束条件，强调组件间交互的可扩展性和统一接口，组件独立部署并创建分层架构方便缓存，以此减少用户延迟感知和加强安全性，便于不同软件/程序在网络中互相传递信息。

20. ICD（IED Capability Description）

答：IED 能力描述文件，描述 IED 提供的基本数据模型及服务，但不包含 IED 实例名称和通信参数。

21. IEC 102

答：《远动设备及系统　第 5 部分：传输规约　第 102 篇：电力系统电能累计量传输配套标准》（DL/T 719—2000 idt IEC 60870－5－102：1996）（简称 IEC 102），是基于 IEC 60870－5 系列标准基础上的电力系统电能累计量传输配套标准，它规定了电能累计量的传输规约，适用于电量计费系统。

22. IEC 104

答：《远动设备及系统　第5－104部分：传输规约　采用标准传输协议集的IEC 60870－5－101网络访问》（DL/T 634.5104—2009 idt IEC 60870－5－104：2006）（简称IEC 104），IEC 104是一个广泛应用于电力、城市轨道交通等行业的国际标准。IEC 104把IEC 101的应用服务数据单元（Application Service Data Unit，ASDU）用网络规约TCP/IP进行传输，为远动信息的网络传输提供了通信规约依据。

23. IED（Intelligent Electronic Device）

答：智能电子设备。IEC 61850标准对IED定义如下：由一个或多个处理器组成，具有从外部源接收和传送数据或控制外部源的任何设备，如电子多功能仪表、微机保护、控制器等，在特定的环境下在接口所限定范围内能够执行一个或多个逻辑接点任务的实体。

24. IPCD（Individual Physical Capability Description）

答：单装置物理能力描述文件，采用XML文件格式，描述单台装置的板卡、端口等物理能力的配置文件。

25. IRIG－B码

答：IRIG－B码是时间系统中的一种常用串行传输方式，较并行传输方式具有物理联系简单、传输距离远、接口标准化、国际通用的特点。

26. LD（Logical Device）

答：逻辑设备。逻辑设备是指一种在逻辑意义上存在的设备，在未加以定义前，它不代表任何硬件设备和实际设备。逻辑设备是系统提供的，它也可以是为提高设备利用率，采用某种I/O技术独立于物理设备而进行输入输出操作的一种“虚拟设备”。在智能变电站中代表一组典型变电站功能的实体。

27. LN（Logical Nodes）

答：逻辑节点，一个交换数据功能的最小部分。逻辑节点是由其数据和方法定义的对象。

28. MAC（Media Access Control）

答：介质访问控制，当局域网中共用信道的使用产生竞争时，对信道的使用权进行分配。它定义了数据帧怎样在介质上进行传输。在共享同一个带宽的链路中，对连接介质的访问是“先来先服务”。物理寻址和逻辑拓扑（信号通过物理拓扑的路径）在此处被定义。线路控制、出错通知（不纠正）、帧的传递顺序和可选择的流量控制也在这一子层实现。

29. PQDIF

答： PQDIF 是电能质量数据转换的标准格式，在电能质量监测中应用广泛。Q/GDW 10650.3—2021《电能质量监测技术规范　第 3 部分：监测终端与主站间通信协议》给出了电能质量监测终端和主站之间的通信协议总体框架、服务和逻辑节点等要求，适用于电能质量监测终端和主站之间的数据传输。

30. RCD（Remote Configuration Description）

答： 远动配置描述文件。RCD 至少包括基本信息、版本信息、合并信号信息及遥测、遥信、遥控、遥调转发信息等内容。

31. SCD（Substation Configuration Description）

答： 全站系统配置文件，应全站唯一，描述所有 IED 的实例配置和通信参数、IED 之间的通信配置及变电站一次系统结构，由系统集成厂商完成。SCD 应包含版本修改信息，明确描述修改时间、修改版本号等内容。

32. SCL（Substation Configuration Description Language）

答： 变电站配置描述语言，SCL 是 IEC 61850 采用的变电站专用描述语言，基于 XML1.0。它采用可扩展的标记语言清楚地描述变电站 IED 设备、变电站系统和变电站网络通信拓扑结构的配置。完整的 SCL 表示及其详细信息在 IEC 61850－6《变电站自动化系统结构语言》标准文档中指定。它包括变电站设备实体的数据表示，其相关功能表示为逻辑节点、通信系统和功能。

33. SCSM（Specific Communication Service Mapping）

答： 特定通信服务映射，具体 ACSI 和对象映射到特定协议栈/通信协议集的标准化过程。SCSM 应将抽象服务的实例化详细描述为协议特定的单个服务或服务序列，以实现 ACSI 中指定的服务。

34. SNMP（Simple Network Management Protocol）

答： 简单网络管理协议，是专门设计用于在 IP 网络管理网络节点（服务器、工作站、路由器、交换机及 HUBS 等）的一种标准协议，它是一种应用层协议。NMP 使网络管理员能够管理网络效能，发现并解决网络问题，以及规划网络增长。通过 SNMP 接收随机消息（及事件报告）使网络管理系统获知网络出现问题。

35. SNTP（Simple Network Time Protocol）

答：简单网络时间协议，由网络时间协议（NTP）改编而来，主要用来同步互联网中的计算机时钟。

36. SOE（Sequence Of Event）

答：事件顺序记录，当电力设备发生遥信变位，如开关变位时，电力保护设备或智能电力仪表会自动记录变位时间、变位原因、开关跳闸时相应的遥测量值（如相应的三相电流、有功功率等），形成SOE记录，以便于事后分析。

37. SPCD（Substation Physical Configuration Description）

答：变电站物理配置描述文件，采用XML文件格式，描述全站物理回路的配置文件。

38. SSD（System Specification Description）

答：系统规格文件，描述变电站一次系统结构及相关联的逻辑节点，最终包含在SCD文件中。

39. SV（Sampled Value）

答：采样值数字化传输信息，基于发布/订阅机制，是过程层与间隔层设备之间通信的重要组成部分，通过GB/T 20840《互感器》系列标准、IEC 61850－9－2《电力自动化通信网络和系统　第9－2部分：特定通信服务映射（SCSM）－基于ISO/IEC 8802－3的采样值》等相关标准规范SV信息通信过程，交换采样数据集中的采样值的相关模型对象和服务，以及这些模型对象和服务到ISO/IEC 8802－3帧之间的映射。

40. SYSLOG

答：系统日志或系统记录，是一种用来在互联网协议（TCP/IP）的网络中传递记录档消息的标准。这个词汇常用来指SYSLOG协议，或者提交SYSLOG消息的应用程序或数据库。SYSLOG通常被用于信息系统管理及信息安全审核，获得相当多的设备及各种平台的接收端支持，因此SYSLOG可将来自多个不同类型系统的日志记录集成到集中的存储库中。

41. TCP（Transmission Control Protocol）

答：传输控制协议，是一种面向连接的、可靠的、基于字节流的传输层通信协议。

42. TCP/SFTP/视频接口B

答：TCP/SFTP/视频接口B是基于SFTP协议（或称SSH文件传输协议或安全文件传

送协议）的电网视频监控系统内部接口 B 协议。

43. UDP（User Datagram Protocol）

答：用户数据报协议，是 OSI 参考模型中一种无连接的传输层协议，提供面向事务的简单不可靠信息传送服务。UDP 具有不提供数据包分组、组装和不能对数据包进行排序的缺点，也就是说，当报文发送之后，是无法得知其是否安全完整到达的。

44. XML（eXtensible Mark-up Language）

答：可扩展标记语言。XML 是一种标记语言，它定义了一组规则，用于以人类可读和机器可读的格式对文档进行编码。XML 是用于标记电子文件使其具有结构性的标记语言，可以用来标记数据、定义数据类型，是一种允许用户对自己的标记语言进行定义的源语言。

45. 版本差异报告

答：使用工具将两个不同版本的 SCD 文件或模型裁剪文件进行比对，并将二者不同内容进行展示的报告。

46. 版本发布

答：使用工具生成 SCD 文件、模型裁剪文件、版本差异报告及装置模型文件，并存储到平台指定目录，发送版本变更信号至各应用设备。

47. 报告（Report）

答：报告是一组大家认可的，按客户规定由 IED 编排好的数据集。该数据集由 IED 定时或指定时间间隔/应要求传给客户。报告也可以由预先设定产生，或由客户预先规定的一个或多个触发条件产生。

48. 变电站在线智能巡视系统

答：由巡视主机、机器人、视频设备等组成，实现数据采集、自动巡视、智能分析、实时监控、智能联动、远程操作等功能。

49. 标准 E 语言

答：标准 E 语言是在 IEC 61970－301：2016《能源管理系统应用程序接口（EMS－API）第 301 部分：通用信息模型（CIM）基础》电力系统通用信息模型（Common Information Model，CIM）的面向抽象对象的基础上，针对 CIM 在以 XML 方式进行描述时的效率缺陷所制定的一种新型高效的电力系统数据标记语言。

50. 标准 Modbus 协议

答： 标准 Modbus 协议是应用于电子控制器上的一种通用语言。通过此协议，控制器之间、控制器经由网络（如以太网）和其他设备之间可以通信。标准 Modbus 协议定义了一个控制器能认识使用的消息结构，而不管它们是经过何种网络进行通信。它描述了控制器请求访问其他设备的过程，如何回应来自其他设备的请求，以及怎样侦测错误并记录。它制定了消息域格局和内容的公共格式。

51. 操作互斥

答： 操作互斥是指当一个操作指令正在进行时，闭锁其他操作指令的机制，其一般由测控装置、主辅一体化监控主机、实时网关机、集控站监控系统完成。

52. 操作票闭锁

答： 操作票闭锁是指对不符合操作票内容或顺序的操作实施闭锁，其一般由电脑钥匙、智能防误主机、集控站监控系统完成。

53. 点对点

答： 点对点（Point to Point）又称对等互联网络技术，是一种网络新技术，依赖网络中参与者的计算能力和带宽，而不是把依赖聚集在较少的几台服务器上。点对点协议（Point to Point Protocol，PPP）是两个路由器之间直接进行的数据链路层（第 2 层）通信协议，中间没有任何主机或其他网络。它可以提供连接认证、传输加密和数据压缩。

54. 电气闭锁

答： 电气闭锁是指将断路器、隔离开关、接地开关等设备的辅助接点或采集执行单元的解闭锁接点接入电气设备控制电源或电磁锁的电源回路构成的闭锁。

55. 读文件服务（Get File）

答： 用于客户从服务器读取文件。

56. 访问点（Access Point）

答： 表示智能电子设备的通信访问点。访问点可以是一个串行口、一个以太网连接或是由所用协议栈决定的客户或服务器地址。智能电子设备到通信总线上的每个访问点具有唯一标识。每个服务器仅有一个逻辑上的访问点。

57. 反向隔离文件摆渡

答： 反向隔离文件摆渡，是指在反向隔离装置安全传输文件的基础上（即在网络单向隔离的条件下）实现文件在内网与外网的传输。

58. 反向隔离装置摆渡

答: 反向隔离装置摆渡是指通过反向隔离装置实现从低安全区向高安全区进行数据传输的过程。为了严格保障内网安全，反向隔离装置一般采用文件作为传输载体，在隔离装置上配置相应的传输规则，通过签名验证、内容过滤、有效性检查等处理，仅允许合法的数据在两个安全区之间实现非网络方式的单向传递。

59. 服务器（Server）

答: 服务器是为其他程序或设备（称为客户端）提供功能的计算机硬件或软件（计算机程序）。这种架构称为客户端—服务器模型。服务器可以提供各种功能，通常称为“服务”，如在多个客户端之间共享数据或资源或为客户端执行计算。一个服务器可以服务多个客户端，一个客户端可以使用多个服务器。客户端进程可以在同一设备上运行，也可以通过网络连接到不同设备上的服务器。在软件算法（和/或硬件）结构中，服务器也可以是逻辑上的一个子部分，其运行独立控制。

60. 服务网关机

答: 实现变电站与调度、集控等系统之间的保信、安全稳定控制装置、计量、辅控、消防和一、二次设备在线监测等非实时数据的通信，为主站系统实现变电站监视、远程服务等功能提供数据、模型和图形的传输服务的智能通信设备。

61. 实时网关机

答: 实时网关机是实现变电站与调度、集控等系统之间的电网运行、相量数据、安全稳定控制信息及保护信息等实时数据通信，为主站系统实现变电站监视控制、远程服务等功能提供数据、模型和图形传输服务的智能通信设备。

62. 功能约束

答: 功能约束（Function Constraint，FC），数据属性的特性，用于指明服务。例如，写数值、读数值、取代等可应用到该数据属性上的服务。

63. 关联

答: 关联（Association）是在客户和服务器间为报文交换建立的传输路径。

64. 广播

答: 广播（Broadcast），放在通信网络上的一个报文，供任一个智能电子设备（IED）接收和使用，这与每个发送方与一个接收方通信的点对点方法形成对比。广播可以作为程序中的高级操作来执行，如在消息传递接口中广播，也可以是低级网络操作，如在以太网上广播。广播报文一般包含有发送地址、公用接收地址，如时间同步。

65. 挂牌闭锁

答：挂牌闭锁是指通过在设备上设置具有禁止操作功能的牌实现操作闭锁，其一般由主辅一体化监控主机、集控站监控系统完成。

66. 机械闭锁

答：机械闭锁是指利用电气设备的机械联动部件对相应电气设备操作构成的闭锁，其一般由电气设备自身机械结构完成。

67. 基于 TCP 协议的 Agent 方式

答：基于 TCP 协议构造的能够自主活动的软件或者硬件实体。该实体具有自治性、反应性、主动性、社会性和进化性。

68. 机器人巡视系统

答：由变电站智能巡视机器人、变电站智能机器人监控系统、电源系统等组成，能够遥控或自主开展变电站巡视作业，完成机器人的巡视任务管理、实时监控、巡视结果确认、巡视结果分析、响应智能联动等功能。

69. 类（Class）

答：是对一组有相同的属性、服务、关系和语义的对象描述。

70. 离线下装

答：工具将配置文件交由设备厂商来完成配置文件下装。

71. 逻辑规则

答：逻辑规则是指根据电气设备操作防误要求，依据规定的语法和格式编制的闭锁逻辑运算表达式。

72. 命令终止（Command Termination）

答：ACSI 控制服务，用于终止命令的操作。

73. 模型裁剪文件

答：工具将全站 SCD 文件按不同应用设备需求裁剪生成的模型文件。

74. 内部总线

答：内部总线是一种仅在系统内部运行的数据总线，是计算机内部各组件（如 CPU、内存、输入、输出设备）传递信息的公用通道。

75. 取消（Cancel）

答：ACSI 控制服务，用于停止控制操作。

76. 日志（Log）

答：是具有时间顺序数据的记录，如带有时间标志和注解的事件。

77. 声纹监测装置

答：采集变压器、电抗器、电压互感器等重要一次设备的声音数据的声纹采集和监测装置。

78. 时间激活操作终止

答：时间激活操作终止是控制模型的扩充，用于终止时间激活操作。

79. 实例

答：实例（Instance），是具有唯一标识、具备一个已定义类属性的实体。一整套服务可应用于该实体，实体具有保存服务效应的状态。“实例”与“对象”同义。

80. 实例化

答：实例化（Instantiation），是创建特定类的一个实例。

81. 视频接口 B

答：视频接口 B 协议是用于电网视频监控平台与属于该平台的前端系统之间的接口协议。接口 B 分为信令接口、数据接口和媒体流接口。信令接口用于会话建立和控制，采用 SIP、RTSP 标准协议；数据接口用于数据查询和获取，采用 SIP 标准协议；媒体流接口用于媒体流的传输，采用 RTP/RTCP 标准协议。

82. 数据

答：数据（Data），是指智能电子设备各种应用中的具有意义、结构化的信息，它可读、可写。

83. 数据链路层

答：数据链路层（Data Link Layer），开放式系统互联 OSI 参考模型第二层，该层是跨物理层在网段上的节点之间传输数据的协议层。数据链路层提供了在网络实体之间传输数据的功能和程序手段，建立链路后，数据链路层执行数据传送速率控制、差错检测、竞争/碰撞检测、服务质量监视和差错恢复。

84. 数据类

答：数据类（Data Class），是集合各种数据类或数据属性的类。特定数据类带有在逻辑节点范围内的语义。

85. 数据集类

答：数据集类（Dataset Class），是指引用一个或多个功能约束数据（Functionally Constrained Data，FCD）或功能约束数据属性（Functionally Constrained Data Attribute，FCDA）的有序名称列表。用于组合常用数据对象，以方便检索。

86. 属性

答：属性（Attribute），是数据和特定类型的命名元素。

87. 统一总线

答：一组在模块之间或设备之间传送信息的、公用的、统一的、共享的信号线。统一总线上的任意一个模块所传输的信号可以被链接在总线上的所有其他模块所接收。

88. 图像判别

答：采用计算机图像处理、分析等技术，对不同时间、同一监控场景、相同目标和对象的多幅图片，提取出相同目标和对象在多幅图片中的差异性特征，并找出存在差异时的目标和对象区域的技术方法。

89. 拓扑防误

答：拓扑防误是指采用电网拓扑分析方法，结合设备当前状态，分析设备间连接关系及可能的目标运行方式，防止带负荷拉（合）隔离开关、接地状态下合隔离开关、带电合接地开关等误操作，对导致负荷损失、电压消失、合环解列等后果的操作进行提示。

90. 网关

答：网关（Gateway），网络互连装置，支持相关协议所有栈，可对非七层协议进行转化，以便在广域网上异步传输。网关与路由器或交换机的不同之处在于它们使用多个协议进行通信以连接多个网络，并且可以在开放系统互联模型（OSI）的七层中的任何一层运行。

91. 协议

答：协议（Protocol），是一组既定规则，规定如何格式化、传输和接收数据，以便计算机网络设备可以进行通信（从服务器和路由器到端点），而不管它们的底层基础设施、设计或标准有何不同。为了成功发送和接收信息，通信交换双方的设备必须接受并遵循协议约定。在网络中，对协议的支持可以内置到软件、硬件或两者中。

92. 信号闭锁

答：信号闭锁是指当电气设备操作时，自动判别与此设备相关联的一、二次设备信号，若异常，则闭锁当前操作。

93. 选择

答：选择（Select），ACSI 控制服务，用于进行选择操作。

94. 写文件服务

答：写文件服务（SetFile），用于客户向服务器写入文件。

95. 巡视主机

答：部署在变电站，对视频设备、机器人及声纹装置实现统一接入、下发控制和分析巡视结果，并与上级系统进行交互的装置。控制机器人和视频设备开展室内外设备联合巡视作业，接收巡视数据和采集文件，对采集的数据进行智能分析，形成巡视结果和巡视报告，及时发送告警。同时具备实时监控、与主辅设备监控系统智能联动等功能。

96. 删除文件服务

答：删除文件服务（DeleteFile），用于删除服务器文件存储器中的文件。

97. 映射

答：映射（Mapping），是一组定义与另一组数量或数值相关的数值集。

98. 在线下装

答：工具通过综合应用主机以 DL/T 860 通信报文规范下装配置文件。

99. 智能防误主机

答：智能防误主机是指一种实现电气防误操作的主机，配置在站控层，具有智能开票、操作票模拟预演、逻辑规则校核、电脑钥匙管理、接地桩（网门）状态采集等功能，与主辅一体化监控主机配合实现顺控操作防误双校核，与电脑钥匙、防误锁具配合实现就地防误。

100. 主辅联动协议

答：一组通信协议，该协议能够实现变电站内部主设备监控系统（简称主控系统）通过发送联动信号对辅助设备监控系统（简称辅控系统）进行远程监视及智能联动控制。

101. 准确度等级

答：准确度等级主要包括有功准确度等级和无功准确度等级，其中有功准确度等级可分为 0.05 级、0.1 级、0.2S 级、0.5S 级，无功准确度等级可分为 0.5S 级、1 级、2 级。

102. 执行

答：执行（Operate），ACSI 控制服务，用于进行执行操作。

103. 自描述

答：自描述（self-description），装置含有其自身配置信息，且这个信息表示必须标准化，并能进行通信访问。

第二章

DL/T 860 通信报文

1. 简述 OSI 模型的含义。

答： 开放式系统互联（Open System Interconnection，OSI）通信参考模型，是一种概念模型，由国际标准化组织提出，一个试图使各种计算机在世界范围内互联为网络的标准框架。其将计算机网络体系结构划分为以下七层。

（1）物理层：将数据转换为可通过物理介质传送的电子信号，在局部局域网上传送数据帧，负责管理计算机通信设备和网络媒体之间的互通。包括针脚、电压、线缆、集线器、中继器、网卡、主机适配器等设备。

（2）数据链路层：决定访问网络介质的方式，如以太网、无线局域网（Wi－Fi）和通用分组无线服务（GPRS）等。负责网络寻址、错误侦测和改错，当表头和表尾被加至数据包时，会形成帧。数据链表头（DLH）包含了物理地址和错误侦测及改错的方法。数据链表尾（DLT）是一串指示数据包末端的字符串。

（3）网络层：使用权数据路由经过大型网络，决定数据的路径选择和转寄，将网络表头（NH）加至数据包，以形成分组。网络表头包含了网络数据，如互联网协议（IP）等。

（4）传输层：提供终端到终端的可靠连接，把传输表头（TH）加至数据以形成数据包。传输表头包含了所使用的协议（如传输控制协议（TCP）等）等发送信息。

（5）会话层：负责在数据传输中设置和维护计算机网络中两台计算机之间的通信连接。

（6）表示层：协商数据交换格式，把数据转换为能与接收者的系统格式兼容并适合传输的格式。

（7）应用层：用户的应用程序和网络之间的接口，提供为应用软件而设的接口，以设置与另一应用软件之间的通信，如 HTTP、HTTPS、FTP、TELNET、SSH、SMTP、POP3 等。

2. 简述抽象通信服务接口（ACSI）的含义。

答： 抽象通信服务接口（Abstract Communication Service Interface，ACSI）是智能电子设备（IED）的一个虚拟接口，为逻辑设备、逻辑节点、数据和数据属性提供抽象信息建模方法，为连接、变量访问、主动数据传输、装置控制及文件传输服务等提供通信服务，与实际所用协议集无关。

3. 协议集（Protocol Suite）

答：协议集是指一组通信协议，在 OSI 参考模型的某几层或全部 7 层中作为一个组一起进行通信工作。并不是每一个协议集都包括 OSI 模型的每一层，通常协议集中的一个协议就涉及几层。TCP/IP 是一个典型的协议集。

4. 简述应用协议控制头（APCH）的含义。

答：应用协议控制头（Application Protocol Control Header，APCH）是应用协议数据单元（APDU）的头部，主要用于描述 APDU 的协议类型、服务码、帧长度等信息。APCH 各部分的值如下：

（1）协议类型 PI=1，表示 DL/T 860.72—2013《电力自动化通信网络和系统　第 7－2 部分：基本信息和通信结构－抽象通信服务接口（ACSI）》兼容协议。

（2）服务码 SC。

（3）帧长度 FL 表示 ASDU 长度，占用两字节，低位在前，高位在后。因为 APDU 的最大长度为 65535 字节，所以帧长度 FL 最大不超过 65531 字节。

5. 简述应用服务数据单元（ASDU）的含义。

答：应用服务数据单元（Application Service Data Unit，ASDU）紧跟在应用协议控制头（APCH）之后，是应用协议数据单元（APDU）的主体部分。ASDU 的编码规则取决于 APCH 中协议类型 PI 的值：当 PI=1 时，遵照《自主可控新一代变电站二次系统技术规范　通用类系列规范 4—DL/T 860 通信报文》的规定，ASDU 由服务请求序号（ReqID）和服务数据区构成，如图 2－1 所示。ReqID 是一个两字节的无符号整数，用于标识一次服务请求和相应的过程；服务数据区是编码后的服务数据，使用 ISO/IEC 8825－2 定义的 BASIC－PER 字节对齐方式编码。

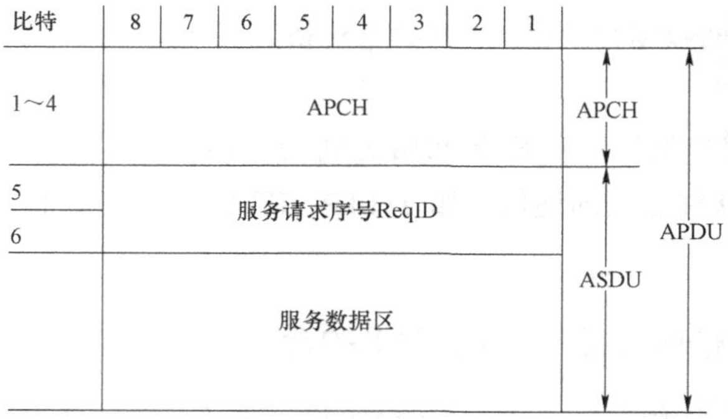

图 2－1　应用服务数据单元（ASDU）结构

6. 简述应用协议数据单元（APDU）的含义。

答：应用协议数据单元（Application Protocol Data Unit，APDU）是指对等层次之间传递的数据单位，它包含来自上层的信息，以及当前层的实体附加的信息，并将数据传送到下一较低的层。APDU 结构如图 2－2 所示，由应用协议控制头（APCH）和应用服务数据单元（ASDU）组成。

图 2－2　应用协议数据单元（APDU）结构

7. 简述服务码（SC）的含义。

答：服务码（Service Code，SC）占 1 个八位位组，用于识别预定义服务，包括服务的功能组、服务原语标准名称、服务码、单元类型、编码类型、类识别、连接方式等。其中：

（1）为描述方便清晰而设置功能组；

（2）服务原语标准名称采用英语动宾短语的形式命名，在软件程序中和服务列表中都可直接使用。

服务码（SC）为该服务原语的二进制代码，当 APCH 的协议类型 PI=1 时，服务码（SC）的值应遵照《自主可控新一代变电站二次系统技术规范　通用类系列规范 4　DL/T 860 通信报文》中第 6.1 节的定义，如表 2－1 所示。

表 2－1　　服务码（SC）

服务码 SC	服务原语标准名称	功能组
1	Associate	关联服务
2	Abort	
3	Release	

续表

服务码 SC	服务原语标准名称	功能组
80	GetServerDirectory	模型和数据服务
81	GetLogicDeviceDirectory	
82	GetLogicNodeDirectory	
83	GetAllDataValues	
48	GetDataValues	
49	SetDataValues	
50	GetDataDirectory	
51	GetDataDefinition	
155	GetAllDataDefinition	
156	GetAllCBValues	
54	CreateDataSet	数据集服务
55	DeleteDataSet	
57	GetDataSetDirectory	
58	GetDataSetValues	
59	SetDataSetValues	
68	Select	控制服务
69	SelectWithValue	
70	Cancel	
71	Operate	
72	CommandTermination	
73	TimeActivatedOperate	
74	TimeActivatedOperateTermination	
84	SelectActiveSG	定值组服务
85	SelectEditSG	
86	SetEditSGValue	
87	ConfirmEditSGValues	
88	GetEditSGValue	
89	GetSGCBValues	
90	Report	报告服务
91	GetBRCBValues	
92	SetBRCBValues	
93	GetURCBValues	
94	SetURCBValues	
95	GetLCBValues	日志服务
96	SetLCBValues	
97	QueryLogByTime	
98	QueryLogAfter	
99	GetLogStatusValues	
102	GetGoCBValues	GOOSE 控制块服务
103	SetGoCBValues	

续表

服务码 SC	服务原语标准名称	功能组
105	GetMSVCBValues	SMV 控制块服务
106	SetMSVCBValues	
128	GetFile	文件服务
129	SetFile	
130	DeleteFile	
131	GetFileAttributeValues	
132	GetFileDirectory	
110	GetRpcInterfaceDirectory	远程过程调用
111	GetRpcMethodDIrectory	
112	GetRpcInterfaceDefinition	
113	GetRpcMethodDefinition	
114	RpcCall	
153	Test	测试
154	AssociateNegotiate	关联协商

8. 简述 APDU 空数据帧的含义。

答： APDU 空数据帧即 APDU 数据帧中 ASDU 或服务数据区长度为 0 的情况。如果 ASDU 长度为 0，则数据帧仅有 APCH 头，不含 ASDU 部分，帧长度 FL=0，如 Test 服务的数据帧。如果服务数据区长度为 0，则数据帧由 APCH 头和 ReqID 组成，帧长度 FL=2，如确认编辑定值组值服务的肯定响应。

9. 简述 TLS 安全传输层协议的含义。

答： 安全传输层协议（Transport Layer Security，TLS）用于在两个通信应用程序之间提供保密性和数据完整性。该协议由 TLS 记录协议（TLS Record）和 TLS 握手协议（TLS Handshake）两层协议组成。

10. 简述关联协商的含义。

答： TCP 连接建立后，客户与服务器之间应首先进行关联协商，协商内容包括允许的 APDU 大小、ASDU 大小、协议版本号等。

11. 简述分帧传输方式的含义。

答： 部分服务可能会出现 ASDU 超长的情况，超出 APDU 帧的长度限制。如果客户与服务器均支持分帧，可以采用分帧传输的方式。

分帧的方法是：首先根据 APDU 帧的限制长度对 ASDU 数据区（不包括 ReqID）进行切分，然后给切分后的数据分别加上 APCH 头和 ReqID（应与原始 ASDU 的 ReqID 相同），组成一个个新的 APDU 帧。APCH 头的 Next 标志位用于分帧标识，Next 标志位为 1 表示有后续帧，Next 标志位为 0 表示无后续帧。APCH 头的帧长度 FL 表示本帧中 ReqID 和数据区的长度。全部 APDU 帧的帧长度之和，减去重复的 ReqID 所增加的长度，即为原始 ASDU 长度。

分帧传输时，发送方应保证各 APDU 帧按顺序发送，过程中不应丢失和错序。传输过程的重传和顺序控制由 TCP 协议保证，因此客户与服务器应合理设置 TCP 参数，并随时监测 TCP 传输错误信息。接收方在收到全部 APDU 帧后，将数据内容重新组合，即可得到完整的 ASDU。

如果不采用分帧传输方式，即每次只有一个 APDU 帧，则 Next 标志位始终为 0。

12. 简述服务器端口（Server Port）的含义。

答：随着计算机网络技术的发展，原来物理上的接口（如键盘、鼠标、网卡、显示卡等输入/输出接口）已不能满足网络通信的要求，TCP/IP 协议作为网络通信的标准协议就解决了这个通信难题，其在操作系统中引入了一种新的输入/输出接口技术——Socket（套接字）应用程序接口，一台计算机可以通过软件的方式与任何一台具有 Socket 接口的计算机进行通信，这一由软件实现的接口技术也称为服务器端口，其数量最大可以有 65535 个，新一代安全可控技术中服务器端口采用 8102，支持安全认证的服务器端口采用 9102。

服务器接受 TCP 连接时应检测客户的 IP 地址。在某些应用场景中，相同的客户地址只允许建立一个连接。如果检测到重复连接，服务器可主动中止并关闭旧的连接，然后接受新的连接。

13. 简述服务器端口的分类的含义。

答：（1）按端口性质分。

1）公认端口（Well Known Ports）：这类端口也常称之为“常用端口”。公认端口的端口号从 0 到 1023，它们紧密绑定于一些特定的服务。通常这些端口的通信明确表明了某种服务的协议，公认端口不可再重新定义它的作用对象。

2）注册端口（Registered Ports）：端口号从 1024 到 49151。它们松散地绑定于一些服务，即有许多服务绑定于这些端口，这些端口同样用于许多其他目的。注册端口多数没有明确的定义服务对象，不同程序可根据实际需要自己定义。

3）动态或私有端口（Dynamic or Private Ports）：端口号从 49152 到 65535。理论上，不应把常用服务分配在这些端口上，这些端口常常不被引起注意，容易隐蔽。

（2）按服务方式分。

1）TCP 协议端口：一种直接与接收方进行的连接，发送信息以后，可以确认信息是否到达。

2）UDP 协议端口：不直接与接收方进行连接，只管把信息放在网上发出去，而不管信息是否到达。

14. 简述 TCP 三次握手的含义。

答：TCP 三次握手是指在建立 TCP 连接时，服务器端和客户端之间需要进行的三次交互：

（1）第一次握手，客户端发送 SYN 包（Seq=j）到服务器端，并进入 SYN_SEND 状态，等待服务器端确认；

（2）第二次握手，服务器端收到客户端的 SYN 包，向客户端发送 SYN+ACK 包（Seq=k，Ack=j+1），此时服务器端进入状态；

（3）第三次握手，客户端收到服务器端的 SYN+ACK 包，向服务器端发送确认包 ACK（Ack=k+1），此包发送完毕，客户端和服务器端进入 ESTABLISHED 状态，完成三次握手。连接建立后，客户端和服务器端就可以开始进行数据传输了。

图 2－3 为 TCP 三次握手示意图。

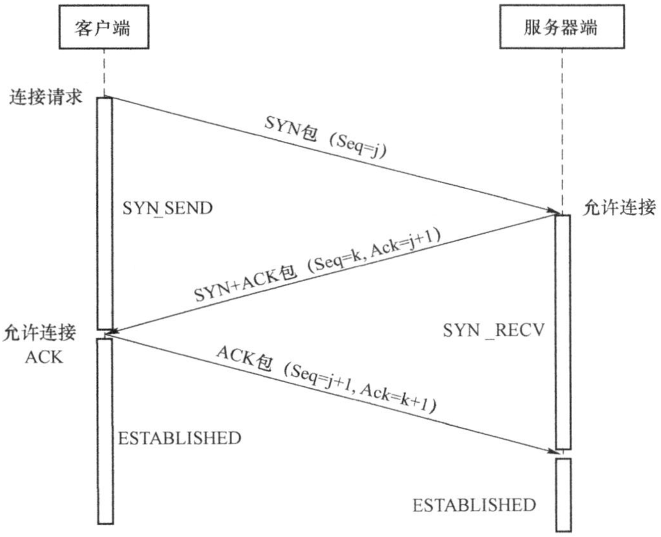

图 2－3　TCP 三次握手示意图

15. 简述差错处理的含义。

答：新一代高可靠变电站的通信服务不含流量控制、分段/重组和差错控制等机制，需要依赖于传输层的 TCP/IP 协议子集支持。如果使用 UDP/IP 或其他面向数据报的传输层协议，应在底层协议中设计上述机制。

通信过程中检测到错误时，服务器或客户应记录错误日志，并根据错误的性质采取不同的处理方法，丢弃当前数据帧，中止当前关联，甚至断开连接。数据帧可以正确解析时应返回错误响应，并说明错误原因。

16. 简述超时和通信状态检测的过程。

答：客户发出服务请求后，应设置对应的时间定时器。如果超出预定时间仍未收到服务器的响应数据，应判断为通信超时，可选择放弃该次请求或重发请求。如果连续多次请求均出现超时现象，客户可选择中止关联。

客户和服务器建立通信关联后，应定时进行通信状态检测。如果客户和服务器始终在进行数据交互，可认为双方通信正常。如果通信链路较长时间处于空闲状态，客户和服务器均可主动发出 Test 报文，以测试接收方的通信程序是否处于工作状态。Test 报文的发送周期宜选择 1～5min。当接收到任何有效报文后，Test 报文的发送计时器应重新计数。

除上述措施外，客户和服务器应启用 TCP 的 KeepAlive 机制。KeepAlive 的空闲检测时间宜设置为 30s，发送间隔宜设置为 5s，发送次数宜设置为 4 次。当网口或网线损坏时，最长 50s 内可检测出网络故障。

17. 简述 DL/T 860.81 的功能与协议集的含义。

答：DL/T 860.81《电力自动化通信网络和系统　第 8－1 部分：特定通信服务映射（SCSM）—映射到 MMS（ISO 9506－1 和 ISO 9506－2）及 ISO/IEC 8802－3》提供详细的指导和规范，用作使用 ISO/IEC 9506（制造报文规范）、SNTP 及其他应用协议，实现 IEC 61850－7－2《变电站和馈线设备的基本通信结构——抽象通信服务接口（ACSI：Abstract Communication service interface）》、IEC 61850－7－3《变电站和馈线设备的基本通信结构——公共数据级别和属性》和 IEC 61850－7－4《变电站和馈线设备的基本通信结构——兼容的逻辑节点和数据对象（DO：Data Object）寻址》规定的服务、对象和算法所需要的机制和规则，如图 2－4 所示。

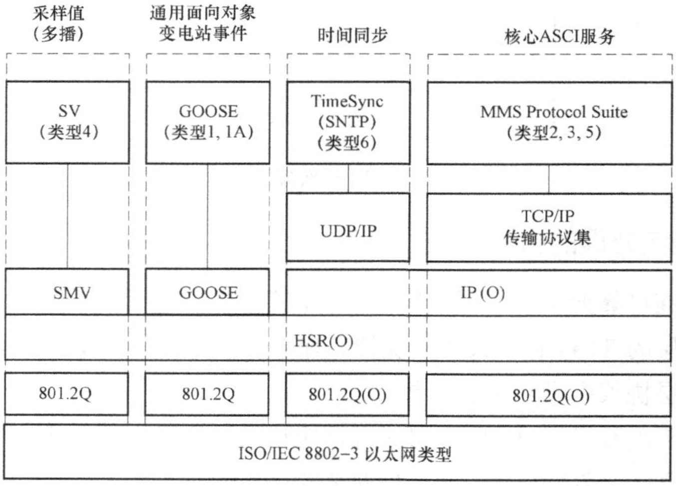

图 2－4　DL/T 860.81 功能与协议集

类型 1—快速报文；类型 1A—跳闸；类型 2—中速报文；类型 3—低速报文；类型 4—原始数据报文；类型 5—文件传输功能；类型 6—时间同步报文

18. 简述制造报文规范（MMS）的含义。

答： 制造报文规范（Manufacturing Message Specification，MMS）是ISO/IEC 9506标准所定义的一套用于工业控制系统的通信协议，规范了工业领域具有通信能力的智能传感器、智能电子设备（IED）、智能控制设备的通信行为，使出自不同制造商的设备之间具有互操作性。

19. 阐述MMS不带确认的服务机制。

答： 不带确认的服务即服务器主动发出的报文（如遥信、遥测）。其中，遥信一般通过缓存报告服务上送。遥测一般通过无缓存报告服务上送。图2－5为MMS不带确认的服务机制示意图。

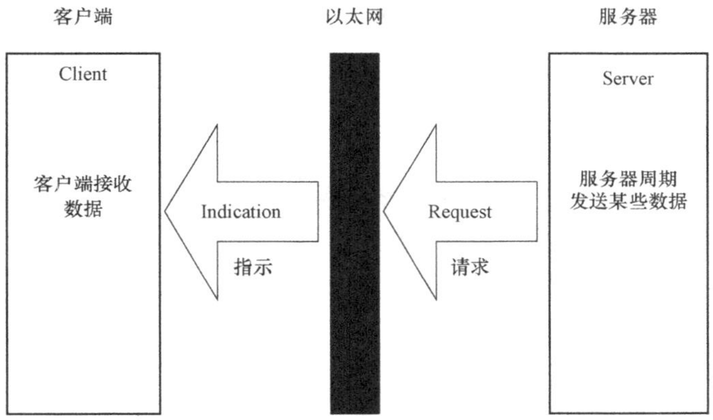

图2－5　MMS不带确认的服务机制示意图

20. 阐述MMS带确认的服务机制。

答： 带确认的服务由客户端发起请求，服务器执行后发送相应的响应报文，客户端接收该响应报文。图2－6为MMS带确认的服务机制示意图。

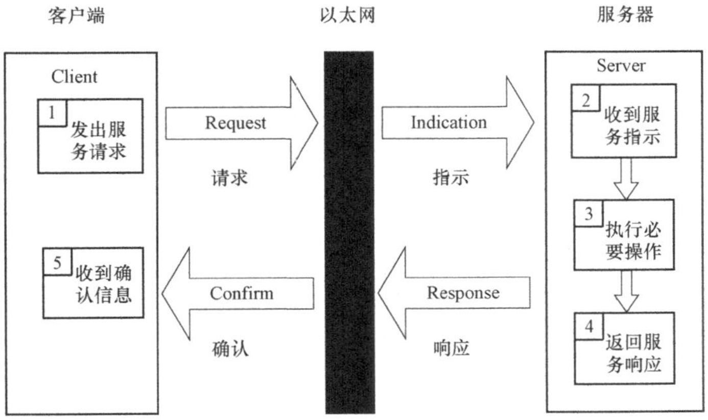

图2－6　MMS带确认的服务机制示意图

21. 阐述 MMS 遥控流程。

答： MMS 遥控流程如图 2－7 所示。

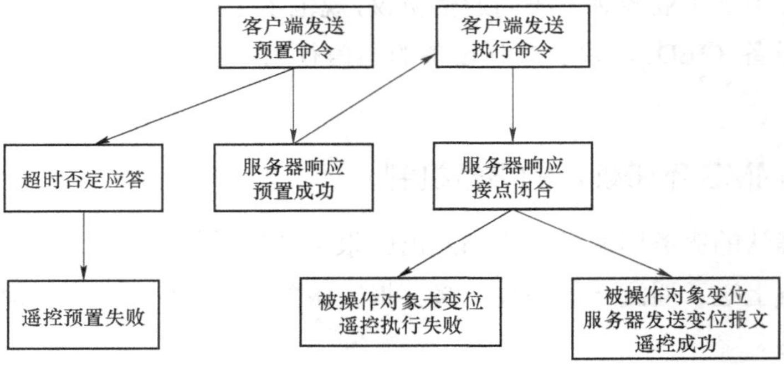

图 2－7　MMS 遥控流程示意图

22. 简述 CMS 报文规范的含义。

答： CMS 报文规范即变电站二次系统通信报文规范（Communication Message Specification）。DL/T 860 系列标准通信协议规定了将抽象通信服务接口直接映射到 TCP/IP 协议进行数据交换的方法，明确了通信的数据结构、服务参数、编解码规则和交互要求，可在新一代智能变电站中完全替代 MMS 协议。该规范在行业内通常简称为 CMS 报文规范。

23. 简述数据编码的含义。

答： 为了便于使用，容易记忆，常常要对计算机加工处理的对象进行编码，用一个编码符号代表一条信息或一串数据，这就是数据编码。自主可控新一代 DL/T 860 通信报文的数据编码使用 ISO/IEC 8825－2 定义的 BASIC－PER 对齐编码方式。

24. 下面是一帧 DL/T860 报告的 CMS 报文，请简述其报文结构。


```
0000  00 00 2c ab 06 93 b4 4c  c2 15 00 d3 08 00 45 00
0010  00 ba de 02 40 00 40 06  03 13 ac 15 00 d3 ac 15
0020  00 2b 1f a6 a8 db 0e 29  84 38 00 9b 6c 4f 80 18
0030  00 e3 57 a8 00 00 01 01  08 0a 4a 26 65 98 05 66
0040  cc 67 01 5a 82 00 00 00  94 80 43 5f 54 31 31 30
0050  32 44 4c 44 30 2f 4c 4c  4e 30 24 42 52 24 62 72
0060  63 62 52 65 6c 61 79 45  6e 61 7d 80 00 02 1b 43
0070  5f 54 31 31 30 32 44 4c  44 30 2f 4c 4c 4e 30 2e
0080  64 73 52 65 6c 61 79 45  6e 61 01 01 c0 00 7e 34
0090  da 35 26 91 02 00 00 00  00 00 00 01 e2 e0 43 5f
00a0  54 31 31 30 32 44 4c 44  30 2f 4c 4c 4e 30 2e 47
00b0  6f 53 74 72 70 53 54 00  01 10 03 1e 80 00 90 60
00c0  66 7e ce dd 70 a4 0e 40
```


答： 报文的结构定义如表 2－2 所示。

表 2-2　报文的结构定义

服务/参数	数据类型
rptID	VISIBLE STRING 129
optFlds	RCBOptFlds
sqNum [0..1]	INT16U
subSqNum [0..1]	INT16U
moreSegmentsFollow [0..1]	BOOLEAN
datSet [0..1]	Object Reference
bufOvfl [0..1]	BOOLEAN
confRev [0..1]	INT32U
entry	
timeOfEntry [0..1]	EntryTime
entryID [0..1]	EntryID
entryData [1..n]	
reference [0..1]	ObjectReference
fc [0..1]	FunctionalConstraint
id [0..1]	INT16U
value	Data
reason [0..1]	ReasonCode

具体到此报文，各个字段如表 2-3 所示。

表 2-3　本 CMS 报文的结构定义

前 14 字节为以太网报文头	
后续 20 字节为 IP 报文头	
后续 32 字节为 TCP 报文头	
最后 134 字节为 CMS 报文，具体结构如下：	
01	控制码 CC
5a	服务码 SC：Report（SC=90）
82 00	ASDU 长度：130 字节
00 00	ReqID：报告的请求 ID 始终为 0
后续数据是具体的报告内容，为字节对齐的 PER 编码，如下：	
1001 01••	前 6 比特位（0x94 的左 6 位）是可选字段的标记，按从左到右顺序依次为： sqNum：有（1） SubSqNum：无（0） moreSegmentsFollow：无（0） datSet：有（1） bufOvfl：无（0） confRev：有（1）
•••• ••00 1000 00••	后续 8 比特位（0x94 的右 2 位加上后一字节的左 6 位）是 rptID 的长度：32（0x20）

续表

•••• •••• •••• ••00	后续 2 比特位为了字节对齐而补 0
43 5f 54 31 31 30 32 44 4c 44 30 2f 4c 4c 4e 30 24 42 52 24 62 72 63 62 52 65 6c 61 79 45 6e 61	接着 32 字节是 rptID 值 C_T1102DLD0/LLN0BRbrcbRelayEna
0111 1101 10••	后续 2 字节的左 10 比特位是 optFlds 字段
00 02	接着 2 字节是 sqNum：2
1b 43 5f 54 31 31 30 32 44 4c 44 30 2f 4c 4c 4e 30 2e 64 73 52 65 6c 61 79 45 6e 61	接着 1 字节是 datSet 的长度：27 接着 27 字节是 datSet 值：C_T1102DLD0/LLN0.dsRelayEna
01 01	接着 2 字节是 confRev 字段，第一个 01 是长度（1 字节），第二个 01 是 confRev 的值（1）
后续开始是 entry 域。entry 域有两个可选字段：timeOfEntry 和 entryID，因此 entry 域第一个字节的前 2 比特位是可选字段标记，如下：	
11•• ••••	entry 域含有 timeOfEntry 和 entryID 字段
00 7e 34 da 35 26	接着 6 字节是 timeOfEntry
91 02 00 00 00 00 00 00	接着 8 字节是 entryID
01	接着 1 字节是条目数：1
111• ••••	条目值有三个可选字段：reference、fc 和 reason，因此条目数后第一个字节（0xE2）的前 3 比特位是这三个字段的可选标记。这里全是 1，所以此报文含有这三个字段
•••0 0010 111• ••••	接着 8 比特位是 reference 的长度，由 0xE2 的右 5 比特位和后一字节的左 3 比特位构成，值为 23（0x17）
43 5f 54 31 31 30 32 44 4c 44 30 2f 4c 4c 4e 30 2e 47 6f 53 74 72 70	接着 23 字节是 reference 的值：C_T1102DLD0/LLN0.GoStrp
53 54	接着 2 字节是 fc 的值：ST
00 01	接着 2 字节是 id 的值：1
后续 14 字节是条目值 value 字段，需按 Data 类型解析	
0001 0•••	左 5 比特位是 Data 的类型编号，这里是 2，即 structure 类型；右 3 比特位补 0 对齐
03	后 1 字节是 structure 的子字段数目，该结构型 Data 包含 3 个子 Data
0001 1•••	后 1 字节的左 5 比特位是子字段 1 的 Data 类型编号，这里是 3，即 BOOLEAN 类型
•••• •1••	紧接着的 1 比特位是子字段 1 的值，true
•••• ••10 100•	后续 5 比特位是子字段 2 的 Data 类型编号，这里是 20，即 quality
•••0 0000 0000 0000	后续 13 比特位是子字段 2 的值，quality 是 13 位长的位串
1001 0•••	后续 5 比特是子字段 3 的 Data 类型编号，这里是 18，即 UtcTime
60 66 7e ce dd 70 a4 0e	后续 8 字节是子字段 3 的 UtcTime 值
0100 000•	最后一个字节的前 7 比特是 reason 字段的值，第 8 比特以 0 补齐。reason 是 7 位的位串，这里第 2 个比特置 1 表示 dchg 触发了此条条目的报告上送

25. 简述基于 ISO/IEC 8802－3 的数据帧的含义。

答：GOOSE 和采样值服务直接映射到 ISO/IEC 8802－3 的以太网数据帧，不使用 TCP/IP 传输协议子集，其帧结构可参考 ISO/IEC 8802－3 定义。

ISO/IEC 8802－3 数据帧的以太网类型定义如表 2－4 所示。

表 2－4　　以太网类型分配

数据帧	以太网类型值（十六进制）	AppID 类型的首 2 位
GOOSE 类型 1	88－B8	01
GSE 管理	88－B9	01
采样值	88－BA	10
GOOSE 类型 1A	88－B8	11

在 GOOSE 传输时若使用了 VLAN，以太网报文头的 Type 字段是 VLAN 的类型 8100，而 VLAN 的 Type 字段才是 GOOSE 的以太网类型值，如图 2－8 所示的抓包截图。

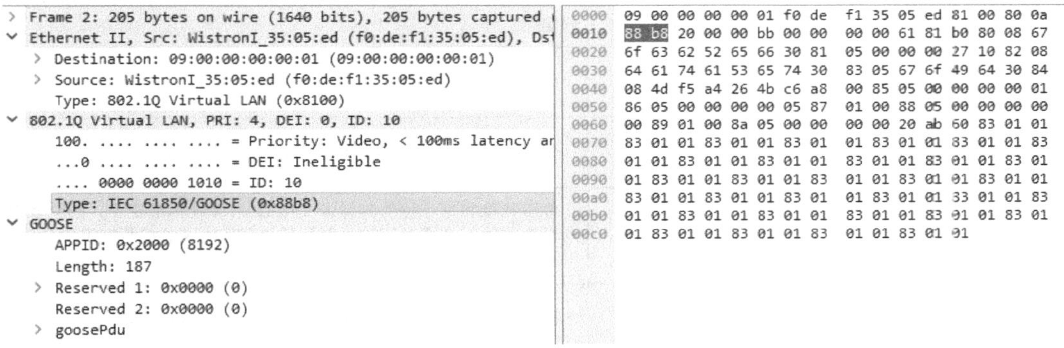

图 2－8　抓包截图

26. 简述基本数据类型。

答：基本数据类型见表 2－5。

表 2－5　　基本数据类型

IEC 61850－7－2 数据类型	MMS 数据类型	MMS 取值范围
布尔（Boolean）	布尔（Boolean）	0，1（TRUE，FALSE）
8 位有符号整数（INT8）	有符号整数（Integer）	－128～127
16 位有符号整数（INT16）	有符号整数（Integer）	－32768～32767
32 位有符号整数（INT32）	有符号整数（Integer）	－2147483648～2147483647

续表

IEC 61850－7－2 数据类型	MMS 数据类型	MMS 取值范围
64 位有符号整数（INT64）	有符号整数（Integer）	－2^63～（2^63）－1
8 位无符号整数（INT8U）	无符号整数（Unsigned）	0～255
16 位无符号整数（INT16U）	无符号整数（Unsigned）	0～65535
24 位无符号整数（INT24U）	无符号整数（Unsigned）	0～16777215，仅用于 UtcTime 类型
32 位无符号整数（INT32U）	无符号整数（Unsigned）	0～4294967295
64 位无符号整数（INT64U）	无符号整数（Unsigned）	0～（2^64）－1
32 位浮点数（FLOAT32）	浮点数（Floating-point）	单精度浮点型，取值范围和精度范围由 IEEE 754 单精度浮点数规定
64 位浮点数（FLOAT64）	浮点数（Floating-point）	双精度浮点型，取值范围和精度范围由 IEEE 754 双精度浮点数规定
枚举（ENUMBEATED）	整数（Integer）	取值范围由具体值域确定值的含义由 DL/T 860 标准定义
编码枚举（CODED ENUM）	位串（Bit-string）	位串长度和每一位的具体含义由 DL/T 860 标准定义
压缩列表（Packed list）	位串（Bit-string）	位串长度和每一位的具体含义由 DL/T 860 标准定义。在位串中，列表中的第一个成员应被映射到位 0，其他成员按照规定的顺序映射到连续的比特位
八位组串（OCTET STRING）	八位组串（Octet-string）	最大长度应是 IEC 61850－7－2 和 IEC 61850－7－3 规定的长度
可视字符串（VISIBLE STRING）	可视字符串（Visible-string）	最大长度应是 IEC 61850－7－2 和 IEC 61850－7－3 规定的长度，MMS 串的字符集应限制为 ISO 646 串
统一码串（UNICODE STRING）	MMS 串（MMS string）	最大长度应是 IEC 61850－7－2 和 IEC 61850－7－3 所定义字符数量除以 4 得到的值

27. 简述从 DL/T 860.81 继承的数据类型。

答： 1. UtcTime 类型

DL/T 860.81 定义的 UtcTime 类型是一个长度为 8 字节的八位组串，值的编码方式定义在 RFC1305，包括一个 INT32U 类型的 SecondSinceEpoch、一个 INT24U 类型的 FractionOfSecond 和一个 8 位位串 TimeQuality。具体参见 DL/T 860.81。

SecondSinceEpoch 为从 1970－01－01 00:00:00 UTC 开始的秒数。FractionOfSecond 属性为当前秒的小数。TimeQuality 为时标品质，其定义见表 2－6。

表 2－6　　时标品质

位	值	含义
0		闰秒已知
1		时钟故障
2		时钟未同步
3～7		秒的小数部分的时间精度
	00000	0 位精度
	00001	1 位精度
	00010	2 位精度
	00011	3 位精度
	00100～11000	数值所对应的整数位精度
	11001～11110	非法
	11111	未规定

举例：62 a6 dc 9b 32 f1 a8 07

前 4 字节“62 a6 dc 9b”是 SecondSinceEpoch，值为 1655102619s，转换为北京时间则为：2022－06－13 14:43:39；

接着 3 字节“32 f1 a8”是 FractionOfSecond，值为 3338664，转为毫秒的算式如下：

$$\frac{3338664*1000}{2^{24}}=198.99988\approx 199$$

因此，完整的北京时间为：2022－06－13 14:43:39.199；

最后 1 字节“07”是 TimeQuality：前 3 位都是 0，依次表示不是闰秒、时钟无故障、时钟已同步；后 5 位“00111”是时间精度，即 7 位精度。

2. BinaryTime 类型

DL/T 860.81 定义的 BinaryTime 类型是一个长度为 6 字节的八位组串，包括一个 INT32U 类型整数、一个 INT16U 类型整数。

INT32U 类型整数表示最后一天逝去的毫秒数，INT16U 类型整数表示从 GMT1984 年 1 月 1 日起逝去的天数。

举例：01 71 8e 3f 36 db

前 4 字节“01 71 8e 3f”是当天逝去的毫秒数 24219199，转换为时间则为：06:43:39.199；

后 2 字节“36 db”是从 1984 年 1 月 1 日起逝去的天数 14043，转换为日期即为：2022－06－13；

因此，完整的 UTC 时间为：2022－06－13　06:43:39.199，转换为北京时间则为：2022－06－13 14:43:39.199。

28. 简述公共抽象通信服务接口（ACSI）类型。

答： 公共 ACSI 类型包含以下几类。

（1）对象名（ObjectName），一种在同一父类所拥有的类的实例之中规定唯一实例名的属性。

（2）对象引用（ObjectReference），一种组成分层信息模型（逻辑设备、逻辑节点、数据、数据属性的 ACSI 类分层）中的类的全部实例名串起来组成类实例整个路径名（它唯一标识实例）的属性。

（3）子引用（SubReference），一种用于表示与父节点相关的相对引用名的属性。

（4）时标（TimeStamp），DL/T 860.72 定义的 TimeStamp 映射为 UtcTime 类型。

（5）双点位置（Dbpos），DL/T 860.6 定义的 Dbpos 映射为定长位串，长度为 2 位，定义见表 2－7。

表 2－7　　双　点　位　置

位	值	含义
0～1	00～11	intermediate-state | off | on | bad-state

（6）品质（Quality），DL/T 860.6 定义的 Quality 映射为定长位串，长度为 13 位，每一位的定义见表 2－8。

表 2－8　　数　据　品　质

位	值	含义
0～1	00～11	good|invalid|reserved|questionable
2		overflow
3		outOfRange
4		badReference
5		oscillatory
6		failure
7		oldData
8		inconsisTent
9		inaccurate
10	0～1	process | substituted
11		test
12		operatorBlocked

（7）挡位命令（Tcmd），DL/T 860.6 定义的 Tcmd 映射为定长位串，长度为 2 位，定义见表 2－9。

表 2-9　　挡 位 命 令

位	值	含义
0~1	00~11	stop | lower | higher | reserved

（8）条目标识（EntryID），DL/T 860.72 定义的 EntryID 映射为定长八位组串，串长度固定为 8 个八位组。EntrylD 类型为一任意 OCTET STRING，用于标识顺序事件中的条目，如由 SCSM 规定的日志或缓冲报告的顺序事件。

（9）条目时间（EntryTime），DL/T 860.72 定义的 EntryTime 映射为 BinaryTime 类型。EntryTime 类型代表时间和日期，它用于通信、报告、日志和由 SCSM 规定的子系统。

（10）文件条目（FileEntry），文件条目的定义见表 2-10。

表 2-10　　文 件 条 目

参数	数据类型
FileName	VISIBLE STRING 255
FileSize	INT32U
LastModified	UtcTime

文件条目中的 FileName 不应包含路径名。以"/"结尾的 FileName 表示子目录。FileSize 表示文件长度，单位为字节。

（11）服务错误（ServiceError），DL/T 860.72 定义的 ServiceError 映射为 ENUMERATED 类型，取值范围和含义见表 2-11。

表 2-11　　服 务 错 误 码

代码	值	含义
0	no-error	无差错
1	instance-not-available	实例不可用
2	instance-in-use	实例在使用
3	access-violation	访问违例
4	access-not-allowed-in-current-state	当前状态不允许访问
5	parameter-value-inappropriate	参数值不合适
6	parameter-value-inconsistent	参数值不一致
7	class-not-supported	类不被支持
8	instance-locked-by-other-client	实例被其他客户锁定
9	control-must-be-selected	控制必须被选择
10	type-conflict	类型冲突
11	failed-due-to-communications-constraint	由于通信约束失败
12	failed-due-to-server-constraint	由于服务器约束失败

在相应服务模型中规定了否定服务响应中其他的 ServiceError 值（由应用发出，如与控制相关服务的其他原因诊断）。

（12）物理通信地址（Phycom Addr），物理通信地址的定义见表 2－12。

表 2－12　　物理通信地址

组件名称	数据类型	注释
Addr	八位位组串（OCTET－STRING）	长度为 6 个八位位组，包含了 GOOSE 报文发送的目的 MAC 地址。该地址是多播位置为 TRUE 的以太网地址
PRIORITY	无符号 8 位整数（Unsinged8）	取值范围限制在 0～7
VID	无符号 16 位整数（Unsingedl6）	取值范围限制在 0～4095
AppID	无符号 16 位整数（Unsingedl6）	详见 DL/T 860.72 附录 C 中说明

29. 简述功能约束（FC）与功能约束数据（FCDA）的含义。

答：功能约束为通用数据属性类的特性，它表征数据属性的特定用途。功能约束用于（包含在逻辑节点内）数据对象的定义，可被理解为数据属性的过滤器。功能约束指明服务对特定数据属性的操作。

对具有特定功能约束值的数据对象的单个数据属性，子数据对象或子数据属性的引用称为功能约束数据属性。

30. 简述控制对象操作的含义。

答：控制对象操作定义由下述几部分组成。

（1）控制属性。

DL/T 860.81 扩展了 SPC、DPC、INC、BSC、ISC、APC 等可控对象，为每个控制对象增加了 SBO/SBOw、Oper、Cancel 等操作属性。

CMS 报文规范中的控制服务不需要扩展操作属性。为了保持兼容，应能正确识别模型文件，并在通信时自动去除扩展操作属性。其控制属性见表 2－13。

表 2－13　　控制属性

IEC 61850－7－2 参数	语义	ACSI 类型
控制值（ctlVal）	控制值（Control value）	与控制对象的公用数据类有关，参见 IEC 61850－7－3
操作时间（operTm）	时标（Time Stamp）	时标（Time Stamp）
命令源（origin）	命令源（Origin）	结构属性，命令源结构，参见 IEC 61850－7－3
控制号（ctlNum）	控制号（Control number）	无符号 8 位整数（INT8U）

续表

IEC 61850－7－2 参数	语义	ACSI 类型
时标（T）	控制时标 （Control time stamp）	时标（Time Stamp）
测试（Test）	测试状态 （Test status）	布尔值（Boolean）
检查（Check）	检查条件 （Check condition）	包列表（PACKEDLIST）
额外原因（AddCause）	额外原因诊断	枚举（Enumerated）

（2）发起者（Originator）。

Originator 定义的是控制服务的发起者，由 orCat 和 orIdent 两个部分组成，其定义如表 2－14 所示。

表 2－14　　　　　　　　　　　　发 起 者 类 型

属性名	属性类型	值/值域
orCat	ENUMERATED	not-supported | bay-control | station-control | remote-control | automatic-bay | automatic-station | automatic-remote | maintenance | process
orIdent	OCTET STRING64	

orCat：发起者范畴规定了引起值的变化的发起者的类别。其值的解释在表 2－15 给出。

表 2－15　　　　　　　　　　　　orCat　的　值

值	解 释
not-supported	OrCat 不支持
bay-control	操作员通过间隔层客户发出的控制操作
station-control	操作员通过变电站层客户发出的控制操作
remote-control	远方操作员在变电站外（如网络控制中心）发出的控制操作
automatic-bay	间隔层自动功能发出的控制操作
automatic-station	变电站层自动功能发出的控制操作
automatic-remote	变电站外的自动功能发出的控制操作
maintenance	维护/服务工具发出的控制操作
process	无控制行为而出现的状态变位（如断路器外部跳闸或内部故障）

orIdent：发起者标识，表示引起值变化的发起者的标识。NULL 值是保留的，它指明未知或未报告的特定行动的发起者。

（3）检查条件（Check）。

Check 服务参数规定检查种类，控制对象在完成控制操作前应实施的检查，如公用数据类为 DPC（双点信息，见 DL/T 860.73）。在相关功能各自数据对象不支持这些检查的情况下，处理命令时将忽略相应检查比特。Check 映射为定长位串，长度 2 位，每一位的定义见表 2-16。

表 2-16 **检查条件（Check）定义**

位	属性名	属性类型	值/值域/解释
0	Synchrocheck	BOOLEAN	TRUE 进行同期检查
1	interlock-check	BOOLEAN	TRUE 进行互锁检查

（4）控制操作的附加原因（AddCause）。

DL/T 860.72 定义的控制操作的附加原因（AddCause）映射为 ENUMERATED 类型，其取值范围和含义见表 2-17。

表 2-17 **控制操作的附加原因**

位	值	含义
0	not-supported	不支持
1	blocked-by-switching-hierarchy	由开关层闭锁
2	select-failed	选择失败
3	invalid-position	无效位置
4	position-reached	位置早已达到
5	parameter-change-in-execution	执行中参数改变
6	step-limit	步位置受限制
7	blocked-by-Mode	模式闭锁
8	blocked-by-process	过程闭锁
9	blocked-by-interlocking	受互锁闭锁
10	blocked-by-synchrocheck	同期检查闭锁
11	command-already-in-execution	命令已在执行中
12	blocked-by-health	由运行状况闭锁
13	1-of-n-control	n 中取 1 控制
14	abortion-by-cancel	由取消异常中止
15	time-limit-over	超时
16	abortion-by-trip	由跳闸异常中止
17	object-not-selected	没有选择对象
18	object-already-selected	对象早已被选择
19	no-access-authority	无访问权限
20	ended-with-overshoot	因过调节结束
21	abortion-due-to-deviation	由于失常（偏差）异常中止
22	abortion-by-communication-loss	通信故障异常中止
23	unknown	未知
24	blocked-by-command	由命令闭锁
25	none	无错误
26	inconsistent-parameters	参数不一致
27	locked-by-other-client	由其他客户闭锁

31. 简述控制块（Control－Block，CB）类建模的定义。

答：控制块类建模为报告、日志、GSE 和 SV 定义的控制块类似于数据对象类一样建模。然而数据对象和控制块之间有功能的差异，数据对象用于和应用层功能接口，而控制块配置通信服务。变电站配置语言（SCL）将应用层信息的数据对象和通信服务模型（作为控制块定义）完全地区分开。

控制块的一般模型包含：CBName（控制块名），作为逻辑节点内的控制块唯一标识；CBRef（控制块引用），作为控制块；唯一路径名；Attribute 1 到 Attribute n 为特殊控制块所需要的属性；控制块服务；属性类型，定义控制块属性的数据类型。控制块（CB）类定义见表 2－18。

表 2－18　控制块（CB）类定义

控制块（CB）类			
属性名	属性类型	r/w	值/值域/解释
CBName	ObjectName	r	控制块（CB）实例实例名
CBRef	ObjectReference	r	控制块（CB）实例路径名
对报告处理器待定 IS 特定			
Attribute 1	Attribute 1 的类型	r/w	
…	…	…	
Attribute n	Attribute n 的类型	r/w	
服务 Service1 Service2			

32. 简述控制块触发条件（Trigger Conditions）的类型。

答：DL/T 860.72 定义的 Trigger Conditions 映射为定义的定长位串，位 0 为保留位，位 1～位 5 表示 data-change、quality-change、data-update、integrity、general-interrogation，具体含义见表 2－19，详细定义见 DL/T 860.72 第 17 章。

表 2－19　Trigger Conditions（触发条件）类型

位	属性名	属性类型 PACKED LIST	值/值域
1	data-change	BOOLEAN	与数据对象值的数据属性值改变有关
2	quality-change	BOOLEAN	与代表数据属性值品质改变有关
3	data-update	BOOLEAN	与刷新数据属性值触发事件有关
4	Integrity	BOOLEAN	完整性
5	general-interrogation	BOOLEAN	总召唤

33. 简述控制块触发原因（Reason Code）。

答： DL/T 860.72 定义的 Reason Code 映射为定长位串，位 0 为保留位，位 1～位 6 表示 data-change、quality-change、data-update、integrity、general-interrogation、application-trigger，具体含义参见 DL/T 860.72。按照引起产生 EntryData 的 TrgOps 设置包含的原因。包含的原因值按照引起日志条目产生的 TrgOps 设置。包含的原因值域见表 2－20。

表 2－20　Reason Code（触发原因）类型

属性名	属性类型 PACKED LIST	值/值域
data-change	BOOLEAN	仅当 TrgOp.dchg＝TRUE 时，可为 TRUE
quality-change	BOOLEAN	仅当 TrgOp.qchg＝TRUE 时，可为 TRUE
data-update	BOOLEAN	仅当 TrgOp.dupd＝TRUE，可为 TRUE
Integrity	BOOLEAN	仅当 IntgPd 不为零，且 TrgOp.integrity＝True，可为 TRUE
general-interrogation	BOOLEAN	仅当收到 GI=TRUE 且 TrgOp.general-interrogation=TRUE 的 SetBRCBValues 时，可为 TRUE
application-trigger	BOOLEAN	仅当触发来自于应用功能，可为 TRUE
AC LOG M：当 ReasonForInclusion 用于 LOG（日志）领域则出现该属性		

34. 简述缓存报告控制块的选项域（RCB OptFlds）。

答： DL/T 860.72 定义的缓存报告控制块的选项域（RCB OptFlds）映射为定长位串，长度为 10 比特位，每一比特位对应一个缓存报告的字段，比特位置 1 时表示缓存报告的报文中应包含此字段，反之不应包含。各比特位对应字段的定义见表 2－21。非缓存报告控制块的 buffer-overflow 位无效。

表 2－21　缓存报告控制块的选项域

位	值	含义
0	0	保留（Reserved）
1	0/1	序列号（sequence-number）
2	0/1	报告时标（report-time-stamp）
3	0/1	包含原因（reason-for-inclusion）
4	0/1	数据集名称（data-set-name）
5	0/1	数据引用（data-reference）
6	0/1	缓存区溢出（buffer-overflow）
7	0/1	条目标识（entryID）
8	0/1	配置版本（conf-revision）
9	0/1	分段（Segmentation）

35. 简述日志控制块的选项域（LCB OptFlds）。

答：DL/T 860.72 定义的日志控制块的选项域（LCB OptFlds）映射为定长位串，长度1位，始终置1。

36. 简述多播采样值控制块的选项域（MSVCB OptFlds）。

答：多播采样值控制块的选项域属性为客户特定选项域，它包含在由MSVCB发出的SV（采样值）报文中。DL/T 860.72 定义的多播采样值控制块的选项域（MSVCB OptFlds）映射为7.1.5定义的定长位串，长度5位，每位的定义见表2-22。

表2-22　多播采样值控制块的选项域

位	值	含义
0	0/1	刷新时间（refresh-time）
1	0/1	保留（reserved）
2	0/1	采样率（sample-rate）
3	0/1	数据集名（data-set-name）
4	0/1	安全（security）

37. 简述采样模式（SmpMod）的含义。

答：一种规定采样率单位的属性，定义为每个周期采样次数、每秒采样次数、每个采样点秒数。缺省值为每个周期采样点数。DL/T 860.72 定义的采样模式映射为ENUMERATED类型，采样模式的含义见表2-23。

表2-23　采样模式（SmpMod）

代码	值
0	samples per nominal period
1	samples per second
2	seconds per sample

38. 简述数据对象（DataObjects）的含义。

答：一个逻辑节点对象部分，代表特定信息，如状态或测量量。数据对象是由数据属性构成的公共数据类的命名实例。根据IEC 61850-7-2，逻辑节点由一个或多个数据对象组成。数据对象本身使用子数据对象构成，而子数据对象本身也能包含更小的子数据对象。数据对象及子数据对象的名称是基于MMS有名变量中数据的分层有名组件。在代表数据的MMS有名变量中，通过使用“$”界定分层的每一层，而在CMS中遵循IEC 61850的规定使用“.”作为分界符。

39. 简述 DL/T 860 通信服务的含义。

答： DL/T 860 通信服务可分为请求—响应模式、订阅—发布模式和测试模式三种交互模式。采用对象建模技术定义服务。服务接口采用抽象建模方法。抽象意味着着重在定义服务提供的描述。在（如何构建服务）设备间交换的具体报文和它们的编码不在标准的本部分定义。具体报文在特定通信服务映射（DL/T86O.8X、DL/T 860.9X 的 SCSM）中定义。

注：抽象允许对于不同要求采用合适的不同映射，并跟踪现代通信技术水平的发展，而不用改变模型及数据库等。

ACSI（抽象通信服务接口）为变电站设备定义了公共的公用事业服务。图 2-9 描述了两组通信服务。第 1 组采用客户—服务器模型，如控制或读数据值服务。第 2 组采用点到点通信（peer-to-peer）模型，它采用 GSE 服务（用于时间紧迫的，从一个 IED 到多个远方 IED 之间，如在继电保护 IED 之间快速和可靠地传输数据）和基于周期基础上传输的采样值服务。

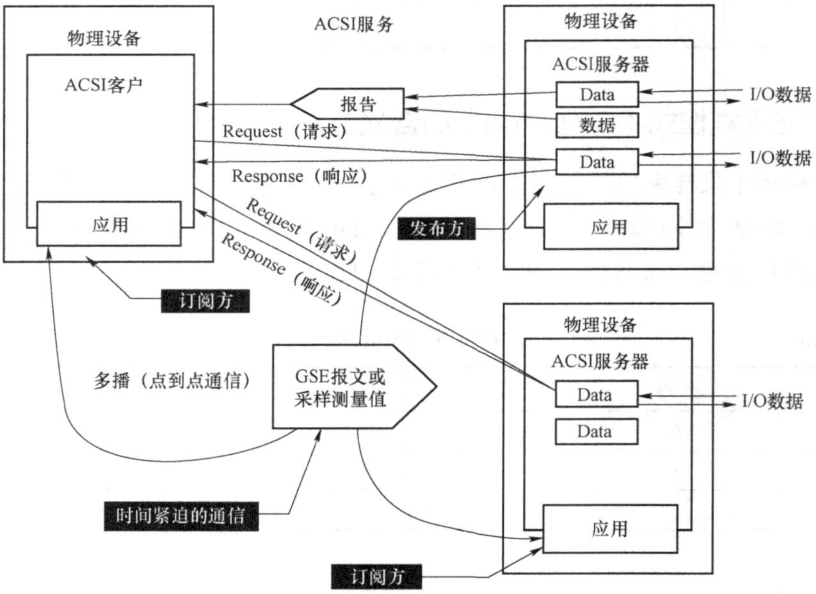

图 2-9　客户—服务器模型和点到点通信模型

实际客户和服务器可由各种通信系统连接起来，通信介质可能受地理条件和使用约束，如有限的比特率、专用数据链路层、使用时间受限制、卫星传输延时。系统可能是分层的，有少数中心点授权管理大量现场设备的交互。通信介质可有不同的配置，如点对多点、多点共线、网格、分层、局域网到广域网，以及充当路由器、网关或者集中器数据库等的中间节点等。

40. 简述关联（Associate）服务的含义。

答：关联服务是客户使用的，用于和特定服务器建立双边类型应用关联，建立应用层关联时，客户通过 serverAccessPointReference 指定所关联的访问点，服务器后续的所有服务均针对此访问点下的模型。如果未指定 serverAccessPointReference，服务器应使用缺省的访问点，或根据客户地址选择一个访问点。

41. 简述释放关联（Release）服务的含义。

答：释放关联服务用于圆满地断开客户和服务器之间的应用关联。圆满是指发出的全部服务请求在应用关联结束之前已完成，断开之后不发出新的请求。

42. 简述异常中止（Abort）服务的含义。

答：异常中止服务用于突然地断开客户和服务器之间的特定应用关联。突然意味着将舍弃发出的所有服务请求，服务不再处理。

43. 简述读服务器目录（GetServerDirectory）服务的含义。

答：读服务器目录服务用于获取全部逻辑设备和文件系统的名字列表，这些逻辑设备和文件系统由所寻址的服务器对请求客户变成可见并因此可访问。

44. 简述读逻辑设备目录（GetLogicalDeviceDirectory）服务的含义。

答：读逻辑设备目录服务用于获取指定逻辑设备的逻辑节点，如果请求时指定了 ldName，则响应的 lnReference 应为逻辑节点的名称。如果未指定 ldName，则应读取所有逻辑设备的逻辑节点，响应的 lnReference 应为逻辑节点的引用。这些逻辑节点由所引用的逻辑设备对请求客户变成可见并因此可访问。

45. 简述读逻辑节点目录（GetLogicalNodeDirectory）服务的含义。

答：读逻辑节点目录服务用于获取逻辑节点内的所有数据对象或控制块，可获取所请求类全部实例的 ObjectReference 表，这些实例由所引用的逻辑节点对请求客户变成可见并因此可访问。

46. 简述读所有数据值（GetAllDataValues）服务的含义。

答：读所有数据值服务用于获取指定逻辑设备或逻辑节点下所有数据对象的值，这些数据对象由所引用的逻辑节点对请求客户变成可见并因此可访问。

47. 简述读所有数据定义（GetAllDataDefinition）服务的含义。

答：读所有数据定义服务用于获取指定逻辑设备或逻辑节点下所有数据对象的定义。

48. 简述读所有控制块值（GetAllCBValues）服务的含义。

答：读所有控制块值服务用于获取指定逻辑设备或逻辑节点下所有控制块的值，控制块类型由 acsiClass 指定，如缓存报告控制块、非缓存报告控制块、定值控制块等。

49. 简述读数据值（GetDataValues）的含义。

答：读数据值服务用于获取一组数据对象或数据属性的值，这些数据对象由所引用的逻辑节点对请求客户变成可见并因此可访问。如果无法在一帧报文中返回所有数据的值，服务器应按顺序返回其中的部分结果，返回的每一个 value 应是完整的，同时设置 moreFollows 参数，通知客户数据未能完全响应。客户应根据响应的结果，修改参数队列，再次发起新的读数据值请求。

50. 简述读数据目录（GetDataDirectory）服务的含义。

答：读数据目录服务用于获取所引用数据对象的所有子数据对象和数据属性的引用名，子数据对象不包含功能约束，数据属性包含功能约束，数据对象由所引用的逻辑节点对请求客户变成可见并因此可访问。如果数据属性是嵌套结构，应按深度优先的顺序逐层返回数据属性引用。在 SCL 定义中，DA 对象含有 fc 定义，因此结果中应有 fc；DO 对象和 BDA 对象不含有 fc 定义，因此结果中无需包含 fc。

51. 简述读数据定义（GetDataDefinition）服务的含义。

答：读数据定义服务用于获取一组数据对象或数据属性的结构定义，数据对象由所引用的逻辑节点对请求客户变成可见并因此可访问。“完整”意味着获取每个数据属性的整个结构（树及其枝和叶），即全部嵌套数据属性。

52. 简述读数据集值（GetDataSetValues）服务的含义。

答：读数据集值服务用于获取数据集内全部 FCD 或 FCDA 的值，这些数据属性由所引用的数据集对请求客户变成可见并因此可访问。如果未指定 referenceAfter，应从数据集的第一个成员开始按顺序返回数据值。如果指定了 referenceAfter，应从 referenceAfter 成员之后按顺序返回数据集中的数据值。如果在一个 ASDU 中无法返回所有数据值，应设置 moreFollows 为 TRUE。如果数据集不存在或数据集中的某一个数据无法访问，应返回错误响应。

53. 简述设置数据集值（SetDataSetValues）服务的含义。

答：设置数据集值服务用于批量设置数据集中所有数据的值，每一个数据按数据集内的索引顺序排列。如果未指定 referenceAfter，应从数据集的第一个成员开始设置数据值。如果指定了 referenceAfter，应从 referenceAfter 成员之后按顺序设置数据值。设置数据集值服务不可用或全部设置失败时返回 Response–，全部或部分设置成功时返回 Response+。如果设置成功，则 result 的值为 no-error。如果设置失败，则 result 的值为具体的失败原因。

54. 简述创建数据集（CreateDataSet）服务的含义。

答： 创建数据集服务用于客户动态创建数据集，动态创建的数据集分为持久数据集和非持久数据集两类。非持久性数据集在关联释放后自动删除。与之相反，即使服务器重新启动，持久数据集也不自动删除。如果未指定 referenceAfter，表示创建一个新的数据集。如果指定了 referenceAfter，表示在现有数据集之后增加新的成员，referenceAfter 应为现有数据集的最后一个成员。预定义的数据集或已关联报告控制块的数据集不应再允许增加新成员。数据集成员应为 FCD 或 FCDA。

55. 简述删除数据集（DeleteDataSet）服务的含义。

答： 删除数据集服务用于请求服务器删除对请求客户可见并因此可访问的数据集。

56. 简述读数据集目录（GetDataSetDirectory）服务的含义。

答： 读数据目录服务用于获取由数据集所引用的对请求客户可见并因此可访问的全部数据集成员的 ObjectReference 列表。如果未指定 referenceAfter，表示从第一个成员开始读数据集目录。如果指定了 referenceAfter，表示从数据集的指定成员之后读数据集目录。

57. 简述选择激活定值组（SelectActiveSG）服务的含义。

答： 选择激活定值组服务用于将特定定值组值装载到激活缓冲区。定值组控制块引用参数包含定值组号，定值组号参数定义定值组的 ActSG 号（1～numOfSG），此参数用以确定特定的逻辑节点的数据对象新值（从服务请求中所规定的定值组取得定值的）。所有逻辑节点的定值数据对象的全部实例值被服务请求中所引用的定值组数据对象的新值代替。

58. 简述选择编辑定值组（SelectEditSG）服务的含义。

答： 选择编辑定值组服务用于设置所引用定值组控制块的编辑定值组值，定值组控制块由所引用的 LLN0 对请求客户变成可见并因此可访问。当关联断开后，在继续编辑（确认）编辑缓冲区的定值组之前，由客户负责校验 SGCB 属性。当关联断开后，重新发送选择编辑定值组服务重新将所选择的定值组值装入编辑缓冲区。

59. 简述设置编辑定值组值（SetEditSGValue）服务的含义。

答： 设置编辑定值组值服务用于修改一组定值数据，数据的功能约束自动识别为 SE，定值组控制块由所引用的 LLN0 对请求客户变成可见并因此可访问。仅在客户发出确认编辑定值组值服务对值确认后，设置的新值才变成有效。

60. 简述确认编辑定值组值（ConfirmEditSGValues）服务的含义。

答：确认编辑定值组值服务用于确认由选择编辑定值组服务写入的定值组（由属性编辑定值组标识）的值，写入的值将覆盖定值组控制块的定值组的旧值，定值组控制块由所引用的 LLN0 对请求客户变成可见并因此可访问。

61. 简述读编辑定值组值（GetEditSGValue）服务的含义。

答：读编辑定值组值服务用于获取定值组的数据对象，用于读取功能约束为 SG 或 SE 的数据，定值组由所引用的 LLN0 对请求客户变成可见并因此可访问。

62. 简述读定值组控制块值（GetSGCBValues）服务的含义。

答：读定值组控制块值服务用于获取所引用定值组控制块的属性值列表，定值组控制块由所引用的 LLN0 对请求客户变成可见并因此可访问。

63. 简述时间激活操作的含义。

答：时间激活操作（Time activated Operate）是控制模型的扩充，用“TimeActivedOperate”服务代替控制模型的“操作”服务。时间激活操作由 TimeActivedOperate 的请求和响应组成，响应通知请求客户命令是成功的并已经引起了时间激活过程，或者是不成功的。

64. 简述报告（Report）服务的含义。

答：报告分为缓存报告和非缓存报告，在 DL/T 860.72 中，缓存报告和非缓存报告的格式并不相同。为了简化处理，本规范将两种报告映射到同一个 Report 服务。报告服务用于从服务器向客户发送报告，报告服务是一个无确认服务，它仅由请求服务原语组成。服务器向客户发送数据集值，在特定通信服务映射中可由传输层确认这个服务。

65. 简述读缓存报告控制块值（GetBRCBValues）服务的含义。

答：读缓存报告控制块值服务用来获取缓存报告控制块的属性值，缓存报告控制块由引用的逻辑节点对请求客户变成可见并因此可访问。当无法在一帧报文中返回所有缓存报告控制块的值时，服务器应按顺序返回其中的部分结果，返回的每一个控制块的值应是完整的，同时设置 moreFollows 参数，通知客户数据未能完全响应。客户应根据响应的结果，修改参数队列，再次发起新的请求。如果请求队列中的某一个控制块无法访问，应返回错误原因，并继续处理下一个控制块。

66. 简述设置缓存报告控制块值（SetBRCBValues）服务的含义。

答：设置缓存报告控制块值服务用于修改缓存报告控制块内的一个或多个属性。除了

rptEna外，其他属性之间没有顺序要求，某一个属性设置失败时不应影响其他属性设置。如果设置序列中含有rptEna且其值为False，应先设置rptEna为False再设置其他属性。如果rptEna值为True，应先设置其他属性再设置rptEna。如果属性设置未全部成功，不应继续设置rptEna值为True。所有控制块均设置成功时返回Response+，部分或全部失败时返回Response–。在Response–中，无论设置成功或失败，应返回每个控制块的设置结果。如果某控制块的所有属性均设置成功，则该控制块result的内容为空。如果某控制块的部分属性设置失败，则该控制块result中应包含设置失败的属性，设置成功的属性不需列入。

67. 简述读非缓存报告控制块值（GetURCBValues）服务的含义。

答：客户使用读非缓存报告控制块值服务获取URCB的属性值，URCB由所引用的逻辑节点对请求客户变成可见并因此可访问。当无法在一帧报文中返回所有非缓存报告控制块的值时，服务器应按顺序返回其中的部分结果，返回的每一个控制块的值应是完整的，同时设置moreFollows参数，通知客户数据未能完全响应。客户应根据响应的结果，修改参数队列，再次发起新的请求。如果请求队列中的某一个控制块无法访问，应返回错误原因，并继续处理下一个控制块。

68. 简述设置非缓存报告控制块值（SetURCBValues）服务的含义。

答：客户使用设置非缓存报告控制块值服务设置URCB的属性值，URCB由所引用的逻辑节点对请求客户变成可见并可访问。设置非缓存报告控制块值服务用于修改非缓存报告控制块内的一个或多个属性。除了rptEna外，其他属性之间没有顺序要求，某一个属性设置失败时不应影响其他属性设置。如果设置序列中含有rptEna且其值为False，应先设置rptEna为False再设置其他属性。如果rptEna值为True，应先设置其他属性再设置rptEna。如果属性设置未全部成功，不应继续设置rptEna值为True。所有控制块均设置成功时返回Response+，部分或全部失败时返回Response–。在Response–中，无论设置成功或失败，应返回每个控制块的设置结果。如果某控制块的所有属性均设置成功，则该控制块result的内容为空。如果某控制块的部分属性设置失败，则该控制块result中应包含设置失败的属性，设置成功的属性不需列入。

69. 简述日志条目（LogEntry）的含义。

答：日志条目的entryData采用reference索引方式，reference和fc是日志条目数据的引用名和功能约束。日志条目时间属性是日志条目写入日志中的时间。这个时间和数据对象的时标不同，时标是引起产生日志条目事件发生的时间。

70. 简述读日志控制块值（GetLCBValues）服务的含义。

答：客户使用读日志控制块值服务获取LCB的属性值，LCB由所引用的逻辑节点对请求客户变成可见并因此可访问。

71. 简述设置日志控制块值（SetLCBValues）服务的含义。

答：客户使用设置日志控制块值服务用于修改日志控制块内的一个或多个属性。设置LCB的属性值，LCB由所引用的逻辑节点对请求客户变成可见并因此可访问。除了logEna外，其他属性之间没有顺序要求，某一个属性设置失败时不应影响其他属性设置。如果设置序列中含有logEna且其值为False，应先设置logEna为False再设置其他属性。如果logEna值为True，应先设置其他属性再设置logEna。如果属性设置未全部成功，不应继续设置logEna值为True。

72. 简述按时间查询日志（QueryLogByTime）服务的含义。

答：按时间查询日志服务用于从日志中获取一定时间范围（从RangeStartTime到RangeStopTime）的LOG条目。startTime表示查询服务的起始时间，如果未指定startTime，则表示从整个日志记录的第一条开始查询。stopTime查询服务的截止时间，如果未指定stopTime，则表示一直查询到整个日志记录的最后一条。如果查询得到的日志条目过多，无法在一次响应中返回，服务器应设置moreFollows为TRUE，以通知客户未能返回全部查询结果。客户可以用时间和ID再一次发起查询请求。

73. 简述查询指定条目之后的日志（QueryLogAfter）服务的含义。

答：客户使用查询指定条目之后的日志服务从所引用日志中获取一定范围的LOG条目。条目ID范围指RangeStartTime和Entry之后的条目。

74. 简述读日志状态值服务的含义。

答：读日志状态值服务用于获取日志的属性值，日志由所引用的逻辑节点对请求客户变成可见并因此可被访问。

75. 简述SV报文帧格式。

答：SV报文在MAC层的帧结构包括MAC目的地址（即组播地址）、MAC源地址、优先级标记（4字节标记）、以太网类型、AppID、报文长度、4字节的保留和APDU。表2–24为SV报文帧格式。

表2–24　　SV报文帧格式

MAC报头	MAC目的地址（6字节）
	MAC源地址（6字节）
优先级标记	标记的协议标识TPID（2字节标记）=0x8100
	标记的控制信息TCI（2字节）=0x0000

续表

网络数据类型	以太网类型（2 字节）=0x88BA
	AppID（2 字节）=0x4000～0x7FFF
	报文长度（2 字节）=8+m（m 是 APDU 长度）
	保留 1（2 字节）=0x0000
	保留 2（2 字节）=0x0000
	APDU

表 2－25 所示为 SV 的 APDU 报文格式。

表 2－25　　SV 的 APDU 报文格式

APDU 数据 T－L	标记 0x60，长度
ASDU 数目	标记 0x80，长度=01，ASDU 数目
ASDU 数据 T－L	标记 0xA2，长度
ASDU（1）T－L	标记 0x30，长度
SVID 字符串	标记 0x80，长度≤34，SVID 字符串
Datset 字符串	标记 0x81，长度≤19，Datset 字符串
样本计数器	标记 0x82，长度=2，SmpCnt
配置版本号	标记 0x83，长度=4，ConfRev
刷新时间（可选）	标记 0x84，长度=6，RefrTm
同步标记	标记 0x85，长度=1，Sync
采样率	标记 0x86，长度=2，SmpRate
采样值 T－L	标记 0x87，长度，值
通道 1	数据（4 字节），q（4 字节）
通道 2	数据（4 字节），q（4 字节）
……	

76. 解析以下 SV 报文，指出关键结构字段。

010CCD04000200C0000040028100A01488BA400200F2000000006081E7800101A281E13081DE80144D4C313130324D552F4C4C4E302E736D76636230820207F28304000000018501008781B8000005DC00000000FFFFE1A100000000FFFFE1A100000000FFFFEBC10000000000000A1F00000000FFFFF5E1000000000000000000000000FFFFEBC100000000000000000000000000000000000000000000000000000000000000000000FFFFFF9900000000FFFFFECA00000000FFFFE9BF00000000FFFFF12A00000000FFFFD73400000000FFFFF12A0000000000000000000000FFFFE25400000000FFFFE9BF00000000FFFFFC4B00000000FFFFDAE900000000

答：报文的关键结构字段如表 2－26 所示。

表 2－26　　报文的关键结构字段

010CCD040002	MAC 目的地址
00C000004002	MAC 源地址
8100A014	优先级标记
88BA	网络数据类型，9－2 报文
4002	AppID
00F2	从 AppID 开始的报文长度
00000000	保留字节
6081E7	标记 0x60（81，不定长，长度超过 127 字节），长度 E7
800101	标记 0x80，长度=01，ASDU 数目=01
A281E1	标记 0xA2（编码格式），长度 E1
3081DE	标记 0x30（编码格式），长度 DE
80144D4C313130324D552F4C4C4E302E736D76636230	标记 0x80，长度=14，SVID 字符串="ML1102MU/LLN0.smvcb0"
820207F2	标记 0x82，长度=02，采样计数器 07F2=2034
830400000001	标记 0x83，配置版本号
850100	标记 0x85，长度=01，同步标志，00 为没有同步
8781B8	标记 0x87，长度 B8=184，共 23 个数据
……	每个通道值和品质

77. 简述 GOOSE 报文帧格式。

答：GOOSE 报文在 MAC 层的帧结构包括 MAC 目的地址（即组播地址）、MAC 源地址、优先级标记（4 字节 Tag）、以太网类型、AppID、报文长度、4 字节的保留和 APDU。如表 2－27 所示为 GOOSE 的帧格式。

表 2－27　　GOOSE 帧 格 式

MAC 报头	MAC 目的地址（6 字节）
	MAC 源地址（6 字节）
优先级标记	标记的协议标识（2 字节标记）=0x8100
	标记的控制信息（2 字节）
网络数据类型	以太网类型（2 字节）=0x88B8
	AppID（2 字节）=0x0000～0x3FFF
	报文长度（2 字节）=8+m
	保留 1（2 字节）=0x0000
	保留 2（2 字节）=0x0000
	APDU

表 2－28 所示为 APDU 的格式。

表 2－28　　　　GOOSE 的 APDU 报文格式

APDU 数据 T－L	标记 0x61，长度
GoCBRef 字符串	标记 0x80，长度≤65，GOOSE 控制块索引
允许生存时间	标记 0x81，长度，t
Datset 字符串	标记 0x82，长度≤65，Datset 字符串
GoID	标记 0x83，长度≤65
StNum 时间	标记 0x84，长度=8，t
StNum 值	标记 0x85，长度≤5，StNum 值
SqNum	标记 0x86，长度≤5，SqNum 值
Test 位	标记 0x87，长度=1，test 值
配置版本号	标记 0x88，长度≤5，ConfRev
未配置好标志	标记 0x89，长度=1，Needs commissioning
GOOSE 的 ASN.1 编码单元个数	标记 0x8A，长度≤5，总个数
GOOSE 数据 T－L	标记 0xAB，长度
GOOSE 状态	标记 0x83，长度=1，stVal
	标记 0x84，长度=2，q
	标记 0x91，长度=8，t
GOOSE 整型	标记 0x85，长度=4，值（4 字节）
GOOSE 浮点	标记 0x87，长度=5，08H，浮点（4 字节）
……	

78. 解析以下 GOOSE 报文，指出各关键结构字段。

010CCD010020001000001020810 0C00088B8102000B1000000006181A68018504C3232 3031415049312F4C4C4E3024474F24676F636230810227108218504C3232303141504931 2F4C4C4E30246473474F4F5345308315504C3232303141504931 2F4C4C4E302E676F636230840 8592F12B63BA5B10A850103860100870100880101890100 8A0113AB398301018301008301 0083010083010083010083010083010083010083010083010083010083010083010083010083010083 0 100830100830100830101

答：报文的关键结构字段如表 2－29 所示。

表 2－29　　　　报文的关键结构字段

010CCD010020	MAC 目的地址
001000001020	MAC 源地址
8100C000	优先级标记

续表

88B8	网络数据类型，GOOSE 报文
1020	AppID
00B1	从 AppID 开始的报文长度
00000000	保留字节
6181A6	标记 0x61（81，不定长，长度超过 127 字节），长度 A6
8018504c32323031415049312f4c4c4e3024474f24676f636230	标记 80，长度=18，GOOSE 控制块索引=“PL2201API1/LLN0GOgocb0”
81022710	标记 81，长度 2，允许生存时间=2710
8218504C32323031415049312F4C4C4E30246473474F4F534530	标记 82，长度=18，DataSet 字符串=“PL2201API1/LLN0$dsGOOSE0”
8315504C32323031415049312F4C4c4E302E676F636230	标记 83，长度 15，GOID 字符串=“PL2201API1/LLN0.gocb0”
8408592F12B63BA5b10A	标记 84，长度 8，StNum 时间
850103	标记 85，长度 1，StNum 值 3
860100	标记 86，长度 1，SqNum 值 0
870100	标记 87，长度 1，test 值 0
880101	标记 88，长度 1，ConfRev 值 1
890100	标记 89，长度=1，Needs commissioning
8A0113	标记 8A，长度=1，编码单元个数 13
AB39	标记 AB，数据长度 39 字节数
……	数据值

79. 简述发送 GOOSE 消息（SendGOOSEMessage）服务的含义。

答：发送 GOOSE 消息服务通过多播应用关联发送 GOOSE 报文。

80. 简述读 GOOSE 引用（GetGoReference）服务的含义。

答：读 GOOSE 引用服务用于获取所引用 GoCB 的 DATA－SET 特定成员 MemberReferences。

81. 简述读 GOOSE 元素序号（GetGoElementNumbe）服务的含义。

答：读 GOOSE 元素序号服务用于获取和 GoCB 有关的数据集内所选择数据属性成员的位置。

82. 简述读 GOOSE 控制块值（GetGoCBValues）服务的含义。

答：读 GOOSE 控制块值服务用于获取 GoCB 的属性值。

83. 简述设置 GOOSE 控制块值（SetGoCBValues）服务的含义。

答： 设置 GOOSE 控制块值服务用于设置 GoCB 的属性值。

84. 简述发送 MSV 消息（SendMSVMessage）服务的含义。

答： 发送 MSV 消息服务用于从服务器向客户通过 MULTICAST－APPLICATION－ASSOCIATION 发送采样值。

85. 简述读多播采样值控制块值（GetMSVCBValues）服务的含义。

答： 读多播采样值控制块值服务用于获取 MSVCB 的属性值。

86. 简述设置多播采样值控制块值（SetMSVCBValues）的含义。

答： 设置多播采样值控制块值服务用于设置 MSVCB 的属性值。

87. 简述读文件属性值（GetFileAttributeValues）服务的含义。

答： 读文件属性值服务用于获得服务器文件存储器中服务 FileName 参数中所给名字对应文件的文件属性。

88. 简述列文件目录（GetFileDirectory）服务的含义。

答： 列文件目录服务用于列出服务器文件存储器中服务 FileName 参数中所给名字对应文件的文件目录。

89. 简述远程过程调用服务的含义。

答： 远程过程调用服务是 DL/T 860 通信报文技术规范定义的一组扩展服务，用于远程请求服务器执行特定功能，并返回执行结果。

90. 简述读远程调用接口目录服务的含义。

答： 读远程过程调用接口目录服务是 DL/T 860 通信报文技术规范定义的一组扩展服务，用于获取服务器所有可用的调用接口。

91. 简述读远程调用方法目录服务的含义。

答： 读远程过程调用方法目录服务是 DL/T 860 通信报文技术规范定义的一组扩展服务，用于获取指定调用接口的所有方法的名称。

92. 简述读远程调用接口定义服务的含义。

答： 读远程过程调用接口定义服务是 DL/T 860 通信报文技术规范定义的一组扩展服务，用于获取指定接口的所有方法的定义。

93. 简述读远程调用方法定义服务的含义。

答：读远程过程调用方法定义服务是DL/T 860通信报文技术规范定义的一组扩展服务，用于获取一组方法的定义。

94. 简述Test服务的含义。

答：Test服务主要用于通信连接的双方测试链路是否正常、对方是否能正确响应请求。

95. 简述关联协商（AssociateNegotiate）服务的含义。

答：关联协商服务是在建立TCP连接后、关联服务之前为双方协商通信服务参数的一系列服务。

96. 简述一致性测试（Conformance test）的含义。

答：一致性测试是表明产品严格遵守DL/T 860系列标准，具备与其他IED互连运行的能力。

97. 通信安全威胁通常包括哪几类?

答：通信安全威胁通常包括以下4类：

（1）未经授权访问信息；

（2）未经授权修改或窃取信息；

（3）拒绝服务；

（4）抵赖或不可追溯。

98. 简述计算机用户或软件的基本安全需求的含义。

答：（1）机密性（Confidentiality）：防止对信息的未经授权访问。如数据在通过通信协议编码传输的过程中不被旁路监听。

（2）完整性（Integrity）：防止未经授权修改或窃取信息。如传输数据不可篡改。

（3）可用性（Availability）：防止拒绝服务和保证对信息的授权访问。

（4）不可抵赖性或可追溯性（Non-repudiation or Accountability）：防止否认已发生的行为或伪称发生了行为（实际上并没发生）。

99. 简述变电站通信安全（Transformer Substation Communication Security）的含义。

答：变电站内设备之间实现安全通信的能力，主要包括站控层与过程层网络的安全防护。

100. 简述数字证书管理系统（Digital Certificate Management System）的含义。

答：该系统为变电站内设备签发数字证书，为实现数字签名、加解密及认证技术提供载体，并为实现设备间的安全通信提供基础技术支撑。

101. 简述数字证书（Digital Certificate）的含义。

答：数字证书是指在互联网通信中标志通信各方身份信息的一个数字认证。

102. 简述数字证书管理过程（Digital Certificate Management Process）的含义。

答：对数字证书进行管理的全过程，包括证书注册申请（RA）、数字证书颁发（CA）、数字证书撤销等阶段。

103. 简述数字证书申请过程（Digital Certificate Application Process）的含义。

答：数字证书申请的全过程，包括：

（1）装置发起证书签名申请（Certificate Signning Request，CSR）给RA / CA进行授权和认证。

（2）CSR信息经RA注册，并验证证书签名请求与装置身份是否相符；验证合法性后，RA请求CA颁发数字证书。

（3）CA根据申请者名称及公钥，依据证书颁发机构名称并选择序列号、有效期等信息创建公钥证书并签名；然后，CA通过RA将证书发送给装置。

（4）装置对从CA接收到的数字证书执行签名验证，验证通过后生效。

104. 简述证书撤销（Certificate Revocation）的含义。

答：在一些特定情况下对数字证书进行撤销的过程，包括但不限于以下情况：

（1）装置私钥怀疑泄露；

（2）CA遭受入侵或CA根证书的私钥怀疑泄露；

（3）已作废的公钥证书；

（4）装置的生命终结；

（5）装置的隶属关系发生变化。

105. 简述证书有效性验证（Digital Certificate Validity verification）的含义。

答：装置在应用数字证书前对其有效性进行验证的过程，验证的内容至少包括：

（1）装置数字证书的有效期；

（2）公钥证书的数字签名及来自 CA 信任链的所有路径证书；

（3）证书的撤销状态。

106. 简述密钥（Secret Key）的含义。

答：在明文转换为密文或将密文转换为明文的算法中输入的参数。

107. 密钥加密算法（Secret Key Encryption Algorithm）

答：发送和接收数据的双方共同确定的对明文进行加密运算的方法，包括对称算法和非对称算法。

108. 简述传输层安全（Transport Layer Security）的含义。

答：在 OSI 体系中的传输层实现的通信安全。利用密钥算法提供端点身份认证与通信保密，其基础是公钥基础设施。

109. 简述通信网关（Communication Gateway）的含义。

答：在通信过程中既作为客户与服务器通信，也作为服务器与另一客户通信，并在通信过程中起到居中隔离作用的一类通信设备。

110. 简述通信网关模型（Communication Gateway Models）的含义。

答：通信网关用于与站内设备或主站通信时所采用的数据模型。

111. 简述通信网关的实现（Communication Gateway Realization）的含义。

答：通信网关的软件至少包含 3 个部分，站内 IED 通信模块、主站通信模块、数据模型和数据库。通过提供一系列服务实现通信网关所有功能的过程，这些服务包括：

（1）数据集和报告服务；

（2）控制和定值服务；

（3）日志和取代服务；

（4）文件服务。

第三章

变电站二次系统数据及系统配置

1. 简述变电站二次系统数据分类。

答：二次系统数据按用途可分为运行信息、动作信息、告警信息、监测信息、诊断维护信息、控制命令六类。

（1）运行信息反映电网及一次设备、二次设备和辅助设备的运行工况，与电网生产、运行密切相关，包括电网量测数据、一次设备位置状态、操作把手、压板状态、保护遥信、装置参数定值等；

（2）动作信息包括断路器、继电保护及安全自动装置动作出口等；

（3）告警信息包括一次设备及其操动机构异常信号、回路异常信号、量测越限信号、二次设备和辅助设备的故障及异常信号、通信异常信号、设备内部运行状态变化的告知信号及综合告警信息等；

（4）监测信息包括一次设备在线监测数据、二次设备在线监测数据、辅助设备在线监测数据等；

（5）诊断维护信息包括配置和运行过程中生成的各类记录数据，主要用于变电站二次系统生产运维管理；

（6）控制命令含远方或就地控制的电网运行工作方式调节、辅助设备操作，分为遥控、遥调、保护远方操作、顺序控制等操作指令。

2. 简述智能变电站报文的类型。

答：（1）类型 1 快速报文。该类型的报文一般包含数据、命令或简单报文等简单二进制编码，如“跳闸”“合闸”“重合”“启动”“停止”“闭锁”“解锁”“触发”“解除”“状态变化”，也可能有某些功能的状态。智能电子设备在正常情况下接收到该报文后，由接收该类型报文的相关功能以某种方式立即响应，否则没必要采用快速报文。

（2）类型 1A“跳闸”。跳闸是变电站中最重要的快速报文。因此，与其他快速报文相比，该报文具有更高的要求。连锁、联跳（intertrip）和保护功能间逻辑识别可能有同样性能要求。

（3）类型 1B“其他”。除类型 1 快速报文和跳闸报文之外的其他快速报文对自动化系统与过程相互作用比较重要，但与跳闸报文相比，要求较低。

（4）类型2中速报文。这类报文报文产生的时刻非常关键，而传输时间则不那么重要。智能电子设备中具有时钟，发送方设置时标并应包含在该类报文中。在正常情况下，经过内部时间延迟，接收方作出响应，依据报文中时标给定的时间进行计算。正常“状态”信息也属于该报文类型。这种类型的报文也可以采用另一种方式，包含一个单独的测量变量，如从第4类信号计算出来的一个均方根值，总传输时间必须小于100ms。

（5）类型3低速报文。这种类型包括需要时标的复杂报文，用于慢速自动控制功能、传输事件记录、读取或改变设定点的值，还有系统数据一般显示。是否需要时标将由实际应用说明（通常有时标，例外时无时标）。普通报警/事件处理的带时标报警和事件、温度之类的非电气测量等报文也属于该类型，但某些自动化功能和某些慢速功能的特定物理量（如压力）可能要求类型2报文，总传输时间应小于500ms。

（6）类型 4 原始数据报文。该报文类型一般包含数字变送器和数字互感器的输出数据，与传感器技术无关（电磁、光学等）。数据由来自每个智能电子设备的连续同步数据流构成，来自其他智能电子设备的数据也混于其中。

（7）类型5文件传输功能。该类型报文用于传输，如记录、信息用途数据、定值等大型数据文件。为了允许其他通信网络活动，必须将数据分割成限定长度的数据块。该文件类型通信信息片位长典型不小于512位。传输时间不重要，无具体限制，一般要求时间不少于1000ms。

（8）类型6时间同步报文。该报文类型用于同步变电站自动化系统内智能电子设备内部时钟。根据不同的目的（事件时标或原始数据采样精度）而要求不同级别的时间同步精度。

（9）类型7访问控制命令报文。该报文类型用于传输控制命令，控制命令由要求较高安全性的本地或远程人机接口功能发出。所有使用的报文都应包含访问控制。这种类型的报文基于类型3，并加上了额外的口令和（或）验证过程。

3. 简述隔离交换机的含义。

答：部署在变电站站控层网络上专门用来网络隔离的交换机。隔离交换机独立配置，仅用来连接需要隔离的不同网络上的交换机，不允许接入其他需要通信的普通设备，隔离交换机支持 VLAN、端口流量控制等功能，实现连接的多个网络的报文和流量的限制与隔离，避免某一个网络出现异常冲击其他网络。

4. 简述变电站的网络架构与组网方案。

答：变电站网络架构与组网方案要求如下：

（1）站控层网络应分为安全Ⅰ区、安全Ⅱ区和安全Ⅳ区，网络架构见图3－1。

（2）站控层网络通过隔离交换机分隔为A、B、C三套网络，双重化配置的A套保护及安全稳定控制装置接入A网，双重化配置的B套保护及安全稳定控制装置接入B网，站控层设备和单套配置的保护、安全自动装置、测控装置接入 C 网。A/B/C 网均双重化配置（以下分别称之为A1/A2、B1/B2网和C1/C2网），参见图3－2。

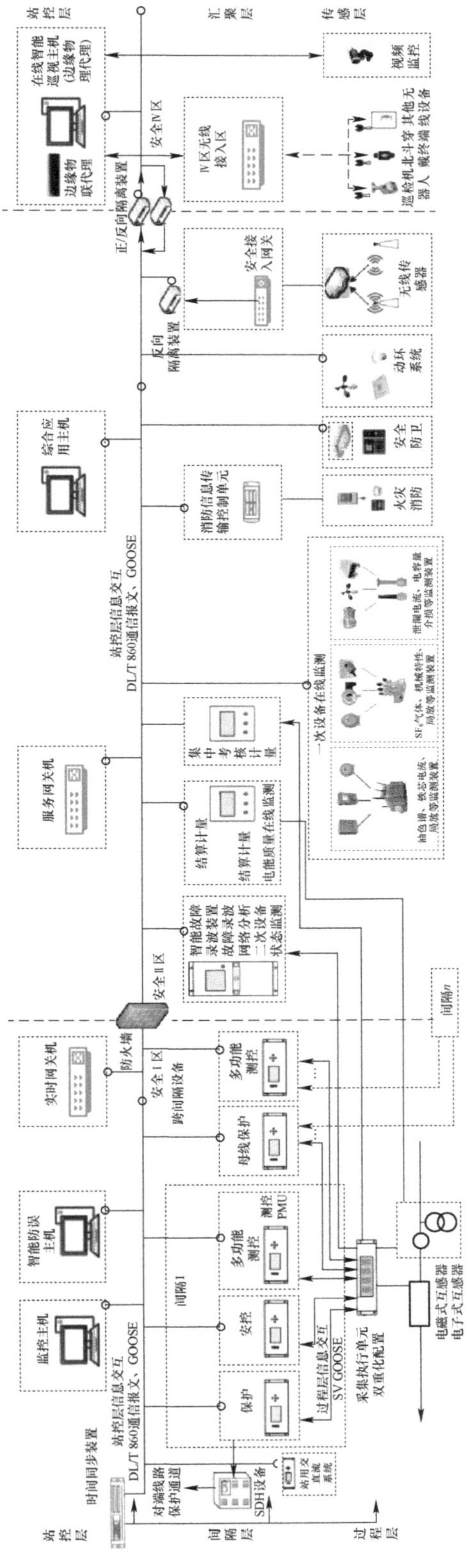
站控层
汇聚层
传感层
在线智能巡视主机(边缘物理代理)
边缘物联代理
视频监控
安全Ⅳ区
Ⅳ区无线接入区
巡检机器人
北斗穿戴终端
其他无线设备
正/反向隔离装置
安全接入网关
无线传感器
反向隔离装置
动环系统
综合应用主机
安全防卫
火灾消防
消防信息传输控制单元
站控层信息交互
DL/T 860通信报文、GOOSE
一次设备在线监测
泄漏电流、电容量介损等监测装置
服务网关机
集中考核计量
结算计量
电能质量在线监测
智能故障录波装置
故障录波
网络分析
二次设备状态监测
安全Ⅱ区
间隔n
实时网关机
防火墙
安全Ⅰ区
跨间隔设备
多功能测控
母线保护
智能防误主机
间隔1
测控
PMU
监控主机
安控
保护
过程层信息交互
SV GOOSE
采集执行单元双重化配置
电磁式互感器
电子式互感器
时间同步装置
对端线路保护通道
SDH设备
站用交直流系统
间隔层
过程层

图3－1　网络架构示意图

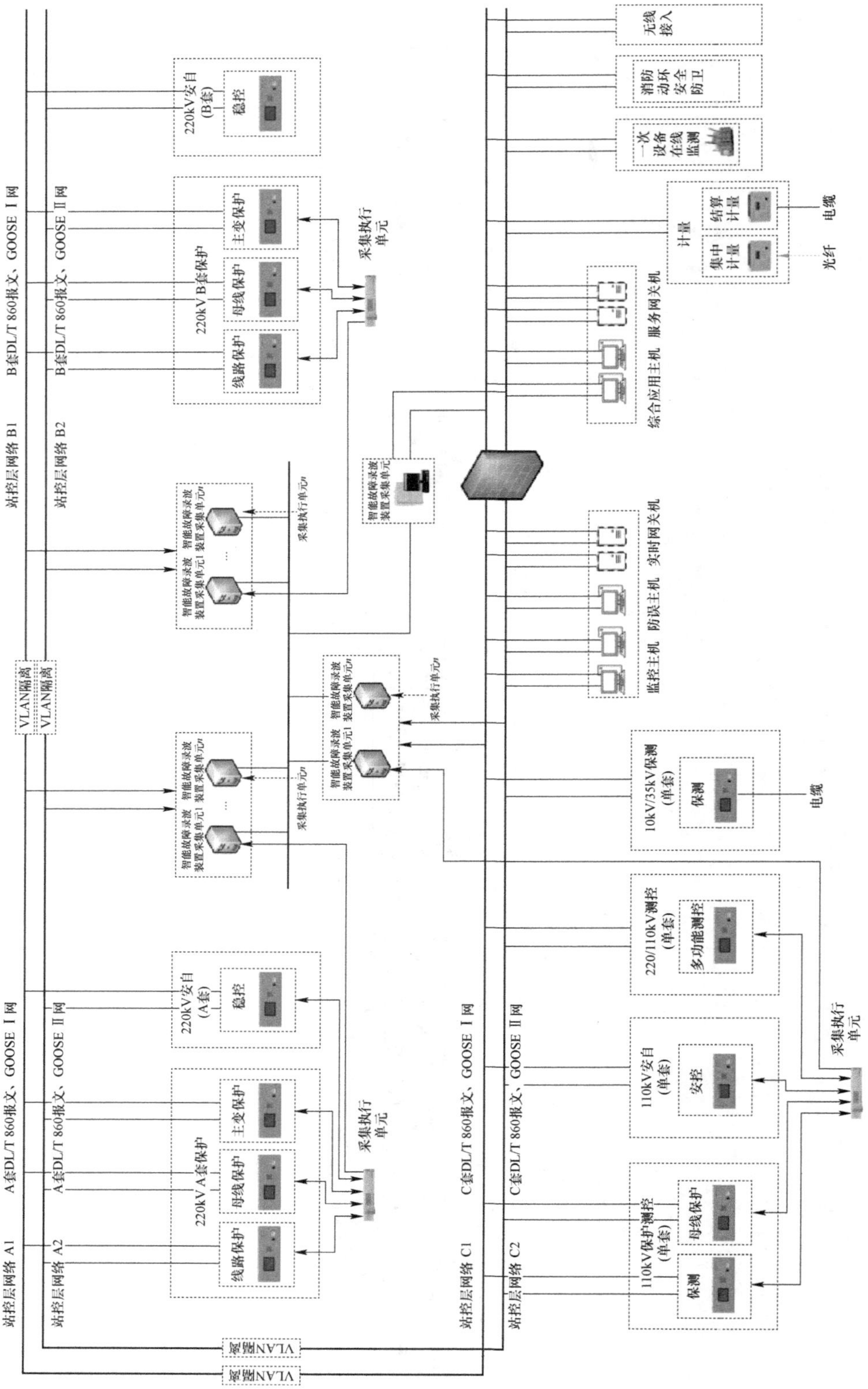

图3-2 220kV变电站组网方案示意图

（3）不宜单独配置过程层网络，间隔内保护、安全稳定控制、测控等装置采用光纤点对点方式实现直接采样和跳合闸。

（4）智能故障录波装置采集单元通过点对点方式接收采集执行单元 SV/GOOSE 报文，通过网络方式接收站控层网络 GOOSE 报文。智能故障录波装置采集单元和管理单元单独组网。

（5）集中考核计量宜采用光纤点对点采样。

（6）接入站控层网络的保护控制设备输出 DL/T 860 通信报文和 GOOSE 报文应共用同一网口传输。

（7）不同电压等级二次设备应接入同一个站控层网络。

（8）应采用防火墙隔离 GOOSE 数据在Ⅰ/Ⅱ区间跨区传输。

5. 简述 110（66）～220kV 变电站网络结构配置要求。

答：（1）站控层网络分为安全Ⅰ区、安全Ⅱ区和安全Ⅳ区，宜采用星型结构的高速以太网，传输速率不低于 100Mbit/s。

（2）安全Ⅰ区、安全Ⅱ区站控层网络宜按双网配置，应采取措施防止任一网络异常影响其他网络；安全Ⅳ区站控层网络宜按单网配置。

（3）采集执行单元至保护、测控、计量、智能故障录波装置之间宜采用 SV/GOOSE 共口的光纤点对点通信方式。

（4）站控层网络承载站控层、间隔层设备之间的通信报文，包括保护、测控装置之间的跨间隔 GOOSE 通信报文，以及保护、测控装置发送至智能故障录波器装置的其他 GOOSE 报文。保护、测控装置至站控层网络宜采用 DL/T 860 通信报文和 GOOSE 报文共口通信方式，110（66）kV 及以上电压等级宜采用光纤接口，10～35kV 电压等级可采用 RJ45 电口。

（5）220kV 变电站安全Ⅰ区站控层网络通过隔离交换机分隔为Ⅰ、Ⅱ、Ⅲ三套功能子网，双重化配置的第 1 套保护及安全自动装置接入Ⅰ网，双重化配置的第 2 套保护及安全自动装置接入Ⅱ网，站控层设备和单套配置的保护、测控、安全自动装置接入Ⅲ网；Ⅰ/Ⅱ/Ⅲ网宜冗余配置。

（6）110kV 变电站安全Ⅰ区、安全Ⅱ区站控层网络宜按双网配置，主变压器及各电压等级间隔层设备统一接入站控层网络。

（7）全站智能故障录波装置采集单元和管理单元宜单独组网。

（8）全站计量装置宜单独组建单套网络。

（9）不宜单独配置过程层网络，保护、测控、安全稳定控制装置宜采用光纤点对点方式实现直接采样和跳合闸；当备自投、低频低压减载和主变压器过负荷联切等安全自动装置需要跨间隔动作 4 个及以上 110（66）kV 间隔时，110（66）kV 可在相关间隔层及过程层设备间组建单套网络。

（10）应选用满足现场运行环境要求的安全可控工业交换机，传输速率不低于100Mbit/s，级联接口应支持1000Mbit/s。任两个IED之间的GOOSE实时数据传输路由不宜超过4个交换机。应根据IED数量合理设置交换机，每台交换机保留适量的备用端口。

6. 简述220kV变电站站控层设备配置原则。

答：220kV变电站站控层设备配置应满足以下原则：

（1）主辅一体化监控主机2台；

（2）综合应用主机2台；

（3）智能防误主机1台；

（4）在线智能巡视主机1台；

（5）实时网关机2台；

（6）服务网关机2台。

7. 简述330～750kV变电站测控装置配置要求。

答：（1）3/2断路器接线的330kV及以上电压等级断路器宜单套独立配置测控装置；双母线接线的330（220）kV电压等级宜按间隔单套独立配置测控装置。

（2）3/2断路器接线的330kV及以上电压等级线路测量功能宜由边断路器测控装置实现，也可独立配置测控装置。

（3）主变压器高、中压侧采用3/2断路器接线时，测量功能宜由边断路器测控装置实现，也可独立配置单套测控装置；主变压器高、中压侧采用双母线接线时，宜单套独立配置测控装置；主变压器低压侧及本体测控装置宜单套独立配置。

（4）各电压等级母线配置单套测控装置。根据电压等级及设备布置情况配置公用测控装置。

（5）330～750kV高压并联电抗器测控装置宜单套独立配置。

（6）35（10）～110kV间隔（主变压器除外）宜采用单套保护测控集成装置。35（10）kV开关柜宜采用常规电缆连接方式进行采样和跳闸的保护测控集成装置。

8. 简述110（66）～220kV变电站测控装置配置要求。

答：（1）220kV间隔宜配置单套多功能测控装置，多功能测控装置可根据需要集成PMU采集功能；220kV变电站主变压器各侧及本体测控装置均宜独立配置。

（2）10～110（66）kV间隔（主变压器除外）宜采用单套保护测控集成装置；110（66）kV主变压器各侧宜独立配置，本体测控装置可独立配置。

9. 简述330～750kV变电站继电保护装置配置方案。

答：（1）220kV及以上电压等级线路、母联（分段）、母线、主变压器（高压并联电抗器）电气量保护应按双重化配置；主变压器（高压并联电抗器）非电量保护宜单套配置，集成于主变压器（高压并联电抗器）本体采集执行单元，采用电缆直接跳闸方式。

（2）3/2 断路器接线的断路器保护应按双重化配置。

（3）35（10）～110kV 各间隔保护宜单套配置，采用保护测控集成装置。

（4）66kV 母线保护宜单套配置。330kV 变电站的 110kV 母线保护应按双套配置。

（5）对于大于 80km 的长线路或路径地形复杂、巡检不便的线路，应配置专用故障测距装置；大于 50km 的 220kV 及以上的线路可配置故障测距装置。行波测距装置采样值采用模拟量采样，数据采样频率应大于 500kHz。

10. 简述 220kV 变电站 220kV 间隔保护的配置方案。

答：220kV 线路、母联（分段）、母线、主变压器电气量保护应按双重化配置；220kV 主变压器非电量保护宜单套配置，集成于主变压器本体采集执行单元，采用电缆直接跳闸方式。

11. 简述 110（66）～220kV 变电站 110（66）kV 间隔保护的配置方案。

答：110（66）kV 各间隔保护、母线保护宜单套配置；110（66）kV 变电站主变压器电气量保护宜双套配置；主变压器非电量保护宜单套配置，集成于主变压器本体采集执行单元，采用电缆直接跳闸方式。

12. 简述 330～750kV 变电站安全自动装置技术要求和配置。

答：（1）系统安全稳定控制装置应根据接入后的系统稳定计算确定是否配置。

（2）若需配置，安全稳定控制装置按双重化配置。

（3）安全稳定控制装置与采集执行单元之间宜采用 SV/GOOSE 点对点共口通信方式；安全自动装置与采集执行单元之间也可采用 SV 直接采样、GOOSE 网络传输方式。

13. 简述 110（66）～220kV 变电站安全自动装置技术要求和配置。

答：（1）备用电源自动投入装置、低频低压减载装置、安全稳定控制装置宜独立设置。

（2）220kV 变电站安全稳定控制装置与采集执行单元之间宜采用 SV/GOOSE 点对点共口通信方式；低频低压减载、备自投、主变压器过负荷联切等安全自动装置与采集执行单元之间也可采用 SV 直接采样、GOOSE 网络传输方式，与 35（10）kV 保护测控集成装置之间通信可采用经站控层网络 GOOSE 报文传输方式。

（3）110（66）kV 变电站备自投装置、低频低压减载装置、主变压器过负荷联切、安全稳定控制装置与采集执行单元之间宜采用 SV/GOOSE 点对点共口通信方式，与 35（10）kV 保护测控集成装置之间通信可采用经站控层网络 GOOSE 报文传输方式。

14. 简述330～750kV变电站电能计量技术要求和计量装置配置要求。

答：（1）贸易结算点宜配置独立的结算计量装置，采用电缆模拟量采样，当贸易结算点需要具备电能质量在线监测功能时，该功能宜与结算计量装置集成。

（2）考核计量点可采用集中计量装置，集中计量装置宜根据站内规模统一配置，集中计量装置以点对点方式与采集执行单元通信。

（3）35（10）kV电压等级配电装置若采用开关柜，宜独立配置计量表计，分散就地安装至开关柜。

（4）计量装置应具备不少于2个RJ45以太网口，宜单独组网后接入站控层网络；服务网关机通过IEC 60870－5－102规约上送计量信息至计量主站，电能质量在线监测信息以DL/T 860规约上送主站；电能量采集终端功能集成在服务网关机内。

15. 简述220kV变电站采集执行单元的配置原则。

答：（1）220kV各间隔（线路、主变压器进线、母联、分段）采集执行单元宜冗余配置，断路器操作箱可独立配置，操作回路应满足双重化保护的要求。

（2）对于220kV母线间隔，用于采集母线电压并实现电压并列功能的采集执行单元宜在双重化基础上冗余配置，不考虑双母线分段接线的横向并列；用于母线间隔开关量信息接入的采集执行单元宜按母线段单套独立配置。

（3）110（66）kV各间隔（主变压器间隔除外）采集执行单元宜单套配置，应集成断路器操作回路。

（4）对于110（66）kV母线间隔，用于采集母线电压并实现电压并列功能的采集执行单元宜双重化配置，不考虑双母线分段接线的横向并列；用于母线间隔开关量信息接入的采集执行单元宜按母线段单套独立配置。

（5）35kV及以下电压等级（主变压器间隔除外）保护测控下放布置时，不宜配置采集执行单元，保护测控集中布置时可配置单套采集执行单元。

（6）主变压器各侧采集执行单元宜冗余配置，主变压器本体采集执行单元单套配置，含非电量保护功能。220kV采用双母线接线或双母线分段接线时，主变压器本体采集执行单元不宜单独配置，各侧中性点零序电流接入各侧采集执行单元；220kV采用桥接线时，主变压器本体采集执行单元宜单独配置，用于接入中性点零序电流和套管计量、测量电流。

（7）采集执行单元宜分散布置于配电装置场地。

16. 简述110（66）kV变电站采集执行单元的配置原则。

答：（1）110（66）kV各间隔（主变压器间隔除外）采集执行单元宜单套配置，应集成断路器操作回路。

（2）对于110（66）kV母线间隔，用于采集母线电压并实现电压并列功能的采集执行单元宜双重化配置，双母线分段接线不宜考虑横向并列；用于母线间隔开关量信息接入的采集执行单元宜按母线段单套独立配置。

（3）35kV及以下电压等级（主变压器间隔除外）保护测控下放布置时，不宜配置采集执行单元，保护测控集中布置时可配置单套采集执行单元。

（4）主变压器各侧采集执行单元宜冗余配置，主变压器本体采集执行单元单套配置，含非电量保护功能；110（66）kV采用单母线（分段）接线或双母线接线时，主变压器本体合并单元不宜单独配置，各侧中性点零序电流接入各侧采集执行单元；110（66）kV采用桥接线时，主变压器本体采集执行单元宜单独配置，用于中性点零序电流接入和套管计量、测量电流接入。

（5）采集执行单元宜分散布置于配电装置场地。

17. 简述330～750kV变电站交换机配置原则。

答：（1）站控层Ⅰ、Ⅱ网中心交换机接入隔离交换机，并级联220kV及以上电压等级和主变压器站控层Ⅰ、Ⅱ网间隔交换机，端口数量宜按变电站远景规模配置；站控层Ⅰ、Ⅱ网间隔交换机分别接入双套配置的保护设备，宜按电压等级配置。

（2）站控层Ⅲ网中心交换机接入站控层设备、隔离交换机，并级联各电压等级站控层Ⅲ网间隔交换机，端口数量宜按变电站远景规模配置；站控层Ⅲ间隔交换机接入单套配置的保护、测控、安全自动装置，宜按电压等级配置。

（3）站控层Ⅲ网中心交换机宜配置电口交换机及光口交换机，其中电口交换机接入主辅一体化监控主机和实时网关机等站控层设备，光口交换机级联各电压等级间隔交换机；站控层Ⅰ、Ⅱ、Ⅲ网间隔交换机均宜配置光口交换机。

（4）两台主辅一体化监控主机之间的数据同步报文宜限制在同一台交换机内传输，两台综合应用主机之间的数据同步报文宜限制在同一台交换机内传输。

（5）宜按单网配置计量交换机，计量交换机宜采用电口交换机。

18. 简述220kV变电站交换机技术要求和配置。

答：（1）站控层Ⅰ、Ⅱ网交换机分别接入220kV及主变压器Ⅰ、Ⅱ套保护设备，并通过隔离交换机接入站控层Ⅲ网中心交换机。

（2）站控层Ⅲ网中心交换机接入站控层设备、隔离交换机，并级联各电压等级站控层Ⅲ网间隔交换机，端口数量宜按变电站远景规模配置；站控层Ⅲ网间隔交换机接入单套配置的保护、测控、安全自动装置，宜按电压等级配置。

（3）站控层Ⅲ网中心交换机宜配置电口交换机及光口交换机，其中电口交换机接入主辅一体化监控主机和实时网关机等站控层设备，光口交换机级联各电压等级间隔交换机；站控层Ⅰ、Ⅱ、Ⅲ网间隔交换机均宜配置光口交换机，10～35kV站控层Ⅲ网间隔交换机可配置电口交换机。

（4）两台主辅一体化监控主机之间的数据同步报文宜限制在同一台交换机内传输，两台综合应用主机之间的数据同步报文宜限制在同一台交换机内传输。

（5）宜按单网配置计量交换机，计量交换机宜采用电口交换机。

19. 简述 110（66）kV 变电站交换机技术要求和配置。

答：（1）站控层中心交换机接入站控层设备，并级联各电压等级站控层间隔交换机，端口数量宜按变电站远景规模配置；站控层间隔交换机接入间隔层设备，宜按电压等级配置。

（2）站控层中心交换机分别配置电口交换机及光口交换机，其中电口交换机接入主辅一体化监控主机和实时网关机等站控层设备，光口交换机级联各电压等级间隔交换机；站控层间隔交换机均配置光口交换机，10～35kV 站控层Ⅲ网间隔交换机可配置电口交换机。

（3）两台主辅一体化监控主机之间的数据同步报文宜限制在同一台交换机内传输。

（4）宜按单网配置计量交换机，计量交换机宜采用电口交换机。

20. 简述变电站全站时间同步系统配置要求。

答：（1）变电站应配置 1 套全站公用的时间同步系统，主时钟应双重化配置，支持北斗系统和 GPS 系统单向标准授时信号，优先采用北斗系统，时钟同步精度和守时精度满足站内所有设备的对时精度要求。

（2）站控层设备宜采用 SNTP 网络对时方式。

（3）间隔层和过程层设备宜采用 IRIG－B（D3）码对时方式。

21. 简述变电站调度数据网接入设备配置要求。

答：（1）具备网络信息传输通道条件时，变电站宜配置两套调度数据网络接入设备，实现双平面接入调度主站及集控站，并应能满足调度主站和集控站业务流量及带宽需求。

（2）变电站与调度中心安全区Ⅰ、安全区Ⅱ间通信宜采用双平面调度数据网通道，每一平面各采用带宽不小于 2×2Mbit/s 的接入通道。当变电站具备电能质量在线监测和同步相量测量功能时，应根据监测回路数量合理配置通道带宽。

（3）变电站与集控站安全Ⅰ区、安全Ⅱ区间通信宜采用双平面调度数据网通道，对于 500、330kV 变电站每一平面采用带宽不小于 3×2Mbit/s 的接入通道，对于 220kV 变电站，每一平面采用带宽不小于 3×2Mbit/s 的接入通道，对于 110（66）kV 变电站，每一平面采用带宽不小于 2×2Mbit/s 的接入通道。

22. 简述变电站二次系统安全防护配置要求。

答：（1）变电站电力监控系统安全防护应满足 GB/T 36572—2018《电力监控系统网络安全防护导则》的要求。

（2）安全Ⅰ区和安全Ⅱ区之间设置防火墙，安全Ⅱ区与安全Ⅳ区之间设置正反向安全隔离装置。

（3）安全Ⅰ区、安全Ⅱ区至调度数据网间设置纵向加密认证装置，安全Ⅳ区至综合数据网外部系统间设置防火墙。

23. 简述变电站一体化电源系统装置构成及其部署。

答：（1）变电站宜采用由站用交流电源、直流电源、不间断电源（UPS）、直流变换电源（DC/DC）等装置组成的一体化电源系统。

（2）一体化电源系统部署在安全Ⅰ区。

（3）运行工况和信息数据应能统一监视控制并向主辅一体化监控主机、实时网关机传输实时数据。

24. 简述变电站的智能控制柜如何配置直流供电回路。

答：智能控制柜宜以柜为单位配置直流供电回路，当智能控制柜内同时布置有双重化配置的保护、采集执行单元等装置时，双重化配置的装置应采用不同段直流电源，且各智能装置应采用独立直流空气开关单独引接。

25. 简述 220、110kV 变电站应该如何配置蓄电池、充电装置、UPS、通信直流变换电源。

答：（1）220kV 变电站应配置 2 组直流蓄电池，宜配置 2 套充电装置；应配置 2 套 UPS 和 2 组通信用直流变换电源，通信负荷放电时间不小于 4h。

（2）110（66）kV 变电站宜配置 1 组直流蓄电池，宜配置 1 套充电装置；宜配置 1 套 UPS 和 1 组通信用直流变换电源，通信负荷放电时间不小于 2h。

26. 简述变电站二次系统功能的一般要求。

答：站控系统基于基础平台，实现运行监视、操作控制、智能应用和主站支持服务四大类功能。

（1）基础平台为各类应用提供统一的模型、数据、网络通信、人机界面、系统管理等基础功能，各类应用实现不同的业务功能。

（2）站控系统应遵循主辅一体化监控主机与综合应用主机统一设计、统一平台的系统架构，应具备一体化运行的能力；应支持平台和 App 分离的软件架构，支持专业 App 的独立部署和升级；应提供系统级隔离的安全隔离环境，对 App 进行安全隔离，避免应用对平台自身运行环境的影响，满足应用安全防护的要求。

（3）App 应部署在安全隔离环境中，向基础平台注册并由基础平台的应用管理功能统一监视和管理，可使用平台共享库接口交互变电站业务数据。平台可以接入的 App 包括网络安全监测、故障智能告警、SCD 配置及在线运维管控、电能计量分析等。

27. 简述变电站二次系统的基本应用。

答：（1）运行监视：电网运行监视；设备运行监视；网络链路运行监视；时钟同步监测；网络安全监测。

（2）操作控制：远方操作控制；站内就地操作；一键顺控；无功优化；防误闭锁；主辅联动。

（3）主站支持服务：模型服务；图形服务；离线数据召唤服务；远程维护服务。

28. 简述变电站二次系统接口应满足的技术要求。

答：（1）变电站一体化电源系统和辅助设备等宜采用 DL/T 860 系列标准与变电站自动化系统通信。

（2）变电站与调度端之间的安全Ⅰ区、安全Ⅱ区间应分别经实时网关机、服务网关机以 DL/T 634.5104—2009《远动设备及系统　第 5－104 部分：传输规约　采用标准传输协议集的 IEC 60870－5－101 网络访问》进行数据信息交互。

（3）变电站与集控站之间的安全Ⅰ区间应经实时网关机以 DL/T 634.5104—2009、DL/T 860 系列标准进行数据信息交互，变电站与集控站安全Ⅱ区间应经服务网关机以 DL/T 860 系统标准进行数据信息交互。

（4）变电站与集控站之间的安全Ⅳ区间应经在线智能巡视主机采用 1 路综合数据网通道进行数据信息交互。

（5）变电站与集控站间的告警直传应遵循 DL/T 476—2012《电力系统实时数据通信应用层协议》、Q/GDW 11021—2013《变电站调控数据交互规范》和 Q/GDW 11207—2014《电力系统告警直传技术规范》等标准技术要求。

29. 简述 330～750kV 变电站电流/电压互感器应满足的技术要求。

答：（1）常规互感器应符合 GB/T 20840.3—2013《互感器　第 3 部分：电磁式电压互感器的补充技术要求》、GB/T 20840.2—2014《互感器　第 2 部分：电流互感器的补充技术要求》的有关规定。

（2）计量用电流互感器准确级应不低于 0.2S，测量用电流互感器准确级应不低于 0.5S，220kV 及以下电压等级保护用电流互感器准确级应不低于 5P，330kV 及以上电压等级系统保护用电流互感器准确级应采用 TPY，断路器失灵保护应不低于 5P 级。

（3）计量用电压互感器准确级应不低于 0.2，测量用电压互感器准确级应不低于 0.5，保护用电压互感器准确级应不低于 3P。

（4）互感器二次绕组数量、准确级应满足保护和安全自动装置、电能计量、测量的要求，并应符合 GB/T 14285—2006《继电保护和安全自动装置技术规程》、DL/T 448—2016

《电能计量装置技术管理规程》、DL/T 866—2012《750kV 电力系统继电保护技术导则》的相关规定。

30. 简述 110（66）～220kV 变电站电流/电压互感器应满足的技术要求。

答：（1）常规互感器应符合 GB 20840.3、GB 20840.2 的有关规定。

（2）电子式互感器应符合 GB/T 20840.7—2007《互感器　第 7 部分：电子式电压互感器》、GB/T 20840.8—2007《互感器　第 8 部分：电子式电流互感器》、Q/GDW 441、Q/GDW 424、Q/GDW 425 的有关规定。

（3）电子式互感器与采集执行单元间的接口、传输协议宜统一。

（4）计量用电流互感器准确级应不低于 0.2S，测量用电流互感器准确级应不低于 0.5S，保护用电流互感器准确级应不低于 5P 或 5TPE。

（5）计量用电压互感器准确级应不低于 0.2，测量用电压互感器准确级应不低于 0.5，保护用电压互感器准确级应不低于 3P。

（6）电子式互感器工作电源宜采用直流。

（7）110（66）kV 变电站的 110（66）kV 电子式电流互感器、电子式电压互感器的采集单元宜至少两路输出。

（8）互感器二次绕组数量、准确级应满足保护和安全自动装置、电能计量、测量的要求，并应符合 GB/T 14285—2006《继电保护和安全自动装置技术规程》、DL/T 448—2016《电能计量装置技术管理规程》、DL/T 866—2012《750kV 电力系统继电保护技术导则》的相关规定。

31. 简述 330～750kV 变电站电流/电压互感器的配置原则。

答：（1）双重化两套保护装置的交流电流、电压应分别取自互感器互相独立的绕组，保护用电流互感器配置应避免出现主保护的死区。

（2）变压器保护各侧电流互感器变比，不宜使平衡系数大于 10；母线保护各支路电流互感器变比差不宜大于 4 倍；差动保护应采用特性一致的电流互感器。

（3）当采用 3/2 断路器接线时，同一串内断路器电流互感器变比宜保持一致。

（4）结算计量点线路宜配置常规互感器。考核计量点计量与测量可共用电流互感器二次绕组。

32. 简述 110（66）～220kV 变电站电流/电压互感器配置原则。

答：（1）双重化两套保护装置的交流电流、电压应分别取自互感器互相独立的绕组，保护用电流互感器配置应避免出现主保护的死区。

（2）变压器保护各侧电流互感器变比，不宜使平衡系数大于 10；母线保护各支路电流互感器变比差不宜大于 4 倍；差动保护应采用特性一致的电流互感器。

（3）结算计量点线路宜配置常规互感器。考核计量点计量与测量可共用电流互感器二次绕组。

（4）110（66）kV 变电站的 10～110（66）kV 电压等级可采用电子式互感器；当 110（66）kV 间隔需设置三相电压互感器时，宜采用电流电压组合型电子式互感器；10（35）kV 各间隔宜采用电流电压组合型电子式互感器，各间隔三相电子互感器宜采用 1 台集成合并单元功能的采集装置，该采集装置宜具备光口输出，以 IEC 61850－9－2 规约直接接入间隔层设备。

（5）AIS 配电装置电子式互感器可与隔离开关或断路器集成或组合安装。

33. 简述变电站二次设备布置要求。

答：（1）变电站宜集中设置公用二次设备室和监控室，并在配电装置区设置二次设备小室。

（2）站控层设备宜集中布置于公用二次设备室和监控室。

（3）无人值班变电站不设置消防控制室，火灾报警控制器宜设置在变电站主控室门厅或警卫室，有人值班变电站的消防控制室宜与监控室合并设置。

（4）对于户外变电站，宜将间隔层设备布置在二次设备小室。

（5）对于户内变电站，间隔层设备宜分散布置于配电装置场地，安装在就地智能控制柜内。

（6）35（10）kV 间隔层二次设备宜下放布置在开关柜内，采集执行单元宜分散布置于配电装置场地。

（7）二次设备室内设备宜采用“后接线、前显示”装置，不靠墙布置。

（8）间隔层设备分散布置于配电装置场地时，二次设备（小）室宜设置集中的光纤配线架。

（9）二次设备布置应符合 DL/T 5136—2012《火力发电厂、变电站二次接线设计技术规程》的规定。

34. 简述 110（66）～220kV 变电站二次设备组柜原则。

答：站控层设备宜组柜安装，显示器、键盘等可布置在监控台上；间隔层设备宜按间隔统筹组柜，户内变电站间隔层设备宜安装布置于所在间隔的智能控制柜内，35（10）kV 间隔层设备宜布置在开关柜内；过程层设备宜安装布置于所在间隔的智能控制柜或开关柜内。

35. 简述变电站二次接线及相关设备的要求。

答：（1）机构电气闭锁实现设备本间隔内的防误闭锁。

（2）一次设备应满足一键顺控非同源指示的“双确认”要求。断路器位置“双确认”

宜采用“位置遥信+遥测”判据；当母线和各间隔未装设三相电压互感器时，应增加三相带电显示装置；隔离开关/接地开关位置“双确认”宜采用“辅助开关接点+微动开关”为判据，每组隔离开关/接地开关配置指示合位、分位的微动开关，微动开关由一次设备厂家集成。

（3）三相不一致保护功能宜由断路器本体机构实现；断路器防跳功能应由断路器本体机构实现；断路器跳、合闸压力闭锁功能应由断路器本体机构实现，应能提供两组完全独立的压力闭锁触点。

（4）220kV 及以上主变压器过负荷启动辅助冷却器功能、冷却器全停延时等回路由变压器本体相关回路完成。110（66）kV 主变压器过载闭锁调压功能由变压器保护实现。

（5）计量用电压、电流互感器二次电缆回路在进入采集执行单元前应设有计量专用试验接线盒。

（6）GIS 预留间隔的母线侧隔离/接地开关及母线气室信号宜统一接入公用测控装置。

（7）220、330kV 双通道线路保护所对应的四条通信通道应至少配置两条独立的通信路由，通道条件具备时，宜配置三条独立的通信路由；500kV 及以上电压等级双通道线路保护所对应的四条通信通道应配置三条独立的通信路由。

第四章

变电站二次系统网络通信

1．简述变电站网络的可靠性要求。

答：变电站网络可靠性要求如下：

（1）应采取流量和风暴抑制等技术，降低异常报文对网络的影响。

（2）宜采用 VLAN 等技术，隔离不同的广播域或组播域。

（3）对于接入站控层网络的设备，其应用程序不应采用广播方式进行数据通信。

（4）对于接入站控层网络的设备，采用 GOOSE 以外的组播通信时，应单独划分 VLAN，其优先级应低于 GOOSE。

2．简述变电站站控层设备的通信要求。

答：变电站站控层设备通信要求如下：

（1）站控层设备之间的数据传输宜采用 TCP 点对点通信方式。

（2）站控层监控主机之间的数据同步报文宜限制在同一台交换机内传输。

（3）站控层综合应用主机之间的数据同步报文宜限制在同一台交换机内传输。

3．简述变电站间隔层装置的通信要求。

答：变电站间隔层装置通信要求如下：

（1）应支持报文优先级传输，GOOSE 报文优先级宜采用 4。

（2）装置站控层网口应具备报文发送流量控制功能，广播和组播的发送流量限制门槛为 2Mbit/s。双网口应采用独立设计，单一故障不应同时发生双网网络风暴。

（3）应具备网络压力承受能力，站控层网络接口在 30Mbit/s 的广播流量和 50Mbit/s 非订阅 GOOSE 报文流量下保护应正确动作。

4．简述变电站交换机的配置要求。

答：变电站交换机配置要求如下：

（1）交换机配置应满足 Q/GDW 10429—2017《智能变电站网络交换机技术规范》的要求。

（2）根据 IED 数量合理设置交换机数量，每台交换机保留适量的备用端口。

（3）A（B、C）套网络内 IED 之间的数据传输路由不应超过 4 个交换机。当采用级联方式时，不应丢失数据，推荐的交换机拓扑连接方式见图 4－1。

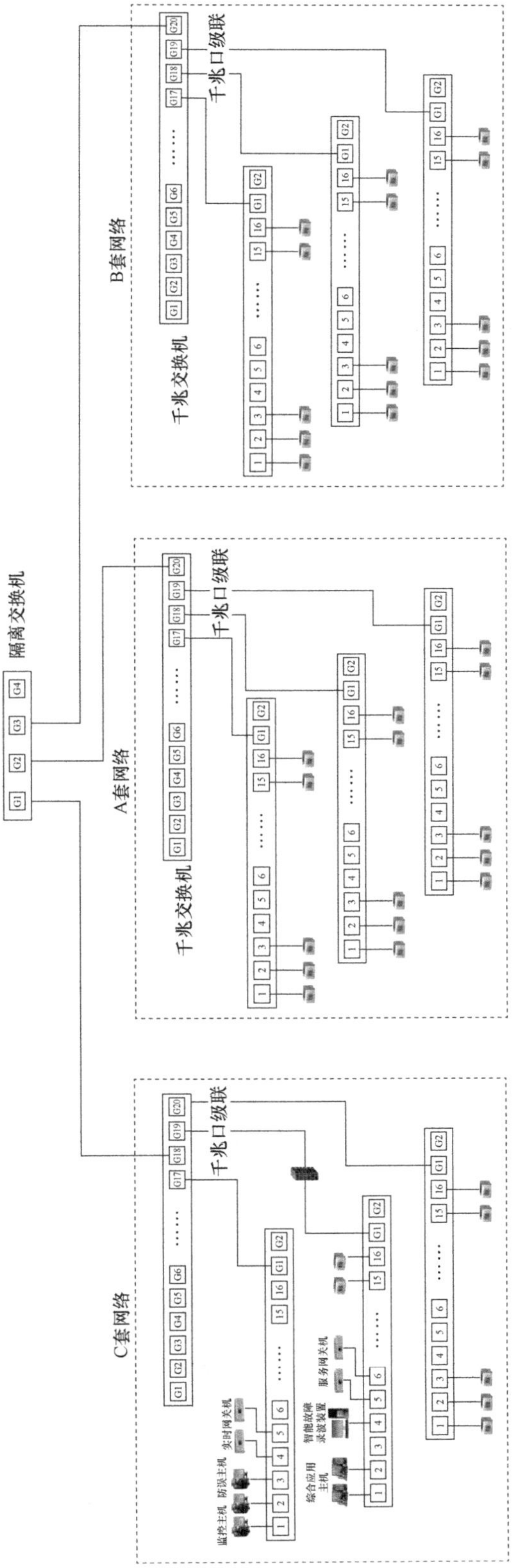

图 4－1　推荐交换机拓扑连接方式

（4）应支持端口流量限制和广播风暴抑制，每个端口的广播和组播报文的流量限制门槛为 2Mbit/s。

（5）应对 A、B、C 三套网络进行 VLAN 隔离，合理划分 VLANID，限制网内的组播报文跨网传输。

5. 简述站控层网络的 VLAN 划分规则。

答： 站控层网络 VLAN 划分规则如下：

（1）A、B、C 三套网络的交换机及隔离交换机的所有端口默认 VLANID 为 1（即端口 PVID 为 1）。

（2）A、B、C 三套网络的交换机所有端口加入到 VLAN 2 和 VLAN3（VLANID=2 和 VLANID=3）；隔离交换机所有端口加入 VLAN3（VLANID=3）。该配置宜在交换机出厂前预配置。

（3）接入交换机的保护、测控装置发送的 GOOSE 报文带有 VLAN ID 标签，网内传输的 VLANID=2，跨网传输的 VLANID=3。

（4）其他可能的组播类型，由发送方和接收方参照 GOOSE 类型 VLANID 进行现场交换机配置。

（5）DL/T 860 通信报文不带 VLAN 标签，或带 VLANID=1 标签，在交换机网络 VLAN1（VLANID=1）转发。

图 4－2 为站控层 VLAN 划分示意图。

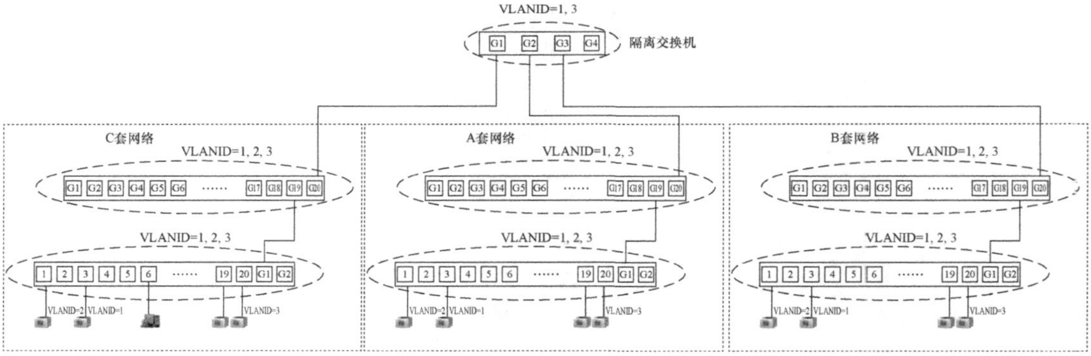

图 4－2　站控层 VLAN 划分示意图

6. 简述站控层 DL/T 860 通信数据交互内容。

答： 站控层 DL/T 860 通信数据交互内容包括但不限于：

（1）安全Ⅰ区的间隔层设备（继电保护、测控等）至站控层设备（监控主机、通信网关机、综合应用服务器等）的遥信、遥测、动作信息，录波文件及中间节点文件等信息。

（2）安全Ⅱ区的录波器至综合应用服务器的录波信息。

（3）安全Ⅱ区的各类一次设备（开关、变压器、避雷器）状态监测 IED、辅控系统、一体化电源至综合应用服务器的状态监测、辅控类信息。

（4）安全Ⅰ区的站控层设备（监控主机、通信网关机等）至间隔层设备（继电保护、测控等）的断路器、隔离开关设备的分合闸指令，变压器有载调压开关挡位控制等。

7. 简述站控层 DL/T 860 通信报文流量的计算方法。

答： 因为 DL/T 860 通信报文主要为单播报文，且间隔层设备到站控层设备的流量远大于站控层设备到间隔层设备的流量，因而只需考虑间隔层设备的上行流量所占的带宽。

如果同一网络内，站控层设备数量为 M，间隔层设备数量为 N，间隔层与站控层之间的报文流量所占带宽平均为 M×N×5.8kbit/s（实测保护装置流量）。

突发流量所占带宽变化较大，出现在召唤录波文件时，平均 170kbit/s，瞬时带宽可达 14Mbit/s，见图 4－3。按照平均突发流量 170kbit/s 计算，站控层设备数量为 M，间隔层设备数量为 N，间隔层与站控层之间的报文流量所占带宽平均为 M×N×170kbit/s。该数值为 M 台站控层设备与 N 台间隔层设备同时召唤录波文件，且经同一交换机网口的报文流量。当然，该最大流量仅理论情况下出现，实际组网方案下，保护装置分布接入不同的交换机，交换机某网口的最大报文流量与实际通信链路数量有关。

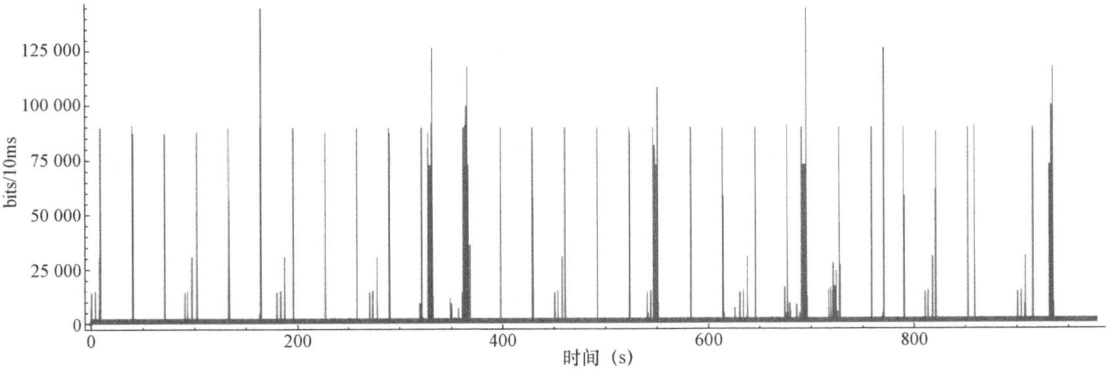

图 4－3　DL/T 860 通信报文典型流量

8. 简述站控层网络Ⅰ、Ⅱ区同步数据

答： Ⅰ区站控层主机和Ⅱ区综合应用服务器之间的同步数据。同步规约一般为私有规约，实现多机之间的数据库同步，按照 2 台监控主机、2 台综合应用服务器的配置，典型 220kV 变电站的同步流量约为 20Mbit/s。鉴于该数据流量太大，站控层主机同步宜单独组网。

9. 简述站控层网络 GOOSE 流量的计算方法。

答：（1）测控装置 GOOSE 流量。

1）单台测控流量，单台间隔测控装置心跳报文流量为（162B+154B）×8/5s ＝ 506

（bit/s）。

2）整站心跳报文流量，为 M×单台测控流量，按照 50 台间隔测控计算，则整站心跳报文流量为 50×506 bit/s = 25.3（kbit/s）。

3）突发流量，单台测控发送 GOOSE 变位时按照 2、2、4、8ms 间隔发送数据，以 2ms 为时间窗的突发流量为（162B+154B）×8/2ms = 1.26（Mbit/s）。

（2）保护装置流量。

1）单台保护流量，各类保护装置发送 GOOSE 报文长度统一按照 300 字节计算，单台保护装置心跳流量为 300B×8/5s = 480（bit/s）。

2）整站保护流量，为 M×单台保护流量，按照 100 台保护装置计算，则整站保护流量为 100×480bit/s = 48（kbit/s）。

3）突发流量，单台保护发送 GOOSE 变位时按照 2、2、4、8ms 间隔发送数据，以 2ms 为时间窗的突发流量为 300B×8/2ms = 1.2（Mbit/s）。

综上所述，任意一台保护、测控装置出现 GOOSE 持续变位，其 GOOSE 报文的流量约为 1.2Mbit/s，小于 2Mbit/s。

10. 简述站控层网络 SNTP 报文流量的计算方法。

答：SNTP 报文单包在 90 字节以内，完成一次校时或测时，被校时设备与时间同步装置之间互相收发 1 个报文。

（1）时间同步装置对监控主机校时，每 10s 完成一次校时，占用带宽 90×8b/10s = 72（bit/s）。

（2）时间同步装置对保护、测控装置周期乒乓测时，时间同步装置每秒轮询站控层网络中的 1 台设备，占用带宽 90×8bit/s = 720（bit/s）。

（3）时间同步装置对间隔层设备 NTP 测时报文流量所占带宽跟间隔层装置数量无关（时间同步装置每秒轮询 1 台间隔层设备），所以，如果监控主机数量为 M_1，那么 NTP 报文流量所占带宽固定为（72 M_1+720）bit/s。

（4）按照站控层有监控主机 2 台、综合应用服务器 2 台、“五防”主机 1 台计算，M_1=5，站控层 SNTP 报文流量为（72×5+720）= 1（kbit/s）。

11. 简述站控层网络 ARP 报文流量的计算方法。

答：ARP 报文长度为 60 字节，在 IP 报文第一次发送之前，客户端需要发送 ARP 报文，且有老化时间，老化时间和主机操作系统协议栈相关，一般为分钟级。

ARP 平常流量很小，可以忽略，但是在监控主机重启时会出现瞬时流量尖峰，通常主机能够在 2ms 之内给所有需要连接的装置发送一帧 ARP，且是广播报文，以 2ms 为时间窗的瞬时流量为 M 台×60B/1ms，按照 200 台节点计算，200×60B×8/2ms = 48（Mbit/s）。

12. 简述网络风险分析。

答： DL/T 860 通信报文和 GOOSE 报文共网传输，当流量达到一定数值时可能产生相互干扰和带宽挤占。因此，需要对变电站报文流量和可能的风险进行分析，确保在最恶劣的情况下不发生保护间用来闭锁或跳闸的 GOOSE 报文丢失现象。

13. 简述网络流量限制与隔离方案。

答： 根据网络风险分析，发送网络风暴情况下可能出现丢包情况，导致保护装置之间交互的 GOOSE 被丢掉，从而可能导致保护装置误动或拒动。因此，必须采取一定的限制手段，避免这种异常情况发生。采用的方法有：

（1）交换机端口流量限制；

（2）交换机的 VLAN 隔离；

（3）加强网络监控，在网络风暴发生前找出原因并解决；

（4）过程层网络应采用星型网络拓扑。

14. 变电站二次系统按照安全防护要求分为安全Ⅰ、Ⅱ、Ⅳ区，分别实现什么功能？

答：（1）安全Ⅰ区实现主设备的监视、操作、保护、控制，部署主辅一体化监控主机、智能防误主机、实时网关机、继电保护及安全自动装置、测控装置、交直流电源设备、采集执行单元、时钟系统等，实时网关机作为安全Ⅰ区与主站数据交互的统一接口。

（2）安全Ⅱ区实现辅助设备的监视、操作、管理，部署综合应用主机、服务网关机、智能故障录波装置、计量装置，以及辅助设备的一次设备在线监测、火灾消防、安全防卫、锁控、动环子系统等，服务网关机作为安全Ⅱ区与主站数据交互的统一接口。

（3）安全Ⅳ区部署在线智能巡视子系统。

15. 简述多客户端并发通信的技术要求。

答： 除采集执行单元外的二次设备多客户端并发通信的技术要求如下：

（1）应支持 16 个及以上不同 IP 的客户端的 TCP/IP 连接，与最大数量的客户端连接时应具备通信中断与重启后的通信恢复能力，能够并行传输文件及变位报告。

（2）继电保护装置保护动作到保护动作报告上送的延时不应大于 1s；继电保护装置与最大数量的客户端连接，多个不同 IP 地址的客户端，同时读取当前区定值应全部成功，同时读不同的非当前区定值应仅有一个成功；多个相同 IP 的客户端，只允许唯一客户端连接成功接收报告、读取定值、读取文件、投退软压板、修改定值等并发通信任务。

（3）多功能测控装置与最大数量的客户端连接时，多个客户端同时投退软压板应只有 1 个成功，应能正确完成接收报告、读取文件、投退软压板等并发通信任务。

16. 简述多客户端的测试方法。

答：变电站二次设备与16个DL/T 860通信仿真客户端通过网络交换机建立通信连接，分别模拟各种工况，检查装置多客户端同时召唤文件功能、多客户端同时接收事件报告功能、通信中断后的多客户端连接恢复功能、重启后的多客户端连接恢复功能、多客户端同时读定值功能、多客户端同时修改定值功能、多客户端同时切换定值区功能、多客户端同时投退软压板功能和多客户端并发任务功能是否正确。

17. 简述雪崩事件检测的技术要求。

答：（1）继电保护装置不应丢失任一记录的变位或动作事件。

（2）继电保护装置应支持远方召唤至少最近8次录波报告的功能。

18. 简述雪崩事件检测的测试方法。

答：（1）装置与1个DL/T 860通信仿真客户端建立通信连接，将所有状态量输入接口并联，同时断开或闭合，按一定间隔周期变化（变化间隔参考装置消抖时间），连续变化多次，记录客户端界面记录的事件数量是否正确。

（2）连续模拟继电保护装置8个保护动作，通过客户端查看产生的录波报告数量是否正确。

19. 简述只允许唯一的同一IP地址的客户端连接的技术要求。

答：除采集执行单元外的二次设备对来自同一IP地址的多客户端连接，只接受一个。

20. 简述只允许唯一的同一IP地址的客户端连接的测试方法。

答：变电站二次设备与同一IP的多个DL/T 860通信仿真客户端建立通信关联，查看报文，检查装置响应情况。

21. 简述站控层广播报文压力检测的技术要求。

答：除采集执行单元外的二次设备站控层广播报文压力检测的技术要求如下：

（1）装置不应受站控层广播报文网络风暴影响，装置运行正常，不误动、不误发报文，不应出现死机、重启、面板卡死、异常告警等现象。

（2）变电站二次设备应能与DL/T 860通信仿真客户端正常通信，所有变位信号正确上送。

（3）继电保护装置应能正确接收点对点口及组网口订阅GOOSE控制块报文的状态变位或联闭锁信号并正确动作；发生区内故障时，继电保护装置应能可靠动作，发生区外故障时，继电保护装置不应误动。

22. 简述站控层广播报文压力检测的测试方法。

答：除采集执行单元外的二次设备站控层广播报文压力的测试方法如下：

（1）配置 DL/T 860 通信仿真客户端所连接的站控层交换机端口打开广播风暴抑制，去除站控层交换机其他端口的广播风暴抑制，保持装置与客户端正常通信，在原有网络数据流量的基础上使用网络测试仪向交换机一个端口分别注入广播报文［ARP 广播、UDP 广播、TCP 未知单播（目的 MAC 不包含在交换机 MAC 地址表）］，注入流量为 1M～100Mbit/s（实测基础流量），每次试验持续 2min。

（2）网络压力持续过程中，模拟装置变位，查看通信连接情况与报告上送情况。

（3）模拟区内外与订阅 SV 报文相关的故障及与各订阅 GOOSE 控制块报文相关的故障，查看继电保护装置动作情况。

23. 简要说明调度数据网一平面和二平面。

答：不同的平面是不同的子网，属于网络冗余策略，确保其中一个平面故障后，另一个平面依然能够正常工作。对于普通的 220kV 变电站而言，一平面指地调 IP 网络，二平面是由市调 IP 组成的网络。对于 500kV 变电站而言，一平面指网调 IP 网络，二平面指地调 IP 网络。图 4－4 为调度数据网双平面数据交互示意图。

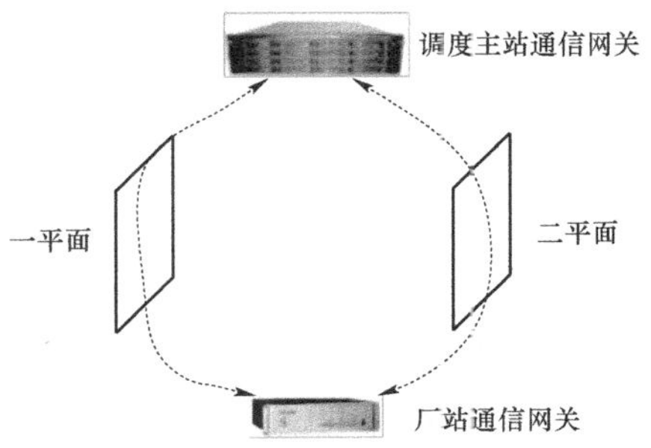

图 4－4　调度数据网双平面数据交互示意图

24. 简述网络攻击检测的技术要求。

答：除采集执行单元外的二次设备网络攻击检测的技术要求如下：

（1）装置不应受网络攻击影响，装置运行正常，不误发报文，不应出现死机、重启等异常现象。

（2）网络攻击过程中装置可与 DL/T 860 通信仿真客户端暂时中断通信，网络攻击结束后应正确上送通信中断期间的所有变位信号。

（3）发生区内故障时，继电保护装置应能可靠动作；发生区外故障时，继电保护装置不应误动。

25. 简述网络攻击检测的测试方法。

答：除采集执行单元外的二次设备网络攻击的测试方法如下：

（1）装置和 DL/T 860 通信仿真客户端正常通信，在原有网络数据流量的基础上使用网络测试仪向装置站控层发起 SYN Flood、UDP Flood、ICMP Flood、Smurf、Ping of death、ARP 缓存、TCP 等网络攻击，攻击速率为 1M～100Mbit/s（实测基础流量），持续时间 2min，检查装置通信状态与变位上送情况。

（2）向装置发送异常的 DL/T 860 通信报文（如设置报文参数为空或随机字符串等），查看装置是否出现异常。

（3）网络攻击过程中模拟区内外与订阅 SV 报文相关的故障，以及与各订阅 GOOSE 控制块报文相关的故障，查看继电保护装置动作情况。

26. 简述动作事件缓存能力检测的技术要求。

答：除采集执行单元外的二次设备应具有动作事件离线缓存能力。

27. 简述动作事件缓存能力检测的测试方法。

答：装置与最大允许数量的 DL/T 860 通信仿真客户端建立通信，中断通信后触发最大允许缓存的变位数量，恢复通信后在各客户端检查收到的变位事件。

28. 简述通信异常的恢复能力检测的技术要求。

答：除采集执行单元外的二次设备在上送事件过程中遇到网络中断，能够在网络恢复后重新与后台建立通信，重传未传输完毕的各类事件。继电保护装置在上送录波文件过程中遇到网络中断，能够在网络恢复后重新与后台建立通信，响应录波文件重新召唤命令。

29. 简述通信异常的恢复能力检测的测试方法。

答：除采集执行单元外的二次设备通信异常的恢复能力的测试方法如下：

（1）装置与 DL/T 860 通信仿真客户端建立连接，连续模拟多个变位事件，在变位事件上送过程中中断通信，并继续模拟变位事件，恢复通信后检查客户端接收到的变位事件。

（2）使用客户端召唤继电保护装置录波文件，在录波文件传输过程中中断通信，恢复通信连接后应响应录波文件重新召唤命令。

30. 简述异常报文处理检测的技术要求。

答：除采集执行单元外的二次设备宜能对报文或网络异常给出告警信号，正常运行不应受影响，网络通信应保持正常，不误发信号。

31. 简述异常报文处理检测的测试方法。

答：除采集执行单元外的二次设备异常报文处理能力的测试方法如下：

（1）通过网络测试仪向装置站控层端口分别发送如下格式的报文：帧长为 63 字节（含 CRC）的组播报文，流量 1Mbit/s；帧长为 64 字节（含 CRC）、CRC 校验错误的组播报文，流量 1Mbit/s；帧长为 64 字节（含 CRC）、CRC 校验正确的组播报文，流量 1Mbit/s；帧长为 200～300 字节（含 CRC）、CRC 校验错误但格式正确的 SV、GOOSE 混合报文，流量 1Mbit/s；帧长为 200～300 字节（含 CRC）、CRC 校验正确但格式错误（如帧长度错误）

的 SV、GOOSE 混合报文，流量 1Mbit/s，每项发送时间 60s，在网络报文施加过程中，模拟装置变位，并通过 DL/T 860 通信仿真客户端接收装置变位报告。

（2）模拟区内故障和区外故障，检查继电保护装置动作情况。

32. 简述通信稳定性检测的技术要求。

答：在 72h 连续运行过程中，二次设备应稳定可靠工作，动作行为、信号指示应正确，无元器件损坏、软件运行异常或其他异常情况出现。

33. 简述通信稳定性检测的测试方法。

答：装置连续运行 72h，模拟遥测变化、状态变位等，使用网络记录分析仪记录通信报文，检查其通信过程是否正常，装置动作行为、信号指示是否正确。

34. 简述信息初始值与记录安全性检测的技术要求。

答：（1）装置上电、重启过程中不误动，不发送与外部开入不一致的信息；

（2）继电保护装置记录的故障录波、动作事件、定值有足够安全性，不因供电电源中断或人为偶然因素丢失。

35. 简述信息初始值与记录安全性检测的测试方法。

答：（1）检查装置重启后的信号初始值是否正确。

（2）DL/T 860 通信仿真客户端向继电保护装置发送文件删除命令，检查该文件是否仍然存在。

（3）重启继电保护装置，通过 DL/T 860 通信仿真客户端检查故障录波、动作事件、定值等记录是否丢失。

第五章

采 集 执 行 单 元

1. 简述采集执行单元的含义。

答：与一次设备采用电缆或光纤连接，对来自一次设备的模拟信号及状态信号进行采集处理，并通过 SV 及 GOOSE 方式上送。响应对一次设备的控制和保护命令并通过硬接点方式出口，执行对一次设备（如互感器、断路器、隔离开关、主变压器等）的测量、控制等功能的物理单元。

图 5－1、图 5－2 是南瑞继保研制的 PCS－224 采集执行单元装置正视图和背板图。

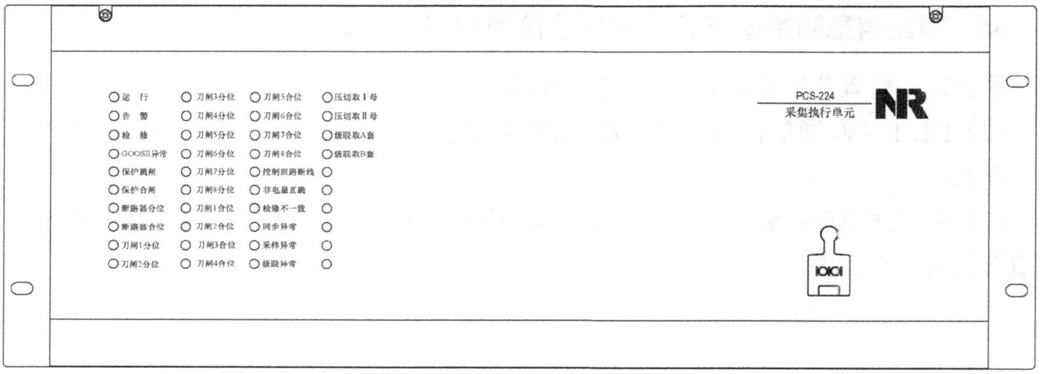

图 5－1　PCS－224 采集执行单元正视图

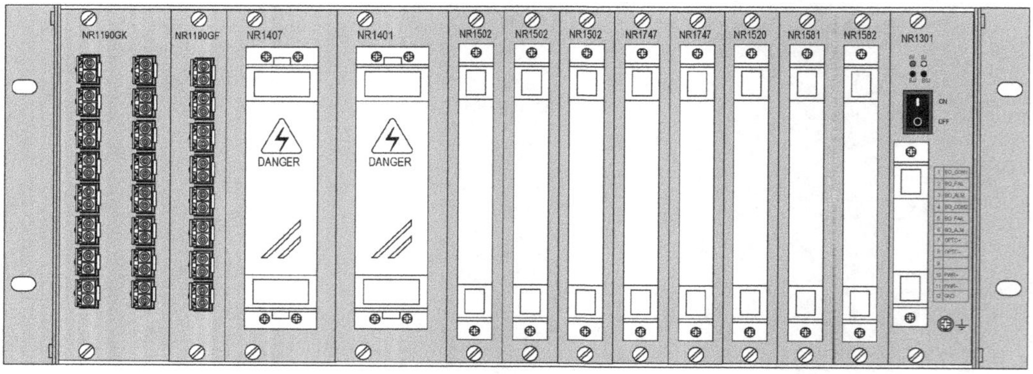

图 5－2　PCS－224 采集执行单元背板图

2. 简述采集执行单元的应用分类和适用场合。

答：采集执行单元应用分类如表 5－1 所示。

表 5－1　　　采集执行单元应用分类

序号	应用分类	装置型号	型号代码	适用场合
1	母线	模拟量母线采集执行单元	IMMA－DA－GZK	主要应用于母线设备，采用常规互感器输入
2		电子式母线采集执行单元	IMME－DA－GZK	主要应用于母线设备，采用电子式互感器输入
3	间隔	模拟量间隔采集执行单元Ⅰ型	IMJA－DA－GZK	主要应用于线路、主变压器、分段等保护电流需要接入 6 路及以下的场景和 3/2 接线出线间隔，适用于三相断路器，采用常规互感器输入，集成操作回路功能
4		模拟量间隔采集执行单元Ⅱ型	IMJB－DA－GZK	主要应用于线路、主变压器、分段等保护电流需要接入 6 路及以下的场景和 3/2 接线出线间隔，适用于分相断路器，采用常规互感器输入
5		模拟量间隔采集执行单元Ⅲ 型	IMJC－DA－GZK	主要应用于 3/2 接线断路器、高压并联电抗器等保护电流需要接入 6 路以上的场景，适用于分相断路器，采用常规互感器输入
6		电子式间隔采集执行单元Ⅰ型	IMJEA－DA－GZK	主要应用于线路、主变压器、断路器、分段、高压并联电抗器等间隔，适用于三相断路器，采用电子式互感器输入
7		电子式间隔采集执行单元Ⅱ型	IMJEB－DA－GZK	主要应用于线路、主变压器、断路器、分段、高压并联电抗器等间隔，适用于分相断路器，采用电子式互感器输入。如电子式间隔采集执行单元Ⅱ型涵盖电子式间隔采集执行单元Ⅰ型的功能，Ⅱ型也适用于Ⅰ型的所有场合

3. 采集执行单元应支持点对点和网络传输方式，应支持 SV 和 GOOSE 共口传输，端口宜支持 Forcelink 功能，所有端口应为百兆带宽。简述端口支持 Forcelink 功能的作用。

答：（1）降低成本，在只有单发单收的情况下，只需要一根光纤；

（2）提高可靠性，当接收光纤或发送光纤异常时，不影响发送或接收功能的正常使用。

4. 简述装置秒脉冲（PPS）输出光口的作用。

答：装置秒脉冲输出光口用于测试装置对时同步误差。

5. 模拟量间隔采集执行单元是如何支持保护 TA 两个独立回路采样的?

答：在装置内将保护 TA 二次侧信号并行接入，并接后的电压信号分别接入两路独立滤波回路和两个独立的 AD 芯片，实现保护 TA 两个独立回路采样。

6. 简述间隔采集执行单元对接入的母线采集执行单元采样值失步、无效、检修等进行判别和正确输出的方法。

答：间隔采集执行单元根据母线采集执行单元报文中 SYN 标志和品质位对其采样值失步、无效、检修进行判断；由于级联采用点对点方式，因此母线采集执行单元是否失步不影响间隔采集执行单元的输出，间隔采集执行单元仅根据自身是否失步输出总的 SYN 标志。间隔采集执行单元直接转发母线采集执行单元的无效和检修品质。

7. 简述采样值发送间隔的离散值应不大于 10μs 的原因。

答：理论上采集执行单元采样值应该等间隔发送，考虑到采集执行单元软硬件处理能力存在一定差异，会有一定的离散度，所以对采集执行单元的发送离散进行了规范要求，综合考虑目前各主流设备制造厂家硬件处理能力和满足现阶段电网继电保护性能指标不受影响的要求，标准中对采集执行单元离散度要求确定为 10μs。10μs 对应的角差为 0.18°，不会对以差动或者方向为原理的保护有影响。

8. 简述要求采集执行单元采样值总延时不大于 1ms，级联采集执行单元采样响应延时应不大于 2ms 的原因。

答：采集执行单元采样值报文响应时间为采样值自接收端口输入至输出端口输出的延时。

目前采集执行单元 9－2 输出报文采样率为 4kbit/s，由于采集执行单元插值算法需要采样点数间隔（一般不少于 3 个），且程序处理需要一定时间，理论上延时大于 750μs，标准要求合并单元采样响应时间不大于 1ms 比较合理。考虑母线采集执行单元和间隔采集执行单元需经过一级级联，增加 1ms 延时，目前标准要求母线采集执行单元采样值传输延时不能超过 2ms，若采样数据延时超出此范围，间隔合并单元应报警。

9. 简述采集执行单元在失去同步时钟信号后进入失步状态的条件。

答：采样执行单元丢失同步时钟信号后，处于守时状态，最多连续收到 5 个与采集执行单元时间差大于 10μs 有效时钟授时信号时进入失步状态，清除同步标志。

10. 简述采集执行单元在失步状态，进入同步状态的条件。

答：采集执行单元处于失步状态时，至少连续收到 10 个有效时钟授时同步信号（时间均匀性误差小于 10μs）时，进入跟随状态，置同步标志。

11. 简述采集执行单元应具备记录收到 GOOSE 命令时刻等内容的作用。

答：记录的 GOOSE 命令内容反映了外部开关量的变位时刻，为故障分析提供精确的 SOE 参考。

12. 采集执行单元所有发送端口发送内容是否一致?

答: 除源 MAC 地址外，发送报文内容应完全一致，系统配置时不必体现物理网口差异。

13. 采集执行单元具备监视光纤通道接收到的光信号强度的功能，如何通过 GOOSE 方式上送?

答: 通过 dsGOOSE 数据集发送给测控装置，将各光口接收功率经测控装置上送。

14. 从开入变位到相应 GOOSE 信号发出（不含防抖时间）的时间延时不应大于多少毫秒?

答: 不应大于 5ms。

15. 装置应具有开关量输入防抖功能，断路器位置、隔离开关位置防抖时间宜统一设定为多少毫秒，并可根据现场灵活设置；SOE 时标应是防抖前的时标吗?

答: 断路器位置、隔离开关位置防抖时间宜统一设定为 5ms；SOE 时标应是防抖前的时标。

16. 为什么装置强电开入回路的启动电压值不应大于 70%额定电压值，且不应小于 55%额定电压值?

答: 在正常运行条件下，直流系统正极、负极对地均为 50%额定电压，直流正接地时，继电器两端瞬间感受到的最高电压是 50%额定电压的暂态电压，并按时间常数衰减。动作电压下限设为 55%，是为了躲过直流系统接地时继电器承受的暂态电压；动作电压上限设置为 70%是为了保证直流母线电压下降至 80%时继电器也能可靠跳闸。

17. 简述采集执行单元重采样机制。

答: 在智能变电站中，间隔层保护、测控等设备和过程层数据采集单元的采样频率不一致，为了不改变间隔层设备原有的成熟算法，对接收的采样值进行差值、抽取等处理，改变采样频率并实现数据同步的方法。

18. 简述采集执行单元的插值法。

答: 插值法分为多个步骤：第一步是将接收到的不同组的 SV 按照额定延时补偿至同一时钟域，效果是成为同一时钟域下的不同时刻的采样点；第二步为装置插值同步采样，装置根据自身的采样时刻按照预设的重采样公式计算得到该时刻的计算数值，即为重采样结果，其中重采样公式中包含所用到的采样点，以及根据所用到的采样点的时间和重采样时刻的时间差决定的重采样计算系数。

19. 采集执行单元告警灯在什么情况下点亮?

答: 装置由于硬件、软件或是配置出现异常时则常亮。装置检修和检修不一致时不点亮告警灯，装置处于故障状态时点亮告警灯。

20. 采集执行单元 GOOSE 异常灯在什么情况下点亮?

答: 采集执行单元 GOOSE 异常灯在接收到的 GOOSE 数据与配置不一致、链路中断及数据异常等情况时点亮。

21. 母线采集执行单元电压并列异常灯在什么情况下点亮?

答: 母线采集执行单元电压并列异常灯在把手强制位置与母联断路器位置不对应等时刻点亮。

22. 间隔采集执行单元级联异常灯在什么情况下点亮?

答: 间隔采集执行单元级联异常灯在接收的 SV 报文配置不一致、抖动过大、品质无效及断链等时刻点亮。

23. 简述采集执行单元 ICD 模型的测试方法。

答: 使用 ICD 模型自动测试软件，检查 SV 虚端子和 GOOSE 虚端子信号的名称、引用路径及排序。

24. 简述采集执行单元结构及外观检验的技术要求。

答: 结构及外观的技术要求如下:

（1）机箱尺寸应符合 GB/T 3047.3—2003《高度进制为 20mm 的插箱、插件基本尺寸系列》的规定;

（2）装置应有安全标志，安全标志应符合 GB 16836—2003《量度继电器和保护装置安全设计的一般要求》中 5.7.5、5.7.6 的规定;

（3）金属结构件应有防锈蚀措施;

（4）LED 指示等应符合《自主可控新一代变电站二次系统技术规范　装置类系列规范 1　采集执行单元》要求。

25. 简述采集执行单元结构及外观检验的测试方法。

答:（1）测量并记录机箱尺寸和高度。

（2）检查装置是否有安全标志。

（3）检查金属结构件是否有防锈蚀措施。

（4）改变装置的工况和状态，观察并记录指示灯颜色与亮灭情况:

1）模拟装置的运行、告警、检修状态；

2）模拟 GOOSE 异常、检修不一致、同步异常、采样异常、电压并列异常、级联异常、控制回路断线的工况；

3）模拟断路器和隔离开关的分合状态；

4）模拟保护跳闸、合闸、非电量动作等事件；

5）模拟电压并联、电压切换、级联工况。

26. 简述采集执行单元版本管理和应用分类检验的技术要求。

答：（1）装置程序版本和校验码应符合 DL/T 860 系列标准要求。

（2）装置编码应符合《国家电网公司继电保护设备管理唯一性代码实施要求》。

（3）装置分类应符合《自主可控新一代变电站二次系统技术规范　装置类系列规范 1　采集执行单元》的要求。

27. 简述采集执行单元版本管理和应用分类检验的测试方法。

答：版本管理和应用分类的测试方法如下：

（1）记录程序版本和校验码，检查程序版本、校验码等的正确性；

（2）记录装置的编码，检查编码是否唯一且符合规范；

（3）检查装置的应用分类是否符合要求。

28. 简述采集执行单元状态采集量接入检验的技术要求。

答：（1）装置从接收到保护跳闸 GOOSE 命令到装置跳闸继电器接点出口的动作时间不应大于 5ms。

（2）装置从开入变位到相应 GOOSE 信号发出（不含防抖时间）的时间延时不应大于 5ms。

（3）装置采集的直流模拟量小信号精度误差在正常试验条件下应不大于额定值的 0.5%，其他条件下的精度误差应不大于额定值的 1%。

（4）装置输入和输出功能、检修机制、SOE 分辨率、操作回路箱断路器刀闸位置信号、开入量防抖、强电开入回路的启动电压等功能应符合《自主可控新一代变电站二次系统技术规范　装置类系列规范 1　采集执行单元》的要求。

29. 简述采集执行单元状态采集量接入检验的测试方法。

答：（1）测量装置从接收到保护跳闸 GOOSE 命令到装置跳闸继电器接点出口的动作时间。

（2）测量从开入变位到相应 GOOSE 信号发出（不含防抖时间）的时间延时。

（3）检验直流模拟量（AI）采集功能、测量模拟量小信号精度误差。

（4）按照 Q/GDW11287—2014《智能变电站 110kV 合并单元智能终端集成装置检

测规范》的规定检验开关量输入（DI）和开关量输出（DO）功能、检修机制、SOE 分辨率、操作回路箱、断路器/隔离开关位置信号、开入量防抖、强电开入回路的启动电压等。

30. 简述采集执行单元同步与对时检验的技术要求。

答：（1）应能接受外部时钟的同步信号，同步方式宜采用 IRIG－B。

（2）对时精度应小于 1μs，且应具有守时功能，在失去同步时钟信号 10min 以内的守时误差应小于 4μs。

（3）在失去同步时钟信号且超出守时范围的情况下应产生数据同步无效标志。

（4）采集执行单元外部时钟信号从无到有变化过程中，允许在 PPS 边沿时刻采样序号跳变一次，同时采集执行单元输出的数据帧同步位由失步转为同步状态。

（5）应具备时钟同步管理功能。

（6）采集执行单元处于失步状态时，至少连续接收到 10 个有效时钟授时同步信号（时间均匀性误差小于 10μs）时，进入跟随状态，置同步标志。

（7）采集执行单元处于守时状态时，最多连续接收到 5 个与采集执行单元时间差大于 10μs 有效时钟授时信号时进入失步状态，清除同步标志。

31. 简述采集执行单元同步与对时检验的测试方法。

答：按照 Q/GDW 11287—2014 《智能变电站 110kV 合并单元智能终端集成装置检测规范》的规定检验装置的时钟同步与对时守时性能。

32. 简述采集执行单元数据输出检验的技术要求。

答：装置应符合《自主可控新一代变电站二次系统技术规范　装置类系列规范 1　采集执行单元》的要求。

33. 简述采集执行单元数据输出检验的测试方法。

答：（1）按照 Q/GDW11287—2014 《智能变电站 110kV 合并单元智能终端集成装置检测规范》的规定检验输出数据的格式、发送间隔的离散值、总延时、输出幅值误差和相位误差；

（2）按照 Q/GDW 11287—2014 《智能变电站 110kV 合并单元智能终端集成装置检测规范》的规定进行最大峰值瞬时误差检验、非周期分量衰减时间常数误差检验。

34. 简述采集执行单元环境影响检验的技术要求。

答：（1）正常工作大气条件要求如下：

1）环境温度：－40～+70℃；

2）相对湿度：5%～95%（产品内部，既不应凝露，也不应结冰）；

3）大气压力：70～106kPa。

（2）装置的储存环境温度为－25～+55℃，相对湿度不应大于 85%。

35. 简述采集执行单元环境影响检验的测试方法。

答：（1）依据 DL/T 478—2013《继电保护和安全自动装置通用技术条件》《继电保护和安全自动装置通用技术条件》的测试方法，以－40℃和+70℃分别进行低温与高温运行试验，以 70kPa 进行低气压试验，以－25℃和+55℃分别进行存储试验及温度变化试验。在不同环境下，检查装置是否运行正常，不误动，不误发报文，不应出现死机、重启等异常现象，装置面板不应有异常告警；输出的 SV 离散度不大于 10μs，不应丢帧，准确度无异常变化；收到 GOOSE 跳合闸信号后能正确地以硬接点方式出口，动作延时应不大于 5ms；硬开入变位时能正确发送 GOOSE 变位报文，发送时间应小于 5ms。

（2）依据 DL/T 478—2013《继电保护和安全自动装置通用技术条件》的测试方法，进行交变湿热试验，符合 Q / GDW 11287—2014《智能变电站 110kV 合并单元智能终端集成装置检测规范》的要求。

36. 简述采集执行单元机械性能检验的技术要求。

答：装置机械性能应满足 Q/GDW 1426—2016《智能变电站合并单元技术规范》中 6.8 的要求。

37. 简述采集执行单元机械性能检验的测试方法。

答：依据 DL/T 478—2013《继电保护和安全自动装置通用技术条件》的测试方法，进行振动响应、振动耐久、冲击响应、冲击耐久、碰撞试验。

38. 简述采集执行单元过载能力检验的测试方法。

答：（1）以 1.4 倍和 2 倍额定电压分别历时 10s 和 1s 检验电压回路的过载性能；

（2）以 40 倍额定电流历时 1s 检验保护交流电流回路的过载性能；

（3）以 20 倍额定电流历时 1s 检验测量交流电流回路的过载性能。

39. 简述采集执行单元功率消耗检验的技术要求。

答：（1）测量装置的功率消耗，要求装置正常工作时装置电源功率消耗不大于 50W，动作时最大功耗不大于 65W；

（2）电流电压回路的功耗，满足《自主可控新一代变电站二次系统技术规范　装置类系列规范 1　采集执行单元》的要求。

40. 简述采集执行单元功率消耗检验的测试方法。

答：（1）测量并记录装置在正常工作时和动作时的电源功率；

（2）测量并记录电流电压回路的功耗。

41. 简述采集执行单元电磁兼容检验的测试方法。

答：依照 Q/GDW 11287—2014 《智能变电站 110kV 合并单元智能终端集成装置检测规范》规定的方法与要求进行检测。

42. 简述采集执行单元其他硬件检验的技术要求。

答：（1）绝缘电阻、介质强度、冲击电压试验需符合《自主可控新一代变电站二次系统技术规范　装置类系列规范 1　采集执行单元》的规定要求；

（2）装置的不带电可导电部分、金属部分应在电气上连成一体，并具备可靠接地点；装置的外露可导电部分与保护接地端子之间的电阻不应超过 0.1Ω。

43. 简述采集执行单元其他硬件检验的测试方法。

答：（1）按照 Q/GDW 11287—2014《智能变电站 110kV 合并单元智能终端集成装置检测规范》的规定进行绝缘电阻试验、介质强度试验、冲击电压试验；

（2）测量并记录装置保护导体端子和外露导电部分的电阻值。

44. 简述采集执行单元网络压力测试的技术要求。

答：采集执行单元不应受网络风暴影响，装置运行正常，不误动，不误发报文，不应出现死机、重启等异常现象，装置面板不应有误告警；输出的 SV 离散度不大于 10μs，不应丢帧，准确度无异常变化；收到 GOOSE 跳合闸信号后能正确地以硬接点方式出口，动作延时应不大于 5ms；硬开入变位时能正确发送 GOOSE 变位报文，发送时间应小于 5ms；装置的电压并列或电压切换功能应能正常执行。

45. 简述采集执行单元网络压力的测试方法。

答：（1）对采集执行单元单个组网口施加非订阅 GOOSE、SV、ARP 等类型的报文，注入流量均为（100M－实测基础流量），网络压力持续时间不小于 2min，加入的非订阅报文类型见表 5－2。

（2）网络压力持续过程中，对装置注入网络压力的组网口及其他端口分别施加订阅 GOOSE 反复跳合闸（1s/次，每次按照 2、2、4、8ms 的间隔进行重发）命令，监视采集执行单元输出的 SV 报文及硬接点。

（3）网络压力持续过程中，模拟装置收到的硬开入变位（1s/次），监视采集执行单元输出的 SV、GOOSE 报文。

（4）网络压力持续过程中，验证采集执行单元的电压并列或电压切换功能是否正常执行。

表 5-2　　非订阅报文类型

报文类型	MAC	AppID	测试流量指标
非订阅报文	订阅	非订阅	100M-实测基础流量
ARP 广播报文	—	—	100M-实测基础流量

46. 简述采集执行单元的主要功能。

答：采集执行单元主要包含模拟量采集功能和状态量采集及控制功能。其中，模拟量采集功能包含数据采集与处理、数据输出、同步与对时、秒脉冲测试信号输出、母线电压并列等功能；状态量采集及控制功能包含数据接入、数据输出、检修硬压板输入等功能。

47. 简述采集执行单元自检功能测试要求与测试方法。

答：（1）装置自检功能测试要求如下：

1）装置应具有自检告警功能，支持硬接点和报文输出方式。

2）应支持以 GOOSE 方式上传装置自检状态信息，能够接收 GOOSE 控制命令。

3）装置上电自检通过，母线采集执行单元（模拟量及电子式）LED 运行指示灯绿色长亮。

4）装置上电自检通过，间隔采集执行单元（模拟量Ⅰ、Ⅱ、Ⅲ型及电子式）LED 运行指示灯绿色长亮。

（2）装置自检功能测试方法如下：

1）分别模拟采集执行单元装置故障和装置闭锁（如装置掉电、装置插件通信异常），通过手持光数字测试仪接收报文，检测装置故障硬接点状态和 GOOSE 告警报文，装置连接图如图 5-3 所示，测试仪接口如图 5-4 所示。

2）记录采集执行单元自检通过后指示灯状态，检查是否符合要求。

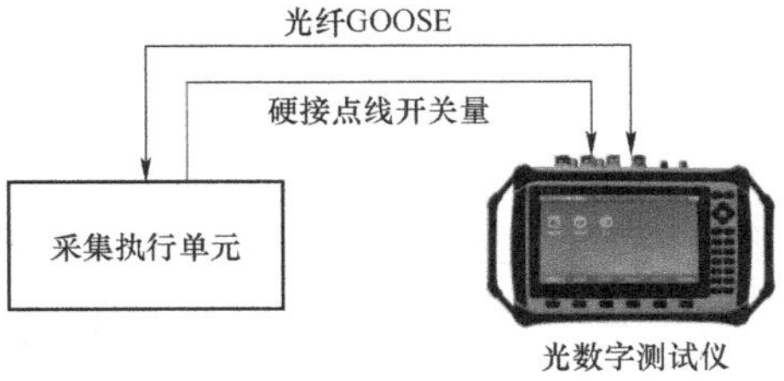

图 5-3　装置连接图

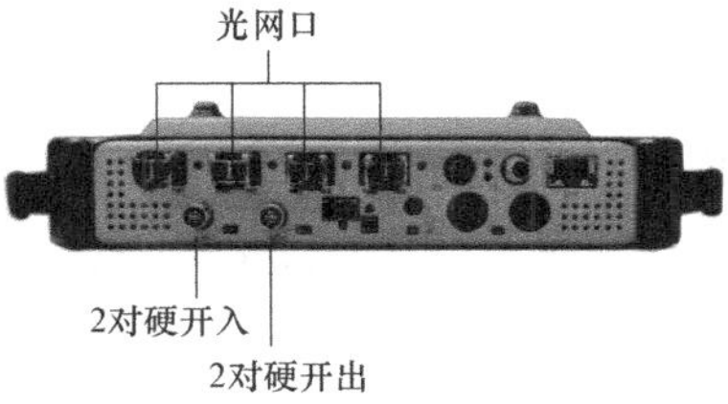

图 5-4　测试仪接口

48. 简述采集执行单元硬件配置及模块测试要求与测试方法。

答：（1）装置硬件配置及模块测试要求如下：

1）模拟量母线采集执行单元配置要求：

a. 收发光口不应少于 4 个；

b. 发送光口不应少于 4 个；

c. 用于级联的发送光口不应少于 24 个；

d. 对时光口 1 个；

e. 秒脉冲输出光口 1 个；

f. 3 组保护测量电压 U_a、U_b、U_c，3 组计量电压 U_{ja}、U_{jb}、U_{jc}，3 组零序保护电压 $3U_0$；

g. 开关量输入不应少于 75 路；

h. 开关量输出不应少于 29 路；

i. 直流模拟量输入应能接收 4～20mA 电流和 0～5V 电压，最少配置 4 路；

j. 应具有运行异常和装置故障信号硬接点。

2）电子式母线采集执行单元配置要求：

a. 收发光口不应少于 4 个；

b. 发送光口不应少于 4 个；

c. 用于级联的发送光口不应少于 24 个；

d. 对时光口 1 个；

e. 秒脉冲输出光口 1 个；

f. 用于接收电子式互感器采样值数据的光口不应少于 9 个；

g. 开关量输入不应少于 75 路；

h. 开关量输出不应少于 29 路；

i. 直流模拟量输入应能接收 4～20mA 电流和 0～5V 电压，最少配置 4 路；

j. 应具有运行异常和装置故障信号硬接点。

3）模拟量间隔采集执行单元Ⅰ型配置要求：

a. 间隔采集执行单元应支持保护 TA 两个独立回路采样；

b. 级联输入光口 2 个；

c. 收发光口不应少于 13 个，其中组网收发光口不应少于 2 个；

d. 对时光口 1 个；

e. 秒脉冲输出光口 1 个；

f. 保护、测量电压 U_a、U_b、U_c、$3U_0$，计量电压 U_{ja}、U_{jb}、U_{jc}，保护电流 I_{1a}、I_{1b}、I_{1c}、I_{2a}（零序）、I_{2b}（间隙）、I_{2c}，测量电流 I_{ca}、I_{cb}、I_c（用于主变压器各侧时，零序电流接于 I_{2a}，间隙电流接于 I_{2b}）；

g. 开关量输入不应少于 75 路；

h. 开关量输出不应少于 34 路；

i. 直流模拟量输入应能接收 4～20mA 电流和 0～5V 电压，最少配置 2 路；

j. 应具有运行异常和装置故障信号硬接点；

k. 与断路器跳合闸线圈回路相连的操作回路功能应在装置内部完成。

4）模拟量间隔采集执行单元Ⅱ型配置要求：

a. 间隔采集执行单元应支持保护 TA 两个独立回路采样；

b. 级联输入光口 2 个；

c. 收发光口不应少于 13 个，其中组网收发光口不应少于 2 个；

d. 对时光口 1 个；

e. 秒脉冲输出光口 1 个；

f. 保护、测量电压 U_a、U_b、U_c、$3U_0$，计量电压 U_{ja}、U_{jb}、U_{jc}，保护电流 I_{1a}、I_{1b}、I_{1c}、I_{2a}（零序）、I_{2b}（间隙）、I_{2c}，测量电流 I_{ca}、I_{cb}、I_{cc}（用于主变压器各侧时，零序电流接于 I_{2a}，间隙电流接于 I_{2b}）；

g. 开关量输入不应少于 85 路；

h. 开关量输出不应少于 36 路；

i. 直流模拟量输入应能接收 4～20mA 电流和 0～5V 电压，最少配置 2 路；

j. 应具有运行异常和装置故障信号硬接点。

5）模拟量间隔采集执行单元Ⅲ型配置要求：

a. 断路器采集执行单元应支持保护 TA 两个独立回路采样；

b. 收发光口不应少于 13 个，其中组网收发光口不应少于 2 个；

c. 对时光口 1 个；

d. 秒脉冲输出光口 1 个；

e. 保护电流 I_{1a}、I_{1b}、I_{1c}、I_{2a}、I_{2b}、I_{2c}、I_{3a}、I_{3b}、I_{3c}，测量电流 I_{ca}、I_{cb}、I_{cc}（第三组保护电流 TA 暂态特性不作要求，用于失灵保护）；

f. 开关量输入不应少于 85 路；

g. 开关量输出不应少于 36 路；

h. 直流模拟量输入应能接收 4～20mA 电流和 0～5V 电压，最少配置 2 路；

i. 应具有运行异常和装置故障信号硬接点。

6）电子式间隔采集执行单元配置要求：

a. 级联输入光口 2 个；

b. 收发光口不应少于 13 个，其中组网收发光口不应少于 2 个；

c. 对时光口 1 个；

d. 秒脉冲输出光口 1 个；

e. 用于接收电子式互感器采样值数据的光口不应少于 9 个；

f. 开关量输入不应少于 85 路；

g. 开关量输出不应少于 36 路；

h. 直流模拟量输入应能接收 4～20mA 电流和 0～5V 电压，最少配置 2 路；

i. 应具有运行异常和装置故障信号硬接点；

j. 装置应是标准化、插件式结构，除电源模块、CPU 及公共模块外任何一个模块故障时，应不影响其他模块的正常工作。

（2）装置硬件配置及模块测试方法如下：

1）检查装置的硬件配置是否满足规范要求，是否与应用分类匹配，包括：检查被测装置的接口类型及数目、光以太网接口数量、级联输入接口、时间同步接口类型和数量、秒脉冲信号输出接口及数量、DI 和 AI 的输入路数及模拟量输入的规格、直流模拟量输入的路数及规格、告警或闭锁接口数量、开关量输出 DO 路数。

2）检查交流采样插件和开入开出插件是否支持选配，记录选配插件类型和硬件配置，检查插件是否能正常快速更换。

3）拔出公共模块以外的插件后，检验装置其他模块能否正常工作。

49. 简述光口发送/接收功率测试要求及测试方法。

答：（1）光口发送/接收功率测试要求如下：

1）光波长 1310nm 光纤：光纤发送功率为 –20～–14dBm；光接收灵敏度为 –3～–14dBm。

2）光波长 850nm 光纤：光纤发送功率为 –19～–10dBm；光接收灵敏度为 –24～–10dBm。

（2）光口发送/接收功率测试方法如下：

1）光纤端口发送功率测试：使用光纤（衰耗小于 0.5db）连接装置光纤发送端口与 DM5100E 手持光数字测试仪接收端口，读取光功率模块的功率值，即为光纤端口的发送功率。

2）光纤端口接收功率测试：将待测装置的光纤接收端口的光纤拔掉，插到 DM5100E 手持光数字测试仪接收端口，读取测试仪光功率模块的功率值，即为光纤端口的接收功率。

50. 简述数据采集与处理测试要求及测试方法。

答：（1）数据采集与处理测试要求如下：

1）装置用于测量的交流模拟量幅值误差和相位误差应符合 GB/T 20840.7—2007《互感器　第 7 部分：电子式电压互感器》的 12.5 中 0.2 级及 GB/T 20840.8—2007《互感器　第 8 部分：电子式电流互感器》《互感器　第 8 部分：电子式电流互感器》的 12.2 中 0.2 级的规定；用于保护的交流模拟量幅值误差、相位误差和复合误差应符合 GB/T 20840.7—2007 中的 13.5 中 3P 及 GB/T 20840.8—2007 的 13.1.3 中 5P/5TPE 部分的规定。

2）间隔采集执行单元间隔采样插件和母线采样插件相互独立，任一插件采样回路异常，不应导致另一插件误发数据。

3）输出的采样数据频率应为 4kHz。

4）当采集执行单元与电子式互感器配合时，应支持通过光纤实时接收电子式电流互感器、电子式电压互感器的采样值报文。

（2）数据采集与处理测试方法如下：

1）按照 DL/T 630—2020《交流采样远动终端技术条件》、GB/T 19862—2016《电能质量监测设备通用要求》第 5.2.2 条，检验装置模拟量采集与处理性能。

2）检查间隔采集执行单元的间隔板卡和母线板卡是否分别为独立板卡；对两种采样通道进行同源采样操作，检查输出数据是否正确、一致。

3）录波检查并记录输出的采样数据频率。

4）针对电子式母线采集执行单元和电子式间隔采集执行单元，接入电子式互感器，检验装置是否支持通过光纤实时接收电子式电流互感器、电子式电压互感器的采样值报文。

51. 简述电子式互感器输入功能测试要求及测试方法。

答：（1）电子式互感器输入功能测试要求如下：

1）用于接收电子式互感器采样值数据的光口不应少于 9 个；

2）当采集执行单元与电子式互感器配合时，应支持通过光纤实时接收电子式电流互感器、电子式电压互感器的采样值报文。

（2）电子式互感器输入功能测试方法如下：

1）检查电子式互感器输入数据是否准确；

2）当电子式互感器向采集执行单元发送采样值时，使用 DM5100E 手持式光数字测试仪接收采集执行单元报文，检验采集执行单元是否支持通过光纤实时接收电子式电流互感器、电子式电压互感器的采样值报文，如图 5－5 所示。

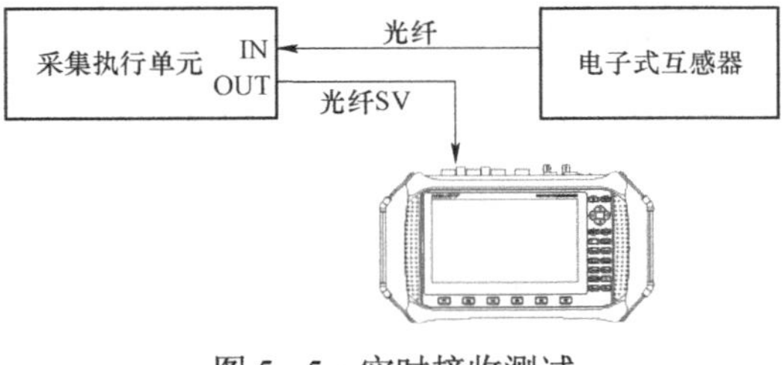

图 5－5 实时接收测试

52. 简述开入节点防抖功能测试要求及测试方法。

答：（1）开入节点防抖功能测试要求如下：

1）装置应具有开关量输入防抖功能，断路器位置、隔离开关位置防抖时间宜统一设定为 5ms，并可根据现场灵活设置；SOE 时标应是防抖前的时标。

2）装置从开入变为到相应GOOSE信号发出（不含防抖时间）的时间延时不大于 5ms。

（2）开入节点防抖功能测试方法如下：使用 DM5100E 手持光数字测试仪连接采集执行单元，测量模拟发送硬开入信号到装置发出 GOOSE 信号的时间延时是否符合标准要求。开入节点防抖功能测试接线图如图 5－6 所示。

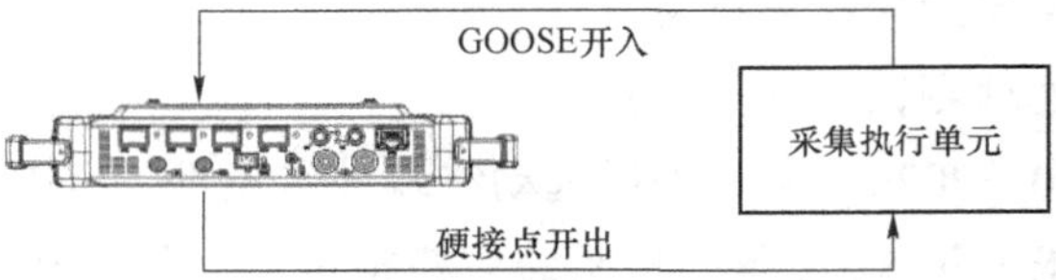

图 5－6　开入节点防抖功能测试接线图

53. 简述光纤通道光强监视功能测试要求及测试方法。

答：（1）光纤通道光强监视功能测试要求：应具备监视光纤通道接收到的光信号强度的功能，并通过 GOOSE 方式上送。

（2）光纤通道光强监视功能测试方法：通过 DM5100E 手持光数字测试仪 GOOSE 接收模块接收采集执行单元的 GOOSE，查看采集执行单元监视光纤通道接收到的 GOOSE 报文，判断是否具备监视光纤通道接收到的光信号强度的功能。

54. 简述其他采集功能测试要求及测试方法。

答：（1）其他采集功能测试要求：

1）装置的“检修不一致”逻辑应符合《自主可控新一代变电站二次系统技术规范　装置类系列规范 1　采集执行单元》的要求；

2）双套母线采集执行单元级联接入的无缝选择功能参照《自主可控新一代变电站二次系统技术规范　装置类系列规范 1　采集执行单元》；

3）电压并列功能及电压切换功能逻辑见 Q/GDW 11487—2015《变电设备光纤温度在线监测装置技术规范》附录 A。

（2）其他采集功能测试方法如下：

1）分别改变装置检修硬压板状态、SV 和 GOOSE 输入的品质位，观察记录在不同状态组合下信号灯变化情况和输出报文品质位变化情况。

2）对电压选择把手的挡位和母线采集执行单元的各种状态进行排列组合，检查各组合状态下的间隔采集执行单元输出的母线电压是否与要求相符。

3）母线电压切换功能、母线电压并列功能试验按照 Q / GDW 11015—2013《模拟量输入式合并单元检测规范》规定的方法进行。

55. 简述母线电压并列功能测试要求及测试方法。

答：（1）母线电压并列功能测试要求如下：母线采集执行单元应支持母线电压并列功能，电压并列功能逻辑如表 5－3、表 5－4 所示。

表 5-3　　双母线电压并列功能逻辑

状态序号	把手状态		母联位置	各段母线输出电压	
	Ⅱ母强制用Ⅰ母	Ⅰ母强制用Ⅱ母	Ⅰ母/Ⅱ母的母联	Ⅰ母的电压输出	Ⅱ母的电压输出
1	0	0	X	Ⅰ母	Ⅱ母
2	1	0	10	Ⅰ母	Ⅰ母
3	1	0	01	Ⅰ母	Ⅱ母
4	1	0	00 或 11	保持	保持
5	0	1	10	Ⅱ母	Ⅱ母
6	0	1	01	Ⅰ母	Ⅱ母
7	0	1	00 或 11	保持	保持
8	1	1	10	保持	保持
9	1	1	01	Ⅰ母	Ⅱ母
10	1	1	00 或 11	保持	保持

注　1. 把手位置为 1 表示该把手位于合位，为 0 表示该把手位于分位。

2. 母联位置包括母联断路器位置及母联隔离开关位置，母联断路器位置为双位置，“10”为合位、“01”为分位，“00”和“11”表示中间位置和无效位置，X 表示处于任何位置。

3. 当母联位置为中间位置和无效位置时，延迟 1min 以上报警“母联位置异常”。

4. 当 2 个把手状态同时为 1 时，延迟 1min 以上报警“并列把手状态异常”。

5. 在“保持”逻辑情况下上电，按分列运行。

6. 不考虑遥控并列或自动并列。

表 5-4　　三母线电压并列功能逻辑

状态序号	把手状态				母联位置		各段母线输出电压		
	Ⅱ母强制用Ⅰ母	Ⅰ母强制用Ⅱ母	Ⅲ母强制用Ⅱ母	Ⅱ母强制用Ⅲ母	Ⅰ母/Ⅱ母的母联	Ⅱ母/Ⅲ母的母联	Ⅰ母的电压输出	Ⅱ母的电压输出	Ⅲ母的电压输出
1	0	0	0	0	X	X	Ⅰ母	Ⅱ母	Ⅲ母
2	X	X	X	X	01	01	Ⅰ母	Ⅱ母	Ⅲ母
3	X	X	0	0	01	10	Ⅰ母	Ⅱ母	Ⅲ母
4	X	X	0	1	01	10	Ⅰ母	Ⅲ母	Ⅲ母
5	X	X	1	0	01	10	Ⅰ母	Ⅱ母	Ⅱ母
6	X	X	1	1	01	10	Ⅰ母	保持	保持
7	0	0	X	X	10	01	Ⅰ母	Ⅱ母	Ⅲ母
8	0	1	X	X	10	01	Ⅱ母	Ⅱ母	Ⅲ母
9	1	0	X	X	10	01	Ⅰ母	Ⅰ母	Ⅲ母
10	1	1	X	X	10	01	保持	保持	Ⅲ母
11	0	0	0	1	10	10	Ⅰ母	Ⅲ母	Ⅲ母
12	0	0	1	0	10	10	Ⅰ母	Ⅱ母	Ⅱ母
13	0	0	1	1	10	10	Ⅰ母	保持	保持
14	0	1	0	0	10	10	Ⅱ母	Ⅱ母	Ⅲ母
15	1	0	0	0	10	10	Ⅰ母	Ⅰ母	Ⅲ母
16	1	1	0	0	10	10	保持	保持	Ⅲ母

续表

状态序号	把手状态				母联位置		各段母线输出电压		
	Ⅱ母强制用Ⅰ母	Ⅰ母强制用Ⅱ母	Ⅲ母强制用Ⅱ母	Ⅱ母强制用Ⅲ母	Ⅰ母/Ⅱ母的母联	Ⅱ母/Ⅲ母的母联	Ⅰ母的电压输出	Ⅱ母的电压输出	Ⅲ母的电压输出
17	X	X	0	0	01	00或11	Ⅰ母	Ⅱ母	Ⅲ母
18	X	X	0	1	01	00或11	Ⅰ母	保持	保持
19	X	X	1	0	01	00或11	Ⅰ母	保持	保持
20	X	X	1	1	01	00或11	Ⅰ母	保持	保持
21	0	0	X	X	00或11	01	Ⅰ母	Ⅱ母	Ⅲ母
22	0	1	X	X	00或11	01	保持	保持	Ⅲ母
23	1	0	X	X	00或11	01	保持	保持	Ⅲ母
24	1	1	X	X	00或11	01	保持	保持	Ⅲ母
25	0	0	0	1	10	00或11	Ⅰ母	保持	保持
26	0	0	1	0	10	00或11	Ⅰ母	保持	保持
27	0	0	1	1	10	00或11	Ⅰ母	保持	保持
28	0	1	0	0	10	00或11	Ⅱ母	Ⅱ母	Ⅲ母
29	1	0	0	0	10	00或11	Ⅰ母	Ⅰ母	Ⅲ母
30	1	1	0	0	10	00或11	保持	保持	Ⅲ母
31	0	0	0	1	00或11	10	Ⅰ母	Ⅲ母	Ⅲ母
32	0	0	1	0	00或11	10	Ⅰ母	Ⅱ母	Ⅱ母
33	0	0	1	1	00或11	10	Ⅰ母	保持	保持
34	0	1	0	0	00或11	10	保持	保持	Ⅲ母
35	1	0	0	0	00或11	10	保持	保持	Ⅲ母
36	1	1	0	0	00或11	10	保持	保持	Ⅲ母
37	0	0	0	1	00或11	00或11	Ⅰ母	保持	保持
38	0	0	1	0	00或11	00或11	Ⅰ母	保持	保持
39	0	0	1	1	00或11	00或11	Ⅰ母	保持	保持
40	0	1	1	0	00或11	00或11	保持	保持	Ⅲ母
41	1	0	0	0	00或11	00或11	保持	保持	Ⅲ母
42	1	1	0	0	00或11	00或11	保持	保持	Ⅲ母
43	其他状态						保持	保持	保持

注 1. 把手位置为1表示该把手位于合位，为0表示该把手位于分位，X表示无论把手处于任何状态。

2. 母联位置包括母联断路器位置及母联隔离开关位置，母联断路器位置为双位置，“10”为合位、“01”为分位，“00”和“11”表示中间位置和无效位置，X表示无论母联断路器处于任何位置。

3. 当母联位置为中间位置和无效位置时，延迟1min以上报警“母联位置异常”。

4. 当任意2～4个把手状态同时为1时，延迟1min以上报警“并列把手状态异常”。

5. 在“保持”逻辑情况下上电，按分列运行。

6. 适用于双母单分段或单母双分段主接线。对于双母单分段主接线，不考虑横向并列。

7. 不考虑遥控并列或自动并列。

8. 对于双母单分段主接线，Ⅱ母为长母线，Ⅰ母为左短母线，Ⅲ母为右短母线；对于单母双分段主接线，Ⅱ母为中间母线，Ⅰ母为左母线，Ⅲ母为右母线。

9. 附录A所列各表格引自Q/GDW 426—2010《智能变电站合并单元技术规范》。

（2）母线电压并列功能测试方法如下：采用 DM5100E 手持光数字测试仪状态序列给采集执行合并单元发送 SV 电压，硬节点开入和 GOOSE 接收母联（分段）和 TV 隔离开关位置。模拟母线电压并列不同逻辑状态下的 SV 电压值和 GOOSE 位置，合并单元会根据位置进行电压并列输出，即通过电压并列开关切至相应段母线位置来选择母线合并单元发布的电压信号。图 5－7 为母线电压并列测试示意图。

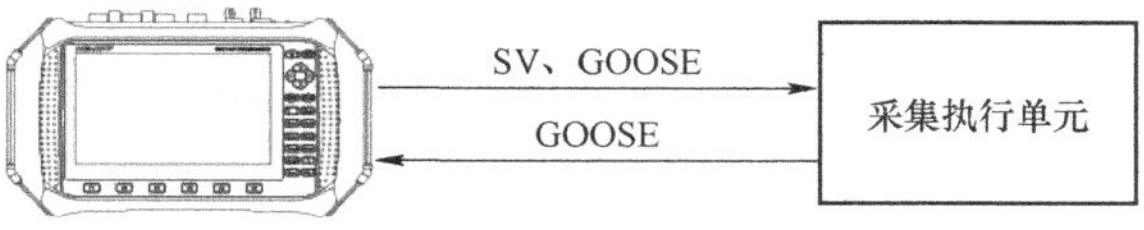

图 5－7　母线电压并列测试示意图

56. 简述间隔电压切换功能测试要求及测试方法。

答：（1）间隔电压切换功能测试要求如下：间隔采集执行单元应支持电压切换功能和双套母线采集执行单元级联接入的无缝选择功能，电压切换功能逻辑如表 5－5 所示。

表 5－5　　双母线电压切换功能逻辑

状态序号	Ⅰ母隔离开关		Ⅱ母隔离开关		母线电压输出	报警说明
	合	分	合	分		
1	0	0	0	0	保持	延迟 1min 以上报“刀闸位置异常”
2	0	0	0	1	保持	
3	0	0	1	1	保持	
4	0	1	0	0	保持	
5	0	1	1	1	保持	
6	0	0	1	0	Ⅱ母	
7	0	1	1	0	Ⅱ母	
8	1	0	1	0	Ⅰ母	报警切换同时动作
9	0	1	0	1	电压输出为 0 表示品质有效	报警切换同时返回
10	1	0	0	1	Ⅰ母	
11	1	1	1	0	Ⅱ母	延迟 1min 以上报“刀闸位置异常”
12	1	0	0	0	Ⅰ母	
13	1	0	1	1	Ⅰ母	
14	1	1	0	0	保持	
15	1	1	0	1	保持	
16	1	1	1	1	保持	

注 1. 母线电压输出为“保持”，表示间隔合并单元保持之前隔离开关位置正常时切换选择的Ⅰ母或Ⅱ母的母线电压，母线电压数据品质应为有效。

2. 间隔 MU 上电后，未收到隔离开关位置信息时，输出的母线电压带“无效”品质；上电后，若收到的初始隔离开关位置与表中“母线电压输出”为“保持”的隔离开关位置一致，输出的母线电压带“无效”品质。

（2）间隔电压切换功能测试方法如下：采用MUT6100合并单元测试仪合并单元测试仪MU测试模块，模拟间隔采集执行单元电压状态切换，通过回采SV电压和GOOSE开关位置信息判断采集执行单元间隔电压切换功能正确性。图5－8为间隔电压切换功能测试示意图。

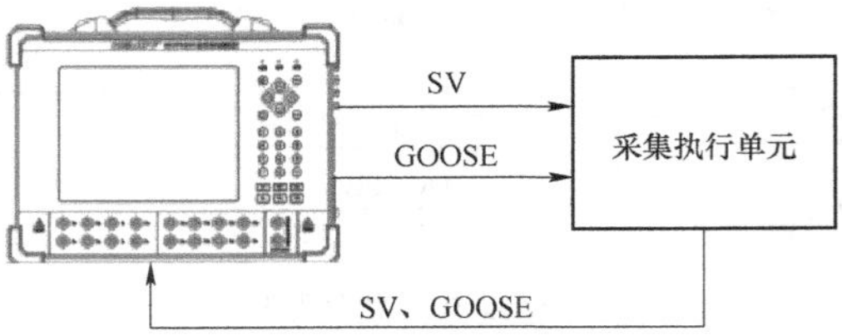

图5－8　间隔电压切换功能测试示意图

57. 简述对时同步功能测试要求及测试方法。

答：（1）对时同步功能测试要求如下：

1）应能接受外部时钟的同步信号，同步方式宜采用IRIG－B。对时精度应小于1μs。

2）提供秒脉冲测试信号，应具备1个光纤同步秒脉冲输出测试接口，用来测试装置的对时及守时精度。

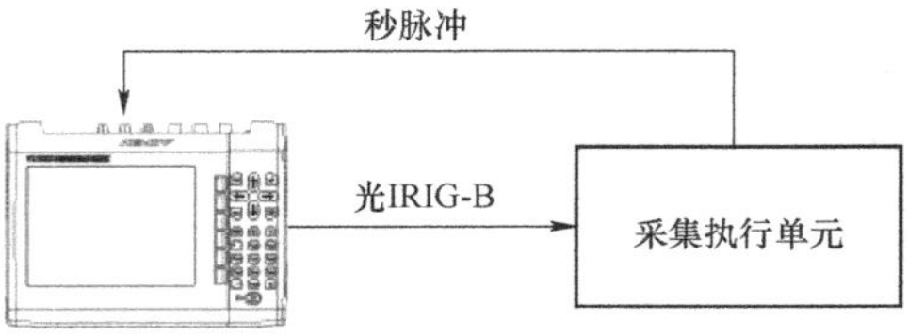

图5－9　对时同步功能测试示意图

（2）对时同步功能测试方法如下：采用TS2000手持时间测试仪，采用IRIG－B给采集执行单元发送时钟同步对时信号，然后接收采集执行单元时钟同步对时秒脉冲信号，如图5－9所示。测试仪输出正向光B码，MU返回光秒脉冲，采集执行单元稳定时间60s，测试时间5min。

58. 简述采样同步精度测试要求及测试方法。

答：（1）采样同步精度测试要求：采样离散度不大于10μs；

（2）采样同步精度测试方法：采用TS2000手持时间测试仪接收采集执行单元的SV报文，然后进入TS2000手持时间测试仪MU测试模块进行离散度测试。

59. 守时功能测试要求及测试方法有哪些？

答：（1）守时功能测试要求：应具有守时功能，在失去同步时钟信号10min以内的守时误差应小于4μs；

（2）守时功能测试方法：采用TS2000手持时间测试仪给采集执行单元发送同步时钟信号，然后用TS2000手持时间测试仪收采集执行单元发出的同步时钟信号，打开TS2000手持时间测试仪MU测试—守时测试模块，设定守时时间为10min，测试仪自动测试采集执行单元在失去同步时钟信号10min以内的守时误差。图5－10为守时功能测试示意图。

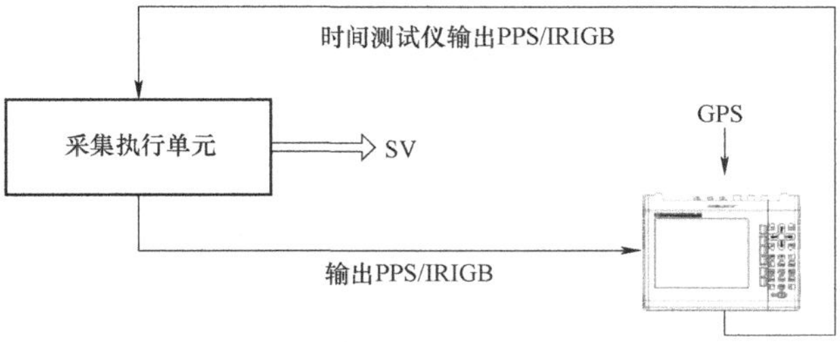

图 5－10　守时功能测试示意图

60. 简述失步再同步性能测试要求及测试方法。

答：（1）失步再同步性能测试要求如下：

1）在失去同步时钟信号且超出守时范围的情况下应产生数据同步无效标志。

2）采集执行单元处于失步状态时，连续接收到至少 10 个有效时钟授时同步信号（时间均匀性误差小于 10μs）时进入跟随状态，置同步标志。

（2）失步再同步性能测试方法如下：

1）采用 DM5100E 手持光数字测试仪接收采集执行单元 SV 报文，在“MU 延时”功能模块中测试合并传输延时（采样至 IEC 61850－9－2 报文输出的延时）。采集执行单元稳定 90s 左右，拔掉采集执行单元 IRIG－B 码。试验进行 11min 时测 MU 传输延时，通过 DM5100E 手持光数字测试仪接收 SV 报文，查看合并单元发出的 SV 报文同步标志是否置为 false，保护装置有报警报文提示。

2）失步状态稳定 90s 之后，给合并单元发送大于 10 个有效时钟授时同步信号（时间均匀性误差小于 10μs），测 MU 传输延时是否恢复正常，查看合并单元发出的 SV 报文同步标志是否恢复。

61. 简述跳/合闸命令监测功能测试要求及测试方法。

答：（1）跳/合闸命令监测功能测试要求：应支持以 GOOSE 方式上传跳/合闸反馈等状态信息。

（2）跳/合闸命令监测功能测试方法：在操作回路箱中模拟断路器跳/合闸命令，然后使用 DM5100E 手持光数字测试仪通过 GOOSE 接收报文监测，通过查看 GOOSE 变位信息判断采集执行单元跳/合闸命令监测正确性。

62. 简述交流模拟量采集准确度测试要求及测试方法。

答：（1）交流模拟量采集准确度测试要求如下：

对于常规互感器及电子式电流互感器、电子式电压互感器接入交流模拟量，用于测量的交流模拟量幅值误差和相位误差应符合 GB/T 20840.7—2007《互感器　第 7 部分：电子式电压互感器》的 12.5 中 0.2 级及 GB/T 20840.8—2007《互感器　第 8 部分：电子式电流互感器》的 12.2 中 0.2 级的规定；用于保护的交流模拟量幅值误差、相位误差和复合误差应符合 GB/T 20840.7—2007 的 13.5 中 3P 及 GB/T 20840.8—2007 的 13.1.3 中 5P/5TPE 的规定。

（2）交流模拟量采集准确度测试方法如下：采用 MUT6100 合并单元测试仪，依次发送 5%、20%、100%、120%的额定电流和 20%、50%、100%、120%的额定电压模拟量。

1）《互感器　第 8 部分：电子式电流互感器》给采集执行单元，设置评估参数用于测量的交流模拟量幅值误差和相位误差为电压 0.2 级，电流 0.2 级。

2）发送模拟量电压、电流为额定电压、电流，100%检定点给采集执行单元，用于保护的交流模拟量幅值误差、相位误差和复合误差为电压 3P 级，电流 5P/5TPE 级。然后通过回采 SV 报文自动计算交流模拟量采集准确度。图 5－11 为交流模拟量采集准确度测试示意图。

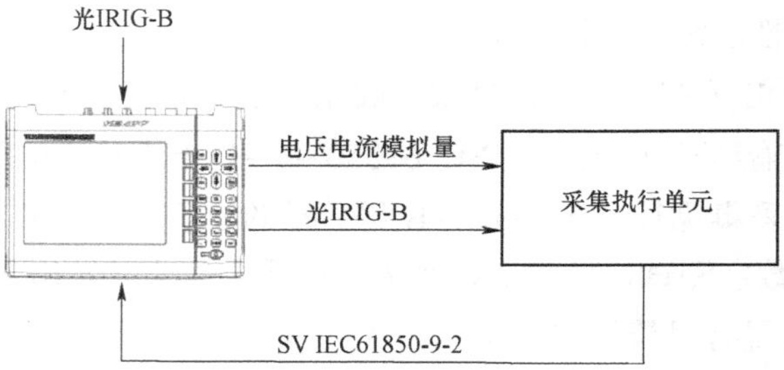

图 5－11　交流模拟量采集准确度测试示意图

63. 简述采样值发布离散值测试要求及测试方法。

答：（1）采样值发布离散值测试要求：采样值发送间隔的离散值应不大于 10μs；

（2）采样值发布离散值测试方法：采用合并单元测试仪，发送模拟量电压电流给采集执行单元，设置评估参数离散度允许误差为 10μs，然后通过回采 SV 报文自动测试采样值发布离散值。

64. 简述采样响应时间测试要求及测试方法。

答：（1）采样响应时间测试要求：采集执行单元采样值总延时不大于 1ms，级联采集执行单元采样响应延时应不大于 2ms。

（2）采样响应时间测试方法：合并单元测试仪，发送模拟量电压电流给采集执行单元，然后通过回采 SV 报文自动测试采样值总延时。

采用合并单元测试仪，模拟发送 SV 级联电压给采集执行单元，然后通过回采 SV 报文自动测试级联采集执行单元采样响应延时。

65. 简述间隔级联电压双冗余要求及测试方法。

答：（1）间隔级联电压双冗余要求：为保证级联电压的双重化母线采集执行单元，母设间隔采用两 A/B 两组采集执行单元，为母线上其他间隔提供电压信号。间隔的采集执行单元可以通过电压级联切换把手来选取。

（2）测试方法：

1）采用合并单元测试仪 MU 测试模块，分别模拟 A/B 母线采集执行单元发送两组 SV 级联电压给间隔采集执行单元，通过间隔采集执行单元的级联切换把手进行级联电压切换，然后通过回采元的 SV 报文来校验电压冗余选择功能。

2）应用定值“级联电压无缝切换使能”使能，切换把手打到“强制输出 A 套”时，级联取 A 套。

3）应用定值“级联电压无缝切换使能”使能，切换把手打到“强制输出 B 套”时，级联取 B 套；

4）应用定值“级联电压无缝切换使能”使能，切换把手打到“自动选择”时，装置根据接收双套母线采集执行单元的链路情况进行自动切换。

表 5－6 为双套母线采集执行单元选择逻辑表。

表 5－6　　双套母线采集执行单元选择逻辑表

状态序号	把手状态			母线采集执行单元状态		输出母线电压
	取 A 套	取 B 套	自动	A 套	B 套	
0	0	0	0	×	×	保持
1	1	0	0	×	×	取 A 套
2	0	1	0	×	×	取 B 套
3	0	0	1	正常	正常	取 A 套
4	0	0	1	正常	异常或检修	取 A 套
5	0	0	1	异常或检修	正常	取 B 套
6	0	0	1	异常或检修	异常或检修	保持
7	1	1	0	×	×	保持
8	1	0	1	×	×	保持
9	0	1	1	×	×	保持
10	1	1	1	×	×	保持

注　母采集执行单元状态“×”代表正常状态、异常状态或检修状态等任意状态。母线采集执行单元异常状态包括但不限于数据品质异常、数据丢帧、通信异常、帧间隔异常。当任意 2～3 个把手状态为 1 或全为 0 时，延迟 1min 报警“选择把手状态异常”。当间隔采集执行单元上电后，若把手状态与表中输出母线电压为保持的把手位置一致，输出母线电压取 A 套。只有当另一套母线采集执行单元正常状态（不包括检修）保持 10s 以上时，才能进行选择。

第六章

继电保护及安全自动装置

1. 什么是继电保护装置?

答：继电保护装置是当电力系统中的电力元件（如发电机、线路等）或电力系统本身发生故障危及电力系统安全运行时，能够向运行值班人员及时发出警告信号，或者直接向所控制的断路器发出跳闸命令以终止这些事件发展的一种自动化措施的成套设备。

继电保护主要是利用电力系统中元件发生短路或异常情况时的电气量（电流、电压、功率、频率等）及其他的物理量的变化（如变压器油箱内故障时伴随产生的大量瓦斯和油流速度的增大或油压强度的增高），构成继电保护动作的原因。大多数情况下，不管反应哪种物理量，继电保护装置都包括测量部分（和定值调整部分）、逻辑部分、执行部分。

图 6－1、图 6－2 是南瑞继保研制的 PCS－931 超高压输电线路成套保护装置正视图和背板图。

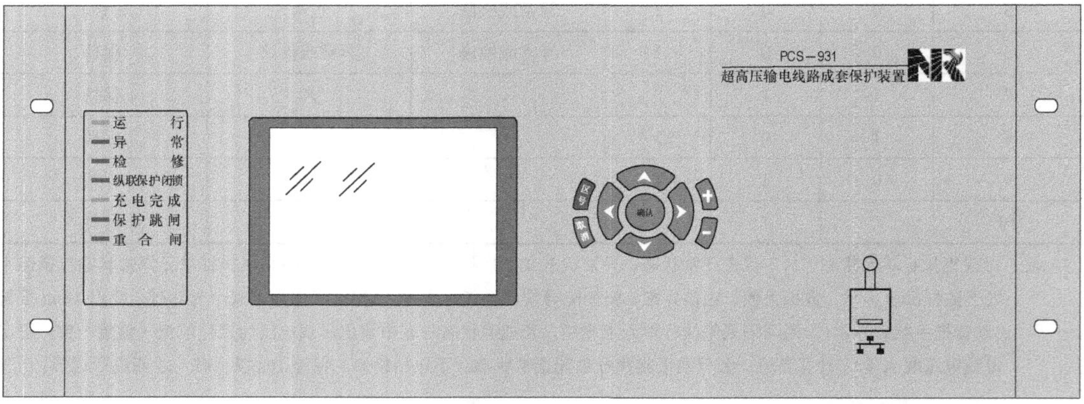

图 6－1　PCS－931 超高压输电线路成套保护装置正视图

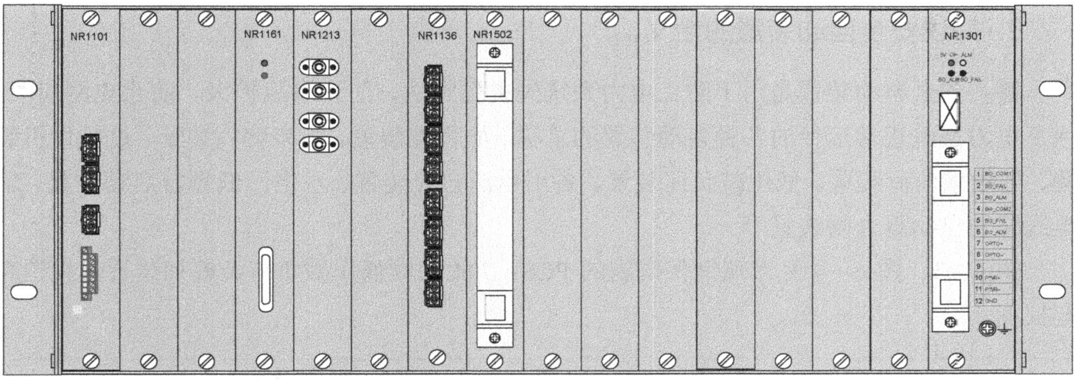

图 6－2 PCS－931 超高压输电线路成套保护装置背板图

2. 简述继电保护装置的主要功能。

答：继电保护装置的主要功能包括：

（1）110（66）kV 电压等级线路保护装置、母联（分段）保护、电容器、电抗器、站用变压器保护装置宜集成测控功能。

（2）110（66）kV 及以上电压等级继电保护装置支持采用点对点通信方式与本间隔采集执行单元通信，支持采用网络方式传输保护间的启动失灵、闭锁重合闸等命令。

（3）10(35)kV 保护测控集成装置采用常规采样、常规跳闸方式，同时支持网络传输 GOOSE 跳合闸等命令，10（35）kV 分段多合一保护装置同时支持独立的 SV 和 GOOSE 共口输出。

（4）35kV 常规变电站备自投装置采用常规采样、常规跳闸方式。

（5）变压器（包括接地变压器）保护、故障解列、备自投装置支持采用点对点通信方式及通过网络传输 GOOSE 跳闸等命令，如主变压器保护跳分段及闭锁备自投等。

（6）装置组网口保持独立，组网口具备组播输出报文输出流量控制功能，避免不同组网口同时输出网络风暴报文。

（7）对装置组网口进行非订阅报文网络压力检验，装置不出现死机、重启等异常现象，风暴消失后装置功能恢复正常。

（8）装置自检异常时支持具备异常板卡定位功能，板卡定位信息按“插槽号+插件功能+异常种类”命名。如“1N16 管理 CPU 插件异常”，其中“1N16”表示插槽号，“管理 CPU”表示插件功能。

（9）装置能通过 DL/T 860 通信报文规范上送 CCD 文件的 CRC 校验码，能通过文件服务上送 CCD 和 CID 文件，支持通过文件服务下装 CCD 和 CID 文件。

（10）母线保护和变压器保护等订阅信号相关的各间隔保护、采集执行单元等装置，规范 GOOSE 及 SV 发送数据集，统一数据集中所有通道信息的属性、引用路径、顺序及数量等，并不受功能选配影响，支持母线保护和变压器保护等实现按远期配置 CCD 文件。

（11）装置提供设备识别代码作为设备的唯一身份标识，设备识别代码信息应能通过装置液晶面板查看。

3. 简述安全自动装置的含义。

答：安全自动装置是用于防止电力系统失去稳定性、防止事故扩大、防止电网崩溃、恢复电力系统正常运行的各种自动装置的总称。如稳控装置、失步解列装置、过频切机装置、低频减负荷装置、低压减负荷装置、备用电源自投装置、水电厂低频自启动装置、输电线路的自动重合闸装置等。

图 6－3、图 6－4 是南瑞继保研制的 PCS－994 低频低压减负荷及解列装置正视图和背板图。

图 6－3　PCS－994 低频低压减负荷及解列装置正视图

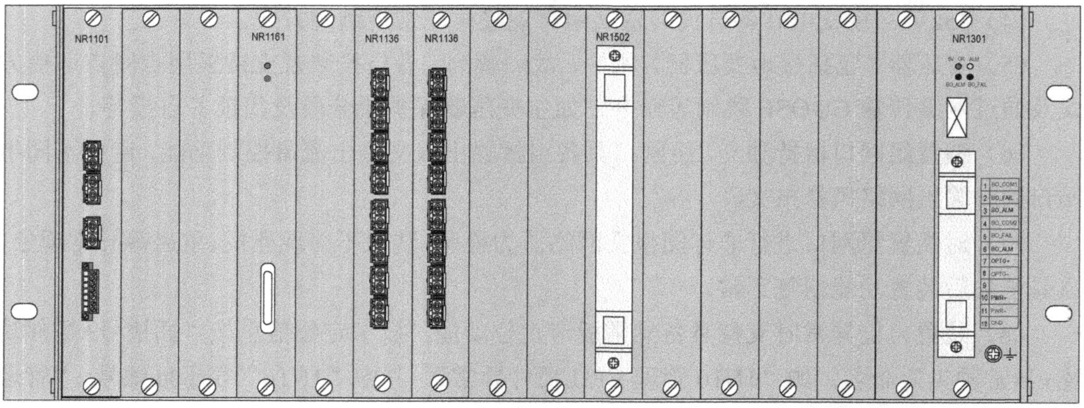

图 6－4　PCS－994 低频低压减负荷及解列装置背板图

4. 安全自动装置的主要功能特点是什么?

答：安全自动装置的主要功能特点是根据电力系统的电压、频率、负荷大小的变化，若引起电网不稳定运行时，迅速切除部分负荷，从而保证电网恢复正常运行状态。

5. 简述 500kV 变电站 3/2 接线线路间隔典型信息流。

答：500kV 变电站 3/2 接线线路间隔典型信息流如图 6－5 所示。

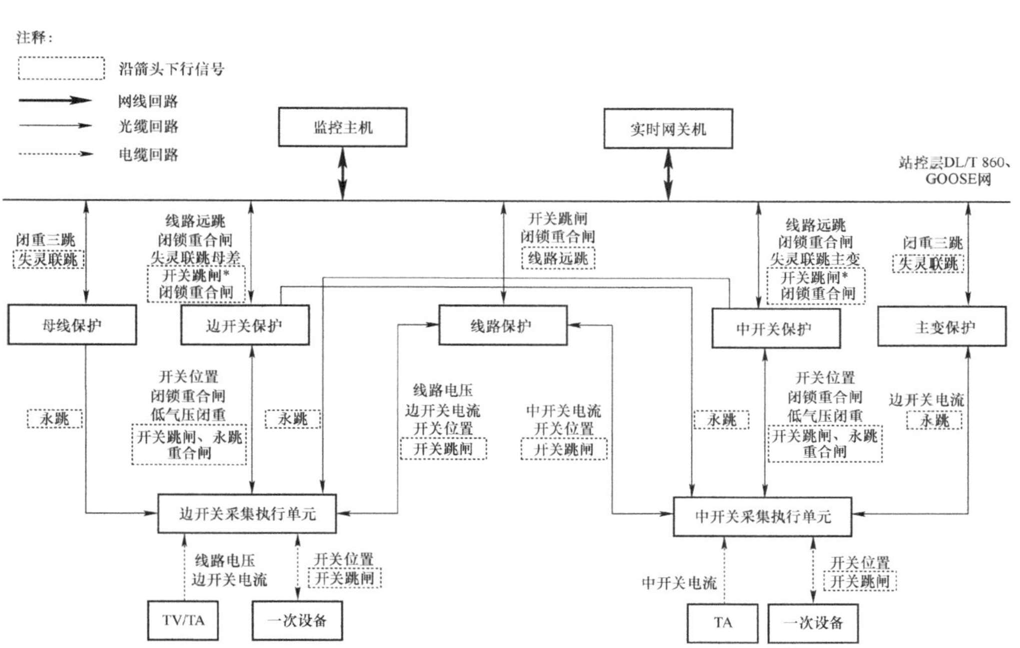

*开关保护接收其他保护跳闸信号，实现启失灵和跟跳功能。

图 6－5　500kV 变电站 3/2 接线线路间隔典型信息流

6. 简述 500kV 变电站 3/2 接线主变压器间隔典型信息流。

答：500kV 变电站 3/2 接线主变压器间隔典型信息流如图 6－6 所示。

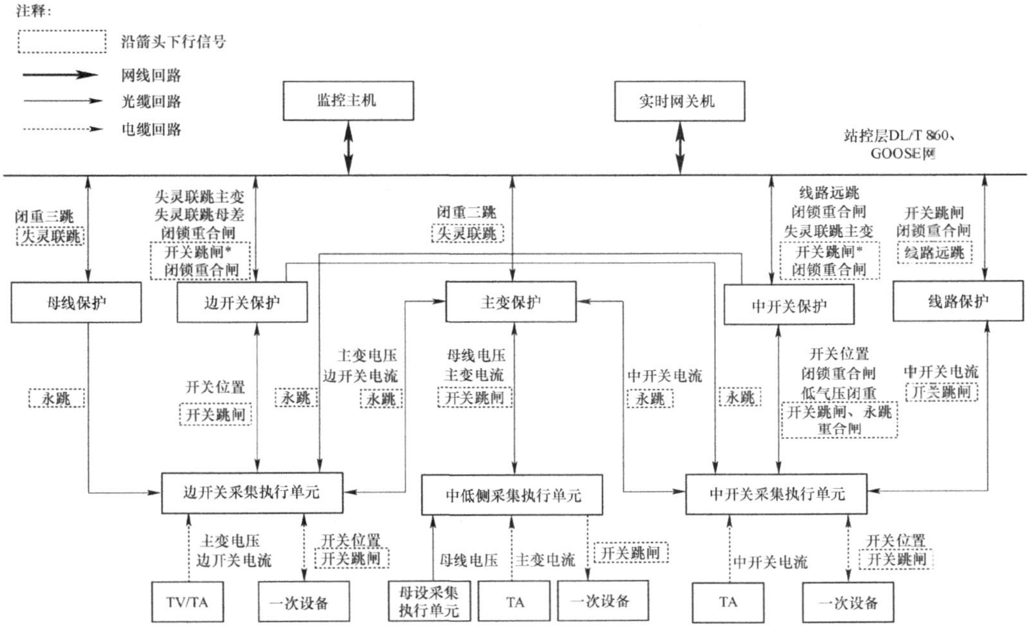

* 开关保护接收其他保护跳闸信号，实现启失灵和跟跳功能。

图 6－6　500kV 变电站 3/2 接线主变压器间隔典型信息流

7. 简述 500kV 变电站 3/2 接线母线保护典型信息流。

答： 500kV 变电站 3/2 接线母线保护典型信息流如图 6-7 所示。

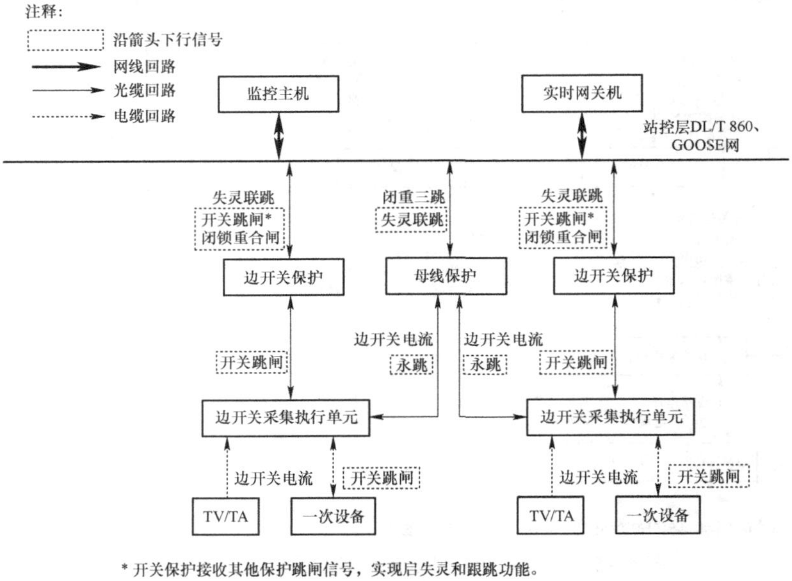

图 6-7　500kV 变电站 3/2 接线母线保护典型信息流

8. 简述 220kV 变电站 220kV 线路间隔典型信息流。

答： 220kV 变电站 220kV 线路间隔典型信息流如图 6-8 所示。

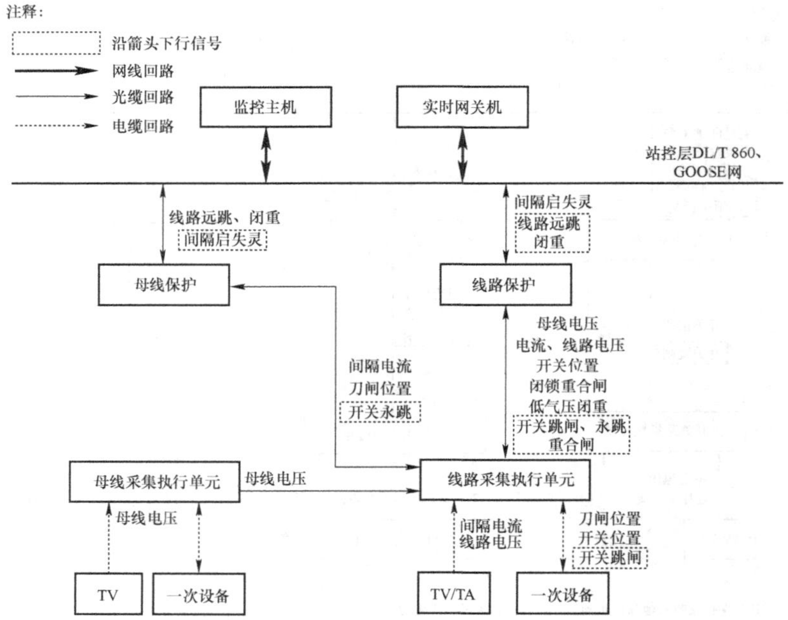

图 6-8　220kV 变电站 220kV 线路间隔典型信息流

9. 简述 220kV 变电站主变压器间隔典型信息流。

答： 220kV 变电站主变压器间隔典型信息流如图 6－9 所示。

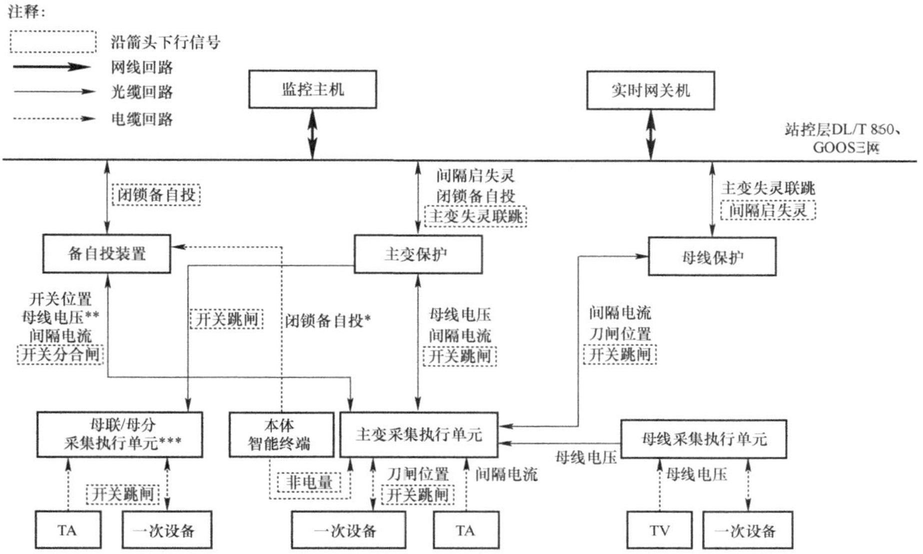

图 6－9　220kV 变电站主变压器间隔典型信息流

注：主变采集执行单元包括各侧，与备自投装置和母线保护的回路取决于各侧是否配置备自投装置和母线保护

*非电量保护闭锁备自投有电缆和光纤两种实现方式。

**中压侧备自投装置采集母线电压由母设级联，低压侧备自投装置采集母线电压采自主变压器低压侧采集执行装置

***未配置低压侧母联/母分采集执行单元时，也可由保护测量一体装置替代。

10. 简述 220kV 变电站 220kV 母线间隔典型信息流。

答： 220kV 变电站 220kV 母线间隔典型信息流如图 6－10 所示。

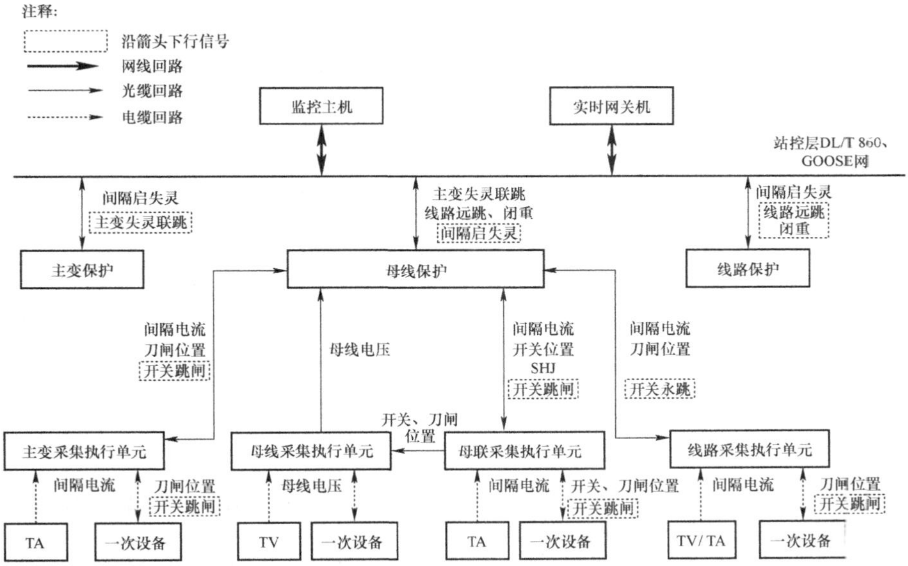

图 6－10　220kV 变电站 220kV 母线间隔典型信息流

11. 简述 220kV 变电站 220kV 母联间隔典型信息流。

答：220kV 变电站 220kV 母联间隔典型信息流如图 6－11 所示。

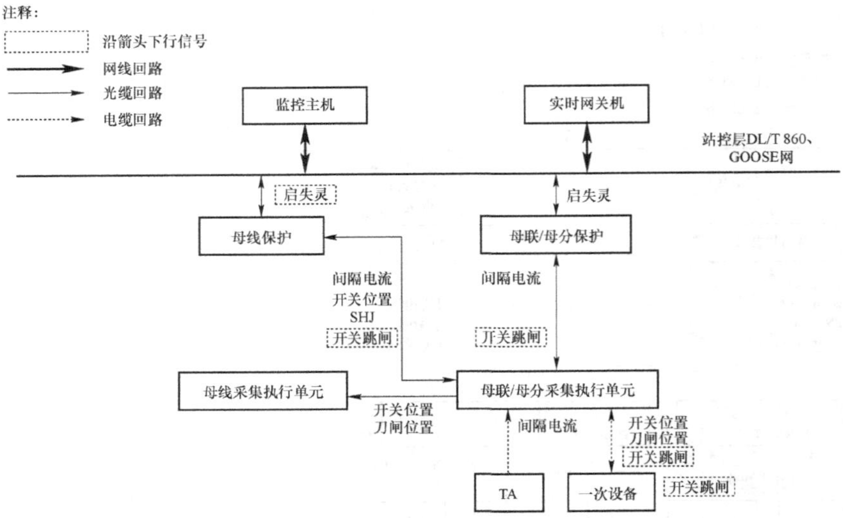

图 6－11　220kV 变电站 220kV 母联间隔典型信息流

12. 简述 220kV 变电站 220kV 系统典型信息流。

答：220kV 变电站 220kV 系统典型信息流如图 6－12 所示。

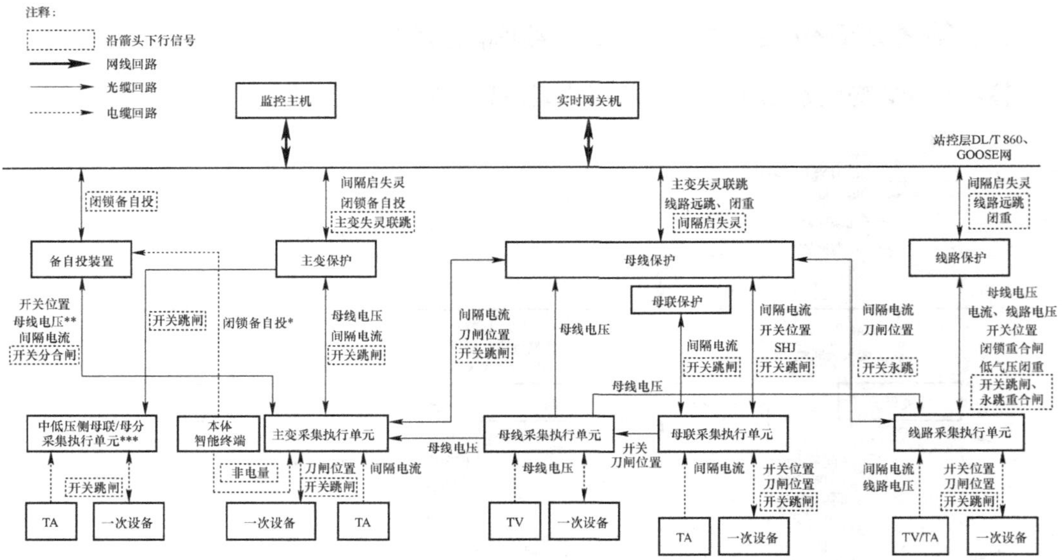

图 6－12　220kV 变电站 220kV 系统典型信息流

注：主变采集执行单元包括各侧，与备自投装置和母线保护的回路取决于各侧是否配置备自投装置和母线保护

*非电量保护闭锁备自投有电缆和光纤两种实现方式。

**中压侧备自投装置采集母线电压由母线采集执行单元级联，低压侧备自投装置采集母线电压采自主变压器低压侧采集执行装置

***未配置低压侧母联/母分采集执行单元时，也可由保护测量一体装置替代。

13. 简述 220kV 变电站 35kV 系统典型信息流。

答： 220kV 变电站 35kV 系统典型信息流如图 6－13 所示。

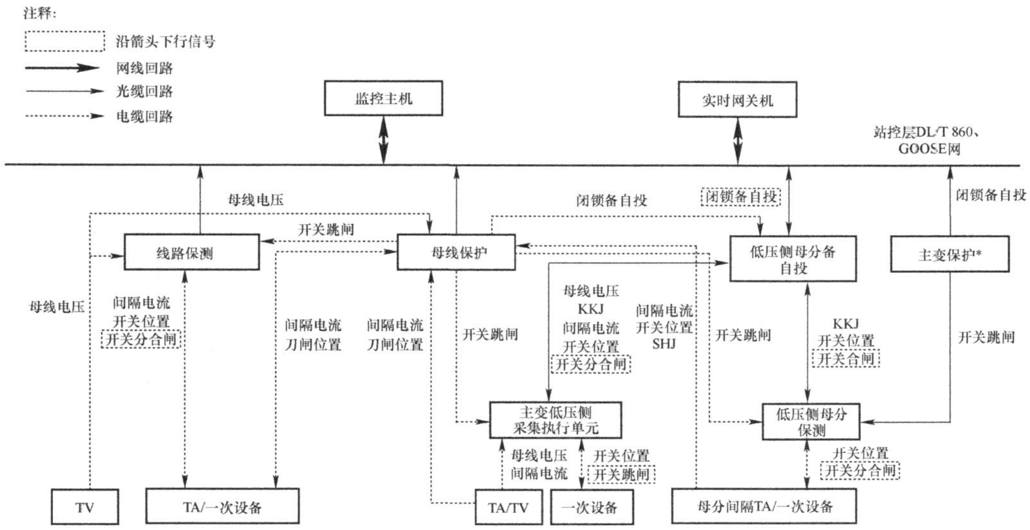

*主变保护与主变低压侧采集执行单元之间的信息流在此处忽略。

图 6－13　220kV 变电站 35kV 系统典型信息流

14. 简述 110kV 变电站 110kV 系统典型信息流。

答： 110kV 变电站 110kV 系统典型信息流如图 6－14 所示。

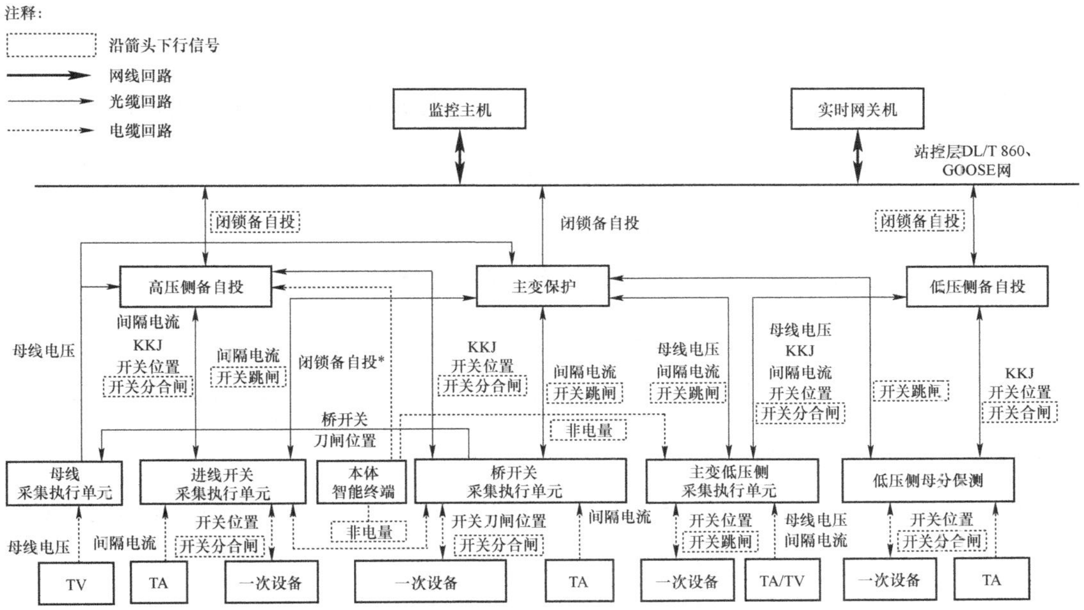

*非电量保护闭锁备自投有电缆和光纤两种实现方式。

图 6－14　110kV 变电站 110kV 系统典型信息流

15. 简述 110kV 变电站 110kV 备自投装置典型信息流。

答： 110kV 变电站 110kV 备自投装置典型信息流如图 6－15 所示。

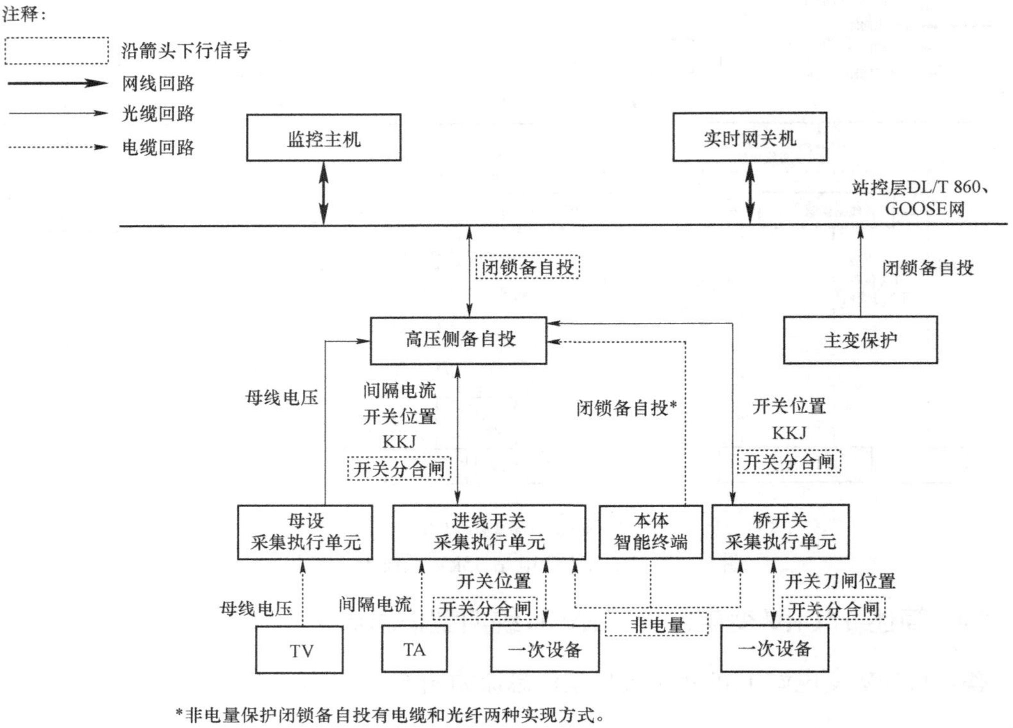

图 6－15　110kV 变电站 110kV 备自投装置典型信息流

16. 简述 110（66）kV 电压等级变电站中哪些保护装置宜集成测控功能。

答： 110（66）kV 电压等级变电站线路保护装置、母联（分段）保护、电容器、电抗器、站用变压器保护装置宜集成测控功能。

17. 简述 35kV 常规变电站备自投装置采样和跳闸的方式。

答： 35kV 常规变电站备自投装置应采用常规采样、常规跳闸方式。

18. 简述变压器保护、接地变压器保护、故障解列、备自投装置传输 GOOSE 跳闸等命令时的要求。

答： 变压器保护、接地变压器保护、故障解列、备自投装置应支持采用点对点通信方式及通过组网通信接口传输 GOOSE 跳闸等命令，如主变压器保护跳分段及闭锁备自投等。

19. 简述继电保护装置应支持的操作功能。

答：继电保护装置应支持就地和远方投退软压板、复归装置、修改定值、切换定值区等操作功能。

20. 简述继电保护装置组网口的配置要求。

答：装置组网口应保持独立，组网口应具备组播输出报文流量控制功能，应避免不同组网口同时输出网络风暴报文。

21. 简述继电保护装置组网口进行非订阅报文网络压力检验的要求。

答：对装置组网口进行非订阅报文网络压力检验，装置不应出现死机、重启等异常现象，风暴消失后装置功能应能恢复正常。

22. 简述继电保护装置自检异常时的板卡定位信息命名规则。

答：板卡定位信息宜按“插槽号+插件功能+异常种类”命名。

23. 继电保护装置 ICD 模型文件中，跨间隔信息应定义哪些类型的访问点?

答：继电保护装置 ICD 模型文件中，“五防”联闭锁等测控相关的跨间隔联闭锁信息访问点定义为 S1；其他跳闸及跨间隔信息的访问点定义为 G1。

24. 简述继电保护装置定值数据集 dsSetting 中定值和控制字的名称和顺序应满足的设计规范要求。

答：继电保护装置定值数据集 dsSetting 中定值和控制字的名称和顺序应满足 Q/GDW 1161—2014《线路保护及辅助装置标准化设计规范》、Q/GDW 1175—2013《变压器、高压并联电抗器和母线保护及辅助装置标准化设计规范》、Q/GDW 10766—2015《10kV～110（66）kV 线路保护及辅助装置标准化设计规范》、Q/GDW 10767—2015《10kV～110（66）kV 元件保护及辅助装置标准化设计规范》及 Q/GDW 11010—2015《继电保护信息规范》等保护及信息标准化设计规范要求。

25. 简述母线保护和变压器保护等订阅信号相关的各间隔保护、采集执行单元等装置的配置要求。

答：母线保护和变压器保护等订阅信号相关的各间隔保护、采集执行单元等装置，应规范 GOOSE 及 SV 发送数据集，统一数据集中所有通道信息的属性、引用路径、顺序及数量等，并不受功能选配影响，支持母线保护和变压器保护等实现按远期配置 CCD 文件。依托 Q/GDW 1396—2012《IEC 61850 工程继电保护应用模型》及相关保护设计规范，按要求固化。

26. 继电保护装置 GOOSE 配置中 GOCBRef、GOID、DataSet 分别代表什么？

答： GOCBRef 代表控制块引用路径；GOID 代表控制块名；DataSet 代表数据集。

27. 继电保护装置软件版本定义装置分类中 –G、–DA–G、–DG–G、–DA–GZK、–GZK、–MA–GZK 分别代表什么？

答：（1）–G 代表国网常规装置，常规采样、常规跳闸；

（2）–DA–G 代表国网智能化装置，SV 采样、GOOSE 跳闸；

（3）–DG–G 代表国网智能化装置，常规采样、GOOSE 跳闸；

（4）–DA–GZK 代表安全可控的新一代国网智能化装置，SV 采样、GOOSE 跳闸；

（5）–GZK 代表 10（35）kV 安全可控的新一代国网常规装置，常规采样、常规跳闸；

（6）–MA–GZK 代表 10（35）kV 安全可控的新一代国网多合一装置，常规采样、常规跳闸，并支持 GOOSE 开入开出和 SV 输出。

28. 简述继电保护装置对时接口的要求。

答： 应支持接受对时系统发出的 IRIG–B 对时码；条件成熟时也可采用 GB/T 25931—2010《网络测量和控制系统的精确时钟同步协议》进行网络对时，对时精度应满足要求。

29. 简述继电保护装置组网通信接口的要求。

答： 应支持至少 2 组 DL/T 860 通信报文和 GOOSE 共网通信接口，宜采用百兆光纤以太网口，其中 GOOSE 报文主要用于实现保护跨间隔信息交互及故障录波。35kV 及以下电压等级保护装置可采用电接口。

30. 简述继电保护装置直采通信接口的要求。

答： 继电保护装置直采通信接口应支持与采集执行单元点对点的 GOOSE 和 SV 共网通信，接口数量应满足需求。

31. 简述线路保护采用复用光纤时，对光纤通道的要求。

答： 线路保护采用复用光纤时，保护应支持 2M 光纤直连通信设备。

32. 简述 3/2 断路器接线线路保护装置接口数量基本要求。

答： 至少提供 2 个组网通信接口及 3 个过程层接口。

33. 简述双母线接线线路保护装置接口数量基本要求。

答：至少提供 2 个组网通信接口及 1 个过程层接口。

34. 3/2 断路器接线线路保护装置 GOOSE 输出虚端子包含哪些信号？

答：（1）跳边断路器 A 相、跳边断路器 B 相、跳边断路器 C 相；

（2）启动边断路器 A 相失灵、启动边断路器 B 相失灵、启动边断路器 C 相失灵；

（3）边断路器永跳、闭锁边断路器重合闸；

（4）跳中断路器 A 相、跳中断路器 B 相、跳中断路器 C 相；

（5）启动中断路器 A 相失灵、启动中断路器 B 相失灵、启动中断路器 C 相失灵；

（6）中断路器永跳、闭锁中断路器重合闸；

（7）远传 1 开出、远传 2 开出、过电压远跳发信、保护动作、通道一告警、通道二告警、通道故障、过负荷告警。

35. 3/2 断路器接线线路保护装置 GOOSE 输出虚端子包含信号所对应的软压板有哪些？

答：跳边断路器软压板、启动边断路器失灵软压板、边断路器永跳软压板、闭锁边断路器重合闸软压板、跳中断路器软压板、启动中断路器失灵软压板、中断路器永跳软压板、闭锁中断路器重合闸软压板。

36. 双母线接线线路保护装置 GOOSE 输出虚端子包含哪些信号？

答：（1）跳断路器 A 相、跳断路器 B 相、跳断路器 C 相；

（2）启动 A 相失灵、启动 B 相失灵、启动 C 相失灵；

（3）永跳、闭锁重合闸、重合闸、三相不一致跳闸；

（4）远传 1 开出、远传 2 开出、过电压远跳发信、保护动作、通道一告警、通道二告警、通道故障、过负荷告警。

37. 双母线接线线路保护装置 GOOSE 输出虚端子包含信号所对应软压板有哪些？

答：跳闸软压板、启动失灵软压板、永跳软压板、闭锁重合闸软压板、重合闸软压板、三相不一致软压板。

38. 简述断路器保护装置接口数量基本要求。

答：至少提供 2 个组网通信接口和 4 个过程层接口。

39. 断路器保护装置 GOOSE 输出虚端子包含哪些信号？

答：（1）跳断路器 A 相、跳断路器 B 相、跳断路器 C 相；

（2）永跳、闭锁重合闸、重合闸、失灵跳闸 n（n=1～6）、保护动作。

40. 断路器保护装置 GOOSE 输出虚端子包含信号对应软压板有哪些？

答：跳闸软压板、永跳软压板、闭锁重合闸软压板、重合闸软压板、失灵跳闸 n（n=1～6）软压板。

41. 简述 110（66）kV 线路保护测控智能化装置接口数量基本要求。

答：至少提供 2 个组网通信接口和 1 个过程层接口。

42. 110（66）kV 线路保护测控智能化装置 GOOSE 输出虚端子包含哪些信号？

答：（1）保护部分相关信号如下：

1）保护跳闸、启动失灵。

2）闭锁重合闸、永跳、重合闸。

3）远传 1 开出、远传 2 开出、保护动作、重合闸动作、过负荷告警、通道一告警、通道二告警。

（2）测控部分相关信号如下：

1）断路器遥控合、断路器遥控分。

2）遥控 n（n=1～8）合、遥控 n（n=1～8）分、遥控 n（n=1～8）操作允许。

3）遥控复归 1、遥控复归 2、备用开出 n。

43. 110（66）kV 线路保护测控智能化装置 GOOSE 输出虚端子包含信号所对应软压板有哪些？

答：保护跳闸软压板、启动失灵软压板、闭锁重合闸软压板、永跳软压板、重合闸软压板、远传 1 开出软压板、远传 2 开出软压板。

44. 简述备自投智能化装置接口数量基本要求。

答：（1）进线及分段备自投装置至少提供 2 个组网通信接口和 5 个过程层接口；

（2）主变压器及分段备自投装置至少提供 2 个组网通信接口和 5 个过程层接口；

（3）扩大内桥备自投装置至少提供 2 个组网通信接口和 4 个过程层接口。

45. 进线、主变压器及分段（桥）备自投智能化装置 GOOSE 输出虚端子包含哪些信号？

答：（1）跳电源 1 高断路器、跳电源 1 断路器、合电源 1 高断路器、合电源 1 断路器；

（2）跳电源 2 高断路器、跳电源 2 断路器、合电源 2 高断路器、合电源 2 断路器；

（3）跳分段断路器、合分段断路器；

（4）跳闸出口 n（$n=1\sim16$）、备自投动作。

46. 进线、主变压器及分段（桥）备自投智能化装置 GOOSE 输出虚端子包含信号对应的软压板有哪些？

答：（1）跳电源 1 高断路器软压板、跳电源 1 断路器软压板、合电源 1 高断路器软压板、合电源 1 断路器软压板；

（2）跳电源 2 高断路器软压板、跳电源 2 断路器软压板、合电源 2 高断路器软压板、合电源 2 断路器软压板；

（3）跳分段断路器软压板、合分段断路器软压板；

（4）跳闸出口 n（$n=1\sim16$）软压板。

47. 扩大内桥接线备自投智能化装置 GOOSE 输出虚端子包含哪些信号？

答：（1）跳电源 1 断路器、跳电源 2 断路器、合电源 1 断路器、合电源 2 断路器；

（2）跳内桥 1 断路器、跳内桥 2 断路器、合内桥 1 断路器、合内桥 2 断路器；

（3）跳闸出口 n（$n=1\sim16$）、备自投动作。

48. 扩大内桥接线备自投智能化装置 GOOSE 输出虚端子包含信号对应的软压板有哪些？

答：（1）跳电源 1 断路器软压板、跳电源 2 断路器软压板、合电源 1 断路器软压板、合电源 2 断路器软压板；

（2）跳内桥 1 断路器软压板、跳内桥 2 断路器软压板、合内桥 1 断路器软压板、合内桥 2 断路器软压板；

（3）跳闸出口 n（$n=1\sim16$）软压板。

49. 简述故障解列装置接口数量基本要求。

答：至少提供 2 个组网通信接口和 5 个过程层接口。

50. 故障解列装置 GOOSE 输出虚端子包含哪些信号？

答：跳闸出口 n（$n=1\sim10$）、保护动作。

51. 故障解列装置 GOOSE 输出虚端子包含信号对应的软压板有哪些？

答：跳闸出口 n（$n=1\sim10$）软压板。

52. 简述 10（35）kV 线路保护测控集成常规装置接口数量基本要求。

答：至少提供 2 个组网通信接口。

53. 10（35）kV 线路距离和线路过流保护测控集成常规装置 GOOSE 输出虚端子包含哪些信号？

答：（1）闭锁简易母线保护、保护动作、合闸动作。

（2）断路器位置、手跳 STJ、合后位置。其中，手跳 STJ、合后位置中若某个信号不具备输出条件，信号名称应改为备用。

54. 10（35）kV 线路距离和线路过流保护测控集成常规装置 GOOSE 输出虚端子包含信号对应的软压板有哪些？

答：闭锁简易母线保护软压板。

55. 10（35）kV 线路纵联电流差动保护测控集成常规装置 GOOSE 输出虚端子包含哪些信号？

答：（1）闭锁简易母线保护、保护动作、合闸动作、通道告警。

（2）断路器位置、手跳 STJ、合后位置。其中，手跳 STJ、合后位置中若某个信号不具备输出条件，信号名称应改为备用。

56. 10（35）kV 线路纵联电流差动保护测控集成常规装置 GOOSE 输出虚端子包含信号对应的软压板有哪些？

答：闭锁简易母线保护软压板。

57. 简述备自投常规装置接口数量基本要求。

答：至少提供 2 个组网通信接口。

58. 进线、主变压器及分段（桥）备自投常规装置 GOOSE 输出虚端子包含哪些信号？

答：跳闸出口 n（$n=1\sim16$）、备自投动作。

59. 进线、主变压器及分段（桥）备自投常规装置 GOOSE 输出虚端子包含信号对应的软压板有哪些？

答：跳闸出口 n（$n=1\sim16$）软压板。

60. 扩大内桥接线备自投常规装置 GOOSE 输出虚端子包含哪些信号？

答：跳闸出口 n（$n=1\sim16$）、备自投动作。

61. 扩大内桥接线备自投常规装置 GOOSE 输出虚端子包含信号对应软压板有哪些？

答：跳闸出口 n（$n=1\sim16$）软压板。

62. 简述不同电压等级变压器保护装置主接线形式及接口数量基本要求。

答：（1）750kV：高压侧 3/2 断路器接线、中压侧 3/2 断路器接线（兼容双母双分段接线）、低压侧双分支单母线接线的分相自耦变压器，至少提供 2 个组网通信接口、12 个过程层接口；

（2）500kV：高压侧 3/2 断路器接线、中压侧双母双分段接线、低压侧单母接线，变压器低压侧有总断路器的分相自耦变压器，至少提供 2 个组网通信接口、9 个过程层接口；

（3）330kV：高压侧 3/2 断路器接线（兼容双母双分段接线、中压侧双母双分段接线、低压侧单母接线），变压器低压侧有总断路器的三相自耦变压器，至少提供 2 个组网通信接口、12 个过程层接口；

（4）220kV：高压侧双母线（兼容双断路器）、中压侧双母线接线、低压侧双分支单母分段接线的三绕组变压器（高 2－中 1－低 2）为基础型号。可选配高中压侧阻抗保护、自耦变压器、接地变压器及小电阻接地、低压侧电抗器，至少提供 2 个组网通信接口、14 个过程层接口。

63. 220kV 电压等级变压器保护装置 GOOSE 输出虚端子包含哪些信号?

答：（1）跳高压 1 侧断路器、启动高压 1 侧断路器失灵、跳高压 2 侧断路器、启动高压 2 侧断路器失灵、跳高压侧母联 1、跳高压侧母联 2、跳高压侧分段 1、跳高压侧分段 2；

（2）跳中压侧断路器、启动中压侧失灵、跳中压侧母联 1、跳中压侧母联 2、跳中压侧分段 1、跳中压侧分段 2、闭锁中压侧备自投；

（3）跳低压 1 分支断路器、跳低压 1 分支分段、闭锁低压 1 分支备自投、跳低压 2 分支断路器、跳低压 2 分支分段、闭锁低压 2 分支备自投；

（4）跳闸备用 n（$n=1$～4）、保护动作、过负荷。

64. 220kV 电压等级变压器保护装置 GOOSE 输出虚端子包含信号所对应软压板有哪些?

答：（1）跳高压 1 侧断路器软压板、启动高压 1 侧失灵软压板、跳高压 2 侧断路器软压板、启动高压 2 侧失灵软压板、跳高压侧母联 1 软压板、跳高压侧母联 2 软压板、跳高压侧分段 1 软压板、跳高压侧分段 2 软压板；

（2）跳中压侧断路器软压板、启动中压侧失灵软压板、跳中压侧母联 1 软压板、跳中压侧母联 2 软压板、跳中压侧分段 1 软压板、跳中压侧分段 2 软压板、闭锁中压侧备自投软压板；

（3）跳低压 1 分支断路器软压板、跳低压 1 分支分段软压板、闭锁低压 1 分支备自投软压板、跳低压 2 分支断路器软压板、跳低压 2 分支分段软压板、闭锁低压 2 分支备自投软压板；

（4）跳闸备用 n（$n=1\sim4$）软压板。

65. 330kV 电压等级变压器保护装置 GOOSE 输出虚端子包含哪些信号？

答：（1）跳高压 1 侧断路器、启动高压 1 侧失灵、跳高压 2 侧断路器、启动高压 2 侧失灵、跳高压侧母联 1、跳高压侧母联 2、跳高压侧分段 1、跳高压侧分段 2；

（2）跳中压侧断路器、启动中压侧失灵、跳中压侧母联 1、跳中压侧母联 2、跳中压侧分段 1、跳中压侧分段 2；

（3）跳低压侧断路器；跳闸备用 n（$n=1\sim4$）、保护动作、过负荷。

66. 330kV 电压等级变压器保护装置 GOOSE 输出虚端子包含信号对应的软压板有哪些？

答：（1）跳高压 1 侧断路器软压板、启动高压 1 侧失灵软压板、跳高压 2 侧断路器软压板、启动高压 2 侧失灵软压板、跳高压侧母联 1 软压板、跳高压侧母联 2 软压板、跳高压侧分段 1 软压板、跳高压侧分段 2 软压板；

（2）跳中压侧断路器软压板、启动中压侧失灵软压板、跳中压侧母联 1 软压板、跳中压侧母联 2 软压板、跳中压侧分段 1 软压板、跳中压侧分段 2 软压板；

（3）跳低压侧断路器软压板；

（4）跳闸备用 n（$n=1\sim4$）软压板。

67. 500kV 电压等级变压器保护装置 GOOSE 输出虚端子包含哪些信号？

答：（1）跳高压 1 侧断路器、启动高压 1 侧失灵、跳高压 2 侧断路器、启动高压 2 侧失灵；

（2）跳中压侧断路器、启动中压侧失灵、跳中压侧母联 1、跳中压侧母联 2、跳中压侧分段 1、跳中压侧分段 2；

（3）跳低压侧断路器；

（4）跳闸备用 n（$n=1\sim4$）、保护动作、过负荷。

68. 500kV 电压等级变压器保护装置 GOOSE 输出虚端子包含信号对应的软压板有哪些？

答：（1）跳高压 1 侧断路器软压板、启动高压 1 侧失灵软压板、跳高压 2 侧断路器软压板、启动高压 2 侧失灵软压板；

（2）跳中压侧断路器软压板、启动中压侧失灵软压板、跳中压侧母联 1 软压板、跳中压侧母联 2 软压板、跳中压侧分段 1 软压板、跳中压侧分段 2 软压板；

（3）跳低压侧断路器软压板；

（4）跳闸备用 n（n=1～4）软压板。

69. 750kV 电压等级变压器保护装置 GOOSE 输出虚端子包含哪些信号?

答：（1）跳高压 1 侧断路器、启动高压 1 侧断路器失灵、跳高压 2 侧断路器、启动高压 2 侧断路器失灵；

（2）跳中压 1 侧断路器、启动中压 1 侧断路器失灵、跳中压 2 侧断路器、启动中压 2 侧断路器失灵、跳中压侧母联 1、跳中压侧母联 2、跳中压侧分段 1、跳中压侧分段 2；

（3）跳低压 1 分支断路器、跳低压 2 分支断路器；

（4）跳闸备用 n（n=1～4）、保护动作、过负荷。

70. 750kV 电压等级变压器保护装置 GOOSE 输出虚端子包含信号对应的软压板有哪些?

答：（1）跳高压 1 侧断路器软压板、启动高压 1 侧失灵软压板、跳高压 2 侧断路器软压板、启动高压 2 侧失灵软压板；

（2）跳中压 1 侧断路器软压板、启动中压 1 侧失灵软压板、跳中压 2 侧断路器软压板、启动中压 2 侧失灵软压板、跳中压侧母联 1 软压板、跳中压侧母联 2 软压板、跳中压侧分段 1 软压板、跳中压侧分段 2 软压板；

（3）跳低压 1 分支断路器软压板、跳低压 2 分支断路器软压板；

（4）跳闸备用 n（n=1～4）软压板。

71. 简述高压并联电抗器保护装置接口数量基本要求。

答：至少提供 2 个组网通信接口，4 个过程层接口。

72. 高压并联电抗器保护装置 GOOSE 输出虚端子包含哪些信号?

答：（1）跳边断路器、启动边断路器失灵；

（2）跳中断路器、启动中断路器失灵；

（3）启动远方跳闸、保护动作、过负荷。

73. 高压并联电抗器保护装置 GOOSE 输出虚端子包含信号所对应软压板有哪些?

答：（1）跳边断路器、启动边断路器失灵；

（2）跳中断路器、启动中断路器失灵；

（3）启动远方跳闸。

74. 简述不同主接线方式母线保护装置接口数量基本要求。

答：（1）3/2 断路器接线方式：至少提供 2 个组网通信接口，10 个过程层接口；

（2）双母线接线方式：至少提供 2 个组网通信接口，16 个过程层接口；

（3）双母单分段接线方式：至少提供 2 个组网通信接口，16 个过程层接口；

（4）双母双分段接线方式：至少提供 2 个组网通信接口，16 个过程层接口。

75. 3/2 接线母线保护装置 GOOSE 输出虚端子包含哪些信号？

答：支路 *n*_保护跳闸（*n*=1～12）、差动动作、失灵经母线保护跳闸信号。

76. 3/2 接线母线保护装置 GOOSE 输出虚端子包含信号所对应软压板有哪些？

答：支路 *n*_保护跳闸（*n*=1～12）软压板。

77. 220kV 及以下非 3/2 接线母线保护装置 GOOSE 输出虚端子包含哪些信号？

答：（1）母联_保护跳闸、分段 1_保护跳闸、分段 1_启动失灵、分段 2_保护跳闸、分段 2_启动失灵。其中，双母单分接线时，母联支路名称变更为母联 1，分段 1 支路名称变更改为分段，分段 2 支路名称变更改为母联 2。

（2）主变 *n*_保护跳闸（*n*=1～4）、主变 *n*_失灵联跳变压器（*n*=1～4）。

（3）支路 *n*_保护跳闸（*n*=6～13、16～24）。

（4）Ⅰ母保护动作、Ⅱ母保护动作、Ⅲ母保护动作、Ⅰ母保护动作（录波）、Ⅱ母保护动作（录波）、Ⅲ母保护动作（录波）。其中，双母双分接线时，Ⅲ母保护动作输出固定置 0。

78. 220kV 及以上非 3/2 接线母线保护装置 GOOSE 输出虚端子包含信号所对应软压板有哪些？

答：（1）母联_保护跳闸软压板、分段 1_保护跳闸软压板、启动分段 1 失灵发送软压板、分段 2_保护跳闸软压板、启动分段 2 失灵发送软压板。其中，双母单分接线时，母联支路名称变更为母联 1，分段 1 支路名称变更改为分段，分段 2 支路名称变更改为母联 2，无启动分段 1 失灵发送软压板、启动分段 2 失灵发送软压板。

（2）主变 *n*_保护跳闸（*n*=1～4）软压板、主变 *n*_失灵联跳变压器（*n*=1～4）软压板。

（3）支路 *n*_保护跳闸（*n*=6～13、16～24）软压板。

（4）Ⅰ母保护动作软压板、Ⅱ母保护动作软压板、Ⅲ母保护动作软压板。其中，双母单分接线时，无Ⅲ母保护动作软压板。

79. 简述母联（分段）保护装置接口数量基本要求。

答：至少提供 2 个组网通信接口，1 个过程层接口。

80. 母联（分段）保护装置 GOOSE 输出虚端子包含哪些信号？

答：保护跳闸、启动失灵、保护动作。

81. 母联（分段）保护装置 GOOSE 输出虚端子包含信号所对应软压板有哪些？

答：跳闸出口软压板、启动失灵软压板。

82. 简述 110（66）kV 变压器保护装置接口数量基本要求。

答：至少提供 2 个组网通信接口，10 个过程层接口。

83. 110（66）kV 变压器保护装置 GOOSE 输出虚端子包含哪些信号？

答：（1）跳高压侧断路器、启动高压侧失灵、跳高压桥断路器、闭锁高压侧备自投；

（2）跳中压侧断路器、跳中压侧分段、闭锁中压侧备自投；

（3）跳低压 1 分支断路器、跳低压 1 分支分段、跳低压 2 分支断路器、跳低压 2 分支分段、闭锁低压 1 分支备自投、闭锁低压 2 分支备自投；

（4）联跳地区电源并网线 n（n=1～4）、跳闸备用 n（n=1～4）、启动风冷、闭锁调压、保护动作、过负荷。

84. 110（66）kV 变压器保护装置 GOOSE 输出虚端子包含信号所对应软压板有哪些？

答：（1）跳高压侧断路器软压板、启动高压侧失灵软压板、跳高压桥断路器软压板、闭锁高压侧备自投软压板；

（2）跳中压侧断路器软压板、跳中压侧分段软压板、闭锁中压侧备自投软压板；

（3）跳低压 1 分支断路器软压板、跳低压 1 分支分段软压板、跳低压 2 分支断路器软压板、跳低压 2 分支分段软压板、闭锁低压 1 分支备自投软压板、闭锁低压 2 分支备自投软压板；

（4）联跳地区电源并网线 n（n=1～4）软压板、跳闸备用 n（n=1～4）软压板。

85. 简述不同接线型式 110（66）kV 母线保护装置接口数量基本要求。

答：（1）双母线、单母线、单母分段、双母双分段接线方式：至少提供 2 个组网通信接口，16 个过程层接口；

（2）双母单分段、单母三分段接线方式：至少提供 2 个组网通信接口，16 个过程层接口。

86. 110（66）kV 母线保护装置 GOOSE 输出虚端子包含哪些信号？

答：（1）母联_保护跳闸、分段 1_保护跳闸、分段 1_启动失灵、分段 2_保护跳闸、分段 2_启动失灵。其中，双母单分接线时，母联支路名称变更为母联 1，分段 1 支路名称变更改为分段，分段 2 支路名称变更改为母联 2。

（2）主变 n_保护跳闸 1（n=1～4）、主变 n_保护跳闸 2（n=1～4）、主变 n_失灵联跳变压器（n=1～4）。

（3）支路 n_保护跳闸（n=6～13、16～24）。

（4）Ⅰ母保护动作、Ⅱ母保护动作、Ⅲ母保护动作、Ⅰ母保护动作（录波）、Ⅱ母保护动作（录波）、Ⅲ母保护动作（录波）。其中，双母双分接线时，Ⅲ母保护动作输出固定置 0。

87. 110（66）kV 母线保护装置 GOOSE 输出虚端子包含信号所对应软压板有哪些?

答：（1）母联_保护跳闸软压板、分段 1_保护跳闸软压板、启动分段 1 失灵发送软压板、分段 2_保护跳闸软压板、启动分段 2 失灵发送软压板。其中，双母单分接线时，母联支路名称变更为母联 1，分段 1 支路名称变更改为分段，分段 2 支路名称变更改为母联 2，无启动分段 1 失灵发送软压板、启动分段 2 失灵发送软压板。

（2）主变 n_保护跳闸 1 软压板（n=1～4）、主变 n_保护跳闸 2 软压板（n=1～4）、主变 n_失灵联跳变压器软压板（n=1～4）。

（3）支路 n_保护跳闸软压板（n=6～13、16～24）。

（4）Ⅰ母保护动作软压板、Ⅱ母保护动作软压板、Ⅲ母保护动作软压板。其中，双母单分接线时，无Ⅲ母保护动作软压板。

88. 简述 110（66）kV 母联（分段）保护装置接口数量基本要求。

答：至少提供 2 个组网通信接口，1 个过程层接口。

89. 110（66）kV 母联（分段）保护装置 GOOSE 输出虚端子包含哪些信号?

答：（1）保护部分相关信号如下：保护跳闸、启动失灵、保护动作；

（2）测控部分相关信号如下：断路器遥控合、断路器遥控分、遥控 n 合（n=1～8）、遥控 n 分（n=1～8）、遥控 n 操作允许（n=1～8）、遥控复归 1、遥控复归 2。

90. 110（66）kV 母联（分段）保护装置 GOOSE 输出虚端子包含哪些信号?

答：（1）保护部分相关软压板：跳闸出口、启动失灵；

（2）测控部分无相关软压板。

91. 简述 66kV 及以下电压等级站用变压器保护常规装置接口数量基本要求。

答：至少提供 2 个组网通信接口。

92. 66kV及以下电压等级站用变压器（接地变压器）保护常规装置GOOSE输出虚端子包含哪些信号？

答：（1）跳变压器高压侧断路器、跳变压器高压桥断路器、跳变压器中压侧断路器、跳变压器低压1分支断路器、跳变压器低压侧分段1、跳变压器低压2分支断路器、跳变压器低压侧分段2，仅作为接地变压器时配置；

（2）闭锁变压器高压侧备自投、闭锁变压器低压侧备自投1、闭锁变压器低压侧备自投2，仅作为接地变压器时配置；

（3）闭锁简易母线保护、保护动作、断路器位置、跳闸备用1、跳闸备用2。

93. 66kV及以下电压等级站用变压器（接地变压器）保护常规装置GOOSE输出虚端子包含信号对应的软压板有哪些？

答：（1）跳变压器高压侧断路器软压板、跳变压器高压桥断路器软压板、跳变压器中压侧断路器软压板、跳变压器低压1分支断路器软压板、跳变压器低压侧分段1软压板、跳变压器低压2分支断路器软压板、跳变压器低压侧分段2软压板，仅作为接地变压器时配置；

（2）闭锁变压器高压侧备自投软压板、闭锁变压器低压侧备自投1软压板、闭锁变压器低压侧备自投2软压板，仅作为接地变压器时配置；

（3）闭锁简易母线保护软压板、跳闸备用1软压板、跳闸备用2软压板。

94. 简述66kV及以下站用变压器（接地变压器）保护智能化装置接口数量基本要求。

答：至少提供2个组网通信接口，1个过程层接口。

95. 66kV及以下电压等级站用变压器（接地变压器）保护智能化装置GOOSE输出虚端子包含哪些信号？

答：（1）保护部分相关信号如下：

1）跳变压器高压侧断路器、跳闸备用1、跳闸备用2；

2）闭锁简易母线保护；

3）保护动作、保护跳闸；

4）跳变压器高压桥断路器、跳变压器中压侧断路器、跳变压器低压1分支断路器、跳变压器低压侧分段1、跳变压器低压2分支断路器、跳变压器低压侧分段2、闭锁变压器高压侧备自投、闭锁变压器低压侧备自投1、闭锁变压器低压侧备自投2，仅作为接地变保护时配置；

5）跳站用变压器低压侧断路器、跳站用变压器低压侧分段、闭锁站用变压器低压侧备自投，仅作为站用变压器保护时配置。

（2）测控部分相关信号如下：

1）断路器遥控合、断路器遥控分；

2）遥控 n（$n=1\sim3$）合、遥控 n（$n=1\sim3$）分、遥控 n（$n=1\sim3$）操作允许；

3）遥控复归 1、遥控复归 2。

96. 66kV 及以下电压等级站用变压器（接地变压器）保护智能化装置 GOOSE 输出虚端子包含信号对应的软压板有哪些？

答：（1）跳变压器高压侧断路器、跳闸备用 1、跳闸备用 2；

（2）闭锁简易母线保护；

（3）保护跳闸；

（4）跳变压器高压桥断路器、跳变压器中压侧断路器、跳变压器低压 1 分支断路器、跳变压器低压侧分段 1、跳变压器低压 2 分支断路器、跳变压器低压侧分段 2、闭锁变压器高压侧备自投、闭锁变压器低压侧备自投 1、闭锁变压器低压侧备自投 2，仅作为接地变压器保护时配置；

（5）跳站用变压器低压侧断路器、跳站用变压器低压侧分段、闭锁站用变压器低压侧备自投，仅作为站用变压器保护时配置。

97. 简述 66kV 及以下电压等级电容器保护常规装置接口数量基本要求。

答：至少提供 2 个组网通信接口。

98. 66kV 及以下电压等级电容器保护（相电压差动+中性点不平衡电流）常规装置 GOOSE 输出虚端子包含哪些信号？

答：闭锁简易母线保护、保护动作、断路器位置。

99. 66kV 及以下电压等级电容器保护（相电压差动+中性点不平衡电流）常规装置 GOOSE 输出虚端子包含信号对应的软压板有哪些？

答：闭锁简易母线保护软压板。

100. 66kV 及以下电压等级电容器保护（桥差电流+开口三角电压）常规装置 GOOSE 输出虚端子包含哪些信号？

答：闭锁简易母线保护、保护动作、断路器位置。

101. 66kV 及以下电压等级电容器保护（桥差电流+开口三角电压）常规装置 GOOSE 输出虚端子包含信号对应的软压板有哪些？

答：闭锁简易母线保护软压板。

102. 简述 66kV 及以下电压等级电容器保护智能化装置接口数量基本要求。

答： 至少提供 2 个组网通信接口，2 个过程层接口。

103. 66kV 及以下电压等级电容器保护（相电压差动+中性点不平衡电流）智能化装置 GOOSE 输出虚端子包含哪些信号？

答：（1）保护部分相关信号如下：保护跳闸、闭锁简易母线保护、闭锁 VQC、保护动作。

（2）测控部分相关信号如下：

1）断路器遥控合、断路器遥控分；

2）遥控 n（$n=1\sim3$）合、遥控 n（$n=1\sim3$）分、遥控 n（$n=1\sim3$）操作允许；

3）遥控复归 1、遥控复归 2。

104. 66kV 及以下电压等级电容器保护（相电压差动+中性点不平衡电流）智能化装置 GOOSE 输出虚端子包含信号对应的软压板有哪些？

答： 保护跳闸软压板、闭锁简易母线保护软压板。

105. 66kV 及以下电压等级电容器保护（桥差电流+开口三角电压）智能化装置 GOOSE 输出虚端子包含哪些信号？

答：（1）保护部分相关信号如下：保护跳闸、闭锁简易母线保护、闭锁 VQC、保护动作。

（2）测控部分相关信号如下：

1）断路器遥控合、断路器遥控分；

2）遥控 n（$n=1\sim3$）合、遥控 n（$n=1\sim3$）分、遥控 n（$n=1\sim3$）操作允许；

3）遥控复归 1、遥控复归 2。

106. 66kV 及以下电压等级电容器保护（桥差电流+开口三角电压）智能化装置 GOOSE 输出虚端子包含信号对应的软压板有哪些？

答： 保护跳闸软压板、闭锁简易母线保护软压板。

107. 简述 66kV 及以下电压等级电抗器保护常规装置接口数量基本要求。

答： 至少提供 2 个组网通信接口。

108. 66kV 及以下电压等级电抗器保护常规装置 GOOSE 输出虚端子包含哪些信号？

答： 闭锁简易母线保护、保护动作、断路器位置。

109. 66kV 及以下电压等级电抗器保护常规装置 GOOSE 输出虚端子包含信号对应的软压板有哪些?

答：闭锁简易母线保护软压板。

110. 简述 66kV 及以下电压等级电抗器保护智能化装置接口数量基本要求。

答：电抗器保护有 2 个组网通信接口，1 个过程层接口。

111. 66kV 及以下电压等级电抗器保护智能化装置 GOOSE 输出虚端子包含哪些信号?

答：（1）保护部分相关信号如下：保护跳闸、闭锁简易母线保护、保护动作。

（2）测控部分相关信号如下：

1）断路器遥控合、断路器遥控分；

2）遥控 n（$n=1\sim3$）合、遥控 n（$n=1\sim3$）分、遥控 n（$n=1\sim3$）操作允许；

3）遥控复归 1、遥控复归 2。

112. 66kV 及以下电压等级电抗器保护智能化装置 GOOSE 输出虚端子包含信号对应的软压板有哪些?

答：保护跳闸软压板、闭锁简易母线保护软压板。

113. 简述 10（35）kV 母联（分段）保护常规装置接口数量基本要求。

答：至少提供 2 个组网通信接口。

114. 10（35）kV 母联（分段）保护常规装置 GOOSE 输出虚端子包含哪些信号?

答：（1）保护动作、合闸动作；

（2）合后位置（可选）、手跳 STJ（可选）、手合 SHJ（可选）、断路器位置。

115. 简述 10（35）kV 母联（分段）保护多合一装置接口数量基本要求。

答：至少提供 2 个组网通信接口，1 个过程层接口。

116. 10（35）kV 母联（分段）保护多合一装置 GOOSE 输出虚端子包含哪些信号?

答：（1）保护动作、合闸动作；

（2）合后位置（可选）、手跳 STJ（可选）、手合 SHJ（可选）、断路器位置。

117. 安全自动装置与采集执行单元之间 SV 采样采用哪种数据传输方式?

答：点对点 SV 直接采样。

118. 安全自动装置应支持的 GOOSE 跳闸信号传输方式有哪些？

答：点对点 GOOSE 直接跳闸及通过 GOOSE 网络跳闸。

119. 安全自动装置接入 35kV 及以下电压等级不具备 SV 采样的间隔采用哪种采样方式？

答：常规电缆采样方式。

120. 安全稳定控制装置在接口需求数量较多时如何处理？

答：可采用增加从机的方式实现数据采集。

121. 安全自动装置组网口发生网络风暴时对装置有哪些要求？

答：组网口发生网络风暴时，装置不应出现死机、重启等异常现象，风暴消失后装置功能应能恢复正常。

122. 安全自动装置 GOOSE 输出逻辑节点建模有哪些要求？

答：（1）GOOSE 输出虚端子逻辑节点采用专用类别描述，按照 GB/T 32890—2016《继电保护 IEC 61850 工程应用模型》建模；

（2） 模型中对应要跳闸的每个断路器各使用一个 PTRC 实例，应含跳闸等信号及其相关软压板；

（3） GOOSE 输出软压板应在相关输出信号 LN 中建模；

（4） GOOSE 接收软压板采用 GGIO.SPCSO 建模。

123. 安全自动装置虚端子建模时有哪些要求？

答：（1）装置虚端子宜采用 xml 格式的 CCD 文件。

（2）虚端子中不应有重复的信号名称。必要时应在末端增加数字区分，如备用 1、备用 2。

（3）信号名称同名扩展命名原则：信号名称 $m-n$，m 为小组编号（与逻辑节点实例号对应，只有一组时 m 省略）、n 为小组内部对象序号（与数据对象编号对应）。

124. 安全自动装置技术指标应满足什么文件的要求？

答：装置技术指标应满足 DL/T 1092—2008《电力系统安全稳定控制系统通用技术条件》的要求。

125. 安全自动装置的对时接口应满足哪些要求？

答：装置应支持接收对时系统发出的 IRIG－B 对时码；条件成熟时也可采用 GB/T

25931—2010《网络测量和控制系统的精确时钟同步协议》进行网络对时，对时精度应满足要求。

126. 安全自动装置的直采通信接口应满足哪些要求？

答：（1）装置应支持与采集执行单元点对点的 SV+GOOSE 共网通信接口。

（2）装置与采集执行单元的接口采用光纤接口，接口类型宜采用 LC 接口。

127. 安全自动装置的组网通信接口应满足哪些要求？

答：装置应具备至少 2 组 DL/T 860 通信报文+GOOSE 共网通信接口，宜采用光纤接口，其中 GOOSE 报文主要用于实现装置组网跳闸及故障录波。

128. 安全自动装置的环境要求应满足什么文件的要求？

答：环境要求应满足 DL/T 1092—2008《电力系统安全稳定控制系统通用技术条件》的要求。

129. 安全稳定控制装置的组网通信接口和过程层接口在数量上有哪些要求？

答：组网通信接口有 2 个，分别为 DL/T 860 通信报文接口和 GOOSE 共网通信接口；过程层接口具备最大支持 32 个 SV、GOOSE 共口点对点（支持至少其中 1 个可配置为 GOOSE 独立组网口），过程层接口数量按实际工程的需要进行配置。

130. 安全稳定控制装置 GOOSE 输出信号和对应的软压板有哪些？

答：输出信号：跳元件 *n* 出口、装置动作；软压板：跳元件 *n* 出口软压板。

131. 失步解列装置的组网通信接口和过程层接口在数量上有哪些要求？

答：组网通信接口有 2 个，分别为 DL/T 860 通信报文接口和 GOOSE 共网通信接口；过程层接口具有 1 个点对点 SV 采样接口和 2 个 SV、GOOSE 点对点共用接口。

132. 失步解列装置 GOOSE 输出信号和对应的软压板有哪些？

答：输出信号：跳线路边开关、跳线路中开关、装置动作；软压板：跳线路边开关软压板，跳线路中开关软压板。

133. 低频低压减负荷及解列装置的组网通信接口和过程层接口在数量上有哪些要求？

答：组网通信接口有 2 个，分别为 DL/T 860 通信报文接口和 GOOSE 共网通信接口；过程层接口具有 2 个点对点 SV 采样接口和至少 12 个点对点 GOOSE 接口（支持至少其中 1 个可配置为 GOOSE 独立组网口）。

134. 低频低压减负荷及解列装置 GOOSE 输出信号和对应的软压板有哪些?

答： 输出信号：减负荷出口 n、解列线路出口 n、装置动作；软压板：减负荷出口 n 软压板、解列线路出口 n 软压板。

135. 简述继电保护装置 ICD 模型测试的技术要求。

答：（1）装置定值数据集 dsSetting 中定值和控制字的名称和顺序应满足 Q/GDW 1161—2014《线路保护及辅助装置标准化设计规范》、Q/GDW 1175—2013《变压器、高压并联电抗器和母线保护及辅助装置标准化设计规范》、Q/GDW 10766—2015《10kV～110（66）kV 线路保护及辅助装置标准化设计规范》、Q/GDW 10767—2015《10kV～110（66）kV 元件保护及辅助装置标准化设计规范》及 Q/GDW 11010—2015《继电保护信息规范》等保护及信息标准化设计规范要求；

（2）母线保护和变压器保护按远期配置 GOOSE 信号，GOOSE 发送数据集不受功能选配影响。

136. 简述继电保护装置 ICD 模型的测试方法。

答： 使用 ICD 模型自动测试软件，检查装置的访问点建模、定值数据集和 GOOSE 发送数据集。

137. 简述继电保护装置自检功能检验的技术要求。

答： 装置应能实时检测装置内部的硬件、配置信息和通信状况。自检异常时装置应输出相应告警信息。

138. 简述继电保护装置自检功能检验的测试方法。

答：（1）模拟装置硬件故障（如采样回路、开关量输入回路、开关量输出回路、存储器芯片故障等），检查装置输出的告警信息；

（2）模拟装置内部配置错误（如定值整定出错、配置信息错误等），检查装置输出的告警信息；

（3）模拟装置内部通信异常（如插件间通信中断、SV/GOOSE 通信异常等），检查装置输出的告警信息。

139. 简述通信稳定性测试要求及测试方法。

答：（1）通信稳定性测试要求：在 72h 连续运行过程中，装置应稳定可靠工作，动作行为、信号指示应正确，无元器件损坏、软件运行异常或其他异常情况出现；

（2）通信稳定性测试方法：装置连续运行 72h，模拟遥测变化、状态变位等，使用网络记录分析仪记录通信报文，检查其通信过程是否正常，装置动作行为、信号指示是否正确。

140. 简述开入量测试要求及测试方法。

答：（1）开入量测试要求：强电开入回路的启动电压值不大于 0.7 倍额定电压值，且不小于 0.55 倍额定电压值。分别接通、断开开入回路，装置的开入显示正确。装置开关量输入定义采用正逻辑，即接点闭合为“1”，接点断开为“0”，开入量名称与标准要求描述一致。

（2）开入量测试方法：用测试仪在装置的强电开入回路施加直流电压，检查启动电压值。分别接通、断开开入回路，检查装置的开入显示。

141. 简述开出量测试要求及测试方法。

答：（1）开出量测试要求：稳控装置的开出接点应能可靠保持、返回，接触良好不抖动，且装置的动作延时应能满足工程和设计要求；

（2）开出量测试方法：

1）用万用表电阻挡或通断挡测量装置的开出接点；

2）用测试仪测量装置的动作延时进行测试；

3）用测试仪测量装置的开出节点保持时间进行测试。

142. 简述交流采样精度测试要求及测试方法。

答：（1）交流采样精度测试要求：

1）在 $0.2U_N$～$1.2U_N$ 范围内，交流电压有效值测量相对误差不大于±1%U_N；

2）在 $0.2I_N$～$5I_N$ 范围内，交流电流有效值测量相对误差不大于±1%I_N；

3）在 0.2 U_N～1.2 U_N、0.2 I_N～1.5 I_N 范围内，功率测量相对误差不大于±2%P_N；

4）45～55Hz 范围内，频率测量绝对误差不大于±0.01Hz。

（2）交流采样精度测试方法：

1）用测试仪给装置施加交流电压量、交流电流量；

2）在测试范围内选取不同采样点进行模拟量输出；

3）记录装置液晶模拟量数据并计算误差。

143. 简述装置常规动模试验。

答：常规动模试验项目包括 Q/GDW 11056.4—2013《继电保护及安全自动装置检测规范 第 4 部分：继电保护装置动态模拟测试》、Q/GDW 11498.3—2016《110kV 及以下继电保护装置检测规范 第3部分：继电保护装置动态模拟测试》规定的线路保护、母线保护、变压器保护及并联电抗器保护的试验项目。按 Q/GDW 11056.4—2013、Q/GDW 11498.3—2016 相应规定进行常规操作及故障模拟测试项目。

144. 简述线路保护与通信设备 2M 光纤直连测试。

答： 线路保护装置的双通道采用 2M 光纤直连通信设备的方式，通信设备可采用 SDH 设备和电网专用通信设备。当通信设备不具备 TPS 倒换功能时，不进行 2M 光通道倒换测试。

145. 简述装置互联互通测试的技术要求。

答： 保护装置应运行正常，不误发报文；发生区内故障时，保护装置应可靠动作；发生区外故障时，保护装置不应误动；收到其他保护动作开入时，对侧保护装置应能可靠动作。

146. 简述装置互联互通的测试方法。

答： 模拟线路保护单通道中断，另一通道正常，模拟保护区内、外故障和断路器失灵故障。

147. 简述装置通道误码测试的技术要求。

答： 通道误码率优于 1E－6 时，装置应能正确动作；误码率优于 1E－4 时，误码率继续增加，直至通道中断，中断恢复后，装置应能很快同步。

148. 简述装置通道误码的测试方法。

答： 模拟线路保护单通道中断，另一通道发生误码，在通道发生误码的同时，模拟区内、区外故障和断路器失灵故障。

149. 简述保护通道切换测试的技术要求。

答： 对于具备双通道自动通信切换功能的保护装置，由于主通道异常切换到备用通道时，装置应告警。通道异常消失后，保护应能够快速恢复正常运行。

150. 简述装置保护通道切换的测试方法。

答： 对于具备双通道自动通信切换功能的线路保护装置，应进行线路故障并发通道切换试验。模拟系统发生各种金属性故障的同时，使主通信通道中断，引起通道切换，中断时刻超前/滞后故障发生时刻（0～10ms）。

151. 简述装置通道延时测试的技术要求。

答： 通道延时发生变化后，保护装置应快速同步，正常运行及区外故障时保护不应误动；区内故障时，若保护未告警通信异常，应快速切除故障，收到其他保护动作开入时，对侧保护装置应能可靠动作。

152. 简述装置通道延时的测试方法。

答：（1）配置通信设备线路侧为 1+1 复用段双端倒换保护；

（2）在通道二通信设备间的备用链路设置延时 1～12ms，模拟通道一中断和通道二主光纤中断后发生各种区内、外金属性故障。

153. 简述装置通信设备线路侧通道倒换测试的技术要求。

答：通道发生倒换时，记录装置动作行为。

154. 简述装置通信设备线路侧通道倒换的测试方法。

答：（1）配置通信设备线路侧为 1+1 复用段双端倒换保护；

（2）模拟通道一中断后，通道二通信设备的主备光纤倒换过程发生各种区内、外金属性故障，倒换时刻超前/滞后故障发生时刻 0～10ms，检查保护装置的动作行为。

155. 简述继电保护装置 2M 光通道倒换测试的技术要求。

答：通道发生倒换时，记录装置动作行为。

156. 简述继电保护装置 2M 光通道倒换的测试方法。

答：（1）配置通信设备保护方式为 2M 光 TPS 保护；

（2）模拟通道一中断，通道二通信设备发生 2M 光 TPS 保护倒换后发生区内、区外故障和断路器失灵故障。

157. 简述继电保护装置网络压力检测系统。

答：采用采集执行单元直采直跳方式下，继电保护装置网络压力测试可采用图 6－16 所示的检测系统。

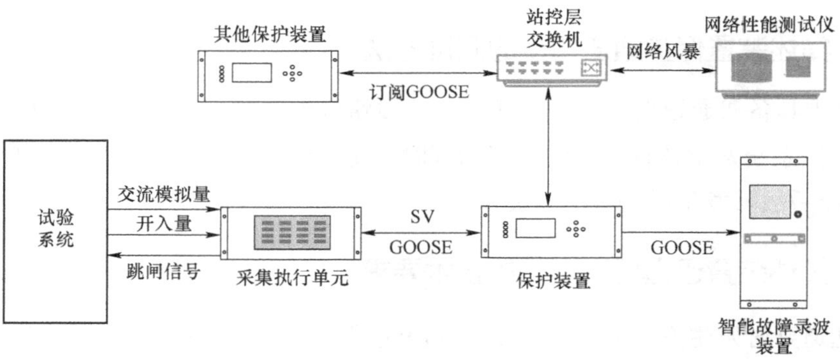

图 6－16　继电保护装置网络压力检测系统

158. 简述保护装置网络压力的技术要求。

答：保护装置应不受下面的测试方法中所述两种非订阅报文之一的影响，不应受ARP广播报文网络风暴影响，保护装置运行正常，不误动、不误发报文，不应出现死机、重启等异常现象，保护装置面板不应有异常告警；发生区内故障时，保护装置应能可靠动作，发生区外故障时，保护装置不应误动。保护装置应能正确接收点对点口及组网口订阅GOOSE控制块报文的状态变位或联闭锁信号并正确动作。

159. 简述装置网络压力的测试方法。

答：在站控层原有网络数据流量的基础上使用网络测试仪通过交换机对组网口分别施加非订阅GOOSE、ARP等类型的报文，注入流量（100M，实测基础流量），网络压力持续时间不小于2min。网络压力持续过程中，模拟区内外故障及与各订阅GOOSE控制块报文相关的故障（如断路器失灵、死区故障或手合断路器于故障等），查看保护装置动作情况。非订阅GOOSE压力报文变化类型可设置为重复报文（stNum不变，sqNum不变）、心跳报文（stNum不变，sqNum递增）、变位报文（stNum递增，sqNum为0，通道无变化），施加的非订阅报文类型参考表6－1。

表6－1　　施加的非订阅报文类型

报文类型	MAC	AppID	测试流量指标	报文类型
非订阅报文1	订阅	非订阅（随机）	100M，实测基础流量	GOOSE：重复报文、心跳报文、变位报文
非订阅报文2	非订阅（随机）	订阅	100M，实测基础流量	GOOSE：重复报文、心跳报文、变位报文
ARP广播报文	—	—	100M，实测基础流量	—

160. 简述保护装置检修机制配合性能测试的技术要求。

答：（1）保护装置应将接收的SV报文中的Test位与保护装置自身的检修压板状态进行比较，只有两者一致时才将该信号用于保护逻辑，否则应发出告警信号并闭锁相关保护；

（2）GOOSE接收端装置应将接收的GOOSE报文中的test位与装置自身的检修压板状态进行比较，只有两者一致时才将信号作为有效信号进行处理或动作；

（3）保护装置带检修压板应能正确重启保护装置，不应有异常报文。

161. 简述保护装置检修机制配合性能的测试方法。

答：（1）模拟采集执行单元SV和GOOSE检修，包括五种情况：① 所有采集执行单元都不检修，保护不检修；② 所有采集执行单元都检修，保护不检修；③ 所有采集执行单元都检修，保护检修；④ 任意一个采集执行单元检修，保护检修；⑤ 任意一个采集执行单元不检修，保护检修。并分别模拟保护区内、外故障。

（2）模拟保护订阅的联闭锁 GOOSE 报文检修，包括四种情况：① 保护不检修，所有 GOOSE 报文不检修；② 保护检修，所有 GOOSE 报文检修；③ 保护不检修，任意一个 GOOSE 报文检修；④ 保护检修，任意一个 GOOSE 报文不检修。并分别模拟保护区内、外故障及与订阅的联闭锁 GOOSE 控制块报文相关的故障（如断路器失灵、死区故障或手合断路器于故障等）。

（3）模拟保护装置带检修压板重启保护装置。

162. 简述装置通信异常测试的技术要求。

答：（1）电流采集执行单元与保护装置之间通信中断后，保护装置应告警并闭锁保护，在通信恢复后装置功能恢复正常；因电流采集执行单元断电造成的通信中断，在装置上电保护不应误动。

（2）电压采集执行单元与保护装置之间通信中断后，保护装置应告警，电流差动保护逻辑保留，母线区内故障应正确动作；在通信恢复后装置功能恢复正常；因电压采集执行单元断电造成的通信中断，在装置上电保护不应误动。

（3）保护装置与站控层网络之间的通信异常，除与经站控层传输的联闭锁信号相关功能外，保护动作不应受影响。

163. 简述装置通信异常的测试方法。

答：（1）模拟电流采集执行单元与保护装置之间因电流采集执行单元断电或光纤中断等原因造成通信中断后又通信恢复的情况，并在通信恢复后分别模拟保护区内、外故障。

（2）模拟电压采集执行单元与保护装置之间因电压采集执行单元断电或光纤中断等原因造成通信中断后又通信恢复的情况，并在通信恢复后分别模拟保护区内、外故障。

（3）模拟保护装置与站控层网络间因光纤中断造成的通信中断，模拟保护区内外故障。

164. 简述保护装置采集执行单元失步测试的技术要求。

答：保护装置性能不应受采集执行单元同步状态的影响。

165. 简述装置采集执行单元失步测试的测试方法。

答：（1）模拟采集执行单元同步信号丢失导致同步异常及恢复同步过程，并在同步异常及恢复过程中分别模拟保护区内、外故障。

（2）模拟采集执行单元间不同步及恢复同步过程，并在不同步及恢复同步过程中分别模拟保护区内、外故障。

166. 简述继电保护和安全自动装置通用（硬件）性能检查。

答：依据 GB/T 7261—2016《继电保护和安全自动装置基本试验方法》、DL/T 478—2013《继电保护和安全自动装置通用技术条件》、Q/GDW 11056.1—2013《继电保护及安全自动装置检测规范　第 1 部分：通用性能测试》规定的试验项目、试验条件和方法进行外观、功率消耗、电源影响、连续通电、气候环境、电气安全、电磁兼容、机械性能、过载能力和触点性能试验。

167. 简述继电保护装置静态功能与性能检查。

答：依据 Q/GDW 11056.2—2013《继电保护及安全自动装置检测技术规范　第 2 部分：继电保护装置专用功能测试》、Q/GDW 11056.3—2013《继电保护及安全自动装置检测技术规范 第 3 部分：安全自动装置专用功能测试》、Q/GDW 11498.2—2016《110kV 及以下继电保护装置检测规范 第 2 部分：继电保护装置专用功能测试》规定的试验项目、试验条件和方法进行各类继电保护装置的静态功能与性能试验。

168. 简述继电保护装置信息规范检查。

答：使用客户端对继电保护装置输出的录波文件、装置输出动作信息、装置输出告警信息、装置输出状态变位信息、装置输出在线监测信息、日志功能、时标及响应性能、装置人机界面、装置菜单、其他上送信息进行测试。

169. 简述继电保护装置远方操作检查。

答：使用客户端对继电保护装置进行远方切换保护定值区、远方读取及修改保护定值、远方投退软压板、远方操作时发生电网故障、远方操作时发生装置掉电、远方操作响应时间等测试。

170. 简述装置数字采样及接口性能。

答：依据 GB/T 34871—2017《智能变电站继电保护检验测试规范》规定的试验项目、试验条件和方法对 SV 接口进行单光纤接收、SV 报文规范性、SV 报文中断及重启、采样延时补偿、双 A/D 不一致、采样数据品质位标识异常、检修机制、采样数据丢帧、报文抖动、装置重启等测试，对 GOOSE/MMS 口进行 GOOSE 报文规范性、GOOSE 报文中断及重启、GOOSE 双网接收机制、通信接口独立性、通信接口同步性、装置重启等测试。

171. 简述装置时间同步功能及闰秒测试。

答：（1）装置对时和守时功能测试检测装置的时钟精度和守时误差；

（2）闰秒功能测试检测装置的闰秒功能正确性；

（3）时间同步管理功能测试检测装置的对时信号状态、对时服务状态及时间跳变侦测状态正确性；

（4）对时偏差测量功能的测试检测装置是否支持通过 NTP 乒乓协议测量对时偏差。

172. 简述继电保护装置量测量采集检测的技术要求。

答：（1）应具有接收DL/T 860.92—2016《电力自动化通信网络和系统　第9－2部分：特定通信服务映射（SCSM）－基于 ISO/IEC 8802－3 的采样值》采样值报文功能，并计算生成电压有效值、电流有效值、有功功率、无功功率、功率因数、频率等数据功能。

（2）装置各交流电压回路零漂值应小于 0.05V，交流电流回路零漂值应小于 0.01A。

（3）在额定频率时，电压、电流输入在 0～1.2 倍额定值范围内，误差应不大于 0.2%；额定频率时，有功功率、无功功率、功率因数误差应不大于 0.5%；在 45～55Hz 范围内，频率误差应不大于 0.005Hz。

（4）影响量的参数范围及允许的改变量，应符合 GB/T 13729—2019《远动终端设备》中 5.5.2 f）的规定。

（5）应具有接收 GOOSE 报文上送的直流量功能，应能采集 0～5V 直流电压或 4～20mA 直流电流，并计算生成相应的电气量或非电气量值，如流量、温度、压力等；装置直流信号采集误差应不大于 0.2%。

（6）应支持配置带时标上送量测量功能；遥测量应具有品质标识。

（7）装置量测量时标准确度应不大于±10ms。

（8）应具备阈值设定功能，并在数据异常时标注相应品质位。

（9）遥测量应具有超越定值（死区值）传输功能，定值可设置。

（10）遥测量数据窗时间应不大于 200ms。

（11）应具备对 DL/T 860.92—2016《电力自动化通信网络和系统　第 9－2 部分：特定通信服务映射（SCSM）－基于 ISO/IEC 8802－3 的采样值》采样值报文、时标、通信状态的监视判别功能，并标注相应品质位。

173. 简述继电保护装置量测量采集检测的测试方法。

答：（1）装置零漂检验：在装置各交流回路不施加任何激励量时，读取装置面板的遥测数据。

（2）交流测量准确度检验。

（3）数字信号发生器向保护装置发送 DL/T 860.92—2016《电力自动化通信网络和系统　第 9－2 部分：特定通信服务映射（SCSM）－基于 ISO/IEC 8802－3 的采样值》采样值报文：频率为 50Hz 的三相额定电压、三相额定电流，在装置屏幕和模拟监控后台上读取三相电压和三相电流的有效值、有功功率、无功功率、功率因数和频率数据，核查数据是否正确。

（4）数字信号发生器向保护装置发送 DL/T 860.92 采样值报文：电压、电流输出调整为 0%、20%、40%、60%、80%、100%、120%倍的额定值，在装置屏幕上读取电压、电流的有效值，核查数据是否满足误差要求。

（5）数字信号发生器向保护装置发送 DL/T 860.92 采样值报文：功率因数 $\cos\varphi=0.5$（滞后）、1、0.5（超前），$\sin\varphi=0.5$（滞后）、1、0.5（超前），在装置屏幕上分别读取计算的有功功率、无功功率、功率因数等显示值，核查数据是否满足误差要求。

（6）数字信号发生器向保护装置发送 DL/T 860.92 采样值报文：频率调整为 45、47、50、53、55Hz 时，在装置屏幕上读取频率显示值，核查数据是否满足误差要求。

（7）影响量的参数范围及允许的改变量：按照 DL/T 630—2020《交流采样远动终端技术条件》中 5.4.4 的规定进行。

（8）直流测量准确度检验：

1）装置施加 0～5V 直流电压或 4～20mA 直流电流，在装置屏幕和模拟监控后台上读取数据，核查数据是否正确，是否可计算生成相应的电气量或非电气量值，如流量、温度、压力等；

2）装置施加直流信号：调整为 4、8、12、16、20mA 或 0、+1、+2、+3、+4、+5V 时，记录装置显示值，核查数据是否满足误差要求。

（9）数字信号发生器向保护装置发送 DL/T 860.92 采样值报文：频率为 50Hz 的三相额定电压、三相额定电流，在网络分析仪上监视装置上送的量测量是否具有时标，遥测量是否有品质标识。

（10）数字信号发生器、GPS 同步时钟（B 码输出）、规约测试分析软件组建检测模型，采用仿真器导入 Comtrade 文件的方法进行测试：在 Comtrade 波形文件的整分（零秒零毫秒）处产生一段持续时间为 240ms 且有效值为 A 的波形，检测装置通过 DL/T 860 规约送出的结果是否满足要求；检测装置量测量时标准确度是否满足要求。

（11）在装置屏幕和模拟监控后台上，检查装置是否可按组设定阈值。调整数字信号源产生超越阈值的电压或电流，在网络报文分析仪上检测相应数据的品质位是否标注。

（12）设置遥测量的死区值为 $0.01I_N$ 或 $0.01U_N$，设置遥测报告的触发方式为数据变化；调整数字信号源输出量，当超越定值时，在模拟监控后台读取遥测量数据，检测是否有遥测量上送、数值是否准确并且检测定值是否可设置。

（13）数字信号源输出 50Hz 正弦波，输出电压、电流为额定值，持续时间 240ms，检测装置的遥测量是否满足误差要求。

（14）在网络报文分析仪上检查装置是否可对 DL/T 860.92 采样值报文、时标、通信状态进行监视判别，并标注上相应品质位。

（15）在网络报文分析仪上检查装置是否可对 DL/T 860.92 采样值报文、时标、通信状态进行监视判别，检查装置上送的量测量值是否标注相应的品质。

174. 简述继电保护装置状态量采集功能检验的技术要求。

答：（1）应具备接收 GOOSE 报文传输的状态量信息功能。

（2）应具备对 GOOSE 报文状态量、时标、通信状态的监视判别功能，并标注相应品质位。

（3）应具备逻辑运算功能。

（4）宜具备结合量测量进行状态量合理性判别功能。

（5）当遥信变位时，应优先传输。

（6）遥信响应时间不大于 1s；SOE 分辨率不大于 1ms；SOE 时间准确度不大于 1ms；

（7）装置 100%的遥信同时动作，不应误发、丢失遥信，SOE 记录正确。

175. 简述继电保护装置状态量采集功能检验的测试方法。

答：（1）网络报文分析仪检查装置是否有对 GOOSE 报文状态量、时标、通信状态的监视判别功能，并标注相应品质位。

（2）在装置内配置遥信量的与逻辑和或逻辑，对装置的遥信输入进行不同状态的设置，检测装置屏幕和模拟监控后台上显示的逻辑状态是否正确。

（3）根据一次接线图，施加 SV 采样值，在对应的遥信输入端模拟开关或断路器状态为开或合，在装置屏幕和模拟监控后台上检查装置是否可结合量测量进行状态量合理性判别，并用网络报文分析仪分析数据是否加品质位上送。

（4）对装置施加遥测量，并产生遥测越限和遥信变位，检查装置是否为遥信变位优先传输。

（5）遥信响应时间及 SOE 分辨率：将状态量信号发生器的两组信号输出端与装置的任意两组遥信输入端（具有 SOE 功能）相连，设置发生器两组时间延时为 1ms，启动信号发生器，记录装置遥信响应时间，记录两组遥信变位时间，检查装置是否正确分辨出遥信变位顺序，SOE 分辨率是否满足要求。

（6）SOE 时间准确度：将状态信号发生器的一路信号输出端与装置的任意一路遥信输入端（具有 SOE 功能）相连，设置发生器为秒脉冲触发方式，检查遥信报文时间。

（7）雪崩处理能力检测：同时改变装置上 100%遥信输入端的状态，检查装置遥信状态的正确性，不应有误发、丢失遥信现象，SOE 记录应为同一时刻，时间误差应小于 1ms。试验重复 5 次以上。

176. 简述继电保护装置控制功能检验的技术要求。

答：（1）具备发送 GOOSE 报文传输的控制命令信息的功能；应具备处理 SBO、DO 方式的控制命令。

（2）应具备控制命令校核、逻辑闭锁及强制解锁功能。

（3）应具有设置远方、就地控制方式功能（远方、就地切换采用硬件方式，不应通过软压板方式进行切换）。操作命令的优先级应为就地控制优先于远方遥控，同一时间只允许一种控制方式有效。对任何操作方式，应保证只有在本次操作步骤完成后才能进行下一步操作；就地方式支持强合和强分。

（4）应具备返回控制信息（操作记录或失败原因）功能。

（5）继电保护装置置检修状态时，应闭锁正常遥控出口功能。

（6）遥控动作正确率应为100%；遥控响应时间不大于3s；遥控（选择—执行）超时时间可设置，时间范围为30～120s，步长1s；超时后取消选择，并发送提示信息。

177. 简述继电保护装置控制功能检验的测试方法。

答：（1）在站控层模拟监控后台对控制对象发出遥控命令，使用网络报文分析仪分析装置是否可发送GOOSE报文传输的控制命令信息，是否可处理SBO、DO方式的控制命令。

（2）在站控层模拟监控后台或装置面板上对控制对象发出遥控命令，检测装置是否能正确接收、选择、返校、执行遥控命令。

（3）在站控层模拟监控后台发出遥控命令，当返校失败时，检测装置是否产生逻辑闭锁，此时是否可强制解锁。

（4）在装置面板上检查装置是否可设置远方、就地控制方式，就地方式是否支持强合、强分；在装置的控制出口监视出口状态是否正确。

（5）当装置处于就地模式时，检查是否就地控制成功，远方控制失败；当装置处于远方模式时，检查是否远方控制成功，就地控制失败。

（6）当装置处于就地模式时，在一个控制命令结束前，再次向装置发送控制命令，检查第二次控制是否失败；当装置处于远方模式时，在一个控制命令结束前，再次向装置发送控制命令，检查第二次控制是否失败。

（7）当站控层模拟监控后台对控制对象进行遥调时，当发出主变压器升、降、急停及滑挡命令后，检测装置是否能正确判别处理，控制输出数值是否正确。

（8）在站控层模拟监控后台检查装置完成执行控制命令后，是否能正确返回控制信息，如操作记录、失败原因等。

（9）装置置检修状态，在站控层模拟监控后台发出遥控命令，检查常规装置闭锁远方遥控命令，硬接点不出口；常规装置响应就地控制命令，硬接点正常出口；智能装置GOOSE输出报文应置检修位。

（10）模拟监控后台（数字信号发生器）进行遥控操作，检查遥控过程中选择、返校、执行各步骤的正确性。上述过程重复100 次，要求遥控动作正确率为100%，同时通过数字信号发生器记录遥控响应时间。

（11）配置遥控超时时间，时间范围为30～120s，检查遥控过程中选择、返校、执行各步骤间遥控超时时间是否为整定值。超时后取消选择，检查装置是否具备告警信息上送。

178. 简述继电保护装置同期功能检验的技术要求。

答：（1）应具备强合、检无压合闸、检同期合闸三种合闸方式，应具备合闸方式选择功能。

（2）基于 DL/T 860 的同期模型按照强合、检无压合闸、检同期合闸分别建立不同实例的 CSWI，不采用 CSWI 中 Check（检测参数）的 sync（同期标志）位区分同期合与强制合。

（3）应具备 TV 断线检测、告警、闭锁检同期和检无压合闸功能。

（4）应支持同期条件信息返回功能。

（5）应具备手合同期功能。

（6）采集执行单元置检修状态，被测装置应具备闭锁同期功能。

179. 简述继电保护装置同期功能检验的测试方法。

答：合闸方式：

（1）检同期合闸：设置两路电压按一定的步长变化，频率按一定的步长变化，相角按一定的步长变化，当达到装置设定的动作电压、动作频率、动作角度时，检测装置是否可实现检同期合闸。

（2）检无压合闸：在继电保护测试仪上设置两路电压输出均为 0.9 倍无压定值，检测装置应可靠合闸；设置一路电压输出为零，另一路电压输出为额定值，检测装置是否可合闸。

（3）强合：设置两路电压值不满足同期条件，在模拟监控后台或装置屏幕进行合闸操作，检测装置是否可合闸。

（4）数字量的同期：检查装置基于 DL/T 860 的同期模型按照强合、检无压合闸、检同期合闸分别建立不同实例的 CSWI，不采用 CSWI 中 Check（检测参数）的 sync（同期标志）位区分同期合与强制合功能的正确性。

（5）继电保护测试仪模拟 TV 断线状态，检查装置检测出的 TV 断线，以及发出相应的告警信息，闭锁检同期和检无压合闸功能的正确性。

（6）在模拟监控后台或装置面板上检查装置同期条件信息返回功能的正确性。

（7）在模拟监控后台或装置面板上检查装置的手合同期功能。

（8）采集执行单元置检修位，测控装置未置检修位，检查装置应闭锁同期功能。

180. 简述继电保护装置逻辑闭锁功能检验的技术要求。

答：（1）应具备间隔内和跨间隔逻辑闭锁功能。

（2）应具备 MMS 网络传输 GOOSE 逻辑闭锁信息功能。

（3）闭锁条件应包含状态量、量测量及品质信息。

（4）装置通信中断、检修及停运时应具有逻辑闭锁功能。

（5）间隔闭锁状态信息应上传。

（6）应具有解锁功能。

181. 简述继电保护装置逻辑闭锁功能检验的测试方法。

答：逻辑闭锁检测：

（1）间隔内闭锁逻辑。包括防止误操作断路器的闭锁逻辑、防止带负荷拉隔离开关的闭锁逻辑、防止带电挂接地线的闭锁逻辑、防止带接地线送电的闭锁逻辑、防止误入带电间隔的闭锁逻辑。模拟上述闭锁逻辑操作，在满足条件和不满足条件时，检测装置动作的正确性，并应返回正确的告警信息。

（2）间隔间逻辑闭锁。依据配置的逻辑闭锁关系（如使用其他间隔断路器/隔离开关位置信息作为本间隔闭锁条件），通过改变其他间隔的状态信息、遥测量，影响本间隔闭锁条件，判断装置间隔间闭锁功能的正确性，通过网络报文分析仪检测是否有相应的闭锁信息上送。

（3）通过数字信号发生器发送 GOOSE/MMS 报文，装置遵循闭锁逻辑产生闭锁信息，通过网络报文分析仪检测装置 GOOSE/MMS 网络传输逻辑闭锁信息功能的正确性；装置闭锁条件应包含状态量、量测量及品质信息。

（4）当间隔间由于网络中断、报文无效等原因不能有效获取相关信息时，应判断逻辑校验不通过。

（5）当相关间隔置检修状态且本装置未置检修状态时，应判断逻辑校验不通过；本装置检修，无论相关间隔是否置检修均正常参与逻辑计算。

（6）当装置处于闭锁状态时，检查装置应具有解锁功能。

182. 简述继电保护装置自恢复功能检验的技术要求。

答：装置在软件异常时应能自动恢复。

183. 简述继电保护装置自恢复功能检验的测试方法。

答：模拟装置软件异常（如停止某关键进程），检测装置是否能够自动恢复。

184. 简述继电保护装置操作记录功能检验的技术要求。

答：操作记录内容包括操作时间、操作来源、操作对象、操作动作描述等信息，并提供历史查询；设备处于远方或就地状态，均应记录操作选择信息同时应有相应参数。

185. 简述继电保护装置操作记录功能检验的测试方法。

答：模拟保护动作、执行遥控操作，检查装置是否有相关的记录信息。

186. 简述保护测控装置保护、测控功能独立性检验（仅适应于 110kV 保护测控装置）的技术要求。

答：（1）测控应配置单独板卡。

（2）测控与保护应共用电源、SV 接口、GOOSE 接口、人机界面和通信接口。

（3）在电源影响、连续通电、气候环境、电气安全、电磁兼容、机械性能、过载能力测试时，保护和测控功能相互应无影响。

187. 简述保护测控装置保护、测控功能独立性检验（仅适应于 110kV 保护测控装置）的测试方法。

答：（1）检查测控是否配置单独的板卡。

（2）检查测控与保护是否共用电源、SV 接口、GOOSE 接口、人机界面及通信接口。

（3）在常态下，对装置施加遥测、遥信、遥控，在此过程检查保护工作是否正常；在模拟保护动作的同时，检查装置遥测量、遥信变化、遥控动作正确性是否满足要求。

（4）下装和升级保护模块的配置文件或退出保护模块的同时，检查测控单元功能是否正常；下装和升级测控模块的配置文件或退出测控模块的同时，检查保护单元功能是否正常。

（5）不带电情况下分别插拔保护功能插件和测控功能插件，上电后，分别检查测控功能和保护功能是否正常。

（6）在电源影响、连续通电、气候环境、电气安全、电磁兼容、机械性能、过载能力测试项目时，对装置施加遥测、遥信、遥控，在此过程检查保护工作是否正常；在模拟保护动作的同时，检查装置遥测量、遥信变化、遥控动作正确性是否满足要求。

188. 简述在装置线路通道端口检查中，通道速率测试的技术要求。

答：通道输出信号比特率范围应为 2048 kbit/s±50ppm。

189. 简述在装置线路通道端口检查中，通道速率的测试方法。

答：通道速率测试方法：

（1）按图 6－17 连接测试配置；

（2）将光接口 PRBS 送测试信号接入 2M 光测试仪；

（3）正确设置 2M 光测试仪，待读数稳定之后，读出并记录输出信号比特率。

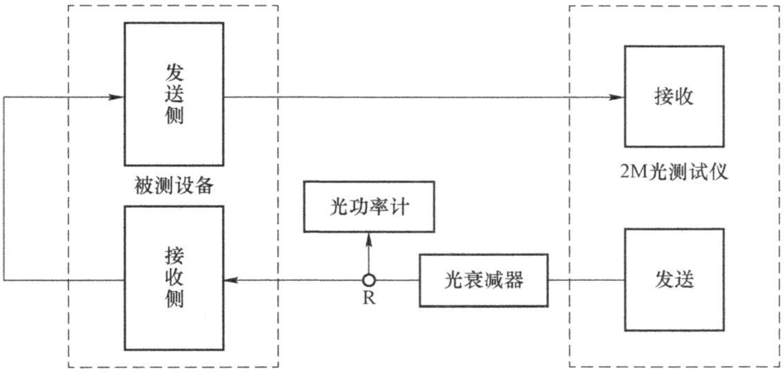

图 6－17　通道速率测试方法

190. 简述在装置线路通道端口检查中，工作波长测试的技术要求。

答：工作波长范围应为 1260～1360nm。

191. 简述在装置线路通道端口检查中，工作波长测试的测试方法。

答：工作波长测试方法：

（1）按图 6－18 连接测试配置。

（2）设置光谱分析仪工作模式为 DFB，光谱分析仪分辨带宽设置为 0.1nm 或者更小。

（3）调设定光谱仪显示的波长范围，调节光谱仪的幅度标尺，使波形以适当的幅度显示在屏幕的中间，以便于观察和读数。

（4）调整光谱分析仪，找到并读出中心波长。

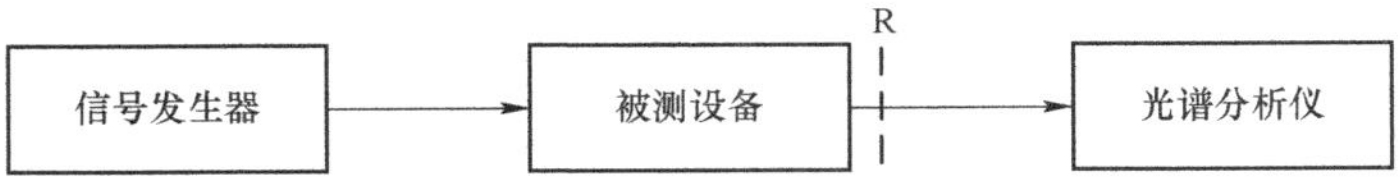

图 6－18　工作波长测试方法

192. 简述在装置线路通道端口检查中，平均发送功率的技术要求。

答：平均发送光功率范围应为－8～－15dBm。

193. 简述在装置线路通道端口检查中，平均发送功率的测试方法。

答：平均发送功率测试方法：

（1）按图 6－19 连接测试配置。

（2）光功率计设置与被测试光波长一致，待输出功率稳定，从光功率计读出平均发送光功率。

（3）通过多次测试取平均值，然后再用光连接器和测试光纤的衰减对平均值进行修正。

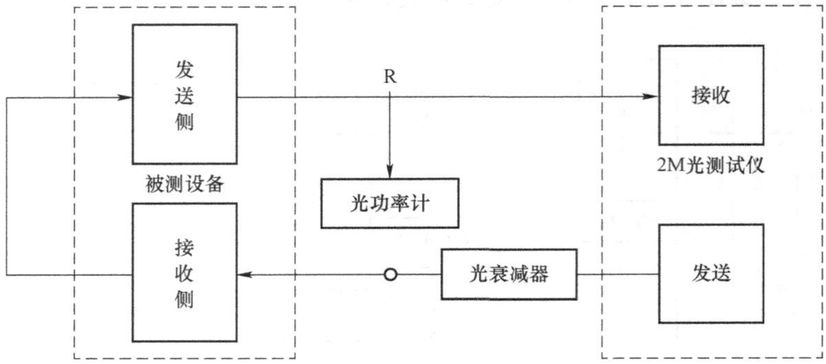

图 6－19　平均发送功率测试方法

194. 简述在装置线路通道端口检查中，接收机灵敏度的技术要求。

答： 接收机灵敏度测试方法：

（1）按图 6－20 连接测试配置。

（2）确认 2M 光测试仪接收到合适的光功率。

（3）调整可调光衰减器，使得 2M 光测试仪无误码。

（4）调整可调光衰减器，逐渐加大衰减值，使检测到的误码尽量接近，但不大于规定的 BER（10−12）。

（5）断开 R 点的活动连接器，将光衰减器与光功率计相连，读出 R 点的接收光功率。

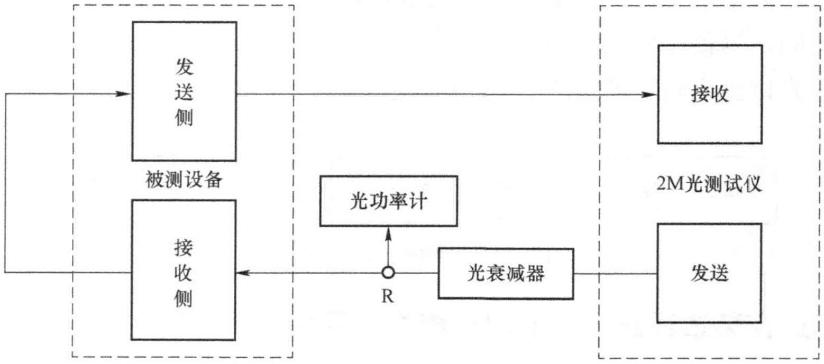

图 6－20　接收机灵敏度测试方法

195. 简述在装置线路通道端口检查中，接收机灵敏度的测试方法。

答： 接收机灵敏度应不大于－23dBm（MLM/SLM）/－26dBm（LED）。

196. 简述装置功能安全检测的技术要求。

答：（1）控制操作安全要求：

1）应具备控制操作异常校验机制；

2）应具备多个主体同时对同一参数配置的安全处理机制，应具备互斥能力；

3）应能抵御针对保护功能、远方控制等恶意攻击，并产生告警事件；

4）所有配置变更及攻击事件应记录审计日志。

（2）文件传输安全要求：

1）应符合《变电站二次系统通用技术规范：二次设备安全防护技术规范》的相关要求；

2）文件上传/下载行为应记录安全审计日志。

（3）功能事件记录安全要求：

1）应具备功能事件记录保护功能，避免受到非预期的删除、修改等；

2）留存条数应不少于 1024 条，且具备存储容量超过阈值的安全处理机制。

（4）功能安全管理要求：

1）业务数据、配置参数、密钥等应具备访问控制策略和导入的校验功能；

2）配置管理软件等不允许存储鉴别信息、运行相关重要数据；

3）软、硬件异常情况下应对存储数据进行保护；

4）应具备对错误命令、非法数据输入、错误操作流程等异常操作容错能力，保证装置正常运行。

197. 简述装置功能安全检测的测试方法。

答：（1）控制操作安全测试方法：

1）在本地界面检测是否只有具备控制权限的用户方可进入控制界面进行相关操作；

2）使用就地登录用户修改定值、投退压板、切换定值区、修改装置参数等时，检测是否需经再次身份认证后方可执行成功；

3）将定值、参数修改为长度允许范围外的值，检测是否能够明确拒绝不正确的输入；

4）结合业务在远程和本地分别输入不同类型、恶意或畸形、不符合业务数据范围的数据，检测装置是否能够正确识别并丢弃；

5）通过多个主体同时对装置配置参数进行修改，检测装置是否能够识别，并只允许一个操作生效；

6）对保护功能、业务逻辑的调用等进行绕过、篡改、恶意攻击等，检测装置是否具备安全防护策略，并对异常攻击行为进行记录，产生相应的告警事件，模拟保护区内外故障，查看保护是否正确动作；

7）检测所有配置变更及异常行为是否记录审计日志。

（2）文件传输安全测试方法：

1）通过远程或本地对配置文件等进行上传/下载操作，检测是否限制文件的访问权限和操作目录；

2）尝试上传非法文件，检测是否具备必要的校验与过滤功能，非法文件上传失败；

3）检测对文件的上传/下载操作行为是否记录审计日志。

（3）功能事件记录安全测试方法：

1）尝试对事件条目进行删除、修改等操作，检测操作是否失败；

2）通过生成多于1024条事件记录，检测是否至少保存1024条，是否具备按容量比例或时间覆盖等策略保证最新记录不丢失。

（4）功能安全管理测试方法：

1）查看业务数据、配置数据、审计数据、密钥等访问权限，检测是否仅允许具备相应权限的主体方可访问成功；

2）对业务数据、配置数据、密钥等进行导入操作，检测是否进行权限控制，是否对导入数据进行合法性校验；

3）对业务数据、配置数据等进行导出操作，检测是否只有具备权限的用户方可进行导出操作；

4）检测配置管理软件等是否不存储鉴别信息、运行相关重要数据；

5）模拟软、硬件异常情况，检测软硬件异常情况下存储的历史数据、配置数据等是否完整、不丢失；

6）在错误命令、非法数据输入、错误操作流程等异常操作下，检测装置是否具备容错机制，并做出正确的响应或给出必要的提示，模拟保护区内外故障，查看保护是否正确动作。

198. 简述装置通信安全检测的技术要求。

答：（1）应具备通信端口隔离功能；

（2）应保证鉴别信息、密钥等通信数据保密性，对鉴别信息、密钥等进行保密性处理；

（3）应保证通信交互行为的安全性，具备防破坏数据完整性等安全防护能力；

（4）应保证通信协议的健壮性，正确处理异常报文，确保业务的正常交互；

（5）异常连接访问、通信认证异常应记录安全审计日志。

199. 简述装置通信安全检测的测试方法。

答：（1）配置网络连接白名单（包括IP、MAC、AppID地址等），并接入白名单内采集通信对象、配置软件等，检测连接是否成功，使用白名单外的设备连接装置，检测是否拒绝接入；

（2）用数字化测试仪向装置的间隔层通信网口发送不同SV采样值报文和GOOSE报文，检测其他通信端口能不能收到报文；

（3）检测通信报文中鉴别信息、密钥等敏感数据是否进行保密处理；

（4）截取实时数据采集、控制等业务通信报文，篡改后传输，检测是否能识别通信数据合法性并丢弃，模拟保护区内外故障，查看保护是否正确动作；

（5）使用协议健壮性测试工具对MMS报文进行模糊测试，检测是否能正确处理异常报文，是否不存在死机、重启、误动、误报等现象；

（6）检测异常连接访问、通信认证异常是否记录相应审计日志。

200. 简述装置自检功能测试要求及测试方法。

答：（1）装置自检功能测试要求如下：装置应能实时检测装置内部的硬件、配置信息和通信状况。自检异常时，装置应输出告警信息且满足：装置自检异常时支持具备异常板卡定位功能，板卡定位信息按“插槽号+插件功能+异常种类”命名，如“1N16 管理 CPU 插件异常”，其中“1N16”表示插槽号，“管理 CPU”表示插件功能。

（2）装置自检功能测试方法：

1）模拟装置硬件故障（如采样回路、开关量输入回路、开关量输出回路、存储器芯片故障等），检查装置输出的告警信息；

2）模拟装置内部配置错误（如定值整定出错、配置信息错误等），检查装置输出的告警信息；

3）模拟装置内部通信异常（如插件间通信中断、SV/GOOSE 通信异常等），检查装置输出的告警信息。

201. 简述光口发送/接收功率测试要求及测试方法。

答：（1）光口发送/接收功率测试要求：

1）光波长 1310nm 光纤：光纤发送功率为－20～－14dBm；光接收灵敏度为－3～－14dBm。

2）光波长 850nm 光纤：光纤发送功率为－19～－10dBm；光接收灵敏度为－24～－10dBm。

（2）光口发送/接收功率测试方法：

1）光纤端口发送功率测试：使用光纤（衰耗小于 0.5db）连接装置光纤发送端口与 DM5100E 手持光数字测试仪接收端口，读取光功率模块的功率值，即为光纤端口的发送功率。

2）光纤端口接收功率测试：将待测装置的光纤接收端口的光纤拔掉，插到 DM5100E 手持光数字测试仪接收端口，读取测试仪光功率模块的功率值，即为光纤端口的接收功率。

202. 简述线路通道互联互通测试要求及测试方法。

答：（1）线路通道互联互通测试要求：保护装置应运行正常，不误发报文；发生区内故障时，保护装置应可靠动作；发生区外故障时，保护装置不应误动；收到其他保护动作开入时，对侧保护装置应能可靠动作。

（2）线路通道互联互通测试方法：模拟线路保护单通道中断，另一通道正常，模拟保护区内、外故障和断路器失灵故障。

203. 简述备自投测试要求及测试方法。

答：（1）备自投测试要求：

1）保护装置动作后保护面板显示动作简报，且简报中跳闸消息与面板灯显示一致。

2）当满足备自投充电条件后经过 15s 充电完成。

3）当满足任一退出条件时，备自投立即放电，备自投功能退出。

4）在正常运行条件或备自投退出条件下，备自投可靠不动作。

（2）备自投测试方法：

1）将备自投装置压板及控制字投入。

2）使用数模一体继电保护测试仪中备自投模块，与备自投装置连接测试，如图 6－21 所示。

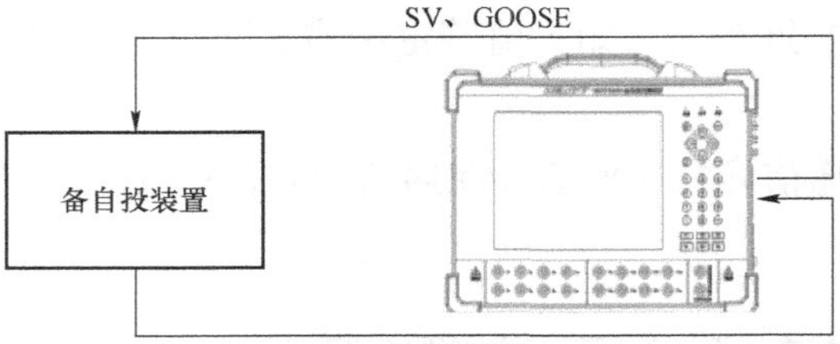

图 6－21　备自投测试装置连接

3）测试仪模拟故障情况下电压、电流，检测备自投装置的动作逻辑是否正确，SV 输出是否正确。

204. 简述远方操作测试要求及测试方法。

答：（1）远方操作测试要求：

1）对继电保护装置进行远方切换定值区、远方召唤及修改定值、远方投退压板操作。

2）当远方操作的硬压板及软压板退出时装置处于就地状态，不可进行远方操作；投入远方操作硬压板及软压板后才可进行远方操作。

3）遥控动作准确率应为 100%，遥控响应时间不大于 3s。

（2）远方操作测试方法：

1）将 DM5100E 手持光数字测试仪与继电保护装置的 MMS 网进行连接，测试仪使用“MMS 客户端”功能模块，IED 列表添加装置 IED，通过 IP 地址与装置建立 MMS 连接获取 MMS 信息。

2）当装置远方控制软压板压板、远方修改定值软压板、远方切换定值区软压板处于投入状态，且远方/就地硬压板处于远方状态，检查是否可进行投退压板、修改定值操作，记录操作响应时间满足标准要求。

3）当装置远方控制软压板压板、远方修改定值软压板、远方切换定值区软压板处于退出状态，或远方/就地硬压板处于就地状态，检查是否不可进行投退压板、修改定值操作，记录操作响应时间满足标准要求。

205. 简述继电保护装置接口要求。

答：接口要求：

（1）继电保护装置应至少具备两个独立的站控层通信接口。

（2）对时接口：应支持接受对时系统发出的 IRIG－B 对时码。

（3）组网通信接口：应支持至少 2 组 DL/T 860 通信报文和 GOOSE 共网通信接口，宜采用百兆光纤以太网口，其中 GOOSE 报文主要用于实现保护跨间隔信息交互及故障录波。备自投、故障解列装置、66kV 电容器保护、66kV 电抗器保护、66kV 站用变压器保护和 35kV 及以下电压等级保护装置可采用电接口。

（4）直采通信接口：SV 采样 GOOSE 跳闸装置直采通信接口应支持与采集执行单元点对点的 GOOSE 和 SV 共网通信，接口数量应满足需求。

（5）其他接口：打印接口、调试接口。

206. 简述采样延时补偿测试要求及测试方法。

答：（1）采样延时补偿测试要求：

1）对采集执行单元输出数字量信号进行延时校正。

2）采集执行单元对原始的采样数据进行数据的二次重构，即重采样，保证数据的同步性。

（2）采样延时补偿测试方法：

1）使用 DM5100E 手持光数字测试仪接收采集执行单元 SV，解析报文中延时时间。

2）使用 DM5100E 手持光数字测试仪模拟采集执行单元发送 SV 给保护装置，模拟采集执行单元 SV 延时，观察保护动作情况及跨间隔保护的电压电流同步情况。

207. 简述采样数据畸变测试要求及测试方法。

答：（1）采样数据畸变测试要求：

1）当采集执行单元采用两路 A/D 时，当其中一路 A/D 数据异常时，保护装置不应误动。

2）当采样数据恢复正常后装置保护功能恢复正常。

3）当两路 A/D 采样值偏差超过 25%时，保护装置应发出双 A/D 不一致告警。

（2）采样数据畸变测试方法：

1）使用 DM5100E 手持光数字测试仪模拟采集执行单元，向保护装置发送 SV 报文，其中将 SV 控制块中的电压、电流映射为两组。

2）发送两组电压、电流且两组误差超过 25%时，检查保护装置是否发出双 A/D 不一致告警，保护装置的保护行为、告警动作是否正确。

208. 简述采样数据品质位标识异常测试要求及测试方法。

答：（1）采样数据品质位标识异常测试要求：

1）报文中对应的品质位标识 validity 发生变化时，保护装置应能正确识别并做出反应。

2）当装置处于运行态时，向保护装置发送检修品质 GOOSE 报文，保护装置将不对该报文做出反应。

（2）采样数据品质位标识异常测试方法：

1）使用 DM5100E 手持光数字测试仪向保护装置发送 SV 报文，通过改变 SV 设置进行测试。

2）通过改变发送报文品质位，检查保护装置能否正确识别并做出反应。

209. 简述站控层 GOOSE 双网冗余测试要求及测试方法。

答：（1）站控层 GOOSE 双网冗余测试要求。间隔层保护装置间的通信仍使用 GOOSE 网络，与站控层 CMS/MMS 共网，通过两组交换机的相互冗余完成 GOOSE 网络的双冗余；当一台交换机故障或一路组网光纤断开时，保护联闭锁 GOOSE 报文仍可以通过另一 GOOSE 网络进行传递，可靠防止 GOOSE 断链造成保护装置不正确动作。

（2）站控层 GOOSE 双网冗余测试方法：

1）检查保护装置 GOOSE 是否采用双网机制接线。

2）使用 DM5100E 手持光数字测试仪模拟其他保护装置向保护装置发送 GOOSE 报文，使用两根光纤同时向保护两个组网口发送两个相同报文，检查装置运行状态及报文解析。

3）持续发送 GOOSE 报文，先后断开 GOOSE A/B 网，检查装置运行状态及报文解析是否正确。

4）持续发送 GOOSE 报文，一个网络修改报文参数发送异常报文，另一个网络继续发送正常报文，检查装置运行状态是否正常。

210. 安全自动装置信息传送测试要求及测试方法有哪些？

答：（1）信息传送测试要求：稳控系统主站、子站、执行站间应能正确传输交流量、开关量。

（2）信息传送测试方法：

1）用测试仪给装置施加交流量，并人工触发装置开关量状态变位。

2）查看稳控系统各装置间的信息传输是否正确。

211. 简述安全自动装置启动判据测试要求及测试方法。

答：（1）启动判据测试要求：依据实际工程具体要求，稳控装置的启动判据应为以下八种判据的一种或几种（如有其他启动判据也应一并纳入考虑），并应能在满足任一种判据时，装置均应能进入启动状态：

1）电流突变量启动判据；

2）功率突变量启动判据；

3）过电流启动判据；

4）过功率启动判据；

5）频率升高或降低启动判据；

6）低电压启动判据；

7）开关量启动判据；

8）远方命令启动判据。

（2）启动判据测试方法：

1）模拟电流突变量启动判据满足启动条件，检查装置能否进入启动状态；

2）模拟功率突变量启动判据满足启动条件，检查装置能否进入启动状态；

3）模拟过电流启动判据满足启动条件，检查装置能否进入启动状态；

4）模拟过功率启动判据满足启动条件，检查装置能否进入启动状态；

5）模拟频率升高或降低启动判据满足启动条件，检查装置能否进入启动状态；

6）模拟低电压启动判据满足启动条件，检查装置能否进入启动状态；

7）模拟开关量启动判据满足启动条件，检查装置能否进入启动状态；

8）模拟远方命令启动判据满足启动条件，检查装置能否进入启动状态。

212. 简述安全自动装置接口要求。

答：（1）对时接口。装置应支持接收对时系统发出的 IRIG－B 对时码；条件成熟时也可采用 GB/T 25931—2010《网络测量和控制系统的精确时钟同步协议》进行网络对时，对时精度应满足要求。

（2）直采通信接口。

1）装置应支持与采集执行单元点对点的 SV+GOOSE 共网通信接口。

2）装置与采集执行单元的接口采用光纤接口，接口类型宜采用 LC 接口。

（3）组网通信接口。装置应具备至少 2 组 DL/T860 通信报文+GOOSE 共网通信接口，宜采用光纤接口，其中 GOOSE 报文主要用于实现装置组网跳闸及故障录波。

（4）其他接口。调试接口、打印机接口。

213. 简述安全自动装置事件记录功能测试要求及测试方法。

答：（1）事件记录功能测试要求：

1）装置应能记录相关装置动作信息，保留8次以上最新动作报告。

2）装置记录的所有数据应能转换为IEC 60255－24的电力系统暂态数据交换通用格式（Common Format for Transient Data Exchange，COMTRADE）。

3）装置记录的动作报告应分类显示：① 供运行、检修人员直接在装置液晶屏调阅和打印的功能，便于值班人员尽快了解情况和事故处理的装置动作信息；② 供专业人员分析事故和装置动作行为的记录。

（2）事件记录功能测试方法：

1）触发装置装置动作8次以上，查看装置动作信息历史记录是否能保存最新的8次动作报告。

2）检查装置记录的所有数据能否转换为COMTRADE格式。

3）检查装置动作报告是否分类显示。

214. 简述安全自动装置投停、跳闸判别测试要求及测试方法。

答：（1）安全自动装置投停、跳闸判别测试要求：

1）线路、变压器、发电机重载运行时，稳控系统应能依据策略或工程要求正确判别其投运状态。

2）以电气量结合断路器开关位置进行判别的稳控系统应能在线路、变压器、换流变压器、发电机空载运行时依据策略或工程要求正确判别其投运状态。

3）稳控系统已判别线路、变压器、换流变压器、发电机为投运状态后，该元件发生单一种类异常（涵盖电气量异常或开关量异常）时，稳控系统应能依据策略或工程要求正确判别其投运状态。

4）线路、变压器重载运行中发生故障跳闸时，稳控系统应能依据策略或工程要求正确判别其跳闸。

5）以电气量结合断路器开关位置进行判别的稳控系统应能在线路、变压器空载运行时发生无故障跳闸（开关偷跳），依据策略或工程要求正确判别其跳闸。

6）以纯电气量进行判别的稳控系统对空载（轻载）运行的线路、变压器、换流变压器、发电机的投运和跳闸状态的判别应能满足设计或工程实际要求。

7）直流极或阀组轻载或重载运行，换流变压器电气量正常传送时，稳控系统应能依据策略或工程要求正确判别其投运状态。

8）模拟直流极或阀组轻载或重载运行，仅发生换流变压器电压互感器或电流互感器二次回路单相、两相或三相断线，或仅发生极x、y、z闭锁时，稳控系统应能依据策略或工程要求正确判别其投运状态。

9）发生某个极或阀组闭锁后，稳控系统应能依据直流双极的运行控制模式，并按照策略或工程要求正确判别非故障极或阀组转带情况。

10）发电机组运行中跳闸时，稳控系统应能依据策略或工程要求正确判别其投运状态。

11）针对具体工程和设计的不同要求，稳控系统应能正确对元件的投停、跳闸进行判别。

（2）安全自动装置投停、跳闸判别测试方法：

1）模拟线路重载或空载运行，线路电气量和（或）开关量均正常传送，检查稳控系统对该线路投运的判别情况。

2）模拟线路重载或轻载运行，线路电气量和（或）开关量均正常传送，发生线路有功功率突增或突降至零，检查稳控系统对该线路投运的判别情况。

3）模拟线路重载或轻载运行，线路电气量和（或）开关量均正常传送，发生线路有功功率倒向，检查稳控系统对该线路投运的判别情况。

4）模拟线路重载或空载运行，仅发生线路电压互感器二次回路单相、两相或三相断线，以及电流互感器二次回路单相或两相断线，检查稳控系统对该线路投运的判别情况。

5）模拟线路重载或空载运行，仅发生线路单侧单个断路器单相、两相或三相位置异常，检查稳控系统对该线路投运的判别情况。

6）模拟变压器重载或空载运行，变压器各侧电气量和（或）开关量均正常传送，检查稳控系统对该变压器投运的判别情况。

7）模拟变压器重载或空载运行，变压器各侧电气量和（或）开关量均正常传送，发生变压器有功功率突增或突降至零，检查稳控系统对该变压器投运的判别情况。

8）模拟变压器重载或轻载运行，线路电气量和（或）开关量均正常传送，发生变压器有功功率倒向，检查稳控系统对该变压器投运的判别情况。

9）模拟变压器重载或空载运行，仅发生单侧电压互感器二次回路单相、两相或三相断线，以及电流互感器二次回路单相或两相断线，检查稳控系统对该变压器投运的判别情况。

10）模拟变压器重载或空载运行，仅发生变压器单侧单个断路器单相、两相或三相位置异常，检查稳控系统对该变压器投运的判别情况。

11）模拟线路重载或空载运行，发生区内各种金属性故障：单相瞬时性故障、单相永久性故障、两相短路故障、两相短路接地故障、三相短路故障，检查稳控系统对该线路跳闸的判别情况。

12）模拟线路重载或空载运行，发生单侧单个断路器单相、两相、三相无故障跳闸（开关偷跳），检查稳控系统对该线路跳闸的判别情况。

13）模拟变压器重载或空载运行，发生区内各种金属性故障：单相瞬时性故障、单相永久性故障、两相短路故障、两相短路接地故障、三相短路故障，检查稳控系统对该变压器跳闸的判别情况。

14）模拟变压器重载或空载运行，发生单侧单个断路器单相、两相或三相无故障跳闸

（开关偷跳），检查稳控系统对该变压器跳闸的判别情况。

15）模拟直流极或阀组轻载或重载运行，换流变压器电气量正常传送时，检查稳控系统对该直流极或阀组投运的判别情况。

16）模拟直流极或阀组轻载或重载运行，仅发生换流变压器电压互感器或电流互感器二次回路单相、两相或三相断线时，检查稳控系统对该极或阀组投运的判别情况。

17）模拟直流极或阀组轻载或重载运行，仅发生极 x、y、z 闭锁时，检查稳控系统对该极或阀组跳闸的判别情况。

18）模拟直流双极分别运行在双极功率控制模式、定功率控制模式、定电流控制模式三种不同模式下，发生某个换流变压器跳闸后，检查稳控系统对非故障换流变压器转带成功与否的判别情况。

19）模拟发电机空载或重载运行时，检查稳控系统对该机组投运的判别情况。

20）模拟发电机空载或重载运行时，仅发生发电机电压互感器二次回路单相、两相或三相断线，以及电流互感器二次回路单相或两相断线，检查稳控系统对该机组投运的判别情况。

21）模拟发电机空载或重载运行时，发生区内故障跳闸，检查稳控系统对该机组运行状态的判别情况。

22）模拟发电机空载或重载运行时，发生无故障跳闸（开关偷跳），检查稳控系统对该机组运行状态的判别情况。

23）针对具体工程的其他元件投停判别逻辑，按照工程实际和设计的具体要求进行检测。

215. 简述安全自动装置策略检查测试要求及测试方法。

答：（1）安全自动装置策略检查测试要求如下：

1）稳控系统应能正确识别 $N-1$ 故障或 $N-2$、$N-3$ 相继故障，并依据策略表和定值正确判断并可靠动作或不动作。

2）稳控系统应能正确识别线路（变压器）过载，并依据策略表和定值正确判断并可靠动作或不动作。

3）在电力系统发生振荡、频率异常、潮流转移、潮流波动、潮流反向时，稳控系统不应误判断误动作，在上述异常同时发生系统故障时，稳定系统应依据策略表和定值正确判断并可靠动作或不动作。

4）稳控系统应能根据具体工程或设计要求正确识别系统故障类别、系统运行方式。

5）当机组运行方式改变或出力变化时，稳控系统应能正确识别并按照既定的切机原则正确执行。

6）稳控系统应能正确判别直流闭锁，并能正确计算直流损失功率。

7）稳控系统应能在直流闭锁后按照策略正确地进行切机或切负荷。

8）针对具体工程和设计的不同要求，稳控系统应能正确进行策略判别并可靠执行。

（2）安全自动装置策略检查测试方法：按照既定的策略表，分别模拟系统在正常运行、线路检修、机组检修、直流极或阀组检修、潮流波动或转移、系统频率异常等工况下，发生系统故障的情况：

1）模拟系统发生线路或变压器 $N-1$ 故障跳闸，检测稳控系统策略判别执行情况。

2）分别模拟同一断面的两条线路或两台变压器，在装置设定的 T_1 时间内或 T_2 时间内或 T_2 时间后发生 $N-2$ 相继故障跳闸，检测稳控系统策略判别执行情况。

3）分别模拟同一断面的三条线路或三台变压器，在装置设定的 T_1 时间内或 T_2 时间内或 T_2 时间后发生 $N-3$ 相继故障跳闸，检测稳控系统策略判别执行情况。

4）分别模拟由于系统故障导致某线路（变压器）发生过载或系统正常运行时某线路、变压器发生过载，检测稳控系统策略判别执行情况。

5）分别模拟系统运行在 48Hz 和 52Hz，以及频率异常同时发生 $N-1$ 或 $N-2$ 或 $N-3$ 或线路（变压器）过载，检测稳控系统策略判别执行情况。

6）模拟系统振荡，振荡周期为 0.5～1.5s，以及系统振荡同时发生 $N-1$ 或 $N-2$ 或 $N-3$ 或线路（变压器）过载，检测稳控系统策略判别执行情况。

7）分别模拟联络线潮流的波动、转移以及潮流反向，以及同时发生 $N-1$ 或 $N-2$ 或 $N-3$ 或线路（变压器）过载，检测稳控系统策略判别执行情况。

8）分别模拟线路检修、断路器检修、变压器检修等运行方式下或同时投入两个及以上稳控系统运行方式压板时发生 $N-1$ 或 $N-2$ 或 $N-3$ 或线路（变压器）过载，检测稳控装置对运行方式的识别以及策略执行情况。

9）分别模拟机组检修或机组出力波动时，发生 $N-1$ 或 $N-2$ 或 $N-3$ 或线路（变压器）过载，检测稳控系统策略判别执行情况。

10）模拟直流单极或双极闭锁（单阀组或者多阀组闭锁）后，检测稳控系统根据策略切机或者切负荷的执行情况。

11）模拟与直流换流站相连的交流线路发生跳闸后，检测稳控系统执行直流回降、直流提升或者直流功率限制的情况。

12）针对具体工程的稳控系统的策略，按照工程实际和设计的具体要求进行相应的检测。

216. 简述安全自动装置电压互感器、电流互感器断线测试要求及测试方法。

答：（1）安全自动装置电压互感器、电流互感器断线测试要求：

1）装置应能正确判断出某一元件出现电压互感器或电流互感器断线，并报警。

2）断线后发生系统故障时，装置应能依据既定策略要求，闭锁或不闭锁装置逻辑功能判断。

（2）安全自动装置电压互感器、电流互感器断线测试方法：

1）模拟线路、变压器发生电压互感器二次回路单相、两相、三相断线或电流互感器二次回路单相、两相断线，检测稳控系统的判别及报警情况。

2）模拟直流换流变压器发生电压互感器二次回路单相、两相、三相断线或电流互感器二次回路单相、两相断线，检测稳控系统的判别及报警情况。

3）模拟发电机组发生电压互感器二次回路单相、两相、三相断线或电流互感器二次回路单相、两相断线，检测稳控系统的判别及报警情况。

4）分别模拟线路、变压器、直流换流变压器、发电机组等发生电压互感器或电流互感器二次回路断线后又发生系统故障，检测稳控系统的判别及报警情况。

217. 简述安全自动装置光纤通道异常测试要求及测试方法。

答：（1）安全自动装置光纤通道异常测试要求：装置应能正确判断出光纤通道异常的情况并报警；应能在光纤通道异常后发生系统故障时，依据策略要求闭锁或不闭锁装置逻辑功能判断。

（2）安全自动装置光纤通道异常测试方法：系统正常运行或故障时，模拟稳控系统的主站、子站、执行站站间发生光纤通道“收”或“发”中断、校验码不一致、误码率增大等异常情况，检查稳控系统的判别及报警情况。

218. 简述安全自动装置主、辅运闭锁测试要求及测试方法。

答：（1）安全自动装置主辅运闭锁测试要求：装置应能在主运系统动作时闭锁辅运系统；主运系统在装置失电、程序走死、硬件损坏等异常情况时，辅运装置能动作；辅运系统运行异常时，不应影响主运系统正常运行或动作。

（2）安全自动装置主、辅运闭锁测试方法：

1）模拟主运系统正常运行，动作时，检查锁辅运系统是否被闭锁；

2）模拟主运系统运行异常，检查辅运系统是否能动作出口；

3）模拟辅运系统运行异常，检查是否影响主运系统正常运行或动作。

219. 简述安全自动装置并列运行双套测试要求及测试方法。

答：（1）安全自动装置并列运行双套测试要求：

1）双套稳控系统应能正确交互信息；

2）单套稳控系统或单套稳控系统的某一装置发生失电、程序走死、硬件损坏等异常情况时，另一套系统应能正常运行及动作判别；

3）单套稳控系统的某一装置采样异常时，该套系统应能依靠信息交互功能正确进行逻辑判别和动作跳闸；

4）双套稳控系统间通信异常时装置应能正确报警。两套系统应能正确进行逻辑判别和动作跳闸。

（2）安全自动装置并列运行双套测试方法：

1）模拟单套稳控系统或单套稳控系统的某一装置发生失电等异常情况，检查另一套系统能否正常运行及动作判别；

2）模拟单套稳控系统的某一装置采样异常的情况，检查该套系统能否依靠信息交互功能正确进行逻辑判别和动作跳闸；

3）模拟双套稳控系统间通信异常的情况，检查两套系统能否正确进行逻辑判别和动作跳闸。

第七章

多功能测控装置

1. 简述多功能测控装置（Multifunctional Measurement and Control Device）的含义。

答：多功能测控装置是指厂站计算机监控系统的信息采集、数据处理及控制单元，支持 DL/T 860 通信报文规范，支持数字量采样、模型导入和导出，具备交流电气量采集、开关量采集、控制输出、防误闭锁、设备状态监测、同步相量测量等功能。

图 7－1、图 7－2 是南瑞继保研制的 PCS－9705 多功能测控装置正视图和背板图。

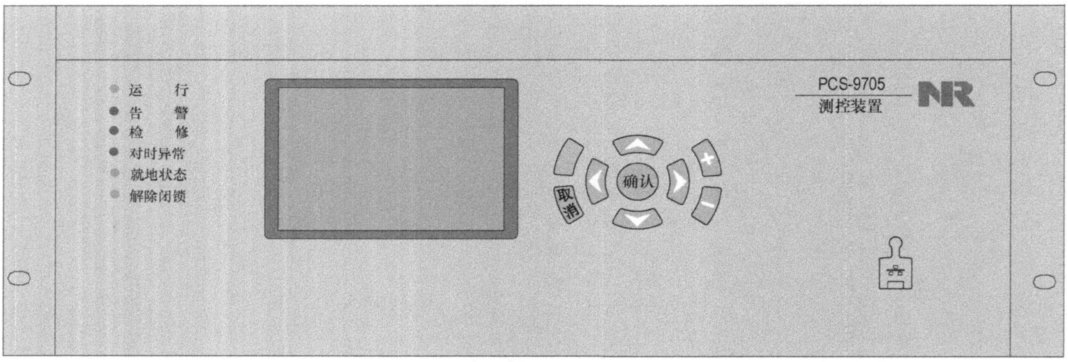

图 7－1　PCS－9705 多功能测控装置正视图

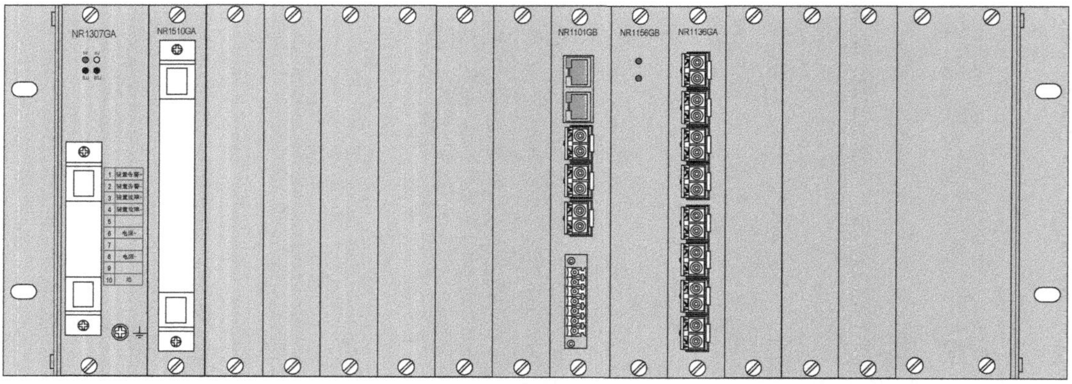

图 7－2　PCS－9705 多功能测控装置背板图

2. 简述多功能测控装置电源要求。

答： 多功能测控装置电源要求如下：

（1）直流电源电压为 110V 或 220V，允许偏差为－20%～+15%；

（2）直流电源电压纹波系数小于 5%；

（3）交流电源电压为 220V，允许偏差为－20%～+15%；

（4）交流电源电源频率为 50Hz，允许偏差+5%；

（5）交流电源波形为正弦波，谐波含量小于 5%。

3. 简述多功能测控装置有几路 LED 指示灯，指示灯定义及点亮条件是什么？

答： 多功能测控装置应具备 6 路 LED 指示灯，指示灯定义及点亮条件如表 7－1 所示。

表 7－1　　指示灯定义及点亮条件

序号	名称	颜色	点亮条件	正常运行状态
1	运行	绿色	装置上电自检通过，则常亮。装置由于硬件或软件出现异常时导致装置不能工作或部分功能缺失时，处于常灭状态	亮
2	告警	红色	装置由于硬件、软件或是配置出现异常时常亮。装置检修和对时异常时不亮告警灯	灭
3	检修	红色	装置检修硬压板投入时常亮	灭
4	对时异常	红色	对时服务状态异常为 1 时常亮	灭
5	就地状态	绿色	装置处于就地控制状态常亮	灭
6	解除闭锁	绿色	装置处于解锁状态时常亮	灭

4. 简述多功能测控装置硬接点输入/输出要求。

答： 多功能测控装置硬接点输入/输出要求如下：

（1）硬接点信号输入回路的额定电压应为直流 220V 或直流 110V，并符合额定电压 55%以下可靠不动作、额定电压 70%以上可靠动作的要求；

（2）应具备装置故障和装置告警信号输出接点。装置运行灯灭时应导通装置故障接点，告警灯亮时应导通装置告警接点。

5. 简述多功能测控装置测控功能的交流电气量采集应满足的技术要求。

答： 测控功能的交流电气量采集应满足如下技术要求：

（1）满足 Q/GDW 10427—2017《变电站测控装置技术规范》中 8.2 的 a）、d）中的 3）、h）的要求，具体如下：

“a）应支持接收 DL/T 860.92—2016《 电力自动化通信网络和系统　第 9－2 部分：特定通信服务映射（SCSM）－基于 ISO/IEC 8802－3 的采样值》采样值的数据采样方式

实现交流电气量采集。

d）采用 DL/T 860.92 采集交流电气量时应具备 DL/T 860.92 采样值报文品质及异常处理功能：

3）具备接收多个采集执行单元采样值报文功能，通过采样值序号进行同步对齐；接收到的采样值报文置失步品质或多个采集执行单元采样值序号偏差超过 16 个数据点时，不再进行同步对齐处理，独立计算各采样通道的电压、电流量，与同步相关的功率、和电流、功率因数等测量保持失步前数值，并置无效品质，同时产生采样值失步告警，并触发 SV 总告警，点亮装置告警灯，报文恢复正常后 1s 告警返回，功率、和电流、功率因数等测量正常计算。

h）具备变化死区设置功能，当测量值变化超过该死区时上送该值；远方读取和装置液晶显示应为实际测量值，不受变化死区控制。”

（2）电流满量程应有 200%的裕度，满量程后数据不能归零，以带超量程品质标志的满量程值送出。电压满量程应有线电压 120%的裕度，满量程后数据不能归零，以带超量程品质标志的满量程值送出。

（3）应具备 13 次以上高次谐波分量抑制功能。

6. 简述多功能测控装置测控功能的状态量采集应满足的技术要求。

答：测控功能的状态量采集应满足 Q/GDW 10427—2017《变电站测控装置技术规范》中 8.3 的技术要求。

（1）状态量输入信号支持 GOOSE 报文或硬接点信号，GOOSE 报文符合 DL/T 860.81—2016《电力自动化通信网络和系统 第 8－1 部分：特定通信服务映射（SCSM）－映射到 MMS（ISO 9506－1 和 ISO 9506－2）及 ISO/IEC 8802－3》的要求。

（2）状态量输入信号为硬接点时，输入回路采用光电隔离，具备软硬件防抖功能，且防抖时间可整定。

（3）具备事件顺序记录（SOE）功能，状态量输入信号为硬接点时，状态量的时标由本装置标注，时标标注为消抖前沿。

（4）遥信数据带品质位，状态量输入信号为 GOOSE 报文时：

1）具备转发 GOOSE 报文的有效、检修品质功能；

2）具备对 GOOSE 报文状态量、时标、通信状态的监视判别功能，GOOSE 报文的性能满足 DL/T 860.81 的要求；

3）接收 GOOSE 报文传输的状态量信息时，优先采用 GOOSE 报文内状态量的时标信息；

4）在 GOOSE 报文中断时，装置保持相应状态量值不变，并置相应状态量值的无效品质位；

5）装置正常运行状态下，转发 GOOSE 报文中的检修品质；装置检修状态下，上送状态量置检修品质，装置自身的检修信号及转发采集执行单元的检修信号不置检修品质。

（5）支持状态量取代服务。

（6）具备双位置信号输入功能，支持采集断路器的分相合、分位置和总合、总分位置。需由测控装置生成总分、总合位置时，总分、总合逻辑为：三相有一相为无效态（状态11），则合成总位置为无效态（状态 11）；三相均不为无效态（状态 11），且至少有一相为过渡态（状态 00），则合成总位置为过渡态（状态 00）；三相均为有效状态（01 或 10）且至少有一相为分位（状态 01），则合成总位置为分位；三相均为合位（状态 10），则合成总位置为合位。

7. 简述多功能测控装置测控功能的 GOOSE 模拟量应满足的技术要求。

答：测控功能的 GOOSE 模拟量应满足 Q/GDW 10427—2017《变电站测控装置技术规范》中 8.4 的技术要求。

（1）具备接收 GOOSE 模拟量信息及原值上送功能；

（2）具备变化死区设置功能，当测量值变化超过该死区时上送该值；

（3）具备有效、取代、检修等品质上送功能。

8. 简述多功能测控装置测控功能的控制功能应满足的技术要求。

答：测控功能的控制功能应满足 Q/GDW 10427—2017《变电站测控装置技术规范》中 8.5 的 a）、c）、h）和 i）项的技术要求，具体如下：

a）控制信号应包含 GOOSE 报文输出。

c）应支持主变压器挡位升、降、急停等调节控制命令，调节方式应采用选择、返校、执行方式。应具备滑挡判别功能，当满足以下任一条件，装置发急停出口并终止滑挡逻辑的判断：① 装置收到挡位升控制命令，挡位发生变化，且挡位变小或挡位改变值大于 1；② 装置收到挡位降控制命令，挡位发生变化，且挡位变大或挡位改变值大于 1。

h）应具备生成控制操作记录功能，记录内容应包含命令来源、操作时间、操作结果、失败原因等。装置应按照表 7－2 记录遥控失败原因。

i）装置处于检修状态，应闭锁远方遥控命令，响应装置人机界面的控制命令，GOOSE 报文输出应置检修位。

表 7－2　　　遥控失败原因

序号	通信协议值	备注
1	0	未知
2	1	不支持
3	2	远方条件不满足
4	3	选择操作失败

续表

序号	通信协议值	备注
5	27	遥控执行的参数和选择的不一致
6	8	装置检修
7	10	互锁条件不满足
8	14	操作周期内多对象操作（一个客户端同时控制多个对象）
9	18	对象未被选择
10	26	操作周期内多客户端操作（多个客户端同时控制一个对象）

9. 简述多功能测控装置测控功能的同期功能应满足的技术要求。

答：测控功能的同期功能应满足 Q/GDW 10427—2017《变电站测控装置技术规范》中 8.6 的 g）和 m）的要求，具体如下：

“g)应具备 TV 断线检测及告警功能，TV 断线判断逻辑应为：电流任一相大于 0.5%I_n，同时电压任一相小于 30%U_n 且正序电压小于 70%U_n；或者负序电压或零序电压（$3U_0$）大于 8V。可通过定值投退 TV 断线闭锁检同期合闸和检无压功能。TV 断线告警与复归时间统一为 10s，TV 断线闭锁同期产生的同期失败告警展宽 2s；

m）采用 DL/T 860.92—2016《电力自动化通信网络和系统　第 9－2 部分：特定通信服务映射（SCSM）－基于 ISO/IEC 8802－3 的采样值》规范的采样值输入时，电压切换由采集执行单元实现。”

针对主站同期操作需求，应具备检同期、检无压和不检软压板，支持远方投退软压板操作。应具备接收主站一般遥控命令功能并根据同期软压板模式执行。

10. 简述多功能测控装置的同期模式及切换方式。

答：针对主站同期操作需求，应具备检同期、检无压和不检软压板，支持远方投退软压板操作。应具备接收主站一般遥控命令功能并根据同期软压板模式执行，同期模式切换方式见表 7－3。

表 7－3　　同期模式切换表

同期压板 / 同期方式	检同期压板	检无压压板	不检压板
检同期方式	1	0	0
检无压方式	0	1	0
不检方式	0	0	1

注　1. 压板投入应具备互斥功能，同一时刻只允许一个压板处于投入状态。
2. 进行某一压板投入操作时，若另外两个压板中已有一个处于投入状态，应拒绝该压板的投入。
3. 在三个压板都处于退出状态情况下接收到主站下发的一般遥控命令时，装置应拒绝遥控命令。

11. 简述多功能测控装置测控功能的逻辑闭锁功能应满足的技术要求。

答： 测控功能的逻辑闭锁功能应满足 Q/GDW 10427—2017《变电站测控装置技术规范》中 8.7 的技术要求：

（1）应具备存储防误闭锁逻辑功能，该规则和站控层防误闭锁逻辑规则一致。

（2）应具备采集一、二次设备状态信号、动作信号和量测量，并通过站控层网络采用 GOOSE 服务发送和接收相关的联闭锁信号功能。

（3）应具备根据采集和通过网络接收的信号，进行防误闭锁逻辑判断功能，闭锁信号由测控装置通过硬接点或过程层 GOOSE 报文输出。

（4）应具备联锁、解锁切换功能，联锁、解锁切换采用硬件方式，不判断 GOOSE 上送的联锁、解锁信号；联锁状态下，装置进行的控制操作必须满足防误闭锁条件。

（5）间隔间传输的联闭锁 GOOSE 报文应带品质传输，联闭锁信息的品质统一由接收端判断处理，品质无效时应判断逻辑校验不通过。

（6）当间隔间由于网络中断、报文无效等原因不能有效获取相关信息时，应判断逻辑校验不通过。

（7）当其他间隔测控装置发送的联闭锁数据置检修状态且本装置未置检修状态时，应判断逻辑校验不通过；本装置检修，无论其他间隔是否置检修均正常参与逻辑计算。

（8）应具备显示和上送防误判断结果功能。

（9）测控装置宜使用监控系统导出的“五防”规则文件作为间隔层防误规则，“五防”规则文件满足 DL/T 1404—2015《变电站监控系统防止电气误操作技术规范》要求。同时应满足如下要求：

1）应在监控主机统一配置生成“五防”规则文件。

2）应能通过站控层网络 DL/T 860 通信报文规范文件服务实现“五防”规则文件的上传和下装。文件下装操作需在装置处于检修态时进行。

3）装置解析到非法“五防”规则文件时，运行灯灭同时报“装置异常”告警信号。

12. 简述多功能测控装置测控功能的记录存储功能应满足的技术要求。

答： 测控功能的记录存储功能应满足 Q/GDW 10427—2017《变电站测控装置技术规范》中 8.8 的技术要求。

（1）具备存储 SOE 记录、操作记录、告警记录及运行日志功能；

（2）掉电时，存储信息不丢失；

（3）存储每种记录的条数不应少于 256 条。

13. 简述多功能测控装置测控功能的通信功能应满足的技术要求。

答： 测控功能的通信功能应满足 Q/GDW 10427—2017《变电站测控装置技术规范》中 8.9 的 b）和 f）的技术要求，具体如下：

“b）与站控层通信应支持 DL/T 860 通信报文规范；

f）应具备网络风暴抑制功能。站控层网络接口在 100M 实测基础流量的广播流量下工作正常，网络攻击过程中装置可与 DL/T 860 通信仿真客户端暂时中断通信，网络攻击结束后恢复正常。过程层网络接口在 100M 实测基础流量的非订阅 GOOSE 报文或 ARP 广播报文流量下工作正常，在订阅 GOOSE 网络压力变位或重复报文影响下，除发生网络压力的订阅控制块通信状态可暂时断链以外装置应运行正常，在订阅或非订阅 SV 网络压力重复报文影响下，装置不应有和发生网络压力的订阅控制块无关的异常告警。”

14. 简述多功能测控装置测控功能的对时功能应满足的技术要求。

答：测控功能的对时功能应满足 Q/GDW 10427—2017《变电站测控装置技术规范》中 8.10 的技术要求。

（1）应支持接收 IRIG－B 时间同步信号；

（2）应具备同步对时状态指示标识，且具有对时信号可用性识别的能力；

（3）应支持基于 NTP 协议实现自身时间同步管理功能；

（4）应支持基于 GOOSE 协议实现过程层设备时间同步管理功能；

（5）应支持时间同步管理状态自检信息主动上送功能。

15. 简述多功能测控装置测控功能的运行状态监测及管理功能应满足的技术要求。

答：测控功能的运行状态监测及管理功能应满足 Q/GDW 10427—2017《变电站测控装置技术规范》中 8.11 的技术要求。应能通过 DL/T 860 通信报文规范通信服务上送 CID 和 CCD 文件及其校验码，支持装置处于检修态下通过文件服务下装 CID 和 CCD 文件，CID 文件模型中的信息命名须符合设备模型规范。

（1）应具备置检修状态功能；

（2）应具备自检功能，自检信息包括装置异常信号、装置电源故障信息、通信异常等，自检信息能够浏览和上传；

（3）应具备提供设备基本信息功能，包括装置的软件版本号、校验码等；

（4）应具备间隔主接线图显示和控制功能，装置上电后显示主接线图，告警记录应主动弹出，确认后返回主接线图；

（5）应支持装置遥测参数、同期参数的远方配置；

（6）应实时监视装置内部温度、内部电源电压、光口功率等，并通过建模上送监测数据；

（7）应具备参数配置文件、模型配置文件导出备份功能，支持装置同型号插件的直接升级与更换；

（8）应具备零序电压越限告警功能，越限定值可设置。

16. 多功能测控装置的同步相量测量功能应具备哪些功能？

答：多功能测控装置集成同步相量测量功能，应具备以下功能：

（1）实时监测；

（2）实时通信；

（3）连续录波；

（4）低频振荡告警；

（5）次同步振荡监测。

（6）越限事件记录功能。

17. 多功能测控装置记录信息分为哪几种？简述显示处理要求。

答：装置记录信息分为告警记录、SOE 记录、操作记录，显示处理要求如下：

（1）SOE 记录内容包括外部硬开入或者 GOOSE 开入的变位状态信息记录，SOE 记录容量不应少于 256 条；

（2）操作记录内容包括产生事件的时间、操作对象、操作内容及操作结果描述，日志记录不应少于 256 条；

（3）所有信息记录应具备掉电不丢失，循环记录；

（4）装置告警、事件、操作信息应提供时间记录，时间记录包括年、月、日、时、分、秒、毫秒信息。

18. 简述多功能测控装置量测量性能应满足的要求。

答：量测量性能应满足 Q/GDW 10427—2017《变电站测控装置技术规范》中 13.1 规定的要求。

（1）在额定频率时，电压、电流输入在 0～1.2 倍额定值范围内，电压、电流输入在额定范围内误差不应大于 0.2%；

（2）额定频率时，有功、无功测量误差不应大于 0.5%；

（3）在 45～55Hz 范围内，频率测量误差不大于 0.005Hz；

（4）输入频率为 45～55Hz 时，电压电流有效值误差改变量应满足 GB/T 13729—2019《远动终端设备》表 9 的要求；

（5）叠加 20%的 2～13 次数的谐波电压、电流，电压、电流有效值误差改变量应满足 GB/T 13729—2019 表 9 的要求；

（6）输入电源在 80%～115%额定电压时，电压、电流有效值误差改变量不应大于额定频率时测量误差极限值的 50%；

（7）电磁兼容抗扰度应满足 GB/T 13729—2019 表 9 的要求；

（8）装置直流信号测量范围为 0～－5V 或 4～20mA，采集误差不应大于 0.2%；

（9）装置量测量时标准确度不应大于±10ms。

19. 简述多功能测控装置状态量性能应满足的要求。

答： 状态量性能应满足 Q/GDW 10427—2017《变电站测控装置技术规范》中 13.2 规定的要求。

（1）SOE 分辨率不应大于 1ms；

（2）遥信响应时间应小于 1s；

（3）遥信容量 100%同时动作，不应误发、丢失遥信，SOE 记录正确。

20. 简述多功能测控装置遥控性能应满足的要求。

答： 遥控性能应满足 Q/GDW 10427—2017《变电站测控装置技术规范》中 13.3 规定的要求。

（1）遥控动作正确率应为 100%；

（2）遥控响应时间应小于 1s。

21. 简述多功能测控装置对时性能应满足的要求。

答： 对时性能应满足 Q/GDW 10427—2017《变电站测控装置技术规范》中 13.4 规定的要求。对时误差应小于 1ms。

22. 简述多功能测控装置同步相量测量实时通信性能应满足的要求。

答： 同步相量测量实时通信性能应符合 Q/GDW 10131—2017《电力系统实时动态监测系统技术规范》中 6.9.2 的 d）项的要求，具体如下：“d）执行网关机的召唤历史数据命令时，不影响实时帧传送速率。”

23. 简述多功能测控装置同步相量测量连续录波应满足的要求。

（1）**答：** 同步相量测量连续录波应符合 Q/GDW 10131—2017《电力系统实时动态监测系统技术规范》中 6.9.19 规定的要求。

（2）每分钟形成一个文件，文件格式应能兼容 GB/T 14598.24—2017《量度继电器和保护装置　第 24 部分：电力系统暂态数据交换（COMTRADE）通用格式》的要求；

（3）装置记录的采样率不应低于 1000 点/s；

（4）保存时间不少于 3 天。

24. 简述多功能测控装置同步相量测量低频振荡应满足的要求。

答： 同步相量测量低频振荡应符合 Q/GDW 10131—2017《电力系统实时动态监测系统技术规范》中 6.9.20 规定的要求。

（1）低频振荡频率监视范围：0.1～2.5Hz。

（2）低频振荡判据：功率振荡峰峰值超过预设门槛 Posc 并持续 X 个周波；Posc 与 X

数值可整定。

25. 简述多功能测控装置同步相量测量次同步振荡监测应满足的要求。

答： 装置的次同步振荡监测应满足以下要求：

（1）次同步振荡监测采用瞬时功率计算，频率监视范围：10～40Hz，频率误差应小于 1Hz。

（2）次同步振荡判据：瞬时功率次同步振荡分量超过预设门槛 Psso 并持续 X 秒；Psso 与 X 数值可整定。

26. 简述遥测工作原理。

答： 遥测就是将变电站内的交流电流、电压、功率、频率，直流电压，主变压器温度、挡位等信号进行采集，上送到监控后台，便于运行人员进行工况监视。

遥测量采集方式主要有两种：

（1）扫描方式：将站内所有遥测量每个扫描周期采集更新一次，并存入数据库。扫描周期为 3～8s。

（2）越阈值方式：每个遥测量设定一个阈值，按扫描周期采集。如果一个遥测量与上次测量值的差大于阈值，则将该遥测量上传监控后台显示，并存入数据库。如旲差小于阈值则不上传更新。这样扫描周期可缩短，一般不大于 3s。

对于一些重要的遥测数据，可以通过设置遥测越限进行重点监视。运行中监控系统后台遥测数据超过越限设定值后，经过整定延时后，计算机报越限告警。通常变电站的母线电压、直流电压、主变压器温度、主变压器功率、重要线路的功率等都应该设置遥测越限监视。

27. 简述遥信的分类。

答： 遥信分类如下：

（1）实遥信、虚遥信。

1）实遥信。大部分遥信采用光电隔离方式输入系统，通过这种方式采集的遥信称为实遥信。保护闭锁告警、保护装置异常、直流屏信号等重要设备的故障异常信号，必须通过实遥信方式输出。

2）虚遥信。通过通信方式获取的遥信称为遥信。如一些合成信号、计算遥信。

（2）全遥信和变位遥信。

1）全遥信。如果遥信状态没有发生变化，测控装置每隔一定周期定时向监控后台发送本站所有遥信状态信息。这就是全遥信的含义。

2）变位遥信。当某遥信状态发生改变，测控装置立即向监控后台插入发送变位遥信的信息。后台收到变位遥信报文后，与遥信历史库比较后发现不一致，于是提示该遥信状态发生改变。这就是变位遥信的含义。

（3）单位置遥信、双位置遥信、计算遥信。

1）单位置遥信。从开关辅助装置上取一对常开接点，值为1或0的遥信。比如隔离开关位置。

2）双位置遥信。从开关辅助装置上取两对常开/常闭接点，值为10、01、00、11的遥信。分为主遥信、副遥信，如断路器状态。

3）计算遥信。通过遥测、遥信量的混合计算发出的遥信。如TV断线，判别条件为母线TV任一线电压低于额定电压的80%，则报TV断线遥信。

28. 什么是遥信防抖？

答：遥信输入是带时限的，就是说某一状态变位后，在一定时限内不应再发生变位，如果短时间内发生变位将不被确认。这是为了防止遥信受干扰发生瞬时变位，导致遥信误报。这就是防抖的概念。防抖时限一般设为20～40ms。防抖时限设得太短，易造成误报，设得太长，可能导致遥信丢失。

需要注意的是，对于“开关控制回路断线”信号，防抖时间不可以设得太短。因为控回断线信号由HWJ、TWJ常闭接点串联而成。开关在分合过程中总有一个交叠时间，TWJ、HWJ都处于闭合状态，若防抖时限小于这个交叠时间，就会误报“控回断线”。

29. 简述开关量接入要求。

答：新一代多功能测控的开入分为硬开入和GOOSE开入，要求分别如下：

（1）硬件开入主要为功能性开入，如检修、就地、解锁。硬开入板件的开入信息如图7－3所示。

DI			
1	检修+	2	就地+
3	解锁+	4	开入4+
5	开入5−	6	开入6+
7	开入7−	8	开入8+
9	开入9−	10	开入10+
11	开入11+	12	开入12+
13	开入13+	14	开入14+
15	开入15+	16	开入16+
17	开入17+	18	开入18+
19	开入19+	20	开入20+
21	开入21+	22	开入22+
23	开入23+	24	开入24+
25	开入25+	26	开入26+
27	开入27+	28	开入−

图7－3　硬开入板件的开入信息图

注：开入1～开入3为功能性开入，开入4～开入27为备用开入，一般用来接入其他测控或保护等装置的告警节点。

（2）GOOSE开入信息主要分为单点开入、双点开入、挡位信息、直流信息。新一代测控两个型号的主要GOOSE开入信息如表7－4所示。

表7－4　　GOOSE开入信息

序号	类型	数量（DM－1）	数量（DM－4）	备注
1	单点	256	256	单点信息接入
2	双点	13	16	断路器及隔离开关双点信息接入
3	挡位	3	—	挡位信息接入
4	直流	48	48	油温等信息接入

注　GOOSE的单点和双点开入的性能要求为SOE分辨率需达到1ms。

30. 简述测量量接入及要求。

答： 多功能测控的测量量接入为数字化接入，报文符合 IEC 61850－9－2 规范，其中 DM－1 的采样值接入一组电压和两组电流，兼容 3/2 接线方式。DM－4 的采样值接入 4 组电压，最多支持 4 组分段接线。

采样报文目前采用 80 点/周波，测控装置输出的遥测量精度需要达到 0.2%。

装置界面可分别查看当前的遥测一次值和二次值，界面的显示顺序如表 7－5、表 7－6 所示。

表 7－5　　DM－1 一、二次有效值列表

序号	名称	值	一次单位	二次单位
1	U_{ab}		kV	V
2	U_{bc}		kV	V
3	U_{ca}		kV	V
4	I_{a1}		A	A
5	I_{b1}		A	A
6	I_{c1}		A	A
7	I_{a2}		A	A
8	I_{b2}		A	A
9	I_{c2}		A	A
10	U_a		kV	V
11	U_b		kV	V
12	U_c		kV	V
13	F		Hz	Hz
14	U_{syn}		kV	V
15	F_{syn}		Hz	Hz
16	P_1		MW	W
17	Q_1		Mvar	var
18	COS1			
19	P_2		MW	W
20	Q_2		Mvar	var
21	COS2			
22	和电流 I_a		A	A
23	和电流 I_b		A	A

续表

序号	名称	值	一次单位	二次单位
24	和电流 I_c		A	A
25	和功率 P		MW	W
26	和功率 Q		Mvar	var
27	和功率 COS			
28	$3I_{01}$		A	A
29	$3I_{02}$		A	A
30	$3U_0$		kV	V

表 7－6　　DM－4 一/二次有效值列表

序号	名称	值	一次单位	二次单位
1	U_{ab1}		kV	V
2	U_{bc1}		kV	V
3	U_{ca1}		kV	V
4	U_{a1}		kV	V
5	U_{b1}		kV	V
6	U_{c1}		kV	V
7	F_1		Hz	Hz
8	U_{ab2}		kV	V
9	U_{bc2}		kV	V
10	U_{ca2}		kV	V
11	U_{a2}		kV	V
12	U_{b2}		kV	V
13	U_{c2}		kV	V
14	F_2		Hz	Hz
15	U_{ab3}		kV	V
16	U_{bc3}		kV	V
17	U_{ca3}		kV	V
18	U_{a3}		kV	V
19	U_{b3}		kV	V
20	U_{c3}		kV	V
21	F_3		Hz	Hz

续表

序号	名称	值	一次单位	二次单位
22	U_{ab4}		kV	V
23	U_{bc4}		kV	V
24	U_{ca4}		kV	V
25	U_{a4}		kV	V
26	U_{b4}		kV	V
27	U_{c4}		kV	V
28	F_4		Hz	Hz
29	$3U_{01}$		kV	V
30	$3U_{02}$		kV	V
31	$3U_{03}$		kV	V
32	$3U_{04}$		kV	V

31. 什么是 SOE?

答：SOE 即事件顺序记录。为了分析系统故障，需要掌握遥信变位动作的先后顺序及准确时间。SOE 由测控装置产生，遥信发生变位时，测控装置确认遥信变位，通过报文的形式将该信息上送到监控后台。报文包含了遥信变位的具体时刻，精确到秒。这就是 SOE 的概念，对监控系统非常重要。

32. 什么是遥控返校?

答：遥控操作是一项非常重要的操作，为了保证可靠，通常需要反复核对操作性质和操作对象。这就是遥控返校。

33. 简述遥控操作的主要步骤，并绘制简易流程图。

答：遥控操作的主要步骤如下：

（1）首先监控后台向测控装置发送遥控命令。遥控命令包括遥控操作性质（分/合）和遥控对象号；

（2）测控装置收到遥控命令后不急于执行，而是先驱动遥控性质继电器，并根据继电器动作判断遥控性质和对象是否正确；

（3）测控将判断结果回复给后台校核；

（4）监控后台在规定时间内，如果判断收到的遥控返校报文与原来发的遥控命令完全一致，就发送遥控执行命令；

（5）规定时间内，测控装置收到遥控执行命令后，驱动遥控执行继电器动作；

（6）如果二次回路与开关操动机构正确连接，则完成遥控操作。

图 7－4 为遥控操作步骤示意图。

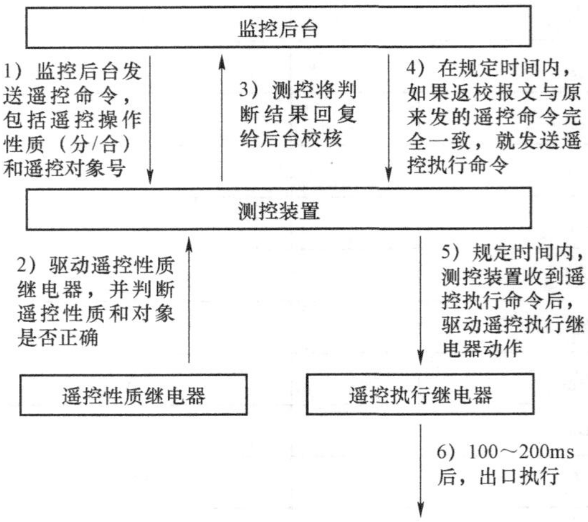

图 7－4　遥控操作步骤示意图

34. 简述遥控校核逻辑。

答：测控装置的遥控主要有软压板遥控、断路器及隔离开关遥控、直控、挡位遥控。其中遥控方式主要分为直控和 SBO（选择+执行）遥控两种。多功能测控除了复归遥控为直控，软压板、断路器或隔离开关遥控均为 SBO 遥控。

（1）以断路器遥控为例，在选择时后台系统会预先判断当前装置的检修状态、断路器当前位置的有效性、装置的就地状态。在装置为检修状态、断路器当前位置无效、装置就地等状态下是无法执行遥控的；

（2）当被遥控的对象当前受防误闭锁逻辑限制时，当前遥控还需符合“五防”逻辑方可进行遥控。

35. 简述目前主要的遥控失败码原因描述及场景示例。

答：目前主要的遥控失败码原因描述及场景示例如表 7－7 所示。

表 7－7　遥控失败码原因描述及场景示例

错误码	原因描述	场景示例
2	Blocked-by-switching-hierarchy	当前位置品质无效
4	Invalid-position	当前位置无效，如 00、11
5	Position-reached	当前为合位，仍然控合
6	Parameter-change-in-execution	选择和执行时参数不同
8	Blocked-by-Mode	装置检修

续表

错误码	原因描述	场景示例
10	Blocked-by-interlocking	“五防”逻辑不符合
11	Blocked-by-synchrocheck	同期条件不符合
12	Command-already-in-execution	命令正在执行中
13	Blocked-by-health	装置异常
14	1-of-n-control	同时执行多个遥控
16	Time-limit-over	遥控超时
18	Object-not-selected	对象未选择
19	Object-already-selected	重复选择

36. 简述 PMU 输入要求。

答：（1）PMU 与测控功能共用一路 SV 接入；

（2）可接入 16 路硬接点开入信号；

（3）时钟同步性能；

（4）可采用全站统一时钟系统光 B 码对时接口，采样脉冲的对时精度优于 ±1μs。

37. 简述 PMU 输出信息。

答：（1）站控层输出方面：DL/T 860 通信、PMU 对外通信（GB/T 26865.2—2011《电力系统实时动态监测系统　第 2 部分：数据传输协议》）可共用一个站控层网口。该网口连接数据集中器/智能远动，将动态数据及相关告警信息实时上送 WAMS 主站。

（2）多功能测控 PMU 功能生成的离线文件、暂态录波文件及连续录波文件在装置本地存储，其中离线文件及暂态录波文件同时上送汇总到数据集中器/智能远动中进行冗余存储。

（3）离线文件保存时间不少于 14 天，需要使用专用的离线分析软件进行查看，文件主要包括数据帧格式、校验方式、秒等分数、相量传送周期、起始时间、结束时间以及 PMU 装置信息，包括 IDCODE、站名、数据格式、相量数据、模拟量数据、开关量数据、额定频率等。

（4）录波文件以时间日期为单位打包，可通过模拟主站离线工具获取，也可通过调试工具登录到数据集中器/智能远动或多功能测控装置获取。通过调试工具获取时，需要同时拷贝.dat 和.cfg 文件。其中连续录波文件可循环存储 3 天，暂态录波文件存储不少于 1000 条。

（5）打开的录波文件，如图 7－5 所示。

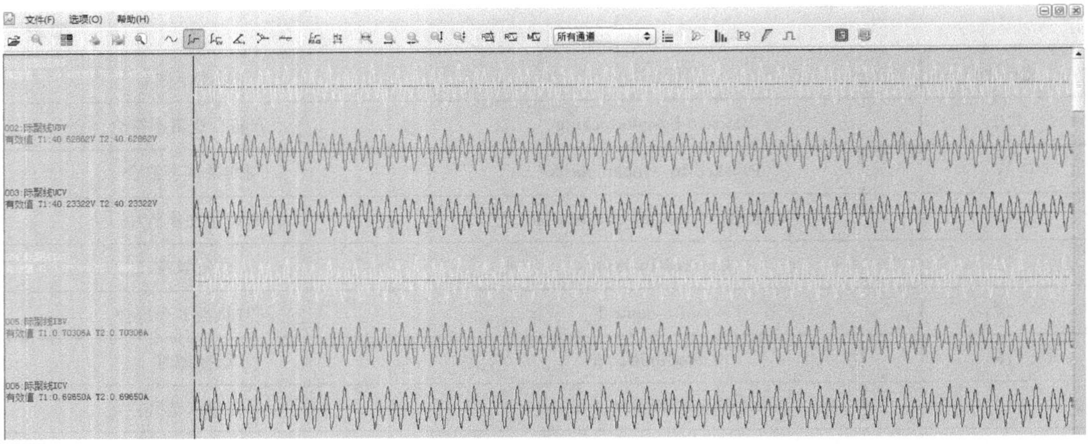

图 7－5　录波文件示例图

38. 简述 PMU 暂态录波启动功能测试。

答：当装置监测到电网扰动时，装置启动暂态数据记录功能，记录扰动过程中各模拟量通道采样点值及开关量状态等信息。

暂态数据记录功能由以下条件越限启动：

（1）频率越限；

（2）频率变化率越限；

（3）幅值越上限，包括正序电压、正序电流、负序电压、负序电流、零序电压、零序电流、相电压越上限等；

（4）幅值越下限，包括正序电压、相电压越下限等；

（5）突变量启动；

（6）线路发生低频振荡；

（7）线路发生次同步振荡；

（8）开关量启动；

（9）网络触发启动。

39. 简述 PMU 定值修改。

答：在用户设置－PMU 参数中可以设定 IDCODE、数据集中器 IP 地址、数据集中器数据端口/命令端口/离线端口、各类越限启动、低频振荡启动、次同步振荡启动、开关量启动等参数。

40. 简述多功能测控装置通用（硬件）功能检测的项目。

答：依据 GB/T 13729—2019《远动终端设备》、Q/GDW 10427—2017《变电站测控装置技术规范》规定的试验项目、试验条件和方法进行高/低温试验、耐湿热性能试验、绝缘电阻试验、介质强度试验、冲击电压试验、直流电源影响试验、振动试验、冲击试验、碰撞试验、功率消耗试验、电磁兼容性能试验。

41. 简述多功能测控装置通用（软件）功能检测的项目。

答：依据 GB/T 13729—2019《远动终端设备》、Q/GDW 10427—2017《变电站测控装置技术规范》、Q/GDW 11202.2—2018《智能变电站自动化设备检测规范　第 2 部分：测控装置》规定的试验项目、试验条件和方法进行外观界面、功能和性能试验。

42. 简述多功能测控装置 ICD 模型测试的测试方法。

答：使用模型检测工具对被测装置模型进行检查，检查装置的建模，以及访问点建模和通信服务是否满足规范要求。

43. 简述多功能测控装置 PMU 连续录波功能检测的技术要求。

答：功能满足 Q/GDW 10131—2017《电力系统实时动态监测系统技术规范》中 6.8.7 的技术要求，性能符合 Q/GDW 10131—2017 中 6.9.19 规定的要求。具体要求如下：

（1）每分钟形成一个文件，文件格式应能兼容 GB/T 14598.24—2017《量度继电器和保护装置　第 24 部分：电力系统暂态数据交换（COMTRADE）通用格式》的要求；

（2）装置记录的采样率不应低于 1000 点/s；

（3）保存时间不少于 3 天；

（4）连续录波文件召取协议应满足 Q/GDW 10131—2017 附录 F 的要求。

44. 简述多功能测控装置 PMU 连续录波功能检测的测试方法。

答：向装置持续输入三相电压、电流信号并开始计时，计时 72h 后检查装置的连续录波文件夹内部生成的 COMTRADE 格式录波文件数量是否正确，并随机抽取一个录波文件使用录波分析软件对文件格式、采样率、保存时间、数据传输协议内容进行分析。

45. 简述多功能测控装置通信接口检测的技术要求。

答：应至少具备 2 个独立的站控层通信接口，宜采用 LC 光纤接口，具备组播输出报文流量控制功能，避免两个组网口同时产生网络风暴报文。考虑接入 B 套采集执行单元的情况，应至少具备 6 个独立的 GOOSE/SV 采样值接口，采用 LC 接口。

46. 简述多功能测控装置通信接口检测的测试方法。

答：检查装置通信端口的接口类型、可配置为组网口/点对点接口的数量。模拟测控装置动作，检查装置组网口发送报文的通信协议。测控装置为 SV 采样 GOOSE 跳闸装置时，向测控装置模拟发送 SV 和 GOOSE 共口的通信报文，检查保护装置解析报文的正确性。

47. 简述多功能测控装置逻辑闭锁功能检测的技术要求。

答：测控功能的逻辑闭锁功能应满足 Q/GDW 10427—2017《变电站测控装置技术规范》中 8.7 的技术要求，同时应满足如下要求：

（1）应在监控主机统一配置生成“五防”规则文件；

（2）应能通过站控层网络 DL/T 860 通信报文规范文件服务实现五防规则文件的上传和下装。文件下装操作需在装置处于检修态时进行。

48. 简述多功能测控装置逻辑闭锁功能检测的测试方法。

答：（1）通过 DL/T 860 工具对“五防”规则文件上传和下装，其规则和站控层防误闭锁逻辑规则一致；应在监控主机统一配置生成“五防”规则文件，文件名定义为“wf.dat”；“五防”规则文件应具备版本号和校验码信息。校验码计算满足模型文件校验码计算的要求。

（2）正常情况下应拒绝通过 DL/T 860 工具对“五防”规则文件下装，当装置处于检修状态时，通过 DL/T 860 工具对“五防”规则文件下装成功。

（3）逻辑闭锁检测：

1）间隔内闭锁逻辑：防止带负荷拉隔离开关的闭锁逻辑，防止带电挂接地线的闭锁逻辑，防止带接地线送电的闭锁逻辑，防止误入带电间隔的闭锁逻辑；模拟上述闭锁逻辑操作，在满足条件时和不满足条件时，检测装置动作的正确性，并应返回正确的告警信息；使用数字化测试仪设置本间隔内的状态量，分别模拟闭锁逻辑满足和不满足条件，查看相关对象的操作允许/禁止状态，应仅在满足条件时显示操作允许。

2）间隔间逻辑闭锁：依据配置的逻辑闭锁关系（如使用其他间隔断路器/隔离开关位置信息作为本间隔闭锁条件），通过改变其他间隔的状态信息、遥测量，影响本间隔闭锁条件，判断装置间隔间闭锁功能的正确性，通过网络报文记录分析仪检测是否有相应的闭锁信息上送。使用数字化测试仪设置其他间隔的状态量，分别模拟闭锁逻辑满足和不满足条件，查看相关对象的操作允许/禁止状态，应仅在满足条件时显示操作允许。

（4）通过数字信号发生器发送 GOOSE 报文，装置遵循闭锁逻辑产生闭锁信息，通过网络报文记录分析仪检测装置 GOOSE/MMS 网络传输逻辑闭锁信息功能的正确性；装置闭锁条件应包含状态量、量测量及品质信息。

（5）通信中断闭锁检测：使用数字化测试仪模拟 GOOSE 断链，查看操作允许/禁止状态，应显示操作禁止。

（6）检修闭锁检测：装置检修压板未投入情况下，查看相关联对象的操作允许/禁止状态，应显示操作禁止；装置检修压板已投入情况下查看相关联对象的操作允许/禁止状态，都应按照正常逻辑运算。

（7）解锁功能检测：在逻辑条件不满足的情况下，投入装置解锁硬开入，查看操作允许/禁止状态，应显示操作允许（修改描述允许或禁止状态）。

49. 简述多功能测控装置同期功能检测的技术要求。

答：测控功能的同期功能应满足 Q/GDW 10427—2017《变电站测控装置技术规范》中 8.6 的技术要求，模型中增加“断路器普通合”逻辑节点，以及配合使用的“检同期压板”“检无压压板”“不检压板”三个同期软压板。主站通过“断路器普通合”节点对装置进行一般遥控时，装置应按自身同期软压板模式执行检同期操作。技术要求如下：

（1）应具备 TV 断线检测及告警功能，TV 断线判断逻辑应为：电流任一相大于 0.5%I_n，同时电压任一相小于 30%U_n 且正序电压小于 70%U_n；或者负序电压或零序电压（$3U_0$）大于 8V。可通过定值投退 TV 断线闭锁检同期合闸和检无压功能。TV 断线告警与复归时间统一为 10s，TV 断线闭锁同期产生的同期失败告警展宽 2s。

（2）采用 DL/T 860.92—2016《电力自动化通信网络和系统　第 9－2 部分：特定通信服务映射（SCSM）－基于 ISO/IEC 8802－3 的采样值》规范的采样值输入时，电压切换由采集执行单元实现。

50. 简述多功能测控装置同期功能检测的测试方法。

答：（1）检查装置基于 DL/T 860 的同期模型按照强合、检无压合闸、检同期合闸分别建立不同实例的 CSWI，不采用 CSWI 中 Check（检测参数）的 sync（同期标志）位区分同期合与强制合功能的正确性。

（2）检查通过普通合闸 CSWI 进行一般遥控的情况下，装置依据同期软压板模式执行的正确性。

（3）测试仪模拟 TV 断线状态，检查装置检测出的 TV 断线，以及发出相应的告警信息，闭锁检同期和检无压合闸功能的正确性；测试仪加量使装置产生 TV 断线告警后，进行检同期、检无压合闸，验证是否闭锁同期合闸出口、并产生 TV 断线闭锁同期信号（展宽 2s）。

（4）在模拟监控后台或装置面板上检查装置同期条件信息返回功能的正确性；用测试仪加状量，首先在满足定值条件进行同期遥控，验证同期是否正确出口，并返回相关的同期合闸成功信息；然后加量使不满足定值条件进行同期遥控，验证同期是否正确不出口，并返回相关的同期合闸不成功信息。

（5）在模拟监控后台或装置面板上检查装置的手合同期功能；用测试仪加量，首先使满足定值条件进行手合同期测试，验证同期是否正确出口，并返回相关的同期令闸成功信息；然后加量使不满足定值条件进行同期遥控，验证同期是否正确不出口，并返回相关的同期合闸不成功信息。

（6）检查装置在采集执行单元同期通道采样值置检修位，以及品质无效时装置闭锁同期功能及返回信息的正确性；用测试仪模拟采集执行单位抽取测、测量侧采样值品质检修和无效。进行同期遥控，验证同期是否正确不出口，并返回相关的同期合闸不成功信息。

（7）通过网络报文记录分析仪检测装置断路器 GOOSE 出口动作的正确性。

51. 简述多功能测控装置人机界面检测的技术要求。

答：装置的菜单运行信息应满足《变电站二次系统装置技术规范：多功能测控装置技术规范》的要求。

52. 简述多功能测控装置人机界面检测的测试方法。

答：（1）进入菜单设置，检测厂家设置是否按照附录 A 要求。

（2）检查硬开入数量。硬开入数目要求修改为 27 路。

（3）统一抽取侧电压和频率的名称。原规范中抽取侧电压和频率的名称下标不统一，分别有“U_{syn}/F_{syn}”“U_x/F_x”“U_{sa}/F_{sa}”三种写法。现名称统一为“U_{syn}/F_{syn}”。

（4）检测间隔测控模型中新增两个同期失败告警信号，检测“同期电压异常”和“同期频率异常”两个告警信号，“同期数据异常”仅代表电压电流品质异常。

（5）检测模型中 PMU 事件告警信号告警是否正确。

（6）检验 PMU 参数是否满足附录 A 要求。检测模型参数的名称、整定范围、默认值和单位等属性是否正确。

53. 简述多功能测控装置信息模型及通信服务的技术要求。

答：（1）测控装置的建模及通信服务遵循 DL/T 860 的要求。按不同型号分别建模，建模方式满足《变电站二次系统装置技术规范：多功能测控装置技术规范》的要求；

（2）装置信息建模满足《变电站二次系统装置技术规范：多功能测控装置技术规范》的要求。

54. 简述多功能测控装置信息模型及通信服务的测试方法。

答：使用模型检测工具对被测装置模型进行检查。

55. 简述多功能测控装置版本管理检测的技术要求。

答：多功能测控装置版本管理应满足 Q/GDW 10427—2017《变电站测控装置技术规范》中 12.2 的技术要求，版本管理检测技术要求如下：

（1）装置版本信息由装置型号、装置名称、软件版本、程序校验码、程序生成时间、ICD 模型版本、ICD 模型校验码、CID 模型版本、CID 模型校验码、CCD 模型版本、CCD 模型校验码十一部分组成。

（2）版本信息、显示的版本号前统一添加字母 V，软件版本和 ICD 模型版本按照

VX.XX 格式显示，CCD 模型版本取文件的 configversion 作为版本，CID 模型版本根据下述原则获取：CID 文件的 Herder 字段中有 history 记录时，取其中版本号最高一条记录的 version 作为 CID 文件版本，没有记录时取文件的 configversion 作为版本，液晶显示的 CCD 和 CID 版本信息与对应文件中实际数值一致。

（3）装置版本信息统一存放在 xml 格式的文件中，文件名定义为“program_ver.xml”。

（4）提供校验的 CID 和 CCD 文件统一命名为“configured.cid”和“configured.ccd”。

（5）版本信息文件、程序文件和装置 CID/CCD 文件存放在相同目录下，通过 DL/T 860 文件服务提供在线管理和校核，IEC 61850 文件服务访问路径统一为“MEAS”目录。

56. 简述多功能测控装置版本管理检测的测试方法。

答：（1）检查具有测控装置程序和配置文件的版本管理功能。

（2）检查测控装置的 ICD 和 CID 这两个配置文件版本和校验码信息。

（3）检查 CCD 文件的版本号和校验码信息。

（4）通过 DL/T 860 规约测试软件进行一致性测试。检查版本信息文件、程序文件和装置 CID/CCD 文件存放在相同目录，IEC 61850 文件服务访问路径统一为“MEAS”目录。

57. 简述多功能测控装置功能安全检测的技术要求。

答：（1）控制操作安全要求：

1）应具备控制操作异常校验机制；

2）应具备多个主体同时对同一参数配置的安全处理机制，应具备互斥能力；

3）应能抵御针对控制逻辑处理、业务流程、业务数据等恶意攻击；

4）应对配置变更、配置为需记录审计日志的控制操作等记录审计日志。

（2）文件传输安全要求：文件上传/下载行为应记录安全审计日志。

（3）功能事件记录安全要求：

1）应具备功能事件记录保护功能，避免受到非预期的删除、修改等；

2）留存条数应不少于 1024 条，且具备存储容量超过阈值的安全处理机制。

（4）功能安全管理要求：

1）业务数据、配置参数、密钥等应具备访问控制策略和导入的校验功能；

2）业务数据、配置参数等应具备导出校验功能；

3）配置管理软件等不允许存储鉴别信息、运行相关重要数据；

4）软、硬件异常情况下应对存储数据进行保护；

5）应具备对错误命令、非法数据输入、错误操作流程等异常操作容错能力，保证装置正常运行；

6）应具备核心业务进程守护机制，在运行过程中不应出现死机、重启等异常情况，应具备异常进程的自恢复能力，并产生提示告警。

58. 简述多功能测控装置功能安全检测的测试方法。

答：（1）控制操作安全测试方法：

1）在本地界面检测是否只有具备控制权限的用户方可进入控制界面进行相关操作；

2）使用就地登录用户执行本地控制操作和修改定值时，检测是否需经再次身份认证后方可执行成功；

3）通过远程和本地同时进行多个控制操作，检测是否只允许执行其中一个控制操作；

4）结合业务在远程和本地分别输入不同类型、恶意或畸形、不符合业务数据范围的数据，检测装置是否能够正确识别并丢弃；

5）将定值、参数修改为长度允许范围外的值，检测是否能够明确拒绝不正确的输入；

6）执行业务操作时，检测是否不返回与业务操作无关的提示信息，提示信息是否不包含程序敏感信息等；

7）执行控制操作时，发送异常控制报文，检测是否能够识别并禁止异常操作，且给予异常提示；

8）通过多个主体同时对配置参数进行修改，检测装置是否能够识别，并只允许一个操作生效；

9）对控制业务流程、业务逻辑、重要服务接口的调用等进行绕过、篡改、恶意攻击等，检测装置是否具备安全防护策略，并对异常攻击行为进行记录，产生相应的告警事件；

10）检测控制操作及异常行为是否记录审计日志。

（2）文件传输安全测试方法：

1）通过远程或本地对模型文件、配置文件、“五防”规则文件等进行上传/下载操作，检测是否限制文件的访问权限和操作目录；

2）尝试上传非法文件，检测是否具备必要的校验与过滤功能，非法文件上传失败；

3）检测对文件的上传/下载操作行为是否记录审计日志。

（3）功能事件记录安全测试方法：

1）尝试对运行事件条目进行删除、修改等操作，检测操作是否失败；

2）通过生成多于1024条事件记录，检测是否至少保存1024条，是否具备按容量比例或时间覆盖等策略保证最新记录不丢失。

（4）功能安全管理测试方法：

1）查看业务数据、配置数据、审计数据、密钥等访问权限，检测是否仅允许具备相应权限的主体方可访问成功；

2）对业务数据、配置数据、密钥等进行导入操作，检测是否进行权限控制，是否对导入数据进行合法性校验；

3）对业务数据、配置数据等进行导出操作，检测是否只有具备权限的用户方可进行导出操作；

4）检测配置管理软件等是否不存储鉴别、运行相关重要数据；

5）模拟软、硬件异常情况，检测软硬件异常情况下存储的历史数据、配置数据等是否完整、不丢失；

6）在错误命令、非法数据输入、错误操作流程等异常操作下，检测装置是否具备容错机制，并做出正确的响应或给出必要的提示；

7）检测运行中是否不会出现死机、重启等异常情况；

8）尝试关闭核心业务进程，检测是否能够识别并自恢复，且产生提示告警。

59. 简述多功能测控装置通信安全检测的技术要求。

答：（1）应具备通信端口隔离功能；

（2）应保证鉴别信息、密钥等通信数据保密性，对鉴别信息、密钥等进行保密性处理；

（3）应保证通信交互行为的安全性，具备防重放、破坏数据完整性等安全防护能力；

（4）应保证通信协议的健壮性，正确处理异常报文，不应存在死机、重启、误动、误报问题，通信中断时应能在一定时间内自动恢复；

（5）异常连接访问、通信认证异常行为应记录安全审计日志。

60. 简述多功能测控装置通信安全检测的测试方法。

答：（1）配置网络连接白名单（包括 IP、MAC、AppID 地址等），并接入白名单内采集通信对象、配置软件等，检测连接是否成功，使用白名单外的设备连接装置，检测是否拒绝接入。

（2）上行 DL/T 860 协议如使用数字证书，检测通信安全参数和数字证书的认证是否正确、有效。

（3）用数字化测试仪向装置的间隔层通信网口发送不同 SV 采样值报文和 GOOSE 报文，检测其他通信端口是否不能收到报文。

（4）检测通信报文中鉴别信息、密钥等敏感数据是否进行保密性处理。

（5）截取实时数据采集、控制等业务通信报文，篡改后传输，检测是否能识别通信数据合法性并丢弃。

（6）对 GOOSE、SV 等报文进行关键信息重放攻击，检测是否执行失败：

1）订阅 GOOSE 时，抓取客户端发布的报文，在没有发生回滚时，将装置接收的序列号修改为小于最近一次接收到的序列号（大于 1），检查装置是否服务差错；

2）抓取 SV 报文，将装置接收的序列号修改为小于最近一次接收到的序列号（大于 1），验证装置是否服务差错。

（7）使用协议健壮性测试工具对 MMS 报文进行模糊测试，检测是否能正确处理异常报文，是否不存在死机、重启、误动、误报等现象，若通信中断是否在 1min 内自动恢复。

（8）检测异常连接访问、通信认证异常行为是否记录相应审计日志。

61. 多功能测控装置主要功能特点有哪些?

答： 采用安全可控装置，功能性能应满足现行国家标准、行业标准和国家电网有限公司企业标准的技术要求；采用模块化、标准化插件式结构，采用自然散热方式，CPU 芯片、电源模块等核心部件采用低功耗、宽温的工业级器件；具备交流电气量采集、开关量采集、控制输出、防误闭锁、设备状态监测、同步相量测量等功能。

62. 简述多功能测控装置管理功能测试要求及测试方法。

答：（1）测试要求：

1）具有设置检修状态功能。

2）具有过程层、站控层信息交互功能，实现数据采集、操作控制、运行状态监视。

3）具有自检功能，自检信息包括装置异常信号、装置电源故障信息、网络异常等，自检信息应满足查阅及上送要求。

4）具有设备级自诊断功能，能够实时监视装置内部温度、5（3.3）V 电源电压、CPU 负荷率、内存使用率等，并主动上送诊断数据和故障信息。

5）具有遥控、遥调统计功能，能够统计遥控的总次数及每次遥控完成时间、成功次数，计算遥控成功率、遥调合格率。

6）装置状态量存储转发缓存区应不小于装置配置状态量最大数量的 3 倍。

7）应实时记录装置告警信息，按照时间顺序存储，方便运行人员查阅。

8）能可靠存储操作记录、告警记录和 SOE 记录等信息，可记录操作控制命令的来源，存储总数不小于 256 条，在掉电时，数据记录应可靠存储而不丢失，原始记录内容不可修改或删除。

9）提供设备基本信息，包括装置核心 CPU 的速度、Flash 容量、CPU 字长、软件版本号、校验码等。

10）装置具备时间管理功能。具有装置对时状态信息上送功能，同时能够响应站控层监测管理模块的对时状态探询指令。通信规约宜采用 DL/T 860。

11）装置具备模拟遥测、遥信、遥控调试功能。

（2）测试方法：

1）设置装置为检修状态，检查状态的正确性。

2）将装置与数字信号发生器和模拟监控后台相连，改变数字信号发生器的输入数据，观察模拟监控后台显示数据正确性。在模拟监控后台发布控制命令，检查过程层装置执行正确性。

3）模拟装置出现异常时，如装置电源故障、网络异常、CPU 故障、板卡故障等，调阅装置自检报告，检查诊断报告的正确性。当装置发生异常时应发出异常信号，并及时上送自检报告。

4）查阅装置自诊断报告，检查装置实时监视装置内部温湿度、5（3.3）V 电源电压、CPU 负荷率、内存使用率、ADC 基准电压、通道光功率等的正确性，以及主动上送诊断数据和故障信息功能的正确性。

5）进行遥控操作 10 次、遥调操作 10 次，调阅装置遥控、遥调统计表，检查表中统计的遥控总次数及每次遥控完成时间、成功次数，遥控成功率、遥调合格率的正确性。

6）将装置的全部状态量连续变位 3 次，检查装置报文转发、记录正确性。

7）模拟装置异常情况 10 次，调阅装置异常告警记录，检查记录信息的正确性和记录存储时间顺序的正确性，应方便查询。

8）检查装置存储的操作记录、告警记录和 SOE 记录等信息，操作记录包括操作内容、操作对象、操作时间、操作控制命令的来源；告警记录包括告警内容、告警时间；SOE 记录包括遥信名称、状态、变位时间。

9）记录存储总数不小于 5000 条，记录信息可通过日期等方式索引。装置掉电时，存储的记录不可丢失。记录内容不可修改或删除。

10）检查装置显示的装置核心 CPU 的速度、Flash 容量、CPU 字长、软件版本号、校验码等信息。

11）时间管理：连接或断开装置与时钟的连线，检查装置是否能及时正确地上送装置对时状态信息，模拟装置故障或失步时，检查能否及时发出告警信息。模拟监控后台发出对时状态探询指令时，检查装置能否正确响应。通过网络分析仪检测装置采用 DL/T 860 上送对时状态信息的正确性。

12）在装置面板检查装置是否具备遥测数据、遥信状态人工置数功能。

13）在调试模式模拟监控后台执行遥控操作，监视遥控输出状态是否正确。

63. 简述多功能测控装置通信接口测试要求及测试方法。

答：（1）测试要求：应至少具备 2 个独立的站控层通信接口，宜采用 LC 光纤接口，具备组播输出报文流量控制功能，避免两个组网口同时产生网络风暴报文。考虑接入 B 套采集执行单元的情况，应至少具备 6 个独立的 GOOSE/SV 采样值接口，采用 LC 接口。

（2）测试方法：检查装置通信端口的接口类型、可配置为组网口/点对点接口的数量。模拟测控装置动作，检查装置组网口发送报文的通信协议。测控装置为 SV 采样 GOOSE 跳闸装置时，向测控装置模拟发送 SV 和 GOOSE 共口的通信报文，检查保护装置解析报文的正确性。

64. 简述多功能测控装置控制功能测试要求及测试方法。

答：（1）测试要求：

1）具备继电器接点输出控制的功能，控制脉冲宽度可调。

2）具备发送 GOOSE 报文传输的控制命令信息的功能。

3）具备处理 SBOW、DO 方式的控制命令。

4）具备控制命令校核、逻辑闭锁及强制解锁功能。

5）具有设置远方、就地控制方式功能，就地方式支持强合、强分。

6）具备主变压器升、降、急停及滑挡判别处理功能。

7）具备返回控制信息（操作记录或失败原因）功能。

8）装置置检修状态时，闭锁正常遥控出口。

9）遥控回路应采用控制操作电源出口回路和出口节点回路两级开放式抗干扰回路。

10）宜具有 4～20mA 模拟量输出功能。

11）宜具有发电机 AGC 调节、无功 AVC 调节、升降脉冲控制功能。

12）宜支持接收并执行由监控主机及远方调度下发的顺序控制命令功能。

（2）测试方法：

1）在模拟监控后台或装置面板上对控制对象发出遥控命令，检测装置接收、选择、返校、执行遥控命令的正确性。

2）在模拟监控后台和装置面板上设置输出脉宽，并记录输出脉宽范围。检测遥控输出脉宽应与所设置的输出脉宽一致。

3）检查遥控输出部分原理图和线路板，遥控输出端口应为继电器接点输出。遥控回路应采用控制操作电源出口回路和出口节点回路两级开放式抗干扰回路。

4）在模拟量输出端串接直流电流表，检测输出电流应为 4～20mA。

5）在模拟监控后台对控制对象发出遥控命令，使用网络分析仪分析装置发送 GOOSE 报文传输的控制命令信息及处理 SBOW、DO 方式的控制命令的正确性。

6）在模拟监控后台发出遥控命令，当返校失败时，检查装置是否产生逻辑闭锁，是否可强制解锁。

7）在装置面板上检查装置是否可设置远方、就地控制方式，就地方式是否支持强合、强分；检测装置的控制出口监视出口状态的正确性。

8）模拟监控后台对控制对象进行遥调时，发出主变压器升、降、急停及滑挡命令后，检测装置判别处理的正确性，控制输出数值的正确性。

9）在模拟监控后台检查装置完成执行控制命令后是否返回控制信息，如操作记录、失败原因等。

10）当装置置检修状态时，在模拟监控后台发出遥控命令后，检查装置是否闭锁正常遥控出口。

11）在模拟监控后台向装置发出发电机 AGC 调节、无功 AVC 调节、升降控制命令时，检测装置执行命令的正确性。

12）在模拟监控后台发出顺序控制命令，检测装置的控制输出端口执行顺控命令的正确性。

65. 简述多功能测控装置同期功能测试要求及测试方法。

答：（1）测试要求：

1）同期功能应满足 Q/GDW 10427—2017《变电站测控装置技术规范》中 8.6 的技术要求，模型中增加“断路器普通合”逻辑节点，以及配合使用的“检同期压板”“检无压压板”和“不检压板”三个同期软压板。主站通过“断路器普通合”节点对装置进行一般遥控时，装置应按自身同期软压板模式执行检同期操作。

2）应具备 TV 断线检测及告警功能，TV 断线判断逻辑应为：电流任一相大于 0.5%I_n，同时电压任一相小于 30%U_n 且正序电压小于 70%U_n；或者负序电压或零序电压（3U_0）大于 8V。可通过定值投退 TV 断线闭锁检同期合闸和检无压功能。TV 断线告警与复归时间统一为 10s，TV 断线闭锁同期产生的同期失败告警展宽 2s。

3）采用 DL/T 860.92—2016《电力自动化通信网络和系统 第 9－2 部分：特定通信服务映射（SCSM）－基于 ISO/IEC 8802－3 的采样值》规范的采样值输入时，电压切换由采集执行单元实现。

（2）测试方法：

1）检查装置基于 DL/T 860 的同期模型按照强合、检无压合闸、检同期合闸分别建立不同实例的 CSWI，不采用 CSWI 中 Check（检测参数）的 sync（同期标志）位区分同期合与强制合功能的正确性。

2）检查通过普通合闸 CSWI 进行一般遥控的情况下，装置依据同期软压板模式执行的正确性。

3）测试仪模拟 TV 断线状态，检查装置检测出的 TV 断线，以及发出相应的告警信息，闭锁检同期和检无压合闸功能的正确性；测试仪加量使装置产生 TV 断线告警后，进行检同期、检无压合闸，验证是否闭锁同期合闸出口、并产生 TV 断线闭锁同期信号（展宽 2s）。

4）在模拟监控后台或装置面板上检查装置同期条件信息返回功能的正确性；用测试仪加量，首先使满足定值条件进行同期遥控，验证同期是否正确出口，并返回相关的同期合闸成功信息；然后加量使不满足定值条件进行同期遥控，验证同期是否正确不出口，并返回相关的同期合闸不成功信息。

5）在模拟监控后台或装置面板上检查装置的手合同期功能；用测试仪加量，首先使满足定值条件进行手合同期测试，验证同期是否正确出口，并返回相关的同期合闸成功信息；然后加量使不满足定值条件进行同期遥控，验证同期是否正确不出口，并返回相关的同期合闸不成功信息。

6）检查装置在采集执行单元同期通道采样值置检修位以及品质无效时装置闭锁同期功能及返回信息的正确性；用测试仪模拟采集执行单位抽取测、测量侧采样值品质检修和无效。进行同期遥控，验证同期是否正确不出口，并返回相关的同期合闸不成功信息。

7）通过网络报文记录分析仪检测装置断路器 GOOSE 出口动作的正确性。

66. 简述多功能测控装置逻辑闭锁功能测试要求及测试方法。

答：（1）测试要求：

1）应满足 Q/GDW 10427—2017《变电站测控装置技术规范》中 8.7 的技术要求。

2）应在监控主机统一配置生成“五防”规则文件。

3）应能通过站控层网络 DL/T 860 通信报文规范文件服务实现“五防”规则文件的上传和下装。文件下装操作需在装置处于检修态时进行。

（2）测试方法：

1）通过 DL/T 860 工具对“五防”规则文件进行上传和下装，其规则和站控层防误闭锁逻辑规则一致；应在监控主机统一配置生成“五防”规则文件，文件名定义为“wf.dat”；“五防”规则文件应具备版本号和校验码信息。校验码计算满足模型文件校验码计算的要求。

2）正常情况下应拒绝通过 DL/T 860 工具对“五防”规则文件下装，当装置处于检修状态时，通过 DL/T 860 工具对“五防”规则文件下装且成功。

3）逻辑闭锁检测：

a. 间隔内闭锁逻辑：防止带负荷拉刀闸的闭锁逻辑、防止带电挂接地线的闭锁逻辑、防止带接地线送电的闭锁逻辑、防止误入带电间隔的闭锁逻辑；模拟上述闭锁逻辑操作，在满足条件时和不满足条件时，检测装置动作的正确性，并应返回正确的告警信息；使用数字化测试仪设置本间隔内的状态量，分别模拟闭锁逻辑满足和不满足条件，查看相关对象的操作允许/禁止状态，应仅在满足条件时显示操作允许。

b. 间隔间逻辑闭锁：依据配置的逻辑闭锁关系（如使用其他间隔开关/隔离开关位置信息作为本间隔闭锁条件），通过改变其他间隔的状态信息、遥测量，影响本间隔闭锁条件，判断装置间隔间闭锁功能的正确性，通过网络报文记录分析仪检测是否有相应的闭锁信息上送。使用数字化测试仪设置其他间隔的状态量，分别模拟闭锁逻辑满足和不满足条件，查看相关对象的操作允许/禁止状态，应仅在满足条件时显示操作允许。

4）通过数字信号发生器发送 GOOSE 报文，装置遵循闭锁逻辑产生闭锁信息，通过网络报文记录分析仪检测装置 GOOSE/MMS 网络传输逻辑闭锁信息功能的正确性；装置闭锁条件应包含状态量、量测量及品质信息。

5）通信中断闭锁检测：使用数字化测试仪模拟 GOOSE 断链，查看操作允许/禁止状态，应显示操作禁止。

6）检修闭锁检测：装置检修压板未投入情况下，查看相关联对象的操作允许/禁止状态，应显示操作禁止；装置检修压板已投入情况下查看相关联对象的操作允许/禁止状态，都应按照正常逻辑运算。

7）解锁功能检测：在逻辑条件不满足的情况下，投入装置解锁硬开入，查看操作允许/禁止状态，应显示操作允许。（修改描述允许或禁止状态）

67. 简述多功能测控装置通信安全测试要求及测试方法。

答：（1）测试要求：

1）应符合《自主可控新一代变电站二次系统技术规范　通用类系列规范 6　二次设备安全防护》5.3.2 要求；

2）符合《自主可控新一代变电站二次系统技术规范　通用类系列规范 6　二次设备安全防护》5.1.6 要求；

3）应具备通信端口隔离功能；

4）应保证鉴别信息、密钥等通信数据保密性，对鉴别信息、密钥等进行保密性处理；

5）应保证通信交互行为的安全性，具备防重放、破坏数据完整性等安全防护能力；

6）应保证通信协议的健壮性，正确处理异常报文，不应存在死机、重启、误动、误报问题，通信中断时应能在一定时间内自动恢复；

7）异常连接访问、通信认证异常行为应记录安全审计日志。

（2）测试方法：

1）配置网络连接白名单（包括 IP、MAC、AppID 地址等），并接入白名单内采集通信对象、配置软件等，检测连接是否成功，使用白名单外的设备连接装置，检测是否拒绝接入；

2）上行 DL/T860 协议如使用数字证书，检测通信安全参数和数字证书的认证是否正确、有效；

3）用数字化测试仪向装置的间隔层通信网口发送不同 SV 采样值报文和 GOOSE 报文，检测其他通信端口是否不能收到报文；

4）检测通信报文中鉴别信息、密钥等敏感数据是否进行保密性处理；

5）截取实时数据采集、控制等业务通信报文，篡改后传输，检测是否能识别通信数据合法性并丢弃；

6）对 GOOSE、SV 等报文进行关键信息重放攻击，检测是否执行失败；

7）订阅 GOOSE 时，抓取客户端发布的报文，在没有发生回滚时，将装置接收的序列号修改为小于最近一次接收到的序列号（大于 1），检查装置是否服务差错；

8）抓取 SV 报文，将装置接收的序列号修改为小于最近一次接收到的序列号（大于

1)，验证装置是否服务差错；

9）使用协议健壮性测试工具对 MMS 报文进行模糊测试，检测是否能正确处理异常报文，是否不存在死机、重启、误动、误报等现象，若通信中断是否在 1min 内自动恢复；

10）检测异常连接访问、通信认证异常行为是否记录相应审计日志。

68. 简述多功能测控装置对时功能测试要求及测试方法。

答：（1）测试要求：

1）支持接收 IRIG－B 码或 1PPS 与报文相结合的时间同步信号功能；

2）具有同步对时状态指示标识，且具有时间同步信号可用性识别的能力；

3）具有守时功能；

4）具有输出本装置 1PPS 功能。

（2）测试方法：

1）将装置的时间同步接口与北斗/GPS 同步时钟的 IRIG－B 或 1PPS 的输出口连接，检查装置接收 IRIG－B 码或 1PPS 与报文相结合的时间同步信号正确性；

2）当装置与同步时钟同步或失步时，检查装置指示的正确性，检查装置识别同步信号可用性的正确性；

3）当装置失步时，检查装置是否具有守时功能；

4）使用时间测试仪检查装置是否可正确输出本装置 1PPS。

69. 简述 PMU 连续录波功能测试要求及测试方法。

答：（1）测试要求：

1）每分钟形成一个文件，文件格式应能兼容 GB/T 14598.24—2017《量度继电器和保护装置 第 24 部分：电力系统暂态数据交换（COMTRADE）通用格式》的要求；

2）装置记录的采样率不应低于 1000 点/s；

3）保存时间不少于 3 天；

4）连续录波文件召取协议应满足 Q/GDW 10131—2017《电力系统实时动态监测系统技术规范》附录 F 的要求。

（2）测试方法：向装置持续输入三相电压、电流信号并开始计时 72h，计时结束后检查装置的连续录波文件夹内部生成的 COMTRADE 格式录波文件数量是否正确，并随机抽取一个录波文件使用录波分析软件对文件格式、采样率、保存时间、数据传输协议内容进行分析。

70. 简述多功能测控装置遥信性能测试要求及测试方法。

答：（1）测试要求：

1）遥信状态正确性检测：遥信电压额定值为DC 110V或DC 220V时，施加开入电压为70%额定值时，遥信状态为逻辑“1”，开入电压为50%额定值时，遥信状态为逻辑“0”；

2）SOE分辨率检测：SOE分辨率应不大于1ms；

3）雪崩处理能力检测：当装置上100%的遥信同时动作，不应误发、丢失遥信，SOE记录正确；

4）单路遥信防抖时间可独立设置，步长1ms，范围为10～100ms，装置不应出现漏报、误报；

5）当遥信变位时，应优先传输。

（2）测试方法：

1）遥信状态正确性检测：调整开入电压为70%额定值，检测遥信状态是否为逻辑“1”，调整开入电压为50%额定值，检测遥信状态是否为逻辑“0”；

2）SOE分辨率检测：将SOE信号发生器的两路（或多路）信号输出端与装置的任意两路（或多路）遥信输入端（具有SOE功能）相连，设置两路（或多路）的时间延时为1ms，启动信号发生器发出SOE信号，检测装置记录的遥信动作时间，是否正确分辨出遥信变位顺序，SOE分辨率应不大于1ms；试验重复5次以上；

3）雪崩处理能力检测：同时改变装置上100%遥信输入端的状态，检查装置遥信状态的正确性，不应有误发、丢失遥信现象，SOE记录应为同一时刻，时间误差应小于1ms。试验重复5次以上；

4）单路遥信设置防抖时间，步长1ms，范围为10～100ms；设置防抖时间为10、50、100ms，在装置的遥信输入端施加脉宽为11、51、101ms的脉冲信号，装置不应出现漏报；装置的遥信输入端施加脉宽为9、49、99ms的脉冲信号，装置不应出现误报；

5）施加遥测量，同时产生遥测越限和遥信变位，检查装置的传输数据，遥信变位应优先于遥测数据传输。

第八章

智能故障录波装置

1. 简述智能故障录波装置的含义。

答： 一种可部署在变电站站端，集成了故障录波、网络记录分析、二次设备状态监测等功能的装置，由管理单元与采集单元组成。在线监测范围涵盖采集执行单元、保护装置、安全自动装置、多功能测控装置等二次设备及回路。

如图8－1和图8－2为南瑞继保智能故障录波采集单元装置PCS－996的正视图和背板图。

图8－1　智能故障录波采集单元装置PCS－996正视图

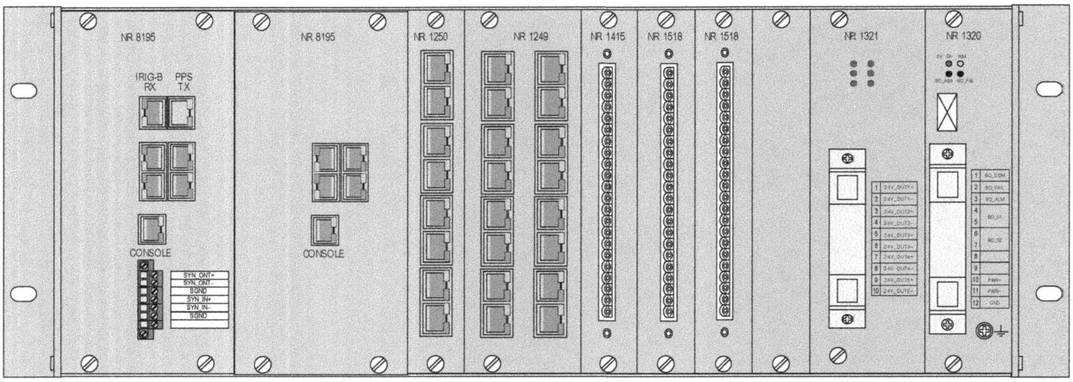

图8－2　智能故障录波采集单元装置PCS－996背板图

2. 简述智能故障录波采集单元的含义。

答：采集单元采集模拟量和开关量，具备录波文件生成和网络报文采集及实时分析功能。采集单元在录波器原有故障录波功能的基础上，增加网络报文采集和实时分析功能，提供数据采集板，接入过程层 SV/GOOSE 报文，站控层通信报文数据，实现故障文件的溯源。

3. 简述智能故障录波管理单元的含义。

答：管理单元接入所有采集单元，具备录波数据分析、网络报文分析功能，部署了二次设备状态监测功能的管理单元还应通过站控层网络连接站内保护装置、安全自动装置、多功能测控装置，具备二次设备状态监测等功能。管理单元通过Ⅱ区服务网关机连接远方主站，具备站端数据管理与上传功能。

4. 简述智能故障录波装置的逻辑结构。

答：智能故障录波装置逻辑结构如图 8－3 所示。

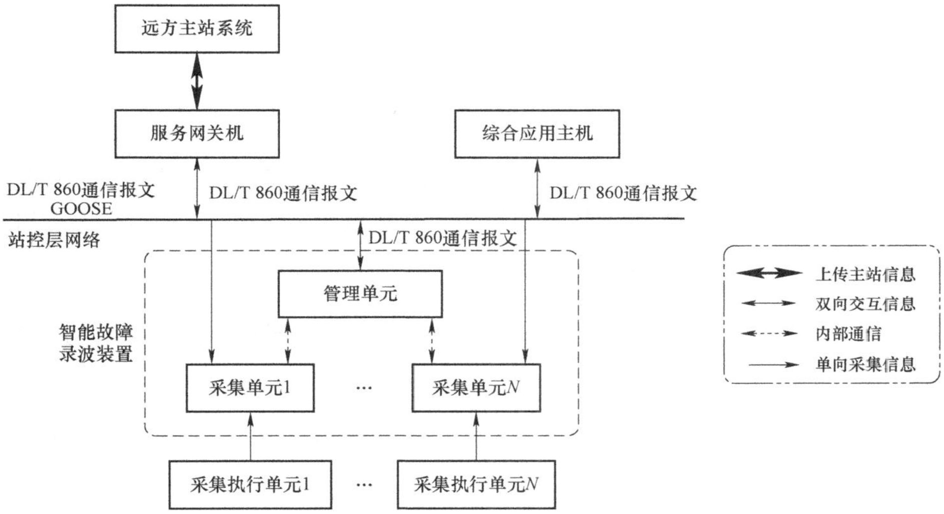

图 8－3 智能故障录波装置逻辑结构示意图

管理单元作为客户端接入站控层网络，通过 DL/T 860 报文与保护装置、测控装置、交换机进行数据通信，接收对方的动作、变位、告警等事件，支持召唤录波等文件。同时管理单元也作为服务方对上与服务网关机和综合应用主机进行通信，将数据上送给站内客户端和远方主站。由于新一代变电站的合并单元和智能终端装置合一成为采集执行单元，故采集单元从采集执行单元采集电压、电流及一次断路器和隔离开关位置，通过站控层采集保护装置 GOOSE 信号和 DL/T 860 报文数据。

5. 简述智能故障录波装置的物理部署方式。

答： 智能故障录波装置物理部署如图 8－4 所示。

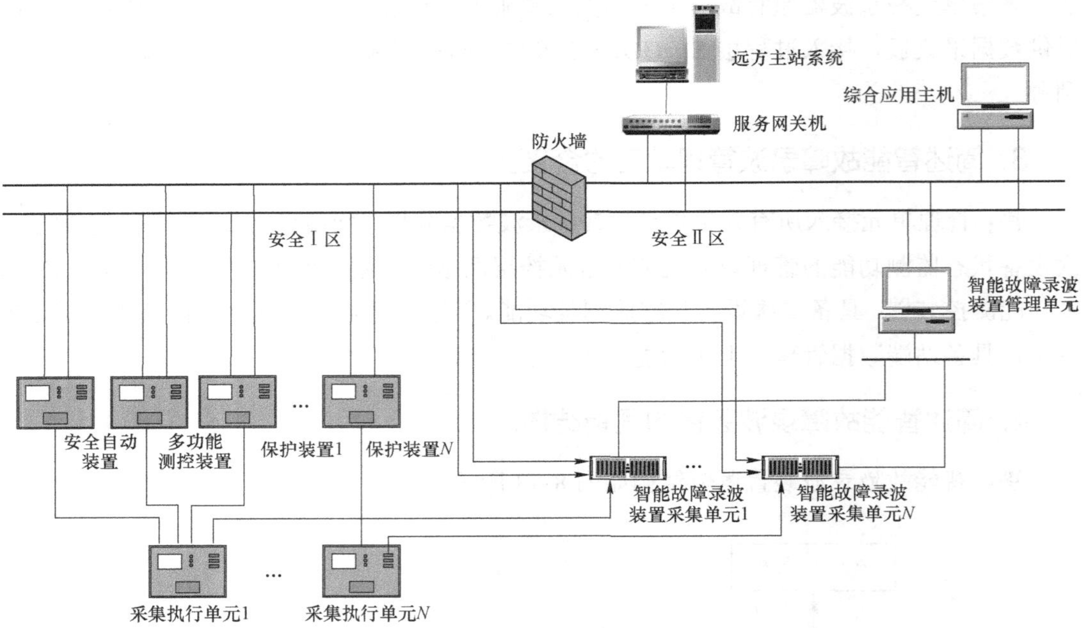

图 8－4　220kV 变电站智能故障录波装置典型物理部署示意图

采集执行单元的 SV 和 GOOSE 等过程层数据点对点方式接入采集单元，保护、测控等装置的 GOOSE 通过安全Ⅰ区站控层网络接入采集单元。管理单元通过安全Ⅱ区接入综合应用主机，并通过服务网关机上送主站。

6. 简述二次设备状态监测功能部署于智能故障录波装置时，智能故障录波装置的数据流向。

答： 当二次设备状态监测功能部署于智能故障录波装置时，智能故障录波装置数据流向如图 8－5 所示。

明确安全可控智能录波器应接入装置包括交换机、多功能测控、安全自动装置和保护装置，采集单元应接入采集执行单元的 SV 和 GOOSE，以及站控层通信报文和站控层网络的 GOOSE。明确各类装置的接入信息，保护装置的动作、告警、监测、状态变位等都应采集到。明确智能录波器上送综合应用主机和上送主站的内容，由于综合应用主机为站端装置，不需要上送文件类。

7. 简述智能故障录波装置数据流向具体应满足的要求。

答： 智能故障录波装置数据流向具体应满足的要求如下：

（1）当二次设备状态监测功能部署于智能故障录波装置时，智能故障录波装置与保护

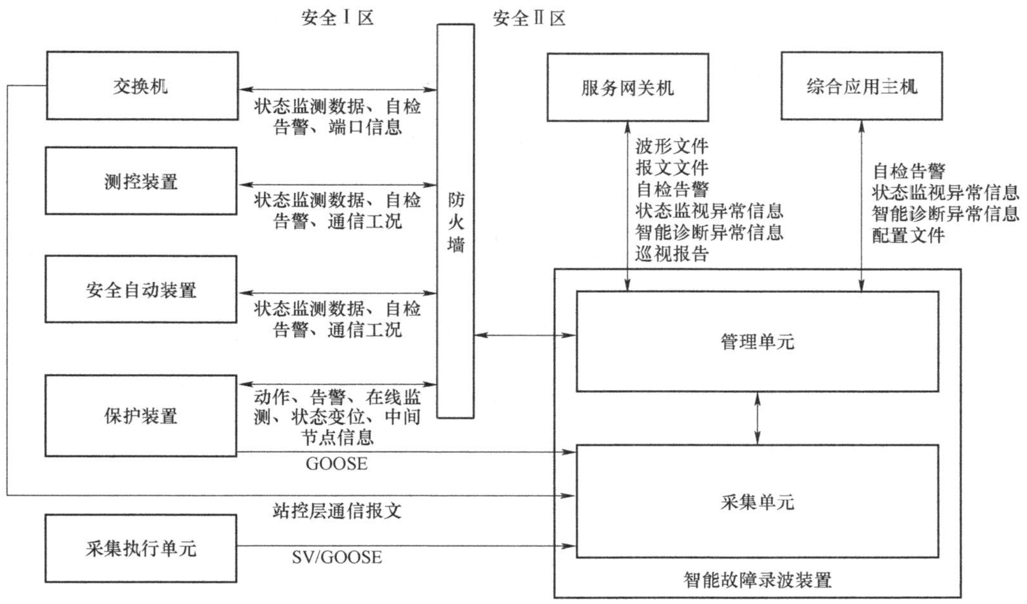

图 8－5　二次设备状态监测部署于智能故障录波装置数据流示意图

装置、安全自动装置、多功能测控装置和Ⅰ区交换机通过防火墙穿透的方式进行双向数据交互，获取装置工作状态数据、端口连接状态等信息，交互协议应采用 DL/T 860 通信报文规范。

（2）智能故障录波装置直接通过Ⅱ区站控层网络与服务网关机进行双向数据交互，提供波形文件、报文文件、自检告警信息等数据，当部署了二次设备状态监测功能时，还应提供各种异常信息及巡视报告，实现远方主站或集控站对数据的调阅，交互协议应采用 DL/T 860 通信报文规范。

（3）智能故障录波装置直接通过Ⅱ区站控层网络与综合应用主机进行双向数据交互，提供波形文件、报文文件、自检告警信息等数据，当部署了二次设备状态监测功能时，应提供自检告警及各种异常信息，交互协议应采用 DL/T 860 通信报文规范。

（4）变电站内智能录波器的组网结构，管理单元处于Ⅱ区站控层，保护装置处于Ⅰ区站控层，两者之间交互需要通过防火墙穿透方式进行。管理单元对上通过Ⅱ区网络直接和服务网关机进行交互。

8. 简述智能故障录波装置的直流工作电源要求。

答：直流工作电源应满足以下要求：

（1）额定电压 U_{dN}：220、110V；

（2）允许偏差：－20%～＋15%；

（3）纹波系数：不大于 5%。

9. 简述智能故障录波装置交流电压回路准确度测量要求。

答： 智能故障录波装置交流电压回路准确度应满足表 8－1 的要求。

表 8－1　　交流电压回路准确度要求

输入电压	$0.05U_N$	$0.1U_N$	$0.5U_N$	$1.0U_N$	$1.5U_N$	$2.0U_N$	$3.0U_N$
幅值相对误差	≤5.0%	≤2.5%	≤1.0%	≤0.5%	≤1.0%	≤5.0%	≤7.5%

10. 简述智能故障录波装置交流电流回路准确度测量要求。

答： 智能故障录波装置交流电流回路准确度应满足表 8－2 的要求。

表 8－2　　交流电流回路准确度要求

输入电流	$0.1I_N$	$0.2I_N$	$0.5I_N$	$1.0I_N$	$5.0I_N$	$10I_N$	$20I_N$
幅值相对误差	≤5%	≤2.5%	≤1.0%	≤0.5%	≤1.0%	≤2.5%	≤5%

11. 简述智能故障录波装置直流电源电压回路准确度测量要求。

答： 智能故障录波装置直流电源电压回路的准确度应满足表 8－3 的要求（取 U_{dN}=220V 或 U_{dN}=110V）。

表 8－3　　直流电源电压回路准确度要求

输入电压	$0.1U_{dN}$	$0.5U_{dN}$	$1.0U_{dN}$	$1.5U_{dN}$	$2.5U_{dN}$
相对误差	≤±5.0%	≤±2.5%	≤±1.0%	≤±2.5%	≤±5.0%

12. 简述智能故障录波装置频率准确度测量要求。

答： 智能故障录波装置应能记录暂态及动态过程中的频率变化过程，额定电压下，频率为 40～55Hz 时，测量误差不应超过±0.01Hz。

13. 简述智能故障录波装置相位准确度测量要求。

答： 智能故障录波装置记录的各路电压和电流波形相位应一致，相互之间的相位误差不应大于 2°。

14. 简述智能故障录波装置功率准确度测量要求。

答： 智能故障录波装置输入额定电压、额定电流时，装置在功率因数角为 0°、45°、90°的有功功率、无功功率测量误差不大于 1.5%的视在功率。

15. 简述智能故障录波装置非周期分量的记录准确度要求。

答：智能故障录波装置非周期分量衰减时间常数为0.1s，装置所记录的测量误差不应大于10%。

16. 简述智能故障录波装置数字采样回路准确度要求。

答：智能故障录波装置数字采样回路准确定应满足如下要求：

（1）数字采样回路的准确度应准确反映实际输入，满足使用要求。

（2）录波数据时标分辨率不应大于1μs，各个数字采集端口之间的时标偏差不应大于1μs。

（3）装置处理SV转换为COMTRADE文件格式时，转换误差应满足以下要求：① 电压通道不应超过0.02U_N；② 电流通道不应超过0.005I_N。

17. 简述智能故障录波装置变差应满足的要求。

答：装置的变差应满足如下要求：

（1）变差以百分数表示；

（2）环境温度在－10～＋55℃范围内变化引起的变差不应大于2.5%；

（3）其他影响量引起的变差要求由制造商产品文件规定。

18. 简述智能故障录波装置电压、电流回路零漂准确度要求。

答：装置记录的电压零漂值不应超过±0.05V范围内，电流零漂值不应超过±0.01I_N。

19. 简述智能故障录波装置开关量输入要求。

答：装置开关量输入定义采用正逻辑，即触点闭合为“1”，触点断开为“0”。开关量输入“1”和“0”的定义如下：

（1）“1”肯定所表述的功能；

（2）“0”否定所表述的功能。

（3）装置开关量状态识别延时不超过1ms。

20. 简述智能故障录波装置光纤发送功率要求。

答：光纤发送功率应该满足以下要求：

（1）光波长1310nm：－20～－14dBm；

（2）光波长850nm：－19～－10dBm（百兆口）或－9.5～－3dBm（千兆口）。

21. 简述智能故障录波装置光纤接收灵敏度要求。

答：光纤接收灵敏度应该满足以下要求：

（1）100Mbit/s 的光以太网接口（光波长 1310nm，多模）：－31～－14dBm；

（2）100Mbit/s 的光以太网接口（光波长 850nm，多模）：－24～－10dBm；

（3）1000Mbit/s 的光以太网接口（光波长 850nm，多模）：－17～－3dBm。

22. 简述智能故障录波装置应包含的基本功能

答：智能故障录波装置应包含如下基本功能：

（1）故障录波；

（2）网络分析；

（3）配置文件管控；

（4）保护装置定值管理；

（5）二次设备在线监视；

（6）过程层物理连接在线监视；

（7）虚回路在线监视；

（8）保护装置异常定位；

（9）二次设备监视预警；

（10）信息管理和综合分析；

（11）保护装置智能巡视。

23. 简述智能故障录波装置 GOOSE 报文实时分析应满足的要求。

答：GOOSE 报文实时分析应满足以下要求：

（1）采集单元应能对 GOOSE 报文进行实时解析，提取报文中的开关量状态信息以及动作信息；

（2）采集单元应能对所有 GOOSE 通信进行分析，包括 GOOSE 报文结构分析、内容分析、StNum 与 SqNum 变化规律分析等；

（3）报文分析功能依据 NB/T 42015—2013《智能变电站网络报文记录及分析装置技术条件》。

24. 简述智能故障录波装置 SV 报文实时分析应满足的要求。

答：SV 报文实时分析应满足以下要求：

（1）采集单元应能对 SV 采样值报文进行实时解析，计算 SV 采样值报文中电流、电压量的有效值；

（2）采集单元应能对所有的 SV 报文进行分析，分析内容包括报文结构分析、报文内容分析等；

（3）报文分析功能依据 NB/T 42015—2013《智能变电站网络报文记录及分析装置技术条件》。

25. 简述智能故障录波装置站控层 DL/T 860 通信报文实时分析应满足的要求。

答：站控层 DL/T 860 通信报文实时分析应满足以下要求：

（1）采集单元应能对站控层 DL/T 860 通信报文进行实时解析，记录控制操作事件。

（2）采集单元应能记录所有的连接建立、连接断开事件。

（3）采集单元应能监视站控层 DL/T 860 通信会话异常，当同一通信链路上同时存在的连接数量不小于设定的阈值时应产生告警事件，阈值默认为 3。站控层 DL/T 860 通信报文规范通信链路以进行通信的两个通信终端的 IP 地址对来标识。

（4）使用国产化的通用服务协议代替 MMS 协议，实现 IEC 61850 的完全安全可控。为了监视变电站的站控层 DL/T 860 通信报文，记录操作事件和异常事件，因此增加站控层 DL/T 860 通信报文实时分析的要求。

26. 简述智能故障录波装置通信过程分析功能要求。

答：采集单元应能根据监控到的报文对报文通信过程进行分析：

（1）采集单元应能监视过程层报文流量、帧速、通信中断、通信恢复等；

（2）采集单元应能实时监视网络中节点的增加和删除、报文流量、通信状态等，给出告警信息；

（3）依据 NB/T 42015—2013《智能变电站网络报文记录及分析装置技术条件》。

27. 简述智能故障录波装置网络流量统计应满足的要求。

答：网络流量统计功能应满足以下要求：

（1）采集单元应能分别统计 GOOSE、SV 和站控层 DL/T 860 通信报文的流量；

（2）采集单元应能按照源 MAC 地址或目的 MAC 地址统计报文流量；

（3）依据 NB/T 42015—2013《智能变电站网络报文记录及分析装置技术条件》，站控层 DL/T 860 通信报文的流量为新增内容。

28. 简述智能故障录波装置网络流量异常告警应满足的要求。

答：网络流量异常告警功能应满足以下要求：

（1）采集单元应能监测 GOOSE、SV、站控层 DL/T 860 通信网络中的报文流量异常的情况。流量异常的报文速率阈值可设置：对于 SV 网络报文流量异常阈值为正常负荷的 1.1 倍，GOOSE 网络报文流量异常阈值可设置，站控层 DL/T 860 通信网络报文流量异常阈值和持续时间可设置。

（2）采集单元应能监测网络风暴；在网络中存在风暴时，采集单元应能识别、分析并告警。网络风暴检测条件：单个百兆监听端口报文接入流量超出 90Mbit/s 或单个千兆监听端口报文接入流量超出 360Mbit/s。

（3）依据 NB/T 42015—2013《智能变电站网络报文记录及分析装置技术条件》，为了统一各厂家判据，针对 SV 网络报文流量异常阈值和网络风暴异常提供明确的判据准则。

29. 简述智能故障录波管理单元的录波及网络报文分析管理功能的图形展示要求。

答： 管理单元的录波及网络报文分析管理功能应满足如下图形展示要求：

（1）所有采集单元录波通道应能在界面下实时展示，并能准确显示通道间相位关系；

（2）应能显示装置参数、运行及异常信息，默认状态下，相关的数值显示为二次值；

（3）记录的报文（GOOSE、SV、站控层 DL/T 860 通信报文）应能以列表的形式展示，并展示各个字段的描述、值，以及在报文中的位置、长度等信息；

（4）用中文描述准确反映报文的实际内容；

（5）告警信息应能在图形界面上显示；

（6）应能展示报文分析的解析结果，解析结果能与 SCD、CID 文件关联，包括一、二次设备名称、线路名称、信号名称以及 IED 设备之间的通信关系；

（7）管理单元具备界面功能的监测设备的基本要求，目的在于在界面上的展示效果更人性化，便于用户操作和查看。

30. 简述智能故障录波管理单元的数据查询功能要求。

答： 管理单元的数据查询功能应满足如下要求：

（1）应支持异常报文定位与查找功能；

（2）应能根据动作时间、动作信息等查询历史报文；

（3）应能按照故障类型进行触发记录查询；

（4）应能按照时间段进行触发记录查询；

（5）数据查询结果应能直接进行离线分析；

（6）管理单元具备界面功能的监测设备的基本要求，为了便于用户查找报文和录波文件，规范要求了多种检索功能。

31. 简述智能故障录波管理单元的数据导入导出功能要求。

答： 管理单元的数据导入导出功能应满足如下要求：

（1）应支持导入 SCD 文件；

（2）数据导出功能应满足：应能根据时间段导出报文的分析结果，导出格式应为*.xml 或*.html；

（3）应能导出满足 NB/T 42015—2013《智能变电站网络报文记录及分析装置技术条件》附录 A 要求的原始报文形成连续报文记录文件，存储路径见其附录 E 表 E.2；

（4）应能离线将触发记录数据及连续记录数据以 COMTRADE 格式导出；

（5）应能导出触发记录数据和触发分通道记录数据；

（6）导入 SCD 文件使采集单元便于配置通道参数，导出数据功能便于用户分析故障。

32. 简述智能故障录波管理单元的数据管理功能要求。

答： 管理单元的数据管理功能应满足如下要求：

（1）应具备就地分析功能并能就地显示分析结果。

（2）支持数据直接导出至 USB 设备，支持就地打印设备。

（3）应提供装置级操作界面，可对该套装置进行数据查询和调用。对装置的操作（如用户登录等）以菜单形式实现并形成工况记录。应具有数据文件的管理列表，对历史数据进行查询、分析、打印、导出等管理。能够根据时间、类型等关键字对存储的数据进行查询。

33. 简述智能故障录波管理单元的离线分析功能要求。

答： 管理单元的离线分析功能应满足如下要求：

（1）离线分析应采用图形化界面。

（2）报文分析软件功能应满足：

1）应具备网络流量、报文统计、报文收发关系等信息显示功能；

2）应具备 GOOSE 报文实时分析、SV 报文实时分析、站控层 DL/T 860 通信报文实时分析、通信过程分析、报文异常实时分析、网络流量统计、网络流量异常告警等功能；

3）GOOSE 报文显示界面应包括 GOOSE 报文列表、GOOSE 动作信息列表、GOOSE 异常信息列表等内容；

4）应能从 GOOSE 报文中对 GOOSE 动作进行分析，对于 GOOSE 报文中数据集发生变位，应能根据 SCD 文件或 CID 文件展示数据集变位所表示的动作信息；

5）SV 报文显示界面应包括 SV 报文列表、SV 告警信息列表、SV 到达间隔统计等内容；

6）应能从不低于标称采样率的 SV 报文中计算有效值，并描绘波形图。

（3）波形分析软件功能应满足：

1）记录数据波形的显示、缩放、还原、叠加、标注等分析功能；

2）显示开关量变位、通道参数等记录数据的相关功能；

3）谐波分析、序分量分析、相量分析、频率分析、功率分析（有功功率、无功功率、功率因数）、阻抗分析、非周期分量分析等分析功能；

4）打印功能：可选择通道、时间段进行打印，可压缩打印。

（4）基于 CFG、DAT 和 DMF 文件的高级分析功能应包括：

1）显示启动元件、启动时间的启动原因分析功能；

2）对记录数据配置参数的显示功能；

3）对记录数据进行故障分析和线路测距的功能；

4）变压器差流分析、过励磁分析功能。

34. 简述智能故障录波装置配置文件管控功能要求。

答：配置文件管控功能宜满足以下要求：

（1）应能通过 SCD 中保护装置、安全自动装置、多功能测控装置、采集执行单元的 CRC 与对应装置中虚端子 CRC 进行在线比对；

（2）当装置支持时，应支持从装置调取 CCD、CID 文件。

35. 简述智能故障录波保护装置定值管理功能要求。

答：保护装置定值管理功能应满足以下要求：

（1）定值召唤；

（2）应支持对指定接入保护设备的当前定值区号和任意区定值进行召唤，并直观地显示所查询的定值、定值区信息；

（3）定值信息的显示应带有名称及相应属性，如模拟量类型定值应带有最大值、最小值、步长、量纲等信息的显示；

（4）应同时支持通过本地发起的定值召唤；

（5）定值比对；

（6）支持录入定值单或与定值整定系统接口获取定值单信息作为定值一致性核对的基准值，系统自动召唤设备运行定值与基准值进行核对；

（7）应具备自动召唤定值并和上次召唤时保存的定值进行自动比对的功能，当发现定值不一致时，应能在本地给出相应提示，并通过服务网关机向所有远端主站发送定值变化告警信号，并将新定值保存在数据库中作为下次比对的基础；

（8）自动召唤和比对的时间间隔可设置；

（9）支持人工启动定值比对功能。

36. 简述智能故障录波装置二次设备运行状态在线监视功能要求。

答：二次设备运行状态在线监视功能应满足以下要求：

（1）应具备基于一次设备主接线图的全站所有保护装置运行状态可视化展示，其运行状态分为运行、异常、检修、闭锁、跳闸五种，分别以绿色、黄色、蓝色、橙色、红色显示，其展示优先级按照从前往后依次增加；

（2）应能为运维人员提供灵活方便的人机交互手段，实现对测量信息、设备状态信息的实时监视；

（3）在单台装置的状态监视界面上应能显示装置名称、生产厂家、装置版本等设备台账信息；

（4）应能接收装置动作、告警信息、状态变位、监测信息、压板状态、定值区号、运行工况、装置面板指示灯等各种信息并能可视化在线监视。

37. 简述智能故障录波装置过程层物理连接在线监视功能要求。

答：过程层物理连接在线监视功能应满足以下要求：

（1）应具备图、模、库一体化技术，宜根据交换机、采集执行单元、保护装置、多功能测控装置、安全自动装置端口物理连接信息，自动构建网络拓扑模型；

（2）应能在物理光纤上查看对应的逻辑链路以及逻辑链路的状态；

（3）应能查看保护装置物理端口所对应的输入、输出逻辑链路及其状态；

（4）应能根据装置的光纤端口监测信息，以及逻辑链路告警信息进行物理链路故障定位，辅助定位故障点或故障区域，给出提示信息，并在此图上进行明显的标识。

38. 简述智能故障录波装置虚回路在线监视功能要求。

答：虚回路在线监视功能应满足以下要求：

（1）应以装置为中心图形化方式展示与该装置相关虚回路的构成、逻辑和状态。

（2）应用箭头明确标识虚端子的发布和订阅方向。

（3）应能实时显示虚回路的模拟量或者开关量的实时值。

（4）本图中的装置命名可在 IED 名称与调度命名间灵活切换。

（5）虚回路的状态由虚回路所在逻辑链路状态、对应网络报文状态、相关联软压板状态综合判断得出，并能通过不同的颜色进行标识。当虚回路所在逻辑链路状态为中断时，采用红色标识；当虚回路所对应网络报文状态为异常时，采用黄色标识；当虚回路相关联软压板状态为退出时，采用灰色标识；当虚回路的状态为正常时，采用绿色标识。

（6）当虚回路的状态为异常时，应能显示其细节信息，如其所在逻辑链路状态、相关联软压板状态、对应网络报文状态。

39. 简述智能故障录波保护装置异常定位功能要求。

答：保护装置异常定位功能应满足以下要求：

（1）应能根据装置异常告警等信息，进行装置异常定位；

（2）异常、故障定位不确定时，应列出各可能异常的设备、回路信息，可支持自定义排序查找；

（3）宜根据定位结果给出相应处理建议。

40. 简述智能故障录波装置二次设备监视预警功能要求。

答：二次设备监视预警功能应满足以下要求：

（1）应具备二次设备温度、电源电压、过程层端口发送/接收光强和保护光纤纵联通道光强监测信息的统计和历史数据查询功能，可根据同期数据比对、变化趋势、突变监测进行监视预警，阈值可设置；

（2）应具备保护装置差流的越限告警和历史数据查询功能，并以图形方式展示，告警阈值可设置；

（3）应能通过多种可视化手段（如饼图、棒图、曲线、仪表盘等），实现二次设备监视预警的可视化展示；

（4）监视预警的异常定位应至少到装置级、回路级。

41. 简述智能故障录波装置信息管理和综合分析功能要求。

答：信息管理和综合分析功能应满足以下要求：

（1）应能读取和存储保护装置故障录波文件；

（2）应能对保护装置动作报告进行展示；

（3）应能对故障录波文件进行波形分析；

（4）应能自动收集厂站内一次故障的相关信息，整合为故障报告，内容包括一、二次设备名称，故障时间，故障序号，故障区域，故障相别，录波文件名称等；

（5）应能根据所采集的数据进行智能诊断分析，将分析出的异常结果形成智能诊断报告文件，并通过服务网关机发送相应告警信息给主站，支持主站召唤文件查看具体异常内容。

42. 简述智能故障录波保护装置智能巡视功能要求。

答：保护装置智能巡视功能应满足以下要求：

（1）应支持对保护装置进行自动巡视和手动巡视，巡视项目应支持分类配置；

（2）自动巡视间隔应支持设置，默认间隔为一天；

（3）应支持将巡视结果生成巡视报告文件；

（4）应支持巡视报告的展示，展示自动巡视项目的结果和以曲线、棒图等方式展示可设置周期内的巡视历史统计结果，且应支持报告预览打印和导出；

（5）当主站发起巡视请求时，管理单元应能支持响应主站巡视请求；

（6）当巡视结果有异常时，应上送异常告警信息，并能响应主站召唤巡视报告文件请求。

43. 简述智能故障录波装置定值免整定原则。

答：装置应具有定值免整定功能，宜具备从保护装置获取母线、线路、变压器参数的功能。免整定应符合如下原则：

（1）自动整定：由装置自动整定启动值，降低人工干预；

（2）整定可视化：自动整定的值应可以显示，通常应以二次值显示，以便人工校核；

（3）按间隔整定：分母线、线路、变压器等类别，按照间隔分别整定，不同间隔的定值互不影响。

44. 简述智能故障录波装置同源数据比对功能要求。

答：应具备全站同源数据比对功能，同源模拟量通道进行比对应包含幅值及相位。同源数据比对功能应满足如下要求：

（1）应能对采集单元、保护装置来源于相同一次设备的模拟量和开关量进行同源数据比对分析；

（2）当比对出现模拟量或开关量不一致时应能产生告警；

（3）同源数据比对告警应生成报告文件；

（4）故障时刻或扰动不能误报。

45. 简述智能故障录波装置全站录波分析功能要求。

答：管理单元应具备全站采集单元触发记录数据合并分析功能，功能应满足如下要求：

（1）当采集单元启动触发记录时，管理单元应自动召唤所有采集单元触发记录数据，并合并成全站录波记录；

（2）合并后的全站录波记录数据应能完整包含故障过程时间段，数据采样率应不小于采集单元触发记录数据采样率；

（3）采集单元时钟同步情况下，不同采集单元的模拟量通道间相位关系应与输入信号一致，相位误差不应大于 2°；

（4）对全站录波记录图形化展示与分析功能应满足图形展示要求；

（5）当采集单元记录通道范围具备条件时，应具备变压器差流、母线差流分析功能；

（6）应能按照故障类别和故障信息自动生成故障相关全站录波故障间隔记录文件。

46. 简述智能故障录波采集单元基本要求。

答：采集单元应满足如下基本要求：

（1）采集单元应能选配直流电压采集功能记录直流量，记录通道数满足表 8-4 的要求，直流电压回路接入采集单元时应经过屏内空气开关隔离。

（2）当采集单元从站控层网络采集对应间隔保护装置发出的 GOOSE 报文时，应与对应间隔其他信号记录在同一采集单元。

（3）采集单元完成数据采集、分析处理、异常判定、故障分析、数据记录等相关功能。

（4）采集单元应具备联动启动功能，当任意一台采集单元启动触发记录时联动站内所有采集单元启动触发记录。

（5）采集单元从站控层网络和采集执行单元采集信息时，应在物理上保证单向采集。

采集单元在出现故障、死机或断电的情况下，不应对网络产生影响。

（6）采集单元应有独立的DC/DC变换器，电源模块应设置监视回路，电源异常时应闭锁装置并发出告警信号。

（7）在直流电源开合过程中、直流回路一点接地情况下、在直流电源电压缓慢或突然变化过程中，装置不应误启动；直流消失时，应有输出触点启动告警信号；当直流电源电压恢复正常时，应能自动恢复正常运行。

（8）采集单元应具备IRIG－B码对时和自守时功能。

（9）采集单元应具备就地图形显示模块，就地显示应完成界面显示、配置管理、离线波形文件展示等相关功能。

表8－4　　　　采集单元功能配置

类别		序号	基础型号功能	代码	备注
基础型号	基础型号代码	1	SV、GOOSE共口点对点采集	M	部分保护GOOSE信号通过站控层网络接入
	必配功能	1	SV信号		不少于128路模拟量录波
		2	GOOSE信号		不少于512路开关量录波
	选配功能	1	直流电源电压采集	D	不少于4路

47. 简述智能故障录波采集单元的数据安全性要求。

答：采集单元的数据安全性应满足如下要求：

（1）采集单元的定值、告警记录、报文数据、录波数据应具有掉电保持功能；

（2）按采集单元上的任意一个开关或按键不应丢失或抹去已记录的信息；

（3）采集单元在运行情况下不得出现死机现象。

48. 简述智能故障录波采集单元的通信功能要求。

答：采集单元的通信功能应满足如下要求：

（1）采集单元应具备上送定值、故障信息报告、告警、波形文件功能；

（2）采集单元与管理单元通信发生了异常或中断，在重新建立连接后装置应能根据管理单元的召唤，上送相应波形列表；

（3）采集单元应能响应管理单元对设定时间段内录波列表、异常报文列表的召唤，应能响应管理单元对录波列表和异常报文列表内任一文件的召唤。

49. 简述智能故障录波采集单元异常情况告警要求。

答：采集单元异常情况告警应满足以下要求：

（1）采集单元操作面板上应有运行工况指示，至少包括运行、异常、录波、对时等指示灯，指示灯定义见表 8–5。

表 8–5　　面板指示灯定义

面板指示灯	颜色	状态	含义	备注
运行	绿	非自保持	亮：运行正常；灭：装置故障	装置运行状态标识
异常	红	非自保持	亮：自检异常；灭：自检正常	装置自检异常标识
录波	绿	非自保持	亮：正在录波；灭：录波完成	录波启动状态标识
对时	绿	非自保持	亮：对时正常；灭：对时异常	装置对时状态标识

（2）采集单元应有录波启动、装置异常、装置失电报警硬接点信号输出。

50. 简述智能故障录波采集单元定值及内容应满足的要求。

答：采集单元定值及内容应满足以下要求：

（1）采集单元定值采用二次值；

（2）采集单元功能投退应设置控制字；

（3）采集单元定值名称不应随控制字的投退而改变；

（4）采集单元定值分为设备参数定值、录波参数定值、间隔定值、频率定值；

（5）一次元件参数分为线路参数、变压器参数，参数项表单见 Q/GDW 10976—2017《电力系统动态记录装置技术规范》中附录 E 要求。

51. 简述智能故障录波管理单元基本要求。

答：管理单元应满足如下基本要求：

（1）管理单元应支持接入变电站内所有采集单元，部署了二次设备状态监测功能的管理单元还应支持接入保护装置、安全自动装置、多功能测控装置等二次设备；

（2）管理单元应具备用户权限管理功能；

（3）部署了二次设备状态监测功能的管理单元配置功能在 SCD 支持的基础上宜满足相关要求；

（4）采用嵌入式工控机配置的管理单元应有装置异常、失电报警硬接点信号输出；

（5）管理单元应具有事件记录功能，应以时间顺序记录的方式记录正常运行的操作信息，如装置动作元件、定值修改、装置复位、装置告警、装置异常等，事件记录时间分辨率不大于 1ms。

52. 简述智能故障录波管理单元与采集单元通信应满足的要求。

答：管理单元与采集单元应采用以太网方式通信，应满足如下要求：

（1）管理单元应能从采集单元取得如下信息：

1）采集单元定值；

2）录波简报，在采集单元支持的情况下，录波简报应包括时间信息、故障类型、故障设备、测距结果、故障前后的电流和电压、开关变位情况等；

3）触发记录列表及触发记录，触发记录列表应包含一段时间内的触发记录名称的列表；

4）报文列表及报文。

（2）管理单元应能监视管理单元与采集单元的通信状态，并对通信异常记录进行存储。通信状态改变时，应通过服务网关机向主站发送告警信息。

（3）管理单元应具备手动、周期和主动召唤报文列表的功能，当检测到GOOSE报文跳闸信号变位时，应主动召唤对应报文。

53. 简述智能故障录波管理单元二次设备信息采集功能要求。

答：部署了二次设备状态监测功能的管理单元应接入站控层网络，与保护装置、安全自动装置、多功能测控装置、交换机、综合应用主机等采用以太网方式通信，并具备如下功能：

（1）应能够从保护装置正确取得五大类信息（保护动作信息、告警信息、在线监测信息、状态变位信息和中间节点信息）；

（2）保护动作信息含保护事件、保护录波；

（3）告警信息含故障信号、告警信号、通信工况、保护功能闭锁；

（4）在线监测信息含交流采样、定值区号、装置参数、保护定值、内部状态监视；

（5）状态变位信息含保护遥信、保护压板、保护功能状态、装置运行状态、远方操作保护功能投退；

（6）中间节点信息含中间节点文件；

（7）应能够从安全自动装置正确取得状态监测信息、自检告警信息、通信工况信息；

（8）应能够从多功能测控装置正确取得状态监测信息、自检告警信息、通信工况信息；

（9）应能够从交换机取得状态监测信息、自检告警信息、端口信息；

（10）应能够从保护装置、多功能测控装置、安全自动装置正确取得装置识别代码、保护装置软件版本、IED过程层虚端子配置 CRC 码；

（11）应能够从综合应用主机获取配置模型变更信号及文件。

54. 简述智能故障录波管理单元信息存储功能要求。

答：管理单元信息存储应满足如下功能：

（1）管理单元应采用数据库存储采集单元信息，部署了二次设备状态监测功能的智能故障录波装置管理单元还应存储二次设备信息，并实现灵活、方便、快速地数据查询和报表输出功能，以便相关人员进行各种数据统计和查询，制作各种报表。数据库应基于商业数据库建立，并满足接口标准、高效、界面友好、可靠性高、开放性好、易于扩展的要求。

（2）管理单元应能通过软件实现就地的实时及历史数据查询，并具备导出历史信息和录波记录的功能。

（3）管理单元必须为所连接的所有设备预留足够的缓存和信息存储空间，短时间内出现大量报文时不得丢失信息。

（4）管理单元存储容量应不小于 2TB。当剩余容量不足时应对历史数据循环覆盖。

55. 简述智能故障录波管理单元信息上送方式。

答：管理单元信息应支持主动上送、定时上送、触发上送三种数据上送方式。

56. 简述智能故障录波管理单元主动上送的信息要求。

答：管理单元主动上送的信息要求如下：

（1）当部署了二次设备状态监测功能时，应能监视与保护装置、安全自动装置、多功能测控装置的通信状态，并对通信异常记录进行存储，任一装置通信状态异常时，应通过服务网关机向主站上送通信状态告警。

（2）当接收到任一装置否定应答或响应超时，应向服务网关机和综合应用主机上送通信服务告警。

（3）当任一装置时钟偏差超过阈值时，应向服务网关机和综合应用主机上送时间偏差告警。

（4）管理单元 CPU 负载率、内存使用率、磁盘使用率异常时，应向服务网关机和综合应用主机上送告警。

（5）管理单元配置和台账信息发生变化时，管理单元应主动上送配置变化和台账信息变化事件至服务网关机和综合应用主机。

（6）当部署了二次设备状态监测功能时，管理单元诊断触发了智能运维告警信息，管理单元应主动上送相应告警点至服务网关机和综合应用主机。

（7）当任一采集单元完成故障录波时，管理单元应主动上送录波完成信号至服务网关机。

57. 简述智能故障录波管理单元定时上送的信息要求。

答：当部署了二次设备状态监测功能时，管理单元定时上送的信息要求如下：

（1）应具备保护装置定值自动召唤（召唤周期可由用户设定）及定值核对功能，当校核当前区保护定值与基准定值不对应时，应上送定值不对应事件。

（2）应具备保护装置自动巡视功能，当巡视完成后应上送巡视告警状态信息。

58. 简述智能故障录波管理单元触发上送的信息要求。

答：管理单元触发上送的信息要求如下：

（1）服务网关机召唤智能故障录波装置的录波文件时，应支持如下三种方式响应：

1）支持召唤全站录波记录文件以及压缩上送；

2）支持召唤全站录波故障间隔记录文件；

3）支持召唤采集单元录波文件。

（2）服务网关机召唤智能故障录波装置的报文文件时，应支持如下两种方式响应：

1）支持召唤连续报文记录文件；

2）支持召唤异常报文记录文件。

（3）当部署了二次设备状态监测功能时，支持召唤以下文件：

1）命名映射文件；

2）智能诊断报告文件；

3）巡视报告文件；

4）同源比对异常报告文件；

5）通信状态监视信息文件；

6）网络报文告警信息文件。

59. 简述智能故障录波管理单元的通信服务告警功能要求。

答：管理单元应能对采集单元（当部署了二次设备状态监测功能时还应包括保护装置、多功能测控装置、安全自动装置）的通信状态进行监测与记录，功能满足如下要求：

（1）当接收到装置否定应答或响应超时，应上送通信服务告警；

（2）管理单元上送的保护装置、多功能测控装置、安全自动装置通信服务告警建模在DevComGGIO中；

（3）管理单元上送的采集单元通信服务告警建模在ComSvcGGIO中。

60. 简述智能故障录波采集单元记录量配置应满足的要求。

答：采集单元的记录量配置应满足以下要求：

（1）每台数字量输入采集单元接入的SV控制块个数不应少于16个，接入的GOOSE控制块个数不应少于64个；

（2）每台采集单元模拟量总通道数和开关量总通道数满足相关要求。

61. 简述智能故障录波采集单元的触发记录功能要求。

答：采集单元的触发记录功能应满足以下要求：

（1）采样频率应不低于采集执行单元标称采样率。

（2）应有足够的存储容量，能够满足多次记录的要求，存储介质应为失电保持的静态存储器。各路采集量同时工作时，完整的数据记录的次数不小于2500次。

（3）异常报文事件记录不少于10 000条。

（4）异常报文记录不少于 5000 条。

（5）当装置工作电源消失时，应能完整存储停电时刻前的暂态数据，宜能存储停电时刻后 100ms 的暂态数据。

62. 简述智能故障录波装置的连续记录报文功能要求。

答：装置的连续记录报文功能应满足以下要求：

（1）连续记录时间：在平均流量不大于 200Mbit/s 情况下（其中非 SV 报文所占比例不应大于 10%），SV 报文不少于 3 天，非 SV 报文不少于 7 天；

（2）记录报文的分辨率不大于 1μs。

63. 简述智能故障录波装置的连续记录应满足的要求。

答：装置的连续记录应满足如下要求：

（1）采样率不低于 1000Hz；

（2）记录时间不少于 7 天。

64. 简述智能故障录波采集单元的对时与守时精度应满足的要求。

答：采集单元的对时与守时精度应满足以下要求：

（1）采用 IRIG－B 码对时，误差应不大于±1μs。如对时信号异常则采用采集单元自身时钟，采集单元在 24h 内的守时误差应不大于±500ms。

（2）暂态记录数据和稳态记录数据应带有绝对时标，精确到 1μs。在外部时钟同步状态下，录波数据的绝对时标误差不应大于±500μs，报文数据绝对时标误差不应大于±1μs。

65. 简述智能故障录波管理单元通信能力要求。

答：（1）站内网络端口带宽不小于 100Mbit/s；

（2）可同时接入保护设备不少于 255 台。

66. 简述智能故障录波装置单次故障时管理单元信息传输时间应满足的要求。

答：（1）单次故障时管理单元信息传输时间应满足以下要求：

1）事件报告传输时间：包括起动、告警、动作、复归等事件信息，由保护装置或采集单元到管理单元传输时间不大于 5s，管理单元到服务网关机或综合应用主机的传输时间不大于 5s；

2）查询响应时间：模拟量及开关量由保护装置或采集单元到管理单元的传输时间不大于 5s，定值由保护装置或采集单元到管理单元的传输时间不大于 30s；

3）通信状态：由管理单元到服务网关机或综合应用主机的传输时间不大于 5s。

（2）同时，管理单元获取保护装置或采集单元录波列表或文件应满足以下的传输性能要求：

1）传输采集单元最新暂态录波列表或最新分文件列表（录波条目数不超过200条）时，采集单元第一帧的响应时间不应大于3s；

2）传输长度大于3MB的文件时，平均传输速率不应小于600kbit/s；

3）传输长度小于3MB的文件时，传输时间不应大于5s。

67. 简述智能故障录波管理单元时间同步性能应满足的要求。

答：管理单元时间同步性能应满足以下要求：

（1）对时能力：应能接受SNTP网络对时或IRIG－B码；

（2）守时精度：24h守时误差不大于±5s。

68. 简述智能故障录波采集单元的采集网口应满足的要求。

答：采集单元的采集网口应满足以下要求：

（1）传输介质：850/1310nm多模光纤；

（2）接口类型：100Mbit/s应采用LC或ST接口，1000Mbit/s应采用LC接口；

（3）接口数量：每台装置的采集接口应不少于16个百兆光以太网口，站控层采用千兆光网络时，应不少于2个千兆光以太网口；

（4）采集网口光纤发送功率和接收灵敏度应满足要求。

69. 简述智能故障录波采集单元与管理单元之间的通信接口应满足的要求。

答：采集单元与管理单元之间的通信接口应满足以下要求：

（1）传输介质：宜采用五类及以上屏蔽双绞线；

（2）接口类型：宜采用100/1000Mbit/s自适应RJ－45电以太网接口，也可采用光纤接口；

（3）接口数量：通信接口应不少于2个。

70. 简述智能故障录波管理单元站内组网要求。

答：管理单元站内组网应满足如下要求：

（1）管理单元应通过采集单元通信接口连接屏内交换机，交换机接入全站采集单元。

（2）管理单元应通过站控层接口连接站控层网络，并与服务网关机和综合应用主机通信。当部署了二次设备状态监测功能时，还应与全站保护装置、安全自动装置、多功能测控装置通信。

（3）部署了二次设备状态监测功能的管理单元应采用DL/T 860通信报文规范与保护装置、安全自动装置、多功能测控装置通信。

（4）当站控层采用双网时，管理单元应采用不同的数据接口控制器分别接入两个站控层网络。

（5）管理单元应具备网络打印功能和就地打印功能。

71. 简述智能故障录波管理单元通信接口应满足的要求。

答：管理单元通信接口应满足以下要求：

（1）传输介质：宜采用五类及以上屏蔽双绞线；

（2）接口类型：宜采用 100/1000Mbit/s 自适应 RJ－45 电以太网接口，也可采用光纤接口；

（3）接口数量；

（4）采集单元通信接口应不少于 1 个；

（5）站控层通信接口应不少于 2 个。

72. 简述智能故障录波采集单元应对网络压力的功能要求。

答：（1）采集单元接入 400Mbit/s 网络负荷时，装置性能不应受影响，装置运行正常；

（2）当网络报文负荷突增不大于 50Mbit/s，持续时间不超过 30min 时，应不影响采集单元的存储记录和报文解析功能；

（3）采集单元单个记录文件的召唤平均响应速度应不低于 20Mbit/s。

73. 简述智能故障录波装置 ICD 模型测试的技术要求。

答：（1）访问点模型、逻辑设备模型、逻辑节点模型应符合《变电站二次系统装置技术规范：智能故障录波装置技术规范》的要求，各采集单元采用 LD 方式建模。

（2）每个 LD 应最少包含 LLN0、LPHD 两个逻辑节点和《变电站二次系统装置技术规范：智能故障录波装置技术规范》中相应 LD 下的必选逻辑节点。

（3）表征功能相同或相近时，逻辑节点和数据对象应优先选用《变电站二次系统装置技术规范：智能故障录波装置技术规范》中的定义；规范中无法表达的逻辑节点或数据对象，扩充时应遵循 Q/GDW 1396—2012《IEC 61850 工程继电保护应用模型》的原则；规范中统一定义的逻辑节点应至少包含其下必选的数据对象，数据对象的名称、属性类型及排序应与其保持一致。

（4）管理单元和各采集单元的设备识别代码、软件版本信息、管理单元上送的通信服务告警应分别按照《变电站二次系统装置技术规范：智能故障录波装置技术规范》规定的路径建模，管理单元与各采集单元应具备独立的唯一设备标识代码。

（5）智能故障录波装置应对自身信息建模为一个 IED，IED 元素应包含 type、manufacturer、configVersion 属性。

（6）数据集包含的数据对象不应跨 LD。

74. 简述智能故障录波装置 ICD 模型测试的测试方法。

答： 使用 ICD 模型自动测试软件，检查装置的建模层级、各层级建模对象、信号建模路径和数据集定义。

75. 简述智能故障录波装置通用（硬件）性能测试的项目。

答： 依据 GB/T 7261—2016《继电保护和安全自动装置基本试验方法》、DL/T 478—2013《继电保护和安全自动装置通用技术条件》、Q/GDW 11264—2014《电力系统动态记录装置检测规范》规定的试验项目、试验条件和方法进行外观与结构检查、外壳防护试验、高/低温试验、高/低温储存试验、耐湿热性能试验、绝缘电阻试验、介质强度试验、冲击电压试验、直流电源影响试验、振动试验、冲击试验、碰撞试验、功率消耗试验、过载能力试验、光功率试验、电磁兼容试验、数据记录性能试验、起动定值试验、连续记录试验、记录数据安全性试验、数据导出试验、记录数据格式与转换试验、时钟同步性能试验。

76. 简述智能故障录波装置采集单元记录量配置检查的技术要求。

答：（1）每台数字量输入采集单元接入的 SV 控制块个数不应少于 16 个，接入的 GOOSE 控制块个数不应少于 64 个；

（2）每台采集单元模拟量总通道数和开关量总通道数应满足《变电站二次系统装置技术规范：智能故障录波装置技术规范》的要求。

77. 简述智能故障录波装置采集单元记录量配置检查的测试方法。

答： 测试仪配置 16 个 SV 控制块，64 个 GOOSE 控制块同时输出，触发录波检查采集单元记录的所有 SV 和 GOOSE；检查每台模拟采集单元接入的最大模拟量总通道数和总开关量数。

78. 简述智能故障录波装置采集单元采集网口检查的技术要求。

答： 装置的采集接口应不少于 16 个百兆光以太网口。

79. 简述智能故障录波装置采集单元采集网口检查的测试方法。

答： 检查采集单元的采集网口类型和数量，并检查所有网口是否正常工作。

80. 简述智能故障录波装置采集单元通信网口检查的技术要求。

答：（1）接口类型：宜采用 100/1000Mbit/s 自适应 RJ－45 电以太网接口，也可采用光纤接口；

（2）接口数量：通信接口应不少于 2 个。

81. 简述智能故障录波装置采集单元通信网口检查的测试方法。

答：检查采集单元的通信网口类型和数量，并检查所有网口是否正常工作。

82. 简述智能故障录波装置采集单元基本要求检查的技术要求。

答：（1）当采集单元从站控层网络采集对应间隔保护装置发出的 GOOSE 报文时，应与对应间隔其他信号记录在同一采集单元；

（2）采集单元应有录波启动、装置异常、装置失电报警硬接点信号输出。

83. 简述智能故障录波装置采集单元基本要求检查的测试方法。

答：（1）模拟某间隔保护装置发出 GOOSE 报文，检查采集单元是否将该 GOOSE 与本间隔其他信号记录在同一采集单元中；

（2）分别模拟采集单元启动录波、装置异常、装置失电工况，检查装置是否有相应硬接点告警信号输出。

84. 简述智能故障录波装置采集单元录波通道命名检查的技术要求。

答：（1）采集单元应根据导入的 SCD 文件，并根据识别的 IED 名称、GOCB/SVCB 配置与通道信息生成缺省录波通道名称；应支持从管理单元手动编辑录波通道名称。

（2）通道命名参照 Q/GDW 10976—2017《电力系统动态记录装置技术规范》中 8.3 的要求。

85. 简述智能故障录波装置采集单元录波通道命名检查的测试方法。

答：（1）检查采集单元导入的 SCD 文件是否自动识别 IED 名称、GOCB/SVCB 配置与通道信息，并生成缺省录波通道名称；

（2）手动修改通道名称，并检查名称字节的长度是否符合要求。

86. 简述智能故障录波装置采集单元谐波记录性能检查的技术要求。

答：多个采集执行单元以异步方式运行时，12 次及以下谐波分量测量误差应不超过 5%。

87. 简述智能故障录波装置采集单元谐波记录性能检查的测试方法。

答：单个或多个异步方式下通入 20%U_N 的谐波电压（2～12 次），手动起动触发记录，检查谐波幅值。

88. 简述智能故障录波装置定值免整定检查的技术要求。

答：装置应具有定值免整定功能，宜具备从保护装置获取母线、线路、变压器参数的功能。免整定应符合如下原则：

（1）自动整定：由装置自动整定启动值，降低人工干预；

（2）整定可视化：自动整定的值应可以显示，通常应以二次值显示，以便人工校核；

（3）按间隔整定：分母线、线路、变压器等类别，按照间隔分别整定，不同间隔的定值互不影响；

（4）采集单元的定值还应具备人工整定的功能。

89. 简述智能故障录波装置定值免整定检查的测试方法。

答：检查装置定值免整定功能，是否分母线、线路、变压器间隔分别整定，不同间隔的定值互不影响，检查采集单元是否可从保护装置获取母线、线路、变压器参数，并手动修改每个定值。

90. 简述智能故障录波装置采集单元触发记录性能检查的技术要求。

答：采样频率应不低于采集执行单元标称采样率。

91. 简述智能故障录波装置采集单元触发记录性能检查的测试方法。

答：触发录波，检查采集单元记录数据的采样频率。

92. 简述智能故障录波装置采集单元通信接口安全性检查的技术要求。

答：采集单元从站控层网络和采集执行单元采集信息时，应在物理上保证单向采集。采集单元在出现故障、死机或断电的情况下，不应对网络产生影响。

93. 简述智能故障录波装置采集单元通信接口安全性检查的测试方法。

答：检查采集单元在正常运行中和上电、掉电、重启、修改配置等操作，检查是否有非法报文发出。

94. 简述智能故障录波装置采集单元报文异常实时分析功能检查的技术要求。

答：采集单元应具有异常报文记录功能。当召唤时应形成异常报文记录文件上送，文件格式应满足 NB/T 42015—2013《智能变电站网络报文记录及分析装置技术条件》附录 A 要求。

95. 简述智能故障录波装置采集单元报文异常实时分析功能检查的测试方法。

答：模拟技术规范中各类异常报文，检查装置是否按要求保存相关报文，并对照 NB/T 42015—2013《智能变电站网络报文记录及分析装置技术条件》附录 A 检查文件格式。

96. 简述在智能故障录波装置采集单元网络分析检查中，GOOSE 报文实时分析的技术要求。

答：（1）采集单元应能对 GOOSE 报文进行实时解析，提取报文中的开关量状态信息及动作信息；

（2）采集单元应能对所有 GOOSE 通信进行分析，包括 GOOSE 报文结构分析、内容分析、StNum 与 SqNum 变化规律分析等。

97. 简述在智能故障录波装置采集单元网络分析检查中，GOOSE 报文实时分析的测试方法。

答：（1）模拟 GOOSE 发生变位，提取 GOOSE 变位报文，检查报文中开关量变位报文信息；

（2）在正常情况和 GOOSE 变位下，对 GOOSE 报文进行查看，检查 GOOSE 报文结构、GOOSE 报文内容、StNum 与 SqNum 变化规律。

98. 简述在智能故障录波装置采集单元网络分析检查中，SV 报文实时分析的技术要求。

答：（1）采集单元应能对 SV 采样值报文进行实时解析，计算 SV 采样值报文中电流、电压量的有效值；

（2）采集单元应能对所有 SV 报文进行分析，分析内容包括报文结构分析、内容分析等。

99. 简述在智能故障录波装置采集单元网络分析检查中，SV 报文实时分析的测试方法。

答：（1）施加标准范围内 SV 采样值，检查采集单元记录 SV 报文中电流、电压有效值的测量误差；

（2）施加 SV 报文，检查采集单元记录的 SV 的报文结构和报文内容。

100. 简述在智能故障录波装置采集单元网络分析检查中，站控层 DL/T 860 通信报文实时分析的技术要求。

答：（1）采集单元应能对站控层 DL/T 860 通信报文进行实时解析，记录控制操作事件；

（2）采集单元应能记录所有的连接建立、连接断开事件；

（3）采集单元能监视站控层 DL/ T 860 通信回话异常，当同一通信链路上同时存在的连接数量不小于设定的阀值时应产生告警事件，阀值默认为 3。站控层 DL/T 860 通信报文规范通信链路以进行通信的两个通信终端的 IP 地址对来标识。

101. 简述在智能故障录波装置采集单元网络分析检查中，站控层 DL/T 860 通信报文实时分析的测试方法。

答：（1）对站控层二次设备投退压板操作，检查采集单元 DL/T 860 报文记录情况；

（2）模拟站控层二次设备连接、断开，检查采集单元 DL/T 860 报文记录情况；

（3）模拟同一通信链路上同时连接的数量大于和等于设定的阀值，检查采集单元告警信息，检查站控层通信链路的标识。

102. 简述智能故障录波装置采集单元站控层 DL/T 860 通信报文实时分析的技术要求。

答：（1）采集单元应能对站控层 DL/T 860 通信报文进行实时解析，记录控制操作事件；

（2）采集单元应能记录所有的连接建立、连接断开事件；

（3）采集单元应能监视站控层 DL/T 860 通信会话异常，当同一通信链路上同时存在的连接数量不小于设定的阈值时应产生告警事件，阈值默认为 3。站控层 DL/T 860 通信报文规范通信链路以进行通信的两个通信终端的 IP 地址对来标识。

103. 简述智能故障录波装置采集单元站控层 DL/T 860 通信报文实时分析的测试方法。

答：模拟站控层操作各设备连接、断开，检查同一通信链路上同时存在的连接数量的告警阈值并检查记录控制操作事件。

104. 简述智能故障录波装置采集单元通信性能检查的技术要求。

答：（1）采集单元应具备上送定值、故障信息报告、告警、波形文件功能；

（2）采集单元与管理单元通信发生了异常或中断，在重新建立连接后装置应能根据管理单元的召唤，上送相应波形列表；

（3）采集单元应能响应管理单元对设定时间段内录波列表、异常报文列表的召唤，应能响应管理单元对录波列表和异常报文列表内任一文件的召唤。

105. 简述智能故障录波装置采集单元通信性能检查的测试方法。

答：（1）从管理单元查看采集单元的定值、故障信息报告、告警和录波文件；

（2）模拟采集单元和管理单元通信中断—中断后恢复，再通过管理单元查看采集单元录波列表和调取录波；

（3）从管理单元设定时间段对采集单元进行召唤录波文件列表和异常报文列表，并能调取任一录波和报文。

106. 简述智能故障录波装置采集单元数据管理功能检查的技术要求。

答：（1）触发记录数据、连续记录数据的存储介质应独立配置，异常报文记录数据、连续报文记录数据应分区存储，异常报文记录数据不应影响触发记录数据；

（2）数据输出格式应满足 DL/T 553—2013《电力系统动态记录装置通用技术条件》

及 Q/GDW 10976—2017《电力系统动态记录装置技术规范》的要求，采集单元输出的 DMF 与 HDR 文件格式应满足 Q/GDW 10976—2017 附录 B 和附录 C 的要求。

107. 简述智能故障录波装置采集单元数据管理功能检查的测试方法。

答：（1）检查采集单元异常报文记录数据、连续报文记录数据存储介质和数据分区情况；

（2）记录连续记录和触发记录数据格式，并对照 Q/GDW 10976—2017《电力系统动态记录装置技术规范》附录检查 DMF 和 HDR 文件格式。

108. 简述智能故障录波装置采集单元通信过程分析检查的技术要求。

答：（1）采集单元应能监视过程层报文流量、帧速、通信中断、通信恢复等；

（2）采集单元应能实时监视网络中节点的增加和删除、报文流量、通信状态等，给出告警信息。

109. 简述智能故障录波装置采集单元通信过程分析检查的测试方法。

答：对过程层施加不同流量的报文，并模拟通信中断、通信恢复检查是否具有流量、帧速和通信监视功能。模拟网络中节点增加和删除，检查采集单元是否对节点通信状态进行监视和告警。

110. 简述智能故障录波装置采集单元网络压力检查的技术要求。

答：（1）采集单元接入 400Mbit/s 网络负荷时，装置性能不应受影响，装置运行正常；

（2）当网络报文负荷突增不大于 50Mbit/s、持续时间不超过 30min 时，应不影响采集单元的存储记录和报文解析功能；

（3）采集单元单个记录文件的召唤平均响应速度应不低于 20Mbit/s。

111. 简述智能故障录波装置采集单元网络压力检查的测试方法。

答：（1）接入 400Mbit/s 网络负荷时，模拟扰动检查采集单元数据记录性能；

（2）模拟网络报文负荷突增 50Mbit/s 时发生扰动，检查采集单元的数据记录和报文解析功能；

（3）模拟管理单元召唤文件，检查召唤文件响应速度。

112. 简述智能故障录波装置采集单元网络流量监视检查的技术要求。

答：（1）采集单元应能分别统计 GOOSE、SV 和站控层 DL/T 860 通信报文的流量。

（2）采集单元应能按照源 MAC 地址或目的 MAC 地址统计报文流量。

（3）采集单元应能监测 GOOSE、SV、站控层 DL/T 860 通信网络中的报文流量异常的情况。流量异常的报文速率阈值可设置：对于 SV 网络报文流量异常阈值为正常负荷的

1.1 倍，GOOSE 网络报文流量异常阈值可设置，站控层 DL/T 860 通信网络报文流量异常阈值和持续时间可设置。

（4）采集单元应能监测网络风暴；在网络中存在风暴时，采集单元应能识别、分析并告警。

113. 简述智能故障录波装置采集单元网络流量监视检查的测试方法。

答：（1）模拟产生 GOOSE、SV 和站控层 DL/T 860 流量，检查统计结果是否正确。

（2）检查采集单元是否按源 MAC 地址或目的 MAC 地址统计报文流量。

（3）检查采集单元是否具有流量告警功能，流量异常告警阀值是否可设，检查 SV 网络报文流量告警值，设置 GOOSE 网络报文流量异常阀值，设置站控层 DL/T 860 通信网络报文流量异常阈值和持续时间，并模拟异常报文检查告警报文。

（4）模拟网络风暴，检查采集单元是否能识别、记录和告警。

114. 简述智能故障录波装置管理单元通信网口检查的技术要求。

答：（1）传输介质：宜采用五类及以上屏蔽双绞线；

（2）接口类型：宜采用 100M/1000M 自适应 RJ－45 电以太网接口，也可采用光纤接口；

（3）接口数量：采集单元通信接口应不少于 1 个，站控层通信接口应不少于 2 个。

115. 简述智能故障录波装置管理单元通信网口检查的测试方法。

答：记录管理单元通信网口类型和数量，并检查所有网口是否正常工作。

116. 简述智能故障录波装置管理单元基本功能检查的技术要求。

答：（1）管理单元应具备用户权限管理功能；

（2）采用嵌入式工控机配置的管理单元应有装置异常、失电报警硬接点信号输出；

（3）管理单元应具有事件记录功能，应以时间顺序记录的方式记录正常运行的操作信息。

117. 简述智能故障录波装置管理单元基本功能检查的测试方法。

答：（1）通过管理员设置不同用户不同权限，不同用户登录管理单元，检查管理单元用户权限开放情况是否与设置一致；

（2）模拟工控机配置的管理单元装置异常、电源消失等工况，检查管理单元硬节点信号输出；

（3）模拟召唤保护装置录波、手动启动录波等操作，检查事件上送顺序及时间是否与实际操作情况一致。

118. 简述智能故障录波装置管理单元录波及报文数据图形显示功能检查的技术要求。

答：（1）所有采集单元录波通道应能在界面下实时展示，并能准确显示通道间相位关系；

（2）应能显示装置参数、运行及异常信息，默认状态下，相关的数值显示为二次值；

（3）记录的报文（GOOSE、SV、站控层 DL/T 860 通信报文）应能以列表的形式展示，并展示各个字段的描述、值，以及在报文中的位置、长度等信息；

（4）应能展示报文分析的解析结果，解析结果能与 SCD、CID 文件关联，包括一、二次设备名称、线路名称、信号名称以及 IED 设备之间的通信关系。

119. 简述智能故障录波装置管理单元录波及报文数据图形显示功能检查的测试方法。

答：（1）模拟系统正常运行以及负荷变化工况下，检查采集单元录波通道显示状态；

（2）模拟系统扰动及手动启动录波，检查录波通道数据、网分数据正确性以及展现方式。

120. 简述智能故障录波装置管理单元录波及报文数据数据查询功能检查的技术要求。

答：（1）应支持异常报文定位与查找功能；

（2）应能根据动作时间、动作信息等查询历史报文；

（3）应能按照故障类型、时间段进行触发记录查询；

（4）数据查询结果应能直接进行离线分析。

121. 简述智能故障录波装置管理单元录波及报文数据数据查询功能检查的测试方法。

答：（1）模拟系统扰动，多种类型保护装置动作，检查管理单元录波数据查询功能；

（2）模拟网络报文异常，并启动录波，检查管理单元网络分析数据查询功能。

122. 简述智能故障录波装置管理单元录波及报文数据导入导出功能检查的技术要求。

答：（1）应支持导入 SCD 文件；

（2）应支持将原始报文、报文的分析结果、触发记录数据、连续记录数据、触发分通道记录数据导出功能。

123. 简述智能故障录波装置管理单元录波及报文数据导入导出功能检查的测试方法。

答：（1）导入正确及错误 SCD 文件，检查管理单元告警及提示信息；

（2）模拟系统扰动，并启动故障录波及网络分析录波，导出报文分析结果、原始报文、触发记录等文件，检查导出数据正确性及格式是否满足相应规范要求。

124. 简述智能故障录波装置管理单元录波及报文数据管理功能检查的技术要求。

答：（1）应具备就地分析功能并能就地显示分析结果。

（2）支持数据直接导出至USB设备，支持就地打印设备。

（3）应提供装置级操作界面，可对该套装置进行数据查询和调用。对装置的操作（如用户登录等）以菜单形式实现并形成工况记录。应具有数据文件的管理列表，对历史数据进行查询、分析、打印、导出等管理。能够根据时间、类型等关键字对存储的数据进行查询。

125. 简述智能故障录波装置管理单元录波及报文数据管理功能检查的测试方法。

答：（1）模拟系统扰动，并启动故障录波及网络分析录波，检查管理单元录波及报文就地分析结果正确性；

（2）将数据文件导出并另存至别的文件夹中，检查数据导出功能；

（3）将录波及网分数据保存，重启装置并进行查询保存的录波及网分数据，检查数据存储及查询功能。

126. 简述智能故障录波装置管理单元录波及报文数据离线分析功能检查的技术要求。

答：（1）离线分析应采用图形化界面；

（2）报文分析软件功能，波形分析软件功能，基于CFG、DAT和DMF文件的高级分析功能应满足相应技术规范要求。

127. 简述智能故障录波装置管理单元录波及报文数据离线分析功能检查的测试方法。

答：（1）模拟GOOSE、SV报文发生突变，网络报文异常并引起暂态录波，检查离线分析结果及展现形式是否满足技术要求；

（2）模拟系统扰动，保护装置动作，并启动暂态录波，检查波形分析软件是否满足相关技术要求；

（3）分别在线路、母线、变压器的不同位置模拟故障，检查离线软件的高级分析功能。

128. 简述智能故障录波装置管理单元配置文件管控功能检查的技术要求。

答：（1）应能通过SCD中保护装置、安全自动装置、多功能测控装置、采集执行单元的 CRC 与对应装置中虚端子 CRC 进行在线比对；

（2）当装置支持时，应支持从装置调取 CCD、CID 文件。

129. 简述智能故障录波装置管理单元配置文件管控功能检查的测试方法。

答：（1）导入 SCD 文件，模拟管理单元在线读取保护装置、安全自动装置、多功能测控装置、采集执行单元中虚端子 CRC 校验码，检查在线读取的 CRC 校验码与管理单元 SCD 文件中相应保护装置的 CRC 校验码比对结果及表现方式；

（2）模拟从保护装置调取 CCD 和 CID 文件。

130. 简述智能故障录波装置管理单元保护装置定值管理功能检查的技术要求。

答：（1）应支持对指定接入保护设备的当前定值区号和任意区定值进行召唤，并直观地显示所查询的定值、定值区信息；

（2）应支持定值比对功能。

131. 简述智能故障录波装置管理单元保护装置定值管理功能检查的测试方法。

答：（1）操作管理单元召唤保护装置各定值区定值、设备参数，检查保护定值名称及属性是否与保护装置一致；

（2）手动录入正确及错误定值清单存为基准值，启动定值召唤及比对功能，检查管理单元告警及提示信息；

（3）设定定值自动召唤和比对周期为 1h，管理单元召唤保护装置定值并将定值保存作为下次比对的基础，在保护装置本地修改保护装置定值，人工及自动启动定值召唤及比对，检查管理单元告警及提示信息，并检查是否有相应告警信号上送。

132. 简述智能故障录波装置管理单元二次设备运行状态在线监视功能检查的技术要求。

答：（1）应具备基于一次设备主接线图的全站所有保护装置运行状态可视化展示，其运行状态分为运行、异常、检修、闭锁、跳闸五种，分别以绿色、黄色、蓝色、橙色、红色显示，其展示优先级按照从前往后依次增加；

（2）在单台装置的状态监视界面上应能显示装置名称、生产厂家、装置版本等设备台账信息；

（3）应能接收装置动作、告警信息、状态变位、监测信息、压板状态、定值区号、运行工况、装置面板指示灯等各种信息并能可视化在线监视。

133. 简述智能故障录波装置管理单元二次设备运行状态在线监视功能检查的测试方法。

答：（1）模拟保护装置运行、异常、检修、闭锁、跳闸状态，检查保护装置运行状态展示正确性及显示优先级；

（2）模拟系统正常运行，检查单台装置的状态监视界面信息正确性，通过系统负荷变化，检查二次设备测量信息及设备状态信息的变化情况；

（3）模拟系统扰动，保护装置动作，检查二次设备运行在线监视界面展示信息正确性；

（4）模拟装置异常如 TA 断线、TV 断线、链路中断、开入变化等，检查二次设备运行在线监视界面展示信息正确性；

（5）修改保护装置定值、压板等，检查二次设备运行在线监视界面展示信息正确性。

134. 智能录波器的主要功能特点有哪些？

答：智能故障录波装置由管理单元和采集单元组成，逻辑结构示意图如图 8－6 所示。

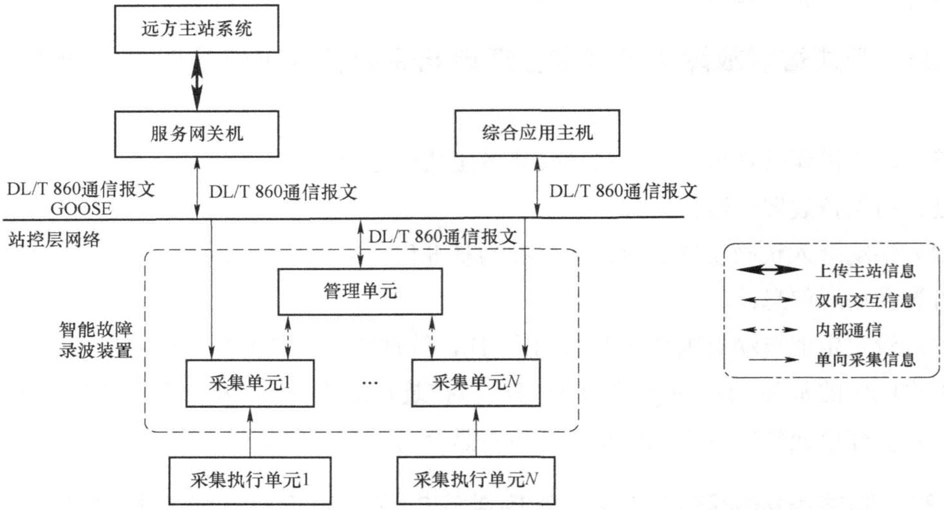

图 8－6　智能故障录波装置逻辑结构示意图

装置满足新一代变电站应用场景，采集单元和管理单元均部署在安全Ⅱ区，典型物理部署示意图如图 8－7 所示。

（1）采集单元具备采集模拟量、开关量及生成录波文件等故障录波功能；具备记录与分析 SV/GOOSE 报文和 DL/T 860 通信报文、流量统计及报文异常与流量异常告警等功能。

（2）管理单元具备录波文件分析、网络报文分析功能；部署了二次设备状态监测功能的管理单元，且具备二次设备状态监测功能，二次设备状态监测功能中二次系统可视化功能可基于 SCD 等文件实现二次设备状态在线监视、二次虚回路在线监视、过程层光纤回路在线监视、二次回路故障智能诊断等功能。

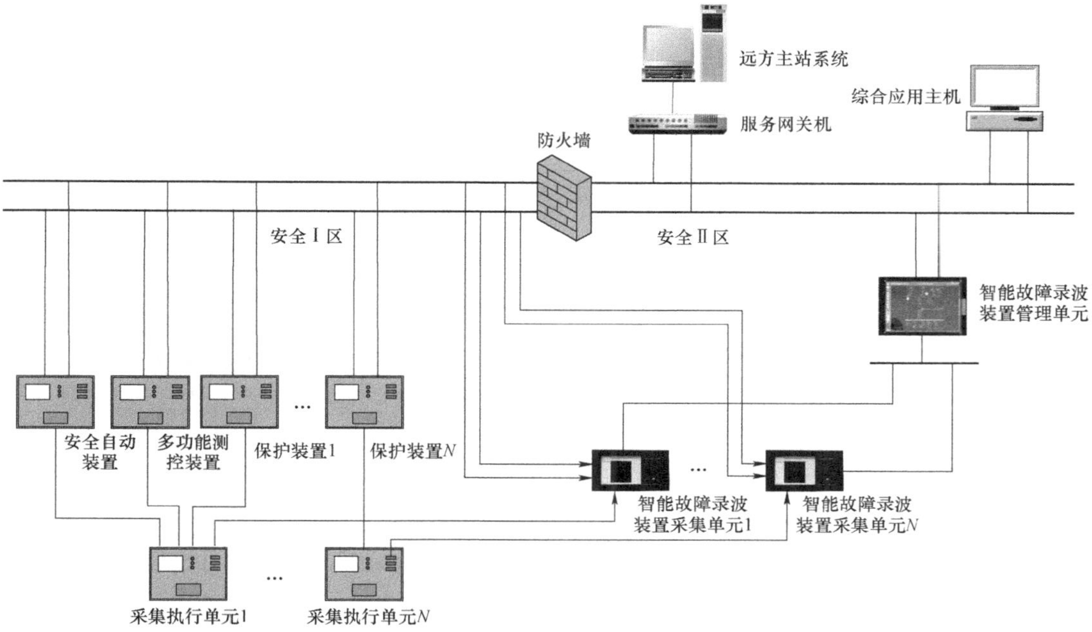

图 8－7　智能故障录波装置物理部署示意图

（3）管理单元具备全站录波数据监视及全站录波数据分析功能，部署了二次设备状态监测功能的管理单元可基于采集单元录波文件、站端二次设备告警信号及保护录波文件等多源信息，实现故障智能诊断分析功能。

135. 简述智能录波器测试方法。

答：（1）动态测试方法。对于智能录波器部分功能模块涉及多个 IED 设备之间的信号配合及各 IED 设备自身动作和告警逻辑参与的情况，直接连接实际 IED 装置进行相关功能测试，测试流程如图 8－8 所示。

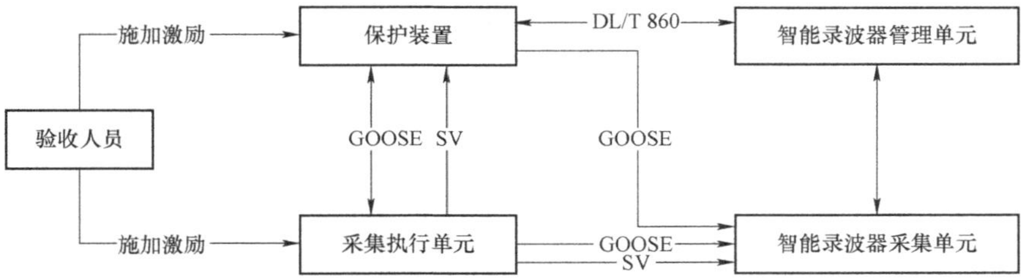

图 8－8　动态测试流程示意图

（2）静态测试方法。使用测试工具模拟保护装置、采集执行单元与智能录波器管理单元和采集单元实现站控层、过程层数据交互，使用测试工具模拟激励及报文、模拟智能录波器主站接收智能录波器上传的信号和报告文件解析测试结果是否正确，测试流程如图 8－9 所示。

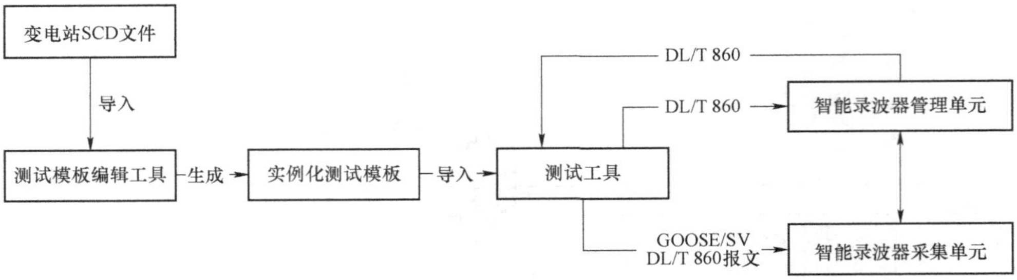

图 8-9　静态测试流程示意图

136. 简述智能故障录波采集单元记录量配置检查要求及测试方法。

答：（1）采集单元记录量配置检查要求：

1）每台数字量输入采集单元接入的 SV 控制块个数不应少于 16 个，接入的 GOOSE 控制块个数不应少于 64 个；

2）每台采集单元模拟量总通道数和开关量总通道数应满足《自主可控新一代变电站二次系统技术规范 装置类系列规范 5 智能故障录波装置》中 7.4.2 的要求。

（2）采集单元记录量配置检查方法：测试仪配置 16 个 SV 控制块，64 个 GOOSE 控制块同时输出，触发录波检查采集单元记录的所有 SV 和 GOOSE；检查每台模拟采集单元接入的最大模拟量总通道数和总开关量数。

137. 简述智能故障录波采集单元网口检查要求及测试方法。

答：（1）采集单元网口检查要求：装置的采集接口应不少于 16 个百兆光以太网口。

（2）采集单元网口检查方法：检查采集单元的采集接口类型和数量，是否正常工作。

138. 简述智能故障录波装置采集单元通信网口检查要求及测试方法。

答：（1）采集单元通信网口检查要求：

1）接口类型：宜采用 100M/1000M 自适应 RJ-45 电以太网接口，也可采用光纤接口；

2）接口数量：通信接口应不少于 2 个。

（2）采集单元通信网口检查测试方法：检查采集单元的通信网口类型和数量，并检查所有网口是否正常工作。

139. 简述智能故障录波装置二次设备信息采集测试方法。

答：二次设备信息采集测试方法：

（1）通过管理单元召唤保护、测控、交换机状态监测信息、自检告警信息、通信工况信息、装置识别代码、保护装置软件版本、IED 过程层虚端子配置 CRC 码等信息，检查管理单元召唤信息的正确性。

（2）模拟系统扰动，保护装置动作，从管理单元界面查看和验证以下信息是否与保护装置实际值相符。

（3）保护装置出口动作信息。

（4）保护装置启动和复归信息：

1）故障量，包括故障相别、故障测距、故障相电流、差动电流、零序电流、故障相电压、接地阻抗、相间阻抗等；

2）故障录波文件。

3）模拟保护装置异常告警，如TA断线、TV断线、链路中断等，检查管理单元展示信息的正确性；

4）模拟保护装置软压板、模拟量、开关量等信息突变，检查管理单元展示信息的正确性。

140. 简述智能故障录波装置通信服务告警测试要求及测试方法。

答：（1）通信服务告警测试要求：当接收到装置否定应答或响应超时，应上送通信服务告警。

（2）通信服务告警测试方法：

1）模拟删除保护装置内CCD文件，通过管理单元召唤CCD文件产生否定应答，检查管理单元、主站告警及提示信息；

2）模拟管理单元召唤CCD文件期间通信中断，产生响应超时告警，检查管理单元、主站告警及提示信息。

141. 简述智能故障录波装置录波通道命名测试要求及测试方法。

答：（1）录波通道命名测试要求：

1）采集单元应根据导入的SCD文件，并根据识别的IED名称、GOCB/SVCB配置与通道信息生成缺省录波通道名称；应支持从管理单元手动编辑录波通道名称。

2）通道命名参照Q/GDW 10976—2017《电力系统动态记录装置技术规范》中8.3要求。

（2）录波通道命名测试方法：

1）将采集单元导入SCD文件，检查是否自动识别IED名称、GOCB/SVCB配置与通道信息，并生成缺省录波通道名称。

2）手动修改通道名称，并检查名称字节的长度是否符合要求。

142. 简述智能故障录波装置报文异常实时分析测试要求及测试方法。

答：（1）报文异常实时分析测试要求：采集单元应具有异常报文记录功能；当召唤时应形成异常报文记录文件上送；文件格式应满足NB/T 42015—2013《智能变电站网络报文记录及分析装置技术条件》附录A要求。

（2）报文异常实时分析测试方法：模拟技术规范中各类异常报文，检查装置是否按要求保存相关报文，并对照 NB/T 42015—2013 附录 A 检查文件格式。

143. 简述智能故障录波装置网络分析测试要求及测试方法。

答：（1）报文实时分析测试要求：

1）采集单元应能对 GOOSE 报文进行实时解析，提取报文中的开关量状态信息及动作信息。

2）采集单元应能对所有 GOOSE 通信进行分析，包括 GOOSE 报文结构分析、内容分析、StNum 与 SqNum 变化规律分析等。

3）采集单元应能对 SV 采样值报文进行实时解析，计算 SV 采样值报文中电流、电压量的有效值。

4）采集单元应能对所有 SV 报文进行分析，分析内容包括报文结构分析、内容分析等。

5）采集单元应能对站控层 DL/T 860 通信报文进行实时解析，记录控制操作事件。

6）采集单元应能记录所有的连接建立、连接断开事件。

7）采集单元应能监视站控层 DL/T 860 通信会话异常，当同一通信链路上同时存在的连接数量不小于设定的阈值时应产生告警事件，阈值默认为 3。站控层 DL/T 860 通信报文规范通信链路以进行通信的两个通信终端的 IP 地址对来标识。

（2）报文实时分析测试方法：

1）模拟 GOOSE 发生变位，提取 GOOSE 变位报文，检查报文中开关量变位报文信息。

2）在正常情况和 GOOSE 变位下，对 GOOSE 报文进行查看，检查 GOOSE 报文结构、GOOSE 报文内容、StNum 与 SqNum 变化规律。

3）施加标准范围内 SV 采样值，检查采集单元记录 SV 报文中电流、电压有效值的测量误差。

4）施加 SV 报文，检查采集单元记录的 SV 的报文结构和报文内容。

5）模拟站控层操作各设备连接、断开，检查同一通信链路上同时存在的连接数量的告警阈值并检查记录控制操作事件。

144. 简述智能故障录波装置网络流量监视测试要求及测试方法。

答：（1）网络流量监视测试要求：

1）采集单元应能分别统计 GOOSE、SV 和站控层 DL/T 860 通信报文的流量。

2）采集单元应能按照源 MAC 地址或目的 MAC 地址统计报文流量。

3）采集单元应能监测 GOOSE、SV、站控层 DL/T 860 通信网络中的报文流量异常的情况；流量异常的报文速率阈值可设置：对于 SV 网络报文流量异常阈值为正常负荷的 1.1 倍，GOOSE 网络报文流量异常阈值可设置，站控层 DL/T 860 通信网络报文流量异常阈值和持续时间可设置。

4）采集单元应能监测网络风暴；在网络中存在风暴时，采集单元应能识别、分析并告警。

（2）网络流量监视测试方法：

1）模拟产生 GOOSE、SV 和站控层 DL/T 860 流量，检查统计结果是否正确。

2）检查采集单元是否按源 MAC 地址或目的 MAC 地址统计报文流量。

3）检查采集单元是否具有流量告警功能，流量异常告警阈值是否可设，检查 SV 网络报文流量告警值，设置 GOOSE 网络报文流量异常阈值，设置站控层 DL/T 860 通信网络报文流量异常阈值和持续时间，并模拟异常报文检查告警报文。

4）模拟网络风暴，检查采集单元是否能识别、记录和告警。

145. 简述智能故障录波装置录波及报文数据图形显示测试要求及测试方法。

答：（1）图形显示测试要求：

1）所有采集单元录波通道应能在界面下实时展示，并能准确显示通道间相位关系；

2）应能显示装置参数、运行及异常信息，默认状态下，相关的数值显示为二次值；

3）记录的报文（GOOSE、SV、站控层 DL/T 860 通信报文）应能以列表的形式展示，并展示各个字段的描述、值，以及在报文中的位置、长度等信息；

4）应能展示报文分析的解析结果，解析结果能与 SCD、CID 文件关联，包括一、二次设备名称，线路名称，信号名称及 IED 设备之间的通信关系。

（2）图形显示测试方法：

1）模拟系统正常运行以及负荷变化工况下，检查采集单元录波通道显示状态；

2）模拟系统扰动及手动启动录波，检查录波通道数据、网分数据正确性以及展现方式。

146. 简述智能故障录波装置录波及报文数据查询测试要求及测试方法。

答：（1）数据查询测试要求：

1）应支持异常报文定位与查找功能；

2）应能根据动作时间、动作信息等查询历史报文；

3）应能按照故障类型、时间段进行触发记录查询；

4）数据查询结果应能直接进行离线分析。

（2）数据查询测试方法：

1）模拟系统扰动，多种类型保护装置动作，检查管理单元录波数据查询功能；

2）模拟网络报文异常，并启动录波，检查管理单元网分数据查询功能。

147. 简述智能故障录波装置录波及报文数据导入导出测试要求及测试方法。

答：（1）数据导入导出测试要求：

1）应支持导入 SCD 文件；

2）应支持将原始报文、报文的分析结果、触发记录数据、连续记录数据、触发分通道记录数据导出功能。

（2）数据导入导出测试方法：

1）导入正确及错误 SCD 文件，检查管理单元告警及提示信息；

2）模拟系统扰动，并启动故障录波及网络分析录波，导出报文分析结果、原始报文、触发记录等文件，检查导出数据正确性及格式是否满足相应规范要求。

148. 简述智能故障录波装置录波及报文数据管理测试要求及测试方法。

答：（1）数据管理测试要求：

1）应具备就地分析功能并能就地显示分析结果。

2）支持数据直接导出至 USB 设备，支持就地打印设备。

3）应提供装置级操作界面，可对该套装置进行数据查询和调用。对装置的操作（如用户登录等）以菜单形式实现并形成工况记录。应具有数据文件的管理列表，对历史数据进行查询、分析、打印、导出等管理。能够根据时间、类型等关键字对存储的数据进行查询。

（2）数据管理测试方法：

1）模拟系统扰动，并启动故障录波及网络分析录波，检查管理单元录波及报文就地分析结果正确性。

2）将数据文件导出并另存至别的文件夹中，检查数据导出功能。

3）将录波及网分数据保存，重启装置并进行查询保存的录波及网分数据，检查数据存储及查询功能。

149. 简述智能故障录波装置录波及报文数据离线分析测试要求及测试方法。

答：（1）离线分析测试要求：

1）离线分析应采用图形化界面；

2）报文分析软件功能、波形分析软件功能、基于 CFG、DAT 和 DMF 文件的高级分析功能应满足相应技术规范要求。

（2）离线分析测试方法：

1）模拟 GOOSE、SV 报文发生突变，网络报文异常并引起暂态录波，检查离线分析结果及展现形式是否满足技术要求；

2）模拟系统扰动，保护装置动作，并启动暂态录波，检查波形分析软件是否满足相关技术要求；

3）分别在线路、母线、变压器的不同位置模拟故障，检查离线软件的高级分析功能。

150. 简述智能故障录波装置配置文件管控测试要求及测试方法。

答：（1）配置文件管控测试要求：

1）应能通过 SCD 中保护装置、安全自动装置、多功能测控装置、采集执行单元的 CRC 与对应装置中虚端子 CRC 进行在线比对；

2）当装置支持时，应支持从装置调取 CCD、CID 文件。

（2）配置文件管控测试方法：

1）导入 SCD 文件，模拟管理单元在线读取保护装置、安全自动装置、多功能测控装置、采集执行单元中虚端子 CRC 校验码，检查在线读取的 CRC 校验码与管理单元 SCD 文件中相应保护装置的 CRC 校验码比对结果及表现方式；

2）模拟从保护装置调取 CCD 和 CID 文件。

151. 简述智能故障录波装置定值管理功能测试要求及测试方法。

答：（1）定值召唤比对测试要求：

1）应支持对指定接入保护设备的当前定值区号和任意区定值进行召唤，并直观地显示所查询的定值、定值区信息；

2）应支持定值比对功能。

（2）定值召唤比对测试方法：

1）操作管理单元召唤保护装置各定值区定值、设备参数，检查保护定值名称及属性是否与保护装置一致；

2）手动录入正确及错误定值清单存为基准值，启动定值召唤及比对功能，检查管理单元告警及提示信息；

3）设定定值自动召唤和比对周期为 1h，管理单元召唤保护装置定值并将定值保存作为下次比对的基础，在保护装置本地修改保护装置定值，人工及自动启动定值召唤及比对，检查管理单元告警及提示信息，并检查是否有相应告警信号上送。

152. 简述智能故障录波装置二次设备运行状态在线监视测试要求及测试方法。

答：（1）二次设备运行状态在线监视测试要求：

1）应具备基于一次设备主接线图的全站所有保护装置运行状态可视化展示，其运行状态分为运行、异常、检修、闭锁、跳闸五种，分别以绿色、黄色、蓝色、橙色、红色显示，其展示优先级按照从前往后依次增加；

2）在单台装置的状态监视界面上应能显示装置名称、生产厂家、装置版本等设备台账信息；

3）应能接收装置动作、告警信息、状态变位、监测信息、压板状态、定值区号、运行工况、装置面板指示灯等各种信息并能可视化在线监视。

（2）二次设备运行状态在线监视测试方法：

1）模拟保护装置运行、异常、检修、闭锁、跳闸状态，检查保护装置运行状态展示正确性及显示优先级；

2）模拟系统正常运行，检查单台装置的状态监视界面信息正确性，通过系统负荷变化，检查二次设备测量信息及设备状态信息的变化情况；

3）模拟系统扰动，保护装置动作，检查二次设备运行在线监视界面展示信息正确性；

4）模拟装置异常如 TA 断线、TV 断线、链路中断、开入变化等，检查二次设备运行在线监视界面展示信息正确性；

5）修改保护装置定值、压板等，检查二次设备运行在线监视界面展示信息正确性。

153. 简述智能故障录波装置过程层物理连接在线监视测试要求及测试方法。

答：（1）过程层物理连接在线监视测试要求：

1）应具备图、模、库一体化技术，宜根据交换机、采集执行单元、保护装置、多功能测控装置、安全自动装置端口物理连接信息，自动构建网络拓扑模型；

2）应能在物理光纤上查看对应的逻辑链路及逻辑链路的状态；

3）应能查看保护装置物理端口所对应的输入、输出逻辑链路及其状态；

4）应能根据装置的光纤端口监测信息，以及逻辑链路告警信息进行物理链路故障定位，辅助定位故障点或故障区域，给出提示信息，并在此图上进行明显的标识。

（2）过程层物理连接在线监视测试方法：

1）模拟网络通信状态正常，进入过程层物理连接在线监视界面，检查二次实回路状态及表现形式；

2）分别模拟光纤回路通信链路连接/中断、交换机光纤回路通信链路连接/中断等，检查管理单元故障定位准确性、光纤回路状态。

154. 简述智能故障录波装置虚回路在线监视测试要求及测试方法。

答：（1）虚回路在线监视测试要求：

1）应以装置为中心图形化方式展示与该装置相关虚回路的构成、逻辑和状态。

2）应用箭头明确标识虚端子的发布和订阅方向。

3）应能实时显示虚回路的模拟量或者开关量的实时值。

4）本图中的装置命名可在 IED 名称与调度命名间灵活切换。

5）虚回路的状态由虚回路所在逻辑链路状态、对应网络报文状态、相关联软压板状态综合判断得出，并能通过不同的颜色进行标识。当虚回路所在逻辑链路状态为中断时，采用红色标识；当虚回路所对应网络报文状态为异常时，采用黄色标识；当虚回路相关联软压板状态为退出时，采用灰色标识；当虚回路的状态为正常时，采用绿色标识。

6）当虚回路的状态为异常时，应能显示其细节信息，如其所在逻辑链路状态、相关联软压板状态，对应网络报文状态。

（2）虚回路在线监视测试方法：

1）模拟网络通信状态正常，进入二次虚回路在线监视界面，检查二次虚回路状态及表现方式。

2）模拟二次虚回路通信链路连接/中断、二次虚回路关联软压板投入/退出、二次虚回路网络报文状态正常/异常等工况，检查管理单元二次虚回路状态及表现方式。

155. 简述智能故障录波保护装置异常定位测试要求及测试方法。

答：（1）保护装置异常定位测试要求：

1）应能根据装置异常告警等信息进行装置异常定位；

2）异常、故障定位不确定时，应列出各个可能异常的设备、回路信息，可支持自定义排序查找；

3）宜根据定位结果给出相应处理建议。

（2）保护装置异常定位测试方法：

1）模拟保护装置异常告警，如板卡异常、链路中断等明确板卡异常告警，检查管理单元定位信息及告警信息；

2）模拟保护装置异常告警，如装置异常等不明确装置异常告警，检查管理单元定位信息及告警信息。

156. 简述智能故障录波装置二次设备监视预警测试要求及测试方法。

答：（1）二次设备监视预警测试要求：

1）应具备二次设备温度、电源电压、过程层端口发送/接收光强和保护光纤纵联通道光强监测信息的统计和历史数据查询功能，可根据同期数据比对、变化趋势、突变监测进行监视预警，阈值可设置。

2）应具备保护装置差流的越限告警和历史数据查询功能，并以图形方式展示，告警阈值可设置。

3）应能通过多种可视化手段（如饼图、棒图、曲线、仪表盘等），实现二次设备监视预警的可视化展示。

4）监视预警的异常定位应至少到装置级、回路级。

（2）二次设备监视预警测试方法：

1）模拟二次设备温度、电源电压、光强等遥测值异常变化工况，检查管理单元告警信息及表现方式。

2）模拟保护装置差流异常变化，检查管理单元历史数据查询、统计结果及表现形式。

3）模拟二次设备接收光强信息发生突变，检查管理单元异常定位信息。

157. 简述智能故障录波装置信息管理和综合分析测试要求及测试方法。

答：（1）信息管理和综合分析测试要求：

1）应能读取和存储保护装置故障录波文件；

2）应能对保护装置动作报告进行展示；

3）应能对故障录波文件进行波形分析；

4）应能自动收集厂站内一次故障的相关信息，整合为故障报告，内容包括一、二次设备名称、故障时间、故障序号、故障区域、故障相别、录波文件名称等；

5）应能根据所采集的数据进行智能诊断分析，将分析出的异常结果形成智能诊断报告文件，并通过服务网关机发送相应告警信息给主站，支持主站召唤文件查看具体异常内容。

（2）信息管理和综合分析测试方法：

1）模拟系统扰动，保护装置动作，通过管理单元召唤保护装置故障录波文件，检查保护装置故障录波文件、保护装置动作报告、故障报告、智能运维文件等；

2）调取智能诊断报告文件，检查报告内容及格式；

3）检查服务网关机是否能收到相关告警信息，并支持主站召唤智能诊断报告。

158. 简述智能故障录波保护装置智能巡视测试要求及测试方法。

答：（1）保护装置智能巡视测试要求：

1）应支持对保护装置进行自动巡视和手动巡视，巡视项目应支持分类配置；

2）自动巡视间隔应支持设置，默认间隔为一天；

3）应支持将巡视结果生成巡视报告文件；

4）应支持巡视报告的展示，展示自动巡视项目的结果和以曲线、棒图等方式展示可设置周期内的巡视历史统计结果，且应支持报告预览打印和导出；

5）当主站发起巡视请求时，管理单元应能支持响应主站巡视请求；

6）当巡视结果有异常时，应上送异常告警信息，并能响应主站召唤巡视报告文件请求。

（2）保护装置智能巡视测试方法：

1）设置自动巡视间隔为 1 天，期间模拟保护装置出现通信中断、模拟量越限、保护动作等工况，1 天后进入保护装置智能巡视界面，检查管理单元告警信息、报告格式、表现形式、主站提示信息；

2）通过主站调取巡视报告，检查管理单元响应情况。

159. 简述智能故障录波装置信息上送检查测试要求及测试方法。

答：（1）信息上送主站测试要求：

1）管理单元应能主动上送通信状态告警、通信服务告警、时间偏差告警、CPU 负载率异常告警、内存使用率异常告警、磁盘使用率异常告警、配置变化和台账信息变化事件、启动故障录波时，录波完成信号。

2）管理单元应能定时上送定值不对应事件、巡视告警状态信息。

3）管理单元应支持召唤以下文件：全站录波记录文件、采集单元录波文件、全站录波故障间隔记录文件、命名映射文件、智能诊断报告文件、巡视报告文件、同源比对异常报告文件、通信状态监视信息文件、网络报文告警信息文件。

（2）信息上送主站测试方法：

1）模拟管理单元与保护装置、测控装置通信中断，检查管理单元、主站告警及提示信息。

2）模拟删除保护装置内 CCD 文件，通过管理单元召唤 CCD 文件产生否定应答，检查管理单元、主站告警及提示信息。

3）手动修改保护装置时间，模拟管理单元产生时钟偏差告警，检查管理单元、主站告警及提示信息。

4）模拟管理单元 CPU 负载率、内存使用率、磁盘使用率异常工况，检查管理单元、主站告警及提示信息。

5）手动修改管理单元配置和台账信息，检查管理单元、主站告警及提示信息。

6）模拟二次设备状态监测异常，并触发智能运维告警信息，检查管理单元、主站告警及提示信息。

7）模拟系统扰动，采集单元启动故障录波，检查管理单元、主站告警及提示信息。

8）通过主站召唤全站录波记录文件、全站录波故障间隔记录文件、采集单元录波文件、命名映射文件、智能诊断报告文件、巡视报告文件、同源比对异常报告文件、通信状态监视信息文件、网络报文告警信息文件，检查管理单元响应情况。

160. 简述智能故障录波装置同源数据比对测试要求及测试方法。

答：（1）同源数据比对测试要求：

1）应能对采集单元、保护装置来源于相同一次设备的模拟量和开关量进行同源数据比对分析。

2）当比对出现模拟量或开关量不一致时应能产生告警。

3）同源数据比对告警应生产报告文件。

4）故障时刻或扰动不能误报。

（2）同源数据比对测试方法：

1）管理单元同时接入保护装置和采集单元，模拟模拟量和开关量数据不一致，检查管理单元同源比对结果与报告，模拟包括但不限于以下运行工况：

（a）双套保护采集的相应通道数据不一致；

（b）保护与采集单元采集同源通道不一致；

（c）不同采集单元接入的同源通道数据不一致。

2）检查同源比对告警所产生的报告文件是相应规范要求。

3）模拟系统扰动，检查同源比对功能。

161. 简述智能故障录波装置全站录波分析测试要求及测试方法。

答：（1）全站录波分析测试要求：

1）当采集单元启动触发记录时，管理单元应自动召唤所有采集单元触发记录数据，并合并成全站录波记录。

2）合并后的全站录波记录数据应能完整包含故障过程时间段，数据采样率应不小于采集单元触发记录数据采样率。

3）采集单元时钟同步情况下，不同采集单元的模拟量通道间相位关系应与输入信号一致。

4）当采集单元记录通道范围具备条件时，应具备变压器差流、母线差流分析功能。

5）应能按照故障类别和故障信息自动生成故障相关间隔录波文件。

（2）全站录波分析测试方法：

1）模拟系统发生线路、母线、变压器故障同时有多个采集单元触发记录数据，检查管理单元全站录波功能及相应差流分析功能。

2）检查生成的全站录波文件、间隔录波文件采样频率、模拟量通道相位、幅值等信息是否与采集单元录波文件一致。

162. 简述智能诊断分析测试要求及测试方法。

答：（1）智能诊断分析测试要求：

1）支持采集单元录波、站端二次设备告警信号及保护录波等多源信息的一体化综合展示。

2）能够以主接线图形式动态展示故障前、中、后的变电站变化情况，展示内容能反映变电站内开关变位、潮流变化等主要信息。

3）具备 TV/TA 断线、饱和、励磁涌流波形的自动识别功能。

4）当能够获得线路对侧数据时，具备双端测距、线路差流分析功能。

5）能够生成故障发展顺序图及分析报告，报告包含装置型号、动作类型、故障时间、跳闸时间、重合闸时间、操作回路变位时间、开关变位时间、节点变位时间、故障类型、故障相别、测量阻抗、故障测距、故障元件判别等信息，顺序图中能够体现各类变位信息的相对时差。

6）在能够获得变电站完整保护配置数据时，具备保护与断路器动作时序正确性分析功能。

7）支持全站电流、电压回路自动校核，依据 SCD 定义间隔一、二次设备关系，校验各间隔电流、电压幅值和相序，校验站内差动保护电流幅值和极性，校验相邻保护电流极性，校验同期电压压差和角差。

8）支持以上历史数据归档和查询。

（2）智能诊断分析测试方法：

1）分别在线路、母线、变压器的不同位置模拟系统故障，检查故障前、中、后变电站变化情况及相应分析报告。

2）模拟线路、母线、变压器的不同 TA 断线、TV 短线、TA 饱和故障，检查管理单元告警及提示信息。

3）模拟系统空充变压器产生励磁涌流，检查管理单元告警及提示信息。

4）模拟系统任意一 TA 极性错误、变比错误等工况，检查管理单元告警及提示信息。

163. 简述智能故障录波装置对时与守时精度测试要求。

答：对时与守时精度测试要求：

（1）检测被测设备接收对时信号的类型与对时准确度；

（2）检测被测设备守时准确度；

（3）检测被测设备对时信号状态、对时服务状态及时间跳变侦测状态，是否通过 DL/T 860 通信协议上送，是否上送信号正确。

第九章

结算及集中计量装置

1. 简述集中计量装置的含义。

答：集中计量装置是同时接收变电站多个间隔电压、电流采样值报文并分别进行计量及数据集中处理的电能计量设备。

如图 9－1 和图 9－2 所示为南瑞继保集中计量装置 PCS－9705M 的正视图和背板图。

图 9－1　集中计量装置 PCS－9705M 正视图

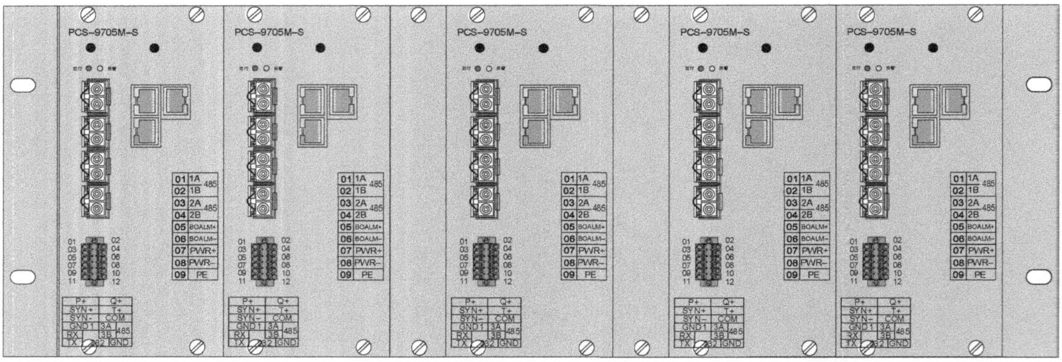

图 9－2　集中计量装置 PCS－9705M 背视图

2. 简述数字电能表的功能与要求。

答：为实现数字化的监控功能，数字电能表需完成电能量的数据采集和监控需求，实现应用数据的测量和记录功能，以及自身故障的告警。同时，为实现标准化数据通信，数字电能表还应提供符合标准要求的通信协议规范和以太网接口。

3. 简述电子电能表的功能。

答：一般变电站使用基于串口方式通信协议的常规电子式电能表，可实现电能的分时计量，并通过一定的接口传输数据。

4. 简述数字化电能量采集终端的功能。

答：为实现场站化应用，数字化电能量采集终端应具有下述几点功能：

（1）可实现传统电子电能表的代理与其他数字化部分通信，通信协议应当基于 IEC 61850 标准；

（2）可兼容现有电能量采集、监控系统，实现与主站的数据通信；

（3）可对自身故障、电能表故障进行监视和上报。

5. 简述需量的含义。

答：需量包括名字、电量值、单位、时间，值可为整型、浮点型，中文名字按照 MMTR 类中对应条目的中文解析表述。

每个条目的结构如下：

```
<Demand>
        <Name>当前有功需量</Name>
        <Value>0.000000</Value>
        <Unit>kW</UniP>
        <Time>20150701_000015_982</Time>
</Demand>
```

6. 简述标称电压的含义。

答：标称电压见表 9－1。过压能力：4 倍额定电压允许 1s。

表 9－1　　标　称　电　压

接入线路方式	标称电压 U_{nom}（V）
经互感器接入	3×57.7/100，3×100

7. 简述电流规格的含义。

答： 每款结算用电能计量装置的电流规格见表 9-2。过载能力：2 倍额定电流连续，10 倍额定电流持续 1s。

表 9-2　电流规格

接入方式	最小电流 I_{min}（A）	转折电流 I_{tr}（A）	最大电流 I_{max}（A）
经互感器接入	0.015	0.075	6
	0.003	0.015	1.2

注　$I_{tr}=0.05I_n$，$I_{min}=0.2I_{tr}$。

8. 简述脉冲常数的含义。

答： 不同规格结算电能计量装置推荐的脉冲常数见表 9-3。

表 9-3　结算电能计量装置推荐脉冲常数表

接入方式	电压（V）	最大电流（A）	推荐常数（imp/kWh、imp/kvarh）
经互感器接入	3×57.7/100	6	20 000
	3×57.7/100	1.2	100 000
	3×100	6	20 000
	3×100	1.2	100 000

9. 简述电能计量模型的逻辑节点。

答： 电能计量装置为 IED 设备，所包含的电能表为装置下的逻辑设备，应分别建模，电能计量模型应至少包含表 9-4 的逻辑节点。

表 9-4　电能计量模型的逻辑节点

逻辑设备	功能类	逻辑节点	逻辑节点类	扩展	备注
METR	基本逻辑节点	管理逻辑节点	LLN0		
		物理设备逻辑节点	LPHD		
	计费参数	时区时段	MTST	E	
	计量	计量	MMTR		电能计量、需量计量
	测量	测量	MMXU		
	事件	电压事件	MTLV	E	失压
			MTUV	E	欠压、全失压
			MTOV	E	过压
			MTBK	E	断相

续表

逻辑设备	功能类	逻辑节点	逻辑节点类	扩展	备注
METR	事件	电压事件	MTRV	E	电压逆相序
			MTVU	E	电压不平衡
			MTLP	E	掉电
		电流事件	MTUC	E	失流
			MTOC	E	过流
			MTBC	E	断流
			MTRC	E	电流逆相序
			MTCU	E	电流不平衡、电流严重不平衡
		功率事件	MTOP	E	过载
			MTOD	E	正向有功需量超限、反向有功需量超限、第 1 象限无功需量超限、第 2 象限无功需量超限、第 3 象限无功需量超限、第 4 象限无功需量超限
			MOPF	E	总功率因数超下限
			MTRP	E	潮流反向
	告警	采样异常	MSET	E	采样值通信中断、采样值报文地址无效、采样值序列不连续、采样值报文数据无效、采样值报文丢失、采样值报文为检修状态、采样数据非同步
	状态	状态	GGIO		时钟电池电压低、内部程序错误、存储器损坏或故障、时钟故障、工作电源掉电等

10. 简述测量逻辑节点 MMXU。

答：MMXU 代表测量逻辑节点，主要实现三相系统中功率、电压和电流等基本电气量的测量和计算。MMXU 类见表 9－5。

表 9－5　　MMXU　类

属性名	属性类型	说明
公共逻辑节点信息		
测量值		
Hz	MV	频率
PPV	DEL	线电压
A	WYE	相电流
Ph V	WYE	相电压
Tot W	MV	总有功功率 P
Tot VAr	MV	总无功功率 Q
Tot VA	MV	总视在功率 S

11. 简述计量逻辑节点 MMTR。

答： MMTR 代表计量逻辑节点，对各种电能累计量进行描述和定义，常用于三相系统中的计量和计费。MMTR 类见表 9-6。

表 9-6　MMTR 类

属性名	属性类型	功能约束	触发任选项	值/值域	M/O/C
inst Mag	Analogue Value	MX			O
mag	Analogue Value	MX	dchg		M
q	Quality	MX	dchg		M
t	Time Stamp	MX			M
units	Unit	CF			O
d	VISIBLE	DC		Text	O
	STRING255				
d U	UNICODE	DC			O
	STRING255				

12. 简述失压事件逻辑节点 MTLV。

答： 失压事件逻辑节点定义见表 9-7。

表 9-7　失压事件逻辑节点 MTLV

MTLV 类				
属性名	属性类型	说明	T	M/O
数据				
公共逻辑节点信息				
Mod	INC	模式		M
Beh	INS	行为		M
Health	INS	健康状态		M
NamPlt	LPL	逻辑节点铭牌		M
控制				
OpCntRs	INC	可总位动作计数		O
状态信息				
Op	ACT	动作	T	M
定值				
VTrgUpLimt	ASG	电压触发上限		EO
VRetDownLimt	ASG	电压恢复下限		EO
ITrgDownLimt	ASG	电流触发下限		EO
OpDlTmms	ING	动作延时时间		O
RsDlTmms	ING	复位延时时间		O

13. 简述欠压事件逻辑节点 MTUV。

答：欠压事件逻辑节点定义见表 9－8。

表 9－8　　欠压事件逻辑节点 MTUV

MTUV 类				
属性名	属性类型	说明	T	M/O
数据				
公共逻辑节点信息				
Mod	INC	模式		M
Bch	INS	行为		M
Health	INS	健康状态		M
NamPit	LPL	逻辑节点铭牌		M
控制				
OpCntRs	INC	可发位动作计数		O
状态信息				
Op	ACT	动作	T	M
定值				
VTrg	ASG	电压触发限值		EO
OpDlTmms	ING	动作延时时间		O
RsDlTmms	ING	复位延时时间		O

14. 简述过电压事件逻辑节点 MTOV。

答：过电压事件逻辑节点定义见表 9－9。

表 9－9　　过电压事件逻辑节点 MTOV

MTOV 类				
属性名	属性类型	说明	T	M/O
数据				
公共逻辑节点信息				
Mod	INC	模式		M
Beh	INS	行为		M
Health	INS	健康状态		M
NamPit	LPL	逻辑节点铭牌		M
控制				
OpCntRs	INC	可复位动作计数		O

续表

属性名	属性类型	说明	T	M/O
		状态信息		
Op	ACT	动作	T	M
		定值		
VTrg	ASG	电压触发限值		EO
OpDlTmms	ING	动作延时时间		O
RsDlTmms	ING	复位延时时间		O

15. 简述断相事件逻辑节点MTBK。

答：断相事件逻辑节点定义见表9－10。

表9－10　断相事件逻辑节点MTBK

		MTBK 类		
属性名	属性类型	说明	T	M/O
		数据		
		公共逻辑节点信息		
Mod	INC	模式		M
Bch	INS	行为		M
Health	INS	健康状态		M
NamPlt	LPL	逻辑节点铭牌		M
		控制		
OpCntRs	INC	可复位动作计数		O
		状态信息		
op	ACT	动作	T	M
		定值		
VTrg	ASG	电压触发限值		EO
ITrg	ASG	电流触发限值		EO
OpDlTmms	ING	动作延时时间		O
RsDlTmms	ING	复位延时时间		O

16. 简述电压逆相序事件逻辑节点MTRV。

答：电压逆相序事件逻辑节点定义见表9－11。

表 9－11　　电压逆相序事件逻辑节点 MTRV

MTRV 类				
属性名	属性类型	说明	T	M/O
数据				
公共逻辑节点信息				
Mod	INC	模式		M
Beh	INS	行为		M
Health	INS	健康状态		M
NamPlt	LPL	逻辑节点铭牌		M
控制				
OpCntRs	INC	可复位动作计数		O
状态信息				
Op	ACT	动作	T	M
定值				
OpDlTmms	ING	动作延时时间		O
RsDlTmms	ING	复位延时时间		O

17. 简述电压不平衡事件逻辑节点 MTVU。

答： 电压不平衡事件逻辑节点定义见表 9－12。

表 9－12　　电压不平衡事件逻辑节点 MTVU

MTVU 类				
属性名	属性类型	说明	T	M/O
数据				
公共逻辑节点信息				
Mod	INC	模式		M
Beh	INS	行为		M
Health	INS	健康状态		M
NamPlt	LPL	逻辑节点铭牌		M
控制				
OpCntRs	INC	可复位动作计数		O
状态信息				
Op	ACT	动作	T	M
定值				
VTrg	ASG	电压不平衡限值		EO
OpDlTmms	ING	动作延时时间		O
RsDlTmms	ING	复位延时时间		O

18. 简述掉电事件逻辑节点 MTLP。

答：掉电事件逻辑节点定义见表 9-13。

表 9-13　　　　掉电事件逻辑节点 MTLP

MTLP 类				
属性名	属性类型	说明	T	M/O
数据				
公共逻辑节点信息				
Mod	INC	模式		M
Beh	INS	行为		M
Health	INS	健康状态		M
NamPIt	LPL	逻辑节点铭牌		M
控制				
OpCntRs	INC	可篌位动作计数		O
状态信息				
Op	ACT	动作	T	M
定值				
VTrg	ASG	电压触发限值		EO
OpDITmms	ING	动作延时时间		O
RsDITmms	ING	复位延时时间		O

19. 简述失流事件逻辑节点 MTUC。

答：失流事件逻辑节点定义见表 9-14。

表 9-14　　　　失流事件逻辑节点 MTUC

MTUC 类				
属性名	属性类型	说明	T	M/O
数据				
公共逻辑节点信息				
Mod	INC	模式		M
Bch	INS	行为		M
Health	INS	健康状态		M
NamPIt	LPL	逻辑节点铭牌		M
控制				
OpCntRs	INC	可复位动作计数		O

续表

属性名	属性类型	说明	T	M/O
状态信息				
Op	ACT	动作	T	M
定值				
VTrgUpLimt	ASG	电压触发上限		EO
ITrgUpLimt	ASG	电流触发上限		EO
ITrgDownLimt	ASG	电流触发下限		EO
OpDITmms	ING	动作延时时间		O
RsDITmms	ING	复位延时时间		O

20. 简述过流事件逻辑节点 MTOC。

答： 过流事件逻辑节点定义见表 9－15。

表 9－15　　过流事件逻辑节点 MTOC

MTOC 类				
属性名	属性类型	说明	T	M/O
数据				
公共逻辑节点信息				
Mod	INC	模式		M
Bch	INS	行为		M
Health	INS	健康状态		M
NamPlt	LPL	逻辑节点铭牌		M
控制				
OpCntRs	INC	可复位动作计数		O
状态信息				
Op	ACT	动作	T	M
定值				
ITrg	ASG	电流触发限位		EO
OpDITmms	ING	动作延时时间		O
RsDITmms	ING	复位延时时间		O

21. 简述断流事件逻辑节点 MTBC。

答： 断流事件逻辑节点定义见表 9－16。

表 9 – 16　　断流事件逻辑节点 MTBC

MTBC 类				
属性名	属性类型	说明	T	M/O
数据				
公共逻辑节点信息				
Mod	INC	模式		M
Bch	INS	行为		M
Health	INS	健康状态		M
NamPlt	LPL	逻辑节点铭牌		M
控制				
OpCntRs	INC	可复位动作计数		O
状态信息				
Op	ACT	动作	T	M
定值				
VTrg	ASG	电压触发上限		EO
ITrg	ASG	电流触发上限		EO
OpDlTmms	ING	动作延时时间		O
RsDlTmms	ING	复位延时时间		O

22. 简述电流逆相序事件逻辑节点 MTRC。

答：电流逆相序事件逻辑节点定义见表 9 – 17。

表 9 – 17　　电流逆相序事件逻辑节点 MTRC

MTRC 类				
属性名	属性类型	说明	T	M/O
数据				
公共逻辑节点信息				
Mod	INC	模式		M
Bch	INS	行为		M
Health	INS	健康状态		M
NamPlt	LPL	逻辑节点铭牌		M
控制				
OpCntRs	INC	可复位动作计数		O
状态信息				
Op	ACT	动作	T	M
定值				
OpDlTmms	ING	动作延时时间		O
RsDlTmms	ING	复位延时时间		O

23. 简述电流不平衡事件逻辑节点 MTCU。

答：电流不平衡事件逻辑节点定义见表 9－18。

表 9－18　　电流不平衡事件逻辑节点 MTCU

MTCU 类				
属性名	属性类型	说明	T	M/O
数据				
公共逻辑节点信息				
Mod	INC	模式		M
Beh	INS	行为		M
Health	INS	健康状态		M
NamPlt	LPL	逻辑节点铭牌		M
控制				
OpCntRs	INC	可复位动作计数		O
状态信息				
Op	ACT	动作	T	M
定值				
ITrg	ASG	电流不平衡限值		EO
OpDlTmms	ING	动作延时时间		O
RsDlTmms	ING	复位延时时间		O

24. 什么是结算计量装置？

答：结算计量装置是指用于发电企业、电网经营企业及用电企业之间进行电能结算的电能计量设备。

25. 结算计量装置的主要功能特点是什么？

答：结算计量装置具备高计量准确度、高稳定性、高可靠性，且易扩展、易维护、通信方式灵活等特点。

26. 简述结算计量装置通用（硬件）功能测试要求及测试方法。

答：（1）结算计量装置通用（硬件）功能测试要求：装置的电能计量准确度试验、气候影响试验、电气性能试验、机械试验、测量功能试验、绝缘试验的脉冲电压试验和交流电压试验、电磁兼容试验、电能计量功能试验、计时准确度试验、经 RS485 通信规约一致性检查、电能质量功能测试等应符合 Q/GDW 1827—2013《三相智能电能表技术规范》

及 Q/GDW 10650.4—2021《电能质量监测技术规范 第 4 部分：电能质量监测终端检验》的规定要求。

（2）结算计量装置通用（硬件）功能测试方法：应依据 Q/GDW 1827—2013 及 Q/GDW 10650.4—2021 规定的试验项目、试验方法进行测试。

27. 简述电能计量外部影响量测试方法及短时过电压试验条件。

答：（1）电能计量外部影响量测试方法：

1）试验电路应近似无感，电压电路施加标称电压，电流电路通短时过电流，试验应逐相进行。

2）试验电流和试验持续时间如下：应施加 20 I_{max}、允差为+0%～−0%的短时过电流，施加时间为 0.5s。

3）应施加 10I_{max}、允差为+0%～−0%的短时过电流，施加时间为 1s。

4）试验后，在保持电压的情况下，允许电能表恢复到初始温度后进行误差测试。应符合 Q/GDW 1827—2013《三相智能电能表技术规范》验收准则 A。

（2）短时过电压试验应按如下条件进行：

1）试验电路应近似无感，电压电路施加标称电流，电压电路通短时过电压，试验应逐相进行。

2）试验电流和试验持续时间如下：应施加 4U_n、允差为+0%～−0%的短时过电压，施加时间为 1s。

3）试验后，在保持电压的情况下，允许电能表恢复到初始温度后进行误差测试。应符合 Q/GDW 1827—2013 验收准则 A。

28. 集中计量装置的主要功能特点是什么？

答：集中计量装置的主要功能特点是一台装置同时完成多个计量点采样值信息接入，能够完成每个计量点的电能计量、需量测量、费率时段、清零、冻结和事件记录等。

29. 简述通用（硬件）功能测试要求及测试方法。

答：（1）通用（硬件）功能测试要求：装置的绝缘电阻、耐湿热性能、脉冲电压、交流电压、高/低温试验、冲击试验、振动试验、跌落试验、电源电压影响试验、电磁兼容性能试验、准确度测试应符合 GB/T 17215.211—2021《电测量设备（交流）通用要求、试验和试验条件 第 11 部分：测量设备》、GB/T 17215.303—2022《交流电测量设备 特殊要求 第 3 部分：数字化电能表》、Q/GDW 11018—2013《数字化电能表特殊要求》的规定要求。

（2）通用（硬件）功能测试方法：依据 GB/T 17215.211—2021、GB/T 17215.303—2022、Q/GDW 11018—2013 规定的测试方法进行绝缘电阻试验、耐湿热性能试验、脉冲电压试验、交流电压试验、高/低温试验、冲击试验、振动试验、跌落试验、电源电压影响试验、电磁兼容性能试验、准确度要求试验。

30. 简述外观测试方法。

答：外观测试方法：装置通电后，目视检查显示器及发光器件，标志、标记显示应清晰；按键操作应灵活可靠，附件应齐全。

31. 简述采样值数据无效测试要求及测试方法。

答：（1）采样值数据无效测试要求：装置在采样值数据无效时应不计量；

（2）采样值数据无效测试方法：装置施加额定一次电压、额定一次电流，功率因数为1.0，分别使用集中计量装置校验装置连续发出数据无效的采样值报文，装置应不发出脉冲，测试时间至少1min。

32. 简述多路计量影响测试要求及测试方法。

答：（1）多路计量影响测试要求：在装置只进行一路计量和按最大计量点数同时计量的情况下，同一路相对误差应符合准确度等级指数要求，且误差改变应不超过等级指数的1/3。

（2）多路计量影响测试方法：在参比工作条件下，装置施加额定一次电压、额定一次电流，功率因数为1.0，装置及单个板卡只进行任意一路计量，并记录相对误差及误差变化；装置及板卡按最大计量点数计量，并记录相对误差及误差变化；关闭装置中某计量板卡，其余板卡正常计量，并记录相对误差及误差变化。

33. 简述计量装置视在功率消耗测试要求及测试方法。

答：（1）视在功率消耗测试要求：正常工作时，计量装置视在功率消耗应不大于200VA；

（2）视在功率消耗测试方法：在参比条件下，计量装置施加额定一次电压、额定一次电流，功率因数为1.0，通过计算得到装置的视在功率消耗。

34. 简述计量装置采样值输入接口接收功率测试要求及测试方法。

答：（1）采样值输入接口接收功率测试要求：装置光纤接收功率应为−31～−14dBm；

（2）采样值输入接口接收功率测试方法：在参比条件下，修改装置采样值通信中断事件触发时间为0ms，装置施加额定一次电压、额定一次电流，功率因数为1.0，调节串接在电能表输入光路中的光衰耗计，缓慢增大光衰耗计的衰耗，直到装置的告警灯亮，拔下装置上的尾纤，接入到光功率计，读出此时的功率值，装置的采样值输入接口接收功率应符合技术要求，光衰耗计和光功率计应符合 DL/T 1507—2016《数字化电能表校准规范》中 5.2.3 和 5.2.4 的规定。

35. 简述计量装置采样值报文转发接口测试要求及测试方法。

答：（1）采样值报文转发接口测试要求：装置正面应具备至少 1 路采样值报文转发接口，便于现场校验与调试，并应满足以下要求：

1）光纤发送功率应为 20～－14dBm；

2）转发单采样值输入接口存储转发平均时延应小于 10μs，最大时延与最小时延之差小于 10μs；

3）相邻两帧转发时延抖动应小于 1μs。

（2）采样值报文转发接口测试方法：按照 Q/GDW 11018.10—2017《数字化计量系统技术条件 第 10 部分：数字化电能表》中 7.9 的要求进行试验，装置采样值报文转发接口的发送功率、转发帧数、存储转发时延、时延抖动应符合技术要求。

36. 简述计量装置编程要求及测试方法。

答：（1）编程要求：应能够通过 RS485 通信介质对装置进行编程，并具备编程防护措施。

（2）测试方法：在进行功能符合性试验时，同时对编程设置进行检查。

37. 简述计量装置功能检查测试方法。

答：计量装置功能检查测试方法：装置通电后，目视检查显示器及发光器件，显示应清晰，按键操作应灵活可靠，程序设置、数据通信安全应正确，并按照技术要求逐一检查。

38. 简述计量装置结构检查测试方法。

答：计量装置结构检查测试方法：按照技术要求依次检查装置的电源、接口的类型、个数及位置，装置的尺寸、显示、指示灯及按键。

第十章

辅　助　设　备

1. 简述变电站辅助设备的含义。

答：变电站内一次设备在线监测、安全防卫、火灾消防、动环系统、智能锁控、声纹监测、视频监控、机器人等为变电站监控提供辅助支撑的设备，总称为变电站辅助设备。

2. 简述开关在线监测装置的含义。

答：一种对变电站开关类设备的状态进行在线采集与分析的装置，由开关监测终端和各类传感器组成，实现 SF_6 气体压力、机械特性、组合电器局部放电等在线监测功能。

3. 简述消防信息传输控制单元的含义。

答：部署在变电站，是一种消防专用信息转换装置，具备采集、规约转换、控制和网关等功能，将接收到的火灾自动报警系统、固定式灭火系统运行和状态信息、模拟量变送器遥测信息、固定式灭火系统和其他受控消防设备的控制反馈信息、控制回路故障信息等发送给集控站监控系统，并将集控站监控系统下发的控制指令通过 I/O 接口发送给相关消防设备。

如图 10－1 和图 10－2 所示为南瑞继保消防信息传输控制单元 PCS－9119 的正视图和背板图。

图 10－1　消防信息传输控制单元 PCS－9119 正视图

图 10－2 消防信息传输控制单元 PCS－9119 背板图

4. 简述锁控监控终端的含义。

答：一种由嵌入式工业主机、钥匙底座和系统软件组成的设备，具备电子钥匙管理、权限配置等功能，并能上送开锁任务、人员及锁具配置信息，下发开锁任务到电子钥匙。

5. 简述汇聚节点的含义。

答：汇聚节点是传感层中的通信中继设备，具备计算、自组网等功能，能与无线传感器之间实现双向通信，并将传感器数据转换为 E 语言文件上送。

6. 开关在线监测装置由哪几部分组成，主要实现哪些功能？

答：开关在线监测装置主要由开关监测终端、SF_6 在线监测传感器、机械特性在线监测传感器、组合电器局部放电在线监测传感器等组成，主要实现 SF_6 压力、机械特性传感器电流、机械特性行程、局部放电等状态参数的采集、分析与上传。

7. 500kV 及以上和 500kV 以下电压等级变电站一次设备在线监测装置的区别是什么？

答：500kV 及以上电压等级变电站一次设备在线监测应采用以变压器、开关、容性设备/避雷器为对象的集中式装置；500kV 以下变电站可采用分布式装置。

8. 500kV 及以上电压等级变电站一次设备在线监测设备主要包括哪些部分？

答：500kV 及以上电压等级变电站一次设备在线监测设备应采用以变压器、开关、容性设备/避雷器为对象的集中式装置，主要包含变压器在线监测装置、开关在线监测装置、容性设备及避雷器在线监测装置，每类在线监测装置包含监测终端和各类前端传感器两部分。

9. 简述变压器监测装置的主要结构和功能。

答： 变压器监测装置主要由变压器监测终端、油中溶解气体在线监测单元、铁芯/夹件接地电流在线监测传感器、套管在线监测传感器、变压器特高频局部放电在线监测传感器和变压器高频电流局部放电在线监测传感器等组成。主要实现对变压器本体的油中溶解气体、接地电流、局部放电等状态参数的采集、分析与上传。

10. 简述变压器监测装置的数据上送要求。

答： 数据上送传输协议采用 DL/T 860 通信报文规范，输出信息为油中溶解气体各组分含量及诊断结果、铁芯/夹件接地电流、套管泄漏电流、套管电容量、局部放电次数、局部放电量、放电类型等参量信息及其告警信息，并输出终端自检信息和录波文件。录波文件格式应满足 Q/GDW 616—2011《基于 DL/T 860 标准的变电设备在线监测装置应用规范》的要求。

11. 简述变压器监测终端的局部放电监测数据采样要求。

答： 局部放电监测数据图谱显示的动态刷新速率不低于每秒 1 次，数据采样时长每次不少于 50 个工频周期，每次存储不少于 50 个工频周期的图谱数据。

12. 变压器监测终端应包含哪些越限报警功能？

答： 应具备的越限报警功能至少包括：油中溶解气体组分及微水含量报警、局部放电量超标报警、铁芯/夹件接地电流报警。

13. 简述变压器监测终端的报文上送要求。

答： 变压器监测终端对上应支持 DL/T 860 通信报文规范与综合应用主机/服务网关机通信，传输监测数据及录波文件。录波文件格式应满足 Q/GDW 616—2011《基于 DL/T 860 标准的变电设备在线监测装置应用规范》的要求，录波文件路径为“./infodata/comtrade/”，文件名称为“站名称_终端名_传感器名_录波时间”。

14. 当变压器监测终端采用 RS485 接口接入时，采用什么传输协议？

答： 当变压器监测终端采用 RS485 接口接入时，采用 Modbus 传输协议。

15. 简述变压器监测终端的配置数量要求。

答： 变压器监测终端可根据变电站内主变压器数量配置，一台（一相）主变压器宜配置一台变压器监测终端。

16. 简述油中溶解气体在线监测单元的主要结构和功能。

答： 油中溶解气体在线监测单元由油样采集与油气分离、气体监测、辅助等不同功能部分组成，用于监测变压器油中溶解气体。

17. 油中溶解气体在线监测单元主要监测油中溶解的哪些气体？

答： 油中溶解气体在线监测单元应可监测油中溶解的全部关键气体，包括 H_2、CH_4、C_2H_4、C_2H_2、C_2H_6、CO，也可只监测 H_2、C_2H_2 等关键气体，可扩展监测 CO_2、H_2O。

18. 简述油中溶解气体在线监测装置的最小检测周期要求。

答： 油中溶解气体在线监测装置的最小检测周期应不大于 2h。

19. 简述油中溶解气体在线监测装置的接口要求。

答： 油中溶解气体在线监测单元宜具备 RS485 数据传输接口，支持 Modbus 协议并满足相关要求。宜支持开入接口控制油气分离、气体监测等回路。

20. 简述铁芯/夹件接地电流在线监测传感器的技术指标。

答： 铁芯/夹件接地电流测量范围：5mA～10A，测量误差要求：±3%或±1mA（测量误差取两者最大值）。

21. 简述套管在线监测传感器的基本功能。

答： 套管在线监测传感器应具备对变压器套管的全电流、电容量、介损等参量的采集与分析功能。

22. 简述套管在线监测传感器的技术指标。

答： 全电流测量范围：2～150mA，测量误差要求：±（标准读数×1%+0.1）；电容量测量范围：100～1000pF，测量误差要求：±（标准读数×1%）；介质损耗因数测量范围：0.001～0.300，测量误差要求：±（标准读数×1%+0.001）。

23. 简述变压器特高频局部放电在线监测终端技术指标。

答： 动态范围：≥40dB；检测灵敏度：≤7mV/m（17dBmV/m）。

24. 变压器特高频电流局部放电监测传感器和高频局部放电在线监测传感器的接口要求有什么区别？

答： 变压器特高频电流局部放电监测传感器应采用 N 型接口/TNC 接口传输特高频电流信号；变压器高频局部放电监测传感器应采用 N 型接口/SMA 接口/TNC 接口传输高频

局部放电信号。

25. 开关监测终端应能识别哪几种类型的放电，如何保证局部放电信号监测的有效性?

答：能给出 GIS 设备内部的自由金属颗粒放电、悬浮电位体放电、绝缘件沿面放电、绝缘件内部气隙放电、金属尖端放电等典型放电类型的概率，采用滤波、屏蔽、识别定位等抗干扰技术，以保证局部放电信号监测的有效性。

26. 简述开关监测终端的布置原则。

答：（1）开关监测终端应能根据实际需求配置不同监测功能，装置按照电压等级或间隔配置，单台装置宜满足本间隔一次设备监测需求；

（2）开关监测终端可根据实际接入的在线监测种类配置相应的功能板卡；

（3）表 10－1 所示开关监测终端技术参数表中所列接口类型及数量，为开关监测终端具备相应功能时的最小配置数量。

表 10－1　　开关监测终端技术参数表

技术参数名称	技术指标要求	备注
光纤口通信	2 个 100M 光口，宜采用 LC 接口	
开入板	6 路开入，分辨率不大于 30ms	可插拔
模拟量采样板	12 路模拟量，误差不大于±0.5%FS	可插拔
局放采集板	4 路 TNC/SMA	可插拔
串口通信板	2 路 RS485	可插拔
对时	SNTP 对时	
工作电压	AC220±20%V，50Hz	
工作温度	－40～＋70℃	

27. 简述开关监测终端的结构应满足的要求。

答：（1）开关监测终端应采用 4U 机箱，功能接口采用模块化板卡设计，满足电力标准机柜 19 英寸机架式安装要求；

（2）应至少包含装置运行、告警、电源、故障等指示灯；

（3）开关监测终端应具备独立外壳接地螺钉，确保装置能够可靠接地。

28. 简述火灾消防设备的含义。

答：主要包括消防信息传输控制单元、模拟量变送器等设备，配合火灾自动报警系统，实现站内火灾报警信息的采集、传输和灭火控制。

29. 简述UPS的含义。

答： UPS 即不间断电源，是一种含有储能装置的不间断电源，主要用于给部分电源稳定性要求较高的设备提供不间断的电源。

30. 简述冲击电压试验的含义。

答： 冲击电压试验是一种用来检验各种高压电气设备在雷电过电压、操作过电压等冲击电压作用下的绝缘性能和保护性能的试验。

31. 简述消防水池液位变送器的含义。

答： 消防水池液位变送器是实时监测站端消防水池液位，将信息上传给消防信息传输控制单元的设备。

32. 简述消防管网压力变送器的含义。

答： 消防管网压力变送器是实时监控站端消防管道水压，将信息上传给消防信息传输控制单元的设备。

33. 简述消防电源电压变送器的含义。

答： 消防电源电压变送器是实时监控站端消防设备供电电源，将信息上传给消防信息传输控制单元的设备。

34. 简述消防信息传输控制单元的含义。

答： 消防信息传输控制单元是一种具备自检和报警、规约转换功能，能接收火灾报警、模拟量采集、受控消防设施的状态及启停动作反馈等信息并上送的设备。

35. 简述动环系统的含义。

答： 动环系统即机房动力环境监控系统，是基于大数据技术、IDC 技术而生，可对大数据机房环境与动力进行完善的监管。

36. 简述 SF_6 气体压力监测传感器的技术指标。

答： 气室气体压力测量范围：0.1M～1.0MPa；气室气体温度测量范围：－40～＋100℃；微水监测范围：20～2000μL/L。

37. 简述机械特性在线传感器的基本功能。

答： 机械特性在线传感器应具备对开关、断路器分合闸线圈电流，储能电机线圈电流，分合闸时间，触头行程等的采集功能。

38. 简述机械特性在线传感器的接口要求。

答：（1）应具备 RS485/RS422 通信接口，当采用 RS485 接口时，传输协议应采用 Modbus 协议，并满足相关要求；

（2）宜具备 4～20mA 模拟量接口传输开关、断路器分合闸线圈电流，储能电机线圈电流等信号。

39. 简述组合电器局部放电传感器技术指标。

答：下限截止频率为 300MHz，上限截止频率为 1500MHz，频带内平均有效高度不小于 6mm，80%的工作频带有效高度不小于 2mm，动态范围不小于 40dB。

40. 简述容性设备及避雷器监测装置的组成部分。

答：容性设备及避雷器监测装置主要由容性设备及避雷器监测终端、容性设备及避雷器监测传感器组成。传感器一般包含电流采集单元及电压采集单元（避雷器监测可选配）两部分，主要实现容性设备及避雷器设备全电流、母线电压等状态参数的采集、分析与上传。

41. 简述容性设备及避雷器监测装置应具备的功能。

答：（1）应具备对金属氧化物避雷器的全电流、阻性电流、阻容比、运行电压、雷击次数等状态参量的监测与分析功能；

（2）应具备对容性设备的介质损耗因数、电容量、全电流（或三相不平衡电流）、运行电压等状态参量的监测与分析功能；

（3）数据上送传输协议采用 DL/T 860 通信报文规范，输出信息为避雷器全电流、阻性电流、累计次数及容性设备介质损耗因数、电容量、全电流等参量信息及其告警信息，并输出终端自检信息。

42. 简述容性设备/避雷器监测终端的基本功能。

答：（1）可根据现场实际应用需求配置不同类型及数量的监测功能板卡；

（2）应具有断电不丢失数据及自诊断功能，自动上送故障报警；

（3）具备监测周期调节功能，可以通过现场或远程方式进行设定；

（4）应具备监视各类在线监测传感器运行状态的能力；

（5）应具备越限报警功能，至少包括避雷器全电流、阻性电流越限告警及容性设备介质损耗因数、电容量、全电流越限异常报警等；

（6）数据上送传输协议采用 DL/T 860 通信报文规范；

（7）支持终端对上通信的相关配置；

（8）支持各传感器参数的配置及管理，如身份地址编码配置、模型文件的新增/删除等；

（9）支持通过硬接点开出方式接入公共测控装置，上传终端故障告警、异常告警信息。

43. 简述容性设备及避雷器监测终端配置原则。

答：（1）容性设备及避雷器监测终端宜根据变电站内电压等级来配置，若同电压等级下一台终端不能满足使用需求，可根据现场实际情况配置多台监测终端；

（2）容性设备及避雷器监测终端可根据实际接入在线监测种类，配置相应的功能板卡。

44. 简述容性设备在线监测传感器的基本功能。

答：（1）具备3、5、7、9次谐波的分析能力；

（2）宜具备2段母线的采集能力；

（3）具备对介质损耗因数、电容量、全电流（或三相不平衡电流）、运行电压等状态参量进行连续实时或周期性自动监测功能。

45. 简述避雷器在线监测传感器的基本功能。

答：（1）宜具备母线电压、频率、相位采集功能；

（2）宜具备3、5、7、9次谐波的分析能力；

（3）宜具备2段母线的采集能力；

（4）具备对金属氧化物避雷器的全电流、阻性电流、阻容比、运行电压、雷击次数、相位等状态参量进行连续实时或周期性自动监测功能。

46. 简述无线汇聚节点接口应满足的要求。

答：宜采用TCP/IP、LoRaWAN、NB－IoT、蓝牙等协议接入各种无线传感器，并应符合Q/GDW 12020—2019《输变电设备物联网微功率无线网通信协议》和Q/GDW 12021—2019《输变电设备物联网节点设备无线组网协议》的要求。

47. 简述无线风速传感器的主要技术参数。

答：精度达到±1m/s，启动风力为0.2m/s，量程为0～32.4m/s，负载能力不大于200Ω，电池使用寿命不少于3年（－20～＋50℃），发送频率智能设定（默认5min可设定），接入方式包括TCP/IP、LoRaWAN、NB－IoT、蓝牙等。

48. 简述无线风向传感器的基本功能。

答：（1）采集室外风向信息并通过无线接口协议上送；

（2）应支持休眠时间、告警门限、工作频段等参数的配置。

49. 简述无线姿态传感器的基本功能。

答：（1）姿态传感器应能牢固安装于隔离开关相应旋转部件上；

（2）能准确检测到隔离开关的分合闸位置变化，可靠、有效地判断隔离开关本体所处的分合闸位置状态，包括分闸到位、合闸到位、分闸异常或合闸异常；

（3）应支持休眠时间、告警门限、工作频段等参数的配置。

50. 简述无线姿态传感器的姿态角度范围、分辨率及测量精度。

答： 姿态角度范围为偏航角 –180°～+180°，仰俯角 –90°～+90°，横滚角 –180°～+180°；分辨率小于 0.1°；测量精度小于 0.5°（静态），小于 2°（静态，rms），数据漂移不大于 0.5°/h，累计数据漂移不大于 1°。

51. 简述无线温湿度传感器和开关柜无线温度传感器的主要功能区别。

答： 无线温湿度传感器的基本功能是采集温湿度信息并通过无线接口协议上送，测量温度范围是 –40～+85℃，开关柜无线温度传感器可用于开关柜带电触点及母排的温度监测，测量温度范围为 –40～+100℃。

52. 安全防卫设备包含哪些部分，有什么功能？

答： 安全防卫设备主要包含安防监控终端、防盗报警控制器、门禁控制器及各类传感器等，具备安全防卫信息的采集、处理、控制、通信和异常告警等功能。

53. 简述安防监控终端应具备的基本功能。

答：（1）应具备区域入侵报警功能；

（2）应具备安全防卫监控点的就地布防、撤防操作功能，支持终端设备复位功能；

（3）报警信息无丢失和漏报；

（4）宜支持告警人工抑制功能；

（5）应具备故障、异常告警信号，可通过硬接点方式上传告警信号；

（6）应具备开入、开出功能；

（7）应具备门禁控制器的接入功能，具备远程开门、授权管理等功能；

（8）应支持通过调试电脑图形化界面进行参数设置，包含告警、联动策略和其他通用参数等设置；

（9）应具备联动功能，可实现入侵报警与声光报警器联动等功能，联动策略支持自定义配置；

（10）宜具备液晶显示功能，可本地显示运行状态、告警信息及联动信息等。

54. 简述安防监控终端的布置原则。

答： 每个变电站应至少配置 1 台安防监控终端。

55. 简述防盗报警控制器应满足的基本功能。

答：（1）支持用户操作权限的分级、分类管理功能；

（2）具备身份验证功能；

（3）具备全部和/或部分设防功能，设防成功后有相应的指示，设防失败时应能立即给出指示和/或报警信号和/或信息；

（4）具有规定权限的用户应能对设备进行全部和/或部分撤防操作；

（5）宜具备旁路功能；

（6）具备入侵报警功能，具备瞬时报警、延时报警和24h报警等入侵报警输出方式，具备声光报警联动功能；

（7）具备多路报警功能，多个探测回路依次或者同时被触发时，不应产生楼报警；

（8）具备紧急报警、防拆报警、故障报警功能；

（9）具备状态指示和取消指示功能；

（10）具备时间记录功能；

（11）具备自检功能，开机自动进行自检，并给出自检结果指示。

56. 简述防盗报警控制器的配置原则。

答：对于需要远传报警信息至110联网报警中心的变电站，应在变电站门卫室配置1台防盗报警控制器，并在主控室等区域按需配置防盗报警控制键盘。

57. 简述脉冲电子围栏应满足的基本功能。

答：（1）应具备远程控制功能，可实现电子围栏布防、撤防，电压和触网灵敏度、报警输出延时等关键参数的调整和控制；

（2）应具备区域入侵报警功能；

（3）应具备防拆报警功能；

（4）断电后可自动记忆原有工作状态和参数设置；

（5）应支持设备故障报警功能；

（6）应具备联动功能，可实现入侵报警与声光报警器联动等功能；

（7）宜具备液晶显示功能，可本地显示运行状态、告警信息及联动信息等。

58. 简述红外对射探测器应满足的基本功能。

答：（1）应支持调节光束遮断时间；

（2）应具备开关量报警功能；

（3）应具备防拆功能，外壳打开时报警；

（4）应具备加热器接口，自动除霜除冰。

59. 简述红外双鉴探测器应满足的基本功能。

答：（1）应具备开关量报警功能；

（2）应具备防拆功能，外壳打开时报警；

（3）应具备常开/常闭报警输出接点；

（4）微波探测范围宜可调节；

（5）应具备自检功能，通电自检完成后自动进入工作状态；

（6）应支持辨别入侵者和干扰信号；

（7）应具备感应指示功能，探测到人体移动时感应指示灯闪烁。

60. 简述紧急报警按钮应满足的基本功能。

答：（1）具备紧急情况下的一键报警功能；

（2）具备信号复位功能。

61. 简述门禁控制器应满足的基本功能。

答：（1）应具备对进出门的方式进行授权，应支持密码、读卡方式鉴权方式，宜支持人脸识别、指纹识别等鉴权方式；

（2）宜支持刷身份证授权进入功能；

（3）应具备对进出门的时段进行设置；

（4）应具备强制关门和强制开门功能；

（5）应具备超级通行密码功能；

（6）应具备非法刷卡报警功能；

（7）应具备远程开门功能；

（8）应具备出入信息记录、历史数据查询、远方备份等功能；

（9）应具备强行闯入自动报警功能。

62. 辅助设备装置命名由哪几部分组成，分别如何体现？

答：装置命名由装置型号、装置所属子类代码、装置类型和国产化设备代码组成。其中，装置型号印刷在装置面板上，装置型号、装置所属子类代码、装置类型和设备代码体现在纸质铭牌上。

63. 简述辅助设备装置命名的装置所属各类子类代码的含义。

答：（1）–OLM 表示在线监测；–OFI 表示火灾消防；–SD 表示安全防卫；–PE 表示动环系统；

（2）–T 表示变压器在线监测；–S 表示开关在线监测；–M 表示容性设备及避雷器在线监测；

（3）–SD 表示安防监控终端；–PEF 表示脉冲电子围栏；–LD 表示锁控监控终端。

64. 简述辅助设备的应用类型。

答：包括变压器在线监测装置、开关在线监测装置、容性设备及避雷器在线监测装置、消防信息传输控制单元、安防监控终端、锁控监控终端、动环监控终端、无线风速传感器、无线风向传感器、无线温湿度传感器、无线水浸传感器、无线水位传感器、无线汇聚节点。

65. 简述智能锁控设备的含义。

答：智能锁控设备主要包含锁控监控终端、电子钥匙、锁具等，具备上送开锁任务、人员及锁具配置信息，下发开锁任务到电子钥匙等功能。

66. 简述锁控监控终端的总体功能要求。

答：（1）主功能板宜采用嵌入式工控机板，装载安全可控操作系统；

（2）支持本地化配置与存储变电站锁具信息；

（3）支持从站控层同步更新人员配置信息；

（4）应至少配置两个以太网接口和一个串行通信接口，支持本地数据导入导出；

（5）应配置大容量存储器，满足全生命周期数据存储要求，且装置掉电后数据不丢失；

（6）可支持使用 IrDA、蓝牙、Type－C 或其他短距离无线通信方式实现与电子钥匙间通信，并支持多个电子钥匙；

（7）应具备电子钥匙充电功能，并显示充电状态；

（8）应具备电子钥匙在线检测功能，能检测电子钥匙是否在线；

（9）应具备电子钥匙充电回路故障检测功能，并有告警提示；

（10）应具备声响提示功能，能对充电故障、数据传输异常等状态进行相应提示；

（11）应具备子机座扩展功能，通过子机座扩展接口扩充支持电子钥匙数量；

（12）应具备身份认证功能，包括刷卡、密码等认证方式；

（13）应具备实时时钟同步功能；

（14）应具备液晶汉字显示功能和触屏操作功能；

（15）应采用自冷散热；

（16）支持以电子钥匙方式记录、上传变电站锁具的状态信息；

（17）应配置不少于三把钥匙，其中两把为电子钥匙，一把为备用紧急解锁钥匙；

（18）应具备网络故障情况下，可通过终端直接对钥匙进行授权操作，并记录。

67. 简述锁控监控终端的信息监测功能。

答：（1）应支持监测电子钥匙在线数量；

（2）应支持监测 CPU 使用率；

（3）应支持监测线程运行数量；

（4）应支持监测内存使用量；

（5）应支持监测网络连接状态。

68. 简述锁控监控终端的电子钥匙管理功能。

答：（1）充电管理功能：

1）应能自动检测电子钥匙的放置并自动启动充电；

2）应能自动完成恒流/恒压充电、浮充电；

3）应能获取到每把电子钥匙的充电状态，如正在充电、充电异常、充电已满等；

4）应能获取到每把电子钥匙的电量信息。

（2）注册管理功能：

1）应能通过与电子钥匙的信息交互将电子钥匙注册到锁控监控终端中；

2）应能记录及查看已注册电子钥匙的设备ID，并分配注册电子钥匙的名称等信息；

3）应能对放置的未注册电子钥匙给予提示，并禁止下发开锁任务；

4）应能对已放置、经过注册的电子钥匙显示钥匙名称等信息。

69. 简述锁控监控终端的诊断功能。

答：（1）应能通过多数据、多状态分析对比，具备通信网络故障等的综合诊断功能；

（2）应具备故障、异常告警信号，可通过硬接点方式上传告警信号。

70. 简述锁控监控终端的记录功能。

答：（1）告警记录：装置告警产生及复归时，应能自动按时间标识记录告警文本信息；

（2）事件记录：交流电源失电、电子钥匙更换、设备锁码更换时，应能自动按时间标识记录事件。

71. 简述锁控监控终端的接口要求。

答：（1）锁控监控终端可通过专用端子接口与电子钥匙进行通信，实现开门信息、权限信息、任务信息等数据的交互；

（2）锁控监控终端支持通过硬接点开出方式接入公共测控装置，上传终端故障告警、异常告警信息。

72. 简述220kV及以下变电站智能锁控的布置原则。

答：（1）一台锁控控制器、两把电子钥匙集中部署，并配置一把备用紧急解锁钥匙；

（2）锁具部署在全站房间门锁、屏柜门锁、箱门锁、爬梯门锁、围栏门锁（不含防止电气误操作的锁具），消防小室门、水泵房门等需要常开的场合，无需部署锁具。

73. 简述330～750kV变电站智能锁控的布置原则。

答：（1）一台锁控控制器、四把电子钥匙集中部署，并配置一把备用紧急解锁钥匙；

（2）锁具部署在全站房间门锁、屏柜门锁、箱门锁、爬梯门锁、围栏门锁（不含防止电气误操作的锁具），消防小室门、水泵房门等需要常开的场合，无需部署锁具。

74. 动环系统主要包含哪些设备？

答：包含动环监控终端、微气象传感器、温湿度传感器、水位传感器、SF_6（O_2含量）传感器、水浸探测器、漏水探测器、空调控制器、照明控制器、风机控制箱、水泵控制箱、除湿机控制箱等。

75. 动环系统具备哪些功能？

答：具备环境数据采集、设备远程控制、告警上传等功能。

76. 动环系统应支持哪些采集功能？

答：应支持微气象、温湿度、SF_6、水浸、漏水、水位等传感器采集功能。

77. 动环系统应支持哪些设备控制功能？

答：应支持空调、风机、水泵、除湿机等设备控制功能。

78. 简述动环系统接口要求。

答：（1）支持通过 RJ45 以太网口与服务网关机、综合应用主机通信，传输协议采用 DL/T 860 通信报文规范，实现环境数据、联动控制信息等数据的交互；

（2）支持通过 RS485 接口接入微气象传感器、温湿度传感器、水位传感器、SF_6（O_2含量）传感器、空调控制器、照明控制器，采用标准 Modbus 协议，并满足相关的要求，实现对各种环境数据的采集接入和设备的控制；

（3）支持通过硬接点开入的方式接入水浸探测器和漏水探测器，实现报警数据的采集接入；

（4）支持通过硬接点开出的方式接入风机控制器、水泵控制器和除湿机控制器，实现设备的远程控制、联动控制；

（5）支持通过硬接点开出方式接入公共测控装置，上传终端故障告警、异常告警信息。

79. 简述一次设备在线监测设备模型测试要求及检查方法。

答：（1）模型测试要求：

1）变电站各类智能辅助监控终端及接入各类智能辅助监控终端的辅助设备的模型应在变电站 SSD 元素中描述，其中接入各类智能辅助终端的辅助设备模型中应包含该辅助设备的设备台账、技术参数等。

2）辅助设备可按各类辅助监控终端和各类辅助设备进行分类，同类辅助设备可归类建模，并通过设备类型进行区分。

3）辅助设备逻辑节点应遵循 DL/T 860 标准。

4）在线监测设备模型包括设备标识、名称、中文描述、设备类型、相对空间位置（x，y，z），以及根据其安装部署位置所属的区域、子区域或屏柜的属性。从功能上划分，在线监测设备包括设备信息、设备在线监测、一次设备状态与告警监测、在线监测设备控制、在线监测系统告警与通信状态五个部分。

5）设备信息包括设备台账和技术参数。

6）设备在线监测信息包括 CPU 状态监测、内存在线监测、硬盘在线监测和对时监测等。

7）一次设备状态与告警监测主要包括变压器在线监测装置、开关在线监测装置、容性设备及避雷器在线监测装置等一次设备的状态监测和告警等。

8）在线监测系统告警与通信状态包括在线监测设备的告警和通信状态信息。

（2）模型检查采用工具自动化测试方法，应至少包括以下内容：

1）XML 格式检查，适用于 ICD 文件类型；

2）Schema 语法检查，适用于 ICD 文件类型；

3）数据类型模板一致性检查，适用于 ICD 文件类型；

4）数据类型模板重复定义检查，适用于 ICD 文件类型；

5）数据类型模板引用检查，适用于 ICD 文件类型；

6）数据集、控制块配置一致性检查，适用于 ICD 文件类型；

7）模型数据对象实例化配置检查，适用于 ICD 文件类型；

8）检查在线监测信息传输控制单元及接入的辅助设施模型是否在变电站 SSD 元素中描述，是否包含该辅助设备的设备台账、技术参数等，检查模型信息的正确性；

9）检查同类辅助设施是否按归类建模，并通过设备类型进行区分；

10）检查在线监测设备模型是否包括设备标识、名称、中文描述、设备类型、相对空间位置（x，y，z），以及根据其安装部署位置所属的区域、子区域或屏柜的属性；

11）检查在线监测设备模型是否包括设备信息、设备在线监测、一次设备状态与告警监测、在线监测设备控制、在线监测系统告警与通信状态五个部分；

12）检查设备信息是否包括设备台账和技术参数；

13）检查在线监测信息是否包括 CPU 状态监测、内存在线监测、硬盘在线监测和对时监测等；

14）检查一次设备状态与告警监测是否包括变压器在线监测装置、开关在线监测装置、容性设备及避雷器在线监测装置等一次设备的状态监测和告警等；

15）检查控制模型；

16）检查告警与通信状态是否包括在线监测设备的告警和通信状态信息。

80. 简述有线传感器业务安全要求及检测方法。

答：（1）有线传感器业务安全要求：应保证通信协议的健壮性，正确处理各类畸形报文和攻击报文，确保业务的正常交互。

（2）有线传感器业务安全检测方法：

1）使用支持 Modbus 标准协议的客户端软件配置专用的识别码或地址码后与有线传感器进行连接，检测传感器是否采用总线方式通信并支持专用的识别码或地址码进行验证；

2）检测使用 IP 进行通信的有线传感器能否绑定 IP、MAC 和端口等方式进行身份认证，宜采用通道加密的方式保证数据传输的正确性；

3）检测有线传感器是否关闭设备调试接口；

4）截取系统实时数据采集、控制等通信报文，对通信报文进行重放，是否能够识别通信数据合法性，检查是否能够拒绝响应。

81. 简述油中溶解气体在线监测单元基本功能要求及检测方法。

答：（1）油中溶解气体在线监测单元用于监测变压器油中溶解气体。应可监测全部关注气体，包括 H_2、CH_4、C_2H_4、C_2H_2、C_2H_6、CO，也可只监测 H_2、C_2H_2 等关键气体，可扩展监测 CO_2、H_2O。

（2）油中溶解气体在线监测单元由油样采集与油气分离、气体监测、辅助等不同功能部分组成，应满足的基本功能：

1）应支持油中溶解气体、油中微水等参量采集功能。

2）应支持检测周期调节功能，可以通过现场或远程方式进行设定。

3）应具备长期稳定工作能力，传感器应具备油样校验接口，生产厂家应提供校验用连接管路及校验方法。

4）在线监测装置的最小检测周期不大于 2 小时，且检测周期可通过现场及远程方式进行设定和调整。

5）具有故障报警功能（如数据超标报警、装置功能异常报警等），应监测气源中气体余量并对气量过低、无载气等异常进行现场及远程报警。

6）多组分在线监测单元应具有独立的油路循环功能，用于清洗装置内部管路；应具有恒温、除湿等功能；应内置工业空调器，具备恒温、除湿等功能。

（3）基本功能检测方法：

1）检查是否支持油中溶解气体、油中微水等参量采集功能。

2）检查是否支持检测周期调节功能，可以通过现场或远程方式进行设定。

3）检查传感器是否具备油样校验接口，生产厂家应提供校验用连接管路及校验方法。

4）在线监测装置的最小检测周期不大于 2 小时，且检测周期可通过现场及远程方式进行设定和调整。

5）具有故障报警功能（如数据超标报警、装置功能异常报警等），应监测气源中气体余量并对气量过低、无载气等异常进行现场及远程报警。

6）多组分在线监测单元应具有独立的油路循环功能，用于清洗装置内部管路；应具有恒温、除湿等功能；应内置工业空调器，具备恒温、除湿等功能。

82. 简述开关在线监测装置接口要求及检测方法。

答：（1）开关监测终端接口要求：

1）应支持RS485接口接入SF_6气体压力在线监测传感器，传输协议应采用ModBus协议，并满足附录B的要求；

2）应支持模拟量接口接入机械特性电流传感器，应支持开入接口接入断路器辅助触点，支持RS485接口接入机械特性行程传感器，传输协议应采用ModBus协议，并满足附录B的要求；

3）宜支持TNC转SMA接口接入组合电器局部放电传感器。

（2）开关监测终端接口检测方法：

1）检查是否支持RS485接口接入SF_6气体压力在线监测传感器，传输协议应采用ModBus协议；

2）检查是否支持模拟量接口接入机械特性电流传感器，是否支持开入接口接入断路器辅助触点，是否支持RS485接口接入机械特性行程传感器，传输协议应采用ModBus协议；

3）检查是否支持TNC转SMA接口接入组合电器局部放电传感器。

83. 简述容性设备/避雷器监测终端基本功能要求及检测方法。

答：（1）容性设备/避雷器监测终端应满足的基本功能：

1）可根据现场实际应用需求配置不同类型及数量的监测功能板卡；

2）应具有断电不丢失数据及自诊断功能，自动上送故障报警；

3）具备监测周期调节功能，可以通过现场或远程方式进行设定；

4）应具备监视各类在线监测传感器运行状态的能力；

5）应具备越限报警功能，至少包括避雷器全电流、阻性电流越限告警及容性设备介质损耗因数、电容量、全电流越限异常报警等；

6）数据上送传输协议采用DL/T 860通信报文规范；

7）支持终端对上通信的相关配置；

8）支持各传感器参数的配置及管理，如身份地址编码配置、模型文件的新增/删除等；

9）支持通过硬接点开出方式接入公共测控装置，上传终端故障告警、异常告警信息。

（2）容性设备/避雷器监测终端基本功能检测方法：

1）模拟场实际应用需求，检查终端配置不同类型及数量的监测功能板卡后，是否能正常工作；

2）模拟断电及各种故障下，检查终端是否具备断电不丢失数据及自诊断功能，是否能自动上送故障报警；

3）检查终端是否具备监测周期调节功能，是否可以通过现场或远程方式进行设定；

4）模拟在线监测传感器各种运行状态，检查终端能否实时展示各类在线监测传感器运行状态；

5）检测是否具备越限报警功能，至少包括避雷器全电流、阻性电流越限告警及容性设备介质损耗因数、电容量、全电流越限异常报警等；

6）检查数据上送传输协议是否采用 DL/T 860 通信报文规范；

7）检查是否支持终端对上通信的相关配置；

8）检查是否支持各传感器参数的配置及管理，如身份地址编码配置、模型文件的新增/删除等；

9）检查是否支持通过硬接点开出方式接入公共测控装置，上传终端故障告警、异常告警信息。

84. 简述容性设备在线监测传感器基本功能要求及检测方法。

答：（1）容性设备在线监测传感器基本功能要求：

1）具备 3、5、7、9 次谐波的分析能力；

2）宜具备 2 段母线的采集能力；

3）具备对介质损耗因数、电容量、全电流（或三相不平衡电流）、运行电压等状态参量进行连续实时或周期性自动监测功能。

（2）容性设备在线监测传感器基本功能检测方法：

1）检查是否具备 3、5、7、9 次谐波的分析能力；

2）检查是否具备 2 段母线的采集能力；

3）检查是否具备对介质损耗因数、电容量、全电流（或三相不平衡电流）、运行电压等状态参量进行连续实时或周期性自动监测功能。

85. 简述火灾消防设备模型测试要求及检测方法。

答：（1）火灾消防设备模型测试要求：

1）变电站各类智能辅助监控终端及接入各类智能辅助监控终端的辅助设施的模型应在变电站 SSD 元素中描述，其中接入各类智能辅助终端的辅助设备模型中应包含该辅助设备的设备台账、技术参数等。

2）辅助设备可按各类辅助监控终端和各类辅助设备进行分类，同类辅助设备可归类建模，并通过设备类型进行区分。

3）辅助设备逻辑节点应遵循 DL/T 860 标准。

4）消防设备模型包括设备标识、名称、中文描述、设备类型、相对空间位置（x，y，z），以及根据其安装部署位置所属的区域、子区域或屏柜的属性。从功能上划分，消防设备包括设备信息、消防设备在线监测、消防设备状态与告警监测、消防设备控制、消防系统告警与通信状态五个部分。

5）设备信息包括设备台账和技术参数。

6）在线监测信息包括 CPU 状态监测、内存在线监测、硬盘在线监测和对时监测等。

7）消防设备状态与告警监测主要包括监测火灾自动报警系统、水喷雾灭火系统、细水雾灭火系统、泡沫喷雾灭火系统、排油注氮灭火系统、气体灭火系统等消防设备的告警和状态监测等。

8）控制是对消防设备的控制。

9）告警与通信状态包括消防设备的告警和通信状态信息。

（2）模型检查采用工具自动化测试方法，应至少包括以下内容：

1）XML 格式检查，适用于 ICD 文件类型。

2）Schema 语法检查，适用于 ICD 文件类型。

3）数据类型模板一致性检查，适用于 ICD 文件类型。

4）数据类型模板重复定义检查，适用于 ICD 文件类型。

5）数据类型模板引用检查，适用于 ICD 文件类型。

6）数据集、控制块配置一致性检查，适用于 ICD 文件类型。

7）模型数据对象实例化配置检查，适用于 ICD 文件类型。

8）检查消防信息传输控制单元及接入的辅助设施模型是否在变电站 SSD 元素中描述，是否包含该辅助设备的设备台账、技术参数等，检查模型信息正确性。

9）检查同类辅助设施是否按归类建模，并通过设备类型进行区分。

10）检查消防设备模型是否包括设备标识、名称、中文描述、设备类型、相对空间位置（x，y，z）以及根据其安装部署位置所属的区域、子区域或屏柜的属性。

11）检查消防设备模型包括设备信息、消防设备在线监测、消防设备状态与告警监测、消防设备控制、消防系统告警与通信状态五个部分。

12）检查设备信息是否包括设备台账和技术参数。

13）检查在线监测信息是否包括 CPU 状态监测、内存在线监测、硬盘在线监测和对时监测等。

14）检查消防设备状态与告警监测是否包括监测火灾自动报警系统、水喷雾灭火系统、细水雾灭火系统、泡沫喷雾灭火系统、排油注氮灭火系统、气体灭火系统等消防设备的告警和状态监测等。

15）检查控制模型。

16）检查告警与通信状态是否包括消防设备的告警和通信状态信息。

86. 简述火灾消防设备电源技术要求及电源影响检测方法。

答：（1）火灾消防设备电源技术要求：

1）消防信息传输控制单元的电源应采用取自单路站内 UPS 的交流电源（优先）或

直流电源；

2）交流电源电压为220V，允许偏差为-20%～+15%；

3）直流电源电压为110V或220V，允许偏差为-20%～+15%。

（2）电源影响检测方法：模拟电源电压升高和降低到要求区间，检查当电压在上述区间缓慢变化期间，消防信息传输控制单元是否有故障或重启现象，数据通信是否正常，基本功能性能是否正常，是否能正确接收远方控制命令并转发。

87. 简述火灾消防设备环境影响测试要求及检测方法。

答：（1）环境影响测试要求：

1）消防信息传输控制单元应能承受GB/T 2423.1—2008《电工电子产品环境试验　第2部分：试验方法　试验A：低温》规定的低温试验，试验温度为-25℃，试验时间为2h；

2）消防信息传输控制单元应能承受GB/T 2423.2—2008《电工电子产品环境试验　第2部分：试验方法　试验B：高温》规定的高温试验，试验温度为55℃，试验时间为2h；

3）消防信息传输控制单元应能承受GB/T 2423.3—2016《环境试验　第2部分：试验方法　试验Cab：恒定湿热试验》规定的恒定湿热试验，试验温度为40℃±2℃、相对湿度（93±3）%，试验时间为48h，要求消防信息传输控制单元正常工作，试验后消防信息传输控制单元能满足技术要求的规定。恒定湿热试验后5min进行绝缘电阻试验应满足要求；

4）消防信息传输控制单元应能承受GB/T 2423.4—2008《电工电子产品环境试验　第2部分：试验方法　试验Db 交变湿热（12h+12h循环）》规定的交变湿热试验，高温温度55℃，循环次数2次，试验时间为48h。

（2）环境影响检测方法：

1）将消防信息传输控制单元放入高低温试验箱内，设备在箱内以不超过1℃/min的变化率降温至-25℃，通电保持2h，检查消防信息传输控制单元是否有故障或重启现象，数据通信是否正常，基本功能性能是否正常，是否能正确接收远方控制命令并转发；

2）将消防信息传输控制单元放入高低温试验箱内，设备在箱内以不超过1℃/min的变化率升温至+55℃，通电保持2h，检查消防信息传输控制单元是否有故障或重启现象，数据通信是否正常，基本功能性能是否正常，是否能正确接收远方控制命令并转发；

3）将消防信息传输控制单元放入恒定湿热试验箱内，在试验结束后5min，测量消防信息传输控制单元各外引带电回路部分对外露非带电金属部分及外壳之间、电气上无联系的各回路之间的绝缘电阻值，检查是否均在规定范围内；

4）恒定湿热试验结束后检查消防信息传输控制单元是否有故障或重启现象，数据通信是否正常，基本功能性能是否正常，是否能正确接收远方控制命令并转发；

5）将消防信息传输控制单元放入交变湿热试验箱内，以不超过1℃/min的变化率升温至55℃，循环2次，检查消防信息传输控制单元是否有故障或重启现象，数据通信是否正常，基本功能性能是否正常，是否能正确接收远方控制命令并转发。

88. 简述火灾消防设备电气安全检测方法。

答：电气安全检测方法：

（1）通过绝缘耐压测试仪测量消防信息传输控制单元各带电的导电电路对地之间、电气上无联系的各带电的导电电路之间的绝缘电阻值，检查是否均在规定范围内；

（2）通过绝缘耐压测试仪对消防信息传输控制单元各带电的导电电路对地之间、电气上无联系的各带电的导电电路之间施加短时过电压，检查被测装置是否有击穿闪络及元器件损坏现象；

（3）通过雷击浪涌发生器对消防信息传输控制单元各带电的导电电路对地之间、电气上无联系的各带电的导电电路之间施加 1.2/50μs 的标准雷电波的短时冲击电压，检查试验后消防信息传输控制单元是否有绝缘损坏和器件损坏。

89. 简述消防信息传输控制单元基本功能要求及检测方法。

答：（1）基本功能要求：

1）具备自检和报警功能；

2）具备规约转换功能；

3）应能接收火灾报警信息、模拟量采集信息、受控消防设施的状态信息及启停动作反馈信息等并上送；

4）应能接收远端的控制命令，通过硬接线开出线路对受控消防设施进行启停控制；

5）应能监测与被控设备控制和控制反馈线路连线，当线路发生断路、短路等故障，应将故障信息和类别上传；

6）应能通过调试电脑图形化人机界面对本机进行本地设置、调试；

7）具有存储记录信息和历史记录功能，并能够导出；

8）输出（含反馈）硬接线接口组启动、反馈、故障等信息可通过液晶屏或指示灯等多种形式展示。

（2）基本功能检测方法：

1）模拟消防信息传输控制单元故障，检查自检和报警功能是否正确，自检和报警信息是否正确显示；

2）模拟多种规约上送火灾报警信息，检查消防信息传输控制单元是否能正确接收转换火灾报警信息并正确上送模拟主站；

3）模拟火灾报警信息、模拟量采集信息、受控消防设施的状态信息及启停动作反馈信息，检查消防信息传输控制单元能否正确上送模拟主站；

4）模拟主站下发远端控制命令，检查消防信息传输控制单元是否正确传输控制命令；

5）检查消防信息传输控制单元是否能通过电脑图形化人机界面对本机进行本地设

置、调试；

6）模拟各类信息上送及控制操作，检查消防信息传输控制单元存储和历史记录是否正确；

7）模拟输出（含反馈）硬接线接口组启动、反馈、故障等信息，检查消防信息传输控制单元能否通过液晶屏或指示灯等多种形式展示。

90. 简述安全防卫监控终端业务安全检测方法。

答：安全防卫监控终端业务安全检测方法：

（1）通过抓取辅助终端设备至综合应用主机的实时数据采集、控制等数据报文，修改数据报文中网络协议、数据格式、数值等尝试注入攻击，检测辅助终端设备接入综合应用主机时是否在网络协议、数据格式、数值有效性上过滤和校验；

（2）检测对辅助终端设备是否配置了身份认证功能，禁止非授权设备接入；

（3）检测数据传输是否采取端对端认证、加密通道等安全方式，保证身份认证和数据传输的安全性；

（4）使用配置管理工具连接辅助终端设备，检测是否能对配套使用的管理工具软件进行基于国密算法的身份认证，检测未经认证授权的管理工具软件是否可以访问设备；

（5）检测辅助终端设备是否关闭设备调试接口；

（6）检测辅助终端设备是否支持本地及远程升级，是否使用伪造升级包进行升级，检测辅助终端设备是否校验升级包的合法性。

91. 简述安全防卫监控终端有线传感器业务安全技术要求及检测方法。

答：（1）安全防卫监控终端有线传感器业务安全技术要求：应保证通信协议的健壮性，正确处理各类畸形报文和攻击报文，确保业务的正常交互。

（2）安全防卫监控终端有线传感器业务安全检测方法：

1）使用支持 Modbus 标准协议的客户端软件配置专用的识别码或地址码后与有线传感器进行连接，检测传感器是否采用总线方式通信并支持专用的识别码或地址码进行验证；

2）检测使用 IP 进行通信的有线传感器能否绑定 IP、MAC 和端口等方式进行身份认证，宜采用通道加密的方式保证数据传输的正确性；

3）检测有线传感器是否关闭设备调试接口；

4）截取系统实时数据采集、控制等通信报文，对通信报文进行重放，是否能够识别通信数据合法性，检查是否能够拒绝响应。

92. 简述安全防卫监控终端基本功能技术要求及检测方法。

答：（1）安全防卫监控终端基本功能技术要求：

1）应具备区域入侵报警功能；

2）应具备安全防卫监控点的就地布防、撤防操作功能，支持终端设备复位功能；

3）报警信息无丢失和漏报；

4）宜支持告警人工抑制功能；

5）应具备故障、异常告警信号，可通过硬接点方式上传告警信号；

6）应具备开入、开出功能；

7）应具备门禁控制器的接入功能，具备远程开门、授权管理等功能；

8）应支持通过调试电脑图形化界面进行参数设置，包含告警、联动策略和其他通用参数等设置；

9）宜具备液晶显示功能，可本地显示运行状态、告警信息及联动信息等。

（2）安全防卫监控终端基本功能检测方法：

1）划定检测区域，在检测区域内模拟人员入侵，检查安全防卫监控终端报警功能正确性；

2）设置安全防卫监控点，模拟就地布防、撤防操作和终端设备复位，检查功能正确性；

3）模拟触发多次报警，检查报警信息有无丢失和漏报；

4）检查安全防卫监控终端是否能人工设置告警抑制；

5）检查安全防卫监控终端是否具备故障、异常告警信号，是否可通过硬接点方式上传告警信号；

6）检查安全防卫监控终端开入、开出功能正确性；

7）接入门禁控制器，检查远程开门、授权管理等功能；

8）通过调试电脑图形化界面进行参数设置，检查告警、联动策略和其他通用参数等设置；

9）模拟入侵报警，检查声光报警器联动功能正确性，检查联动策略配置；

10）通过液晶屏检查本地显示运行状态、告警信息及联动信息等。

93. 简述动环监控终端业务安全检测方法。

答：动环监控终端业务安全检测方法：

（1）通过抓取辅助终端设备至综合应用主机的实时数据采集、控制等数据报文，修改数据报文中网络协议、数据格式、数值等尝试注入攻击，检测辅助终端设备接入综合应用主机时是否在网络协议、数据格式、数值有效性上过滤和校验；

（2）检测对辅助终端设备是否配置了身份认证功能，禁止非授权设备接入；

（3）检测数据传输是否采取端对端认证、加密通道等安全方式，保证身份认证和数据传输的安全性；

（4）使用配置管理工具连接辅助终端设备，检测是否能对配套使用的管理工具软件进行基于国密算法的身份认证，检测未经认证授权的管理工具软件是否可以访问设备；

（5）检测辅助终端设备是否关闭设备调试接口；

（6）检测辅助终端设备是否支持本地及远程升级，使用伪造升级包进行升级，检测辅助终端设备是否校验升级包的合法性。

94. 简述动环监控终端基本功能技术要求及检测方法。

答：（1）动环监控终端基本功能技术要求：

1）应支持微气象、温湿度、SF_6、水浸、漏水、水位等传感器采集功能及空调、风机、水泵、除湿机等设备控制功能。

2）应具备开入、开出功能。

3）应具备故障、异常告警信号，可通过硬接点方式上传告警信号。

4）告警信息无丢失和漏报。

5）应支持告警人工抑制功能。

6）应具备监视各类传感器运行状态的功能。

7）应支持通过调试电脑图形化界面进行参数设置，包含告警、采集周期、联动策略和其他通用参数等设置。

8）应支持本地显示运行状态、告警信息。

（2）动环监控终端基本功能检测方法：

1）将微气象、温湿度、SF_6、水浸、漏水、水位等传感器采集信号、运行状态信号接入动环监控终端，模拟综合应用主机或服务网关机通过DL/T 860通信报文显示传感器采集信号和运行状态信号，验证传感器采集功能；将空调、风机、水泵、除湿机等设备接入动环监控终端，模拟综合应用主机或服务网关机通过DL/T 860通信报文对空调、风机、水泵、除湿机等设备进行控制，验证控制功能。

2）模拟开入和开出信号，验证开入和开出功能。

3）模拟故障、异常告警信号，验证装置以硬接点方式上传告警信号。

4）告警信息无丢失和漏报。

5）模拟传感器告警，动环监测终端开启告警人工抑制功能，验证告警人工抑制功能。

6）通过电脑图形化界面对告警、采集周期、联动策略和其他通用参数进行设置，检查参数是否生效。

7）自定义配置联动策略，模拟温度越限联动空调、湿度越限联动除湿机、SF_6浓度越限联动风机、水位越限联动水泵等联动场景，检查联动功能。

95. 简述智能锁控终端电源影响技术要求及检测方法。

答：（1）智能锁控终端电源影响技术要求：锁控监控终端工作电压为AC220V，允许偏差为−20%～+15%。

（2）智能锁控终端电源影响检测方法：模拟电源电压升高和降低到要求区间，检查当电压在上述区间缓慢变化期间，智能锁控设备是否有故障或重启现象，数据通信是否正常，基本功能性能是否正常，是否能正确接收远方控制命令并转发。

96. 简述智能锁控终端总体功能要求检测方法。

答：智能锁控终端总体功能要求检测方法：

（1）检查智能锁控终端主功能板、操作系统，检查智能锁控终端是否支持在线升级功能；

（2）本地化配置与存储变电站锁具信息，检查智能锁控终端功能正确性；

（3）向站控层同步锁具配置信息，检查智能锁控终端功能正确性；

（4）检查智能锁控终端是否支持本地存储人员配置信息；

（5）从站控层同步更新人员配置信息，检查智能锁控终端功能正确性；

（6）检查智能锁控终端以太网接口数量和串行通信接口数量，检查智能锁控终端是否支持本地数据导入导出；

（7）检查智能锁控终端存储器容量，掉电再上电后，检查检查智能锁控终端数据是否丢失；

（8）检查智能锁控终端与电子钥匙间的通信方式，检查智能锁控终端是否支持多个电子钥匙；

（9）检查智能锁控终端是否支持电子钥匙充电功能，是否显示充电状态；

（10）将电子钥匙掉电并上电，检查智能锁控终端是否能检测电子钥匙在线状态；

（11）模拟电子钥匙充电回路故障，检查智能锁控终端是否有告警提示；

（12）模拟充电故障、数据传输异常等状态，检查智能锁控终端是否具备声响提示功能，是否能进行相应提示；

（13）检查智能锁控终端是否具备子机座扩展功能，是否能通过子机座扩展接口扩充支持电子钥匙数量；

（14）检查智能锁控终端是否具备身份认证功能，检查认证方式；

（15）检查智能锁控终端是否具备实时时钟同步功能；

（16）检查智能锁控终端是否具备液晶汉字显示功能和触屏操作功能；

（17）检查智能锁控终端是否采用自冷散热；

（18）检查智能锁控终端是否支持以电子钥匙方式记录、上传变电站锁具的状态信息；

（19）检查智能锁控终端是否配置不少于三把钥匙，是否两把为电子钥匙，一把为备用紧急解锁钥匙；

（20）模拟网络故障，检查智能锁控终端是否可通过终端直接对钥匙进行授权操作，并记录。

97. 简述智能锁控终端告警及提示功能技术要求及检测方法。

答：（1）智能锁控终端告警及提示功能技术要求：

1）应支持按照诊断结果和定值设定及时、正确提供锁控装置告警信息，并能通过声光等方式进行告警提示；

2）应具备设备故障、异常告警的分析功能和设备维护提示功能；

3）应支持远程告警抑制功能，用于防止不明原因引起的频繁告警，如电子钥匙因不明原因频繁告警等；

4）应提供以下告警信息：交流电源告警、电子钥匙充电告警、电子钥匙故障告警；

5）应提供以下提示信息：连接成功/失败、接收开锁任务成功/失败、接收任务到达上限、操作人员登录认证成功/失败、电子钥匙初始化成功/失败、电子钥匙接收开锁任务成功/失败、电子钥匙发送开锁任务结果成功/失败、电子钥匙回传成功/失败提示信息。

（2）智能锁控终端告警及提示功能检测方法：

1）检查锁控监控终端是否支持按照诊断结果和定值设定提供锁控装置告警信息，并能通过声光等方式进行告警提示；

2）检查智能锁控终端是否具备设备故障、异常告警的分析功能和设备维护提示功能；

3）检查智能锁控终端是否支持远程告警抑制功能，用于防止不明原因引起的频繁告警，如电子钥匙因不明原因频繁告警等；

4）检查智能锁控终端是否提供以下告警信息：交流电源告警、电子钥匙充电告警、电子钥匙故障告警；

5）检查智能锁控终端是否提供以下提示信息：连接成功/失败、接收开锁任务成功/失败、接收任务到达上限、操作人员登录认证成功/失败、电子钥匙初始化成功/失败、电子钥匙接收开锁任务成功/失败、电子钥匙发送开锁任务结果成功/失败、电子钥匙回传成功/失败提示信息。

98. 简述动环系统设备Modbus规约一致性技术要求及检测方法。

答：（1）动环系统设备Modbus规约一致性技术要求：

1）微气象传感器应支持通过RS485接口接入动环监控终端，采用标准Modbus协议，上传温度、湿度、风速、风向、气压和雨量数据信息。

2）温湿度传感器应支持通过RS485接口接入动环监控终端，采用标准Modbus协议，上传环境温度、湿度数据信息。

3）水位传感器应支持通过RS485接口接入动环监控终端，采用标准Modbus协议，上传水位数据信息。

4）SF_6传感器应支持通过RS485接口接入动环监控终端，采用标准Modbus协议，上传SF_6浓度、O_2浓度、温度、湿度等数据信息。

5）空调控制器应支持通过RS485接口接入动环监控终端，采用标准Modbus协议，实现远程设置空调的温度、运行模式、风速等参数设定及空调状态采集数据交互。

6）照明控制器应支持通过 RS485 接口接入动环监控终端，采用标准 Modbus 协议，实现灯光的开关控制、灯光状态数据交互。

（2）动环系统设备 Modbus 规约一致性检测方法：

1）数据链路层检测：

a）检查 Modbus 寻址规则，从站地址范围为 1～247，地址为用户可配置。设备的默认地址应当在文档中声明。设备地址不可设置为 0 和 248～255。从站必须能够识别广播地址。

b）检查 RTU 帧间间隔，在 Modbus 串行链路 RTU 传输模式中，必须有时长至少为 3.5 个字符时间的间隔将报文帧区分开。

c）检查 RTU 帧内间隔，在 Modbus 串行链路 RTU 传输模式中，必须以连续的字符流发送整个报文帧。两个字符间的空闲间隔应该不大于 1.5 个字符时间，否则报文帧不完整，接收设备能够识别并丢弃该报文帧。

d）检查 RTU 模式的 CRC 校验，从站应丢弃 CRC 错误的请求报文，对 CRC 正确的报文正常响应。

e）检查 ASCII 模式的 LRC 的校验，从站应丢弃 LRC 错误的请求报文，对 LRC 正确的报文正常响应。

2）应用层检测：

a）读线圈：设置通信参数，根据 PICS（协议实现一致性说明文档）检查读线圈（功能码 01）是否符合 GB/T 19582《基于 Modbus 协议的工业自动化网络规范》与 GB/T 25919《Modbus 测试规范》的要求。

b）读离散量输入：设置通信参数，根据 PICS（协议实现一致性说明文档）检查读离散量输入（功能码 02）是否符合 GB/T 19582 与 GB/T 25919 的要求。

c）读保持寄存器：设置通信参数，根据 PICS（协议实现一致性说明文档）检查读保持寄存器（功能码 03）是否符合 GB/T 19582 与 GB/T 25919 的要求。

d）读输入寄存器：设置通信参数，根据 PICS（协议实现一致性说明文档）检查读输入寄存器（功能码 04）是否符合 GB/T 19582 与 GB/T 25919 的要求。

e）写单个线圈：设置通信参数，根据 PICS（协议实现一致性说明文档）检查写单个线圈（功能码 05）是否符合 GB/T 19582 与 GB/T 25919 的要求。

f）写单个寄存器：设置通信参数，根据 PICS（协议实现一致性说明文档）检查单个寄存器（功能码 06）是否符合 GB/T 19582 与 GB/T 25919 的要求。

g）读取异常状态：设置通信参数，根据 PICS（协议实现一致性说明文档）检查读取异常状态（功能码 07）是否符合 GB/T 19582 与 GB/T 25919 的要求。

h）诊断功能检验：设置通信参数，根据 PICS（协议实现一致性说明文档）检查诊断功能检验功能码 08）（仅用于串行链路）是否符合 GB/T 19582 与 GB/T 25919 的要求。

i）写多个线圈：设置通信参数，根据 PICS（协议实现一致性说明文档）检查写多个线圈（功能码 15）是否符合 GB/T 19582 与 GB/T 25919 的要求。

j）写多个寄存器：设置通信参数，根据 PICS（协议实现一致性说明文档）检查写多个寄存器（功能码 16）是否符合 GB/T 19582 与 GB/T 25919 的要求。

k）报告子站 ID：设置通信参数，根据 PICS（协议实现一致性说明文档）检查报告子站 ID（功能码 17）（仅用于串行链路）是否符合 GB/T 19582 与 GB/T 25919 的要求。

l）读/写多个寄存器：设置通信参数，根据 PICS（协议实现一致性说明文档）检查读/写多个寄存器（功能码 23）是否符合 GB/T 19582 与 GB/T 25919 的要求。

m）读设备标识：设置通信参数，根据 PICS（协议实现一致性说明文档）检查读设备标识（功能码 43/14）是否符合 GB/T 19582 与 GB/T 25919 的要求。

n）模拟温度、湿度、风速、风向、气压、雨量、SF_6浓度、O_2浓度等条件变化。

o）远程控制空调控制器、照明控制器。

99. 简述动环监控终端接口测试技术要求及检测方法。

答：（1）动环监控终端接口测试技术要求：

1）支持通过 RJ45 以太网口与服务网关机、综合应用主机通信，传输协议采用 DL/T 860 通信报文规范，实现环境数据、联动控制信息等数据的交互；

2）支持通过 RS485 接口接入微气象传感器、温湿度传感器、水位传感器、SF_6（O_2含量）传感器、空调控制器、照明控制器，采用标准 Modbus 协议，实现对各种环境数据的采集接入和设备的控制；

3）支持通过硬接点开入的方式接入水浸探测器和漏水探测器，实现报警数据的采集接入；

4）支持通过硬接点开出的方式接入风机控制器、水泵控制器和除湿机控制器，实现设备的远程控制、联动控制；

5）支持通过硬接点开出方式接入公共测控装置，上传终端故障告警、异常告警信息。

（2）动环监控终端接口测试检测方法：

1）模拟服务网关机或综合应用主机通过 RJ45 电接口并采用 DL/T 860 协议与动环监控终端通信，检查动环监控终端是否通信正常；

2）模拟传感器通过 RS485 接口并采用 Modbus 协议与动环监控终端单元通信，检查动环监控终端是否通信正常；

3）模拟通过硬接点开入的方式接入水浸探测器和漏水探测器，检查动环监控终端报警数据的采集接入是否正确；

4）模拟通过硬接点开出的方式接入风机控制器、水泵控制器和除湿机控制器，检查动环监控终端对设备的远程控制、联动控制功能；

5）模拟通过硬接点开出方式产生告警，检查动环监控终端故障告警功能。

100. 简述 SF_6 传感器基本功能技术要求及检测方法。

答：（1）SF_6 传感器基本功能技术要求：

1）应可采集 SF_6 浓度、O_2 浓度、温度、湿度信息；

2）应具有 1 路 RS485 接口，采用标准 Modbus 协议上送数据；

3）工作电源 24V DC。

（2）SF_6 传感器检测方法：将 SF_6 传感器与动环监控终端通过 RS485 通信接口并采用标准 Modbus 协议建立连接，模拟 SF_6 浓度变化、O_2 浓度变化、温度变化和湿度变化，检查传感器数据信息，检查装置工作电源。

101. 简述风机控制箱基本功能技术要求及检测方法。

答：（1）风机控制箱基本功能技术要求：

1）应具备风机状态采集功能。

2）应具备风机启停控制功能。

3）应具备风机电源回路故障、风机控制回路故障监测功能。

4）应具备风机就地/远方控制功能。

（2）风机控制箱检测方法：

1）将风机控制箱与动环监控终端硬接点开入、开出的方式建立连接，设置风机控制箱远方控制，检测风机状态采集信息是否正确；远方进行启停操作，检查风机控制箱启停动作是否正确。

2）模拟风机电源回路故障、风机控制回路故障场景，检测故障监测功能是否正确。

3）设置风机控制箱为就地控制方式，就地进行启停操作，检测风机就地启停控制是否正确动作。

4）模拟 SF_6 浓度越限，检查风机控制箱联动功能。

102. 简述风机控制箱主要技术要求及参数测试方法。

答：（1）风机控制箱主要技术要求：

1）遥控功能：可接收动环监控终端控制信号，控制启动、停止风机；

2）当地控制功能：可通过控制箱面板按钮，当地控制启动、停止风机；

3）遥信功能：可采集风机运行状态、远方/就地状态及主电源回路状态、控制回路状态等。

（2）风机控制箱参数检测方法：

1）遥控功能：将风机控制箱置远方控制，动环监控终端发送控制信号，控制启动、停止风机，检查遥控功能；

2）当地控制功能：将风机控制箱置就地控制，控制箱面板按钮，当地控制启动、停止风机；

3）遥信功能：在动环监控终端检查采集风机运行状态、远方/就地状态及主电源回路状态、控制回路状态信息。

103. 简述无线汇聚节点基本功能技术要求及检测方法。

答：（1）无线汇聚节点基本功能技术要求：

1）通信过程符合 Q/GDW 12020—2019《输变电设备物联网微功率无线网通信协议》与 Q/GDW 12021—2019《输变电设备物联网节点设备无线组网协议》要求；

2）采集接入无线传感器运行状态值，包括正常、故障、低电池等信息并上送至综合应用主机；

3）接收综合应用主机下发的无线传感器配置指令，灵活配置无线传感器休眠周期、工作频点、报警门限等参数；

4）指令下发：接收综合应用主机下发的休眠时间、告警门限、工作频段等参数的配置指令和无线设备 ID，并向下转发至无线传感器；

5）支持自组网技术及节点间多跳通信，实现不同业务场景下的灵活组网（链状或树状组网）；

6）内嵌安全加密芯片，对数据进行安全加密处理，通过无线或有线网络与综合应用主机进行数据交互；

7）支持 E 语言转换功能，将无线传感器上传的数据信息转换为 E 文件形式上报；

8）支持黑白名单功能，实现传感器或汇聚节点设备认证功能，禁止非授权设备接入。

（2）无线汇聚节点基本功能检测方法：

1）依据 Q/GDW 12020—2019《输变电设备物联网微功率无线网通信协议》与 Q/GDW 12021—2019《输变电设备物联网节点设备无线组网协议》内容，检查无线汇聚节点数据传输协议一致性；

2）将无线传感器信息通过无线汇聚节点接入综合应用主机，检查无线传感器正常、故障、低电池等运行状态信息是否正确显示；

3）将无线传感器信息通过无线汇聚节点接入综合应用主机，在综合应用主机配置无线传感器休眠周期、工作频点、报警门限、无线设备 ID 等参数并下发指令，检测无线传感器是否正确配置参数；

4）以链状、树状对无线汇聚节点进行组网，检查无线汇聚节点自组网功能及节点间多跳通信情况；

5）检查并记录内嵌安全加密芯片型号，通过无线或有线网络与综合应用主机进行数据交互，验证无线汇聚节点对数据进行安全加密处理功能；

6）检查无线传感器上传的数据信息格式；

7）对无线汇聚节点进行黑白名单的配置，检查黑白名单内传感器设备或汇聚节点设备的认证功能和禁止非授权设备接入功能。

104. 简述无线传感器业务安全检测方法。

答： 无线传感器业务安全检测方法：

（1）抓取无线传感器与汇聚节点之间的实时数据采集报文，查看传输协议，若无线传感器与汇聚节点之间采用 TCP/IP 网络协议通信时，检测是否采用硬件或者软件模块进行双向身份认证和数据加密，检测是否采用 SM2、SM9 等国密算法；

（2）抓取无线传感器与汇聚节点之间的实时数据采集报文，查看传输协议，若无线传感器与汇聚节点之间采用非 TCP/IP 的专用网络协议时，检测无线传感器与汇聚节点之间是否采用具有加密认证功能的传输协议，是否采用国密算法；

（3）通过抓取实时数据采集报文，修改数据包中数据格式、数值或变更网络协议等方式进行注入攻击，检测无线传感器是否对网络协议、数据格式和数值有效性进行过滤和校验，是否能够防御各种注入攻击。

105. 简述汇聚节点业务安全检测方法。

答： 汇聚节点业务安全检测方法：

（1）通过抓取实时数据采集报文，修改数据包中数据格式、数值或变更网络协议等方式进行注入攻击，检测汇集节点是否对网络协议、数据格式和数值有效性进行过滤和校验，是否能够防御各种注入攻击；

（2）检测对接入设备是否配置了身份认证功能，禁止非授权设备接入；

（3）检测数据传输是否采取端对端认证、加密通道等安全方式，保证身份认证和数据传输的安全性；

（4）汇聚节点与安全接入网关通过有线或者无线相互通信时，检测是否采月电力专用安全芯片或者硬件安全模块（TF 卡等），根据加密方式检测是否通过国密算法，实现双向身份认证和数据加密；

（5）修改汇聚节点生成的 E 文件数据包，检测是否能正确识别数据的有效性以及合法性，确保数据上送安全；

（6）检测本地管理配置工具是否采用国密算法进行身份认证，检测未经认证授权的本地管理配置工具是否无法访问设备。

106. 简述无线安全接入网网关业务安全检测方法。

答： 无线安全接入网网关业务安全检测方法：

（1）检测安全接入网关是否符合《国家电网有限公司关于印发泛在电力物联网全场景网络安全防护方案和互联网业务数据安全架构典型设计的通知》（国网互联〔2019〕806号）的要求；

（2）检测安全接入网关是否采用国产四级安全操作系统和国产可信计算模块，配置基于可信根对系统引导程序、系统程序、重要配置参数和应用程序运行白名单及校验码等，检测对白名单外应用程序是否提示和阻断；

（3）检测终端是否使用双向认证安全接入，模拟1000个终端并发连接，检查装置是否正常工作；

（4）检测无线安全接入网关是否采用安全芯片、安全TF卡或安全薄膜卡建立安全的传输通道，并对数据传输进行加密；

（5）检测是否采用SM1/SM2/SM3/SM4国密算法；

（6）检测是否采用国密标准的SSL安全认证协议；

（7）检测是否支持LoRaWAN、NB－IoT等非TCP/IP协议的安全接入；

（8）配置白名单和规则，检查对特定电力协议、接口的安全过滤功能；

（9）配置电力专用加密卡，检测反向隔离装置与安全接入网关的双向认证功能和通信加密功能。

107. 简述无线设备通信协议技术要求及检测方法。

答：（1）无线设备通信协议技术要求：无线风速传感器、无线风向传感器、无线水浸传感器、无线水位传感器、无线温湿度传感器、无线姿态传感器、开关柜无线温度传感器和无线汇聚节点汇聚宜采用TCP/IP、LoRaWAN、NB－IoT、蓝牙等协议接入无线汇聚节点，并应符合Q/GDW 12020—2019《输变电设备物联网微功率无线网通信协议》和Q/GDW 12021—2019《输变电设备物联网节点设备无线组网协议》的要求。

（2）无线设备通信协议检测方法：

1）依据Q/GDW 12020—2019要求，检测汇聚节点、各类型无线传感器的网络拓扑与协议栈结构、物理层协议、数据链路层协议。

2）依据Q/GDW 12021—2019检测汇聚节点的网络拓扑与协议栈结构、物理层协议、数据链路层协议、网络层协议。

3）物理接口测试：检验被测设备物理通信接口的构成，记录被测设备的通信接口类型（无线局域网等），记录测试系统与被测设备拓扑结构。检查是否符合GB/T 37548—2019《变电站设备物联网通信架构及接口要求》、GB/T 34068—2017《物联网总体技术 智能传感器接口规范》的要求。

4）链路层正确性测试：在测试系统中配置好相应的链路测试模式、射频参数、速率、链路地址，与被测设备通信，分别发送各种链路通信服务报文，检验被测设备通信状态及响应的数据。

5）接入初始化过程测试：在测试系统与被测设备通信过程中，分别将被测设备初始化为白名单、黑名单和不在黑白名单，检验链路通信过程和业务及控制信道的报文响应。若在黑名单，应丢弃数据帧；若在白名单，测试系统发送控制信道请求后，应能收到控制信道应答帧或者控制信道应答终帧；若不在黑白名单，测试系统应能收到被测设备的业务信息，判断为新的传感器节点设备。

6）业务信道接入过程测试：在测试系统与被测变电站设备物联网通信系统及设备通信过程中，在被测设备保持固定输入信号 30min 后，施加突变信号，利用测试系统的报文记录功能，记录业务信道信息，判断被测设备是否正确发送业务信道信息帧。

7）控制信道配置信息接入过程测试：测试系统将被测设备加入白名单，被测设备在固定的配置时隙向测试系统发送控制信道请求帧，然后进入等待接收状态。测试系统向传感器节点发送控制信道应答帧或者控制信道应答终帧；被测设备成功接收到控制信道应答终帧后，回复控制信道确认帧。通过测试系统的记录功能监视整个接入过程的数据帧。

8）控制信道突发信息接入过程测试：被测设备施加突变信号，被测设备控制信道发送控制信道突发帧，然后进入等待回复周期。使用测试系统监视信息，并回复控制信道确认帧；在测试系统监视是否成功接收到控制信道确认帧，如接收成功，被测设备进入等待周期，如果重传信息则确认失败。

9）业务信道信息帧测试：在测试系统与被测变电站设备物联网通信系统及设备通信过程中，在被测设备模拟信号变化，利用测试系统的报文记录功能，将记录的报文作帧格式判断，判断业务信道信息帧的帧类型、数据类型、地址、数据、校验码等信息的格式。

10）控制信道请求帧测试：在测试系统与被测变电站设备物联网通信系统及设备通信过程中，被测设备发送控制信道请求，利用测试系统的报文记录功能，将记录的报文作帧格式判断，判断控制信道请求的帧类型、地址、数据、校验码等信息的格式。

11）控制信道确认帧测试：在测试系统与被测变电站设备物联网通信系统及设备通信过程中，被测设备向测试系统发送控制信道请求帧，测试系统向被测设备发送控制信道应答终帧，被测设备成功接收到控制信道应答终帧后，应回复控制信道确认帧。通过测试系统的记录功能记录控制信道确认帧。将记录的报文作帧格式判断，判断控制信道请求的帧类型、地址、数据、校验码等信息的格式。

12）控制信道异常测试：在测试系统与被测变电站设备物联网通信系统及设备通信过程中，模拟通信过程的异常情况，发送错误格式或者错误过程的信息，记录测试过程被测设备响应及信息帧，被测设备应有防止异常行为的能力。

13）时间同步测试：在信道上需要进行详细的时间划分，通过控制信道的接入过程配置相应的时间参数，测试系统根据接收到的被测设备业务信息所处的时隙，确定延迟、业务周期长度和控制周期长度三个参数。被测设备随机发送业务信道信息帧，测试系统接收到业务信道信息帧后，记录接收到的时间。测试系统计算下一次发送业务信道信息帧的时刻与此时刻的间隔，即延迟参数。测试系统在接收到被测设备的控制信道请求帧后，将保存在测试系统的延迟参数、业务周期长度参数和控制周期长度参数记录在控制信道应答帧中回复给被测设备。被测设备根据以上的参数，调整业务信道信息帧和控制信道请求帧的发送时间，通过以上交互完成时间的同步。

第十一章

主辅一体化监控主机

1. 简述主辅一体化监控主机含义。

答：按照统一模型、统一平台的基本要求，通过主辅设备信息在功能、界面等方面深度融合，实现全站主辅设备运行监视、操作与控制、智能应用、主站支撑服务等四大类12项功能。

2. 简述主辅一体化监控主机与传统监控主机的主要区别。

答：主辅一体化监控主机减少了传统监控主机在多系统之间切换导致的复杂维护工作（如传统监控主机需要登录多个系统、输入多个密码、打开多个界面窗口等）。

3. 简述主辅一体化监控主机的总体技术原则。

答：主辅一体化监控主机总体技术原则：

（1）遵循主设备、辅助设备数据统一建模、统一采集、统一存储、统一展示原则；

（2）和综合应用主机统一设计、统一平台，具备一体化运行的条件；

（3）操作系统、数据库等核心软件应采用安全可控软件产品，宜具备升级维护等可控能力；

（4）遵循 GB/T 36572—2018《电力监控系统网络安全防护导则》的安全要求。

4. 简要描述主辅一体化监控系统的典型界面及其主要特点。

答：图 11－1 是国电南自研制的 PS 6000^{+}G 主辅一体化监控系统的典型界面，其具有如下特点：

（1）支持 DL/T 860 接入主辅数据，进行跨屏一体化监视。

（2）基于操作项目软件预制、操作任务模块式搭建、设备状态自动判别、防误联锁智能校核，实现一键顺控。

（3）基于一体化平台、标准化规约、可视化逻辑编程，实现变电站自动化系统主辅联动、跨区联动、实时自动控制和智能自愈。

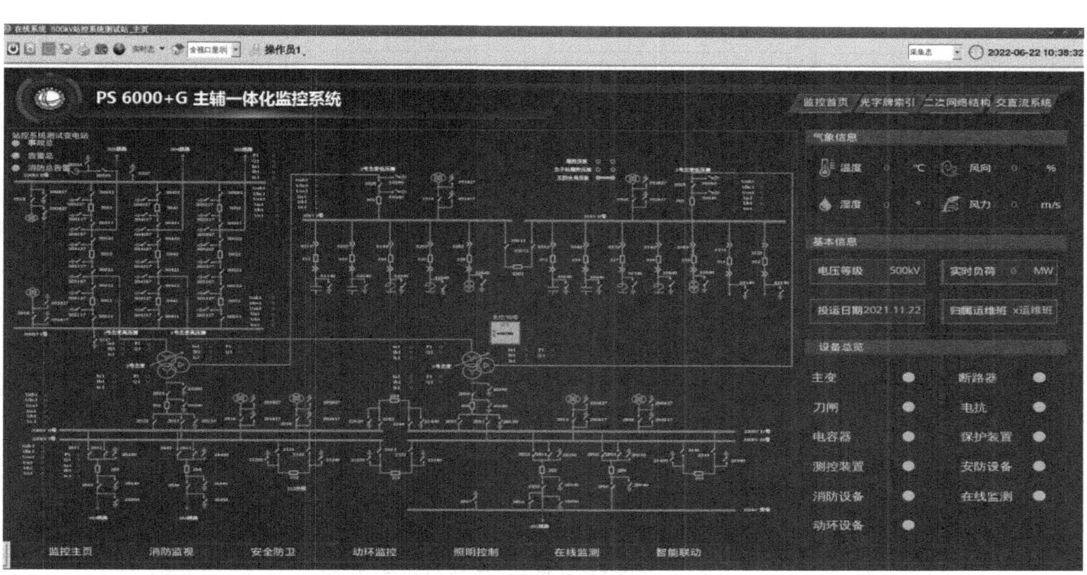

图 11－1　主辅一体化监控系统典型界面

（4）基于容器技术，支持应用级快速部署。

（5）全面支持自主可控软硬件体系结构。

5. 简述主辅一体化监控主机与综合应用主机在设计和平台上的要求。

答：主辅一体化监控主机和综合应用主机应统一设计、统一平台，具备一体化运行的条件。

6. 简述对主辅一体化监控主机的操作系统、数据库等核心软件的要求。

答：主辅一体化监控主机的操作系统、数据库等核心软件应采用安全可控软件产品，宜具备升级维护等可控能力。

7. 简述主辅一体化监控主机的应用功能。

答：主辅一体化监控主机的应用功能结构如图 11－2 所示，分为基础平台和四类应用功能两个层次。四类应用功能包括运行监视、操作与控制、智能应用、主站支持服务。

8. 简述主辅一体化监控主机的运行监视功能。

答：主辅一体化监控主机的运行监视功能包括电网运行监视、设备运行监视、网络链路运行监视和时钟同步监测。

9. 简述主辅一体化监控主机的操作与控制功能。

答：主辅一体化监控主机的操作与控制功能包括站内就地操作、顺序控制、无功优化、防误闭锁、主辅联动。

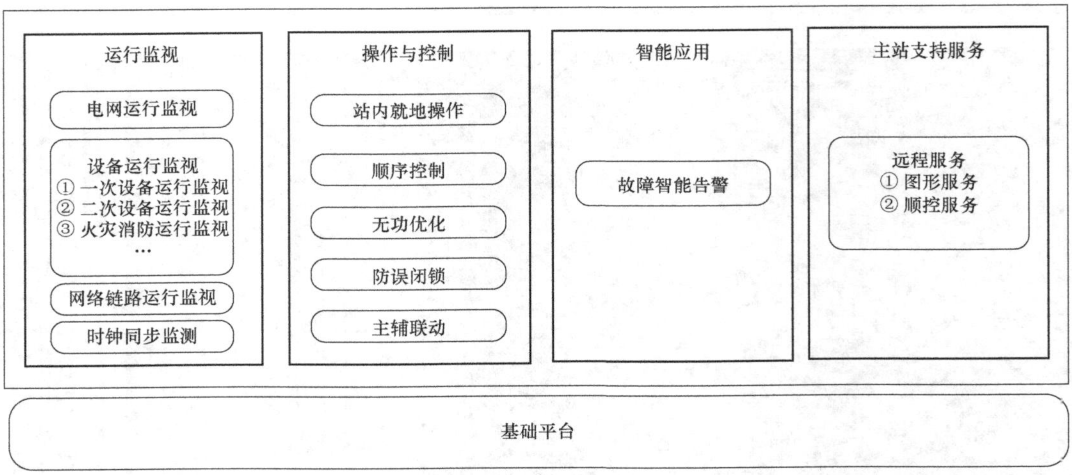

图 11-2　主辅一体化监控主机功能结构图

10. 主辅一体化监控主机实现了对哪些设备进行数据采集与处理？

答：数据采集实现了对多功能测控装置、保护装置、安全稳定控制装置、站用交直流系统、交换机、时钟同步装置、辅助设备（一次设备在线监测、火灾消防、安全防卫、动环系统）及主机、网关机等各设备数据的综合采集与处理。

11. 简述主辅一体化监控主机数据采集范围和传输内容。

答：主辅一体化监控主机数据采集范围和传输内容包括：

（1）电网运行信息、设备运行信息、变电站运行辅助信息、网络链路运行状态信息、对时状态；

（2）电网稳态、暂态数据；

（3）一次设备、二次设备和辅助设备运行信息；

（4）应支持 DL/T 860 通信报文规范实现对站内安全Ⅰ区数据的采集；

（5）应通过与综合应用主机交互实现对安全Ⅱ区数据的采集。

12. 简述主辅一体化监控主机数据处理实现的功能。

答：主辅一体化监控主机数据处理实现对采集的各类数据进行系统化操作，用于支持系统完成运行监视、操作与控制、故障智能告警等功能。

13. 简述主辅一体化监控主机数据处理功能要求。

答：主辅一体化监控主机数据处理功能要求有：

（1）应支持模拟量、状态量、SOE、保护定值（参数）、录波文件、辅控等各种类型数据的处理；

（2）应支持对数据的逻辑运算与算术运算功能，支持时标和品质的运算处理、通信中断品质处理功能；

（3）应支持数据的转换、置数、告警、保存、统计等功能。

14. 简述主辅一体化监控主机运行监视的总体要求。

答： 主辅一体化监控主机运行监视的总体要求有：

（1）监视范围包括电网运行信息、设备运行信息、变电站运行辅助信息、网络链路运行状态信息、对时状态等；

（2）运行告警应能够分层、分级、分类显示；

（3）统计及功能报表应包括限值一览表、人工置数一览表、挂牌一览表、日报表、月报表等。

15. 简述主辅一体化监控主机的监视范围。

答： 主辅一体化监控主机的监视范围包括电网运行信息、设备运行信息、变电站运行辅助信息、网络链路运行状态信息、对时状态等。

16. 主辅一体化监控主机应包含哪些统计及功能报表?

答： 主辅一体化监控主机的统计及功能报表应包括限值一览表、人工置数一览表、挂牌一览表、日报表、月报表等。

17. 简述主辅一体化监控主机二次设备运行监视的监视对象。

答： 主辅一体化监控主机二次设备运行监视的监视对象包括监控主机、综合应用主机、智能防误主机、实时网关机、服务网关机、保护装置、多功能测控装置、安全稳定控制装置、智能录波装置、时钟同步装置等。

18. 简述主辅一体化监控主机二次设备运行监视的监视信息内容。

答： 主辅一体化监控主机二次设备运行监视的监视信息包括设备资源信息、内部环境信息、自检信息、告警信息、通信状态信息、对时状态信息等。

19. 简述主辅一体化监控主机物理网络链路运行监视的监视对象。

答： 主辅一体化监控主机物理网络链路运行监视的监视对象包括网络物理链路及其连接物理端口。

20. 简述主辅一体化监控主机物理网络链路运行监视的监视信息。

答： 主辅一体化监控主机物理网络链路运行监视的监视信息包括物理链路连接状态、物理连接端口状态、物理网络拓扑连接信息等。

21. 简述主辅一体化监控主机物理网络链路运行监视应支持的通信报文规范。

答：主辅一体化监控主机物理网络链路运行监视应支持 SNMP 或 DL/T 860 通信报文规范，实现对交换机网络通信状态、网络连接状态的监视。

22. 简述主辅一体化监控主机站用交直流系统运行监视的监视对象。

答：主辅一体化监控主机站用交直流系统运行监视的监视对象包括交流输入电源、逆变电源、蓄电池等。

23. 简述主辅一体化监控主机站用交直流系统运行监视的监视信息。

答：主辅一体化监控主机站用交直流系统运行监视的监视信息包括直流电源电压、交流输入输出电压等量测数据、蓄电池异常、绝缘故障、电压异常等告警信息。

24. 简述主辅一体化监控主机时间同步状态监视的监视对象。

答：主辅一体化监控主机时间同步状态监视的监视对象包括全站所有被对时设备。

25. 简述主辅一体化监控主机时间同步状态监视的监视信息。

答：主辅一体化监控主机时间同步状态监视的监视信息包括：被对时设备的对时信号状态、对时服务状态、时间跳变侦测状态，以及时钟同步装置的电源模块状态等。

26. 简述主辅一体化监控主机一次设备在线监测运行监视的监视对象。

答：主辅一体化监控主机一次设备在线监测运行监视的监视对象包括变压器、GIS、断路器和避雷器等设备。

27. 简述主辅一体化监控主机一次设备在线监测运行监视的监视信息。

答：主辅一体化监控主机一次设备在线监测运行监视的监视信息包括变压器油温、气体组分含量、GIS SF_6 压力、避雷器雷击次数等在线监测数据。

28. 简述主辅一体化监控主机火灾消防运行监视的监视对象。

答：主辅一体化监控主机火灾消防运行监视的监视对象包括火灾自动报警系统、固定式灭火系统和其他受控消防设备（设施）。

29. 简述主辅一体化监控主机火灾消防运行监视的监视信息。

答：主辅一体化监控主机火灾消防运行监视的监视信息包括各防火区域火警、故障等火警类信息，各消防设备（设施）运行、故障、通信等状态信息，固定式灭火装置、消防水泵、排烟风机等的动作信息，以及液位、压力、电压等模拟量数据信息。

30. 简述主辅一体化监控主机安全防卫运行监视的监视对象。

答： 主辅一体化监控主机安全防卫运行监视的监视对象包括安全防卫监控终端、门禁监控终端、智能锁控终端等安防设备。

31. 简述主辅一体化监控主机安全防卫运行监视的监视信息。

答： 主辅一体化监控主机安全防卫运行监视的监视范围包括电子围栏、红外对射、红外双鉴的布防状态、防区告警、故障告警等信息；门禁监控终端的门开/闭状态、故障告警、运行工况等信息。

32. 简述主辅一体化监控主机动环系统运行监视的监视对象。

答： 主辅一体化监控主机动环系统运行监视的监视对象包括室内外温湿度传感器、水浸传感器、水位传感器、SF_6传感器、空调控制器、照明控制器、风机控制箱、除湿机控制箱、水泵控制箱等。

33. 简述主辅一体化监控主机动环系统运行监视的监视范围。

答： 主辅一体化监控主机动环系统运行监视的监视范围包括温度、湿度等微气象采样数据，电缆沟浸水状态、集水井水位信息，空调工作状态（开启/关闭）、工作模式信息，风机设备的状态信息，设备室除湿机启停信息，照明回路通断状态、照明控制器的运行状态等信息。

34. 主辅一体化监控主机可视化应支持哪些图形展示？

答： 主辅一体化监控主机可视化应支持主接线图、间隔分图、系统配置图、网络链路图、设备监测分图等多种图形展示。

35. 主辅一体化监控主机可视化应显示哪些潮流信息？

答： 主辅一体化监控主机可视化应能实现站内潮流方向的实时显示，通过流动线等方式展示电流方向，并显示线路、主变压器的有功、无功等信息。

36. 主辅一体化监控主机应实现的模拟量数据可视化展示形式有哪些？

答： 应采用表格、曲线、饼图、柱图、仪表盘等多种形式展示。

37. 主辅一体化监控主机应实现的状态量数据可视化展示形式有哪些？

答： 应采用形状、颜色、光字牌、指示灯等多种形式展示。

38. 主辅一体化监控主机可视化应提供哪些信息告警方式？

答： 主辅一体化监控主机可视化应提供最新告警提示、光字牌、图元变色或闪烁、自动推出相关故障间隔图、音响提示、语音提示等。

39. 对于不合理的模拟量、状态量等数据，主辅一体化监控主机应如何处置？

答：对于不合理的模拟量、状态量等数据应置异常标志，并用闪烁或醒目的颜色给出提示，颜色可以设定；模拟量数据超过阈值的应以醒目颜色显示。

40. 简述主辅一体化监控主机支持的对站内设备的控制与操作。

答：主辅一体化监控主机支持对站内设备的遥控、遥调、人工置数、标识牌操作、闭锁和解锁等操作。

41. 简述主辅一体化监控主机支持的四种控制模式。

答：主辅一体化监控主机应支持增强型选择遥控、增强型直接遥控、常规型选择遥控、常规型直接遥控四种控制模式。

42. 简述主辅一体化监控主机支持的两种操作模式。

答：主辅一体化监控主机应支持单人操作、双人监护操作两种操作模式。

43. 主辅一体化监控主机进行主设备操作时，应具备与哪些设备的联动功能？

答：主辅一体化监控主机进行主设备操作时，应具备与辅助设备、视频设备的联动功能。

44. 一台主辅一体化监控主机同一时刻允许多少个控制操作？

答：一台主辅一体化监控主机同一时刻只允许一个控制操作。

45. 主辅一体化监控主机应记录哪些操作？

答：主辅一体化监控主机应记录所有操作，包括操作人员姓名、操作对象、操作内容、操作时间、操作结果等，并可供调阅和打印。

46. 主辅一体化监控主机单设备遥控应支持哪两种控制方式？

答：主辅一体化监控主机单设备遥控应支持增强安全的直接控制或操作前选择控制方式。

47. 主辅一体化监控主机开关设备控制操作分哪几个步骤？

答：开关设备控制操作分选择—返校—执行三步进行。选择结果应显示，当“返校”正确时才能进行“执行”操作。

48. 哪些情况下，主辅一体化监控主机在进行选择操作时应自动撤销？

答：主辅一体化监控主机在进行选择操作时，若遇到以下情况之一应自动撤销：① 校验结果不正确；② 遥控选择后30～90s内未有相应操作。

49. 简述主辅一体化监控主机单设备遥控操作应满足的安全要求。

答：主辅一体化监控主机单设备遥控操作应满足的安全要求有：

（1）监控主机应具备控制权限；

（2）操作员必须有相应的操作权限；

（3）双席操作校验时，监护员需确认；

（4）操作时每一步应有提示。

50. 主辅一体化监控主机单设备遥控操作宜具备与哪些站内设备的联动功能？

答：主辅一体化监控主机单设备遥控操作宜具备与站内视频设备联动功能，可对遥控操作结果进行双确认。

51. 简述为满足同期操作需要，断路器控制操作界面应具备的功能。

答：断路器控制操作界面应具备检同期、检无压、不检等控制方式的选择功能，操作结果应反馈。

52. 简述主辅一体化监控主机对定值修改的要求。

答：主辅一体化监控主机应支持对装置定值区、定值的修改。定值修改前应与定值单进行核对，核对无误后方可修改。

53. 简述主辅一体化监控主机软压板投退方式。

答：投退软压板宜采用“选择—返校—执行”方式。

54. 简述主辅一体化监控主机主变分接头调节方式。

答：宜采用直接控制方式逐挡调节。

55. 根据预定的优化策略实现无功的自动调节可通过哪些途径投退？

答：可由站内操作人员或主站进行功能投退。

56. 简述无功优化的功能要求。

答：（1）应根据预定的优化策略实现无功的自动调节，可由站内操作人员或主站进行功能投退；

（2）具备参数设置功能，包括控制模式、计算周期、数据刷新周期、控制约束等设置；

（3）提供实时数据、电网状态、闭锁信号、告警等信息的监视界面；

（4）变压器、电容器和母线故障时应自动闭锁全部或部分功能，支持人工恢复和自动恢复。

57. 简述火灾消防控制操作应满足的要求。

答：火灾消防控制操作应支持检修挂牌，支持对受控消防设施的启停控制，操作时闭锁要求。

58. 简述火灾消防控制操作时闭锁满足的要求。

答：火灾消防控制操作时闭锁应满足的要求如下：

（1）对于变压器、高压并联电抗器等设备，应满足相应断路器处于分位，并且有两个独立回路或两种类型火灾报警信号同时发生时，才能对灭火设备进行控制；

（2）对于电缆沟、电缆夹层等防火分区，应有两个独立回路或两种类型火灾报警信号同时发生时，才能对灭火设备进行控制；

（3）支持人工解锁功能。

59. 简述安全防卫应支持的操作控制功能。

答：（1）应支持电子围栏、红外对射、红外双鉴等防入侵设备布防/撤防远方操作，可按全站、防范区域分别设置布防/撤防控点；

（2）支持电子围栏检修挂牌；

（3）宜支持对门禁监控终端进行配置修改、权限设置等远程操作；

（4）支持远程开门、紧急开门控制；

（5）宜支持对锁控监控终端的操作控制功能。

60. 简述安全防卫宜支持对锁控监控终端的操作控制功能。

答：（1）支持用户、角色与锁具权限的配置与远程授权；

（2）支持电子钥匙任务下发，下发任务应包括变电站名称、任务名称、操作人员名称、工作起止时间和设备列表等信息。

61. 简述环境监控应支持的操作控制功能。

答：（1）支持对空调的开启/关闭操作、工作模式（自动、制冷、制热、除湿、送风）的控制操作，以及温度调节等操作；

（2）支持对风机、除湿机、水泵的启动/停止控制、检修挂牌；

（3）支持对照明回路通断控制。

62. 简述操作可视化的展示内容。

答：操作可视化的展示内容包括操作对象的当前状态（运行状态、健康状况、关联设备状态等）、操作过程中的状态（状态信息、异常信息）和操作结果（成功标志、最终运行状态）。

63. 简述顺控执行过程中，若出现事故总、操作失败等情况时的处理方法。

答：顺控执行过程中，若出现事故总、操作失败等情况时，返回错误信息，等待重试或终止执行指令，若操作指令执行后的确认条件判断出错，宜支持仅重试确认条件判断。

64. 简述故障分析的含义。

答：在电网事故、保护动作等情况下，应基于事件顺序记录、保护事件及故障波形等信息，可综合应用结算计量的数据进行综合分析，实现故障分析功能。

65. 故障信息综合展示是指在事故发生后快速诊断事故，并将事故分析的结果进行可视化展示，需要具备的功能有哪些？

答：在电网发生故障后能够在故障智能告警窗口快速发出告警信息；双击告警信息时应以可视化的方式展示故障的分析结果。

66. 简述故障分析报告生成的过程。

答：在故障情况下对事件顺序记录、保护事件及故障波形等信息进行数据挖掘和综合分析，生成故障分析报告。

67. 简述故障分析报告的上送方式。

答：故障分析报告可采用变化通知后文件召唤的方式，通过服务网关机上送给调度中心或集控站，传输协议采用 DL/T 860 通信报文，服务访问路径为“FAULTRPT”目录。

68. 简述智能告警的作用。

答：基于实时告警信息，实现变电站告警信息的告警抑制、告警屏蔽和智能分析，报告变电站异常并提出故障处理指导意见，为主站分析决策提供依据。

69. 简述告警抑制的功能。

答：告警抑制的功能包括：

（1）应支持告警延迟功能，在故障智能告警窗抑制告警抖动；

（2）对于不同设备产生的、反映同一事件的冗余告警，应只告警一次；

（3）可抑制操作过程中产生的正常过程信号；

（4）可自动消除重复的告警信息。

70. 简述告警屏蔽的功能。

答：告警屏蔽的功能包括：

（1）当设备检修或试验时，故障智能告警窗应自动屏蔽置检修品质的告警信息；

（2）对于挂上故障或退出运行标识牌的设备，故障智能告警窗应自动屏蔽其告警信息。

71. 简述智能告警关联性分析的功能。

答：智能告警关联性分析应支持通信状态关联分析，当交换机及其连接设备同时出现通信异常时，应给出“检查交换机运行状况”的告警提示；同时应支持成对信号关联分析，当关联信号缺失时应告警。

72. 简述智能告警简报。

答：智能告警的分析结果应以简报的形式上送调度中心或集控站，内容包括时间、设备名、事件、原因等；智能告警简报可采用变化通知后文件召唤的方式，通过服务网关机上送给调度中心或集控站，传输协议采用DL/T 860通信报文，服务访问路径为“SMARTALM”目录。

73. 简述数据辨识的作用。

答：数据辨识应对电网运行数据进行检测分析，可综合结算计量数据，确定电网运行数据的合理性及准确性，辨识不良数据。

74. 数据辨识包括哪两方面?

答：数据辨识包括数据合理性检测和不良数据检测。

75. 简述数据合理性检测功能。

答：（1）检测母线的有功功率、无功功率是否平衡；

（2）检测并列运行母线电压量测是否一致；

（3）检查变压器各侧的功率量测是否平衡；

（4）对于同一量测位置的有功、无功、电流量测，在电压量测正确的情况下，检查是否匹配。

76. 简述不良数据检测功能。

答：（1）检测量测值是否在合理范围，宜包括母线电压是否越限，以及其他有明确范围的量测量；

（2）检测断路器/隔离开关状态和量测值是否冲突，并提供其合理状态；

（3）检测断路器/隔离开关状态和标志牌信息是否冲突，并提供其合理状态；

（4）检测三相电流是否平衡；

（5）检测母线相电压、线电压是否平衡。

77. 简述配置管理功能。

答：（1）应支持 SCD 文件的导入、解析、入库，来源于 SCD 文件的信息应禁止修改；

（2）SCD 文件应包括一次设备、二次设备、辅控设备的完整关联信息，支持自动成图应用；

（3）监控主机应根据 SCD 文件和 SCD 版本更新文件完成数据库、图形、防误逻辑、顺控操作票等相关工程配置的更新，宜提供人工确认手段；

（4）应支持当前使用 SCD 文件版本、校验码的在线查询功能；

（5）宜支持对数据库中源于 SCD 文件的相关信息导出功能，支持 SCD 配置及在线运维管控工具对数据库、SCD 文件一致性的校核。

78. 主辅一体化监控主机画面响应时间是多长?

答：画面整幅调用响应时间：实时画面不大于 1s，其他画面不大于 2s；画面数据刷新时间不大于 1s。

79. 简述主辅一体化监控主机对数据库容量的要求。

答：（1）实时数据库容量：模拟量不少于 50 000 点，状态量不少于 100 000 点，计算量不少于 2000 点；

（2）历史数据库存储容量：历史数据存储时间不少于 1 年。

80. 简述主辅一体化监控主机对主机 CPU 和网络的平均负荷率的要求。

答：（1）主机 CPU 平均负荷率：正常时（任意 30min 内）不大于 30%，电力系统故障时（10s 内）不大于 50%；

（2）网络平均负荷率：正常时（任意 30min 内）不大于 20%，电力系统故障时（10s 内）不大于 40%。

81. 简述主辅一体化监控主机网络通信状态变化指标。

答：网络通信状态变化能在 1min 内正确反应。

82. 简述主辅一体化监控主机对顺序控制的时延要求。

答：设备态值刷新时间不大于 2s。

83. 主辅一体化监控主机对辅助设备遥测、遥信响应时长是多长?

答：（1）辅助设备遥测响应时间（从综合应用主机的 COA 时间至监控主机画面响应

时间）不大于2s；

（2）辅助设备遥信响应时间（从综合应用主机的COS时间到监控主机画面响应时间）不大于1s。

84. 主辅一体化监控主机对辅控设备控制响应时长是多长？

答：辅控设备控制响应时间（从监控主机控制命令发起至综合应用主机出口）不大于1s。

85. 主辅一体化监控主机对告警直传响应时长是多长？

答：从监控主机采集到告警信息，到告警直传条文发出的时间不大于3s。

86. 主辅一体化监控主机对远程浏览响应时长是多长？

答：遥测量越死区传送时间（从监控主机的COA时间至出口）不大于2s；遥信变位传送时间（从监控主机的COS时间至出口）不大于1s。

87. 主辅一体化监控主机对主辅联动触发时长是多长？

答：主辅联动触发时间（从监控主机的COS时间至综合应用主机出口）不大于1s。

88. 简述监控主机与其他系统、设备互联之间的接口要求。

答：监控主机与其他系统、设备互联接口应满足以下要求：

（1）满足与安全Ⅰ区间隔层设备的实时通信要求；

（2）支持实时信息、一次设备监测信息、二次设备状态信息、辅控设备信息、站用交直流信息等多种类型业务数据交互需求；

（3）接口实现应考虑安全、容错一个设备的通信异常，不能影响其他正常设备，能支持与不同协议版本设备的同时通信功能；

（4）接口实现应考虑兼容性，尽可能避免业务扩充时带来的接口修改。

89. 简述主辅一体化监控主机对外接口。

答：主辅一体化监控主机直接采集变电站安全Ⅰ区间隔层设备、交换机、时间同步装置、站用交直流系统等设备数据，同时经总线获取安全Ⅱ区辅控设备数据。主辅一体化监控主机接口如图11－3所示。

90. 主辅一体化监控主机直采信息有哪些？

答：主辅一体化监控主机应通过DL/T 860通信报文规范，直接采集安全Ⅰ区多功能测控、保护、安全稳定控制装置等间隔层设备，及站用交直流系统信息。

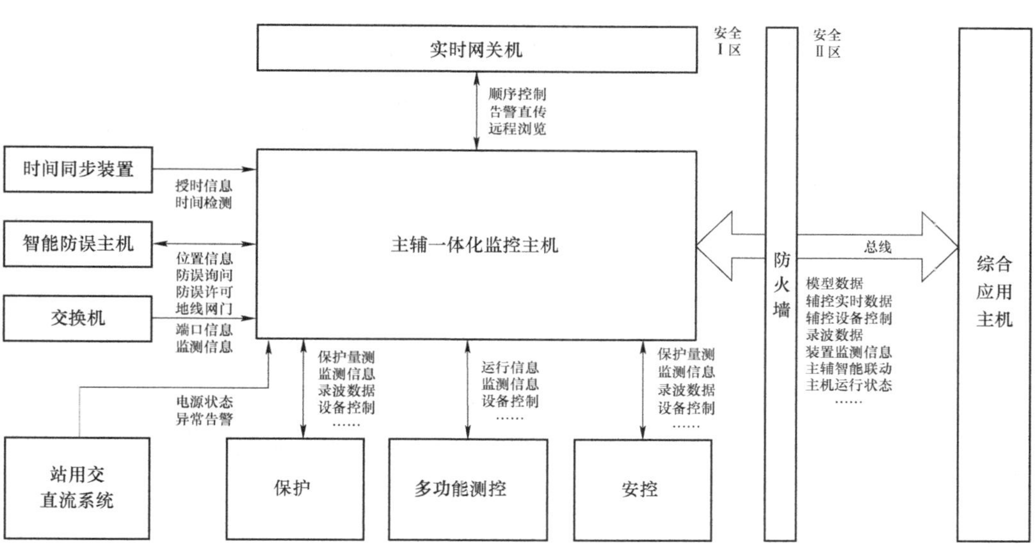

图 11－3　主辅一体化监控主机接口示意图

91. 主辅一体化监控主机如何获取辅控设备、Ⅱ区无线接入区等Ⅱ区设备数据？

答：主辅一体化监控主机应通过总线和综合应用主机通信，获取辅控设备、Ⅱ区无线接入区等Ⅱ区设备数据。

92. 主辅一体化监控主机应通过何种通信协议实现交换机工况及端口工况的实时数据采集功能？

答：主辅一体化监控主机应实现交换机工况及端口工况的实时数据采集功能，通信协议采用 SNMP 或 DL/T 860 通信报文规范。

93. 简述主辅一体化监控主机信息采集接口协议。

答：主辅一体化监控主机信息采集接口协议包括：

（1）主辅一体化监控主机应通过 DL/T 860 通信报文规范，直接采集安全Ⅰ区多功能测控、保护、安全稳定控制装置等间隔层设备，以及站用交直流系统信息；

（2）主辅一体化监控主机应通过总线和综合应用主机通信，获取辅控设备、Ⅱ区无线接入区等Ⅱ区设备数据；

（3）主辅一体化监控主机应通过 SNTP 协议接受时间同步装置授时，并通过 DL/T 860 通信报文规范采集时间同步装置的时间监测信息；

（4）主辅一体化监控主机应实现交换机工况及端口工况的实时数据采集功能，通信协议采用 SNMP 或 DL/T 860 通信报文规范；

（5）主辅一体化监控主机与智能防误主机之间应采用 DL/T 860 通信报文规范，实现防误逻辑校核及信息传递；

（6）主辅一体化监控主机应通过总线获取变电站模型数据；

（7）主辅一体化监控主机应实现与综合应用主机的控制联动；

（8）主辅一体化监控主机应实现顺控服务，宜支持通过实时网关机为主站提供远程浏览及告警直传等服务。

94. 简述监控主机的硬件配置。

答：监控主机硬件配置要求如下：

（1）应采用安全可控 CPU 芯片，主频速度应满足单节点配置全应用功能时的性能要求；

（2）内存及硬盘容量应满足单节点配置全应用功能时的存储要求；

（3）新增应用对 CPU、内存、带宽、存储的使用应不影响系统的总体性能；

（4）宜配备独立显卡及显示器，能满足图形响应要求；

（5）配备双热插拔冗余电源；

（6）配备不少于 4 个千兆网口。

95. 简述监控主机界面的总体要求。

答：监控主机界面总体要求如下：

（1）人机界面的布局应风格统一，典型界面功能区域标准化，支持多屏、多窗口显示；通过热键、触发联动等手段调取关联信息或图像，支持平铺或层叠展示。

（2）主辅设备信息应深度融合，按照监控对象或应用场景的需求，综合展示接线图电气量、设备状态非电气量、主辅设备异常告警等全景信息。

（3）应具备监控信息快速查阅、异常部件快速定位的能力。

（4）控制操作界面应具备控制对象、操作员、监护员等关键信息的确认；具备操作过程交互信息、操作结果显示窗口。

（5）监控主机的监视屏幕宜按照主辅一体化监控双屏要求布置，监控界面之间具备信息交互联动功能。

96. 简述监控主机的主接线图。

答：（1）主接线图区域左上方应包含变电站名称“××变电站”，消防总、事故总、告警总指示灯；

（2）点击主接线图中的间隔名称，应跳转至对应的间隔分图。

97. 简述每个间隔设置一个报警汇总指示灯各种颜色的指示。

答：当间隔内有事故信号动作时，间隔报警汇总指示灯显示红色；当间隔内有告警信号动作时，间隔报警汇总指示灯显示黄色；当间隔内有事故信号和告警信号同时发生时，显示事故信号的状态。

98. 简述监控主机人机界面应包含的设备。

答：监控主机人机界面应包含站控层设备、间隔层设备、过程层设备、辅助子系统内的辅助设备。

99. 简述监控主机人机界面消防监视系统应显示的运行信息。

答：应包括消防设施的设备工况、通信状态，消防设施的启动按钮、停止按钮。

100. 简述监控主机人机界面消防监视系统应显示的火警信息。

答：应包括变电站内主变压器灭火系统、火灾报警系统的告警信息，内容宜包含日期、时间、设备名称/位置区域、火警信息。

101. 监控主机人机界面安全防卫系统应显示哪些设备的数量和工况?

答：监控主机人机界面安全防卫系统应显示门禁监控终端、红外双鉴探测器、红外对射探测器、电子围栏等安全防卫设备的数量和工况。

102. 监控主机人机界面安全防卫系统应显示哪些入侵信息?

答：控主机人机界面安全防卫系统应显示变电站内电子围栏、门禁等入侵信息，内容宜包含日期、时间、设备名称/位置区域、入侵信息。

103. 监控主机人机界面动环监控系统应显示哪些设备的数量和工况?

答：监控主机人机界面动环监控系统应显示动环监控终端、湿度传感器、风机、空调、SF_6浓度监测传感器等动环设备的数量和工况。

104. 监控主机人机界面在线监测系统应显示哪些设备的数量和工况?

答：监控主机人机界面在线监测系统应显示避雷器在线监测传感器、油色谱在线监测装置、主变压器局部放电在线监测装置、GIS 局部放电在线监测装置、GIS 局部放电在线监测传感器的数量和工况。

105. 监控主机人机界面照明控制系统应显示哪些设备的数量和工况?

答：监控主机人机界面照明控制系统应显示照明控制监控终端、照明灯具的数量和工况。

106. 简述监控主机人机界面线路间隔分图电气接线的要求。

答：监控主机人机界面线路间隔分图电气接线应包含断路器、隔离开关、接地开关、闭锁状态、电压互感器、电流互感器、避雷器图元与连接线。电气图元应关联主辅设备信息模型，能够反映遥信合、分位置及在线监测异常状态。电气设备存在异常则在图元标注黄色背景。

107. 简述监控主机人机界面线路间隔分图测量值显示的要求。

答： 应包含三相电压、电流，同期合闸相关的电压、压差、角差、频差、有功、无功、功率因数、$3U_0$、零序电流、线路保护差流，以及在线监测 SF_6 压力监测、温度，智能组件柜温度、湿度等。

108. 简述监控主机人机界面主变压器间隔分图电气接线的要求。

答： 包括主变压器三侧断路器、隔离开关、接地开关、闭锁状态、电压互感器、电流互感器、避雷器图元与连接线。电气图元应关联主辅设备信息模型，能够反映遥信合、分位置及在线监测异常状态。右键菜单可查阅保护配置、油色谱、气室 SF_6 压力监测、历史记录、调压次数等信息。

109. 简述监控主机人机界面主变压器间隔分图测量值的显示要求。

答： 包括主变压器三侧各相电流、电压、有功、无功、功率因数、挡位、油温、绕组温度，以及主变压器间隔在线监测测量值等。

110. 简述监控主机人机界面母线间隔分图电气接线的要求。

答： 包括Ⅰ/Ⅱ/Ⅲ/Ⅳ段母线、Ⅰ/Ⅱ母联、Ⅲ/Ⅳ母联、Ⅰ/Ⅲ分段、Ⅱ/Ⅳ分段的断路器、隔离开关、接地开关、电压互感器、电流互感器、避雷器图元与隔离开关闭锁/允许指示。电气图元应关联主辅设备信息模型，能够反映遥信合、分位置及在线监测异常状态。电气设备存在异常则在图元标注黄色背景。

111. 简述监控主机人机界面母线间隔分图测量值显示的要求。

答： 包括四段母线三相电压，母联、分段的电流、有功、无功、功率因数，以及母线相关间隔的在线监测测量值等。

112. 简述监控主机人机界面无功间隔分图电气接线的要求。

答： 应包含断路器、隔离开关、接地开关、闭锁状态、电压互感器、电流互感器、避雷器、电容器图元与连接线。电气图元应关联主辅设备信息模型，能够反映遥信合、分位置及在线监测异常状态。电气设备存在异常则在图元标注黄色背景。

113. 简述监控主机人机界面无功间隔分图测量值显示的要求。

答： 应包含三相电压电流、$3U_0$、无功及在线监测压力、温度，智能组件柜温度、湿度等。

114. 简述监控主机人机界面站用变压器间隔分图电气接线的要求。

答：应包含断路器、隔离开关、接地开关、闭锁状态、电压互感器、电流互感器、避雷器、站用变压器图元与连接线。电气图元应关联主辅设备信息模型，能够反映遥信合、分位置。电气设备存在异常则在图元标注黄色背景。

115. 简述监控主机人机界面站用变压器间隔分图测量值的显示要求。

答：应包含三相电压电流、无功、功率因数等。

116. 简述监控主机人机界面遥控操作界面。

答：监控界面应具备遥控操作权限，主接线图不具备遥控权限，遥控操作应在间隔分图上执行。人机交互应具备操作员、监护员确认与密码输入窗口，支持本机监护、双机监护等监护形式选择。

117. 简述监控主机人机界面遥控对象选择。

答：遥控操作主要有 SBO（先选择再执行）与 DO（直接执行）两种形式，执行形式有本机监护、双机监护和无监护三种选项，操作对象选择应经过调度编号核对，控制行为（检同期、检无压、不检等）可通过下拉菜单选择，菜单所列条目分可选与不可选两种状态，符合初态与目标态逻辑规则。

118. 简述监控主机人机界面遥控执行步骤。

答：遥控执行过程中，应提供遥控进度指示与遥控相关信息窗口。遥控分步执行，具备步骤序列闭锁机制，即遥控对象确认后，遥控选择按钮才激活，遥控选择返回“肯定确认”后，遥控执行按钮才激活。若遥控选择返回“否定确认”或其他异常信息，则不激活执行按钮。

119. 简述监控主机人机界面遥控执行过程。

答：遥控执行过程应包括：

（1）操作员、监护员选择遥控对象；

（2）下发遥控选择命令，返回遥控选择确认信息；

（3）下发遥控执行命令，返回遥控执行确认信息；

（4）返回遥控结束信息；

（5）返回遥控对象变位遥信信息。

上述过程完整正确则遥控成功；期间出错则遥控过程不能完成，提示遥控失败。遥控信息窗口应显示遥控过程信息，包括失败原因。

120. 简述监控主机自动成图技术适用的范围。

答： 自动成图主要包括主接线图、间隔图及辅助设备监控图的自动生成。

121. 简述监控主机自动生成主接线图的功能。

答： 系统宜支持主接线图自动生成功能，如图 11－4 所示，要求如下：

（1）依据 SCD 配置及在线运维管控工具生成的 SCD 文件，利用设备间的拓扑连接关系，自动完成主接线图的绘制；

（2）应支持人工审核、手动指定和拖动修改等个性化图形绘制需求，完成图元、信息的补充和关联，完善主接线图。

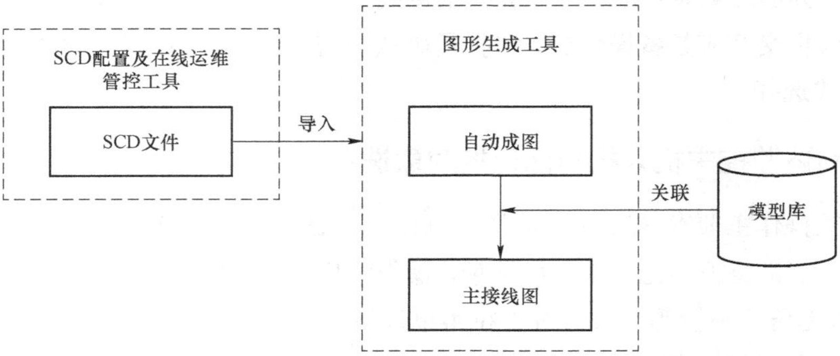

图 11－4　主接线图自动生成示意图

122. 描述监控主机自动生成间隔分图的功能。

答： 系统宜支持间隔分图自动生成功能，如图 11－5 所示，要求如下：

（1）应支持按需定制间隔模板，并根据间隔模板批量生成同电压等级下相同类型间隔分图；

（2）自动生成的间隔分图应保障图库一致性。

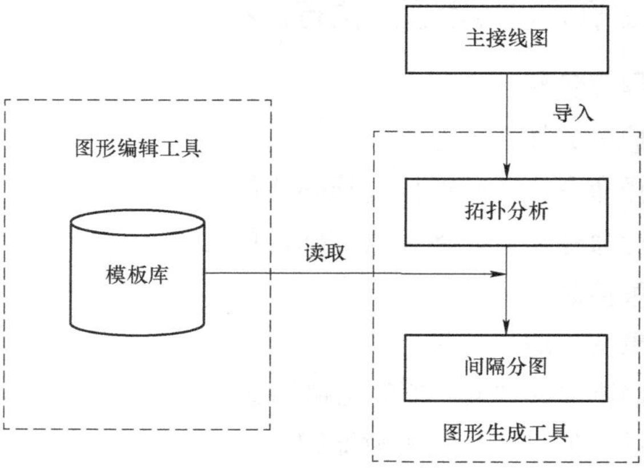

图 11－5　间隔分图自动生成示意图

123. 描述监控主机自动生成辅控系统图的功能。

答：系统宜支持辅控系统图自动生成功能，如图 11－6 所示，要求如下：

（1）应支持按需定制辅控系统图模板，并根据模板批量生成同类型辅控系统分图；

（2）自动生成的辅控系统图应确保图库一致性。

（3）可自动生成区域平面图。

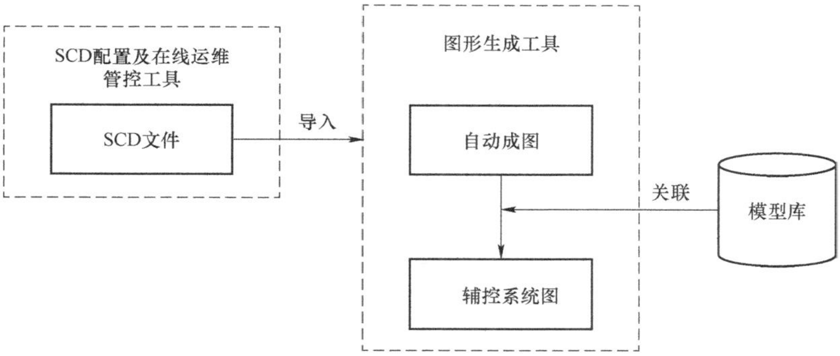

图 11－6 辅控系统图自动生成示意图

124. 主辅一体化监控主机顺控操作票校核可以分为哪几种方式?

答：不停电校核方式和停电校核方式。

125. 主辅一体化监控主机顺控操作票校核以什么工具作为人机交互入口?

答：操作票校核工具。

126. 简述主辅一体化监控主机顺控操作票不停电方式的校核流程。

答：不停电方式校核以操作票校核工具作为人机交互入口，操作票生成、不停电校核、执行的流程如图 11－7 所示。

127. 启动操作票校核工具应执行什么操作?

答：启动操作票校核工具应进行用户权限验证。

128. 简述操作票校核工具的作用。

答：操作票校核工具以可视化的方式展示顺控操作票内容，供校核人员校验票面，并提供不停电校核和停电校核的人机交互入口。

129. 操作票校核工具界面如何区分操作票是否校核?

答：未校核的操作票在操作票名前显示前缀“未校核”，已校核的操作票在操作票名前显示前缀“校核人姓名已校核”，校核失败的操作票在树形列表上应在操作票名前显示

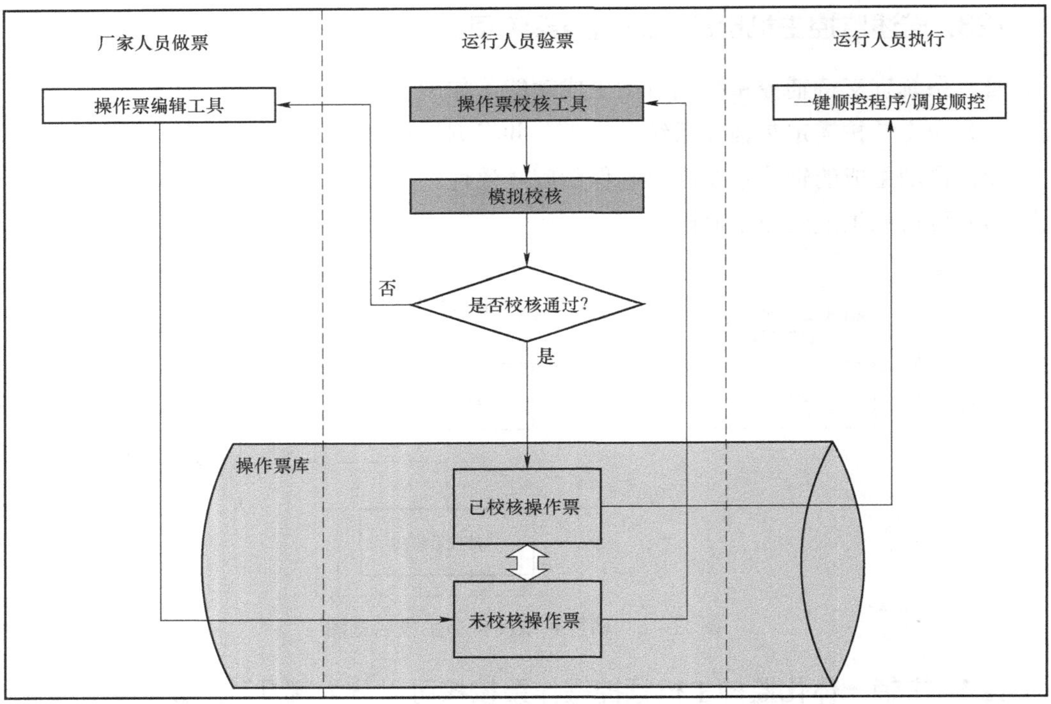

图 11－7　操作票生成、不停电校核、执行流程图

前缀"CRC 校核失败"。

130. 简述操作票展示内容应包括的信息。

答： 操作票展示内容包括操作任务信息（操作票名、当前状态、目标状态、版本信息）、操作项目信息和闭锁信号信息。

131. 简述操作任务的版本信息中记录的该操作票最后一次被修改的时间格式。

答： 格式为年月日－时分秒（YYMMdd－hhmmss）。

132. 简述不同类型的操作项目应展示的内容。

答： 操作项目展示内容如表 11－1 所示。

表 11－1　　**操作项目展示内容**

操作项目类型	展示内容
遥控	任务描述、动作对象、命令类型、遥控类型（分、合）、遥控校验（一般遥控、检同期、检无压、不检）、执行条件、确认条件、出错处理（立即停止、提示、自动继续）、延时时间、超时时间
软压板切换	任务描述、动作对象、命令类型、动作类型（投入、退出）、执行条件、确认条件、出错处理（立即停止、提示、自动继续）、延时时间、超时时间
提示	任务描述、命令类型、提示类型（确认后继续、确定继续执行或停止执行、画面切换、校核无提示）、执行条件、确认条件、出错处理（立即停止、提示、自动继续）、延时时间、超时时间

133. 简述全站操作票校验完毕后全站操作票导出文件的名称格式。

答：文件名称格式为：变电站名称操作票校核－年月日－时分秒.txt。

134. 简述模拟校核流程。

答：模拟校核界面基于现有一键顺控界面进行功能扩展，通过模拟顺控操作票的执行过程辅助校核人员对顺控操作票的操作对象、操作项目顺序、执行前条件、确认条件、防误规则等进行校核。具体流程如图 11－8 所示。

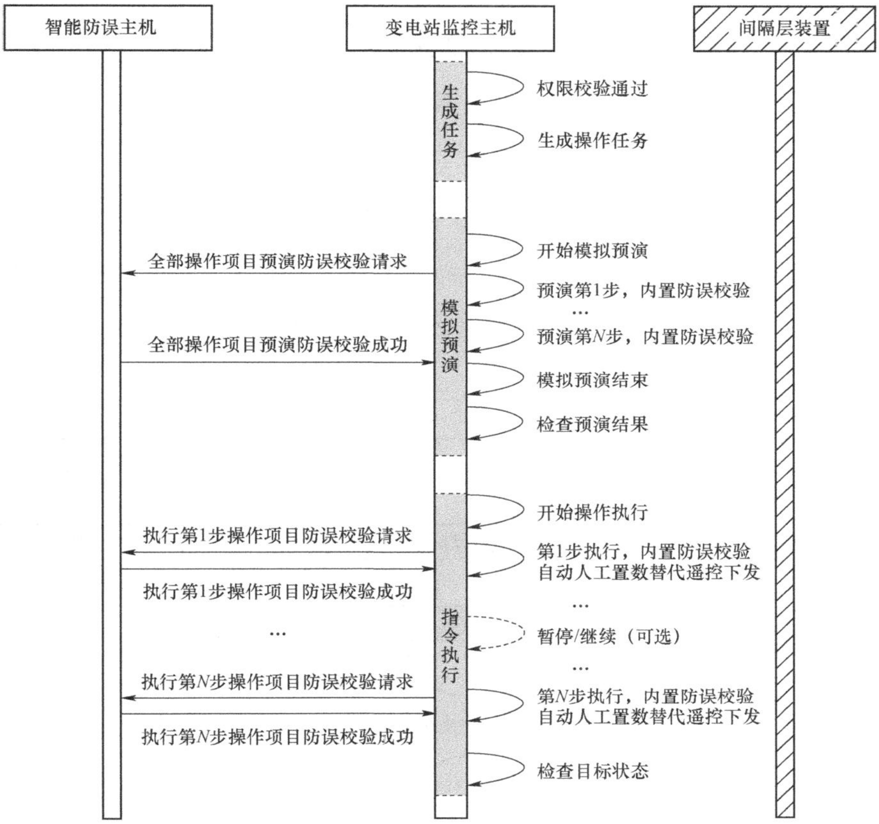

图 11－8 模拟校核流程图

135. 简述模拟校核生产的操作任务应具备的功能。

答：操作任务应具备查看源设备态条件、查看目标设备态条件和导出操作任务功能。

（1）查看源设备态条件是指展示此操作任务关联的源设备态包含的所有条件和状态。

（2）查看目标设备态条件是指此操作任务关联的目标设备态包含的所有条件和状态。

（3）导出操作任务提供操作任务的可视化手段，展示内容与在操作票校核工具中的展示内容相同。

136. 简述启动校核流程后应执行的操作。

答：启动校核流程后，逐项校核操作任务，校核内容包括操作条件检查、闭锁信号判断、全站事故总判断、执行前条件判断、内置防误校核、智能防误主机校核、单步确认条件判断等，校核过程中指令执行应采用单步执行方式。

137. 简述操作票校核应采用的原则。

答：操作票校核应采用双套防误机制校核的原则，一套为监控主机内置的防误逻辑闭锁，另一套为独立智能防误主机的防误逻辑校验。

138. 简述已校核的操作票应记录的信息。

答：已校核操作票应记录操作票的校核状态、校核时间、校核人、CRC 校验码等信息。

139. 简述顺控操作票停电方式的校核流程。

答：停电方式校核以操作票校核工具作为人机交互入口，流程如图 11－9 所示。停电校核时，应采用单步执行方式。停电校核成功后应自动保存为已校核票，在操作票校核工具中可查看操作票的校核状态。

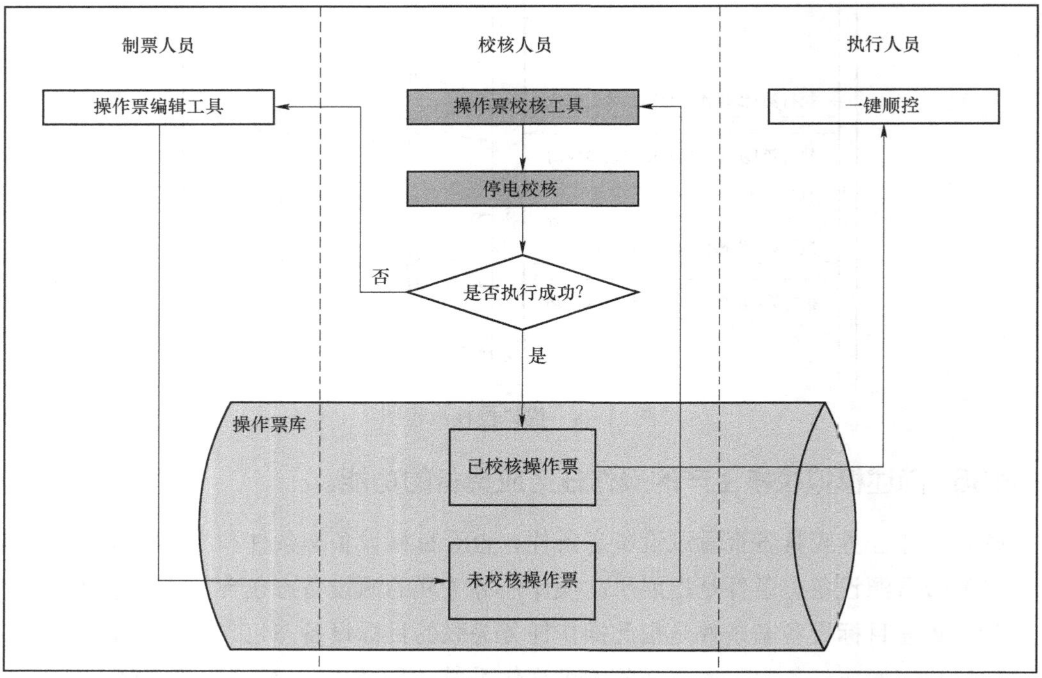

图 11－9　顺控操作票停电方式校核流程图

140. 简述对防误逻辑可视化展示与实时校验功能的展示窗中逻辑规则条件连接线的要求。

答：防误逻辑可视化展示与实时校验功能的展示窗中逻辑规则条件连接线应使用不同颜色区分防误逻辑条件的分位/合位状态是否满足实时状态，同时实时计算和展示当前防误闭锁逻辑的校验结果，使用不同颜色区分逻辑计算结果的正确与否。

141. 全站一次设备防误闭锁逻辑可视化展示界面分为哪几个部分？

答：全站一次设备防误闭锁逻辑可视化展示界面分为树形列表区、可视化逻辑图区、状态模拟区三部分。

142. 简述状态模拟功能的作用。

答：状态模拟功能支持在列表上的手工模拟置位，模拟置位后在可视化逻辑图区自动更新逻辑条件状态并计算与展示逻辑计算结果。

143. 简述顺控间隔操作票列表主、子站交互流程。

答：顺控间隔操作票列表主、子站交互流程如下：

（1）主站下发顺控操作票列表调阅命令至实时网关机；

（2）站端分析顺控操作票列表调阅命令，通过间隔名确定具体间隔，获取该间隔所有顺控操作票，形成顺控操作票列表文件；

（3）实时网关机将顺控操作票列表文件转发至主站。

144. 间隔操作票列表采用什么文件格式和编码类型？

答：间隔操作票列表采用 CIM/E 文件格式，采用 GB 18030—2022《信息技术 中文编码字符集》编码。

145. 简述临时顺控操作主、子站交互流程。

答：临时顺控操作主、子站交互流程如下：

（1）主站生成具有全站唯一票号的倒闸操作票，下发至站端，站端生成对应的临时顺控操作票；

（2）主站下发操作票预演命令至站端，站端通过操作票预演命令中的票号确定需预演的临时顺控操作票，进行模拟预演，并返回预演结果；

（3）主站下发顺控执行命令至站端，站端通过顺控执行命令中的票号确定需执行的临时顺控操作票，执行临时顺控操作票，并返回执行结果，详细流程如图 11－10 所示。

146. 简述主站下发的倒闸操作票文件名的格式。

答：主站下发的倒闸操作票文件名格式为 TmpTicket_间隔名_票号.txt，票号应全站唯一。

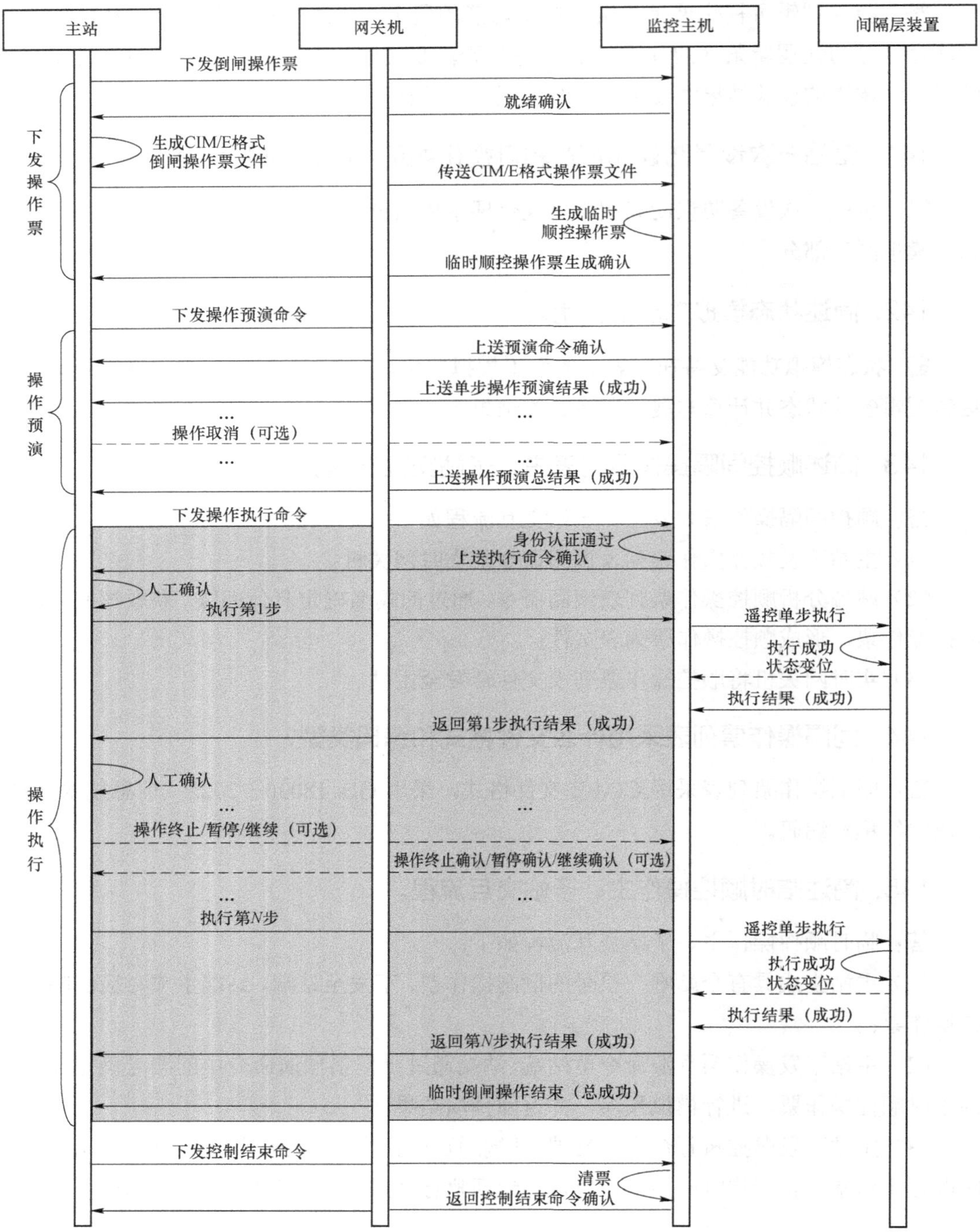

图 11－10　临时顺控操作主、子站交互流程图

147. 倒闸操作票采用什么文件格式和编码类型?

答：倒闸操作票采用 CIM/E 文件格式，采用 GB 18030—2022《信息技术 中文编码字符集》编码。

148. 故障智能告警界面应如何启动?

答：故障智能告警界面应随故障智能告警应用启动。

149. 故障智能告警界面应包括哪几个区域?

答：故障智能告警界面包括标题栏、筛选栏、实时告警窗三个区域。

150. 简述故障智能告警界面筛选栏的作用。

答：可通过间隔筛选、关键字筛选对实时告警信息列表进行筛选，可通过全部清除、全部确认按钮进行实时告警信息的清除、确认操作。

151. 故障智能告警界面中实时告警窗展示的内容有哪些?

答：实时告警窗分列展示实时故障智能告警信息，内容包括序号、时间、间隔、告警内容、处理建议、确认状态。

152. 故障智能告警界面中未确认告警信息有哪些确认方式?

答：未确认告警信息支持单击确认状态确认和通过筛选栏的全部确认按钮进行全部确认，确认告警和清除告警需要先向基础平台请求权限校验。

153. 故障智能告警界面中双击单条告警信息应弹出哪些信息?

答：双击单条告警信息时，弹出该条告警信息相关联的故障智能告警简报。

154. 简述雪崩试验的技术要求。

答：雪崩试验的技术要求：

（1）检验信息量变化对网络负荷率及系统的功能和性能的影响；

（2）要求站控层能正常工作，事件记录要完整，事件顺序记录应真实，完整反映信息的变化。

155. 简述雪崩试验的测试方法。

答：雪崩试验的测试方法：

（1）模拟监控系统在 500ms 内的 200 点遥信变位，连续变化 1min，不应发生死机、重启等异常现象，记录告警信息不应多报或漏报；

（2）模拟监控系统在500ms内的200点遥信变位，连续变化1min，在雪崩过程中使用仿真器自动模拟进行遥测值越限、遥控和遥调试验，记录系统的处理情况，与仿真器的设置值做比较，记录结果；

（3）模拟50%的背景数据流量及20%实际应用数据下（每秒多个遥信同时动作及遥测同时越限值，实测指标应不少于2000个数据），在数据流量加上10s后检查系统的运行状况，检测系统是否能正确处理并显示遥信、遥测数据，生成正确的告警信息，事件顺序记录时间正确，遥控、遥调操作正常。

156. 主辅一体化监控主机故障智能告警App网络通信状态变化如何测试？

答：断开一体化监控系统与测控装置的网线，测量从断开网线到模拟主站收到通信中断告警信号的时间，检查站控层网络通信状态是否在1min内变化。

157. 主辅一体化监控主机故障告警App应模拟哪些试验？

答：模拟遥测量越死区试验，测量从监控主机界面遥测值越限告警，到模拟主站远程浏览画面相应遥测值越限告警的时间差应不大于2s；模拟遥信变位试验，测量监控主机界面光字牌变化，到模拟主站光字牌变化时间差不大于1s。

158. DL/T 860通信报文规范为监控主机提供哪两方面功能？

答：（1）直接采集安全Ⅰ区多功能测控、保护、安全稳定控制装置等间隔层设备和站用交直流系统的信息；

（2）实现与智能防误主机之间的防误逻辑校核及信息传递。

159. 简述主辅一体化监控主机对客户端测试项的判定依据。

答：（1）符合DL/T 860通信报文标准；

（2）通过DL/T 860通信报文一致性测试。

160. 简述监控主机DL/T 860通信报文客户端一致性的测试方法。

答：被测厂家在进行客户端DL/T 860通信报文一致性测试前需具备被测装置的PICS、PIXIT文件，通信模式及提供文件需符合DL/T 860通信报文标准规定，有关该客户端的测试要求需与自身提供的PICS、PIXIT文件一致。

161. 简述联动接口的测试方法。

答：（1）检查监控主机，应采用UDP协议，端口优先采用9300；

（2）在监控主机发送联动配置文件，采用UDP报文仿真工具或综合应用主机接收联动配置文件，检查报文传输格式是否满足要求，查看联动配置文件格式是否符合要求；

（3）在监控主机分别执行普通遥控、顺序控制、触发遥信变位或告警等信号，采用

UDP 报文仿真工具或综合应用主机接收联动信号，检查联动信号报文格式是否满足要求；

（4）检查监控主机，应支持反向接收综合应用主机发送的联动信息处理结果文件。

162. 监控主机应逐一检查界面的哪些方面?

答：逐项检查监控主机的画面比例、画面颜色、画面图元、文字标注、遥测标注、接线布局等是否满足要求，检查主接线图、光字牌索引、二次网络结构、交直流系统、消防监视、安全防卫、动环监控、在线监测、照明控制、间隔分图、遥控操作、右键菜单应用及顺序控制等各个图形界面是否满足要求。

163. 简述监控主机自动成图功能分为几方面，有何要求?

答：（1）自动生成主接线图。依据 SCD 配置及在线运维管控工具生成的 SCD 文件，利用设备间的拓扑连接关系，自动完成主接线图的绘制。

（2）自动生成间隔分图。应支持按需定制间隔模板，并根据间隔模板批量生成同电压等级下相同类型间隔分图。

（3）自动生成辅控系统图。应支持按需定制辅控系统图模板，并根据模板批量生成同类型辅控系统平面图。

164. SCD 配置及在线运维管控工具 App 模型检测应识别哪些模型?

答：全站 SCD（含 SSD），主辅一体化监控主机 SCD，综合应用主机 SCD，实时网关机 SCD，服务网关机 SCD、SSD、SPCD、CSD。

165. 网络安全信息采集与命令控制包含几方面检测?

答：包含网络安全监测数据传输检测、控制操作功能检测、通信协议检测三方面检测。其中通信协议检测包含采集事件传输通信协议检测与控制操作代理通信协议检测。

166. 在存在 A、B 网时，服务器、工作站采集事件传输通信协议检测应满足什么技术要求?

答：在存在 A、B 网时，应通过 A、B 网同时与网络安全监测应用各建立一个 TCP 连接通道；所有 TCP 连接均为长连接，支持基于 TCP keepalive 的连接心跳探测；服务器、工作站等设备只通过一条 TCP 连接通道向网络安全监测应用上报采集信息；当出现 TCP 连接中断时，服务器、工作站应主动重新建立 TCP 连接；当上报采集信息的 TCP 连接通道发生切换时，应保证上报的采集信息不丢失。

167. 服务器、工作站控制操作代理通信协议的报文格式包含哪些内容?

答：报文格式包括报文头、报文体和报文尾三部分，具体报文格式内容应包含报文类型、返回值、唯一标识、具体内容等。

168. 业务安全包含哪些方面?

答：业务安全包含人机安全、通信安全、应用安全、进程安全、数据安全、运行安全、源代码安全、安全免疫。

169. 简述监控主机数据安全的测试方法。

答：（1）查看业务数据、配置数据、审计数据、敏感数据等访问权限；

（2）查看是否对数据划分了不同的安全级别，并检测是否对安全级别较高的数据进行保护；

（3）检测身份凭证信息、口令等重要数据在存储时是否采用国密算法进行加密；

（4）模拟软、硬件异常情况，检测软、硬件异常情况下存储的历史数据、配置数据等是否完整、正确；

（5）检测重要业务数据是否具备备份与恢复功能，且实现正确。

170. 简述双因子测试的测试方法。

答：双因子测试即分别登录当前已有管理员、审计员及操作员用户及新建用户账号，检测是否采用用户密码认证与数字证书、生物特征识别等两种及以上组合的认证技术，对用户进行身份鉴别。

171. 简述登录认证安全的测试方法（至少五种）。

答：双因子测试、标识唯一性测试、用户密码使用时间测试、登录失败锁定及解锁测试、登录超时测试、登录安全审计日志测试。

172. 简述监控后台中管理员、审计员和操作员关于权限管理是否安全的测试方法。

答：（1）登录业务界面，检测是否至少设置管理员、审计员和操作员三种角色，检测是否存在超级用户，每个角色是否遵循权限最小原则；

（2）登录管理员账户，检测是否仅具有用户管理、角色管理、权限管理、系统配置等管理角色；

（3）查看审计人员角色的权限分配，检测审计员是否至少具备查看操作记录、事件记录结果等权限；

（4）登录操作员账户，检测各用户是否能够实现权限范围内的调试、运行的配置、查看、操作等；

（5）除画面查看等公共权限外，检测各角色之间的权限是否互斥，检测是否能对同一个用户分配多个角色。

173. 使用代码安全检测工具验证代码安全漏洞，判断缺陷危害程度时应至少满足哪些要求？

答：（1）不应存在违背安全编码规则、输入处理、输出处理、文件操作等安全要求内容；

（2）不应存在口令硬编码、软件后门、内存溢出、明文存储、异常管理等安全特征内容；

（3）不应存在资源泄露、越界访问、缓冲区溢出、命令注入、设计缺陷/业务逻辑等安全漏洞。

174. 简述监控主机的数据采集功能。

答：（1）综合应用主机自身在线监测数据直接采集；

（2）主辅一体化监控主机、实时网关机、时钟、保护装置、安全稳定控制装置、多功能测控装置、Ⅰ区交换机等Ⅰ区二次设备的在线监测数据采用平台总线方式从主辅一体化监控主机采集；

（3）服务网关机、智能故障录波装置、Ⅱ区交换机等Ⅱ区二次设备的在线监测数据经Ⅱ区站控层网络采集；

（4）辅助设备、计量设备、Ⅱ区无线接入区数据经Ⅱ区站控层网络采集；

（5）服务器、工作站、网络设备、安全防护设备等的网络安全监测信息经站控层Ⅰ、Ⅱ区网络采集。

175. 简述顺序控制要求及测试方法。

答：（1）顺序控制要求：

1）宜支持对顺控操作票的不停电校核；

2）宜支持主站按间隔调取操作票列表；

3）应支持接收主站下发的倒闸操作票文件，生成临时顺控操作票；临时顺控操作票不入顺控操作票库，执行时应生成操作记录，遵循《变电站一键顺控改造技术规范（试行）》（运检一〔2018〕63号）中7.5的要求；

4）在校核顺控操作票时，应闭锁主站下发的顺序控制操作；

5）禁止执行未校核的操作票；

6）顺序控制执行过程中，若出现事故总、操作失败等情况时，宜支持暂停执行，返回错误原因，等待继续或终止执行指令。

（2）顺序控制测试主要包含厂站端顺序控制测试、与主站端顺序控制交互功能的测试、顺控操作票不停电校核功能的测试三个方面：

1）厂站端顺序控制的测试方法：

a. 操作票预制功能测试：

a）进入操作票库维护界面，查看应需要输入权限验证；

b）检测是否可以通过选择当前设备态及目标设备态创建顺控操作票；

c）运行顺控操作票定义工具，打开一张顺控操作票进行编辑，设置某个操作项目的任务描述、执行前条件、确认条件、延时时间、超时时间、顺控闭锁信号、出错处理方式等参数；

d）检测是否可以删除顺控操作票；

e）选择该间隔顺控操作票列表中某一顺控操作票，尝试创建与当前设备态、目标设备态相同的新顺控操作票，检查是否成功。

b. 操作票任务生成功能测试：

a）经过操作员、监护员权限验证后，运行顺序控制程序，核对当前状态，选择目标状态，单击确定按钮，检查是否匹配到了预制操作票库的操作票；

b）检查厂站端操作票名，应遵循 GB 18030—2022《信息技术 中文编码字符集》，格式为：间隔（或设备）由“当前设备态”转“目标设备态”，例如：连#1 主变由“运行”转“热备用”；

c）检查“未校核”操作票是否禁止生成顺控操作任务；

d）检查当前间隔存在与主站端顺控任务时，是否禁止生成顺控操作任务。

c. 操作票模拟预演功能测试：

a）选择操作对象准备模拟预演；

b）新建操作任务后，分别模拟操作条件不满足、内置防误闭锁校验不通过、智能防误主机防误校核不通过，检查预演是否通过，预演不通过应不允许进入执行环节；

c）单步模拟操作：检查模拟预演过程中每一个操作项目的预演结果是否逐项显示，任何一步模拟操作失败，是否终止模拟预演并说明失败原因。

d. 操作票指令执行功能测试：

a）顺控操作票模拟预演成功后，进入顺控指令执行环节；

b）分别模拟执行前条件不满足、当前设备态不一致、顺控闭锁信号判断不满足、全站事故总信号、单步执行前条件不满足、内置防误闭锁校验不通过、智能防误主机防误校核不通过、单步确认条件不满足（包括双确认条件不满足）等情况，检查是否中断执行有报错提示并能点亮相应的错误指示灯，点击错误指示灯，应能再次弹出报错提示；

c）指令执行过程结果应逐项显示，执行每一步操作项目之后应更新操作条件、目标状态；

d）指令执行过程中，点击“暂停”按钮，检测是否能够暂停执行操作，“暂停”按钮变为“继续”，点击“继续”按钮后，操作继续；指令执行过程中，单击“终止”按钮，检测执行过程是否终止并弹出提示；

e）顺控执行过程中，若出现事故总、操作失败等情况时，宜支持暂停执行或重试操作，返回错误原因，等待继续、重试或终止执行指令。执行继续或重试指令时，应重新检查相关操作条件和逻辑判断。

e. 操作票操作记录查询功能测试：检查是否具备操作记录查询功能，操作记录应包含操作时间、操作用户名、操作内容等信息。

2）与主站端顺序控制交互功能的测试方法如下：

a. 操作票调阅功能测试：

a）在模拟主站下发操作票调阅命令，厂站端收到命令后，检查是否能根据主站下发的操作票命名解析并定位操作票库内的唯一操作票，并生成符合要求的 CIM/E 操作票文件上送主站；

b）站端存在顺控操作（包括校核操作）时，检查当前间隔是否闭锁主站操作票调阅功能。

b. 操作票操作功能测试：

a）检查厂站端是否能解析模拟主站下发的操作票预演命令并实现预演功能，预演结果应逐步上送；

b）预演结果不通过不允许进行操作票执行操作；

c）检查厂站端是否能解析模拟主站下发的操作票执行命令并实现执行功能，执行结果应逐步上送；

d）检查操作过程中主站是否可以进行操作取消、暂停、继续、终止等人工干预；

e）顺控执行过程中，若出现事故总、操作失败等情况时，厂站端宜支持暂停执行，返回错误原因，等待主站继续或终止执行指令。执行继续指令时，应重新检查相关操作条件和逻辑判断。

c. 按间隔调取操作票列表功能测试：

a）在模拟主站下发操作票列表调阅命令，厂站端收到命令后，宜能生成对应间隔的 CIM/E 操作票列表文件，并上送模拟主站；

b）主站接收到的 CIM/E 操作票列表文件应符合规范格式要求。

c）接收主站下发的倒闸操作票文件测试：

d）通过模拟主站下发倒闸操作票文件，检查是否可以生成临时顺控操作票，查找监控主机顺控操作票库中不应有该临时顺控操作票。

3）顺控操作票不停电校核功能测试方法如下：

a. 操作校核工具测试：

a）操作票校核工具界面可展示操作票的信息，并区分是否校核；

b）操作票展示内容包括操作任务信息（操作票名、当前状态、目标状态、版本信息）、操作项目信息和闭锁信号信息；

c）全站操作票校验完毕后，可将全站操作票导出为一个文本文件，文件名称格式为：

变电站名称操作票校核–年月日时分秒.txt。

b. 模拟校核功能测试：

a）模拟校核过程不与间隔层装置交互；

b）检查模拟校核工具是否具备用户权限校验功能；

c）检查生成操作任务之前是否判断“该操作任务要求的当前设备态”和“操作对象的当前设备态”相一致的功能，若不一致，检查是否弹出对话框进行提示，并能将操作对象置为该操作任务要求的当前状态，然后生成操作任务；

d）检查操作任务是否具备查看源设备态条件功能，在弹出窗口展示此操作任务关联的源设备态包含的所有条件；

e）检查操作任务是否具备查看目标设备态条件功能，在弹出窗口展示此操作任务关联的目标设备态包含的所有条件；

f）检查操作任务是否具备导出操作任务功能，在弹出窗口展示此操作任务的内容；

g）检查模拟预演全过程是否包括启动模拟预演、检查操作条件、预演前当前设备态核实、内置防误闭锁校验、智能防误主机防误校核、单步模拟操作；

h）检查模拟预演过程中该操作任务要求的当前设备态和操作对象的当前设备态不一致时，应进行提示，允许通过人工置数改变操作对象的当前设备态，使其与操作任务要求的当前设备态一致，然后再进行模拟预演；

i）检查校核全过程是否包括启动指令执行、检查操作条件、执行前当前设备态核实、顺控闭锁信号判断、全站事故总判断、单步执行前条件判断、内置防误闭锁校验、智能防误主机防误校核、自动人工置数、单步确认条件判断等；

j）检查指令执行时是否采用单步执行方式，每一步操作指令执行结束后是否弹出提示对话框，对每一步操作内容、操作结果及操作过程中出现的故障及异常信号进行人工判断，确认后再继续执行下一步操作；

k）检查操作票校核是否采用双套防误机制校核的原则；

l）检查模拟校核成功后，是否提示保存为已校核操作票；

m）检查模拟校核工具是否支持组合票校核，组合票模拟校核成功后，组合内的每张操作票是否都保存为已校核；

n）检查模拟校核结束后是否自动复位所有人工置数状态。

c. 实操校核功能测试：

a）实操方式校核流程即正常的顺控操作流程；

b）检查实操校核执行成功后是否自动保存为已校核票。

176. 简述防误闭锁测试要求及测试方法。

答：（1）防误闭锁测试要求：防误闭锁宜具备防误逻辑可视化展示与实时校核功能：

1）应支持逻辑规则的编辑、存储、导出，逻辑规则文件格式正确；

2）应支持多功能测控装置逻辑规则文件的召唤和下装；

3）应支持从智能防误主机或多功能测控装置采集接地桩、网门等设备状态信息；

4）应支持在数据品质位无效、可疑等状态时，判断逻辑规则校核不通过；

5）顺控操作时，与智能防误主机交互，满足防误双校核要求，若校核失败，应停止操作并提示双校核各自的校核结果；

6）应具备挂牌闭锁功能；

7）应具备操作互斥功能，一个节点在进行电气设备操作时，应闭锁其他节点的电气设备操作；

8）应支持判断实时网关机远方/就地状态，处于远方状态时禁止本地操作。

（2）防误闭锁测试方法：

1）检查是否支持在监控主机进行逻辑规则的编辑、存储和导出；

2）检查是否支持下装逻辑规则文件至多功能测控装置并生效，检查是否支持从多功能测控装置召唤防误规则，并与监控主机防误规则进行自动校核的功能；

3）通过接入实际设备，或通过 IED 仿真工具模拟智能防误主机和多功能测控装置上送接地桩、网门等设备状态信息变化，检测监控主机是否有遥信变位信息；

4）通过 IED 仿真工具模拟数据品质位无效、可疑等状态，检测逻辑规则是否校核不通过；

5）执行顺控操作，检查监控主机是否向智能防误主机发送请求操作命令，接收到智能防误主机应答允许操作或禁止操作命令，若校核失败，检测是否停止操作并提示双校核各自的校核结果；

6）对设备挂牌后进行控制操作，检查监控主机是否禁止操作该命令；

7）检测是否具备操作互斥功能，在一台监控主机打开控制界面仅下发控制选择命令后，打开监控备机或综合应用主机，检查是否不允许任何控制操作；

8）设置某点遥控操作的监控主机本地和智能防误主机逻辑条件全部满足，模拟实时网关机发送就地状态信号，检查该点遥控是否正确下发；模拟实时网关机发送远方信号，检查该点遥控是否被闭锁。

177. 监控主机登录认证应满足什么要求（至少 5 条）？

答：（1）分别登录当前所有用户以及新建用户，检测是否采用数字证书、生物特征识别和静态口令等两种或两种以上组合的认证技术对用户进行身份鉴别。

（2）查看用户的 ID 标识是否唯一，是否存在重复标识的用户，是否能够直接使用已有身份标识和删除用户进行用户注册；新建与库用户名相同的用户，检测是否不成功。

（3）检查用户密码是否具有复杂度要求，是否满足密码长度为 8～20 位，密码复杂度是否至少含有大写字母、小写字母、数字、特殊字符中三种或三种以上的组合。

（4）确认密码使用时间限值配置，根据配置修改系统时间。当密码使用时间超出限值后，应在用户登录时强制要求修改口令。

（5）确认登录失败锁定次数、锁定时间等配置参数。使用错误密码连续登录，验证登录失败次数超限后，是否锁定用户登录，此时输入正确及错误密码，是否拒绝登录；达到锁定时长后，在输入正确密码的情况下是否允许登录。

（6）确认用户登录后的闲置超时时间。当用户在登录设定时间（如 10min）内未进行任何操作时，应自动结束该用户会话并退出登录。

（7）执行火灾消防、安全防卫、动环系统等重要辅控设备操作，检查是否进行再次身份鉴别，不允许未经认证直接操作。

（8）使用同一用户账号同一时间内在多个客户端上同时登录，检测是否对多点登录的行为进行限制阻断、提示并产生告警日志。

（9）触发用户登录成功、登录失败、用户注销、多点登录事件等，检测是否记录相应的审计日志。

178. 简述监控主机的进程安全要求。

答：（1）应支持进程创建、资源回收、进程守护等进程管理能力；

（2）应对核心业务进程异常、内存耗尽等情况进行监视；

（3）应对审计进程进行保护，禁止单独中断进程。

第十二章

综 合 应 用 主 机

1. 简要描述变电站综合应用主机的典型界面，综合应用主机包括哪些主要功能?

答： 图 12－1 是国电南自 PS 6000^{+}G 综合应用主机的典型界面，系统主要实现变电站辅助设备监控，二次设备在线监测，网络安全监测，计量数据的集中采集、存储、处理，主辅联动，软件版本管控和设备管理等通用功能，具备 SCD 可视化配置维护、网络安全监测等专用功能，同时为服务网关机和智能在线巡视主机等设备提供相关业务的支撑。

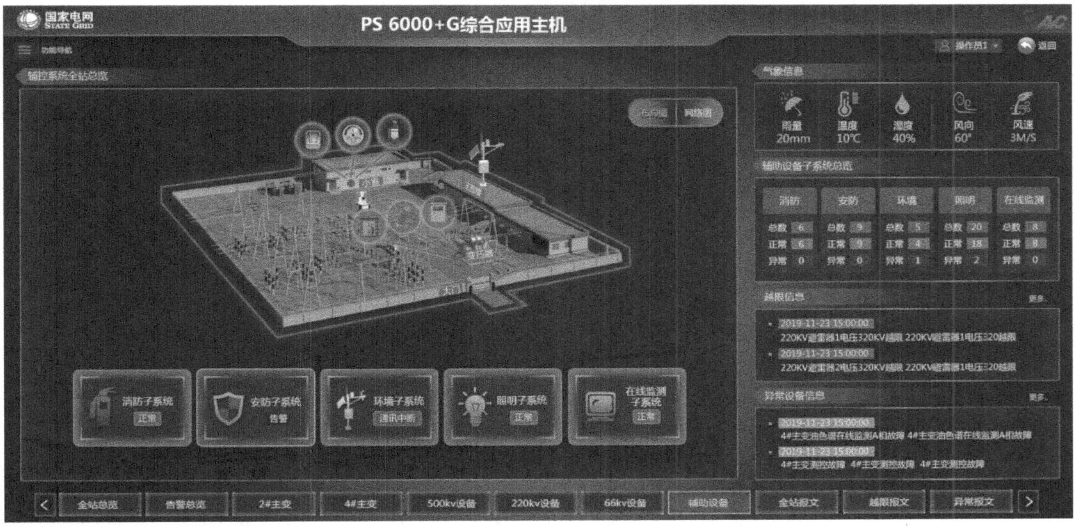

图 12－1　综合应用主机典型界面

2. 在新架构下，变电站网络安全监测装置和辅助设备监控系统是否还需要部署?

答： 无需部署。在新架构下，变电站网络安全监测装置和辅助设备监控系统原有的功能已移植到综合应用主机。

3. 简述综合应用主机系统软件的技术要求。

答：综合应用主机系统软件技术要求：

（1）应和主辅一体化监控主机统一设计、统一平台，具备一体化运行的条件。

（2）操作系统应采用安全可控软件产品，具备网络安全探针的功能。

（3）关系数据库核心软件应采用安全可控软件产品，宜具备升级维护等可控能力。

（4）系统软件符合 GB/T 36572—2018《电力监控系统网络安全防护导则》的安全要求，并通过安全测试。

4. 简述综合应用主机的硬件配置技术要求。

答：综合应用主机硬件配置技术要求：

（1）配备安全可控 CPU 主流芯片，主频速度应满足单节点配置全应用功能时的性能要求。

（2）内存及储存应满足单节点配置全应用功能时本规范的历史存储要求。

（3）显示能力应满足本规范的图形响应要求。

（4）配备双热插拔冗余电源。

（5）配备不少于 4 个千兆网口。

5. 简述综合应用主机数据流向图及各接口的主要信息。

答：综合应用主机应具备与安全Ⅱ区汇聚层设备数据交互能力，同时应具备与Ⅰ区监控主机、Ⅱ区服务网关机及Ⅳ区在线智能巡视主机等站控层设备数据交互能力，数据流向如图 12－2 所示。

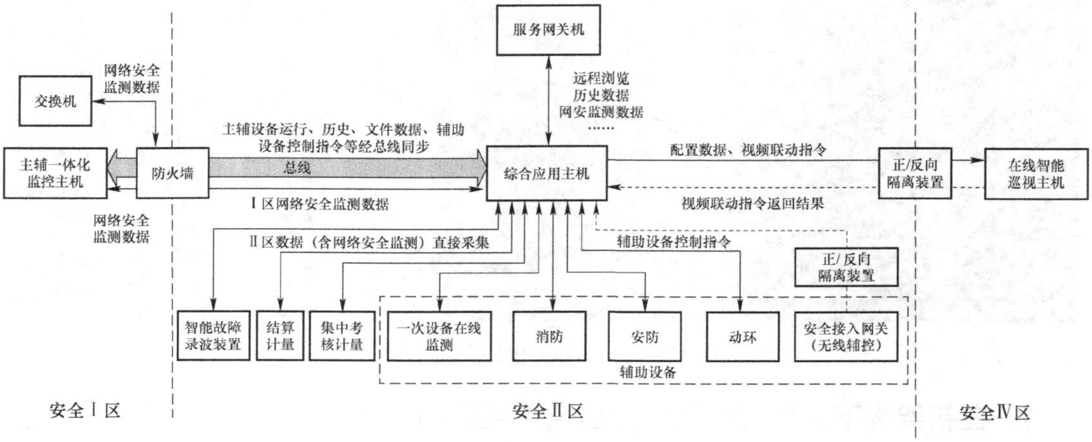

图 12－2 综合应用主机数据流向图

主要接口信息：

（1）综合应用主机通过Ⅱ区站控层网络直接与汇聚层设备进行双向数据交互，交互协议应采用 DL/T 860 通信报文规范。

（2）综合应用主机与Ⅰ区监控主机、实时网关机及交换机通过防火墙穿透的方式进行双向数据交互，包括主辅设备运行数据、辅助设备控制指令、历史文件数据，交互协议采用平台总线方式实现。

（3）综合应用主机应满足对网络安全监测的要求，采集Ⅰ、Ⅱ区网络安全监测数据通过服务网关机上传网络安全管理平台或集控站，同时执行服务网关机转发的网络安全管理平台控制命令。

（4）综合应用主机与Ⅱ区服务网关机直接通过Ⅱ区站控层网络并采用平台总线方式进行双向数据交互，具体应满足Ⅱ区服务网关机协同原则的要求。

（5）综合应用主机与Ⅳ区在线智能巡视主机之间通过正反向隔离装置进行数据交互，具体应满足Ⅳ区巡视系统支持服务的要求。

6. 简述综合应用主机的功能结构。

答： 综合应用主机的应用功能结构如图 12－3 所示，分为基础平台和四类应用功能两个层次。基础平台为各类应用提供统一的模型、数据、网络通信、人机界面、系统管理等基础功能。四类应用功能包括运行监视、操作与控制、智能应用、主站支撑服务。网络安全监测和可视化智能配置维护放在平台提供的安全隔离环境内运行，其余可作为平台的基本功能运行。

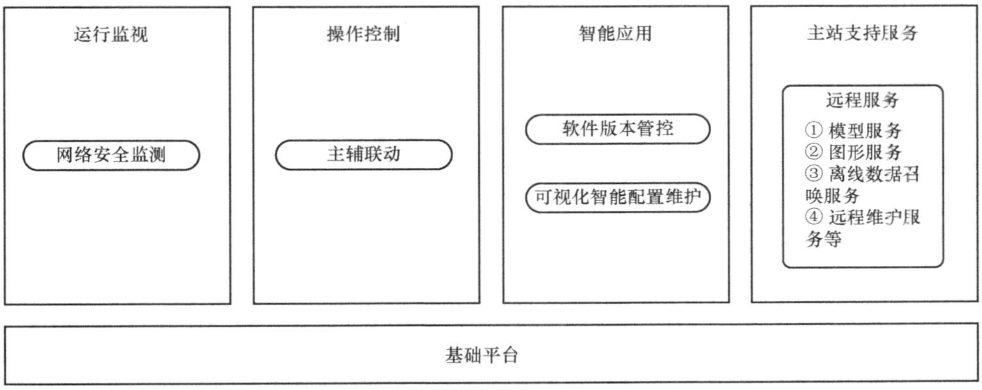

图 12－3　综合应用主机功能结构图

7. 简述综合应用主机的数据采集方式。

答： 综合应用主机通过 DL/T 860 通信报文规范采集辅助设备、二次设备在线监测等信息，遵循采集网络安全监测信息的要求。总体采集方式如下：

（1）综合应用主机自身在线监测数据直接采集。

（2）主辅一体化监控主机、实时网关机、时钟、保护装置、安全稳定控制装置、多功能测控装置、Ⅰ区交换机等Ⅰ区二次设备的在线监测数据采用平台总线方式从主辅一体化监控主机采集。

（3）服务网关机、智能故障录波装置、Ⅱ区交换机等Ⅱ区二次设备的在线监测数据经Ⅱ区站控层网络采集。

（4）辅助设备、计量设备、Ⅱ区无线接入区数据经Ⅱ区站控层网络采集。

（5）服务器、工作站、网络设备、安全防护设备等的网络安全监测信息经站控层Ⅰ、Ⅱ区网络采集。

8. 简述综合应用主机的数据采集范围。

答：综合应用主机数据采集范围有以下六类：

（1）一次在线监测数据采集，应具备变压器、断路器、开关柜、容性设备、避雷器等一次设备的在线监测数据采集。

（2）二次在线监测数据采集，应具备主机、网关机、保护装置、测控装置、安全稳定控制装置、智能故障录波装置、交换机、时钟同步装置等设备的在线监测数据的采集。

（3）辅助设备数据采集，应具备安全防卫、动环监测、智能锁控等设备的监测数据的采集。

（4）消防数据采集，通过消防专用传输单元采集。

（5）网络安全监测数据采集。

（6）计量数据采集，通过计量装置采集。

9. 简述综合应用主机的数据处理支持的功能。

答：数据处理实现对数据采集的各类数据进行系统化操作，用于支持综合应用主机完成运行监视功能：支持模拟量、状态量、SOE、图谱文件等各种类型数据的处理；支持对数据的逻辑运算与算术运算功能；支持时标和品质的运算处理、通信中断品质处理；支持数据的告警、保存、统计分析等功能。

10. 简述综合应用主机的历史数据存储与访问。

答：历史数据库应提供数据库管理工具进行维护、更新和扩充操作，支持事件类、操作类、采样类、统计分析类数据的历史存储，存储时间应不少于3年，支持历史信息文件导出（格式应支持CSV）及远方调阅，同时满足按时间、按间隔或按设备的查询方式。

11. 简述一体化监控统一平台的作用。

答：综合应用主机与Ⅰ区主辅一体化监控主机基于统一平台，通过总线进行实时库同步，消息交互。

12. 简述综合应用主机在安全Ⅱ区支持的主站服务。

答：综合应用主机应按照Ⅱ区服务网关机协同原则，提供远程模型服务、远程离线数据召唤服务、图形服务、远程维护服务。

13. 简述Ⅱ区服务网关机协同原则。

答：综合应用主机与Ⅱ区服务网关机协同，完成变电站Ⅱ区与调度主站、集控站的信息交互功能：对于Ⅱ区汇聚层设备实时/准实时数据，Ⅱ区服务网关机直采直送，减少中间交互环节，保障数据传输的可靠性；Ⅱ区综合应用主机通过总线与Ⅱ区服务网关机通信，协同完成调控主站、集控站对综合应用主机的远程访问功能。综合应用主机与调控主站、集控站的交互文件应采用 GB 18030—2022《信息技术 中文编码字符集》编码。

14. 简述模型服务的作用。

答：综合应用主机应提供模型服务，支持调控主站、集控站的模型调阅服务。

15. 简述离线数据召唤服务的作用。

答：综合应用主机宜提供离线数据召唤服务，支持调控主站、集控站的历史数据调阅应用。

16. 简述图形服务的作用。

答：综合应用主机宜支持图形服务，支持调度主站、集控站变电站远程图形调阅应用。

17. 简述远程维护服务作用。

答：综合应用主机应提供远程维护服务，支持调控主站、集控站的版本管控、远程运维等应用。

18. 简述综合应用主机和Ⅳ区在线智能巡视主机数据同步的要求。

答：综合应用主机和Ⅳ区在线智能巡视主机能够实现数据同步，满足下列要求：

（1）数据同步范围包括主辅设备资源信息配置数据、联动信息数据、视频确认反馈信息。

（2）综合应用主机和在线智能巡视主机之间通过正向隔离装置同步主辅设备资源信息配置数据、联动信息数据，采用基于 IP 的 UDP 单播协议。

（3）综合应用主机和在线智能巡视主机之间通过反向隔离装置同步联动结果信息、视频确认反馈信息，采用文件摆渡方式。

19. 简述主辅联动概念。

答：综合应用主机应接收监控主机发出的联动信号，根据联动策略，对Ⅱ区辅助设备传感器或Ⅳ区视频摄像头设备进行控制操作，针对Ⅳ区视频摄像头联动的操作需要返回操作结果。

20. 简述主辅联动交互流程。

答： 监控主机通过平台总线向综合应用主机发送联动信号，综合应用主机根据联动策略，选择对Ⅱ区辅助设备进行联动操作或将触发联动信息发送给在线智能巡视主机，由在线智能巡视主机完成对视频摄像头的操作并根据需要返回操作结果。总体交互流程如图 12－4 所示。

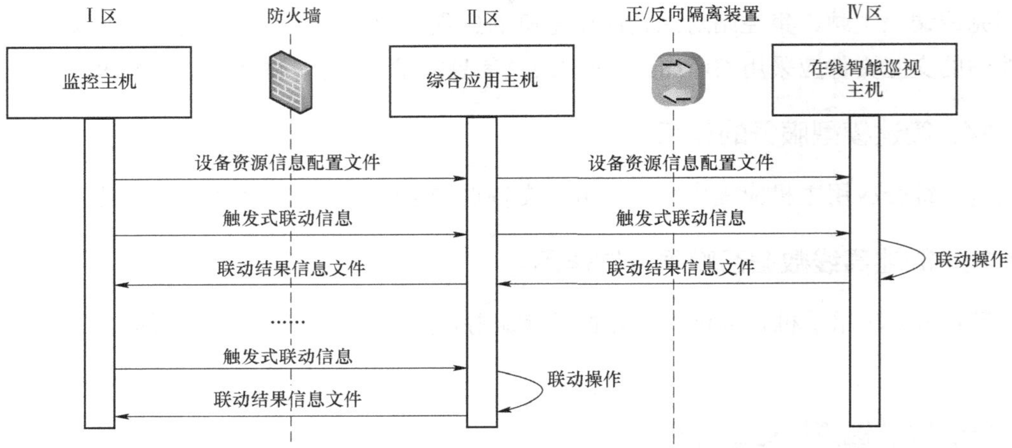

图 12－4　综合应用主机与监控主机、在线智能巡视主机交互流程图

21. 简述主辅联动交互协议。

答： 综合应用主机与监控主机间应通过平台总线进行信息交互，与在线智能巡视主机之间应通过单向 UDP 和文件方式进行信息交互，UDP 端口优先采用 9300，可根据实际配置修改。综合应用主机和在线智能巡视主机间交互内容主要包括设备资源信息配置文件、触发式联动信息以及联动结果信息文件。

22. 简述设备管理，并列出具体包括哪些设备。

答： 设备管理主要针对变电站一次、二次、辅助设备及网络设备进行统一管理，主要包含设备的台账信息、缺陷信息、检修信息等。一次设备包括变压器、断路器、隔离开关、母线、线路、电容器、电抗器、互感器、消弧线圈、高压并联电抗器、避雷器、手车等；二次设备包括测控装置、保护装置、安全稳定控制装置、交直流电源、网关机、服务器、时间同步装置、智能故障录波装置等；辅助设备包括动环设备、安全防卫、消防设备等；网络设备包括站控层网络交换机等。

23. 简述软件版本信息包含的内容，并列出装置类设备的软件版本信息。

答： 二次设备的软件版本信息至少由设备名称、设备型号、设备运行时的软件版本号、程序校验码、程序生成时间、设备识别代码六部分组成。保护、测控类设备还可包含管理软件版本、管理软件生成时间、管理软件校验码等信息。软件版本详细信息如表 12－1 所示。软件版本信息中软件版本号和管理软件版本号均从 1.0 开始，当二次设备的软件版本或管理软件版本升级时，以步长 0.1 向上累加。

表 12－1　　装置类设备的软件版本信息

属性	说明	类型	M/O
DevName	设备名称	STRING	M
Type	设备类型	STRING	M
Model	设备型号	STRING	M
Version	软件版本号	STRING	M
Time	软件生成时间（YYYY－MM－DD HH：MM：SS）	FORMATTED STRING	M
CheckCode	软件校验码	STRING	M
AdminVersion	管理软件版本号	STRING	O
AdminTime	管理软件生成时间（YYYY－MM－DD HH：MM：SS）	FORMATTED STRING	O
AdminCheckCode	管理软件校验码	STRING	O
SeriaNumber	设备识别代码	STRING	M

24. 简述 SCD 模型可视化配置工具。

答：SCD 模型可视化配置工具应以 App 的方式部署于综合应用主机提供的安全隔离环境内，与平台及其他业务相对独立，通过可视化方式实现变电站内一、二次系统及设备的模型配置、可视化和模型版本管理，具备文件导入导出功能，并经平台总线实现 SCD、CID 等文件的上传下装、版本管理校核、日志及告警存储等功能。

25. 简述网络安全监测应用。

答：网络安全监测应用应以 App 的方式部署于综合应用主机提供的安全隔离环境内，独立于平台和其他业务，具备独立的 IP 与服务网关机等设备进行通信。用于对监测对象的网络安全信息进行采集，并和服务网关机通过代理的方式与网络安全管理平台进行数据的交互，采集服务器/工作站、网络设备、安防设备及自身相关的安全事件并通过服务网关机上送主站，并接受主站下发的控制操作指令进行基线核查、版本管控、参数设置、历史调阅等操作。

26. 简述网络安全监测通信框架。

答：网络安全监测通信框架如图 12－5 所示。

27. 简述网络安全监测与服务网关机通信方式及通信内容。

答：网络安全监测应用应支持通过代理的方式与服务网关机通信，实现网络安全监测

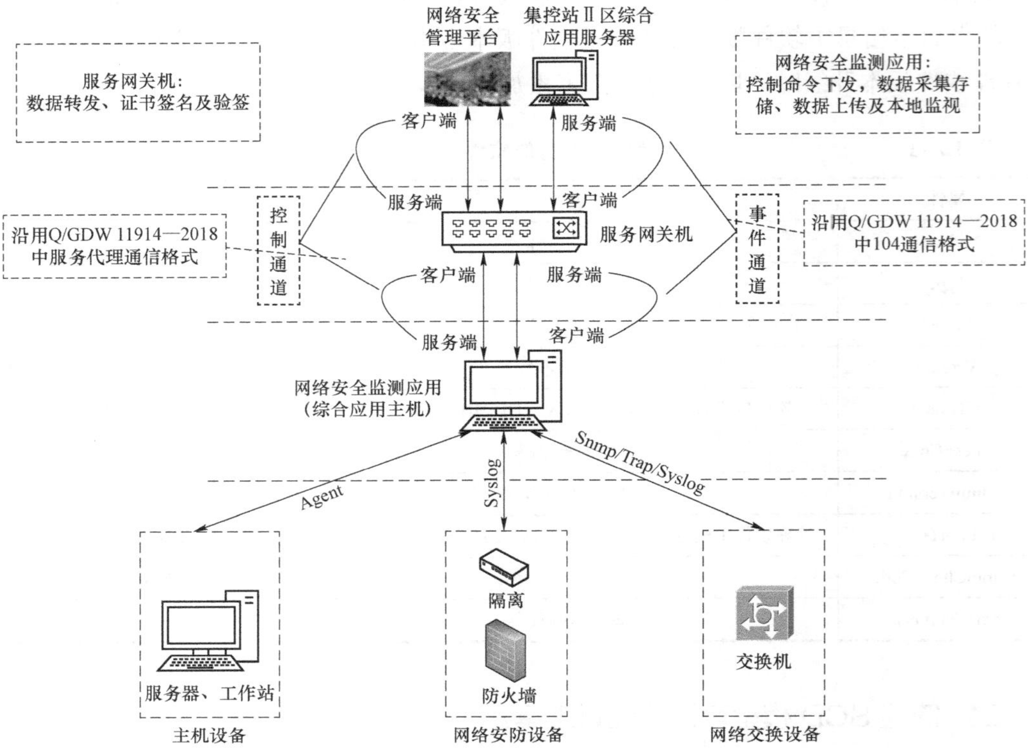

图 12-5　综合应用主机网络安全监测通信框架

信息的上传，执行网络安全管理平台下发的控制、操作命令，具体通信内容如下：

（1）应实现网络安全事件的上送，网络安全监测应用和服务网关机之间建立一条 TCP 长连接，网络安全监测应用为客户端，服务网关机为服务端，连接时需要进行身份验证。

（2）应实现控制命令的下发，网络安全监测应用和服务网关机之间建立一条 TCP 短连接，网络安全监测应用为服务端，服务网关机为客户端，重要操作需要进行身份验证。

（3）同一时刻只允许网络安全管理平台的一个控制命令，包括调阅、参数修改、操作命令等。

28. 列出网络安全监测和服务网关机通信参数配置。

答：网络安全监测支持和服务网关机的代理通信参数的配置，配置信息见表 12-2。

表 12-2　　网络安全监测和服务网关机通信参数配置表

序号	参数项	描述	默认值	备注
1	网络安全监测应用代理端口	网络安全监测应用开启 TCP 服务端口	8801	本地配置、远程不可读写
2	服务网关机事件代理端口	网络安全监测应用连接服务网关机开启的接受事件端口	8800	本地配置、远程不可读写

29. 简述电能计量分析功能。

答：电能计量分析功能应采用 App 的方式部署在系统提供的安全隔离环境内，和平台及其他业务相互独立，实现站内结算计量装置数据和考核计量装置数据的汇集与存储，调用基础平台提供的接口获取计量数据，具备变电站损耗值、变压器损耗值与损耗率、母线损耗值与母线不平衡率等损耗指标的日、月、年统计分析功能，支持电能量和损耗指标历史数据查询方式。

30. 简述综合应用主机的性能通用指标。

答：综合应用主机应满足网络安全监测性能要求，通用指标要求如下：

（1）画面整幅调用响应时间：实时画面不大于 1s，其他画面不大于 2s；

（2）画面数据刷新时间不大于 1s；

（3）网络通信状态变化能在 1min 内正确反应；

（4）平均无故障间隔时间（MTBF）不小于 30 000h；

（5）主机 CPU 平均负荷率：正常时（任意 30min 内）不大于 30%，电力系统故障时（10s 内）不大于 50%；

（6）网络平均负荷率：正常时（任意 30min 内）不大于 20%，电力系统故障时（10s 内）不大于 40%；

（7）实时数据库容量：模拟量不少于 50 000 点，状态量不少于 100 000 点，计算量不少于 2000 点；

（8）历史数据库存储容量：历史数据存储时间不少于 3 年；

（9）服务器的被测时偏差值不大于 200ms。

31. 综合应用主机与巡视主机的联动信息内容包括哪两项？

答：包括主设备信息部分和辅助设备信息部分。

32. 简述辅助设备监控系统发给巡视主机的主设备联动信息包括的内容。

答：（1）一次设备的遥控预置联动信息。

（2）断路器、隔离开关、接地开关等一次设备的变位信号联动信息。

（3）主变压器、断路器等一次设备的非电量告警信号联动信息。

（4）单体一次设备融合后的总告警信号联动信息。

（5）保护动作跳闸信号联动信息。

33. 简述辅助设备监控系统发给巡视主机的辅助设备信息包括的内容。

答：（1）除湿机、灯光、风机、空调、水泵等设备的遥控开启命令联动信息。

（2）消防、电子围栏、门禁故障等设备遥信变位信号联动信息。

（3）各类在线监测、SF_6、氧气等遥测告警信号联动信息。

（4）辅助设备融合后的总告警信号联动信息（如趋势告警，非单一告警）。

34. 简述设备资源信息配置文件的格式。

答：设备资源信息配置文件包含所有需要联动的遥控、遥信、遥测信息，单项信息由序号、站序号、监控索引号、设备名称、设备类型组成：序号从 1 开始，后续数据依次累加；站序号按当前实际站号编址；监控索引号为监控系统测点 ID，可用于数据的唯一标识；设备类型包括遥控、遥信、遥测，用于指明当前测点相关类型；设备名称用于详细描述设备的信息，用于联动信息的描述展示。

35. 简述设备资源信息配置文件传输帧格式。

答：综合应用主机设备资源信息采用文本方式，通过 UDP 协议发送给Ⅳ区巡视主机。设备资源信息配置文件的传输帧格式见表 12－3。

表 12－3　设备资源信息配置文件传输帧格式

字节	报文内容	说明
1	类型标识（TYP）	EB
2		90
3		EB
4		90
5		45
6	站序号	当前站序号
7		
8	后续位标志	0：无后续帧；1：有后续帧
9	帧序号	0 开始，后续累加 1
10		
11	起始传输位置	本帧传输的文件起始地址在全部文件中的位置
12		
13		
14		
15	数据长度	≤240
…	文件内容	（GB/T 2312—1980 编码）最大 240 字节
N	和校验	从第 6 个字节至倒数第 2 个字节累加和校验

36. 简述联动信号触发发送策略。

答：触发式联动包括遥控、遥信、遥测数据，联动信号触发发送策略如下：

（1）遥控操作联动信号：遥控包括普通遥控和顺控遥控操作，在综合应用主机向主辅一体化监控主机下发遥控选择指令前（辅助系统为直控设备的模式，在遥控指令前）或后200ms内应自动向巡视主机同时发送联动信号，巡视主机接收到联动信息后触发视频摄像头联动动作。

（2）非遥控联动信号：其他非遥控联动信号均为装置上送遥信、遥测或告警信号，在综合应用主机接收到该实时告警信号后应自动向巡视主机同时发送联动信号，巡视主机接收到联动信息后触发视频设备联动动作。

（3）触发联动信号每次发送一个设备变化信息数据，数据格式包括站序号、监控ID、类型、属性、值描述、事件时标，巡视主机接收到联动数据后由唯一的监控ID查找对应联动摄像头关联配置及设备描述信息，用于联动控制和设备信息展示。

37. 简述综合应用主机触发联动信号传输帧格式。

答：综合应用主机触发联动信号数据传输采用UDP报文方式，发送给Ⅳ区巡视主机。触发联动信号传输帧格式见表12－4。

表12－4　　触发联动信号传输帧格式

字节	报文内容	说明
1	类型标识（TYP）	EB
2		90
3		EB
4		90
5		55
6	站序号	当前站序号
7		
8	监控索引号	联动信息转发配置文件中配置的对应联动信号监控索引号
9		
10	类型	0为遥控；1为遥信；2为遥测
11	属性长度	属性描述的长度
12	属性（包括但不局限于以下属性描述：动作，事故，异常，变位，越限，告知）	主辅设备变化属性描述（GB/T 2312—1980编码）
…		
N		
N+1	值描述长度	值描述的长度
N+2	值描述（包括但不局限于以下值描述：返回，启动，合，分，降，升，停，投入，退出，控合，控分，未储能，已储能，联锁，解锁，成功，失败，远方，本地，合上，断开，中断，恢复，复归，上限，下限，触发）	主辅设备变化值描述（GB/T 2312—1980编码）
…		
M		
M+1至M+7	事件时标	CP56标准时间格式7个字节
M+8	和校验	从第6个字节至倒数第2个字节累加和校验

38. 简述联动结果信息包含的内容。

答：巡视主机接收到联动信息后宜即时将联动信息处理结果通过反向隔离装置文件摆渡方式反馈至综合应用主机，联动结果信息文件采用纯本文格式，文件内容采用 GB 2312—1980《信息交换用汉字编码字符集 基本集》编码，文件名称固定为 deviceconfirm.dat，单项信息包括序号、站序号、监控索引号、操作结果：序号固定为 1，单个文件仅传输 1 个设备的联动操作结果；站序号按当前实际站号编址；监控索引号为监控系统遥控预置信号监测点 ID，可用于数据的唯一标识；操作结果代表联动操作的结果，0 代表未执行联动操作或操作失败，1 代表成功执行联动操作。

39. 视频确认反馈信息数据格式包含哪几项?

答：巡视主机在接收到视频确认请求信息后，将视频确认反馈信息以文件摆渡方式通过反向隔离装置传输至综合应用主机，文件内容采用 GB/T 2312—1980《信息交换用汉字编码字符集 基本集》编码，文件名称固定为 videocfmresult.cime；文件格式遵循 GB/T 30149—2019《 电网通用模型描述规范》 的要求，文件单项信息包括序号、站序号、监控索引号、设备名称、设备状态、事件时标。序号固定为 1，单个文件仅传输 1 个设备的视频双确认结果；站序号按当前实际站号编址；监控索引号为监控系统测点 ID，可用于数据的唯一标识；设备名称用于详细描述设备的信息；设备状态为双确认的位置状态类型，包括分位、合位、分不到位、合不到位、无效状态；事件时标表示视频分析综合判别结果生成时间。视频确认设备状态反馈信息文件，适用于需返回设备状态识别结果的联动操作；其他不需返回设备状态识别结果的联动操作。

40. 列出综合应用主机与巡视主机联动信息类别点表。

答：综合应用主机与巡视主机的联动信息类别点表如表 12－5 所示。

表 12－5　　联动信息类别点表

<table>
<tr><th>厂站</th><th>电压等级</th><th>间隔</th><th>设备</th><th colspan="2">属性</th><th>值</th><th>类型</th></tr>
<tr><td rowspan="9"></td><td rowspan="9"></td><td rowspan="9">变压器</td><td rowspan="9">变压器</td><td rowspan="5">异常告警类</td><td>冷却器故障类</td><td>故障</td><td>遥信</td></tr>
<tr><td>有载调压故障类</td><td>故障</td><td>遥信</td></tr>
<tr><td>油位异常类</td><td>故障</td><td>遥信</td></tr>
<tr><td>温度异常类</td><td>故障</td><td>遥信</td></tr>
<tr><td>本体压力突变类</td><td>故障</td><td>遥信</td></tr>
<tr><td rowspan="3">非电量保护类</td><td>重瓦斯类</td><td>非电量</td><td>遥信</td></tr>
<tr><td>轻瓦斯类</td><td>非电量</td><td>遥信</td></tr>
<tr><td>压力释放类</td><td>非电量</td><td>遥信</td></tr>
<tr><td>保护动作类</td><td>主变压器保护跳闸类</td><td>保护跳闸</td><td>遥信</td></tr>
</table>

续表

厂站	电压等级	间隔	设备	属性		值	类型
		线路/电容器/电抗器/变压器/母联/站用变压器	断路器	异常告警类	弹簧机构异常类	故障	遥信
					液压机构异常类	故障	遥信
					气动机构异常类	故障	遥信
				位置信号	变位信号	合/分	遥信
				设备操作类	断路器预置	控分/控合	遥控
				保护动作类	保护跳闸	分	遥信
					三相不一致跳闸	分	遥信
			隔离开关	位置信号	变位信号	合/分	遥信
				设备操作类	隔离开关预置	控分/控合	遥控
				异常告警类	隔离开关总告警	故障	遥信
			接地开关	位置信号	变位信号	合/分	遥信
				设备操作类	接地开关预置	控分/控合	遥控
				异常告警类	接地开关总告警	故障	遥信
		辅助设备	安防	动作类	防区告警	触发	遥信
			消防	动作类	火警	触发	遥信
			门禁	动作类	开门	触发	遥信
			环境	越限类	环境异常	上限/下限/触发	遥信/遥测
			SF_6监测	越限类	气体浓度越限	上限/下限	遥测

41. 简述一次在线监测设备数据采集的范围。

答：（1）变压器在线监测：油色谱、铁芯接地电流、局部放电、套管等在线监测的数据及故障告警、运行工况等信息；

（2）断路器在线监测：SF_6气体压力/密度、SF_6气体的微水含量、局部放电、断路器弹簧压力、机械特性等在线监测的数据及故障告警、运行工况等信息；

（3）开关柜：温度等信息；

（4）容性设备：电压、谐波、频率、全电流、电容量、损耗因数等在线监测的数据及故障告警、运行工况等信息；

（5）避雷器：全电流、阻性电流、动作次数等在线监测的数据及故障告警、运行工况等信息。

42. 二次在线监测数据采集包含哪些方面？

答：应具备主机、网关机、保护装置、测控装置、安全稳定控制装置、智能故障录波装置、交换机、时钟同步装置等设备的在线监测数据的采集。

43. 简述综合应用主机的数据处理功能。

答：（1）应支持模拟量、状态量、SOE、图谱文件等各种类型数据的处理；

（2）应支持对数据的逻辑运算与算术运算功能，支持时标和品质的运算处理、通信中断品质处理功能；

（3）应支持数据的告警、保存、统计分析等功能。

44. 简述综合应用主机与Ⅰ区监控主机的通信交互服务。

答：（1）综合应用主机通过总线自动获取Ⅰ区主辅一体化监控主机推送的Ⅰ区主辅一体化监控主机、实时网关机、保护装置、测控装置、安全稳定控制装置、Ⅰ区交换机、时钟同步装置等二次设备的在线监测数据，以及Ⅰ区保护装置录波文件、主机运行状态等；

（2）综合应用主机通过总线自动推送自身采集的Ⅱ区辅助设备及Ⅱ区无线接入区设备的监测数据到Ⅰ区主辅一体化监控主机；

（3）综合应用主机通过总线接收Ⅰ区主辅一体化监控主机对辅助设备的控制命令，经验证后控制现场辅助设备，并将控制结果返回主辅一体化监控主机；

（4）综合应用主机通过总线发布SCD模型可视化配置应用生成的SCD工程数据到Ⅰ区主辅一体化监控主机。

45. 简述监控主机与综合应用主机、智能巡视主机三者的信息交互过程。

答：（1）监控主机配置设备资源信息配置文件，数据链路建立后，自动向综合应用主机发送设备资源信息配置文件，若需要进行视频联动则由综合应用主机继续将该文件发送至在线智能巡视主机；

（2）数据链路建立后，当监控主机有遥控操作或告警信息发生时，即时向综合应用主机发送相关信息，综合应用主机根据联动信息配置文件传输帧格式类型标识（TYP）判断是否将该信息发送至在线智能巡视主机；

（3）综合应用主机和在线智能巡视主机联动操作完成后，根据需要各自生成联动结果信息文件，其中综合应用主机宜即时发送结果信息文件至监控主机后完成联动结果的确认；在线智能巡视主机宜即时发送结果信息文件至反向隔离装置。

46. 简述辅助设备联动涵盖的范围。

答：（1）安全防卫设备报警联动；

（2）火灾消防设备报警联动；

（3）环境监测越限告警联动；

（4）SF_6监测浓度越限联动；

（5）宜支持主设备遥控操作以及事故、异常类告警信号。

47. 综合应用主机中应检查软件版本的哪些方面？

答：（1）在综合应用主机上查看变电站二次设备的软件版本信息，检查版本信息是否满足要求；

（2）检查软件版本信息中软件版本号和管理软件版本号是否满足要求；

（3）检查软件校验码和管理软件校验码位数是否满足要求；

（4）检查软件校验码和管理软件校验码 CRC 参数是否满足要求。

48. SCD 模型可视化配置工具测试包含哪些测试内容？

答：文件导入导出功能测试、模型配置和可视化测试、权限管理测试、上装下装功能测试、版本管理及校验测试、日志及告警存储测试。

49. SCD 模型配置和可视化如何检测其模型？

答：（1）检查 SCD 模型可视化配置工具是否以应用的方式部署在系统提供的安全隔离环境内；

（2）检查 SCD 模型可视化配置工具是否通过可视化方式实现变电站内一二次系统及设备的模型配置；

（3）检查 SCD 模型可视化配置工具模型配置和可视化是否满足功能要求；

（4）启动 SCD 模型可视化配置工具，从平台获取工具唯一性状态，模拟平台中运行工具情况，检查 SCD 模型可视化配置工具是否退出程序；

（5）检查配置工具界面是否满足相关要求。

第十三章

变电站在线智能巡视主机

1. 简述变电站在线智能巡视系统架构。

答：变电站在线智能巡视系统部署在变电站站端，主要由在线智能巡视主机（简称巡视主机）、机器人、视频设备等组成。巡视主机下发控制、巡视任务等指令，由机器人和视频设备开展室内外设备联合巡视作业，并将巡视数据、采集文件等上送到巡视主机；巡视主机对采集的数据进行智能分析，形成巡视结果和巡视报告。系统架构见图 13－1。

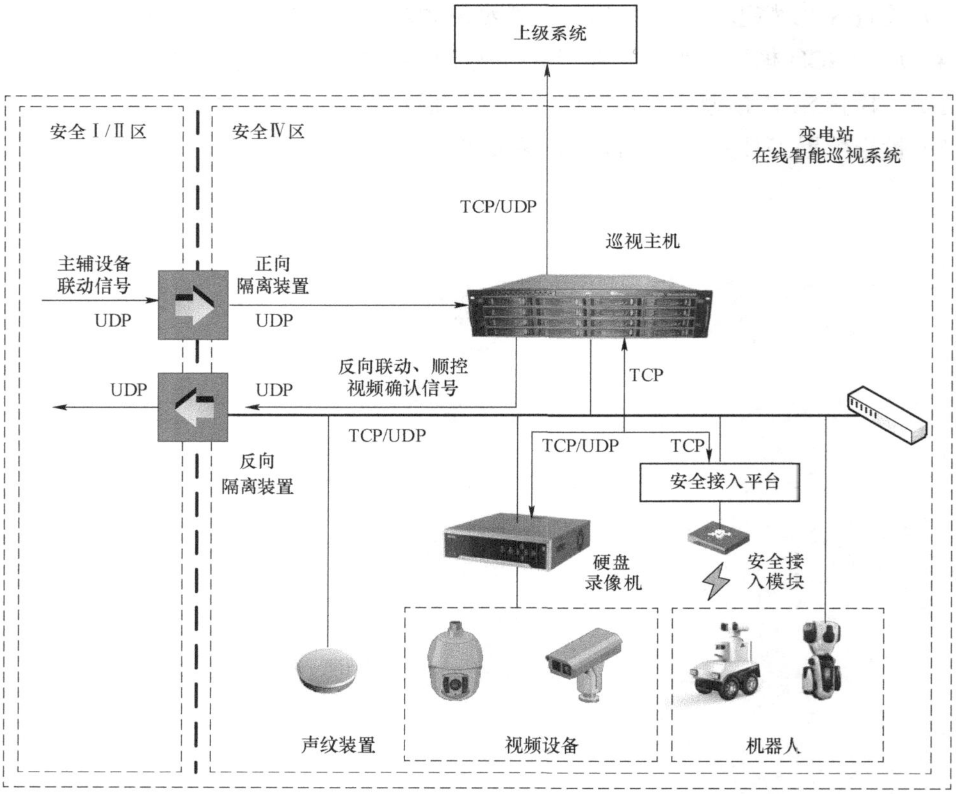

图 13－1　变电站在线智能巡视系统架构

2. 举例说明变电站在线智能巡视系统的典型界面，并简要说明系统特点。

答： 图 13－2 是国电南自研制的 ES－6000/IPS 变电站在线智能巡视系统典型界面，系统具有如下特点：

（1）支持高清视频、巡检机器人、无人机联合自动巡视；

（2）支持关键设备无线物联感知接入和多维度联合分析；

（3）基于高精度定位、全站点云等三维技术，支持数字孪生全景可视；

（4）支持多设备隐患、缺陷智能判定识别；

（5）基于保护录波、图像识别、在线巡视、红外监测等全域数据，支持设备状态智能研判。

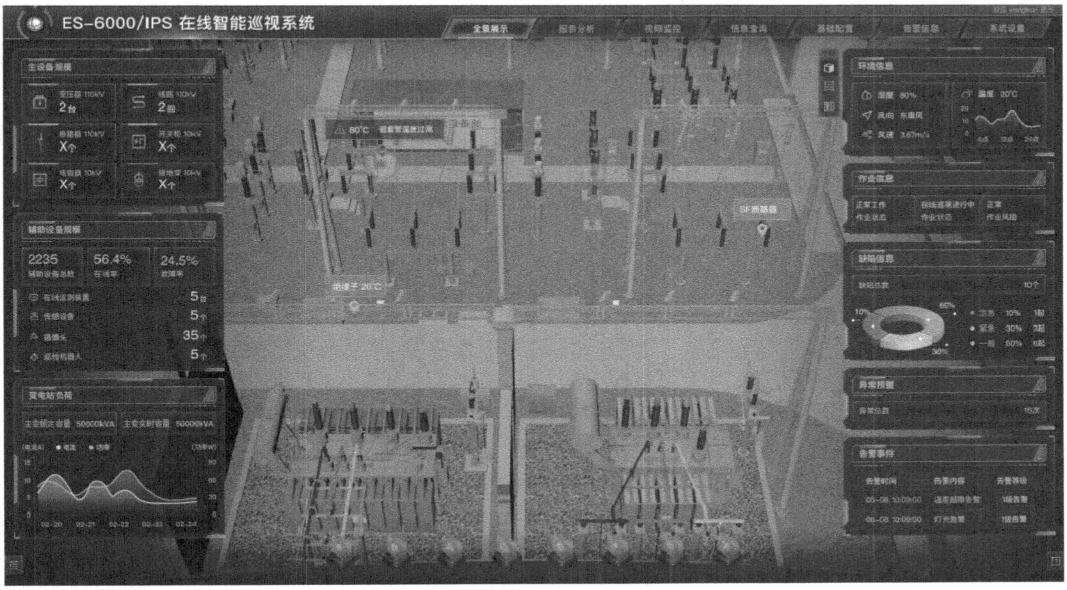

图 13－2　变电站在线智能巡视系统典型界面

3. 变电站在线智能巡视系统主要接入哪些设备？

答： 视频设备、巡视机器人（包括轮式、导轨式等）、声纹监测设备、无人机等。

4. 简述部署变电站在线智能巡视系统的意义。

答： 逐步实现人工巡视到机器巡视的过渡，通过智能可视设备提升巡视效率。

5. 巡视主机与机器人巡视系统接口采用 TCP 传输协议实现的是什么功能？

答： 下发巡视主机对机器人的控制、巡视任务等指令，接收机器人巡视数据、机器人状态等数据。

6. 巡视主机与机器人巡视系统接口采用 FTPS 等安全文件传输协议实现的是什么功能?

答：接收可见光照片、红外图谱等文件。

7. 巡视主机采用 TCP/UDP 传输协议获取的是什么信息?

答：从视频系统接口获取摄像机的视频，并实现对摄像机的控制；从声纹监测装置接口获取声音监测数据。

8. 简述巡视主机与主辅设备监控系统接口。

答：主辅设备监控系统与巡视主机通过Ⅱ区与Ⅳ区之间正反向隔离装置通信，采用 UDP 协议、E 文件格式，实现巡视系统主辅设备联动等功能。

9. 巡视主机与上级系统接口采用的协议有哪些?

答：采用 TCP 协议传输任务管理、远程控制、模型同步等指令，视频传输接口遵循 B 接口协议，文件传输接口采用 FTPS 协议。

10. 简述巡视数据采集功能。

答：采用机器人、摄像机、声纹监测装置等联合采集巡视数据，巡视数据包括可见光视频及图像、红外图谱、音频等，根据实际情况设定数据采集要求和覆盖面。

11. 可见光视频及图像采集哪些数据?

答：采集 SF_6 压力表、开关动作次数计数器、避雷器泄漏电流表、油温表、液压表、有载调压挡位表、油位计等表计示数；采集断路器、隔离开关等一次设备及切换把手、压板、指示灯、空气开关等二次设备的位置状态指示；采集设备设施、变电站环境、建筑设施外观等状况。

12. 红外图谱采集哪些数据?

答：设备本体、接头、套管、引线等重点部位的红外图谱数据，红外热成像摄像机还支持框测温和点测温。

13. 声纹监测装置采集哪些数据?

答：采集变压器、电抗器、电压互感器等一次设备的声音数据。

14. 巡视机器人的运行信息包括哪些?

答：电池电量、位置信息等。

15. 巡视机器人任务执行信息包括哪些?

答：任务执行状态、任务进度、启动时间等。

16. 巡视机器人工作状态包括哪些?

答：空闲、巡视、充电、故障等。

17. 巡视机器人异常告警信息包括哪些?

答：电池电量过低、驱动异常、防碰撞告警等。

18. 简述巡视类型。

答：包括例行巡视、特殊巡视、专项巡视、自定义巡视4类。其中，恶劣天气特殊巡视包括大风后、雷暴后、雾霾中、冰雪中、冰雹中5类；专项巡视包括设备红外测温、油位油温表抄录、避雷器表计抄录、SF_6压力表抄录、液压表抄录、位置状态识别抄录6类。

19. 简述站端巡视主机的远程任务同步。

答：站端巡视主机将已配置好的巡视任务及巡视点位主动上报到上级系统，上报内容包括巡视任务、巡视点位及其关联关系，接收上级系统的定制巡视任务，该巡视任务包括定制的巡视点位，并将巡视结果上报上级系统。

20. 简述巡视任务执行方式。

答：分为立即执行、定期执行和周期执行三种方式。

21. 简述巡视任务的优先级。

答：巡视任务优先级如表13－1所示，5级代表优先级最高，1级代表优先级最低。紧急情况下，允许巡视系统管理员权限账号接管现场控制权，任务优先级最高。

表13－1　　任务优先级

任务	优先级
主辅设备联动	5
一键顺控视频双确认	4
现场控制	3
上级系统控制	2
站端日常巡视任务	1

22. 简述任务执行策略。

答：站端巡视主机根据主站下发的任务类型判断执行优先级，决定是将新任务排队执行，还是暂停当前任务立即执行新任务，在新任务执行完毕后再恢复执行暂停的任务。

23. 巡视完成后生成的巡视结果及报告有哪些内容?

答：巡视完成后要生成巡视结果，应具备告警分析、查询和确认，主接线和间隔展示功能，按照预设的设备告警阈值自动告警，设备告警等级包括一般、严重、危急等，支持巡视过程中的危急告警信息实时上送至上级系统。自动生成巡视报告，具备查询、重置、导出、查看报告功能。

24. 简述一键顺控视频双确认。

答：（1）支持站端一键顺控操作时，巡视系统可即时联动，对相应设备（隔离开关、断路器、主变压器等）的监控场景在同一页面上进行关联性显示，在同一页面上显示对该设备的智能分析结果；

（2）具有隔离开关分合闸状态自动判别能力，判别结论应包含分闸位置、合闸位置、分合闸异常及分析失败等状态信号，巡视主机将判别结果传输给主辅设备监控系统；

（3）对于敞开式隔离开关，巡视系统以采集到的隔离开关导电臂夹角数据为依据判断隔离开关状态。针对组合电器隔离开关，巡视系统可通过传动机构的角度变化或分合闸指示牌状态来判断隔离开关分合闸状态；

（4）主辅设备监控系统通过正向隔离装置，将一键顺控操作信息发送给巡视主机，消息采用 UDP 协议；

（5）巡视主机通过反向隔离装置，将视频确认判别结果发送给主辅设备监控系统，文件采用 CIM/E 语言格式。

25. 简述三维应用包括哪些内容。

答：三维应用包括三维浏览、三维交互、三维巡视。

26. 变电站在线智能巡视系统的平均无故障时间不能少于多少小时?

答：系统平均无故障工作时间（MTBF）不能少于 10 000h。

27. 变电站在线智能巡视系统最少应接入多少个巡视点位?

答：最少接入 20 000 个巡视点位。

28. 变电站在线智能巡视系统视频控制切换响应时间不能大于几秒?

答：视频控制切换响应时间不能大于 2s。

29. 变电站在线智能巡视系统数据存储时间不少于几年?

答：图片等文件存储时间不少于1年，巡视结果、告警数据等结构化数据存储时间不少于3年。

30. 简述变电站在线智能巡视系统数据存储标准格式。

答：可见光照片格式应为jpg格式，红外图谱格式应为fir格式，音频文件格式应为wav，视频文件格式应为mp4。

31. 简述图像识别、图像判别算法模型的性能要求。

答：图像识别、图像判别算法模型检出率不低于80%，误检率不高于30%，平均运行时间小于500ms。

32. 一键顺控视频双确认对隔离开关位置判别准确率应大于多少?

答：大于99%。

33. 一键顺控视频双确认对分合异常故障漏报率应小于多少?

答：小于0.1%。

34. 简述巡视主机的硬件配置。

答：巡视主机应满足下列要求：

（1）满足安全可控要求；

（2）采用TCP/IP协议接入；

（3）支持机架式安装；

（4）CPU不低于2GHz主频，不低于8核；

（5）内存不低于32G；

（6）智能分析模组AI算力不低于64TOPS INT8；

（7）配置双热插拔冗余电源；

（8）系统数据及运行日志数据存储时间不少于1年；

（9）满足7×24h运行需要，支持上电自启动功能。

35. 变电站现场自动巡视任务点应如何设置?

答：变电站现场自动巡视任务点位按实际需求设置，满足室内外一、二次及辅助设备设施巡视全覆盖要求，包括设备外观、表计、状态指示、变压器（电抗器）声音、二次屏柜、设备及接头测温等，同时综合考虑设备类型、巡视类型、现场设备和道路布置方式等因素。

36. 简述巡视主机与机器人巡视系统、主辅设备监控系统、上级系统间采用的物理接口。

答： 巡视主机与机器人巡视系统、主辅设备监控系统、上级系统间通信均采用100M/1000M自适应以太网物理介质的通信接口。

37. 巡视主机与机器人巡视系统间设备模型信息及设备巡视点位信息、机器人模型信息以在线接口方式同步时遵循什么协议？

答： TCP传输协议。

38. 巡视主机与机器人巡视系统什么文件传输需要遵循FTPS安全文件传输协议？

答： 巡视采集的可见光照片、红外图谱、音频等文件传输。

39. 简述巡视主机与主辅设备监控系统的接口协议。

答： 主辅设备监控主机与巡视系统通过正向隔离装置通信，采用UDP协议，端口优先采用9300；巡视主机与主辅设备监控系统通过反向隔离装置通信，报文格式采用CIM/E语言格式。

40. 简述巡视主机与上级系统采用的接口协议。

答： 采用TCP协议传输任务管理、远程控制、模型同步等指令，视频传输接口遵循B接口协议，文件传输接口采用FTPS协议。

41. 简述巡视主机的正常工作温度范围。

答： 巡视主机应能满足0℃、持续工作2h的低温试验要求，满足40℃、持续工作2h的高温试验要求。

42. 简述油浸式变压器储油柜分接开关油位表计的例行巡视内容和数据格式。

答： 巡视内容是分接开关的油位、油色，应正常。数据格式是可见光照片、数值结果。

43. 简述断路器本体引线及接头的例行巡视内容和数据格式。

答： 巡视内容是引线弧垂，应无散股、断股，两端线夹无松动、裂纹、变色现象。数据格式是可见光照片、红外图谱。

44. 简述隔离开关绝缘子外观的雷暴特殊巡视内容。

答： 雷雨天气后，检查绝缘子表面有无放电现象或放电痕迹。巡视点位包括正面、背面等。

45. 简述电压互感器本体电磁单元的设备红外测温巡视内容和数据格式。

答：巡视内容是检查电压互感器本体电磁单元有无过热现象。数据格式是红外图谱、数值结果。

46. 简述避雷器本体外观的覆冰特殊巡视内容。

答：覆冰天气时，观察外绝缘是否存在覆冰及冰凌桥接情况。巡视点位包括正面、背面等。

47. 简述干式电抗器整体外观的例行巡视内容。

答：电抗器本体及支架上有无杂物，若室外布置应检查有无鸟窝等异物。巡视点位包括正面、背面、左面、右面等。

48. 简述串联补偿装置阻尼电阻外观的例行巡视内容和数据格式。

答：巡视内容是阻尼装置外观有无破损、放电及其他异常。巡视点位包括正面、背面等。数据格式是可见光照片、红外图谱。

49. 简述母线及绝缘子的金具外观的熄灯巡视内容和数据格式。

答：巡视内容是金具有无电晕及放电现象。数据格式是可见光照片、红外图谱。

50. 母线绝缘子外观的覆冰特殊巡视应观察绝缘子的覆冰厚度及冰凌桥接程度，覆冰厚度应不超过几毫米？冰凌桥接长度不宜超过干弧距离的比例是多少？

答：覆冰厚度不超 10mm，冰凌桥接长度不宜超过干弧距离的 1/3。

51. 数据分析业务功能应支持开关柜哪些部位的分析？

答：应支持开关柜的本体外观、面板、位置指示、压力释放装置、SF_6密度继电器（压力表）、储能指示、标示牌等设备部位的分析。

52. 数据分析业务功能应支持避雷器哪些部位的分析？

答：应支持避雷器的本体外观、引线及接头、均压环、基础构架、接地引下线、避雷器表计、标示牌、整体外观等设备部位的分析。

53. 采用图像识别典型缺陷时，表计破损缺陷具体包括哪些缺陷描述？

答：表盘模糊、表盘破损、外壳破损。

54. 在可见光分析方式中列举一个适用于图像识别+判别算法的典型缺陷，并对该缺陷进行描述。

答：渗油。设备有轻微渗油，未形成油滴；设备表面有渗油油迹，未形成油滴；非负压区渗油。

55. 采用图像识别+标定方法判定硅胶变色缺陷时，硅胶潮解变色部分超过总量的比例达到多少则被认定为硅胶变色缺陷?

答：2/3。

56. 主设备监控系统中避雷器动作次数的告警信息是什么?

答：计数变化。

57. 辅助设备监控系统中 SF_6 监测状态的告警信息是什么?

答：越限。

58. 简述在线智能巡视集中监控系统与巡视主机交互文件的时间格式。

答：年月日时分秒。

59. 在线智能巡视集中监控系统与巡视主机交互的可见光照片文件是什么?

答：用于记录巡视装置采集变电设备运行时的图片。

60. 在线智能巡视集中监控系统与巡视主机交互的可见光图片文件的格式定义与分辨率要求?

答：文件应采用 JPG 格式，可见光照片分辨率应不低于 640×480。

61. 在线智能巡视集中监控系统与巡视主机交互的识别图片文件是什么？有什么特殊标注?

答：用于记录巡视装置采集变电设备运行时的图片，且图片上存在红框对识别结果进行标注。

62. 在线智能巡视集中监控系统与巡视主机交互的红外光谱文件是什么?

答：用于记录机器人拍摄的变电设备运行时的红外热图信息。

63. 在线智能巡视集中监控系统与巡视主机交互的红外图谱文件格式是什么？由哪两部分组成?

答：fir 格式，由文件头和温度数据两部分组成。

64. 可见光文件、识别图片文件、红外光谱文件通过什么获取?

答：通过在线智能巡视集中监控系统利用安全连接通道主动获取。

65. 在线智能巡视集中监控系统与巡视主机交互的音频文件是什么?

答：用于记录巡视装置采集的变电设备运行时的声音数据。

66. 在线智能巡视集中监控系统与巡视主机交互的视频文件是什么?

答：用于记录巡视装置采集的变电设备运行时的视频数据。

67. 在线智能巡视集中监控系统与巡视主机交互的视频文件采用什么格式?

答：文件可采用 mp4 格式，编码格式符合 G.264 或 G.265 标准。

68. 在线智能巡视集中监控系统与巡视主机交互的地图文件是什么?

答：用于展示机器人巡视路线、检修区域设置的变电站示意图。

69. 在线智能巡视集中监控系统与巡视主机交互的地图文件应包含什么?

答：应包含变电站边界、巡视道路（含电缆盖板）、一次设备区域、充电室、办公楼、二次设备室等主要建筑物。

70. 在线智能巡视集中监控系统与巡视主机交互的地图文件通过什么获取?

答：地图文件作为巡视设备附属文件与巡视设备同步传输。

71. 简述在线智能巡视集中监控系统与巡视主机交互的地图文件。

答：应根据变电站设计文件选择合适的地图尺寸，分辨率宜采用 1280×960 或 1920×1080，4:3 或 16:9 比例。宜采用屏幕坐标系，以地图左上角为原点。

72. 简述在线智能巡视集中监控系统与巡视主机交互的联动配置文件的作用。

答：用于存储变电站端的联动配置信息。

73. 联动配置文件的 source_code、source_name、source_type、device_id 分别代表什么?

答：联动点位编码、联动点位名称、信号类型、巡视点位编号。

74. 简述在线智能巡视集中监控系统与巡视主机交互的设备点位模型文件的作用。

答：用于存储变电设备点位配置的属性信息。

75. 简述在线智能巡视集中监控系统与巡视主机交互的巡视设备模型文件的作用。

答：用于存储巡视主机、机器人的模型属性信息。

76. 简述在线智能巡视集中监控系统与巡视主机交互的任务文件的作用。

答：用于存储站端配置的巡视任务信息。

77. 简述在线智能巡视集中监控系统与巡视主机交互的检修区域配置文件的作用。

答：用于存储站端的检修区域配置文件数据。

78. 简述巡视主机与机器人巡视系统通信规约适用范围。

答：本部分适用于机器人巡视系统与巡视主机间的数据传输，用以实现机器人巡视系统指令接收和数据上传。

79. 简述机器人巡视系统与巡视主机的通信过程。

答：机器人巡视系统和巡视主机之间交互采用 TCP 传输协议；巡视主机作为服务端，默认端口定义为 10011；巡视主机与机器人巡视系统需保持模型同步，同步过程支持离线文件及在线同步两种方式，如采用离线文件同步方式，应在建立通信前，通过文件方式同步机器人模型及设备巡视点位模型（简称设备点位）；离线文件同步设备点位过程，由巡视主机管理变电站设备模型并以文件方式导出，机器人巡视系统填写可检测的设备点位信息，巡视主机导入文件并存储，巡视主机应支持多台机器人巡视系统的设备巡视点位模型导入；离线文件同步机器人模型过程，机器人巡视系统以离线文件方式导出可监控的机器人模型信息，巡视主机导入后存储并展示；在线同步模型过程，由巡视主机向机器人巡视系统发起模型同步请求，机器人巡视系统将设备点位模型及机器人模型组织为模型文件，并通过安全文件传输上送到巡视主机，巡视主机负责关联设备模型与设备巡视点位模型。

80. 简述机器人巡视系统与巡视主机交互流程。

答：机器人巡视系统向巡视主机发送注册消息，消息中附带设备编码（由巡视主机统一分配）；巡视主机在收到注册请求后，应立即验证设备的有效性，如果有效，发送 200 确认注册成功，否则注册失败；机器人巡视系统收到注册成功确认消息后，定时向巡视主机发送一次心跳请求，巡视主机给予心跳确认响应；在通道正常期间，巡视主机和机器人巡视系统进行双向通信，完成业务交互。

81. 简述应用协议起始/结束标志符。

答：起始标志符和结束标志符都采用固定的两个字节 EB90 的报文。

82. 简述应用协议发送/接收会话序列号。

答：会话序列号采用 long 类型数字进行标识，巡视主机和机器人巡视系统维护双方的会话，请求报文每次累加 1，响应报文需要将请求报文中的会话序号带回来，用于标识请求和响应的事务。

83. 简述应用协议会话源标识。

答：0x00 标识会话请求，0x01 标识会话响应及其他异常会话。

84. 简述应用协议 xml 标签 SendCode 定义。

答：发送方唯一标识。

85. 简述应用协议 xml 标签 ReceiveCode 定义。

答：接收方唯一标识。

86. 简述应用协议 xml 标签 Code 定义。

答：发送方唯一标识。

87. 简述应用协议 xml 标签 Time 定义。

答：时间，格式为 yyyy–MM–dd hh：mm：ss。

88. 简述变电站编码定义。

答：由巡视主机定义，建议与 PMS 系统中的变电站编码一致。

89. 简述机器人编码定义。

答：由巡视主机自定义，确保站端全部机器人编码不重复即可。

90. 简述巡视任务执行 ID 格式。

答：格式为：任务编码_任务执行开始时间（年月日时分秒），示例：1_20190101121212。

91. 简述巡视主机与机器人巡视系统的通信系统类型消息。

答：机器人巡视系统主动向巡视主机发送注册、心跳等系统消息，巡视主机接收到消息后发送响应消息。

92. 简述巡视主机与机器人巡视系统的通信注册指令。

答：机器人巡视系统与巡视主机建立通信连接或重新建立连接后，主动向巡视主机发送注册消息，巡视主机接收到消息后发送响应消息。

93. 简述巡视主机与机器人巡视系统的通信心跳指令。

答：机器人巡视系统与巡视主机建立通信连接后，机器人巡视系统根据注册响应消息中的时间间隔定时、主动向巡视主机发送心跳消息，巡视主机接收到消息后发送响应消息。

94. 简述巡视主机与机器人巡视系统的通信控制类型信息。

答：巡视主机主动向机器人巡视系统发起控制请求，机器人巡视系统收到请求后执行相应动作并发送响应消息。

95. 简述巡视主机与机器人巡视系统的机器人控制指令。

答：巡视主机主动向机器人巡视系统发起机器人控制请求，机器人巡视系统收到请求后控制机器人执行相应动作并发送响应消息。

96. 简述巡视主机与机器人巡视系统的任务控制指令。

答：巡视主机向机器人巡视系统发起巡视任务控制请求，机器人巡视系统收到请求后开展巡视作业并发送响应消息。

97. 简述巡视主机与机器人巡视系统的模型同步指令。

答：巡视主机主动向机器人巡视系统发起模型同步请求，机器人巡视系统收到请求后以安全文件传输方式上报设备点位及机器人模型并发送响应消息。需确保设备点位及机器人模型上报成功后，才能发送响应消息。

98. 简述巡视主机与机器人巡视系统的任务下发指令。

答：巡视主机主动向机器人巡视系统下发任务，机器人巡视系统收到请求后保存任务数据并发送响应消息。

99. 简述巡视主机与机器人巡视系统的检修区域下发指令。

答：巡检主机向机器人巡视系统下发检修区域指令，指定机器人巡视应绕过检修区域，机器人巡视系统收到请求后保存检修区域数据，并发送响应消息。

100. 简述巡视主机与机器人巡视系统的监视类型信息。

答：机器人巡视系统主动向巡视主机上报数据，巡视主机接收到数据后发送响应消息。

101. 简述巡视主机与机器人巡视系统的机器人状态数据。

答：在机器人状态发生变化时，机器人巡视系统主动向巡视主机上报状态数据并接收响应消息。

102. 简述巡视主机与机器人巡视系统的机器人运行数据。

答：机器人巡视系统按照一定时间间隔定时、主动向巡视主机上报运行数据并接收响应消息。

103. 简述巡视主机与机器人巡视系统的机器人异常告警数据。

答：机器人产生异常告警时，主动向巡视主机上报告警数据并接收响应消息。

104. 简述巡视主机与机器人巡视系统的微气象数据。

答：机器人巡视系统按照一定时间间隔定时、主动向巡视主机上报数据并接收响应消息。

105. 简述巡视主机与机器人巡视系统的任务状态数据。

答：巡视任务状态发生变化或任务进度发生变化时，主动向巡视主机上报状态数据并接收响应消息。

106. 简述巡视主机与机器人巡视系统的巡视结果。

答：机器人生成巡视结果时，主动向巡视主机上报结果并接收响应消息。应确保本次巡视结果相关文件成功上传后，才上报巡视结果信息。

107. 简述辅助设备监控系统与巡视主机的接口。

答：辅助设备监控系统应采用 UDP 协议通过正向隔离装置与巡视主机单向通信，端口优先采用 9300（可根据实际配置修改）。巡视主机与主辅设备监控系统通过反向隔离装置通信，报文格式采用 CIM/E 语言格式。

108. 简述辅助设备监控系统发给巡视主机的主设备联动信息。

答：主设备联动信息包括：

（1）一次设备的遥控预置联动信息；

（2）断路器、隔离开关、接地开关等一次设备的变位信号联动信息；

（3）主变压器、断路器等一次设备的非电量告警信号联动信息；

（4）单体一次设备融合后的总告警信号联动信息；

（5）保护动作跳闸信号联动信息。

109. 简述辅助设备监控系统发给巡视主机的辅助设备联动信息。

答： 辅助设备联动信息包括：

（1）灯光、风机、空调、水泵等设备的遥控开启命令联动信息；

（2）消防、安防电子围栏、门禁故障等设备遥信变位信号联动信息；

（3）各类在线监测、SF_6、氧气等的遥测告警信号联动信息；

（4）辅助设备融合后的总告警信号联动信息（如趋势告警，非单一告警）。

110. 简述设备资源信息配置文件格式。

答： 设备资源信息配置文件格式遵循 GB/T 30149—2019《电网通用模型描述规范》的要求，各数据字段信息间全部使用“\t”分隔，文件要包含所有需要联动的遥信、遥测信息，设备资源信息配置文件单项信息包括序号、监控索引号、设备名称、设备类型。

111. 简述设备名称格式。

答： 设备名称格式由“电网.厂站/电压.间隔.设备/部件.属性”组成。

112. 简述辅助设备名称格式。

答： 辅助设备名称格式由“电网.厂站/房间.设备/部件.属性”组成。

113. 简述遥控操作联动信号触发发送策略。

答： 遥控包括普通遥控和顺控遥控操作，在监控主机向测控装置下发遥控选择指令前（辅助系统为直控设备的模式，在遥控指令前）应自动向巡视主机同时发送联动信号，巡视主机接收到联动信息后触发视频摄像头联动动作。操作完成后，向巡视主机发送设备变位遥信信号，巡视主机收到联动信息触发摄像头联动并启用智能分析。

114. 简述非遥控联动信号触发发送策略。

答： 非遥控联动信号均为装置上送遥信遥测或告警信号，在监控主机接收到该实时告警信号后应自动向巡视主机同时发送联动信号，巡视主机接收到联动信息后触发视频设备联动动作。

115. 简述设备信息的接口交互流程。

答： 设备信息接口交互流程如图 13－3 所示。

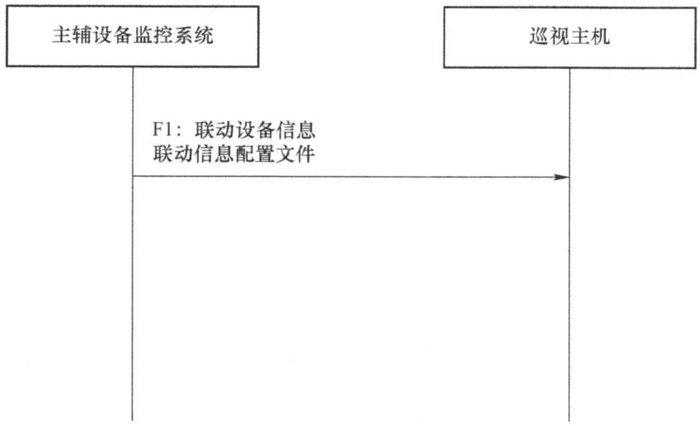

图 13－3　设备信息接口交互流程图

116. 简述设备信息的接口交互流程主要功能。

答：据链路建立后，主辅设备监控系统配置联动信息数据，由人工点击配置界面的发送按钮后生成联动信息配置文件，并自动向巡视主机发送联动配置文件。

117. 简述触发联动信息的接口交互流程。

答：触发联动信息的接口交互如图 13－4 所示。

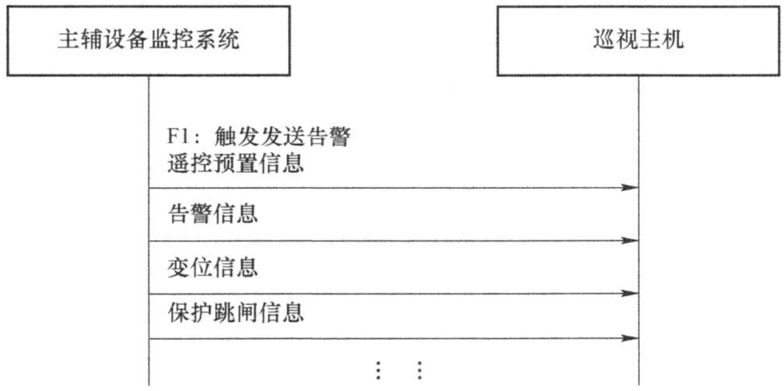

图 13－4　触发联动信息的接口交互流程图

118. 简述触发联动信息的接口交互流程主要功能。

答：数据链路建立后，当主辅设备监控系统有遥控操作或告警信息发生时，即时发送相关信息。

119. 简述反向联动请求信息的接口交互流程。

答：反向联动请求信息的接口交互如图 13－5 所示。

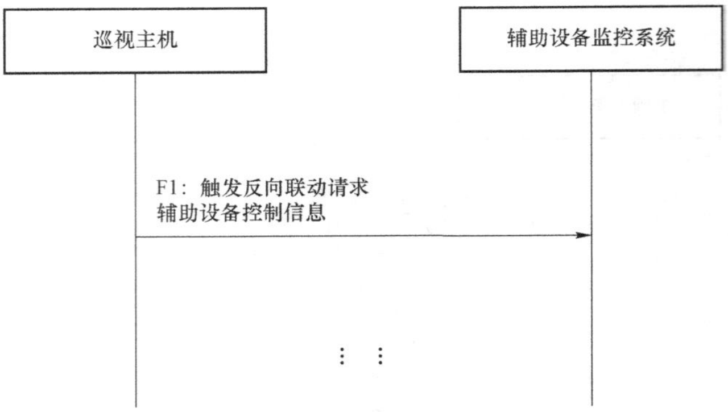

图 13－5　反向联动请求信息接口交互流程图

120. 简述反向联动请求信息的接口交互流程主要功能。

答：数据链路建立后，当巡视主机有反向联动请求时，即时发送相关信息。

121. 简述一键顺控视频确认反馈信息文件信息。

答：包括序号、站序号、监控索引号、设备名称、设备状态、事件时标。

122. 简述一键顺控视频确认反馈信息文件格式。

答：文件格式遵循 GB/T 30149—2019《电网通用模型描述规范》的要求，各数据字段信息间全部使用“\t”分隔。单项信息包括序号、站序号、监控索引号、设备名称、设备状态、事件时标。

123. 简述反向联动请求信息文件信息。

答：包括序号、站序号、监控索引号、设备名称、类型、联动指令。

124. 简述设备资源信息配置文件传输帧格式。

答：设备资源信息配置文件传输帧格式如表 13－2 所示。

表 13－2　　设备资源信息配置文件传输帧格式

字节	报文内容	说明
1	类型标识（TYP）	EB
2		90
3		EB
4		90
5		注 1
6	站序号	当前站序号
7		

续表

字节	报文内容	说明
8	后续位标志	0：无后续帧；1：有后续帧
9	帧序号	0开始，后续累加1
10		
11	起始传输位置	本帧传输的文件起始地址在全部文件中的位置
12		
13		
14		
15	数据长度	≤240
…	文件内容	（GB/T 2312—1980编码）最大240字节
N	和校验	从第6个字节至倒数第2个字节累加和校验

注　当该报文由监控主机发出至综合应用主机时，联动信息配置文件如果仅需要从监控主机发送至综合应用主机则为43，如果还需要由综合应用主机转发至在线巡视主机则为44。当该报文由综合应用主机发出至在线巡视主机时，则为45。

125. 简述触发联动信号传输帧格式。

答：触发联动信号传输帧格式如表13－3所示。

表13－3　　触发联动信号传输帧格式

字节	报文内容	说明
1	类型标识（TYP）	EB
2		90
3		EB
4		90
5		55
6	站序号	当前站序号，低位在前，高位在后
7		
8	监控索引号	联动信息转发配置文件中配置的对应联动信号监控索引号
9		
10	类型	0，遥控；1，遥信；2，遥测
11	属性长度	属性描述的长度
12	属性（注1）	（GB/T 2312—1980编码）主辅设备变化属性描述
…		
N		

续表

字节	报文内容	说明
N+1	值描述长度	值描述的长度
N+2	值描述（注 2）	（GB/T 2312—1980 编码）主辅设备变化值描述
…		
M		
M+1 至 M+7	事件时标	CP56 标准事件格式 7 个字节
M+8	和校验	从第 6 个字节至倒数第 2 个字节累加和校验

126. 简述联动结果信息文件。

答：联动结果信息文件采用纯文本格式，文件内容采用 GB/T 2312—1980《信息交换用汉字编码字符集 基本集》编码，文件名称固定为 deviceconfirm.dat，格式遵循 GB/T 30149—2019《电网通用模型描述规范》的要求，各数据字段信息间全部使用“\t”分隔，单项信息包括序号、站序号、监控索引号、操作结果和设备状态。

127. 巡视主机与上级系统通信过程运用什么协议，默认端口是什么?

答：巡视主机和上级系统之间交互采用 TCP 传输协议；上级系统作为服务端，默认端口定义为 10011。

128. 巡视主机与上级系统交互流程中，设备编码从何而来，它是什么时候发送过的?

答：巡视主机向上级系统发送注册消息，消息中附带设备编码（由上级系统统一分配）。

129. 应用协议中的起始/结束标志符是什么报文?

答：起始标志符和结束标志符都采用固定的两个字节 EB90 的报文。

130. 简述应用协议中的发送/接收会话序列号。

答：会话序列号采用 long 类型数字进行标识，上级系统和巡视主机维护双方的会话，请求报文每次累加 1，响应报文需要将请求报文中的会话序号带回来，用于标识请求和响应的事务。

131. 列写应用协议中会话源标识。

答：0x00 标识会话请求，0x01 标识会话响应，其他异常会话。

132. 巡视主机与上级系统通信过程的系统类型消息包括哪三种指令?

答：注册指令、心跳指令、校对指令。

133. 简述巡视主机与上级系统通信过程的系统类型消息中的注册指令。

答：巡视主机与上级系统建立通信连接或重新建立连接后，主动向上级系统发送注册消息，上级系统接收到消息后发送响应消息。

134. 巡视主机与上级系统通信过程的系统类型消息中注册指令的接收响应状态码 100，200，400，500 的定义是什么?

答：状态码定义如表 13-4 所示。

表 13-4　　状态码定义表

状态码	定义
100	需重发
200	成功
400	拒绝
500	错误

135. 简述巡视主机与上级系统通信过程的系统类型消息中的心跳指令的定义。

答：巡视主机与上级系统建立通信连接后，巡视主机根据注册响应消息中的时间间隔定时、主动向上级系统发送心跳消息，上级系统接收到消息后发送响应消息。

136. 简述巡视主机与上级系统通信过程的系统类型消息中的校对指令的定义。

答：巡视主机与在线智能巡视集中监控系统建立通信连接后，巡视主机根据注册响应消息中的时间间隔定时、主动向在线智能巡视集中监控系统发送校时请求，在线智能巡视集中监控系统接收到消息后发送响应消息，并在响应消息中附带时间戳。

137. 巡视主机与上级系统通信过程的远程控制类型指令包括哪四种指令?

答：远程控制指令、任务控制指令、任务下发指令、配置下发指令。

138. 简述巡视主机与上级系统通信过程的远程控制类型指令中的远程控制指令的定义。

答：上级系统主动向巡视主机发起巡视设备控制请求，巡视主机收到请求后控制巡视设备执行相应动作并发送响应消息。

139. 简述巡视主机与上级系统通信过程的远程控制类型指令中的任务控制指令的定义。

答：上级系统向巡视主机发起巡视任务控制请求，巡视主机收到请求后开展巡视作业并发送响应消息。

140. 简述巡视主机与上级系统通信过程的远程控制类型指令中的任务下发指令的定义。

答：上级系统主动向巡视主机下发任务，巡视主机收到请求后保存任务数据并发送响应消息。

141. 简述巡视主机与上级系统通信过程的远程控制类型指令的配置下发指令的定义。

答：在线智能巡视集中监控系统主动向巡视主机下发配置，巡视主机收到请求后保存配置并发送响应消息。

142. 简述巡视主机与上级系统通信过程的模型管理类型指令的模型同步指令的定义。

答：上级系统向巡视主机发起同步模型请求，巡视主机接收到同步请求后，上送模型文件路径，上级系统再根据路径利用安全连接通道完成模型文件的传输。

143. 巡视主机与上级系统通信过程的监视类型信息是怎样产生的?

答：巡视主机主动向上级系统上报数据，上级系统接收到数据后发送响应消息。

144. 巡视主机与上级系统通信过程中的巡视设备状态数据是什么时候发送的?

答：在巡视设备状态发生变化时，巡视主机主动向上级系统上报状态数据并接收响应消息。

145. 简述巡视主机与上级系统通信过程中的巡视设备运行数据的定义。

答：巡视主机按照一定时间间隔定时、主动向上级系统上报运行数据并接收响应消息。

146. 巡视主机与上级系统通信过程中的机器人坐标会使用到的 item 有 coordinate_pixel [坐标框（像素点）] 和 coordinate_geography [坐标框（经纬度）]，它们两个的格式分别是什么?

答：（1）坐标框（像素点）（coordinate_pixel）格式：“x，y，z，a”，x、y、z 为地图

文件的坐标，a 为机器人航向角。

（2）坐标框（经纬度）（coordinate_geography）格式：“x，y”。

147. 简述巡视主机与上级系统通信过程中的巡视设备异常告警数据的定义。

答：巡视设备产生异常告警时，主动向上级系统上报告警数据并接收响应消息。

148. 简述巡视主机与上级系统通信过程中的微气象数据包含的六种类型。

答：环境温度、环境湿度、风速、雨量、风向、气压。

149. 巡视主机与上级系统通信过程中的告警数据是怎样发送的？

答：巡视主机生成告警数据时，主动向上级系统上报告警并接收响应消息。

150. 巡视主机与上级系统通信过程中的应用协议中的编码格式定义有哪些，请分别解释？

答：（1）巡视主机唯一标识：上级系统统一分配；

（2）变电站编码：上级系统统一分配，建议与 PMS 系统中的变电站编码一致；

（3）任务编码：巡视主机定义；

（4）巡视设备编码：巡视主机自定义，确保站端全部巡视设备不重复即可；

（5）设备点位编号：巡视主机定义；

（6）巡视任务执行 ID：格式为：任务编码_任务执行开始时间（年月日时分秒）。

151. 巡视主机与上级系统通信过程中的所发送的 Item 格式的数据类型是什么？

答：数据类型是 string。

152. 简述巡视主机与上级系统通信规约的使用范围。

答：本部分适用于巡视主机与上级系统间的数据传输，用以实现巡视主机指令接收和数据上传。

153. 简述巡视主机与上级系统通信在通道正常期间，上级系统和巡视主机进行双向通信，完成业务交互的流程。

答：巡视主机与上级系统交互如图 13－6 所示。

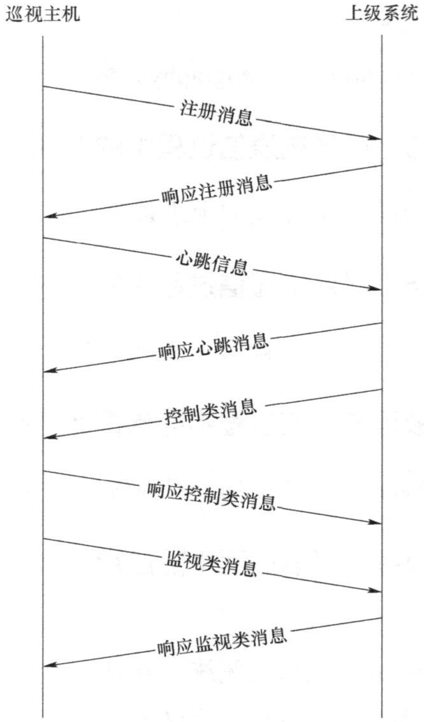

图 13－6　巡视主机与上级系统交互流程图

154. 两个注册指令代码示例如下，哪个为发送消息，哪个为接收消息？

（1）
```
<?xml version="1.0" encoding="UTF-8"?>
 <PatrolHost>
   <SendCode>Client01</SendCode>
   <ReceiveCode>Server01</ReceiveCode>
<Type>251</Type>
   <Code/>
   <Command>1</Command>
<Time>2019-01-01 12:02:34</Time>
   <Items/>
</PatrolHost>
```

（2）
```
<?xml version="1.0"encoding="UTF-8"?>
<PatrolHost>
   <SendCode>Server01</SendCode>
   <ReceiveCode>Client01</ReceiveCode>
<Type>251</Type>
   <Code>200</Code>
```

```xml
    <Command>4</Command>
  <Time>2019-01-01 12:02:35</Time>
    <Items>
      <Item heart_beat_interval="60" patroldevice_run_interval="30"weather_interval="60"/>
    </Items>
  </PatrolHost>
```


答：代码（1）为发送消息；代码（2）为接收消息。

155. 变电站在线智能巡视系统测试检测环境包括哪些设备？

答：在线智能巡视主机、视频主机、机器人主机、变电站机器人、硬盘录像机、高清摄像机、红外热成像摄像机。

156. 简述可见光视频及图像数据采集系统检测测试方法。

答：可见光视频及图像数据采集的测试方法：

（1）在测试场地中部署 SF_6 压力表、开关动作次数计数器、避雷器泄漏电流表、油温表、液压表、有载调压挡位表、油位计等表计或表计图片，或利用模拟测试工具向被测系统导入表计图片，检查被测系统是否能准确识别表计读数，指针式误差不大于5%；

（2）在测试场地中部署断路器、隔离开关等一次设备及切换把手、压板、指示灯、空开等二次设备或位置状态指示图片，或利用模拟测试工具向被测系统导入位置状态指示图片，检查被测系统的位置状态是否能被准确读取；

（3）在被测系统设备列表中添加设备并配置关联预置位，检查被测系统是否支持点击设备查看设备外观；

（4）在被测系统中添加巡视点位并配置关联预置位，检查被测系统是否支持点击预置位查看变电站环境、建筑设施外观等状况；

（5）检查涉及特征、状态识别的目标是否处于采集画面中心位置；

（6）检查采集的图像是否叠加有时间、点位名称等信息；

（7）检查被测系统是否具备全天候采集视频及图像功能。

157. 简述红外图谱数据采集系统检测测试方法。

答：红外图谱数据采集系统检测的测试方法：

（1）红外图谱采集：在被测系统中设置红外测温任务，任务点位包括设备本体、接头、套管、引线等重点部位，在测试场地中执行红外测温任务，获取红外图谱数据结果，检查被测系统能否正确解析红外图谱数据；

（2）红外测温模式：被测系统在执行红外测温任务或浏览红外图片结果时，检查被测系统是否支持图谱框测温和点测温；

（3）红外采集精度：使用黑体辐射源作为测试参考源，检查被测系统测温准确度是否满足±2℃/±2%读数要求。

158. 简述巡视监控系统检测技术要求。

答：（1）支持以树形或列表方式显示当前执行的巡视任务，并以不同的颜色标识任务状态；

（2）支持任务执行、暂停、停止等快速操作；

（3）支持实时显示当前巡视任务执行进度；

（4）支持列表方式显示当前任务包括的点位总数、视频设备及机器人点位数量，并显示点位状态，包括已完成巡视、未完成巡视、巡视失败等状态；

（5）支持以列表实时滚动方式展示当前巡视任务的巡视点位信息，包括点位名称、巡视时间、分析结果、单位、是否告警及巡视图片等信息；

（6）支持以列表实时滚动方式展示当前巡视任务的巡视点告警信息，包括点位名称、巡视时间、分析结果、单位、告警级别、巡视图片等信息；

（7）支持对巡视图片点击查看及局部放大等功能。

159. 简述实时监控系统检测测试方法。

答：（1）通过巡视系统设置机器人和高清视频巡视任务，检查被测巡视系统的实时监控，是否以树形列表方式显示本单位设备资源信息；在巡视系统中分别用普通用户、管理员、超级管理员账户登录系统，检查其权限显示资源信息是否有差异，不同设备类型是否以不同图标显示。

（2）检查被测巡视系统能否设置分别查看所有的在线和离线视频监控设备。

（3）检查被测巡视系统能否通过树形导航调阅高清视频和机器人画面。

（4）被测巡视系统实时监控中分别以 1/4、9/16、全屏等多种方式切换显示视频画面，检查视频画面能否正常展示；检查被测巡视系统能否关闭单个视频画面和关闭所有视频画面。

（5）设置任意分屏模式下对某个画面全屏显示或退出全屏显示，检查实时监控画面能否正确响应。

（6）检查实时监控画面能否支持多画面轮巡及画面显示。

（7）实时监控画面中启动调阅实时视频，手动抓图或手动录像本地监控终端，检查该功能是否正常。

（8）检查被测系统是否支持云台控制、预置位控制、可见光视频控制、红外视频控制、音频控制等控制功能。

（9）检查被测系统是否支持历史录像文件查询、回放控制等功能。

（10）检查被测系统是否支持对摄像机、硬盘录像机的状态监视，包括设备的在线状态等工况信息。

（11）检查被测系统是否支持对硬盘录像机的存储状态监视，包括录像时长、录像完整性等。

（12）检查被测系统是否支持对摄像机图像的质量信息监视，判断图像质量是否满足巡视要求。

160. 简述变电站在线智能巡视系统巡视报告检测测试方法。

答：（1）检查被测系统在巡视任务审核完成后是否支持自动生成巡视报告。

（2）检查被测系统是否具备通过设备区域、间隔名称、设备类型、检测类型、巡视时间段等组合条件，查询历史巡视报告功能。

（3）检查被测系统是否具备查询、重置、导出、查看报告功能。

161. 简述“一键顺控视频双确认”视频分析功能。

答：（1）支持站端一键顺控操作时，巡视系统可即时联动，对相应设备（隔离开关、断路器、主变压器等）的监控场景在同一页面上进行关联性显示，在同一页面上显示对该设备的智能分析结果。

（2）具有隔离开关分合闸状态自动判别能力，判别结论应包含分闸正常、合闸正常、分合闸异常及分析失败等状态信号，巡视主机将判别结果传输给主辅设备监控系统。

（3）对于敞开式隔离开关，巡视系统以采集到的隔离开关导电臂夹角数据为依据判断隔离开关状态。针对组合电器隔离开关，巡视系统可通过传动机构的角度变化或分合闸指示牌状态来判断隔离开关分合闸状态。

（4）主辅设备监控系统通过正向隔离装置，将一键顺控操作信息发送给巡视主机，消息采用 UDP 协议。

（5）巡视主机通过反向隔离装置，将视频确认判别结果发送给主辅设备监控系统，文件采用 CIM/E 语言格式。

162. 简述实物 ID 识别功能检测测试方法。

答：系统具备实物 ID 识别功能，支持摄像机或机器人读取设备的实物 ID 的二维码，获取设备台账、巡视项目等信息，要求如下：

（1）自动识别实物 ID：摄像头按照设定点位巡视时，或者机器人按照指定路线巡视行进到指定位置时，能够读取到设备的实物 ID 信息；

（2）巡视数据与实物 ID 关联：在巡视过程中，将实物 ID 与巡视数据（包括照片、红外测温图谱和仪表读数等）相关联，生成带实物 ID 标识的巡视结果；

（3）设备缺陷与实物 ID 关联：巡视完成之后，将带实物 ID 标识的巡视数据传输到巡视主机，在巡视主机完成缺陷识别。

163. 简述机器人台账管理技术要求。

答：（1）具备从PMS系统同步机器人台账功能，机器人台账信息包括使用单位、生产厂家、设备型号、设备来源、使用类型、安装位置、生产日期、出场编号等；

（2）具备按使用单位、生产厂家、设备型号、设备来源、使用类型、安装位置等组合条件过滤查询机器人台账信息功能；

（3）具备机器人设备履历查看功能，一键查勘机器人缺陷记录、大修记录、退出再投运记录。

164. 简述变电站在线智能巡视系统三维巡视检测测试方法。

答：（1）检查被测系统是否支持基于规划路径实施全站自动巡视和手动自由巡视，立体呈现巡视结果；

（2）检查被测系统是否支持巡视点位与视频资源的自动匹配，点击巡视点位推送关联视频画面，并支持视频资源匹配的正确性校核；

（3）检查被测系统是否支持巡视点位的巡视资源覆盖分析，直观呈现已覆盖点位和未覆盖点位，针对未覆盖的巡视点位提供新增视频布点策略。

165. 简述变电站在线智能巡视系统图像识别算法模型技术要求。

答：（1）算法模型检出率不应低于80%；

（2）算法模型误检率不应高于30%；

（3）算法模型平均运行时间应小于500ms。

166. 简述变电站在线智能巡视系统硬件配置。

答：（1）满足安全可控要求；

（2）采用TCP/IP协议接入；

（3）支持机架式安装；

（4）CPU不低于2GHz主频，不低于8核；

（5）内存不低于32G；

（6）智能分析模组AI算力不低于64TOPS INT8；

（7）配置双热插拔冗余电源；

（8）系统数据及运行日志数据存储时间不少于1年；

（9）满足7×24h运行需要，支持上电自启动功能。

167. 简述巡视主机与机器人巡视系统的接口中模型同步指令的测试方法。

答： 采用 TCP 接口一致性测试工具或机器人巡视系统连接被测巡视主机，启动 FTPS 客户端，在巡视主机界面执行模型同步指令，检查巡视主机交互的模型同步指令报文的格式、内容是否和预期一致，并检查巡视主机是否收到以安全文件传输方式上送的设备点位及机器人模型文件。

168. 简述巡视主机与机器人巡视系统的接口中任务下发指令的测试方法。

答： 采用 TCP 接口一致性测试工具或机器人巡视系统连接被测巡视主机，在巡视主机界面下发一般任务，检查下发不同巡视类型、优先级及设备层级的任务时，以及立即执行、定期开始、周期执行、间隔执行等不同情况下，巡视主机下发报文的格式、内容是否和预期一致；在巡视主机界面下发联动任务，检查巡视主机下发报文的格式、内容是否和预期一致。

169. 简述巡视主机与机器人巡视系统的接口中检修区域下发指令的测试方法。

答： 采用 TCP 接口一致性测试工具或机器人巡视系统连接被测巡视主机，在巡视主机界面下发检修区域指令，包括设置检修区域和取消检修区域指令，检查巡视主机下发报文的格式、内容是否和预期一致。

170. 简述机器人状态数据的测试方法。

答： 采用 TCP 接口一致性测试工具或机器人巡视系统连接被测巡视主机，发送机器人状态数据，检查巡视主机响应报文的格式、内容是否和预期一致，检查巡视主机收到机器人状态数据后是否解析正确。

171. 简述机器人坐标的测试方法。

答： 采用 TCP 接口一致性测试工具或机器人巡视系统连接被测巡视主机，发送机器人坐标，检查巡视主机响应报文的格式、内容是否和预期一致，检查巡视主机收到机器人坐标后是否解析正确。

172. 简述机器人巡视路线的测试方法。

答： 采用 TCP 接口一致性测试工具或机器人巡视系统连接被测巡视主机，启动 FTPS 客户端，发送机器人巡视路线，检查巡视主机响应报文的格式、内容是否和预期一致，并检查巡视主机是否收到以安全文件传输方式上送的巡视路线文件。

173. 简述机器人异常告警数据的测试方法。

答： 采用 TCP 接口一致性测试工具或机器人巡视系统连接被测巡视主机，模拟发送机器人异常告警数据，检查巡视主机响应报文的格式、内容是否和预期一致，检查巡视主机收到机器人异常告警数据后是否解析正确。

174. 简述巡视主机与主辅设备监控系统间接口的测试方法。

答：（1）检查巡视主机应采用 UDP 协议，端口优先采用 9300。

（2）采用 UDP 报文仿真工具模拟主辅设备监控系统发送联动配置文件，检查巡视主机是否可以正确接收联动配置文件，并解析入库；执行否定测试模拟发送问题报文，检查巡视主机应丢弃接收的联动配置文件。

（3）采用 UDP 报文仿真工具模拟主辅设备监控系统，分别触发主设备或辅助设备的普通遥控、顺序控制、触发遥信变位或告警信号的联动信息，检查巡视主机是否可以按照预先设置的联动策略触发相应动作；执行否定测试模拟发送问题报文，检查巡视主机应不误动。

（4）检查巡视主机是否可以对主辅设备监控系统发送反向联动请求，检查是否支持将对反向联动请求信息以文件摆渡方式通过反向隔离装置传输至主辅设备监控系统，检查生成的反向联动信息转发文件的内容是否符合预期，校验文件格式是否正确。

（5）主辅设备监控系统发送一键顺控的联动信息，检查巡视主机是否可以在联动执行结束后将视频确认反馈信息以文件摆渡方式通过反向隔离装置传输至主辅设备监控系统，检查生成的视频确认反馈信息文件的内容是否符合预期，校验文件格式是否正确。

175. 简述巡视主机与上级系统间接口视频传输 B 接口注册的测试方法。

答：（1）电网视频监控系统测试工具向被测巡检主机发送注册请求；

（2）被测巡检主机根据收到的注册请求向电网视频监控系统测试工具返回响应；

（3）电网视频监控系统测试工具按设定的 Expires 值向被测巡检主机刷新注册；

（4）注册关系维持 5min 后，电网视频监控系统测试工具向被测巡检主机发送注销请求。

176. 简述机器人模型文件上送的测试方法。

答：（1）采用 TCP 接口一致性测试工具和机器人巡视系统连接被测巡视主机，启动 FTPS 服务端，上级系统发送模型同步指令，检查上级系统是否可以收到机器人模型文件；

（2）检查文件内容、格式是否符合《变电站二次系统站控系统技术规范：变电站在线智能巡视系统技术规范》相应要求；

（3）检查文件名称、后缀名、存放路径是否符合《变电站二次系统站控系统技术规范：变电站在线智能巡视系统技术规范》相关要求。

177. 简述变电站在线智能巡视系统巡检主机高温条件下影响可靠性要求的测试方法。

答：将被测巡检主机放入高低温试验箱内，试验箱内温度以不超过 1℃/min 变化率升至+40℃，通电保持 2h，检查被测巡检主机是否有故障或重启现象，是否有数据误发、漏发现象，系统功能是否正常。

178. 简述变电站在线智能巡视系统巡检主机低温条件下影响可靠性要求的测试方法。

答：将被测巡检主机放入高低温试验箱内，试验箱内温度以不超过 1℃/min 变化率降温至 0℃，通电保持 2h，检查被测巡检主机是否有故障或重启现象，是否有数据误发、漏发现象，系统功能是否正常。

179. 简述变电站在线智能巡视系统巡检主机恒定湿热条件下影响可靠性要求的测试方法。

答：将受试设备放入湿热试验箱内，湿热试验箱开始执行恒定湿热程序，在试验过程最后前 1～2h，用绝缘耐压检测仪测量各外引带电回路部分对外露非带电金属部分及外壳之间，以及电气上无联系的各回路之间的绝缘电阻值，检查是否均在规定范围内。

180. 简述实物 ID 识别功能的测试方法。

答：（1）检查被测系统是否支持自动识别实物 ID：摄像头按照设定点位巡视时，或机器人按照指定路线巡视行进到指定位置时，检查被测系统是否能够读取到设备的实物 ID 信息。

（2）检查被测系统是否支持巡视数据与实物 ID 关联：在巡视过程中，将实物 ID 与巡视数据（包括照片、红外测温图谱和仪表读数等）相关联，检查被测系统是否能够生成带实物 ID 标识的巡视结果。

（3）检查被测系统是否支持设备缺陷与实物 ID 关联：巡视完成之后，将带实物 ID 标识的巡视数据传输到巡视主机，检查被测系统是否支持在巡视主机完成缺陷识别。

181. 简述“一键顺控视频双确认”视频识别功能的测试方法。

答：在“一键顺控视频双确认”测试平台上测试被测系统，通过导入测试集视频，检查“一键顺控视频双确认”视频分析性能是否满足以下要求：① 隔离开关位置判别准确率大于 99%；② 分合异常故障漏报率小于 0.1%。

182. 简述巡视点位的设置要求。

答：（1）应满足室内外一次、二次及辅助设备设施巡视全覆盖要求，包括设备外观、表计、状态指示、变压器（电抗器）声音、二次屏柜、设备及接头测温等。

（2）巡视点位设置应综合考虑设备类型、巡视类型、现场设备和道路布置方式等因素。

（3）设备类型应包括变压器（电抗器）、断路器、组合电器、隔离开关、开关柜、电流互感器、电压互感器、避雷器、并联电容器、干式电抗器、串联补偿装置、母线及绝缘子、穿墙套管、电力电缆、消弧线圈、高频阻波器、耦合电容器、高压熔断器、中性点隔直装置、接地装置、端子箱及检修电源、站用变压器、站用交流电源、站用直流电源、构支架、避雷针、二次屏柜、辅助设施、建筑设施等。

（4）巡视类型应包括例行巡视、特殊巡视、专项巡视、自定义巡视 4 类，其中，恶劣天气特殊巡视包括大风后、雷暴后、雾霾中、冰雪中、冰雹中 5 类；专项巡视包括设备红外测温、油位油温表抄录、避雷器表计抄录、SF_6 压力表抄录、液压表抄录、位置状态识别抄录 6 类。

（5）巡视点位数据格式包括数值结果、可见光图片、红外图谱、音频 4 类。

183. 简述如何测试数据保密性。

答：（1）抓取系统通信过程中的关键报文，检测系统是否对通信过程中的关键报文进行加密；

（2）使用工具查看用户口令等关键数据存储和传输的数据，检测系统是否对用户口令等关键数据进行加密，检测系统使用的保密性算法是否为国密算法，秘钥使用是否安全。

184. 简述通信过程定义的测试方法。

答：（1）检查巡视主机和机器人巡视系统交互是否采用 TCP 传输协议，默认端口是否为 10011；

（2）离线文件同步设备点位：检查巡视主机是否可以导入多台机器人巡视系统的设备巡视点位模型并存储、展示；

（3）离线文件同步机器人模型：检查监视主机是否可以导入可监控的机器人模型信息并存储、展示。

185. 简述应用协议定义的测试方法。

答：通过 TCP 接口一致性测试工具，检查交互报文中的起始/结束标志符、发送/接收会话序列号、会话源标识、XML 文件格式是否符合规范要求。

第十四章

数据通信网关机

1. 简述设计数据通信网关机需要遵循的基本原则。

答： 设计数据通信网关机需要遵循的基本原则如下：

（1）采用安全可控软件及硬件；

（2）支持多业务应用部署，Ⅰ区实时网关机包含远动、相量数据、安全稳定控制信息及保护信息等数据交互业务，Ⅱ区服务网关机包含保信、安全稳定控制、计量、辅控、电能质量及安全监测等数据交互业务；

（3）支持监控主机及综合应用主机的远程服务，实现模型服务、数据浏览服务、离线数据召唤服务及远程维护服务；

（4）支持作为被监测设备以 DL/T 860 通信报文规范传输数据通信网关机的设备状态数据；

（5）支持同时与多个主站进行数据交互，并满足互不干扰的要求；

（6）支持站控层双网冗余连接方式，冗余连接应使用同一个报告实例号；

（7）能正确判断并处理间隔层设备的通信中断或异常；

（8）以 DL/T 860 通信报文规范远传数据时应支持双主机工作模式。

2. 简述数据通信网关机的远程运维功能。

答： 支持远方查询数据通信网关机版本信息和通道状态查询，版本信息包括软件版本号、生成日期、配置文件版本号和生成日期，并应支持主厂站信息点表自动校核功能，且符合主厂站信息点表交换及自动校核的要求。

3. 简述实时网关机（Real-timeGateway）的功能。

答： 实时网关机实现变电站辅助设备、二次设备在线监测、网络安全监测、计量数据的集中采集、存储、处理和主辅联动、软件版本管控、设备管理等通用功能，具备 SCD 可视化配置维护、网络安全监测等专用功能，同时为服务网关机和智能在线巡视主机等设备提供相关业务的支撑，主要应用于Ⅰ区数据通信网关机。图 14－1 为国电南自 PSX681G

实时网关机的外观图。

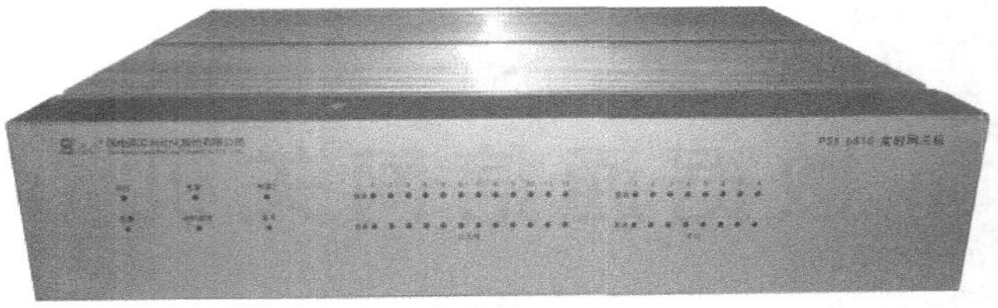

图 14–1 实时网关机外观

4. 实时网关机电网实时数据的一般要求和控制操作是什么?

答: 实时网关机电网实时数据是采集变电站一、二次设备信息。对于控制操作，同一时间应只支持一个遥控操作任务，对同一时间的其他操作指令应作失败应答，支持上送"遥控正在操作"信号，实现保护、测控等二次设备的远方复归操作功能。

5. 简述实时网关机的相量数据传输功能。

答: 应具有相量数据传输功能，普通规模（相量采集间隔≤24 个）变电站实时网关机宜包含远动数据和相量实时数据；对于大规模（相量采集间隔>24 个）的变电站宜采用独立配置的方式实现相量实时数据接入及远传功能，同时应能实时接收并存储相量动态数据、事件信息，并应能向多个主站实时转发站内动态数据，接入主站的数据链路个数应不少于 8 个；传输及存储的动态数据应具有每秒 25 帧、50 帧、100 帧等多种可选记录速率；转发实时动态数据的延迟时间应不大于 200ms；动态数据的保存时间应不少于 14 天，支持掉电保持功能，用户操作界面不应提供人工删除接口；支持动态数据闰秒处理功能，闰秒时不丢失任何数据；支持动态数据存储异常告警功能，当动态数据存储异常应点亮指示灯及告警开出；应支持循环存储功能；秒等分数时间的分辨率应支持微秒和采样率两种方式。

6. 简述实时网关机的安全稳定控制信息。

答: 实时网关机安全稳定控制信息是与站内安全稳定控制装置通信，采集安全稳定控制装置运行信息、动作信息、告警信息、监测信息等数据，并上送实时数据至主站。

7. 简述实时网关机继电保护的实时数据采集及远传功能。

答: 继电保护实时数据经实时网关机远传主站，继电保护实时数据包括保护动作、告警、状态变位、软压板、定值区号等，并应支持保护软压板投退、定值区切换、定值召唤及修改等控制功能。

8. 简述实时网关机远程服务的功能。

答：实时网关机应提供远程服务，实现调度主站、集控站与站内监控主机信息交互，应支持告警直传及远程浏览功能，接收主站的远程调阅命令，并向主站响应及传输告警直传及远程调阅数据。

9. 简述服务网关机（ServiceGateway）的功能。

答：实现变电站与调度、集控等系统之间的保信、安全稳定控制装置、计量、辅控、消防和一、二次设备在线监测等非实时数据的通信，为主站系统实现变电站监视、远程服务等功能提供数据、模型和图形的传输服务的智能通信设备，主要应用于Ⅱ区数据通信网关机。图 14－2 是国电南自 PSX681G 服务网关机的外观。

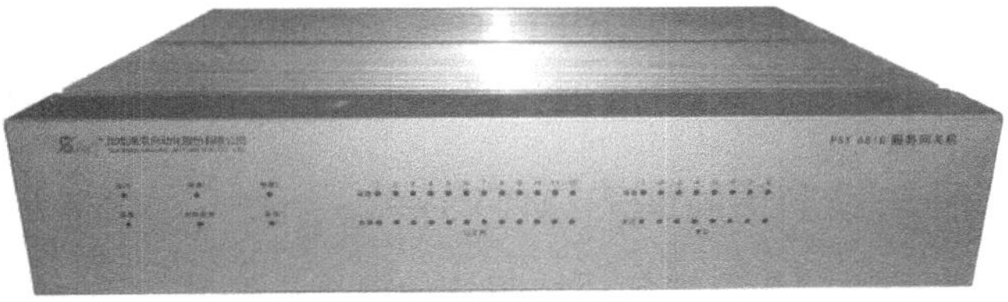

图 14－2　服务网关机外观

10. 简述服务网关机辅控数据的采集和远传功能。

答：服务网关机采用 DL/T 860 通信报文规范采集辅助设备信息，支持 DL/T 860 通信报文规范向主站传输辅助设备信息，支持突变及响应总召的方式上送遥测、遥信数据至主站，并支持主站经服务网关机对辅助设备的遥控、遥调等远方控制命令。

11. 简述服务网关机的继电保护信息。

答：服务网关机继电保护信息是指继电保护非实时数据及故障录波器数据采集及远传。其应满足以下要求：

（1）应支持继电保护、故障录波器的非实时数据通过服务网关机远传主站；继电保护非实时数据包括定值、录波、模拟量、开入量及故障分析报告等。

（2）应支持继电保护、故障录波器的实时数据通过服务网关机远传主站。

（3）应符合 DL/T 860 通信报文规范及 Q/GDW 273—2009《继电保护故障信息处理系统技术规范》的要求。

12. 简述服务网关机计量数据。

答：服务网关机计量数据是指功能配置满足计量业务功能配置要求，且是采用部署于变电站的时钟同步装置对时的方式获得的数据。

13. 服务网关机电能质量是怎么样传至主站的?

答: 采集电能质量数据，通过周期和召唤等方式远传电能质量数据至主站，并应能支持突发方式远传电能质量事件至主站，支持通过 DL/T 860 通信报文规范远传电能质量数据至主站。

14. 简述服务网关机安全稳定控制信息包括的内容。

答: 与站内安全稳定控制装置通信，采集安全稳定控制装置的定值参数文件、动作报告文件（含动作报告生成通知事件和列表文件）、录波文件（含录波完成通知事件和列表文件）、动作描述文件、稳控策略文件、软件版本文件、稳控模型等文件，以 DL/T 476—2012《电力系统实时数据通信应用层协议》或 GB/T 33602—2017《电力系统通用服务协议》远传安全稳定控制信息文件，采用 GB/T 33602 协议文件服务时，应符合《电网稳控信息采集与交互规范》中附录 E 的要求，采用事件服务（SendEvent）远传录波完成通知事件和动作报告生成事件，以及读文件（GetFile）服务的方式远传安全稳定控制信息。

15. 简述服务网关机安全监测的具体内容。

答: 服务网关机将网络安全管理平台的服务代理命令转发至综合应用主机的网络安全监测应用（简称网络安全监测应用），以及将网络安全监测应用的安全事件、服务代理响应数据转发至网络安全管理平台；服务网关机与综合应用主机需具备双向安全认证功能，支持向集控站远传安全监测事件总信号，该事件总信号支持自动复归，自动复归时间参数可配，默认为 10s；支持向集控站转发紧急、重要告警级别的安全事件，紧急、重要告警级别的安全事件应符合主子站顺控接口协议的要求。

16. 服务网关机二次设备监测的作用以及其检测对象包括什么?

答: 二次设备监测采集二次设备状态监测信息，监测对象主要包括主辅一体化监控主机、综合应用主机、数据通信网关机、保护装置、测控装置、安全稳定控制装置、智能故障录波装置、交换机、时钟同步装置等，并向集控站传输二次设备状态监测信息。

17. 数据通信网关机应满足接入多少台装置能正常工作?

答: 应满足接入不少于 300 台装置时能正常工作。

18. 数据通信网关机接入少于 300 台装置时设备初始化时间是多少?

答: 接入少于 300 台装置时初始化时间小于 180s。

19. 数据通信网关机对“三遥”信息处理的时间要求是什么?

答: 对遥测处理时间不多于 500ms，对遥信处理时间不多于 200ms，对遥控命令处理时间不多于 200ms。

20. 数据通信网关机对告警直传的处理时间是多少？

答：数据通信网关机对告警直传的处理时间不多于 500ms。

21. 数据通信网关机对远程浏览的处理时间是多少？

答：数据通信网关机对远程浏览的处理时间不多于 500ms。

22. 数据通信网关机的对时要求有哪些？

答：通过 IRIG－B 同步，对时精度不大于 1ms，通过 SNTP 同步，对时精度不大于 100ms；在没有外部时钟源校正时，24h 守时误差应不超过 1s。

23. 数据通信网关机 CPU 的平均负荷率是多少？

答：CPU 平均负荷率：正常时（任意 30min 内）不大于 50%，电力系统故障时（10s 内）不大于 70%。

24. 数据通信网关机应至少提供多少个以太网及串口通信接口？

答：应至少提供 6 个以太网接口及 8 个串口通信接口。

25. 简述数据通信网关机电源要求。

答：电源应采用双路直流电源独立供电，任一回电源中断不造成装置故障或重启；电源电压可支持 110V 或 220V，允许偏差为－20%～＋15%，电压纹波系数小于 5%；电源中断 100ms，不会导致装置故障或重启；每个电源模块应具备失电信号硬接点输出及告警信号。

26. 简述遥控动作信号上送规则。

答：遥控动作信号上送规则为：当因遥控操作唯一权引起其他遥控操作失败时，需在遥控失败的连接通道中上送正在遥控操作的信号；当测控装置返回多客户端操作错误码时，应触发遥控正在操作信号。

27. 简述遥控复位信号上送规则。

答：遥控复位信号上送规则为：当遥控执行结束或顺控任务结束时，实时网关机应在因唯一权遥控失败的连接通道中发送遥控正在操作的复归信号；当遥控执行结束包括遥控选择失败、遥控选择超时、遥控撤销、遥控执行失败、遥控执行超时、遥控执行成功等；对于测控装置触发的遥控正在操作信号，应支持自动复位功能。

28. 列出定值修改及响应命令中下传带和响应带确认的写条目。

答：主站下传带确认的写条目，见表 14－1；子站响应带确认的写条目，存储但不修改，见表 14－2。传送原因 COT=40 为写命令的肯定认可，COT=41 为写命令的否定认可。

表 14－1　　下传带确认的写条目

<table>
<tr><td>类型标识（TYP）</td><td colspan="8">0AH</td><td></td></tr>
<tr><td>VSQ</td><td colspan="8">81H</td><td>可变结构限定词</td></tr>
<tr><td>传送原因（COT）</td><td colspan="8">28H</td><td>通用分类写命令</td></tr>
<tr><td>ASDU_ADDR</td><td colspan="8">CPU Address</td><td>保护装置中的功能 CPU 号，从 1 开始；对单 CPU 装置默认为 1</td></tr>
<tr><td>功能类型（FUN）</td><td colspan="8">FEH</td><td>通用分类功能类型</td></tr>
<tr><td>信息序号（INF）</td><td colspan="8">F9H</td><td>带确认的写条目</td></tr>
<tr><td>返回信息标识符（RII）</td><td colspan="8">0</td><td>默认为 0</td></tr>
<tr><td rowspan="3">通用分类标识数目（NGD）</td><td colspan="8">通用分类数据集数目 NGD</td><td rowspan="3">低 6 位 2 进制数组为数目；D7 位计数器位，默认为 0；D8 位状态位=0：后面无后续帧，状态位=1：后面有后续帧</td></tr>
<tr><td rowspan="2">状态位</td><td rowspan="2">记数器</td><td colspan="6">低 6 位数目</td></tr>
<tr><td>D6</td><td>D5</td><td>D4</td><td>D3</td><td>D2</td><td>D1</td></tr>
<tr><td rowspan="2">通用分类标识序号（GIN）</td><td colspan="8">组号</td><td rowspan="2">2 字节。第 1 个字节为组号，组号来自组标题召唤的定值组组号；第 2 个字节为该组内的条目标示序号，从 0x01 开始</td></tr>
<tr><td colspan="8">条目号</td></tr>
<tr><td>描述类别（KOD）</td><td colspan="8">01H</td><td>描述类别：定值实际值</td></tr>
<tr><td rowspan="3">通用分类数据描述 GDD</td><td colspan="8">数据类型</td><td rowspan="3">3 字节。第 1 个字节为数据类型，来自于组标题召唤的该项定值数据类型；第 2 个字节为数据宽度。第 3 个字节最高位后续状态位默认为 0；低 7 位 2 进制数组为数目</td></tr>
<tr><td colspan="8">数据宽度</td></tr>
<tr><td colspan="3">后续状态</td><td colspan="5">7 位 2 进制数目</td></tr>
<tr><td>通用分类标识数据 GID</td><td colspan="8"></td><td>按照数据集数据类型定义 16 进制数据</td></tr>
<tr><td rowspan="2">通用分类标识序号（GIN）</td><td colspan="8">组号</td><td></td></tr>
<tr><td colspan="8">条目号</td><td></td></tr>
<tr><td>描述类别（KOD）</td><td colspan="8">01H（实际值）</td><td></td></tr>
<tr><td>通用分类数据描述 GDD</td><td colspan="8"></td><td></td></tr>
<tr><td>通用分类标识数据 GID</td><td colspan="8"></td><td></td></tr>
<tr><td>（其他条目）</td><td colspan="8">…</td><td></td></tr>
</table>

表 14－2　　响应带确认的写条目

<table>
<tr><td>类型标识（TYP）</td><td>0AH</td><td></td></tr>
<tr><td>VSQ</td><td>81H</td><td>可变结构限定词</td></tr>
<tr><td>传送原因（COT）</td><td>2CH</td><td>通用分类写确认</td></tr>
</table>

续表

<table>
<tr><td>类型标识（TYP）</td><td colspan="8">0AH</td><td></td></tr>
<tr><td>ASDU_ADDR</td><td colspan="8">CPU Address</td><td>保护装置中的功能 CPU 号，从 1 开始；对单 CPU 装置，默认为 1</td></tr>
<tr><td>功能类型（FUN）</td><td colspan="8">FEH</td><td>通用分类功能类型</td></tr>
<tr><td>信息序号（INF）</td><td colspan="8">F9H</td><td>带确认的写条目</td></tr>
<tr><td>返回信息标识符（RII）</td><td colspan="8">0</td><td>默认为 0</td></tr>
<tr><td rowspan="3">通用分类标识数目（NGD）</td><td colspan="8">通用分类数据集数目 NGD</td><td rowspan="3">低 6 位 2 进制数组为数目；D7 位计数器位，默认为 0；D8 位状态位=0：后面无后续帧，状态位=1：后面有后续帧</td></tr>
<tr><td rowspan="2">状态位</td><td rowspan="2">记数器</td><td colspan="6">低 6 位数目</td></tr>
<tr><td>D6</td><td>D5</td><td>D4</td><td>D3</td><td>D2</td><td>D1</td></tr>
<tr><td rowspan="2">通用分类标识序号（GIN）</td><td colspan="8">组号</td><td rowspan="2">2 字节。第 1 个字节为组号，组号来自组标题召唤的定值组组号；第 2 个字节为该组内的条目标示序号，从 0x01 开始</td></tr>
<tr><td colspan="8">条目号</td></tr>
<tr><td>描述类别（KOD）</td><td colspan="8">01H</td><td>描述类别：定值实际值</td></tr>
<tr><td rowspan="3">通用分类数据描述 GDD</td><td colspan="8">数据类型</td><td rowspan="3">3 字节。第 1 个字节为数据类型，来自于组标题召唤的该项定值数据类型；第 2 个字节为数据宽度。第 3 个字节最高位后续状态位默认为 0；低 7 位 2 进制数组为数目</td></tr>
<tr><td colspan="8">数据宽度</td></tr>
<tr><td colspan="4">后续状态</td><td colspan="4">7 位 2 进制数目</td></tr>
<tr><td>通用分类标识数据 GID</td><td colspan="8"></td><td>按照数据集数据类型定义 16 进制数据</td></tr>
<tr><td rowspan="2">通用分类标识序号（GIN）</td><td colspan="8">组号</td><td></td></tr>
<tr><td colspan="8">条目号</td><td></td></tr>
<tr><td>描述类别（KOD）</td><td colspan="8">01H（实际值）</td><td></td></tr>
<tr><td>通用分类数据描述 GDD</td><td colspan="8"></td><td></td></tr>
<tr><td>通用分类标识数据 GID</td><td colspan="8"></td><td></td></tr>
<tr><td>（其他条目）</td><td colspan="8">...</td><td></td></tr>
</table>

29. 列出定值执行及响应命令中下传带和响应带执行的写条目。

答：主站下传带执行的写条目，见表 14–3；子站修改定值，响应带执行的写条目，见表 14–4。传送原因 COT=40 为写命令的肯定认可，COT=41 为写命令的否定认可。

表 14–3　　下传带执行的写条目

类型标识（TYP）	0AH	
VSQ	81H	可变结构限定词
传送原因（COT）	28H	通用分类写命令
ASDU_ADDR	CPU Address	保护装置中的功能 CPU 号，从 1 开始；对单 CPU 装置，默认为 1
功能类型（FUN）	FEH	通用分类功能类型
信息序号（INF）	FAH	带执行的写条目
返回信息标识符（RII）	0	默认为 0
通用分类标识数目（NGD）	0	

表 14－4　　　　响应带执行的写条目

类型标识（TYP）	0AH	
VSQ	81H	可变结构限定词
传送原因（COT）	28H	肯定认可
ASDU_ADDR	CPU Address	保护装置中的功能 CPU 号，从 1 开始；对单 CPU 装置，默认为 1
功能类型（FUN）	FEH	通用分类功能类型
信息序号（INF）	FAH	带执行的写条目
返回信息标识符（RII）	0	默认为 0
通用分类标识数目（NGD）	0	

30. 解释主子站顺控，并列出其接口协议扩展 ASDU 类型表。

答： 主子站顺控信息交互在不改变 DL/T 634.5104 协议的帧结构和通信流程的前提下扩展顺控功能。为实现顺控功能扩充了 2 个 ASDU，见表 14－5。

表 14－5　　　　顺控主子站接口协议扩展 ASDU 类型表

扩展 ASDU 类型	功能说明
55	顺控命令交互主子站交互
43	文件传输（顺控操作票文件、操作票目录文件、倒闸操作票文件）

31. 在辅控数据远传中，客户端访问路径为/COMTRADE/IEDName 的所属 IED 类型及其应用性质是什么？

答： 所属 IED 类型为在线监测设备，应用性质为谱图文件路径。

32. 在辅助数据远传中，IED 访问路径为./infodata/accesssystem 的所属 IED 类型及其应用性质是什么？

答： 所属 IED 类型为安防设备，应用性质为门禁控制和信息交互文件路径。

33. 计量业务功能配置中包含了哪六项？

答： 数据采集、数据管理和存储、参数查询、事件记录、数据传输、本地功能。

34. 远程服务主要包括什么？

答： 主要包括模型服务、数据浏览服务、画面调阅服务、离线数据服务及运维服务等。

35. 四个公用逻辑节点信息 Mod，Beh，Health，NamPlt 分别说明什么？

答： Mod 表示模式，Beh 表示性能，Health 表示健康状况，NamPlt 表示铭牌。

36. 根据 DL/T 860 通信报文规范的文件服务，访问路径应提供哪种服务？支持几种路径访问模式？

答：应提供文件上传及下载服务，支持主站带 IEDName 和不带 IEDName 两种路径访问模式。

37. 简述远程服务的文件交互机制。

答：远程服务的文件交互机制主要包括列表查询机制、报告触发机制及写文件查询机制。此三种机制可组合使用，实现主站、数据通信网关机和站内 IED 之间的文件交互。

38. 简述列表查询机制的流程。

答：数据通信网关机接收主站的文件列表召唤命令，并将其转发至站内 IED；数据通信网关机接收站内 IED 的文件列表响应数据并转发至主站。主站根据收到的文件列表，确定需要调阅的文件，依次发起文件调阅。在主站明确待调阅的文件名时，也可跳过列表查询机制，直接使用读文件交互过程。

39. 简述报告触发机制流程。

答：报告触发机制适用于由站内 IED 文件更新触发的调阅过程。当站内 IED 监测到文件发生变化时，触发与该文件变化对应的报告；数据通信网关机将此报告转发至主站；主站收到报告时，使用列表查询机制发起文件调阅。

40. 简述写文件查询机制的流程。

答：数据通信网关机接收主站向站内 IED 发起的写文件请求，把命令以文件形式写入站内 IED。站内 IED 完成命令文件接收和解析后，立即响应数据通信网关机，数据通信网关机将响应数据转发至主站。站内 IED 按照主站命令要求组织待查询的文件，准备就绪后触发相应的报告，按照触发查询机制继续进行远程服务过程。

41. 简述遥控、遥调模拟测试流程。

答：主站下装遥控、遥调的控点描述，实时网关机根据控点描述从运行数据点表文件（RCD）中获取模拟遥控序列及信息体地址。实时网关机校核遥控选择、撤销、执行命令的信息体地址与模拟遥控序列中的信息体地址的一致性；若一致则返回肯定报文；若不一致则返回否定报文；模拟测试遥控点时，应采用带时标遥控命令，时标的毫秒设置为顺序号，若顺序号不小于 1000，应按 1000 取模；模拟测试遥调命令时，主站应根据顺序自动设置数据值，第一个遥调命令的数据值为 1，第二个遥调命令的数据值为 2，依次类推。

42. 简述实时网关机数据流。

答：实时网关机数据流如图 14－3 所示。

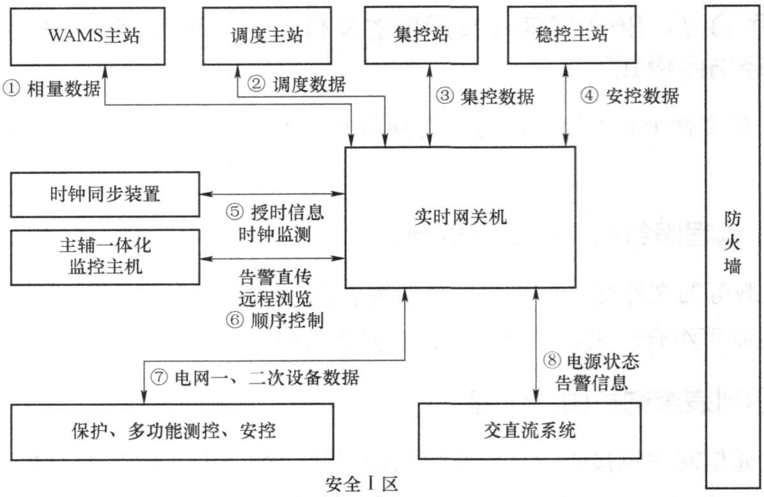

图 14-3　实时网关机数据流向图

43. 简述服务网关机数据流。

答：服务网关机数据流如图 14-4 所示。

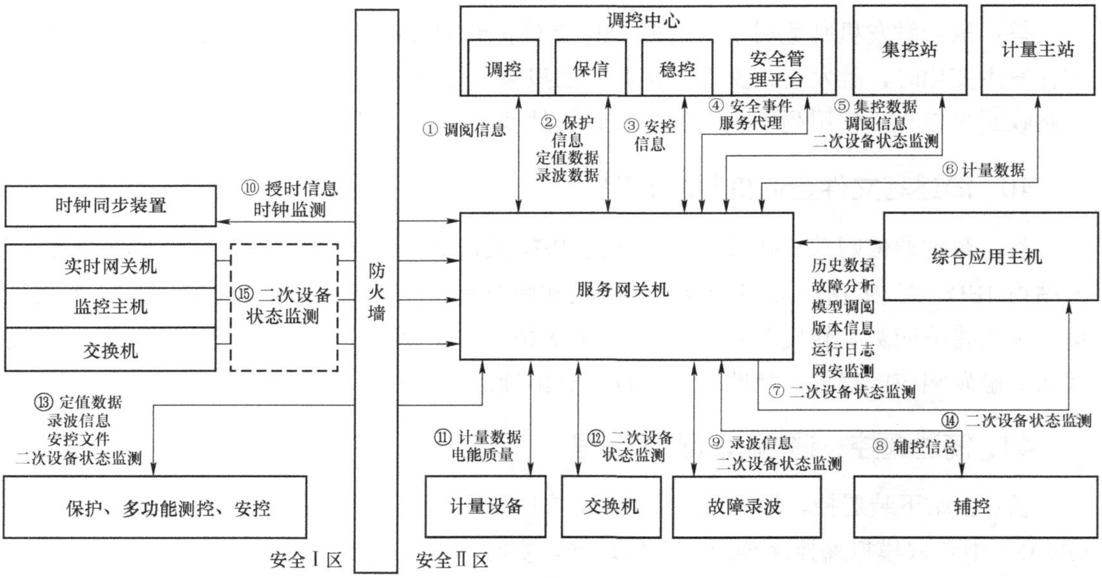

图 14-4　服务网关机数据流向图

44. 简述实时网关机电网实时数据测试要求及测试方法。

答：（1）实时网关机电网实时数据测试要求：

1）应满足 Q/GDW 11627—2016《变电站数据通信网关机技术规范》要求；

2）同一时间应只支持一个遥控操作任务，对同一时间的其他操作指令应作失败应答，支持上送“遥控正在操作”信号；

3）应支持主站采用 DL/T 634.5104—2009《远动设备及系统　第 5－104 部分：传输规约采用标准传输协议集的 IEC 60870－5－101 网络访问》协议实现保护、测控等二次设备的远方复归操作功能。

（2）实时网关机电网实时数据测试方法：

1）按照检测系统拓扑图搭建检测系统，模拟装置上送数据至网关机，通过模拟主站查看数据是否正确上送；

2）分别采用带时标和未带时标数据源上送数据至网关机，通过网络报文记录及分析装置查看网关机数据时标采用是否正确；

3）通过 DL/T860 传输规约测试系统设置周期性上送、数据变化上送、品质变化上送及总召时间，查看设置是否生效；

4）在模拟主站上进行遥控、遥调和设点、定值操作、复归等远方控制操作，检查数据通信网关机能否正确下发操作命令并上送返校信息给主站，并将操作命令正确传送至模拟装置；

5）验证单点遥控、双点遥控、直接遥控、选择遥控等遥控方式；

6）同一时间进行多个遥控操作，检查数据通信网关机响应；

7）检查数据通信网关机远方控制操作全过程日志信息。

45. 简述实时网关机相量数据测试要求及测试方法。

答：（1）实时网关机相量数据应满足以下要求：

1）应具有相量数据传输功能，普通规模（相量采集间隔不大于 24 个）变电站实时网关机宜包含远动数据和相量实时数据；对于大规模（相量采集间隔大于 24 个）的变电站宜采用独立配置的方式实现相量实时数据接入及远传功能。

2）相量数据实时通信功能应符合 Q/GDW 10131—2017《电力系统实时动态监测系统技术规范》中 7.8.2 规定的要求。

3）相量动态数据记录功能应符合 Q/GDW 10131—2017 中 7.8.3 规定的要求。

4）向主站传输相量数据的应用层协议应符合 Q/GDW 10131—2017 中 9.2 规定的要求。

5）应能实时接收并存储相量动态数据、事件信息。

6）应能向多个主站实时转发站内动态数据，接入主站的数据链路个数应不少于 8 个。

7）传输及存储的动态数据应具有每秒 25 帧、50 帧、100 帧等多种可选记录速率。

8）转发实时动态数据的延迟时间应不大于 200ms。

9）动态数据的保存时间应不少于 14 天，支持掉电保持功能，用户操作界面不应提供人工删除接口。

10）支持动态数据闰秒处理功能，闰秒时不丢失任何数据。

11）支持动态数据存储异常告警功能，当动态数据存储异常时应点亮指示灯及告警开出。

12）应支持循环存储功能。

（2）实时网关机相量数据测试方法：

1）按照检测系统拓扑图搭建检测系统，模拟装置上送数据至网关机，通过模拟主站查看数据是否正确上送。

2）查看数据通信网关机是否应具有相量数据传输功能，变电站是否采用独立配置的方式实现相量实时数据接入及远传功能。

3）数据通信网关机运行时，比较同一时间装置记录的数据与往主站传送的数据的一致性。

4）装置运行状态下，查看相量数据集中器是否正确记录子站的动态数据。

5）检测网关机的同步相量测量装置运行在最大接入容量，并且在最大接入容量的情况下查看网关机装置与相量数据集中器是否正确存储相应文件。

6）检查相量数据实时通信功能是否符合 Q/GDW 10131—2017《电力系统实时动态监测系统技术规范》中 7.8.2 规定的要求。

7）检查相量动态数据记录功能是否符合 Q/GDW 10131—2017 中 7.8.3 规定的要求。

8）检查向主站传输相量数据的应用层协议是否符合 Q/GDW 10131—2017 中 9.2 规定的要求。

9）数据通信网关机运行状态下，查看是否能实时接收并存储相量动态数据、事件信息。

10）同时连接 8 个主站，检查数据通信网关机网关机应能向 8 个主站实时转发站内动态数据。

11）检查数据通信网关机的传输及存储的动态数据应具有每秒 25 帧、50 帧、100 帧等记录速率。

12）检查数据通信网关机转发实时动态数据的延迟时间应不大于 200ms。

13）检查数据通信网关机的动态数据的保存时间应不少于 14 天，支持掉电保持功能，用户操作界面不应提供人工删除接口。

14）闰秒处理功能检测：利用时间同步系统测试仪为被测同步相量测量装置提供授时信号，分别利用时间同步测试仪模拟正闰秒和负闰秒发生场景，测试被测设备是否按照检测要求正确处理闰秒信息。检查闰秒发生期间的动态数据记录文件是否正确，检查数据帧中的闰秒标志位。

15）检查数据通信网关机支持动态数据存储异常告警功能，应能正确点亮指示灯及告警开出。

16）检查数据通信网关机是否支持循环存储功能。

46. 简述实时网关机安全稳定控制信息测试要求及测试方法。

答：（1）实时网关机安全稳定控制信息应满足以下要求：

1）应支持 DL/T 860 通信报文规范与站内安全稳定控制装置通信，采集安全稳定控制装置运行信息、动作信息、告警信息、监测信息等数据；

2）应支持 DL/T 634.5104—2009《远动设备及系统 第 5－104 部分：传输规约采用标准传输协议集的 IEC 60870－5－101 网络访问》及 Q/GDW 11207—2014《电力系统告警直传技术规范》协议上送实时数据至主站；

3）实时数据及告警直传信息应符合《电网稳控信息采集与交互规范》。

（2）实时网关机安全稳定控制信息测试方法：

1）按照检测系统拓扑图搭建检测系统，模拟安全稳定控制装置上送数据至网关机，通过模拟主站查看数据是否正确上送；

2）模拟安全稳定控制装置实时信息、动作信息及监测信息，通过模拟主站查看网关机是否以 DL/T 634.5104 协议正确上送实时信息；

3）模拟安全稳定控制装置告警信息，通过模拟主站查看网关机是否以 DL/T 476—2012《电力系统实时数据通信应用层协议》正确上送告警直传信息，告警直传信息应符合 Q/GDW 11207—2014 的规定。

47. 简述实时网关机继电保护信息测试要求及测试方法。

答：（1）实时网关机继电保护信息测试要求：

1）继电保护实时数据通过 DL/T 634.5104—2009《远动设备及系统 第 5－104 部分：传输规约采用标准传输协议集的 IEC 60870－5－101 网络访问》协议经实时网关机远传主站，继电保护实时数据包括保护动作、告警、状态变位、软压板、定值区号等；

2）定值区号的采集及远传应符合 Q/GDW 11354—2014《调度控制远方操作自动化技术规范》；

3）应支持保护软压板投退、定值区切换、定值召唤及修改等控制功能，应符合 Q/GDW 11354—2014 及其附录 B 的要求。

（2）实时网关机继电保护信息测试方法：

1）按照检测系统拓扑图搭建检测系统，模拟装置上送保护动作、告警、状态变位、软压板、定值区号至网关机，通过模拟主站查看上送数据是否正确上送；

2）查看保护软压板投退、定值区切换、定值召唤及修改等控制功能，是否符合 Q/GDW 11354—2014 及《变电站二次系统站控系统技术规范：数据通信网关机技术规范》的要求。

48. 简述实时网关机顺控服务测试要求及测试方法。

答：（1）实时网关机顺控服务测试要求：

1）应符合 Q/GDW 11489—2015《电力系统序列控制接口技术规范》的要求；

2）主子站顺控交互协议应符合 Q/GDW 11489—2015《电力系统序列控制接口技术规范》附录 C 的要求。

（2）实时网关机顺控服务测试方法：

1）按照检测系统拓扑图搭建检测系统，模拟主子站顺控，查看数据网关机是否能正确执行顺控协议，顺控协议是否满足《变电站二次系统站控系统技术规范：数据通信网关机技术规范》的要求；

2）在模拟主站上进行远方顺序控制操作，模拟调阅操作票、操作票预演、顺控取消、顺控执行、顺控暂停、顺控继续、顺控终止、顺控单步结果确认、控制结束、召唤操作票目录及下发倒闸操作票，检查数据通信网关机能否正确执行顺控命令并上送返校信息给主站，并将顺控命令正确转发至监控主机；

3）在执行顺控命令时，监控主机模拟异常状态，检查数据通信网关机是否正确向模拟主站返回异常信息。

49. 简述实时网关机远程服务测试要求及测试方法。

答：（1）实时网关机远程服务测试要求：

1）应支持告警直传及远程浏览功能，支持以 DL/T 476—2012《电力系统实时数据通信应用层协议》接收主站的远程调阅命令，并向主站响应及传输告警直传及远程调阅数据。

2）应支持以 DL/T 860 报文通信规范或 GB/T 33602—2017《电力系统通用服务协议》传输远程浏览数据。

（2）实时网关机远程服务求测试方法：

1）按照检测系统拓扑图搭建检测系统，模拟告警信号、遥测变化及遥信变位传输至数据通信网关机，通过模拟主站查看数据是否正确上送。

2）检测系统模拟触发告警信息，调控主站查看是否收到告警信息，信息格式是否满足告警直传要求。

3）检测系统模拟触发遥测变化即遥信变位，通过模拟主站查看主站画面是否正确，数据是否实时刷新。

4）网关机根据模拟主站通过 DL/T 860 协议下发的非持久性数据集创建命令，检测系统模拟该数据集中的遥测及遥信数据变化，模拟主站通过读取数据集值及使能报告控制块两种方式调阅数据，查看网关机是否正确远传遥测、遥信数据；主站浏览数据完成后，下发删除对应的非持久性数据集命令，检查网关机是否正确删除；网关机与模拟主站通信链路中断时，检查网关机是否正确删除该非持久性数据集。

50. 简述数据通信网关机性能要求及测试方法。

答：（1）数据通信网关机性能要求：

1）接入不少于300台装置时能正常工作；

2）接入间隔层装置小于300台时初始化过程小于180s；

3）对遥测处理时间不大于500ms；

4）对遥信处理时间不大于200ms；

5）对遥控命令处理时间不大于200ms；

6）实时网关机：远动业务及相量数据应采用独立磁盘，具备可拆换能力，远动业务存储容量不小于32GB，相量数据存储容量不小于256GB；

7）服务网关机：磁盘存储不小于256GB；

8）CPU平均负荷率：正常时（任意30min内）不大于50%，电力系统故障时（10s内）不大于70%；

9）站控层网络通信状态变化能在1min内正确反应；

10）单网口应支持至少同时建立32个通信链接；

11）每个通道SOE缓存条数不少于8000条；

12）远方遥控的报文记录条数不少于1000条；

13）运行日志、操作日志与维护日志各记录条数不少于10 000条；

14）200个遥信每200ms变化一次，在连续变化40次的情况下，变位信息记录完整，时间顺序记录正确；

15）对告警直传处理时间不大于500ms；

16）对远程浏览处理时间不大于500ms；

17）支持远程浏览连接数不少于16个，每个连接支持远程浏览画面数不少于16个，支持远程浏览同一主站IP连接数不少于4个；

18）通过IRIG－B同步，对时精度不大于1ms，通过SNTP同步，对时精度不大于100ms；

19）在没有外部时钟源校正时，24h守时误差应不超过1s；

20）整机功耗不大于70W。

（2）数据通信网关机性能测试方法：

1）仿真系统导入测试用例SCD文件，模拟255台保护测控装置与网关机建立DL/T 860通信；

2）查看网关机接入装置的通信状态，实时数据刷新情况；

3）模拟300台保护测控装置与网关机建立DL/T 860通信，通过网络报文记录及分析装置查看初始化过程，记录初始化时间，时间为链接开始到第一次总召结束；

4）查看记录网口数；

5）模拟主站开启 32 个不同 IP 客户端与数据通信网关机的同一网口建立 32 个通信链路；

6）查看记录内存大小；

7）查看记录存储空间大小；

8）数字信号发生器与数据通信网关机已对时，数字信号发生器模拟量输入变化，用网络记录及分析装置查看数字信号发生器送出模拟量的 MMS 报文时标与数据通信网关机上送主站模拟量报文时标的时间差；

9）数字信号发生器与数据通信网关机已对时，数字信号发生器状态量输入变化，查看数字信号发生器送出状态变化的 MMS 报文时标与数据通信网关机上送主站状态变化报文时报文时标的时间差；

10）模拟主站与数据通信网关机已对时，在模拟主站下发遥控选择及遥控执行命令，用网络报文记录及分析装置查看主站下发报文时间与网关机命令出口时间测试方法：数据通信网关机与模拟主站断开连接，多台数字信号发生器状态量经信号发生器并接，模拟多次状态量变位，变位数量总计 8000 个，数据通信网关机与模拟主站恢复正常通信，在模拟主站上查看接收 SOE 信息的个数是否一致；

11）在模拟主站发起遥控命令，遥控次数大于 1000 次；查看网关机存储的遥控报文记录条数；

12）拷贝复制处理运行日志、操作日志与维护日志条件到 10 000 条；查看网关机存储的日志记录条数；

13）正常通信状态下，模拟装置批量 200 个遥信每秒变化一次，连接变化 40 次；

14）雪崩测试期间遥控测试，遥控命令响应满足要求（不大于 200ms）；

15）网络报文记录及分析装置记录分析变位信息；

16）查看网关机变位信息记录和时间顺序记录时间；

17）通过网络测试仪向站控层网络接口施加线速 30%的背景流量或广播流量，同时产生遥信变位和遥测越限，下发遥控命令，检测装置记录的遥信、遥测数据的正确性以及执行遥控命令正确性；

18）模拟装置模拟某个遥信变位上送，多次记录网关机告警直传处理时间，统计告警直传处理时间的平均值；

19）模拟主站按照 DL 476—2012《电力系统实时数据通信应用层协议》或 DL/T 634.5104—2009《远动设备及系统　第 5－104 部分：传输规约采用标准传输协议集的 IEC 60870－5－101 网络访问》请求文件，多次记录网关机远程浏览处理时间，统计远程浏览处理时间的平均值；

20）模拟主站向网关机发起 16 个远程浏览连接；

21）在调控主站画面上打开 16 幅画面；

22）在 4 个调控主站工作站上调阅远程浏览画面；

23）数据通信网关机整机正常运行时，使用功率表在电源输入端测试整机功耗，整机功耗应小于 70W；

24）通过 IRIG－B 同步，同步成功后，查看对时精度不大于 1ms，通过 SNTP 同步，对时精度不大于 100ms；

25）在没有外部时钟源校正时，24h 守时误差是否不超过 1s。

51. 简述数据通信网关机电源要求及测试方法。

答：（1）数据通信网关机电源要求：

1）采用双路直流电源独立供电，任一回电源中断不造成装置故障或重启；

2）直流电源电压：可支持 110V 或 220V，允许偏差为－20%～＋15%；

3）直流电源电压纹波系数小于 5%；

4）测试被测装置在供电电压出现偏差时装置应能正常工作，功能、性能符合规范要求。

（2）数据通信网关机电源测试方法：

1）模拟任意一路电源故障，检查装置性能是否满足要求；

2）向装置电源回路施加偏差为－20%和＋15%的直流电压，检查装置性能是否满足要求。

52. 继电保护非实时数据及故障录波器数据采集及远传应满足哪些要求？

答：（1）应支持继电保护、故障录波器的非实时数据通过服务网关机远传主站；继电保护非实时数据包括定值、录波、模拟量、开入量及故障分析报告等。

（2）应支持继电保护、故障录波器的实时数据通过服务网关机远传主站。

（3）应符合 DL/T 860 通信报文规范及 Q/GDW 273—2009《继电保护故障信息处理系统技术规范》的要求。

53. 二次设备远程服务如何测试？

答：（1）检测系统模拟综合应用主机向网关机发送台账、RCD、SCD、图形文件及装置版本更改的遥信，网关机将此遥信远传至模拟主站，并通过模拟主站检查网关机是否正确响应模拟主站的模型文件调取；

（2）检查数据浏览服务是否支持调阅网关机动态数据集服务，以及是否支持基于远程过程调用服务的全景数据浏览服务；

（3）检查画面调阅服务是否正确支持基于 DL/T 860 协议的图形文件远传和基于 DL/T 476 协议的图形数据远传服务；

（4）检查网关机是否正确支持设备状态监测分析、故障分析报告、历史数据等基于DL/T 860协议文件传输的离线数据服务；

（5）模拟主站下发基于DL/T 860协议的通用文件及日志文件调阅命令，检查网关机是否正确支持通用文件及日志文件的调阅服务。

54. 数据通信网关机对三遥性能应满足什么要求?

答：（1）对遥测处理时间不大于500ms；

（2）对遥信处理时间不大于200ms；

（3）对遥控命令处理时间不大于200ms。

55. 当事件上传至网络安全管理平台时，请简述其补发机制。

答：当服务网关机长时间离线后再次上线时，需要按照以下要求对累积的未上传事件执行：历史事件上报分界时间参数 t（缺省值 $t=30$min），在时间 t 内的未上传事件，全部需要上传。时间 t 之前的未上传事件，仅上传事件级别为紧急（级别 = 1）和重要（级别 = 2）的事件。上传时按照事件产生的先后顺序依次上传。

56. 简述网关机通信主备链路的自动切换机制。

答：当存在主备链路时，默认由主链路执行数据传输过程，备链路不执行数据传输过程。当检测到当前主链路异常时，重新选举出新的主链路，新的主链路开始执行数据传输过程。在当前主链路正常的情况下，若检测到更高优先级的链路恢复时，则当前主链路向网络安全管理平台或集控站发送STOPDT停止帧，网络安全管理平台或集控站响应STOPDT确认帧后，服务网关机选择优先级别更高的链路作为主链路，并开始执行数据传输过程，要求从高优先级链路恢复到其成为主链路的时间不超过5min。

57. 简述网关机装置输入、输出端对地之间绝缘电阻技术要求及测试方法。

答：（1）网关机装置输入、输出端对地绝缘电阻技术要求见表14－6。

表14－6　　绝缘电阻技术要求

额定电压 U	绝缘电阻技术要求
$U \leq 60$V	≥5MΩ（用250V绝缘电阻表）
$U > 60$V	≥5MΩ（用500V绝缘电阻表）

注　与二次设备及外部回路直接连接的接口回路绝缘电阻采用 U 大于60V的要求。

（2）测试方法：用导电短接线分别将同类型回路短接后，仪器稳定后测试时间不小于5s，通过绝缘电阻表测量各带电的导电电路对地之间、电气上无联系的各带电的导电电路之间的绝缘电阻值。

第十五章

站 控 系 统 应 用

1. 简述站控系统的基本技术原则。

答：（1）操作系统、关系数据库等核心软件应采用安全可控的软件产品，应具备研发、升级、维护的全程可控能力；

（2）遵循主辅一体化监控主机与综合应用主机统一设计、统一平台的系统架构，应具备一体化运行的能力；

（3）应支持平台和 App 分离的软件架构，支持专业 App 的独立部署和升级；

（4）应提供系统级隔离的安全隔离运行环境，对 App 进行安全隔离，避免应用对平台自身运行环境的影响，满足应用安全防护的要求；

（5）应基于统一的基础平台，实现运行监视、操作控制、智能应用、主站支持服务等各种应用功能；

（6）应避免采用 UDP 广播通信方式，限制使用 UDP 组播通信方式，推荐采用 UDP 单播或 TCP 通信方式；

（7）应符合 GB/T 36572—2018《电力监控系统网络安全防护导则》的安全要求。

2. 站控系统基于基础平台可实现哪些功能?

答：站控系统基于基础平台可实现运行监视、操作控制、智能应用和主站支持服务四大类功能。

3. 站控系统的运行监视功能具体包括哪些?

答：电网运行监视、设备运行监视、网络链路运行监视、时钟同步监测、网络安全监测等。

4. 站控系统的操作控制功能具体包括哪些?

答：远方操作控制、站内就地操作、一键顺控、无功优化、防误闭锁、主辅联动等。其中，防误闭锁功能包括一体化防误（由主辅一体化监控主机实现）和独立防误（由智能防误主机实现）两种形式。

5. 站控系统的智能应用功能具体包括哪些？

答： 故障智能告警、软件版本管控、可视化智能配置维护、电能计量分析等。其中，故障智能告警包括故障综合分析、智能告警和数据辨识等功能。

6. 站控系统的主站支持服务功能具体包括哪些？

答： 主站支持服务包括模型服务、图形服务、离线数据召唤服务、远程维护服务等。

7. 简述站控系统功能部署原则。

答：（1）应遵循安全分区原则，主设备相关的控制操作必须在安全Ⅰ区发起；

（2）应保障安全Ⅰ区实时监控的业务需求，避免将资源消耗大或实时性不高的分析类功能部署到安全Ⅰ区；

（3）应满足主辅一体化监控的业务需求，运行人员应在安全Ⅰ区完成主辅设备的监盘及操作控制，避免运行人员同时操作多机屏幕；

（4）应考虑已有业务的继承性；

（5）站控主机应与对应安全分区网关机协同，完成对应安全分区的主站支持功能，减少跨区信息流。

8. 主设备相关的控制操作必须在安全几区发起？

答： 安全Ⅰ区。

9. 站控系统主机包括哪几台主机？

答： 站控系统主机包括安全Ⅰ区主辅一体化监控主机与安全Ⅱ区综合应用主机。

10. 站控系统各主机如何为主站提供远程服务支持？

答： 通过实时网关机和服务网关机为主站提供远程服务支持。

11. 简述主辅一体化监控主机的主要功能。

答： 实时监视类功能、实时控制类功能、必要的主设备相关的分析类应用，以及与Ⅰ区实时网关机协同的功能应用。

12. 简述综合应用主机的主要功能。

答： 辅助设备维护类应用、非实时类应用、配置管理类应用，以及与Ⅱ区服务网关机协同的功能应用。

13. 简述实时网关机的主要功能。

答：远方操作控制功能、远方顺控接入功能，针对调度主站的告警直传和远程浏览功能，以及相量数据的采集与传输功能。

14. 简述服务网关机的主要功能。

答：模型服务、图形服务、离线数据召唤服务和远程维护服务，以及计量数据采集和电能质量数据的采集与传输。

15. 时钟同步监测功能是由监控主机完成的吗?

答：否。时钟同步监测功能由时间同步装置完成，监控主机负责实时监测数据展示。

16. 简述站控系统的软件架构。

答：站控系统软件架构分为平台层和应用层。

17. 简述站控系统软件架构的特点。

答：（1）具有良好的开放性，能满足系统集成和应用不断发展的需要，支持第三方专业 App 的兼容部署；

（2）采用层次化的功能设计，能对软硬件资源、数据及软件功能进行组织，对应用开发和运行提供可靠环境；

（3）提供公共服务和系统管理功能，能为应用系统的运行管理提供全面的支持。

18. 简述站控系统平台层具备的功能。

答：平台层主要为应用层提供所需的基础功能和公共服务，一般与具体业务或应用功能无关，至少包括以下内容：

（1）基础功能：模型管理、数据管理、告警管理、系统管理、权限管理、应用管理、审计管理和备份/恢复等；

（2）公共服务：数据服务、操作控制服务、模型服务、告警服务、图形服务、权限服务和审计服务等。

19. 简述站控系统应用层具备的功能。

答：应用层主要实现具体的业务应用功能，提供软件开发过程中具备共性功能的平台交互接口。应用层可以不断地扩展应用和接口以满足需要。

（1）应用层实现基本应用及智能应用功能，应用层包含但不局限于以下内容：

1）基本应用：运行监视类应用、操作控制类应用、主站支持服务类应用。

2）智能应用：故障智能告警、软件版本管控、可视化智能配置维护、电能计量分析等。

（2）App 是部署在安全隔离环境中，向基础平台注册并由基础平台的应用管理功能统一监视和管理，可使用平台共享库接口交互变电站业务数据的专用的基本应用或智能应用软件。根据 App 的功能不同，将平台可以接入的 App 分成业务数据分析类、功能托管类和配置工具类三类。

1）业务数据分析类：业务数据分析类 App 是通过平台提供的标准化接口接入站控系统某一方面的多种类的实时数据、告警事件等，根据本专业的判断规则对接收的实时数据进行监视计算分析，得出本专业的诊断分析结论，更进一步则智能推理出处理建议，提供给站控系统或主站的运行监盘人员，作为辅助提醒或下一步工作的可用参考。这类应用通常需要实时在线运行，如故障智能告警应用。

2）功能托管类：功能托管类 App 是自身独立采集数据，不使用基础平台的变电站业务数据，仅是借用宿主机的软硬件资源来实现某一种专业化功能。这类应用通常需要实时在线运行，如网络安全监测应用。

3）配置工具类：配置工具类 App 是为了实现某种专业化配置管理功能，不需要实时接入站控系统基础平台实时数据，供运维人员进行业务配置管理的专业化工具软件。这类应用通常不需要实时在线运行，如可视化智能配置维护应用的 SCD 配置及在线运维管控工具。

（3）平台接口 API 是 App 与平台进行数据交互的唯一入口，可以为 App 提供平台的权限验证和业务数据交互功能。

20. 简述基础平台应提供的主要功能。

答：基础平台应提供模型管理、数据管理、告警管理、系统管理、应用管理、权限管理、审计管理等基础功能。

21. 简述基础平台的模型管理功能。

答：应实现全站信息统一建模，具备对变电站 SCD 模型中的设备配置文件的校验、导入、导出功能。

22. 简述 SCD 模型包含的信息。

答：SCD 模型中宜包含完整的 SSD 描述信息，包括完整的变电站一次设备和逻辑层次关系、一次设备的连接关系，宜包含一、二次设备之间的关联关系，SSD 部分参照 DL/T 1874—2018《智能变电站系统规格描述（SSD）建模工程实施技术规范》进行建模。

23. 简述数据管理功能。

答：应具备一次设备、二次设备和辅助设备等数据的统一采集、处理及存储功能；应具备数据的置数、告警、保存、统计等功能。

24. 简述告警管理功能。

答：（1）应具备信息的统一告警功能，具备电笛、电铃等音响功能，以及语音和画面联动功能；

（2）应具备对事件等级进行定义，并按不同等级分类处理的功能；

（3）应具备告警事件的历史存储和查询功能，并支持导出为CSV格式文件。

25. 简述系统管理功能。

答：（1）应具备对系统资源的监视和统一管理的功能；

（2）应具备节点管理、进程管理、资源监视、时钟管理、备份/恢复管理等功能。

26. 简述应用管理功能。

答：（1）应提供App应用管理界面进行应用的管理和监视；

（2）应支持对应用接口权限的授权管理和权限校验，应支持对应用操作权限的授权管理和权限校验，对于未授权的权限在App请求权限校验时基础平台应直接返回失败；

（3）应支持App在不同节点部署。App的节点工作状态包括值班、备用、离线等；

（4）应具备App工作状态的人工切换功能，支持App的值班、备用等工作状态切换；

（5）应具备App故障检测及自恢复功能，App异常退出或所在节点故障导致节点状态为离线时，应支持自动切换到其他备用节点值班；

（6）应具备App的运行资源监视功能，包括CPU、内存等，在超过阈值时应能够给出告警提示。

27. 简述权限管理功能。

答：（1）应具备角色、人员、权限等定义功能；

（2）应具备双因子校验的功能。

28. 简述审计管理功能。

答：应具备审计查阅、审计分析、审计报表等功能。

29. 简述基础平台的公共服务功能。

答：数据服务、模型服务、图形服务、操作控制服务、告警服务、权限服务、审计服务。

30. 简述数据服务支持的服务形式。

答：支持请求/响应、订阅/发布两种服务形式。

31. 数据服务内容有哪些？

答：实时数据、告警事件、波形文件等。

32. 简述数据服务功能。

答：（1）具有实时数据、历史数据统一查询服务接口。可查询的数据包括实时量测数据、历史数据、运行数据、管理数据、配置数据、波形文件等。

（2）具备实时数据、历史数据接收和保存功能，包括量测数据、运行数据、配置数据、告警简报文件等。

33. 简述模型服务功能。

答：（1）应提供一次设备数据信息结构模型、二次设备数据信息结构模型及辅助设备数据信息结构模型的查询服务。

（2）应支持调度中心或集控站发起的 SCD 系统配置文件、装置模型文件等模型文件的远程调阅服务功能。

34. 简述图形服务功能。

答：（1）应提供主设备、辅助设备等监控图形的编辑与管理功能，并可导出标准的图形文件。

（2）应支持调度中心或集控站发起的主接线图、间隔分图及辅助设备的一次设备监测、火灾消防、安全防范、动环系统等设备监测分图等图形文件的远程调阅服务功能。

35. 简述操作控制服务功能。

答：（1）应统一接收和处理平台基本应用发出的各种控制、调节等操作指令。

（2）应提供操作控制历史记录查询服务，支持按照设备对象、操作人、时间等不同维度的查询。

36. 简述告警服务功能。

答：（1）应统一处理主设备和辅助设备的告警事件，根据预先配置的告警类型、告警等级及告警显示方式触发告警。

（2）应具备告警查询服务，支持多种历史查询方式，可按间隔、设备来查询，也可按时间查询。

37. 简述权限服务功能。

答：（1）应提供通用的权限验证服务，应支持基于不同角色的权限管理机制。

（2）权限定义和验证的记录应存储至历史数据库。

38. 简述审计服务功能。

答：（1）应保证审计服务不能被单独停止。

（2）应根据系统统一安全策略提供集中审计接口。
（3）应保证无法删除、修改或覆盖审计记录。

39. 基础平台应提供哪些数据存储服务功能？

答： 实时数据、历史数据、文件数据等。

40. 历史数据存储的采样间隔为多少？

答： 采样间隔可按 1～60min 配置。

41. 历史数据库应采用什么系统，存储哪些数据？

答： 历史数据库应采用关系数据库系统，用于保存历史采样数据、历史告警数据等需要长期保存的数据。

42. 简述历史数据存储功能。

答：（1）系统应能自动根据存储空间发出历史数据整理提醒，保证系统的正常运行。
（2）应能按周期采样存储模拟量和电度量数据，采样间隔可按 1～60min 配置。
（3）应提供统一的历史数据存储与访问接口，支持对模拟量采样数据的操作。
（4）应能自动存储所有类型的实时告警信息，应支持对历史告警数据的查询操作。
（5）应提供完善的历史数据浏览维护工具，具备备份/恢复、导出等管理功能。

43. 文件数据存储应采用什么系统，存储哪些文件？

答： 文件可基于文件系统或关系库存储，文件包括模型文件、画面文件、录波文件、事故分析报告、告警简报文件等。

44. 简述文件数据存储功能。

答：（1）应保证文件数据可靠存储，至少包括双节点冗余。
（2）应支持文件的备份和恢复。
（3）应提供统一的文件数据存储和访问接口。

45. 简述电网运行监视可实现的功能。

答： 变电站内的电网实时运行信息、电网实时运行告警信息和各种合成计算信号的实时数据监视，以及开关事故跳闸时自动推出事故画面、挂牌、触发全站事故总信号和电网运行可视化展示等功能。

46. 设备运行监视主要监视哪些设备运行？

答： 一次设备在线监测运行监视、二次设备运行监视、站用交直流系统运行监视、火灾消防运行监视、安全防卫运行监视和动环系统运行监视。

47. 网络链路运行监视主要实现哪些运行监视功能?

答：网络链路运行监视主要实现物理链路连接状态、物理连接端口状态、物理网络拓扑连接信息等的运行监视功能，以及对交换机网络通信状态、网络连接状态的监视功能。

48. 网络链路运行监视对象有哪些?

答：网络物理链路及其连接物理端口。

49. 简述时钟同步监测的监视信息。

答：对全站所有被对时设备的时间同步监测。主要实现对全站所有被对时设备的时间同步监测，监视信息包括被对时设备的对时信号状态、对时服务状态、时间跳变侦测状态，以及时钟同步装置的外部时源信号状态、晶振驯服状态、初始化状态、电源模块状态等。

50. 网络安全监测应采用什么方式实现并部署在系统提供的安全隔离环境内?

答：采用 App 的方式。

51. 简述网络安全监测可实现的功能。

答：网络安全监测主要实现对服务器、工作站、网络设备、安全防护设备等被监测对象的网络安全监测数据采集和分析处理，以及网络安全管理平台控制操作的服务代理功能。

52. 简述远方操作可实现的功能。

答：远方操作控制功能主要实现调度中心和集控站对管辖范围内的主设备和辅助设备进行远方操作与控制的功能，以及继电保护远方操作与控制的功能。

53. 简述站内就地操作的分类。

答：站内就地操作分为主辅一体化监控主机上的常规操作、间隔层装置面板或屏柜上的操作、一次设备就地操作三种。

54. 主辅一体化监控主机上的常规操作有哪些?

答：单设备遥控操作、断路器同期控制操作、装置定值区与定值的修改、软压板投退、主变压器分接头调节、火灾消防控制、安全防卫控制、动环系统控制。

55. 在间隔层装置面板上可进行的操作有哪些?

答：在间隔层装置面板上主要进行一次设备的操作控制和二次设备装置的定值区切

换、定值修改、软压板投退的操作；在屏柜上主要进行把手与硬压板的操作。

56. 简述一次设备就地操作。

答： 操作员通过操动机构进行就地一次设备操作。

57. 简述一键顺控的主要功能。

答： 一键顺控应用功能主要实现站内的顺序控制功能和调度中心或集控站发起的顺序控制功能。

58. 简述无功优化功能。

答： 根据电网实际负荷水平，按照一定的策略对站内电容器、电抗器和变压器挡位进行自动调节的功能，并可接收调度（调控）中心的投退和策略调整指令。

59. 防误闭锁可实现哪几层闭锁功能?

答： 防误闭锁应用功能主要实现站控层闭锁、间隔层联闭锁和机构电气闭锁功能，站控层闭锁由监控主机、智能防误主机分别实现，单步控制和一键顺控都应和智能防误主机交互，满足防误双校核的要求。

60. 简述主辅联动应用功能。

答： 主辅联动应用功能主要实现主辅一体化监控主机与综合应用主机的控制联动，以及综合应用主机根据联动策略对Ⅱ区辅助设备传感器或者Ⅳ区视频摄像头设备进行控制操作的功能。

61. 主站支持服务应用功能的图形服务可远程调阅哪些图形?

答： 主设备的主接线图、间隔分图，以及辅助设备的一次设备监测、火灾消防、安全防范、动环系统等设备监测分图。

62. 主站支持服务应用功能的离线数据召唤服务可实现哪些数据的调阅?

答： 调度中心或集控站发起的设备采样值、历史告警等历史数据调阅。

63. 简述主站支持服务应用功能的远程维护服务主要实现的功能。

答： 主要实现对调度中心或集控站发起的版本管控、远程运维等远程维护功能支持。

64. 简述故障智能告警功能的总体要求。

答：（1）故障智能告警应采用App的方式实现并部署在系统提供的安全隔离环境内。（2）故障智能告警应实现数据分析推理功能，分析与推理结果宜采用实时告警+报告文件的方式发送至基础平台告警服务，并展示至故障智能告警界面，故障智能告警界面宜集成在平台实时告警窗中统一展示，也可作为独立的界面在隔离环境中被基础平台统一调取展示。

（3）故障智能告警 App 应调用基础平台提供的接口获取站内实时/非实时数据，进行故障综合分析后推出故障告警信息和故障分析报告，进行智能告警分析后推出智能告警信息和智能告警简报，进行数据辨识分析后推出数据辨识告警信息。

（4）故障智能告警 App 应调用基础平台提供的接口进行业务数据交互，包括实时数据获取、告警信息接收、智能告警信息存储等。

65. 故障智能告警实现了哪些功能?

答：故障智能告警主要实现故障综合分析、智能告警和数据辨识的功能。

（1）在电网事故、保护动作等情况下，应基于事件顺序记录、保护事件及故障波形等信息进行综合分析，实现故障综合分析功能。

（2）应使用平台的信息结构模型并进行在线实时智能分析，自动报告变电站异常并提出故障处理指导意见，实现智能告警功能。

（3）应基于变电站稳态数据，对采集的反映电网运行状态的量测值和状态量，可综合应用结算计量的数据，进行检测分析，确定其合理性及准确性，辨识不良数据。

66. 简述软件版本管控功能。

答：软件版本管控功能主要实现对测控类、保护类、安全自动装置类等变电站二次设备的软件版本信息管控。

67. 简述电能计量分析的主要功能。

答：电能计量分析主要实现电能量数据的变电站损耗、变压器损耗、母线平衡等线损指标的日分析、月分析、年分析功能。

68. 简述可视化智能配置维护智能应用的总体要求。

答：可视化智能配置维护智能应用主要为 SCD 配置及在线运维管控工具，总体要求如下：

（1）SCD 配置及在线运维管控工具应采用 App 的方式实现并部署在系统提供的安全隔离环境内；

（2）SCD 配置及在线运维管控工具 App 应调用基础平台提供的接口获取站内配置数据；

（3）SCD 配置及在线运维管控工具 App 应调用基础平台提供的接口进行业务数据交互，包括配置文件的获取、文件的上传下装等；

（4）SCD 配置及在线运维管控工具 App 应提供独立的应用窗口界面进行配置维护。

69. 站控基础平台与 App 之间使用统一的数据交互接口有哪些作用?

答：用于 App 读取基础平台的交互信息结构数据和实时数据，收发基础平台的告警消息、读写基础平台的历史数据和文件数据。

70. 简述 App 与基础平台之间交互的数据内容。

答：App 与基础平台之间交互的数据包括：

（1）结构数据。包括数据信息结构、信息结构关系树和信息配置数据，具体内容如下：

1）数据信息结构。数据信息结构包括一次系统信息结构、二次采集信息结构、辅助设备信息结构和告警数据信息结构四种结构数据。其中一次系统信息结构包括厂站结构、电压等级结构、间隔结构、变压器结构、绕组结构、一次设备结构、设备量测结构；二次采集信息结构包括厂站结构、二次设备装置结构、模拟量数据结构、状态量数据结构；辅助设备信息结构包括厂站结构、辅控子系统结构、一次设备结构、设备量测结构。

2）信息结构关系树。信息结构关系树包括一次系统结构关系树、二次采集模型关系树和辅助设备结构关系树。

3）信息配置数据。信息配置数据为站控基础平台存储的实例化业务数据，包括厂站、电压等级、间隔、变压器、绕组、一次设备、设备量测、二次设备装置、模拟量、状态量、辅控子系统的业务配置数据。

（2）实时数据。包括装置上送的模拟量、状态量的实时变化数据。

（3）历史数据。包括平台存储的模拟量与状态量历史采样数据。

（4）告警数据。包括实时告警数据和历史告警数据。

（5）文件数据。包括录波文件等文件数据。

71. 简述 App 与基础平台之间交互方式。

答：App 与基础平台之间的数据交互包括主动查询、周期通知、触发通知、告警发送、数据存储、数据上送、权限校验等方式。

72. App 与基础平台之间的数据交互接口参数使用哪种类型的数据?

答：JSON 格式字符串数据。

73. 简述平台应用部署的总体原则。

答：（1）应支持主辅一体化监控主机和综合应用主机使用统一的基础平台；

（2）应支持不同节点间统一基础平台的数据同步；
（3）应支持根据业务不同将不同应用功能部署在站控层的不同节点上；
（4）应支持对同一个应用在多个节点的分布式部署；
（5）应用间的分布式数据交互应由统一基础平台的数据同步实现；
（6）应支持对同一应用不同节点的应用状态管理；
（7）应满足实时性、可靠性的要求；
（8）应不影响系统的安全性要求。

74. 简述 App 部署方式的技术要求。

答：（1）应支持 SDK 部署方式，SDK 包应至少包含接口头文件和共享库文件；
（2）应按 SDK 包中指定的目录部署平台 SDK 程序和 App 应用程序及相关文件；
（3）应提供 App 的注册、撤销注册的接口功能；
（4）应提供平台数据请求/响应、订阅/发布的接口功能；
（5）应支持 C++标准接口调用。

75. 站控系统主辅一体化监控主机应提供几区调度中心或集控站支撑服务，支撑调度中心或集控站的哪些功能？

答：站控系统主辅一体化监控主机应提供Ⅰ区调度中心或集控站支撑服务，与Ⅰ区实时网关机协同，支撑调度中心或集控站的告警直传、远程浏览、远方顺控等业务功能。

76. 站控系统综合应用主机应提供几区主站支持服务，支撑调度中心或集控站的哪些功能？

答：站控系统综合应用主机应提供Ⅱ区主站支持服务，与Ⅱ区服务网关机协同，支撑调度中心或集控站的远程图形调用、网安监测等业务功能。

77. 如何限制 App 对外数据交互？

答：通过设定 App 接入方式、网络地址范围等条件限制 App 对外数据交互。

78. 平台 App 安全在管理上分为几级？

答：App 安全在管理上由低到高分为三级。

79. 平台 App 安全等级分别适用于哪类 App？

答：（1）第一级要求适用于功能托管类 App，如网络安全监测 App。
（2）第二级要求适用于配置工具类 App，如 SCD 配置及在线运维管控工具 App。
（3）第三级要求适用于业务数据分析类 App，如故障智能告警 App。

80. 站控系统软件人机界面启动时间应为多少?

答：不大于 3s。

81. App 运行过程中的 CPU 平均占用率（任意 30min 内）应为多少?

答：不大于 50%。

82. App 运行过程中的内存平均占用率（任意 30min 内）应为多少?

答：不大于 50%。

83. App 人工主备切换时长（从切换命令发出到应用状态切换成功）不应超过多长?

答：1s。

84. App 故障自动切换时长（从应用故障发生到应用值班切换成功）不应超过多长?

答：20s。

85. 从收到 App 获取单次实时数据请求到数据发出时长不应超过多少?

答：500ms。

86. 图形画面整幅调用响应时间应为多少?

答：实时画面不大于 1s，其他画面不大于 2s。

87. 图形画面数据刷新时间应为多少?

答：不大于 1s。

88. 实时数据库容量应为多少?

答：模拟量不小于 50 000 点，状态量不小于 100 000 点，计算量不小于 2000 点。

89. 正常时（任意 30min 内）CPU 平均负荷率不应超过多少?

答：30%

90. 电力系统故障时（10s 内）CPU 平均负荷率不应超过多少?

答：50%。

91. 正常时（任意 30min 内）网络平均负荷率不应超过多少？

答：20%。

92. 电力系统故障时（10s 内）网络平均负荷率不应超过多少？

答：40%。

93. 千兆网络条件下总线的最大有效数据传输速率不低于多少？

答：20Mbit/s。

94. 变电站站控系统的基础平台以什么方式提供信息访问？

答：以服务接口+数据信息结构的方式提供完整的信息访问机制。

95. 简述变电站站控系统的基础平台功能。

答：基础平台内集成实时/历史数据访问、文件访问等多种服务功能，提供统一的基础平台公共数据访问接口。

96. 简述变电站站控系统的基础平台与 App 之间的关系。

答：基础平台内集成实时/历史数据访问、文件访问等多种服务功能，提供统一的基础平台公共数据访问接口。App 是一个独立的进程，通过公共服务访问接口获取平台提供的数据，并将处理的结果返回给基础平台。

97. 数据信息结构是如何定义的？

答：数据信息结构是由基础平台预先定义的、可由 App 直接访问的数据结构。

98. 数据信息结构如何与基础平台进行数据交互？

答：数据信息结构与基础平台内部数据结构之间的映射由基础平台自己实现。

99. 基础数据信息结构是如何构成的？

答：基础数据信息结构采用 XML 文件描述，保存为名称为 appplatform_base.xml 的数据信息结构文件中。

100. 数据信息结构内容包括哪些？

答：数据信息结构内容包括 appplatform_base.xml 中定义的数据结构，在此基础上，基础平台和 App 可根据业务需要进行信息结构内容扩展。

101. 基础数据信息结构文件中类型树定义包括哪些？

答：一次系统信息结构、辅助系统信息结构、二次采集信息结构。

102. 告警数据信息结构是如何构成的？

答：告警信息结构采用 XML 文件描述，保存为名称为 appplatform_alarm.xml 的数据信息结构文件中。

103. 告警信息结构包括哪些内容？

答：告警信息结构内容包括 appplatform_alarm.xml 中定义的数据结构，在此基础上，基础平台和 App 可根据业务需要进行信息结构内容扩展。

104. 请简述告警信息结构中模型定义包括的内容。

答：告警模型定义包括告警对象 ID、告警对象类型、告警等级、告警类型、告警内容、值、告警时间、确认人、确认时间、告警报告文件路径。

105. 历史采样信息结构是如何构成的？

答：历史采样信息结构采用 XML 文件描述，保存为名称为 appplatform_hisdata.xml 的数据信息结构文件中。

106. 历史采样信息结构包括哪些内容？

答：历史采样信息结构内容包括 appplatform_hisdata.xml 中定义的数据结构，在此基础上，基础平台和 App 可根据业务需要进行信息结构内容扩展。

107. 简述历史采样信息结构中模型定义包括的内容。

答：历史采样信息结构模型定义包括对象 ID、对象类型、保存时间、值。

108. 审计数据信息结构是如何构成的？

答：审计数据信息结构采用 XML 文件描述，保存为名称为 appplatform_auditdata.xml 的数据信息结构文件中。

109. 审计数据信息结构内容包括哪些？

答：审计数据信息结构内容包括 appplatform_auditdata.xml 中定义的数据结构，在此基础上，基础平台和 App 可根据业务需要进行信息结构内容扩展。

110. 简述审计数据信息结构中模型定义包括的内容。

答：审计数据信息结构模型定义包括用户名、审计时间、审计主体、审计客体、审计类型、审计级别、审计内容。

111. 服务接口是如何定义的?

答：服务接口是由基础平台提供的一组服务函数，中间数据传输使用 UTF-8 编码的 JSON 格式字符串，用于通过数据信息结构读取和修改基础平台的数据，以及收发消息、读写文件等。

112. 简述基础平台中的导出函数的作用。

答：基础平台共享库提供唯一的对外导出函数 GetAppPlatform，用于应用程序向基础平台获取平台接口对象，同一进程可以获取不同的 IAppPlatform 对象。

113. 简述基础平台中平台接口类 IAppPlatform 的作用。

答：IAppPlatform 由基础平台实现，用于向基础平台注册、取消注册 App 及向基础平台请求数据。

114. 简述平台接口类 IappPlatform 函数分类。

答：（1）注册 App 的接口函数 RegisterApp；

（2）注销应用模块接口函数 UnregisterApp；

（3）同步请求平台数据接口函数 RequestSyncData；

（4）异步请求平台数据接口函数 RequestASyncData。

115. 简述基础平台中应用接口类 IApplication 的作用。

答：IApplication 由 App 实现，用于 App 接收基础平台返回的结果数据。

116. 简述应用接口类 IApplication 函数分类。

答：（1）基础平台数据回调接口 PltfmResultData；

（2）App 订阅数据回调接口 PltfmIssueData。

117. 简述基础平台与 App 间交互的数据。

答：App 与基础平台之间的数据交互内容使用 JSON 格式字符串数据，交互数据分为请求接口输入参数数据和返回参数数据，基础平台需对每次交互进行应用权限校验。

118. 简述平台应用交互返回的数据码分别代表的含义。

答：（1）“0”：成功—返回的单次请求数据；

（2）“1”：成功—返回的周期变化数据；

（3）“2”：成功—返回的触发变化数据；

（4）“3”：失败—注册码校验失败；
（5）“4”：失败—权限校验失败；
（6）“5”：失败—请求参数有误；
（7）“6”：失败—请求结果超时；
（8）“7”：失败—当前应用为非值班状态；
（9）“扩展数值”：可根据具体需要约定扩展。

119. 简述 App 向平台请求校验的权限码分别代表的含义。

答：（1）“0”：保留；
（2）“1”：模型可视化配置—配置浏览权限；
（3）“2”：模型可视化配置—基本配置权限；
（4）“3”：模型可视化配置—回路配置权限；
（5）“4”：模型可视化配置—校验功能权限；
（6）“5”：模型可视化配置—模型导出权限；
（7）“6”：模型可视化配置—版本管理权限；
（8）“7”：模型可视化配置—版本审核权限；
（9）“8”：模型可视化配置—日志操作权限；
（10）“9”：故障智能告警—告警确认权限；
（11）“10”：故障智能告警—告警清除权限；
（12）“扩展数值”：可根据具体需要约定扩展。

120. 应用注册时初始化交互数据有哪些？

答：应用注册时初始化交互数据如表 15－1 所示。

表 15－1　　　　注册初始化交互数据表

属性	含义	值	定义
identitycheck	*身份校验	注册码	应用的唯一注册码（64 位）
appname	*应用程序名	程序名	应用的程序名称
appdesc	*应用名称	应用名称	应用的名称描述
version	*应用版本号	版本号	应用版本号
result	返回信息功能码	功能码	信息功能码定义

注　在数据结构定义表中带*的属性项为 sInitJSON 请求数据与 sOutputJSON 返回数据共有的数据结构。

121. 简述数据信息常量与告警级别的对应关系。

答：数据信息常量与告警级别定义如表 15－2 所示。

表 15－2　　数据信息常量与告警级别定义表

告警级别	严重程度	常量码
事故	紧急	1
异常	重要	2
越限	次要	3
变位	一般	4
告知	一般	5

122. 简述数据信息常量与告警类型的对应关系。

答：数据信息常量与告警类型定义如表 15－3 所示。

表 15－3　　数据信息常量与告警类型定义表

告警类型	常量码
遥信变位	1
遥测越限	2
控制操作	3
置牌操作	4
用户操作	5
App 告警	6

123. 简述数据信息常量与审计级别的对应关系。

答：数据信息常量与审计级别定义如表 15－4 所示。

表 15－4　　数据信息常量与告警类型定义表

审计级别	常量码
紧急	1
重要	2
次要	3
一般	4

124. 简述数据信息常量与审计类型的对应关系。

答：数据信息常量与审计类型定义如表 15－5 所示。

表 15－5　　数据信息常量与审计类型定义表

类型描述	常量码
操作	1
配置	2
查阅	3

125. 应用管理界面分为几个区域?

答: 应用管理界面包括标题栏、应用列表和应用节点管理窗三个区域。

126. 简述应用节点管理窗中展示应用节点的内容。

答: 序号、应用名称、应用描述、应用版本、应用状态、所属主机、CPU 占用率、内存和应用权限。

127. 简述应用的节点包含的状态。

答: 应用节点包括值班、备用、离线三种状态:

(1) 应用节点为值班态时平台响应应用的数据交互请求;

(2) 应用节点为备用态时平台不响应应用的数据交互请求，直接返回失败;

(3) 离线态为节点应用程序未启动或未向平台注册时的状态。

128. 简述应用的节点状态要求。

答: (1) 节点包括值班、备用、离线三种状态:应用节点为值班态时平台响应应用的数据交互请求;应用节点为备用态时平台不响应应用的数据交互请求，直接返回失败;离线态为节点应用程序未启动或未向平台注册时的状态。

(2) 同一应用的不同节点仅最多存在一个值班状态的节点。

(3) 应用的实时状态监测与自动切换功能由应用管理模块实现，应用管理可配置 App 是否必须要有值班态的应用。当配置了某 App 必须有值班状态后，应用管理模块监测到当前无值班态应用节点或处于值班态的应用节点变为离线状态时，自动切换某个备用态节点为值班态。

(4) 双击该单元格可以弹出“值班、备用、离线”的下拉列表框，选择菜单项进行人工切换，若当前已存在值班态节点，在人工将其他节点切换为值班态时，应将当前值班态节点自动切换为备用态。

129. 应用授权界面分为几个区域?

答: 应用授权界面分为平台交互权限授权区、应用操作权限授权区、按钮操作区三个区域。

130. 简述平台交互权限授权区的作用。

答: 实现平台与应用的接口交互权限的授权配置功能。该区域列出了平台提供给 App 所能具备的所有交互接口操作，所有 App 在授权界面上的平台交互权限列表内容均相同，通过授权相应的操作权限保证应用对平台的操作安全控制，平台交互权限仅针对接口交互权限管理，不需要在平台统一的权限管理中配置。

131. 简述应用操作权限授权区的作用。

答： 实现应用自身的操作权限的授权配置功能。该区域列出了应用自身界面上的操作权限，不同的 App 在授权界面上的应用操作权限列表内容不同，通过授权相应的操作权限保证应用自身操作的安全控制，该权限需要在平台统一的权限管理中配置。

132. 简述按钮操作区的作用。

答： 按钮操作区包含全选、全不选、确定、取消四个按钮。点击全选按钮则勾选应用授权窗中的全部权限，点击全不选按钮则清空应用授权窗中的全部权限勾选，点击确定后保存并退出应用授权窗，点击取消后不保存并退出应用授权窗。

133. 简述故障智能告警 App 的特点。

答： 故障智能告警 App 的特点如表 15－6 所示。

表 15－6　　故障智能告警 App 特点

生存周期	实时在线
守护特点	需要
平台实时库	事件触发访问
平台事件	实时侦听，范围广
平台历史库	非必需
人机界面	需要（分析结果需要在平台展示）
网络	非必需
文件系统	需要（故障报告输出），消耗少
应用特点	实时分析类应用
资源消耗	消耗较少，事件触发模式
安全要求	同平台

134. 简述智能告警与平台的交互场景步骤。

答：（1）步骤 1：故障智能告警应用向基础平台请求注册；

（2）步骤 2：基础平台响应注册请求；

（3）步骤 3：故障智能告警应用向基础平台订阅实时告警；

（4）步骤 4：基础平台响应实时告警订阅请求；

（5）步骤 5：发生告警时，基础平台向故障智能告警应用发送实时告警；

（6）步骤 6：故障智能告警应用接收实时告警，进行实时告警分析并展示分析结果；

（7）步骤 7：智能告警应用向基础平台请求存储智能告警信息；

（8）步骤 8：基础平台响应数据存储请求。

135. 简述数据辨识与平台的交互场景步骤。

答：（1）步骤1：数据辨识向基础平台请求注册；
（2）步骤2：基础平台响应注册请求；
（3）步骤3：数据辨识向基础平台订阅实时数据；
（4）步骤4：基础平台响应数据订阅结果；
（5）步骤5：基础平台周期和触发方式返回订阅的实时变化数据；
（6）步骤6：数据辨识对获取数据进行分析；
（7）步骤7：数据辨识将结果以实时告警形式发送到基础平台。

136. 简述SCD配置及在线运维管控工具App的作用。

答：SCD配置及在线运维管控工具App进行全站SCD模型配置和管控等。

137. 简述SCD配置及在线运维管控工具App对于安全性的要求。

答：要求与平台一致（利用平台权限实现用户验证等，按角色、功能进行权限管理；审计要求由平台统一管理）。

138. 简述App向平台注册步骤。

答：（1）步骤1：SCD配置及在线运维管控工具调用RegisterApp函数向基础平台请求注册；
（2）步骤2：基础平台响应注册请求。

139. 简述文件导入功能步骤。

答：（1）步骤1：SCD配置及在线运维管控工具进行文件导入操作，向基础平台发送获取文件请求，文件类型包括SCD、SPCD、SSD、CID等；
（2）步骤2：基础平台返回文件；
（3）步骤3：SCD配置及在线运维管控工具将获取的文件进行校验后导入。

140. 简述文件导出功能步骤。

答：（1）步骤1：SCD配置及在线运维管控工具进行文件导出操作，并向基础平台发送存储文件请求，文件类型包括SCD等文件；
（2）步骤2：基础平台返回文件存储结果。

141. 简述上传下装功能步骤。

答：（1）步骤1：SCD配置及在线运维管控工具向基础平台发送权限认证请求；
（2）步骤2：基础平台响应权限认证结果；

（3）步骤 3：SCD 配置及在线运维管控工具向基础平台发送召唤 CID 文件请求；
（4）步骤 4：基础平台向装置发送召唤 CID 文件请求；
（5）步骤 5：装置向基础平台返回 CID 文件；
（6）步骤 6：基础平台向 SCD 配置及在线运维管控工具返回 CID 文件；
（7）步骤 7：SCD 配置及在线运维管控工具向基础平台发送下装 CID 文件请求；
（8）步骤 8：基础平台向装置下装 CID 文件；
（9）步骤 9：装置向基础平台返回下装结果；
（10）步骤 10：基础平台向 SCD 配置及在线运维管控工具返回下装结果。

142. 简述版本管理及校验步骤。

答：（1）步骤 1：SCD 配置及在线运维管控工具向基础平台发送权限认证请求；
（2）步骤 2：基础平台响应权限认证结果；
（3）步骤 3：SCD 配置及在线运维管控工具向基础平台发送访问 SCD 文件请求；
（4）步骤 4：基础平台返回 SCD 文件；
（5）步骤 5：SCD 配置及在线运维管控工具向基础平台发送访问 CID 文件请求；
（6）步骤 6：基础平台向装置发送召唤 CID 文件请求；
（7）步骤 7：装置向基础平台返回 CID 文件；
（8）步骤 8：基础平台向 SCD 配置及在线运维管控工具返回 CID 文件；
（9）步骤 9：SCD 配置及在线运维管控工具进行模型校验。

143. 简述网络安全监测 App 的功能。

答：网络安全监测 App，实现对全站设备网络安全事件的汇集及与网络安全管理平台交互。

144. 平台运行环境是如何保证安全管理的？

答：（1）系统资源：按照网络安全监测应用需求，为其分配 CPU、内存等系统资源；
（2）文件隔离：分配独立的访问目录；
（3）网络隔离：分配独立的 IP，以实现与服务网关机、网络设备等的通信功能；
（4）权限隔离：App 具备自己独立的权限管理，与平台权限相互独立；
（5）存储隔离：App 对所采集的数据以数据库或者文件系统方式进行独立存储；
（6）界面隔离：App 具备独立的本机界面管理。

145. 简述网络安全监测过程。

答：（1）步骤 1：被监测设备主动向网络安全监测 App 上送通用采集事件等监测数据；
（2）步骤 2：网络安全监测 App 返回处理结果；

（3）步骤 3：网络安全监测 App 通过网关机主动向主站上送监测数据；

（4）步骤 4：主站返回处理结果；

（5）步骤 5：主站通过网关机向网络安全监测 App 下发事件调阅/配置管理/软件升级等指令；

（6）步骤 6：网络安全监测 App 返回执行结果；

（7）步骤 7：网络安全监测 App 向网络安全 Agent 下发基线核查/漏洞扫描/版本校验管理等指令；

（8）步骤 8：网安 Agent 向网络安全监测 App 返回执行结果。

146. 简述电能计量分析 App 的功能。

答：电能计量分析 App 根据对象 ID 获取相应计量装置的冻结文件数据和事件数据，进行历史数据展示与分析，属于离线分析的分析类应用。

147. 电能计量分析 App 采集哪些数据?

答：电能计量分析 App 获取平台存储的结算计量装置和集中计量装置的对象 ID。

148. 简述电能计量分析与平台的交互过程。

答：（1）步骤 1：电能计量分析应用向基础平台请求注册；

（2）步骤 2：基础平台响应注册请求；

（3）步骤 3：电能计量分析应用向基础平台查询所有二次装置信息；

（4）步骤 4：基础平台返回平台二次装置信息列表；

（5）步骤 5：电能计量分析应用选择需要分析的结算计量装置或集中计量装置，存储装置对应的 ID 信息和电能量（pulse）的平台存储的数据模型信息（如测点的参引、描述等信息）；

（6）步骤 6：电能计量分析应用通过平台的文件请求接口请求冻结文件，请求文件类型 filetype 为“freezedata”，optype 为 query，condition 的条件包括 iedname（或使用 objtype 与 objid）、starttime、endtime 等信息，其中 objtype 为“ied”，objid 为步骤 5 选择的存储装置的 ID 信息；

（7）步骤 7：基础平台查找本地存储的相应计量装置的冻结文件，返回符合要求的冻结文件；

（8）步骤 8：电能计量分析应用解析冻结文件，根据获取的电能量测点和冻结文件对应的冻结数据，进行相应的电能计量分析；

（9）步骤 9：电能计量分析应用通过历史告警查询接口向平台请求某个计量装置的历史告警事件信息；

（10）步骤 10：基础平台向电能计量分析应用返回历史查询结果；

（11）步骤 11：电能计量分析应用展示相应装置的事件信息。

149. 在站控层系统测试环境中安全Ⅰ区包含了哪些设备?

答：包含时间同步装置、保护装置+多功能测控装置、平台接口工具、DL/T 860 通信规范测试工具、IED 仿真工具、主辅一体化监控主机、智能防误主机、实时网关机。测试环境搭建如图 15－1 所示。

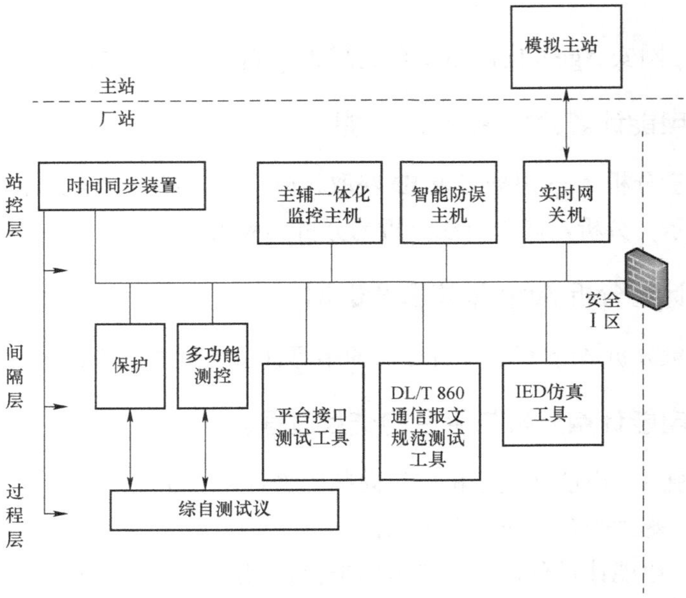

图 15－1　站控层系统测试环境搭建示意图

150. 说明变电站二次系统中站控层系统检测系统 IED 仿真工具的用途。

答：IED 仿真工具采用 DL/T 860 通信报文规范，用于模拟主设备、辅助设备装置。

151. 说明变电站二次系统中站控层系统检测系统 UDP 报文仿真工具的用途。

答：UDP 报文仿真工具用于联动测试。

152. 变电站二次系统中站控层系统检测系统中一共有几台Ⅰ区、Ⅱ区双网交换机?

答：4 台。

153. 详细列出变电站二次系统中站控层系统测试仪器设备。

答：IED 仿真工具、UDP 报文仿真工具、DL/T 860 通信报文规范测试工具、模型校验工具、平台接口测试工具、基础平台仿真工具、TCP 接口一致性测试工具、电网视频监控系统测试工具、模拟主站、变电站在线智能巡视系统、时间同步装置、多功能测控装置、保护装置、辅助设备、硬盘录像机、视频设备、巡检机器人、交换机、防火墙。

154. 当变电站二次系统中检测对象为主辅一体化站控系统时，包含的被测设备有哪些？

答：主辅一体化监控主机、综合应用主机、智能防误主机、实时网关机、服务网关机、网络交换机。

155. 当变电站二次系统中检测对象为智能防误系统时，包含的被测设备有哪些？

答：智能防误主机、就地防误单元、锁具及钥匙。

156. 若变电站二次系统中站控层被测设备包含主辅一体化监控主机或综合应用主机，测试项目应包含哪些？是否一定要求部署App检测？

答：若被测设备包含主辅一体化监控主机或综合应用主机，测试项目应包括系统基础平台检测及按照要求必须部署的App检测，主辅一体化监控主机应至少包括故障智能告警App，综合应用主机应至少包括网络安全监测App、SCD配置及在线运维管控工具App及电能计量分析App。

157. 详细列出变电站二次系统中站控层系统检验和测试项目。

答：系统平台检测、App应用软件检测、主辅一体化监控主机测试、综合应用主机测试、数据通信网关机测试、智能防误系统测试、网络交换机测试、变电站在线智能巡视系统测试、站控层系统模型检测。

158. 变电站二次系统中站控层系统检验/测试项目中系统平台检测包含哪些测试？

答：基础功能检测、数据存储检测、基础应用检测、交互接口一致性检测、性能指标检测、业务安全检测。

159. 简述变电站二次系统中模型管理检测功能。

答：应实现全站信息统一建模，具备对变电站SCD模型中的设备配置文件的校验、导入、导出功能。SCD模型中宜包含完整的SSD描述信息，包括完整的变电站一次设备和逻辑层次关系、一次设备的连接关系，宜包含一、二次设备之间的关联关系。SSD部分参照DL/T 1874—2018《智能变电站系统规格描述（SSD）建模工程实施技术规范》进行建模。

160. 简述变电站二次系统中模型管理检测的测试方法。

答：（1）检查基础平台提供的模型管理工具能否对 SCD 模型中的设备模型进行下列操作：

1）能否对 SCD 模型中的一次设备、二次设备、辅助设备模型进行合法性校验；

2）能否将 SCD 模型中的一次设备、二次设备、辅助设备模型导入数据库，完成全站信息建模；

3）能否将 SCD 模型中一次设备、二次设备、辅助设备模型以 cime 文件形式导出。

（2）使用模型校验工具检查 SCD 模型文件中是否包含如下内容：

1）变电站一次设备和逻辑层次关系、一次设备的连接关系；

2）变电站、电压等级、逻辑间隔和物理设备等四级模型层次；

3）变压器、断路器、隔离开关、出线、电容器、电抗器和母线等一次设备，不应出现未建立连接或连接不完整的一次设备，所有一次设备都应放置在间隔内；

4）应具备 SSD 模型信息，且 SSD 模型信息能够描述一次设备连接关系。

161. 简述变电站二次系统中数据管理检测功能。

答：（1）应具备一次设备、二次设备和辅助设备等数据的统一采集、处理及存储功能；

（2）应具备数据的置数、告警、保存、统计等功能。

162. 简述变电站二次系统中告警管理检测功能。

答：（1）应具备信息的统一告警功能，具备电笛、电铃等音响功能，以及语音和画面联动功能；

（2）应具备对事件等级进行定义，并按不同等级分类处理；

（3）应具备告警事件的历史存储和查询功能，并支持导出为 CSV 格式文件。

163. 简述变电站二次系统中系统管理检测功能。

答：（1）应具备对系统资源的监视和统一管理的功能；

（2）应具备节点管理、进程管理、资源监视、时钟管理、备份/恢复管理等功能。

164. 简述变电站二次系统中应用管理检测功能。

答：（1）应提供 App 应用管理界面进行应用的管理和监视；

（2）应支持对应用接口权限的授权管理和权限校验，应支持对应用操作权限的授权管理和权限校验，对于未授权的权限在 App 请求权限校验时基础平台应直接返回失败；

（3）应支持 App 在不同节点部署，App 的节点工作状态包括值班、备用、离线等；

（4）应具备 App 工作状态的人工切换功能，支持 App 的值班、备用等工作状态切换；

（5）应具备 App 故障检测及自恢复功能，App 异常退出或所在节点故障导致节点状态为离线时，应支持自动切换到其他备用节点值班；

（6）应具备 App 的运行资源监视功能，包括 CPU、内存等，在超过阈值时应能够给出告警提示。

165. 简述变电站二次系统中权限管理检测功能。

答：（1）应具备角色、人员、权限等定义功能；

（2）应具备双因子验证功能。

166. 简述变电站二次系统中权限管理检测的测试方法。

答：权限管理的测试方法如下：

（1）检查基础平台是否有超级用户；

（2）使用基础平台的权限管理页面，检查能否完成操作员、管理员和审计员三种角色的定义，不能定义这三种角色之外的任何角色；

（3）使用基础平台的权限管理页面，检查能否针对不同人员进行账户创建和角色赋予；

（4）使用基础平台的权限管理页面，应不能将不同的角色授予同一用户；

（5）使用基础平台的权限管理页面，检查能否对操作员、管理员、审计员三种角色进行授权管理，检查各角色之间除公共权限外所具备的其他权限是否互斥；

（6）进行用户登录操作，检查基础平台进行权限验证时是否需要双因子验证，双因子组合方式可以采用密码+UKey、密码+指纹等多种方式。

167. 简述变电站二次系统中站控层系统检验/测试项目中系统平台检测中基础功能检测关于审计管理检测的技术要求。

答：应具备审计查阅、审计分析、审计报表等功能。

168. 简述变电站二次系统中数据服务检测功能。

答：（1）数据服务应支持多层次、不同粒度、面向应用的复合数据服务，支持请求/响应、订阅/发布两种服务形式，内容包括实时数据、告警事件、波形文件等。

（2）具有实时数据、历史数据统一查询服务接口。可查询的数据包括实时测量数据、历史数据、运行数据、管理数据、配置数据、波形文件等。

（3）具备实时数据、历史数据接收和保存功能，包括量测数据、运行数据、配置数据、简报文件等。

169. 简述变电站二次系统中 App 注册的测试方法。

答：App 注册的测试方法：

（1）平台接口测试工具使用基础平台提供的唯一注册码，向基础平台发送注册请求。

（2）在平台接口测试工具对基础平台返回的响应数据进行一致性校验。

170. 简述变电站二次系统中App注销的测试方法。

答：App注销的测试方法：

（1）平台接口测试工具向基础平台发送注销请求。

（2）用平台接口测试工具对基础平台返回的响应数据进行一致性校验。

171. 简述变电站二次系统中系统平台的主要性能指标。

答：系统平台的主要性能指标要求：

（1）App人工主备切换时长（从切换命令发出到应用状态切换成功）不大于1s；

（2）App故障自动切换时长（从应用故障发生到应用值班切换成功）不大于20s；

（3）从收到App获取实时数据请求到数据发出时长不大于500ms；

（4）图形画面整幅调用响应时间：实时画面不大于1s，其他画面不大于2s；

（5）图形画面数据刷新时间不大于1s；

（6）实时数据库容量：模拟量不少于50 000点，状态量不少于100 000点，计算量不少于2000点；

（7）CPU平均负荷率：正常时（任意30min内）不大于30%，电力系统故障时（10s内）不大于50%；

（8）网络平均负荷率：正常时（任意30min内）不大于20%，电力系统故障时（10s内）不大于40%；

（9）千兆网络条件下总线的最大有效数据传输速率不小于20MB/s。

172. 简述变电站二次系统中App人工主备切换时长的测试方法。

答：在系统中2个节点上部署平台接口测试工具应用并确保可用，其中节点1上应用工作状态为值班，节点2上应用工作状态为备用，在节点2上对应用进行人工主备切换操作，使用数字毫秒计记录切换命令发出至节点2上应用的工作状态切换为值班状态的时长，用时应不大于1s。

173. 简述变电站二次系统中App故障自动切换时长的测试方法。

答：在系统中2个节点上部署平台接口测试工具应用并确保可用，其中节点1上应用工作状态为值班，节点2上应用工作状态为备用，模拟节点1主机故障，使用数字毫秒计记录节点1发生故障至节点2上应用的工作状态切换为值班状态的时长，用时应不大于20s。

174. 简述变电站二次系统中从收到 App 获取实时数据请求到数据发出时长检测的测试方法。

答：使用平台接口测试工具应用主动向基础平台发送获取一条状态量实时数据请求，查看并记录平台测试工具发出请求报文的时标 T_1，平台接口测试工具接收到平台返回的状态量实时数据后，查看平台测试工具接收到数据结果的时标 T_2，$T_0=T_2-T_1$ 即为应用获取实时数据用时，T_0 应不大于 500ms。

175. 简述变电站二次系统中图形画面整幅调用响应时间检测的测试方法。

答：系统中选取一幅实时监控画面和一幅非实时监控画面，使用数字毫秒计记录从实时监控画面切换至非实时监控画面的时长，用时应不大于 2s，使用数字毫秒计记录从非实时监控画面切换至实时监控画面的时长，用时应不大于 1s。

176. 简述变电站二次系统中图形画面数据刷新时间检测的测试方法。

答：使用基础平台提供的实时数据维护界面对实时监控画面中的某一模拟量测点的实时值进行修改，使用数字毫秒计记录从实时数据维护界面修改完成实时值至监控画面该测点的实时值显示为修改值的时长，用时应不大于 1s。

177. 简述变电站二次系统中实时数据库容量检测的测试方法。

答：在基础平台数据库中配置 100 个 IED，每个 IED 至少 500 点模拟量、1000 点状态量、20 个计算量，使用仿真工具模拟这 100 个设备同时接入基础平台，并发送模拟量、状态量等变化数据报文，在监控主机界面查看收到的信息是否与仿真数据一致，检查平台运行是否正常，不出现死机、重启及卡顿现象。

178. 简述变电站二次系统中 CPU 平均负荷率检测的测试方法。

答：（1）CPU 正常负荷率检测：在正常的工况条件下，完成系统各项模拟操作时，使用操作系统支持的命令和性能监视分析工具，监测并记录监控主机在 30min 内的 CPU 平均负荷率，应不大于 30%；

（2）电力系统故障下 CPU 负荷率检测：模拟电力系统故障时的工况条件，使用操作系统支持的命令和性能监视分析工具，监测并记录 10s 内监控主机的 CPU 平均负荷率，应不大于 50%。

179. 简述变电站二次系统中网络平均负荷率检测的测试方法。

答：（1）网络正常负荷率检测：在正常的工况条件下，完成系统各项模拟操作时，使用操作系统支持的命令和网络性能测试仪，监测并记录监控主机在 30min 内的网络平均负荷率，应不大于 20%；

（2）电力系统故障下网络负荷率检测：模拟电力系统故障时的工况条件，使用操作系统支持的命令和网络性能测试仪，监测并记录10s内监控主机的网络平均负荷率，应不大于40%。

180. 简述变电站二次系统中千兆网络条件下总线的最大有效数据传输速率检测的测试方法。

答：构建带宽为千兆以太网的网络测试环境，使用平台接口测试工具向基础平台发起大文件取送请求，使用网络性能测试仪，监测并记录平台总线的传输速率峰值，应不小于20Mbit/s。

181. 简述变电站二次系统中业务安全检测中App安全管理的基本安全要求。

答：（1）平台应为App提供完整的安全和权限控制功能，避免App访问未授权的内存、网络等系统资源；

（2）平台应能保护自身运行环境不受App影响，App非法操作应无法破坏平台；

（3）平台应提供App运行数据的隔离功能，应防止App不经平台直接访问其他App的数据；

（4）App应经过平台注册才允许使用，App注册时平台应对App的加密签名进行安全认证，无签名或签名认证失败的App应禁止在平台注册运行；

（5）平台应对安装后的App进行统一监视管理，应实时监视App的资源使用情况，超出阈值限制后应向监控告警服务发出实时告警进行提示；

（6）平台应通过安全加固容器技术为App提供一个安全隔离运行环境，对App进行安全隔离，避免应用对平台自身运行环境的影响。

182. 简述变电站二次系统中App安全管理的授权安装安全要求。

答：（1）应提供可视化界面进行App授权安装，App经安全校验并授权后方可允许安装；

（2）应提供基于已安装App安全校验码列表的安全校验功能，应周期检测系统中的App，发现新的App或被篡改的App应禁止运行并告警提示；

（3）应提供已安装App启动时的安全校验功能，禁止非法安装或被篡改的App启动；

（4）应支持安全隔离环境运行进程白名单功能，只有在进程白名单中的程序才能在安全隔离环境中运行；

（5）应支持对App的管理与监控，包括安装、启动、监控、版本更新等。

183. 简述变电站二次系统中App安全管理的资源控制。

答：（1）应通过设定App接入方式、网络地址范围等条件限制App对外数据交互；

（2）应对安全隔离环境内的 App 进行监视，包括安全隔离环境内 App 的 CPU、磁盘、内存、网络等资源的使用情况；

（3）应能够对安全隔离环境内 App 占用的 CPU、内存、磁盘等资源进行配额限制；

（4）应提供 App 对资源的使用优先级设定功能，根据优先级分配系统资源。

184. 简述变电站二次系统中 App 安全管理的访问控制。

答：（1）应提供访问控制功能，依据安全策略控制 App 对文件等客体的访问；

（2）访问控制的覆盖范围应包括与资源访问相关的主体、客体及它们之间的操作；

（3）基础平台应基于访问策略对 App 数据请求者进行权限限制；

（4）基础平台与安全隔离环境内 App 之间应限制文件系统相互访问；

（5）安全隔离环境内部主客体访问应仍受操作系统安全机制的保护；

（6）应保证基础平台与 App 使用的关键文件不被非法删除与篡改。

185. 简述变电站二次系统中 App 安全管理的边界防护。

答：（1）应能够对未授权 App 私自联到平台的行为进行检查，并对其进行有效阻断；

（2）应能够对未授权平台程序私自联到 App 的行为进行检查，并对其进行有效阻断。

186. 变电站二次系统中 App 应用软件检测包含哪些测试?

答：App 功能检测、交互接口一致性检测、兼容性测试、App 性能指标测试、稳定性测试、业务安全检测。

187. 简述变电站二次系统中 App 检测智能告警的告警抑制的技术要求。

答：（1）应支持告警延迟功能，在故障智能告警窗抑制告警抖动；

（2）对于不同设备产生的、反映同一事件的冗余告警，应只告警一次；

（3）可抑制操作过程中产生的正常过程信号；

（4）可自动消除重复的告警信息。

188. 简述变电站二次系统中 App 功能检测不良数据的测试方法。

答：不良数据的测试方法：

（1）检测量测值是否在合理范围，宜包括母线电压是否越限及其他有明确范围的量测量：模拟上送某一量测值，并设置在该测量值的合理范围外，检查该量测值在合理范围外时监控系统能否正确识别并做相应处理；

（2）检测断路器/隔离开关状态和量测值是否冲突，并提供其合理状态：模拟断路器/隔离开关状态及其遥测电压、电流值，设置断路器/隔离开关在不同位置时相关设备的模拟量量测值，检查此时监控系统能否正确识别并提供其合理状态；

（3）检测断路器/隔离开关状态和标志牌信息是否冲突，并提供其合理状态：模拟断路器/隔离开关状态及其遥测电流值，并对其进行挂检修牌、停用牌等挂牌操作，设置断路器/隔离开关在合闸位置或断路器/隔离开关电流值不为 0，检查在这种情况下监控系统能否正确识别并提供其合理状态；

（4）检测三相电流是否平衡：模拟单功率点遥测三相电流值，分别设置三相电流平衡和不平衡两种情况，检查在三相电流不平衡时监控系统能否正确识别并做相应处理；

（5）检测母线相电压、线电压是否平衡：模拟上送同一母线相电压、线电压值，分别设置母线相电压、线电压平衡和不平衡两种情况，检查在母线相电压、线电压不平衡时监控系统能否正确识别并做相应处理。

189. 简述变电站二次系统中网络安全检测 App 的基本性能检测的测试方法。

答：基本性能测试方法：

（1）分别以技术要求的速率模拟生成服务器、工作站、网络设备、安防设备等监测对象的事件信息，持续测试 20s，检测监测应用的采集信息吞吐量是否达到设定值；模拟生成大于设定值的监测对象的事件信息，检测并记录监测应用每秒接收采集信息的最大吞吐量数值。

（2）分别配置连接的监测对象数量为设定值，触发每个监测对象生成事件信息，检测监测应用接收到的事件信息与监测对象发送的事件信息是否一致；同理，配置监测对象大于设定值，重复上述操作，检测并记录监测应用的最大监测对象数量。

（3）按照图 15－2 构建检测环境，触发监测对象生成事件信息，通过网络分析仪抓取监测应用接收到该事件信息报文并将该时刻记为 t_1，监测应用发出该事件报文的时刻记为 t_2，重复上述操作三次，计算并记录差值（t_2-t_1）及平均值，检测监测应用上传事件信息处理时间的平均值是否符合技术要求。

（4）按照图 15－3 构建检测环境，通过网络安全管理平台分别调阅 1000 条事件采集信息和事件上传信息，利用网络分析仪进行抓包，重复上述操作三次，取其平均值作为远程调阅处理时间的结果，检测远程调阅的处理时间是否符合技术要求。

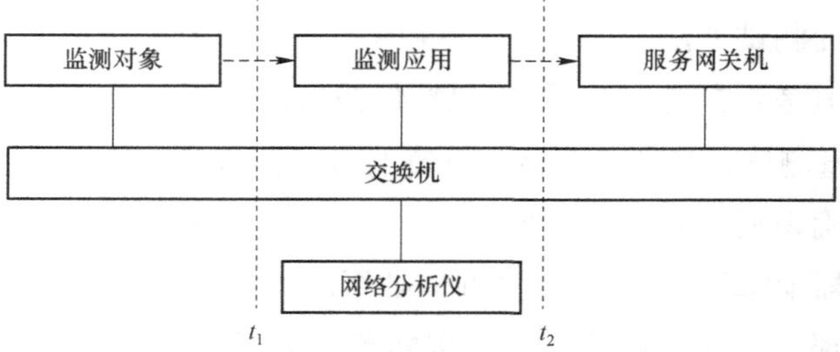

图 15－2　事件处理时间性能检测图

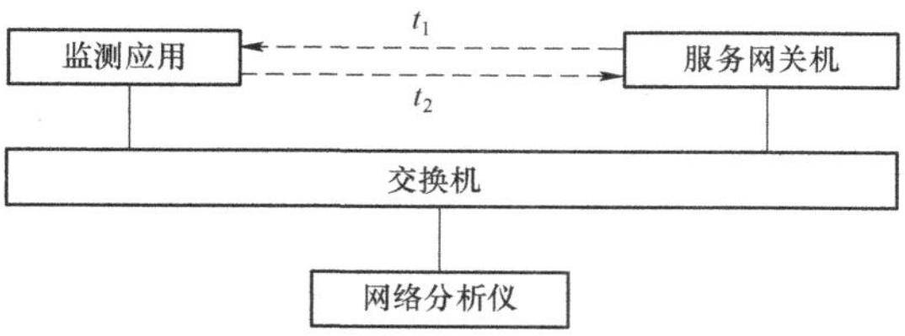

图 15-3　调阅处理事件性能检测图

190. 简述变电站二次系统中 SCD 配置及在线运维管控工具 App 的一、二次设备关联配置功能测试的技术要求。

答：一、二次设备关联配置功能技术要求：

（1）应具备根据 SSD 文件、SCD 文件自动绘制一次主接线图功能；

（2）应具备根据 SSD 文件、SCD 文件自动绘制辅助设备布局图功能，布局图应展示到设备级；

（3）应具备可视化方式配置一、二次设备关联信息，包括一次设备、辅助设备与 IED 设备的关联；

（4）应支持通过 ICD 文件里预定义的一、二次设备关联信息自动实现一、二次设备关联。

191. 简述变电站二次系统中母线保护装置间隔 CRC 校验方法。

答：（1）模拟 220kV 变电站扩建一条线路间隔流程，导入 SCD 文件（包含母线保护装置及相应支路信息），增加线路间隔所对应 ICD 模型文件，包括线路保护、测控、采集执行单元等装置，完善相应通信参数及虚端子配置，增加母差保护装置所对应支路虚端子；

（2）召唤在运母线保护装置 CCD 文件，计算并比对下装前后 CCD 文件的发送虚端子的 CRC 校验码、母线保护各个支路接收控制块 CRC 校验码，检查 CRC 计算结果及比对提示信息是否与实际工程设计一致。

192. 简述变电站二次系统中无功优化的测试方法。

答：无功优化的测试方法：

（1）站内控制策略检查。通过仿真系统或工具，修改 VQC 涉及的输入电压和电流模拟量，由此模拟 VQC 的各个运行区域，验证 VQC 各控制区域的动作逻辑是否符合其技术文档要求。VQC 调节策略参见图 15-4 和表 15-7。

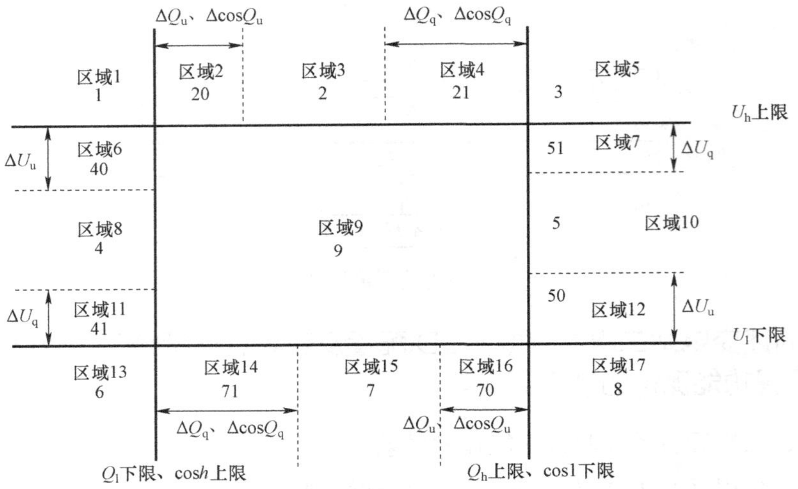

图 15-4　无功优化调节策略示意图

表 15-7　　各区调节策略列表

区域	区号	第一步	第二步	详细说明
1	1	退出电容器	分接头下调	先切除电容器，当电容器全部切完后（或没有可用的）且电压仍高于上限时，再调主变压器分接头降压
2	20	退出电容器	分接头下调	先切除电容器，当电容器全部切完后（或没有可用的）且电压仍高于上限时，再调主变压器分接头降压
3	2	退出电容器	分接头下调	先切除电容器，当电容器全部切完后（或没有可用的）且电压仍高于上限时，再调主变压器分接头降压
4	21	分接头下调	退出电容器	先调整主变压器分接头降压，当不能再调且电压仍高于上限时，再切除电容器
5	3	分接头下调	退出电容器	先调整主变压器分接头降压，当不能再调且电压仍高于上限时，再切除电容器
6	40	退出电容器	—	只切除电容器，切完为止
7	51	分接头下调	—	只调整主变压器分接头降压，至限值为止
8	4	退出电容器	—	只切除电容器，切完为止
9	9			合格工作区
10	5	投入电容器	—	只投入电容器，投完为止
11	41	分接头上调	—	只调整主变压器分接头升压，至限值为止
12	50	投入电容器	—	只投入电容器，投完为止
13	6	分接头上调	投入电容器	先调整主变压器分接头升压，当不能再调且电压仍低于下限时，再投入电容器
14	71	分接头上调	投入电容器	先调整主变压器分接头升压，当不能再调且电压仍低于下限时，再投入电容器
15	7	投入电容器	分接头上调	先投入电容器，当电容器全部投完后（或没有可用的）且电压仍低于下限时，再调主变压器分接头升压
16	70	投入电容器	分接头上调	先投入电容器，当电容器全部投完后（或没有可用的）且电压仍低于下限时，再调主变压器分接头升压
17	8	投入电容器	分接头上调	先投入电容器，当电容器全部投完后（或没有可用的）且电压仍低于下限时，再调主变压器分接头升压

（2）主站端控制试验。在模拟主站端向监控系统发出 VQC 功能压板投退命令，监控系统应正确投退 VQC 功能压板。

1）参数设置：检查是否可以设置控制模式、计算周期、数据刷新周期、控制约束等参数，通过试验检查参数设置是否生效；

2）界面检查：检查是否具备实时数据、电网状态、闭锁信号、告警等信息的监视界面。

（3）闭锁功能试验。测试方法如下：

1）遥测闭锁试验。从下列运行情况挑选实例进行模拟验证，检查系统能否正确闭锁相应操作功能，包括电压异常、负荷异常闭锁；主变压器过负荷闭锁；调节设备日动作次数、累计动作次数闭锁。

2）遥信闭锁试验。从下列运行情况挑选实例进行模拟验证，检查系统能否正确闭锁相应操作功能，包括调节设备（主变压器分接开关、电容器、电抗器）相关保护报警、动作闭锁；电容器开关、主变压器本体告警闭锁；相关断路器、隔离开关、压板位置闭锁；相关单元故障（装置通信中断、控制回路断线等）闭锁；主变压器分接开关滑挡、拒动闭锁；电容器（电抗器）断路器拒动闭锁；并列运行主变压器分接开关差挡闭锁。

3）逻辑闭锁试验。从下列运行情况挑选实例进行模拟验证，检查系统能否正确闭锁相应操作功能，包括电容器（电抗器）开关位置与电气量不一致闭锁；VQC 在自动控制工作状态，相关调节设备非 VQC 发令变位闭锁。

4）检查功能闭锁后，是否可以采取人工恢复或者通过条件改变，检查是否可以自动解闭锁。

193. 变电站二次系统中厂站端顺序控制应具备哪些功能，并简述测试方法。

答：厂站端顺序控制应具备的功能及测试方法：

（1）应具备操作票预制功能：

1）进入操作票库维护界面，查看应需要输入权限验证。

2）检测是否可以通过选择当前设备态及目标设备态创建顺控操作票。

3）运行顺控操作票定义工具，打开一张顺控操作票进行编辑，设置某个操作项目的任务描述、执行前条件、确认条件、延时时间、超时时间、顺控闭锁信号、出错处理方式等参数。

4）检测是否可以删除顺控操作票。

5）选择该间隔顺控操作票列表中某一顺控操作票，尝试创建与之当前设备态、目标设备态相同的新顺控操作票，检查是否成功。

（2）应具备操作票任务生成功能：

1）经过操作员、监护员权限验证后，运行顺序控制程序，核对当前状态，选择目标状态单击确定按钮，检查是否匹配到预制操作票库的操作票。

2）检查厂站端操作票名应遵循 GB 18030—2022《信息技术　中文编码字符集》，格式为：间隔（或设备）由“当前设备态”转“目标设备态”，例如：1 号主变压器由“运行”转“热备用”。

3）检查“未校核”操作票是否禁止生成顺控操作任务。

4）检查当前间隔存在与主站端顺控任务时，是否禁止生成顺控操作任务。

（3）应具备操作票模拟预演功能：

1）选择操作对象准备模拟预演。

2）新建操作任务后，分别模拟操作条件不满足、内置防误闭锁校验不通过、智能防误主机防误校核不通过，检查预演是否通过，预演不通过应不允许进入执行环节。

3）单步模拟操作：检查模拟预演过程中每一个操作项目的预演结果是否逐项显示，任何一步模拟操作失败，是否终止模拟预演并说明失败原因。

（4）应具备操作票指令执行功能：

1）顺控操作票模拟预演成功后，进入顺控指令执行环节。

2）分别模拟执行前条件不满足、当前设备态不一致、顺控闭锁信号判断不满足、全站事故总信号、单步执行前条件不满足、内置防误闭锁校验不通过、智能防误主机防误校核不通过、单步确认条件不满足（包括双确认条件不满足）等情况，检查是否中断执行有报错提示并能点亮相应的错误指示灯，点击错误指示灯，应能再次弹出报错提示。

3）指令执行过程结果应逐项显示，执行每一步操作项目之后应更新操作条件、目标状态。

4）指令执行过程中，点击“暂停”按钮，检测是否能够暂停执行操作，“暂停”按钮变为“继续”，点击“继续”按钮后，操作继续；指令执行过程中，单击“终止”按钮，检测执行过程是否终止并弹出提示。

5）顺控执行过程中，若出现事故总、操作失败等情况时，宜支持暂停执行或重试操作，返回错误原因，等待继续、重试或终止执行指令。执行继续或重试指令时，应重新检查相关操作条件和逻辑判断。

（5）应具备操作票操作记录查询功能。检查是否具备操作记录查询功能，操作记录应包含操作时间、操作用户名、操作内容等信息。

第十六章

SCD 配置及在线运维管控

1. 简述 SCD 配置及在线运维管控工具软件技术要求。

答： 软件技术要求：

（1）应支持安全可控的操作系统；

（2）应具备稳定性高的软件基本特性，操作流畅；

（3）应具备友好的中文人机界面。

2. 简述 SCD 配置及在线运维管控工具硬件环境性能配置基本要求。

答： 硬件环境性能配置基本要求：

（1）CPU 数量：不少于 1 颗；

（2）CPU 核心：不少于 2 核；

（3）CPU 频率：不小于 1.3GHz；

（4）内存容量：不小于 3GB；

（5）硬盘容量：不小于 100GB。

3. 简述 SCD 配置及在线运维管控工具技术规范的总体原则。

答：（1）工具用于变电站建设调试、验收、运维、技改、改扩建过程中，配置文件统一配置、统一出口，保证配置文件操作、流转的唯一性。

（2）工具应部署在综合应用主机并符合综合应用主机相关技术要求。

（3）工具应支持导入、导出操作前后模型文件中私有属性信息不丢失、不篡改。

（4）工具使用的所有 ICD 模型均应为通过检测正式发布的版本，工具应用前应检测验证已配置专业检测通过的 ICD 模型库。

4. 简述 SCD 配置及在线运维管控工具的功能及其结构。

答： 工具应具备标准化配置功能、在线版本管控功能、权限管理功能和日志管理功能，应支持导入 SCD 文件（设计相关单位提供）、SSD 文件、SPCD 文件，应支持导出 SCD

文件（版本发布）、SPCD 文件、CID 文件、CCD 文件、CSD 文件、模型剪裁文件。工具功能结构见图 16－1。

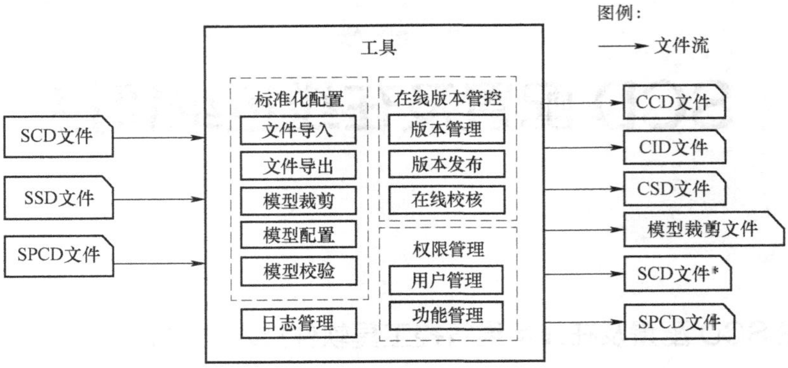

图 16－1　SCD 配置及在线运维管控工具功能结构图

5. 简述 SCD 配置及在线运维管控工具模型接口输入要求。

答：模型接口输入要求：

（1）工具应支持对导入的模型文件进行校验；

（2）设计相关单位提供的模型文件应满足如下要求：

1）SCD 文件：应完成所有 IED 设备的添加、虚回路配置、网络拓扑配置；

2）SSD 文件：应完成一次拓扑配置；

3）SPCD 文件：应完成光纤回路配置。

6. 简述 SCD 配置及在线运维管控工具模型接口输出要求。

答：模型接口输出要求：

（1）工具应支持对导出的模型文件进行校验。

（2）工具导出的模型文件应满足如下要求：

1）导出的 SCD 文件应满足 DL/T 1873—2018《智能变电站系统配置描述（SCD）文件技术规范》、DL/T 1874—2018《智能变电站系统规格描述（SSD）建模工程实施技术规范》的要求；

2）导出的 CCD 文件应满足 Q/GDW 11471—2015《智能变电站继电保护工程文件技术规范》的要求；

3）导出的 CID 文件应满足 DL/T 860 的要求；

4）导出的 CSD 文件应满足 Q/GDW 10429—2017《智能变电站网络交换机技术规范》的要求；

5）导出的 SPCD 文件应满足 GB/T 37755—2019《智能变电站光纤回路建模及编码技术规范》的要求；

6）导出的模型裁剪文件应满足 DL/T 1873、DL/T 1874 的要求。

（3）导出的版本差异报告应满足 SCD 文件版本差异报告的要求。

7. 简述 SCD 配置及在线运维管控工具裁剪功能。

答： 工具应支持按照裁剪规则导出模型裁剪文件，裁剪流程参见图 16－2，裁剪要求如下：

（1）模型裁剪规则选项包括 IED、访问点、逻辑设备等；

（2）模型裁剪文件的内容应包括 Header、Substation、Communication、IED、DataTypeTemplates；其中 Substation、Communication、IED、DataTypeTemplates 根据模型裁剪规则自动生成；

（3）工具应支持以可视化方式新增、编辑、保存模型裁剪规则。

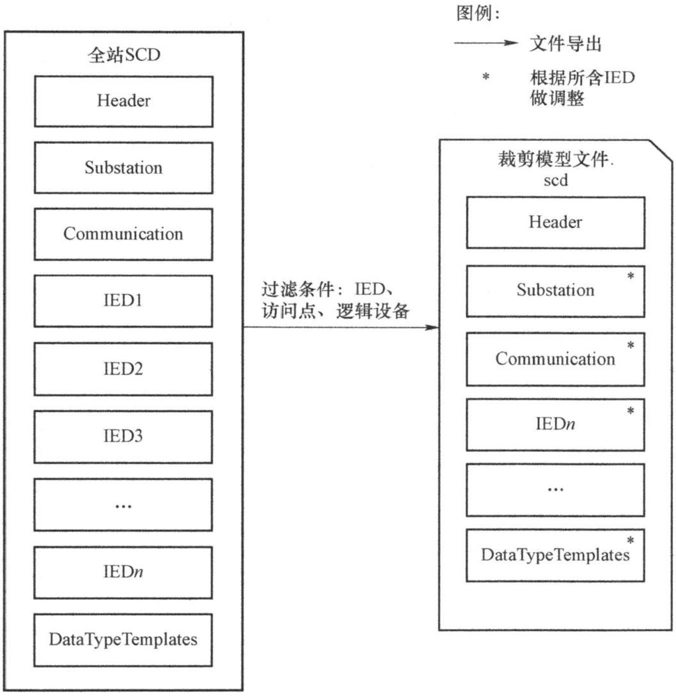

图 16－2　导出模型裁剪文件流程图

8. 简述 SCD 配置及在线运维管控工具应用设备接口、模型文件及数据流转的内容。

答： SCD 配置及在线运维管控工具应用设备接口见表 16－1，模型文件及数据流转的内容见图 16－3。

表 16－1　　应用设备接口表

应用设备	输入	输出	接口
保护、测控、安自、辅助设备、集中计量装置	模型配置文件（CCD 文件、CID 文件）	在线校核数据（CCD 文件、CID 文件、SCD 版本号、SCD 修订版本号、过程层虚端子校验码）	平台统一接口
采集执行单元	模型配置文件（CCD 文件）	在线校核数据（过程层虚端子校验码）	离线下装，平台在线获取校核数据（通过测控转送）
交换机	模型配置文件（CID 文件、CSD 文件）	在线校核数据（CID 文件、CSD 文件）	离线下装，平台在线获取校核数据
实时网关机	模型配置文件（模型裁剪文件、版本差异报告）	RCD 文件、在线校核数据（SCD 版本号、SCD 修订版本号、文件校验码）	平台统一接口
服务网关机	模型配置文件（模型裁剪文件、版本差异报告）	在线校核数据（SCD 版本号、SCD 修订版本号、文件校验码）	平台统一接口
智能故障录波装置	模型配置文件（SPCD 文件、模型裁剪文件、版本差异报告）	在线校核数据（SCD 版本号、SCD 修订版本号、文件校验码）	平台统一接口
主辅一体化监控主机	模型配置文件（SCD 文件、版本差异报告）	在线校核数据（SCD 版本号、SCD 修订版本号、文件校验码）	平台统一接口
综合应用主机	模型配置文件（SCD 文件、版本差异报告）	在线校核数据（SCD 版本号、SCD 修订版本号、文件校验码）	平台统一接口
集控站	模型配置文件（模型裁剪文件、版本差异报告）		服务网关机上传

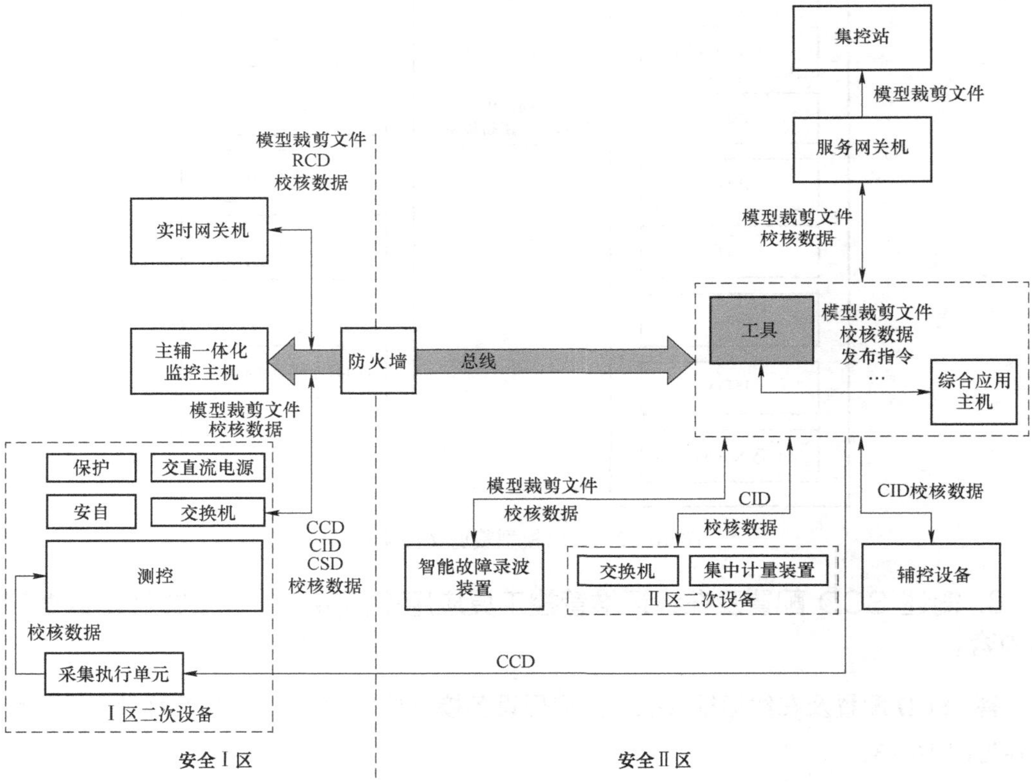

图 16－3　模型文件及数据流转图

9. 简述SCD配置及在线运维管控工具的模型配置。

答： 应采用图形化方式展示SCD文件、SPCD文件所包含的信息，具体内容包括一次主接线、虚回路、网络拓扑、物理光纤回路及虚实回路等，应提供简洁且便于理解的图形画面。

应采用可视化方式配置SCD模型，屏蔽技术细节，提供简洁且便于理解的可视化配置界面。

10. 简述SCD配置及在线运维管控工具中的信号描述配置。

答： 信号描述配置要求：

（1）工具应支持可视化方法编辑数据集信号描述功能；

（2）工具应支持依据Substation配置按间隔展示二次设备信息；

（3）工具应支持依据Substation配置中的一、二次关联信息，在一次调度命名和编号修改的情况下自动更新二次设备名称和描述。

11. 简述SCD配置及在线运维管控工具中的通信配置。

答： 通信配置要求：

（1）工具应具备通信配置遗漏检测功能；

（2）工具应具备自动分配IP地址、子网掩码、MAC地址、AppID功能。

12. 简述SCD配置及在线运维管控工具中的一、二次设备关联配置。

答： 一、二次设备关联配置要求：

（1）应具备可视化方式配置一、二次设备关联信息，包括一次设备、辅助设备与IED设备的关联；

（2）应具备根据SSD文件、SCD文件自动绘制一次主接线图功能，一次三接线图布局参照Q/GDW 11162—2014《变电站监控系统图形界面规范》；

（3）应具备根据SSD文件、SCD文件自动绘制辅助设备布局图功能；

（4）应支持通过ICD文件里预定义的一、二次设备关联信息自动实现一、二次设备关联。

13. 简述SCD配置及在线运维管控工具中的网络拓扑配置功能。

答： 网络拓扑配置功能要求：

（1）应采用可视化方式配置变电站二次系统的网络拓扑关系；

（2）应满足IED设备（含交换机）之间组网和点对点配置的要求；

（3）应能根据SCD文件中子网的配置信息图形化展示网络拓扑；

（4）应支持可视化界面展示IED设备（含交换机）端口属性，内容包括名称、类型等；

（5）应支持自动生成端口 Cable 元素所表征的端口连接物理线缆标识符，Cable 标识符应全站唯一标识一对端口连接关系。

14. 简述 SCD 配置及在线运维管控工具中的物理光纤回路可视化功能。

答： 物理光纤回路可视化功能要求：

（1）应具备物理光纤回路可视化展示功能，呈现变电站、小室、屏柜、设备、板卡、端口、线缆、纤芯等信息；

（2）应具备根据 SPCD 文件自动绘制物理光纤回路图的功能；

（3）应支持根据 SCD 文件和 SPCD 文件自动绘制虚实回路图，以图形化方式展示虚回路和实回路的对应关系；

（4）宜支持可视化展示虚回路从发送端口到接收端口所经过的全部实回路，实回路由 SPCD 文件描述的物理节点和线缆信息组成。

15. 简述 SCD 配置及在线运维管控工具中的模型规范性校验功能。

答： 模型规范性校验要求：

（1）工具应支持选择校验时使用的 Schema 版本；

（2）工具应支持按照 DL/T 1873—2018《智能变电站系统配置描述（SCD）文件技术规范》、GB/T 32890—2016 《继电保护 IEC 61850 工程应用模型》、Q/GDW 10429—2017《智能变电站网络交换机技术规范》、Q/GDW 11156—2014《智能变电站二次系统信息模型校验规范》对 SCD 文件、CID 文件、模型裁剪文件进行模型标准化、工程应用模型规范化校验；

（3）工具应支持按照 DL/T 1874—2018《智能变电站系统规格描述（SSD）建模工程实施技术规范》的要求对 SSD 文件进行语法及规范化校验；

（4）工具应支持按照 GB/T 37755—2019《智能变电站光纤回路建模及编码技术规范》的要求对 SPCD 文件进行语法及规范化校验。

16. 简述 SCD 配置及在线运维管控工具中模型文件与 SCD 文件的一致性校验功能。

答： 模型文件与 SCD 文件的一致性校验要求：

（1）工具应支持按照 Q/GDW 11156—2014《智能变电站二次系统信息模型校验规范》的要求校验 SSD 文件、CID 文件与 SCD 文件的一致性；

（2）工具应支持按照 GB/T 37755—2019《智能变电站光纤回路建模及编码技术规范》的要求校验 SPCD 文件与 SCD 文件的一致性；

（3）工具应支持校验 CCD 文件与 SCD 文件的一致性，内容包括发布和订阅的控制块、通信参数、端口、虚端子及过程层虚端子 CRC 校验码等信息。

17. 简述 SCD 配置及在线运维管控工具中模型导入校验功能。

答：模型导入校验要求：

（1）工具应支持对导入的 SSD 文件进行校验，内容包括 SSD 文件规范性校验，SSD 文件与 SCD 文件的一致性校验；

（2）工具应支持对导入的 SPCD 文件进行校验，内容包括 SPCD 文件规范性校验，SPCD 文件与 SCD 文件的一致性校验；

（3）工具应支持对导入的 SCD 文件进行校验，内容包括 Schema 语法校验，模型实例与模板一致性校验，控制块引用数据集有效性校验，数据集成员有效性校验，虚端子关联合法性校验，IED 名称、IP 地址、MAC 地址、AppID、appID、svID 的唯一性、正确性和缺失校验，访问点通信配置重复校验。

18. 简述 SCD 配置及在线运维管控工具中母差改扩建校验功能。

答：（1）计算改扩建前后母线保护发送虚端子的 CRC 校验码，以及母线保护各个支路接收控制块 CRC 校验码；

（2）比对改扩建前后的 CRC 校验码，一致则提示用户配置一致，若不一致则提示用户母线保护发送或接收虚端子相关配置发生变化。

19. 简述 SCD 配置及在线运维管控工具中的版本管理功能。

答：版本管理功能要求：

（1）应支持 SCD 文件版本创建、版本浏览、历史版本查询、版本回溯和版本比对；

（2）应支持任意不同版本间 SCD 文件、模型裁剪文件的可视化比对并生成版本差异报告，以明确变更内容和波及范围；

（3）版本创建功能应与文件保存功能分开，保存功能不涉及版本的创建；

（4）应基于发布的版本实现配置文件的导出、上传、下装、在线校核功能；

（5）应具备显示 SCD 版本审核状态，并支持依据不同用户权限进行 SCD 文件审核状态修改功能。

20. 简述 SCD 配置及在线运维管控工具版本创建功能。

答：（1）新建工程自动生成初始版本，版本号为 1.0，修订版本号为 1.0。系统配置过程中，通过工具的“版本创建”功能创建新的修订版本，修订版本从 1.0 开始，以步长 0.1 向上累加，签入并归档到综合应用主机；

（2）工程维护签出最新版本，经过修改、保存后，通过“版本创建”功能更新修订版本号，签入并归档，版本创建过程参见图 16－4；

（3）版本创建功能应与配置过程中的文件保存功能明确分开，保存不更新修订版本号，不对中间保存产物归档；

（4）所有创建的版本均应存储在综合应用主机上，由综合应用主机提供的服务实现多机同步；

（5）应对 SCD 文件创建独立的版本树，导出 CID 文件、模型裁剪文件时，应自动在导出文件的 Header 部分记录 SCD 文件完整的历史（History）和修订项（Hitem）内容，以支持文件的版本检索和追溯。

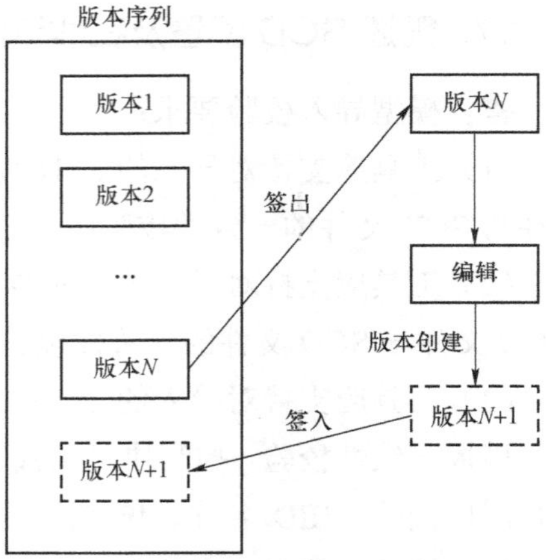

图 16－4　版本创建过程图

21. 简述 SCD 配置及在线运维管控工具中版本浏览功能。

答：（1）应支持以图形或列表方式浏览所有历史版本的功能；

（2）对于单个历史版本，工具应支持查看该历史版本的版本号、修订版本号、修改人、修改内容、修改原因、审核状态等详细信息。

22. 简述 SCD 配置及在线运维管控工具中版本对比功能。

答：应支持不同历史版本信息的比对，并以可视化的方式展示差异。

23. 简述 SCD 配置及在线运维管控工具中版本回溯功能。

答：（1）在调试、技改、改扩建阶段，工具应支持历史版本的回溯功能，以获取历史版本的配置信息并可视化展示；

（2）应支持在回溯的版本上进行配置更改，并进行版本创建，版本号以当前最新版本为基础进行累加，版本回溯修改流程参考图 16－5。

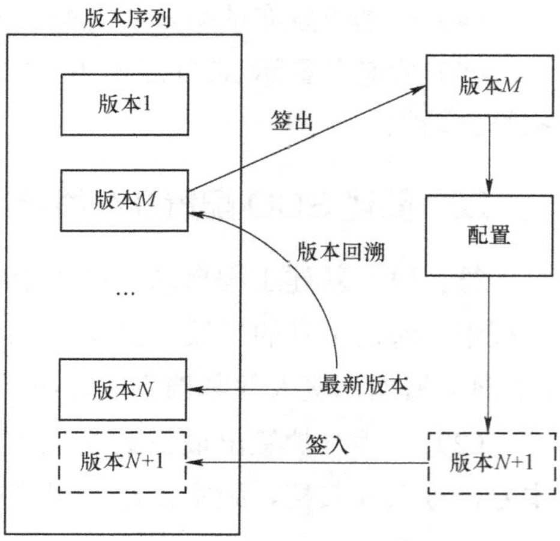

图 16－5　版本回溯再修改流程图

24. 简述 SCD 配置及在线运维管控工具中版本发布功能。

答：（1）通过工具的“版本发布”功能创建新的 SCD 版本，版本号从 1.0 开始，以步长 0.1 向上累加，并将修订版本号重置为 1.0；

（2）版本发布时应自动生成全站虚端子配置 CRC 和 IED 虚端子配置 CRC；

（3）应支持全站 SCD 文件、模型裁剪文件、版本差异报告及装置模型文件的生成；

（4）应支持发送模型变更信号给各站控层设备及智能故障录波装置，完成模型、版本号、文件校验码的更新；

（5）模型发布完成后，应进行在线校核。

25. 简述 SCD 配置及在线运维管控工具的版本发布流程。

答： 版本发布流程参考图 16－6，具体如下：

（1）工具生成全站 SCD 文件、模型裁剪文件、版本差异报告及装置模型文件；

（2）差异报告应对模型更新的影响做初步分析，并给出指导性提示，提示级别包括一级、二级、三级。一级表示影响设备运行功能应及时处理；二级表示可能导致设备运行异常应尽快处理；三级表示不影响设备运行可延后处理；

（3）将全站 SCD 文件、模型裁剪文件、版本差异报告及装置模型文件发布到平台指定目录中，并发送版本变更信号给各站控层设备；

（4）各站控层设备收到版本变更信号后到平台指定目录中获取模型裁剪文件及版本差异报告；

（5）设备根据获取版本差异报告判断当前配置是否需要更新，若需要则更新模型裁剪文件，并更新版本号和校验码，若不需要则直接更新版本号及校验码。

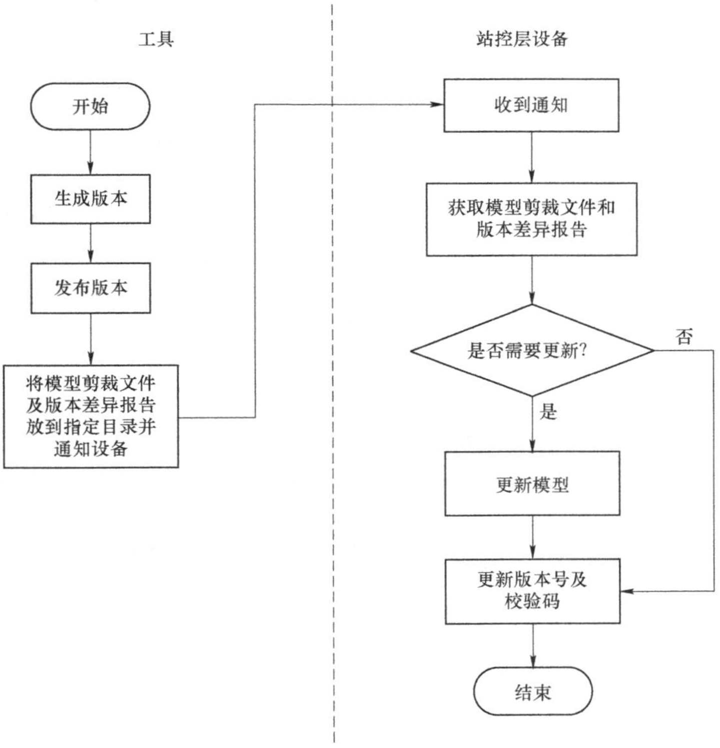

图 16－6　站控层设备模型发布流程

26. 简述 SCD 配置及在线运维管控工具中版本发布生成的文件。

答： 应存放到综合应用主机的远程维护运维目录下，并删除历史文件。

27. 简述 SCD 配置及在线运维管控工具中版本发布生成的文件访问路径。

答：（1）全站 SCD 文件、SPCD 文件、集控站模型裁剪文件应存放到目录/PROJ/modelreleased；

（2）各设备模型文件，包括该设备的模型裁剪文件，存放到目录/PROJ/modelreleased/IEDName；

（3）版本差异报告存放到目录/PROJ/modelreleased/IEDName。

28. 简述 SCD 配置及在线运维管控工具生成的模型文件的命名规则。

答： 工具生成的模型文件命名应保持全站唯一，命名规则见表 16－2。

表 16－2　　文件命名规则

序号	命名规则	名称描述	解释
1	substation_版本号_修订版本号_文件校验码.scd.zip	全站 scd 文件压缩包	版本号、修订版本号、文件校验码为全站 scd 文件的版本号、修订版本号、文件校验码
2	substation_版本号_修订版本号_校验码.spcd.zip	spcd 文件压缩包	版本号、修订版本号、校验码为 spcd 文件的版本号、修订版本号、校验码
3	iedname_版本号_修订版本号_文件校验码.scd.zip	智能故障录波装置、网关机等模型裁剪文件压缩包	版本号、修订版本号为全站 scd 文件的版本号、修订版本号，文件校验码为该模型裁剪文件的文件校验码
4	ccstation_版本号_修订版本号_文件校验码.scd.zip	集控站模型裁剪文件压缩包	版本号、修订版本号为全站 scd 文件的版本号、修订版本号，文件校验码为该集控站模型裁剪文件的文件校验码
5	diff.xml	版本差异报告	—
6	iedname_configured.ccd	二次设备、安全稳定控制装置设备、辅助设备等 ccd 模型文件	—
7	iedname_configured.cid	二次设备、安全稳定控制装置设备、辅助设备等 cid 模型文件	—
8	iedname_configured.csd	交换机的 csd 模型文件	—

29. 简述 SCD 配置及在线运维管控工具对间隔层二次设备的下装流程。

答： 模型下装流程见图 16－7，具体流程如下：

（1）导出 CID 文件、CCD 文件；

（2）对于不能直接通过网络下载的设备（如交换机和采集执行单元），应通过安全 U 盘拷贝相关文件到设备厂商调试计算机，对于可以在线下装的设备直接执行网络下装；

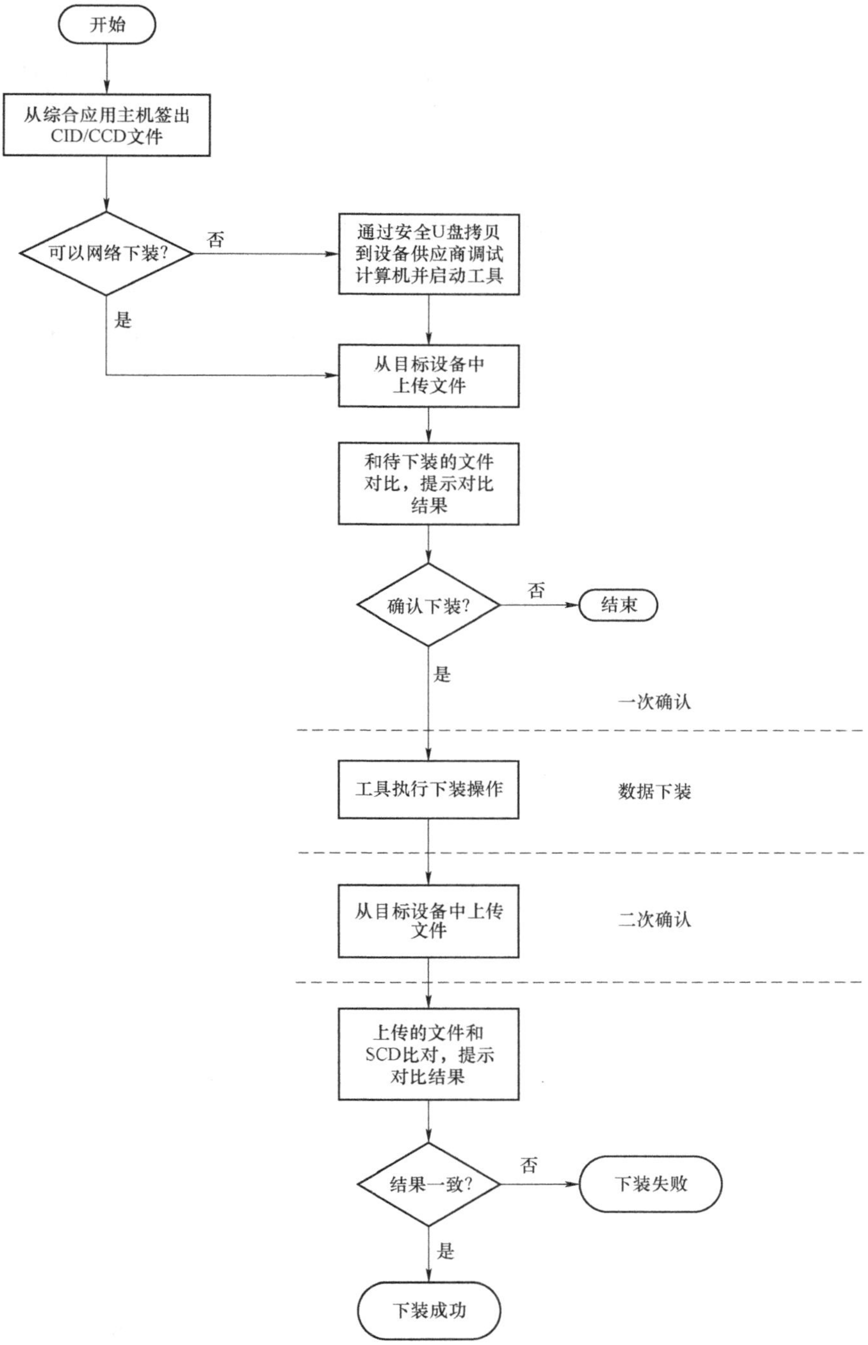

图 16－7　下装及校核流程

（3）选择并加载需要下装的 CID 文件、CCD 文件；

（4）下装前应自动上传装置内部配置文件与待下装配置文件对比并显示区别，对于厂家、型号、ICD 配置版本、虚端子 CRC 不同的要单独告警并提示是否确认下装，进行一次确认；

（5）下装配置文件后，从装置上传刚下装的配置文件与 SCD 文件进行对比，并采用可视化的方式展示差异信息，进行二次确认；

（6）配置文件上传和下装时应展示通信过程中产生的各种事项。

30. 简述 SCD 配置及在线运维管控工具对在线校核的整体要求。

答：（1）在线校核流程参考图 16－8；

（2）应支持以长周期或主动触发方式校验各设备的配置文件与 SCD 文件一致性；

（3）应具备在线校核异常信息告警的功能，告警提示信息应能明确到对应设备；

（4）告警功能应部署在综合应用主机。

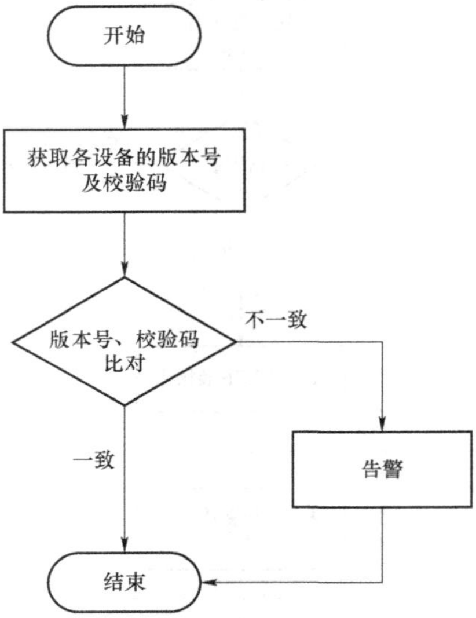

图 16－8　在线校核流程

31. 简述 SCD 配置及在线运维管控工具对站控层设备及智能故障录波装置模型在线校核要求。

答：（1）通过综合应用主机的服务获取站控层设备所使用的 SCD 版本号、SCD 修订版本号及 CRC 校验码；

（2）将获取的版本号、CRC 校验码与 SCD 文件或模型裁剪文件的版本号、CRC 校验码进行比对，若一致则提示用户配置一致，若不一致则通过综合应用主机的服务给出告警，并可视化展示校核结果。

32. 简述 SCD 配置及在线运维管控工具对网关机相关模型在线校核要求。

答：工具应支持对站端生成的网关机 RCD 文件进行在线校核，要求如下：

（1）通过综合应用主机的服务获取网关机内的 RCD 文件；

（2）将获取到的RCD文件中引用SCD文件的部分与SCD文件进行一致性校核，RCD文件的校核内容为合并计算参与量信息、遥信转发信息、遥测转发信息、遥控转发信息、遥调转发信息、遥脉转发信息中的DL/T 860路径名（reference）和中文描述（desc）是否与对应SCD文件一致。若一致则提示用户配置一致，若不一致则通过综合应用主机的服务给出告警，并可视化展示校核结果。

33. 简述SCD配置及在线运维管控工具对二次设备过程层信息在线校核要求。

答：（1）通过综合应用主机的服务获取装置内的过程层虚端子CRC校验码。

（2）用获取的CRC校验码和SCD文件中对应设备的过程层虚端子CRC校验码进行比对，若一致则提示用户过程层配置一致，若不一致则通过综合应用主机的服务在线获取CCD文件，将CCD文件和SCD文件中对应设备的过程层虚端子配置信息进行比对，比对内容包括发布和订阅的控制块、通信参数、端口、虚端子等信息，并可视化展示比对结果。

34. 简述SCD配置及在线运维管控工具对二次设备及辅助设备站控层信息在线校核要求。

答：（1）通过综合应用主机的服务获取装置内的CID文件；

（2）从SCD文件导出对应设备的CID文件；

（3）分别计算两个CID文件的CRC校验码并进行比对，若一致则提示用户站控层配置信息一致，若不一致则比较两个CID文件中的“四遥”信息和站控层通信参数等信息，并可视化展示校核结果。

35. 简述SCD配置及在线运维管控工具对采集执行单元模型信息在线校核要求。

答：（1）采集执行单元应通过与测控装置建立的GOOSE虚端子连接关系上送过程层虚端子CRC校验码；

（2）通过综合应用主机的服务获取测控装置的站控层数据，依据测控装置ICD模型中定义的GOOSE接收信号与站控层数据之间的对应关系获得采集执行单元上送的过程层虚端子CRC校验码；

（3）用获取的CRC校验码和最新版本的SCD文件中对应设备的过程层虚端子CRC校验码进行比对，若一致则提示用户过程层配置一致，若不一致则通过综合应用主机的服务给出告警，并可视化展示校核结果。

36. 简述SCD配置及在线运维管控工具对交换机CSD模型信息在线校核要求。

答：（1）通过综合应用主机的服务获取交换机的CSD文件；

（2）从最新版本的SCD文件导出对应交换机的CSD文件；

（3）分别计算两个 CSD 文件的 CRC 校验码并进行比对，若一致则提示用户 CSD 模型信息一致，若不一致则通过综合应用主机的服务给出告警，并可视化展示校核结果。

37. 简述 SCD 配置及在线运维管控工具中权限管理的概念。

答：工具应具备获取用户权限及依据用户权限管理其操作行为的功能。工具应通过综合应用主机基础平台的交互接口获取登录用户的权限信息。

38. 简述 SCD 配置及在线运维管控工具相关的用户角色及其要求。

答：工具相关的用户角色包括管理员、操作员和审计员，要求如下：

（1）管理员和审计员为综合应用主机的角色，由综合应用主机的基础平台统一管理；

（2）操作员为工具应用的角色，由管理员在基础平台统一创建和分配权限，操作员可按照类型分为配置员、运维员和验收单位；

（3）操作员角色的权限分为必备（M）权限和可选（O）权限，其中必备（M）权限属于该角色用户的固有权限，在用户被创建时自动分配，无法被取消，而可选（O）权限可由管理员分配或取消。

39. 简述 SCD 配置及在线运维管控工具中日志管理的概念。

答：工具应支持自动记录操作员用户的操作行为形成审计日志，应通过综合应用主机的基础平台的交互接口存储审计日志。

40. 简述 ICD 模型通用测试的技术要求。

答：ICD 文件应符合 DL/T 860.6 附录中的 SCL Schema 语法规则：

（1）ICD 文件的命名、IED 节点属性应符合 Q/GDW 11471—2015《智能变电站继电保护工程文件技术规范》第 6 章节的要求；

（2）模型自描述信息、实例化 DOI 元素、包含的装置信息、定值相关数据属性应符合 Q/GDW 1396—2012《IEC 61850 工程继电保护应用模型》中 6.2 要求；

（3）GSE 配置、SMV 配置应符合 Q/GDW 1396—2012 中 6.5 要求；

（4）物理设备建模原则、服务器建模原则、逻辑设备建模原则、逻辑节点建模原则、逻辑节点类型定义、数据对象类型定义、数据属性类型定义应符合 Q/GDW 1396—2012 中 7.1 要求；

（5）LN 实例化建模、保护定值建模、故障录波与故障报告模型应符合 Q/GDW 1396—2012 中 7.2 要求；

（6）数据集及成员的建模、报告控制块的建模应符合 Q/GDW 11010—2015《继电保护信息规范》和 Q/GDW 1396—2012 的要求；

（7）GOOSE 配置与 SV 配置应分别符合 Q/GDW 1396—2012 中 10.1.1 和 11.1.1 要求；

（8）IED 物理端口的描述应符合 Q/GDW 1396—2012 第 12 章的要求；

（9）设备模型中的同类测点应以唯一的英文命名区分；

（10）设备模型应在 DL/T 860、DL/T 1146—2021《DL/T 860 实施技术规范》、Q/GDW 1396—2012 等规范定义的模型基础上，扩展包含实物 ID 的设备台账信息；

（11）设备模型应提供完整的测点定义。

41. 简述 ICD 模型通用的测试方法。

答：使用 ICD 模型自动测试软件，检查设备 ICD 模型文件的语法、自描述信息、各层级建模对象、数据模板定义、模型实例化等建模信息。

42. 简述 CCD/CID 上传和下装测试的技术要求。

答：（1）除采集执行单元外的二次设备应支持通过 DL/T 860 通信报文规范的文件服务对 CCD/CID 文件进行上传和下装，CCD/CID 文件上传和下装操作对装置的技术要求如下：

1）CCD/CID 文件下装完毕并重启一次装置后，配置信息应立即生效；

2）装置在检修压板未投入时禁止下装 CCD/CID 文件；

3）装置应支持通过 DL/T 860 通信接口上传和下装；

4）禁止通过 ftp 协议上传和下装 CCD/CID 文件；

5）继电保护装置统一上传和下装的路径为“/configuration”或“\configuration”；

6）装置应支持带绝对路径的文件传输。

（2）模型中的功能配置应与信息配置解耦。修改 CID 文件的信息配置时，装置应能正确执行相关功能。

43. 简述 CCD/CID 上传和下装的测试方法。

答：检查装置对 CCD/CID 文件的上传和下装操作，对装置下装错误的 CCD/CID 文件，检查装置的告警信息及保护功能闭锁状态的测试方法如下：

（1）对装置执行 CCD/CID 文件的上传和下装操作，检查正确执行 CCD/CID 文件上传和下装的操作条件（装置运行状态、传输端口、文件传输协议、传输和访问路径）和配置生效机制；

（2）下装错误的 CID 文件，CID 文件错误类型分别为：① 模型实例与模板不匹配；② 数据集成员不存在；③ IED 元素的 manufacturer、type、configVersion 任一属性错误。重启装置后检查装置面板指示灯、告警信息。模拟装置故障，检查装置保护动作和出口情况。

（3）下装错误的 CCD 文件，CCD 文件错误类型分别为：① 配置参数缺失；② 配置参数错误；③ CRC 校验码错误。

重启装置后检查装置面板指示灯、告警信息。模拟装置故障，检查装置保护动作和出口情况。

（4）修改 CID 文件中的描述性信息（如修改 desc 属性或 dU 属性），重启装置后检查装置面板指示灯、告警信息，模拟装置故障，检查装置保护动作和出口情况。

44. 简述日志管理功能。

答：（1）审计日志应只允许审计员调阅，不允许任何用户删除。

（2）审计日志的内容应包括操作时间、用户角色、用户名、操作类型和操作行为，其中操作类型包括用户管理类、配置变更类和用户操作类三种类型，用户管理类日志由综合应用主机的基础平台记录存储，配置变更和用户操作类日志应由工具通过调用基础平台的接口实现记录存储；配置变更类日志分为站控配置变更、回路配置变更、变电站配置变更和其他配置变更。

（3）审计日志中的配置变更类日志应在变更生效（保存或发布）时自动存储，在配置变更过程中不应存储。

（4）审计日志中的配置变更类日志的操作行为宜精确到具体变更内容。

（5）审计日志的调阅和导出等操作界面由综合应用主机基础平台统一提供。

45. 简述站控层主机类设备的分类及要求。

答：站控层主机类设备包括主辅监控一体化监控主机、综合应用主机、实时网关机、服务网关机。具体要求如下：

（1）主辅一体化监控主机、综合应用主机应定时到综合应用主机的指定目录读取配置文件及版本差异报告，并与自身的配置进行比对，若不一致则应给出“模型不一致”告警，提示运维人员检查。其比对内容包含配置文件的版本号和校验码。

（2）设备应支持将当前配置文件所对应的 SCD 版本号、SCD 修订版本号、文件校验码上送至工具。

（3）实时网关机应通过网关机配置工具生成 RCD 文件并支持在线上送 RCD 文件至工具。

46. 简述二次设备的分类。

答：二次设备包括保护、测控、安自、交换机、采集执行单元、集中计量设备、交直流电源等设备。

47. 简述辅助设备的分类。

答：辅助设备包括安全防卫、动环监测、消防、在线监测、在线巡视等设备。

48. 简述 SCD 配置及在线运维管控工具的通用技术要求。

答：（1）配置文件下装完毕，设备应重启后生效配置文件。

（2）设备应具备的一定容错性，当下装的 CID 文件、CCD 文件存在以下错误时，设备重启后应闭锁并告警，该告警状态未消除前不能手动复归。

1）CID 文件模型实例与模板不匹配；

2）CID 文件数据集成员不存在；

3）CID 文件 IED 元素的 manufacturer、type、configVersion 任一属性错误；

4）CCD 文件中配置参数缺失；

5）CCD 文件中配置参数错误；

6）CCD 文件中 CRC 校验码错误。

49. 简述 SCD 配置及在线运维管控工具对保护、测控、安自、辅助设备、集中计量设备的技术要求。

答：技术要求：

（1）设备应支持通过 DL/T 860 通信报文规范的文件服务对 CCD、CID 文件进行上传和下装；

（2）设备统一上传和下装的路径为“/configuration”或“\configuration”；

（3）设备应支持带绝对路径的文件传输；

（4）保护、测控、安自设备在检修压板未投入前禁止下装 CCD、CID 文件；

（5）保护、测控、安自设备应支持将过程层虚端子校验码上送；

（6）测控设备应支持接收采集执行单元通过 GOOSE 上送的过程层虚端子校验码并通过 DL/T 860 通信报文规范上送。

50. 简述 SCD 配置及在线运维管控工具对采集执行单元的技术要求。

答：设备应支持通过 GOOSE 信号的方式上传过程层虚端子校验码到测控或者多功能测控设备。

51. 简述 SCD 配置及在线运维管控工具对交换机的技术要求。

答：设备应支持将 CID 文件及 CSD 文件通过 DL/T 860 通信报文规范文件服务上送。

52. SCD 版本差异报告中哪一元素用来描述文件版本信息和校验码信息？

答：Header 元素。

53. SCD 版本差异报告中哪一元素用来描述模型变化对应用系统的影响？

答：Summary 元素。

54. SCD 版本差异报告中哪一部分用来描述 Summary 元素影响级别，其分为几级？

答：conclusion 属性，分为 3 级。

55. 简述SCD版本差异报告中用来描述Summary元素三个级别的含义。

答：（1）三级：表示模型仅有名称修改，此时版本差异报告只包含ObjRename元素，并且virTerCRC（虚回路校验码）保持不变；

（2）二级：表示模型变化对应用功能的影响不大，可暂时不做处理，此时版本差异报告只包含ObjRename元素和ObjDeleted元素；

（3）一级：表示模型变化可能导致应用功能不能正常运行，模型变化的范围包括过程层通信参数，物理连接关系，一、二次设备关联关系，数据集，数据模板等。

56. SCD版本差异报告中哪一元素用来描述SCD文件间隔、一次设备、二次装置和数据对象的名称差异？

答：ObjRename元素。

57. SCD版本差异报告中ObjRename元素的IED、Bay、PowerTransformer、ConductingEquipment、DOI的含义分别是什么？

答：二次装置、间隔、变压器、带电设备、数据对象实例。

58. SCD版本差异报告中哪一元素用来描述删除的对象？

答：ObjDeleted元素。

59. SCD版本差异报告中哪一元素用来描述SCD文件站控层设备通信参数的差异？

答：StationNet元素。

60. SCD版本差异报告中StationNet元素Subnet、Gateway的含义分别是什么？

答：子网掩码、网关。

61. SCD版本差异报告中StationNet元素Address1和Address2的含义分别是什么？

答：分别代表IED设备的站控层A网和B网的IP信息。

62. SCD版本差异报告中哪一元素用来描述SCD文件过程层设备通信参数的差异？

答：ProcessNet元素。

63. SCD 版本差异报告中 ProcessNet 元素 VLanPriority、MAC 的含义分别是什么?

答：VLAN（Virtual Local Area Network）的优先级、MAC（Media Access Control）地址。

64. SCD 版本差异报告中哪一元素用来描述 SCD 文件中物理端口属性和连接信息的差异?

答：PhysicalConnection 元素。

65. SCD 版本差异报告中 PhysicalConnection 元素中 Type、Plug、Cable 的含义分别是什么?

答：端口的类型、端口的 Plug、端口连接的物理线缆编号。

66. SCD 版本差异报告中哪一元素用来详细描述 SCD 的模型差异，其由哪些部分组成?

答：SCL 元素。由 Substation、IED 和 DataTypeTemplates 三部分组成。

67. SCD 版本差异报告中用来描述数据模板发生变化的 IED 设备是哪部分?

答：DataTypeTemplate。

68. IED name 为 AP、C_分别代表什么装置的 IED?

答：AP 代表交直流一体化电源，C_代表测控装置。

69. IED name 为 D_、I_分别代表什么装置的 IED?

答：D_代表行波测距，I_代表智能终端。

70. IED name 为 IN、L_分别代表什么装置的 IED?

答：IN 代表非电量和智能终端合一，L_代表过负荷连切。

71. IED name 为 M_、MI 分别代表什么装置的 IED?

答：M_代表合并单元，MI 代表合并单元和智能终端合一。

72. IED name 为 P_、PC 分别代表什么装置的 IED?

答：P_代表保护装置，PC 代表保护和测控合一。

73. IED name 为 SP、SF 分别代表什么装置的 IED?

答：SP 代表备自投，SF 代表低频减载。

74. IED name 为 SW、MM 分别代表什么装置的 IED?

答：SW 代表交换机，MM 代表多功能测控装置。

75. CRC 参数中 RefIn、RefOut 的含义是什么?

答：RefIn 为待测数据是否颠倒；RefOut 为计算值是否颠倒。

76. 设备厂商需要向设计单位移交的 SCD 相关资料有哪些?

答：设备相关资料包括 ICD 文件、IPCD 文件、屏柜白图、设备说明书。

77. 设计相关单位进行变电站设计及模型配置等相关工作，模型配置包括哪些?

答：一次拓扑配置、虚回路配置、网络拓扑配置、光纤回路配置、辅助设备拓扑配置。

78. 设计相关单位将设计资料通过离线方式移交给集成商，设计资料包括哪些?

答：设计蓝图、SCD 文件、SSD 文件、SPCD 文件。

79. 集成商在调试阶段应进行调试的参数有哪些?

答：通信参数配置，一、二次关联，调度命名，描述修改，模型发布。

80. 若调试过程中 SCD 文件存在修改需求，需要进行哪些工作?

答：通知集成商进行修改，设备厂商重新下装，调试单位重新调试。

81. 调试阶段通过综合应用主机对全站配置文件进行在线校验，若校核不一致应如何处理?

答：对配置文件重新下装并重新调试。

82. 验收阶段验收单位对 SCD 文件进行语法、语义及合法性校验，验证未通过应如何处理?

答：结束验收流程并由集成商进行整改并重复调试阶段流程。

83. 简述技改、扩建阶段 SCD 文件的管控流程。

答：（1）运维人员宜通过管控平台获取 SCD 文件并移交给设计相关单位；

（2）设计相关单位在此版 SCD 文件上进行变电站设计及模型配置等相关工作；

（3）设计相关单位将设计相关资料通过离线方式移交给集成商，设计资料包括设计蓝图、SCD 文件、SSD 文件、SPCD 文件；

（4）后续流程参考 SCD 文件调试阶段管控流程。

84. 管理员在变电站系统持有的权限有哪些？

答：创建用户、删除用户、重置密码、编辑权限。

85. 配置员在变电站系统持有的权限有哪些？

答：配置浏览、基本配置、回路配置、校验功能、模型导出、版本管理。

86. 运维员在变电站系统持有的权限有哪些？

答：配置浏览、校验功能、模型导出、版本管理、版本审核。

87. 智能变电站中属于“基本配置”权限的有哪些？

答：新建和导入 SCD；导入和配置 SSD；导入 SPCD；新建子网；删除和更新 IED（无过程层配置）；删除子网（无过程层配置）；配置站控层通信参数（IP 地址、子网掩码等）；配置 IED 描述和数据集中信号点描述；配置报告控制块；上传和下装 CID。

88. 智能变电站中属于“回路配置”权限的有哪些？

答：删除和更新 IED；删除子网；配置过程层通信参数（MAC 地址，APPID 等）；配置虚端子；配置 GSE 控制块和采样值控制块；导出、上传和下装 CCD。

89. 智能变电站日志功能中属于“站控配置变更”的有哪些？

答：站控层通信参数变更，报告控制块配置变更，IED 描述变更，数据集信号点描述变更。

90. 智能变电站日志功能中属于“回路配置变更”的有哪些？

答：虚端子配置变更，GOOSE 控制块配置变更，GOOSE 通信参数变更，SMV 控制块配置变更，SMV 通信参数变更。

91. 智能变电站日志功能中属于“变电站配置变更”的有哪些？

答：一次拓扑结构变更，间隔描述变更，一次设备描述变更，一、二次关联配置变更，辅助设备拓扑配置变更。

第十七章

自 动 对 点

1. 简述信息对点含义。

答： 信号从源端至变电站监控主机及集控站、调度监控系统等主站端接收、展示的一致性校验。

2. 简述自动对点含义。

答： 利用技术手段实现信息对点的自动化。

3. 简述自动对点的原则。

答： 变电站和集控站的信息对点分阶段分环节进行，利用核对工具等辅助手段实现一定程度的信息自动核对，减轻现场信息联调工作量。变电站、集控站监控系统建设应坚持"统一模型、源端维护"的原则，各信息点名称按照集控站监控系统数据规范名称进行命名，与变电站间隔层装置的模型测点名称一致，并根据需要可叠加装置名称、间隔名称、电压等级、变电站名称、集控站名称、调度机构名称等，从而保持信息名称的统一。

4. 简述自动对点的对点方式和具体过程。

答： 信号核对过程分环节进行，在完成物理回路与间隔层装置间的调试后，采用自动对点方式进行变电站内信息核对和变电站与集控站等主站间的信息核对。其中，变电站内信息核对包括间隔层装置与网关机间的核对、间隔层装置与监控主机间的核对、监控主机画面的核对，变电站与集控站等主站间的信息核对包括网关机与主站前置的核对，主站监控系统画面的核对。

5. 简述进行自动对点应满足的条件。

答：（1）完成变电站端间隔层装置逻辑和物理回路的人工验证；

（2）已明确变电站监控系统、集控站监控系统及其他主站系统信号命名；

（3）间隔层装置中测点的描述与信号命名一致；

（4）网关机 RCD 文件已建立；

（5）网关机内合并信号的合并规则在网关机单体调试时已完成；

（6）变电站监控系统数据库已建立，画面图元关联已完成，画面已由人工审核确认；

（7）集控站等主站监控系统前置通信点表、数据库已建立，画面图元关联已完成，画面已由人工审核确认。

6. 网关机和间隔层装置信息如何核对?

答：通过调试工具进行模型比对和通信自动对点，实现模型一致性验证和通信一致性验证，采用 DL/T 860 取代服务实现通信对点时，对于不支持取代命令的数据对象类（CDC），如 ACT、ACD，调试工具应能正确识别，不进行人工置数操作。

7. 简述验证网关机和间隔层设备模型一致性的过程。

答：（1）调试工具通过 DL/T 860 的通信服务获取间隔层设备模型；

（2）调试工具通过 DL/T 634.5104—2009《远动设备及系统　第 5－104 部分：传输规约采用标准传输协议集的 IEC 60870－5－101 网络访问》通信服务获取网关机的 RCD 文件；

（3）调试工具对比两个文件中的测点索引（Reference）和描述，生成比对结果。

8. 简述验证网关机和间隔层装置的通信一致性的过程。

答：（1）调试工具的 DL/T 634.5104—2009《远动设备及系统　第 5－104 部分：传输规约采用标准传输协议集的 IEC 60870－5－101 网络访问》客户端作为模拟主站前置与网关机建立通信；

（2）调试工具作为 DL/T 860 的客户端与间隔层装置建立通信；

（3）调试工具按照从网关机召唤的 RCD 文件中的测点顺序，采用 DL/T 860 规范的数据取代服务，逐点下发数据取代命令，取代值按特定规律设定（如遥信逐点分合、遥测值逐点递加并超过死区限定）；

（4）装置应正确响应取代/取消取代操作，被操作对象的状态能通过报告服务正确上送，并由网关机转发至调试工具；

（5）调试工具将接收到的测点点号、描述与 RCD 文件进行一致性比对，生成比对结果；

（6）对间隔层装置的对点操作结束后，调试工具应向间隔层装置下发取消取代命令，装置上送取消取代操作成功/失败报告；

（7）对点完成后对应装置应进行上电重启，以保证取消取代操作成功。

9. 简述监控主机和间隔层装置信息核对的过程。

答：通过调试工具进行模型比对和通信自动对点，实现模型一致性验证和通信一致性验证，采用 DL/T 860 取代服务实现通信对点时，对于不支持取代命令的数据对象类

（CDC），如 ACT、ACD，调试工具应能正确识别，不进行人工置数操作。

10. 简述验证监控主机和间隔层装置模型一致性的过程。

答：（1）调试工具通过 DL/T 860 的通信服务获取间隔层设备模型；

（2）调试工具获取监控主机的数据库点表文件；

（3）监控主机无数据库点表文件的，调试工具从综合服务主机获取 SCD 文件，解析并获得测点信息；

（4）调试工具对比两个文件中测点索引（Reference）和描述，生成比对结果。

11. 简述验证监控主机与间隔层装置通信一致性的过程。

答：（1）调试工具作为 DL/T 860 的客户端与间隔层装置建立通信；

（2）调试工具按照从监控主机召唤的数据库点表文件中的测点顺序或 SCD 文件，采用数据取代服务，逐点下发数据取代命令，取代值按特定规律设定（如遥信逐点分合、遥测值逐点递加并超过死区限定）；

（3）装置应正确响应取代/取消取代操作，被操作对象的状态能通过报告服务正确上送；

（4）监控主机生成取代数据记录文件，并传至调试工具；

（5）调试工具将接收到的文件与触发记录进行比对，生成比对结果；

（6）对间隔层装置的对点操作结束后，调试工具应向间隔层装置下发取消取代命令，装置上送取消取代操作成功/失败报告；

（7）对点完成后对应装置应进行上电重启，以保证取消取代操作成功。

12. 简述核对监控主机画面图元关联正确性的过程。

答：以监控主机人机界面为依据，对界面上包含的信息生成信息序列，调试工具获取该信息序列并依此进行自动对点，具体核对过程和监控主机与间隔层装置通信一致性验证类似。

13. 简述核对采集执行单元信号的方法。

答：（1）对于具有外回路的模拟量输入回路和遥信开入回路，可采用从外回路加量进行核对；

（2）对采集执行单元内部自产信号，可使用智能变电站测试仪导入 SCD 文件并模拟 GOOSE 报文发送的方式，对采集执行单元至测控装置的虚端子回路正确性进行校核。

14. 简述核对主子站通信点表模型一致性（DL/T 634.5104 通信）的方法。

答：具有离线比对和在线比对两种方式：

（1）离线比对：通过调试工具导入经过审核的主站通信点表（一般为 Excel 等电子表

格格式），和从网关机召唤的 RCD 文件比对，验证通信点号、测点描述的一致性。

（2）在线比对：利用主厂站信息点表交换机制来保证主站与网关机信息点表一致。具体步骤为：

1）集控站监控系统通过站端数据通信网关机召唤变电站全集 RCD 文件；

2）集控站监控系统将全集 RCD 文件经挑点及审核流程，生成定制的数据点表，发至站端数据通信网关机网关机；

3）站端数据通信网关机经就地人工确认版本号和校验码后，将待生效的数据点表转为运行数据点表。

15. 简述核对主子站通信点表模型一致性（DL/T 860 通信）的过程。

答：采用在线比对方式：集控站监控系统通过 DLT860 的通信服务获取网关机中上送的数据模型，与主站端的测点索引（Reference）和描述进行比对。

16. 简述主子站通信点表通信一致性核对（DL/T 634.5104 通信）方法。

答：（1）集控站监控系统启动自动对点功能，网关机根据主站命令响应操作，如图 17－1 所示。

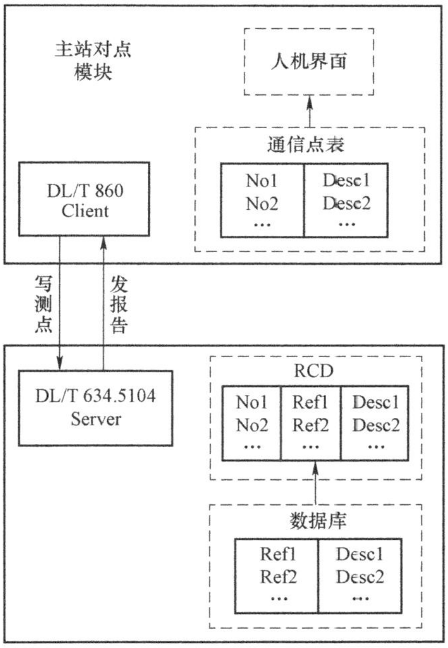

图 17－1　主子站间自动核对（DL/T 634.5104）

（2）集控站监控系统下发所有待测试数据的描述，网关机根据测试数据的顺序依次设置数据值。

（3）单点和双点遥信信息的数据值应设置为与当前值相反的状态，时标取当前时刻，时标的毫秒设置为顺序号，数据品质为被取代。

（4）模拟量的数据值应根据下发的顺序自动设置，逐点递加，并应超过死区限定。

（5）遥控、遥调量核对时，主站下装遥控、遥调的控点描述，网关机从运行数据点表文件（RCD）中获取模拟遥控序列及信息体地址。主站对选控的控点发起遥控选择及撤销命令，对直控点发起执行令。网关机应校核遥控选择、撤销、执行命令的信息体地址与模拟遥控序列中的信息体地址的一致性，若一致则返回肯定报文，若不一致则返回否定报文。

（6）自动对点过程中，若网关机收到集控站监控系统的终止命令，应立刻停止发送测试数据并结束自动对点流程。

17. 简述主子站通信点表通信一致性核对（DL/T 860 通信）方法。

答： 主子站通信点表通信一致性核对（DL/T 860 通信）如图 17－2 所示，方法如下：

（1）集控站监控系统按照本地数据库测点顺序，采用数据取代服务，逐点下发数据取代命令，取代值按特定规律设定，单点和双点遥信信息的数据值应设置为与当前值相反的状态，时标取当前时刻，时标的毫秒设置为顺序号。

（2）网关机应正确响应取代操作，被操作对象的状态能通过报告服务正确上送。

（3）集控站监控系统将接收到的报告顺序与实际下发的报告顺序进行核对，生成比对结果。

（4）自动对点操作结束后，集控站监控系统应向网关机取消取代命令，网关机装置上送取消取代操作成功/失败报告。

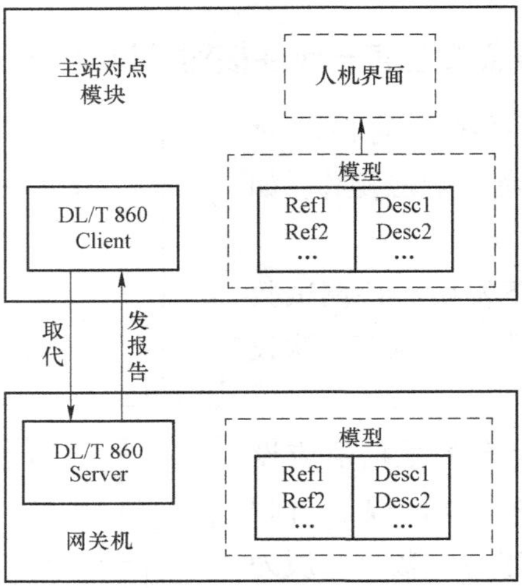

图 17－2　主、子站间自动核对（DL/T 860）示意图

18. 简述核对主站端画面图元关联的正确性的过程。

答：（1）以主站端人机界面为依据，对界面上包含的信息生成信息序列，主站信号调试功能模块可按该信息序列进行自动对点，具体核对过程和主子站通信点表通信一致性核对类似；

（2）遥控、遥调操作均在各间隔画面调试模式下进行。

19. 为实现自动对点功能，变电站监控主机应具备哪些功能？

答：（1）应支持调试模式，在此模式下生成遥信变位信息和遥测按越限告警信息的取代数据记录文件并发送至对点调试工具；

（2）应支持将各人机画面所包含的信号生成信号序列，供对点调试工具调阅。

20. 为实现自动对点功能，实时通信网关机应具备哪些功能？

答：（1）应支持信息点表文件的上送与接收；

（2）应支持响应主站下发的自动对点启动、终止命令；

（3）应支持自动对点信号品质、时标的特殊处理。

21. 简述保护装置要实现自动对点应具备哪些功能。

答：保护装置要实现自动对点应具备以下功能：

（1）支持上送模型文件；

（2）应正确响应取代/取消取代操作，被操作对象的状态能通过报告服务正确上送；

（3）对于不支持取代命令的数据对象类（CDC），如 ACT、ACD，保护装置宜支持通过人机界面触发信号等手段实现信号的上送核对；

（4）装置重启后，取消取代操作能成功。

22. 为实现自动对点功能，对点调试工具应具备哪些功能？

答：（1）应具备 DL/T 860 客户端功能，支持模型召唤，取代写值等操作。

（2）进行取代操作时，其取代值应与实际值不一致，并且模拟量值应超过死区限定。进行取消取代前，应将取代值设置与实际值不一致状态，并且模拟量值应超过死区限定。

（3）应具备 DL/T 634.5104—2009《远动设备及系统　第 5－104 部分：传输规约采用标准传输协议集的 IEC 60870－5－101 网络访问》客户端功能，支持常用 ASDU 和 RCD 文件召唤。

（4）应具备网关机 RCD 文件解析功能，支持按 RCD 顺序触发间隔层装置变位。

（5）应具备比对间隔层模型与网关机 RCD 模型的 Reference、描述一致性的功能。

（6）应具备比对网关机 RCD 与主站转发表信息一致性的功能。

（7）应具备比对触发记录文件与监控主机上送取代数据记录文件一致性的功能。

（8）应具备调取监控主机的分画面信号序列的功能，支持按该信号序列触发间隔层装置变位。

（9）应生成对点结果文件。

23. 为实现自动对点功能，调试工具硬件应满足哪些性能要求？

答：（1）至少支持 4 个物理网口接入站控层网络；

（2）应支持网关机与间隔层装置、监控主机与间隔层装置的核对工作同时进行；

（3）可同时接入间隔层装置数量不少于 300；

（4）可同时接入网关机数量不少于 2；

（5）可同时接入监控主机数量不少于 2；

（6）应支持站控层双网数据交互；

（7）模型召唤时间不大于 5min；

（8）模型比对时间不大于 1min。

24. 为实现自动对点功能，调试工具人机交互界面应满足哪些要求？

答：（1）主站端应具备主厂站自动对点流程启动、终止命令的操作界面；

（2）主站端应具备主厂站对点结果展示界面，应包含点号、原始描述、比对结果等信息；

（3）厂站端调试工具通过独立菜单进行网关机与间隔层装置核对、监控主机与间隔层装置核对；

（4）厂站端调试工具应具备召唤模型、启动连接等操作界面；

（5）厂站端调试工具应具备模型比对结果的展示界面，应包含索引、描述、比对结果等信息；

（6）厂站端调试工具应具备信号比对结果的展示界面，应包含点号、原始描述、比对结果等信息。

25. 列举主子站间自动对点接口的数据及相应的通信规约。

答：主子站间自动对点接口的数据有通信点表、RCD 文件、挑点及审核过生成的数据点表、“自动对点启动、终止命令，待测试数据的描述”、响应取代服务上送报文。通信点表的通信规约为导入，其他 4 种数据的通信规约为 DL/T 634.5104—2009《远动设备及系统　第 5－104 部分：传输规约采用标准传输协议集的 IEC 60870－5－101 网络访问》。

26. 简述主站前置和网关机间自动对点报文的格式。

答：第 1 位字节为类型标识（TYPE），第 2 位字节为可变结构限定词（VSQ），第 3～4 位字节为传送原因（COT），第 5～6 位字节为应用服务单元公共地址，第 7～9 位字节为信息体地址，第 10 位字节为命令类型，第 11 位字节为数据体。

27. 简述主子站间自动对点模拟测试启动数据体的格式。

答：数据体第一个字节为帧标志，低 3 位表示本帧中数据的类型，最高位表示本帧是否为最后一帧。一个数据帧中只应有一种类型的数据，遥测、遥信、遥控和遥调数据应分为不同的数据帧发送。若一帧无法完全容纳某一类数据，应分为多帧发送，并将后续帧标志设置为 1。在最后一种类型数据的最后一帧，将后续帧标志设置为 0。从第 2 个字节开始是数据的描述。utf8 编码，以 0 结尾。若数据描述较长，本帧的剩余位置无法完全容纳，应将数据放入下一帧发送，不应截断数据描述。

28. 简述自动对点安全防护的要求。

答：（1）安全防护应遵循 GB/T 36572—2018《电力监控系统网络安全防护导则》的要求。

（2）自动对点调试工具应具备身份认证功能，对间隔层装置进行对点调试时应进行身份认证，并输入 IEDname 进行双重认证。

（3）网关机/监控主机对间隔层装置的对点操作结束后，应有取消取代操作，并上送取消取代操作成功报告。自动对点完成后对应装置应进行上电重启，以保证取消取代操作成功。

（4）在运行状态的变电站进行改扩建时，不应对在运行间隔下发自动对点取代命令。对点点表应区分点号范围，不应涉及在运行间隔。对于合成信号及与在运行间隔有虚端子关联关系的信号，须列出交人工审核，确认无安全风险。

29. 简述调度系统中保护装置信号的命名格式。

答：调度.变电站/电压等级.间隔名称编号/保护装置.信号名。

30. 简述监控主机中保护装置信号的命名格式。

答：电压等级.间隔名称编号/保护装置.信号名。

31. 简述调度系统中测控装置信号的命名格式。

答：调度.变电站/电压等级.间隔名称编号/测控装置.信号名。

32. 简述监控主机中测控装置信号的命名格式。

答：电压等级.间隔名称编号/测控装置.信号名。

33. 简述监控主、子站模型一致性比对方法。

答：在点号一致的情况下，比对主站描述和子站描述、主站索引和子站索引的一致性。

34. 简述主子站通信一致性比对方法。

答：在主站描述一致的情况下，比对主站点号和接收点号的一致性。

35. 简述监控主机和间隔层装置通信一致性比对方法。

答：在索引一致的情况下，比对数据库描述和接收描述的一致性。

36. 简述网关机与间隔层装置通信一致性比对方法。

答：在描述一致的情况下，比对 RCD 点号和接收点号的一致性。

37. 简述调试模式下，监控主机生成的取代数据记录文件存储位置和传输方式。

答：存储位置为/SUBSTITUTE 目录下；传输方式为 DL/T 860 通信的文件服务。

38. 调试模式下，监控主机生成的取代数据记录文件中 desc、name、value、time 分别指什么？

答：desc：遥测的描述；name：遥信的名称；value：取代的值；time：变化时刻。

39. 简述变电站监控主机生成的画面信号文件的扩展名、存储位置和传输方式。

答：扩展名.cime；存储位置为/GRAPH 目录下；传输方式为 DL/T 860 通信的文件服务。

40. 什么是自主对点？

答：利用技术手段自动地实现信号从源端至变电站监控主机及集控站、调度监控系统等主站端接收、展示的一致性校验。

41. 自动对点的总体原则是什么？

答：变电站和集控站的信息对点分阶段分环节进行，利用核对工具等辅助手段实现一定程度的信息自动核对，减轻现场信息联调工作量。

变电站、集控站监控系统建设应坚持“统一模型、源端维护”的原则，各信息点名称按照集控站监控系统数据规范名称进行命名，与变电站间隔层装置的模型测点名称一致，并根据需要可叠加装置名称、间隔名称、电压等级、变电站名称、集控站名称、调度机构名称等，从而保持信息名称的统一。

42. 简述分环节核对对点方式。

答：信号核对过程分环节进行，在完成物理回路与间隔层装置间的调试后，采用自动对点方式进行变电站内信息核对和变电站与集控站等主站间的信息核对。其中，变电站内信息核对包括间隔层装置与网关机间的核对、间隔层装置与监控主机间的核对、监控主机画面的核对，变电站与集控站等主站间的信息核对包括网关机与主站前置的核对，主站监控系统画面的核对。如图 17－3 所示。

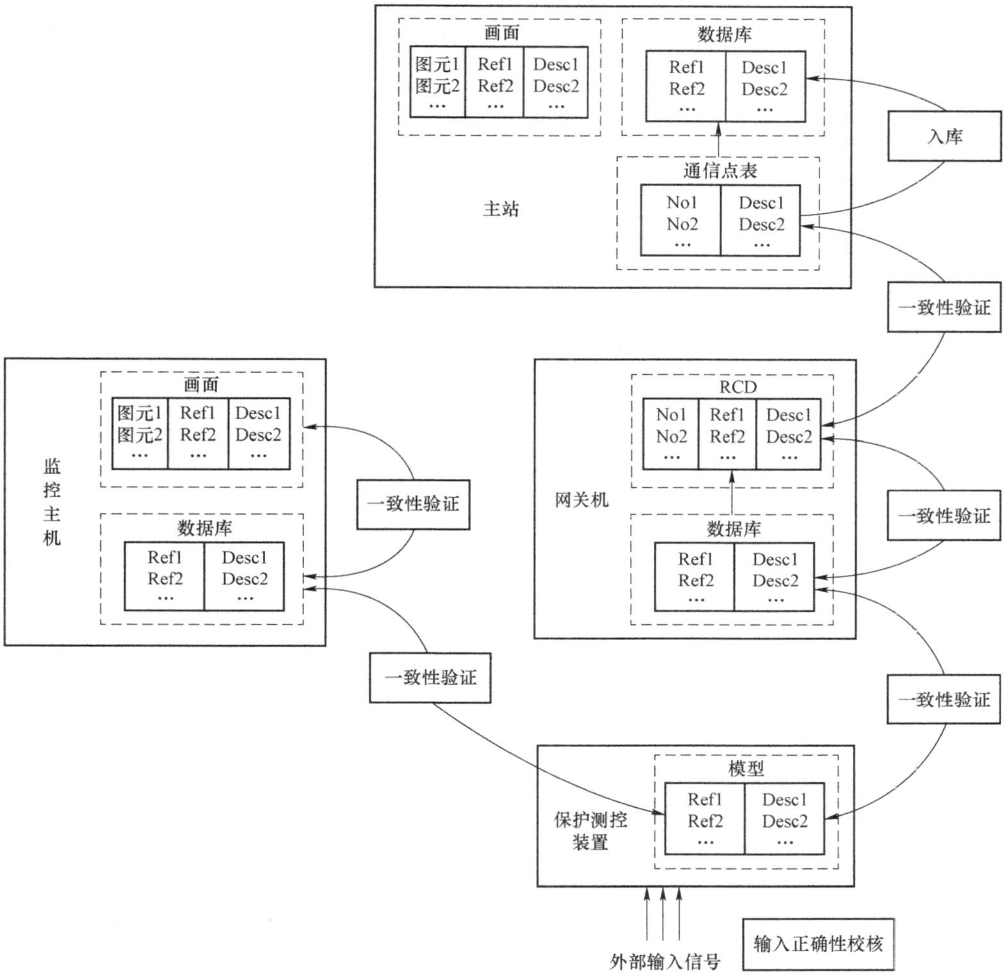

图 17－3 分环节核对

43. 简述对点应满足的条件。

答：对点应满足以下条件：

（1）完成变电站端间隔层装置逻辑和物理回路的人工验证；

（2）已明确变电站监控系统、集控站监控系统以及其他主站系统信号命名；

（3）间隔层装置中测点的描述与信号命名一致；

（4）网关机 RCD 文件已建立；

（5）网关机内合并信号的合并规则在网关机单体调试时已完成；

（6）变电站监控系统数据库已建立，画面图元关联已完成，画面已由人工审核确认；

（7）集控站等主站监控系统前置通信点表、数据库已建立，画面图元关联已完成，画面已由人工审核确认。

44. 简述站内网关机与间隔层装置核对办法。

答：通过调试工具进行模型比对和通信自动对点，实现模型一致性验证和通信一致性验证，如图 17－4 所示。

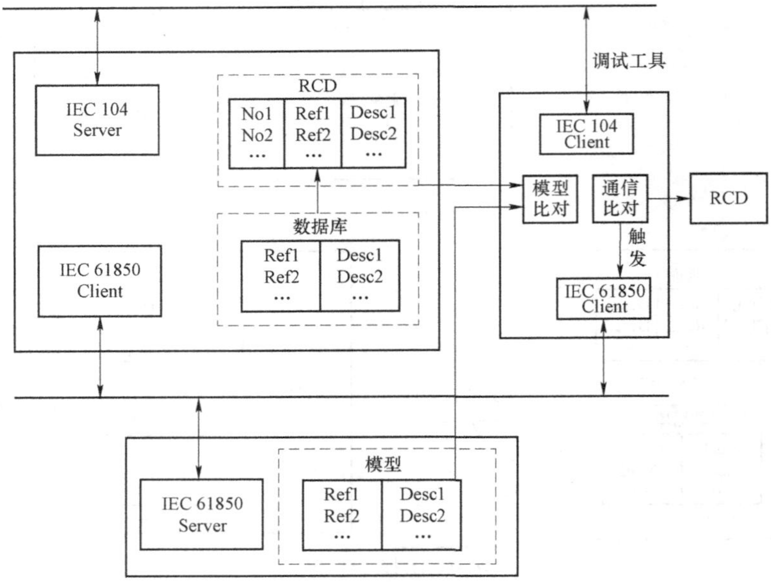

图 17－4　网关机与间隔层装置间核对

（1）站内网关机与间隔层装置间模型一致性校验方法：

1）调试工具通过 DL/T 860 通信服务获取间隔层设备模型；

2）调试工具通过 DL/T 634.5104—2009《远动设备及系统　第 5－104 部分：传输规约采用标准传输协议集的 IEC 60870－5－101 网络访问》通信服务获取网关机的 RCD 文件；

3）调试工具对比间隔层装置模型文件与网关机 RCD 文件的测点索引（Reference）和描述，生成比对结果。

（2）站内网关机和间隔层装置间通信一致性验证方法：

1）调试工具的 DL/T 634.5104 客户端作为模拟主站前置与网关机建立通信；

2）调试工具作为 DL/T 860 的客户端与间隔层装置建立通信；

3）调试工具按照从网关机召唤的 RCD 文件中的测点顺序，采用 DL/T 860 规范的数据取代服务，逐点下发数据取代命令，取代值按特定规律设定（如遥信逐点分合、遥测值逐点递加并超过死区限定）；

4）装置应正确响应取代/取消取代操作，被操作对象的状态能通过报告服务正确上送，并由网关机转发至调试工具；

5）调试工具将接收到的测点点号、描述与 RCD 文件进行一致性比对，生成比对结果；

6）对间隔层装置的对点操作结束后，调试工具应向间隔层装置下发取消取代命令，装置上送取消取代操作成功/失败报告；

7）对点完成后对应装置应进行上电重启，以保证取消取代操作成功。

45. 简述站内监控主机与间隔层装置核对方法。

答： 通过调试工具进行模型比对和通信自动对点，实现模型一致性验证和通信一致性验证，如图 17－5 所示。

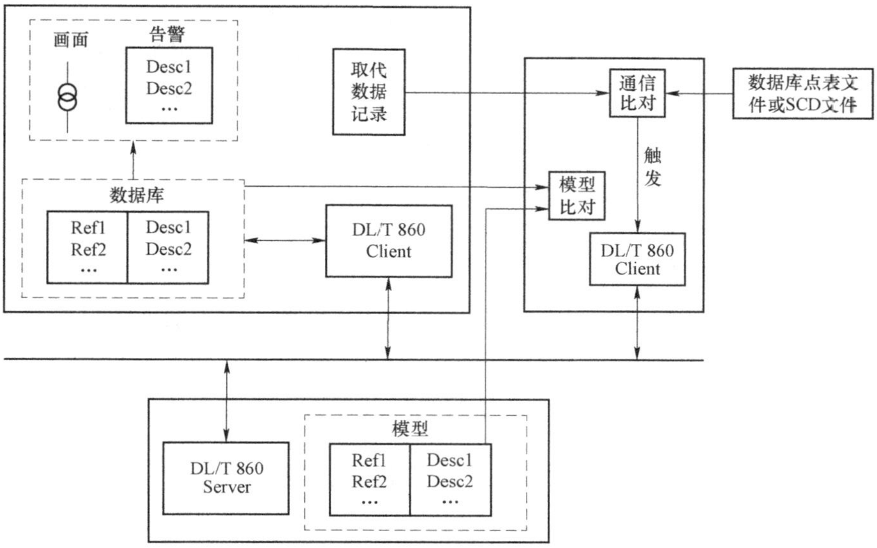

图 17－5　监控主机与间隔层装置间核对

（1）站内监控主机与间隔层装置间模型一致性校验方法：

1）调试工具通过 DL/T 860 的通信服务获取间隔层设备模型；

2）调试工具获取监控主机的数据库点表文件或综合服务主机 SCD 文件，解析并获得测点信息；

3）调试工具对比间隔层装置模型文件与监控主机数据库点表文件或 SCD 文件的测点索引（Reference）和描述，生成比对结果。

（2）站内监控主机与间隔层装置间通信一致性校验方法：

1）调试工具作为 DL/T 860 的客户端与间隔层装置建立通信；

2）调试工具按照从监控主机召唤的数据库点表文件中的测点顺序或综合服务主机 SCD 文件，采用数据取代服务，逐点下发数据取代命令，取代值按特定规律设定（如遥信逐点分合、遥测值逐点递加并超过死区限定）；

3）调试工具根据下发的取代数据生成触发记录文件；

4）监控主机生成取代数据记录文件，并传至调试工具；

5）调试工具比对触发记录与接收到的取代数据记录文件的测点索引（Reference）和描述，生成比对结果；

6）对间隔层装置的对点操作结束后，调试工具应向间隔层装置下发取消取代命令，装置上送取消取代操作成功/失败报告；

7）对点完成后对应装置应进行上电重启，以保证取消取代操作成功。

46. 简述核对站内监控主机画面图元关联正确性的方法。

答：站内监控主机画面图元关联的正确性核对方法：

（1）调试工具作为 DL/T 860 的客户端与间隔层装置建立通信；

（2）调试工具从监控主机召唤画面信号文件，采用数据取代服务，逐点下发数据取代命令，取代值按特定规律设定（如遥信逐点分合、遥测值逐点递加并超过死区限定）；

（3）调试工具根据下发的取代数据生成触发记录文件；

（4）监控主机生成取代数据记录文件，并传至调试工具；

（5）调试工具比对触发记录与接收到的取代数据记录文件的测点索引（Reference）和描述，生成比对结果；

（6）对间隔层装置的对点操作结束后，调试工具应向间隔层装置下发取消取代命令，装置上送取消取代操作成功/失败报告；

（7）对点完成后对应装置应进行上电重启，以保证取消取代操作成功。

47. 简述主站端画面图元关联的正确性核对方法。

答：主站端画面图元关联的正确性核对方法：

（1）集控站监控系统按照画面信号文件，采用数据取代服务，逐点下发数据取代命令，取代值按特定规律设定，单点和双点遥信信息的数据值应设置为与当前值相反的状态，时标取当前时刻，时标的毫秒设置为顺序号。

（2）网关机应正确响应取代操作，被操作对象的状态能通过报告服务正确上送。

（3）集控站监控系统将接收到的报告顺序与实际下发的报告顺序进行核对，生成比对结果。

（4）自动对点操作结束后，集控站监控系统应向网关机取消取代命令，网关机装置上送取消取代操作成功/失败报告。

48. 网关机与间隔层装置间接口要求有哪些？

答：网关机与间隔层装置间接口要求：

（1）调试工具从综合应用主机获取 SCD 文件；

（2）调试工具应具备 DL/T 860 客户端功能，与间隔层装置建立通信连接，在线读取装置模型；

（3）调试工具应具备 DL/T 634.5104—2009《远动设备及系统　第 5－104 部分：传输规约采用标准传输协议集的 IEC 60870－5－101 网络访问》客户端功能，作为模拟主站前置与网关机建立通信，通过 DL/T 634.5104 扩展的 ASDU 获取网关机中的 RCD 文件；

（4）调试工具应导入调度转发表，解析获取测点点号与描述，自动触发模块调度转发表的测点顺序，通过数据取代服务，向间隔层装置逐点下发数据取代命令；

（5）对间隔层装置的对点操作结束后，调试工具应向间隔层装置下发取消取代命令；

（6）间隔层装置应正确响应取代/取消取代操作，被操作对象的状态能通过报告服务正确上送，并由网关机转发至调试工具的模拟主站前置；

（7）网关机与间隔层装置间自动对点接口见图 17－6，接口要求见表 17－1。

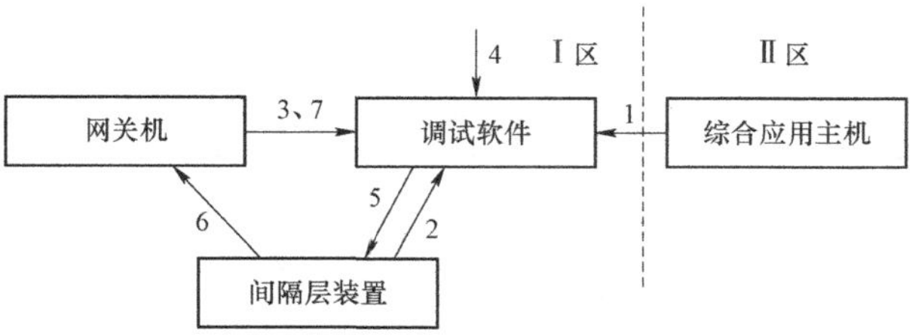

图 17－6　网关机与间隔层装置间自动对点接口

表 17－1　　网关机与间隔层装置间自动对点接口

编号	数据	通信规约
1	SCD 文件	导入
2	装置模型	DL/T 860
3	RCD 文件	DL/T 634.5104
4	调度转发表	导入
5	取代/取消取代命令	DL/T 860
6	响应取代/取消取代命令上送的报告	DL/T 860
7	转发装置响应取代/取消取代命令上送的服务报告	DL/T 860

49. 监控主机与间隔层装置间接口要求有哪些?

答： 监控主机与间隔层装置间接口要求：

（1）调试工具应从综合应用主机获取 SCD 文件，或从监控主机获取数据库信息导出文件；

（2）调试工具应具备 DL/T 860 客户端功能，与间隔层装置建立通信连接，在线召唤间隔层装置模型，获取索引与描述的对应关系；

（3）调试工具应作为 DL/T 860 的客户端与间隔层装置建立通信，采用数据取代服务，逐点下发数据取代命令；

（4）对间隔层装置的对点操作结束后，调试工具应向间隔层装置下发取消取代命令；

（5）间隔层装置应正确响应取代/取消取代操作，被操作对象的状态能通过报告服务正确上送监控主机；

（6）监控主机生成取代数据记录文件，并传至调试工具；

（7）监控主机与间隔层装置间自动对点接口见图 17－7，接口要求见表 17－2。

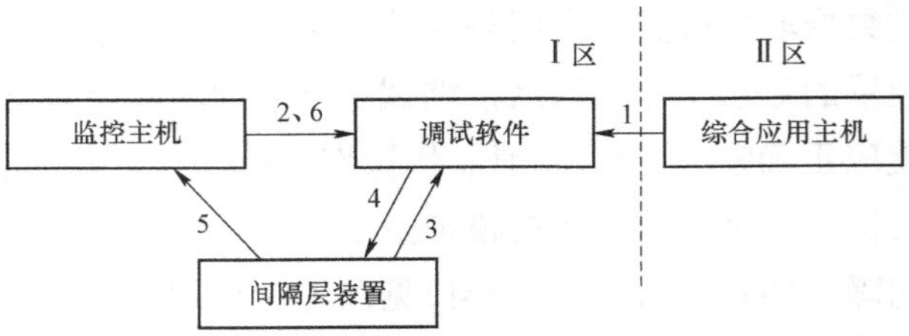

图 17－7　监控主机与间隔层装置间自动对点接口

表 17－2　　监控主机与间隔层装置间自动对点接口

编号	数据	通信规约
1	SCD 文件	导入
2	数据库信息导出文件	DL/T 860
3	装置模型	DL/T 860
4	取代/取消取代命令	DL/T 860
5	响应取代/取消取代命令上送的报告	DL/T 860
6	取代数据记录文件	DL/T 860

50. 主子站间自动对点接口要求有哪些？

答：主子站间自动对点接口要求：

（1）主子站通信点表模型一致性核对采用离线比对时，通过调试工具导入主站系统的通信点表；

（2）主子站通信点表模型一致性核对采用在线比对时，主站系统通过站端数据通信网关机召唤变电站全集 RCD 文件，经挑点及审核生成数据点表，下发至站端数据通信网关机；

（3）主站下发自动对点启动命令，下发所有待测试数据的描述；

（4）厂站端网关机收到自动对点启动命令后，应根据测试数据的顺序使用取代服务依次设置数据值，数据品质为被取代，上送报文到主站；

（5）自动对点过程中，若厂站收到主站的自动对点终止命令，应立刻停止发送测试数据并结束自动对点流程；

（6）主子站间自动对点接口见图 17－8，接口要求见表 17－3。

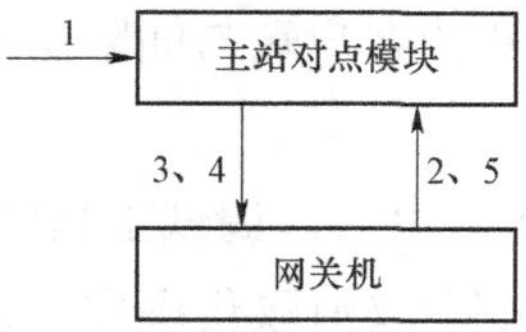

图 17－8　主子站间自动对点接口

表 17－3　　　　主子站间自动对点接口

编号	数据	通信规约
1	通信点表	导入
2	RCD 文件	DL/T 634.5104
3	挑点及审核过生成的数据点表	DL/T 634.5104
4	自动对点启动、终止命令，待测试数据的描述	DL/T 634.5104
5	响应取代服务上送报文	DL/T 634.5104

51. 主站前置和网关机间自动对点报文采用何种协议?

答：主站对点模块中的主站前置和网关机间主要采用 DL/T 634.5101/104 协议进行通信，自动对点报文交互通过扩展 ADSU56 实现。

第十八章

电气防误操作

1. 简述电气操作防误总体原则。

答：（1）遵循《国家电网有限公司关于印发防止电气误操作安全管理规定的通知》（国家电网安监〔2018〕1119号）的要求；

（2）电气操作防误的对象为断路器、隔离开关、接地开关等一次电气设备及接地桩、网门等附属设备；

（3）集控站、变电站各层级顺控操作、遥控操作、就地操作均应具备防误闭锁功能；

（4）集控站监控系统、主辅一体化监控主机（简称监控主机）、智能防误主机、多功能测控装置对同一操作对象的逻辑规则应一致。

2. 简述电气设备操作防误技术手段。

答：电气设备操作防误技术手段包括操作互斥、挂牌闭锁、操作票闭锁、信号闭锁、拓扑防误、逻辑规则防误、电气闭锁、机械闭锁和防误锁具闭锁。

3. 简述操作防误总体要求。

答：操作防误应支持遥控操作防误、顺控操作防误和就地操作防误等三类业务流程。

4. 简述遥控操作防误分类。

答：遥控操作防误包含变电站遥控操作防误和集控站遥控操作防误。

5. 简述电气设备操作防误架构。

答：电气设备操作防误由变电站防误和集控站防误两部分组成，变电站防误分为站控层、间隔层、过程层，三个层次互相独立，任一层防误功能故障应不影响其他层正常防误功能的实现，如图 18－1 所示。

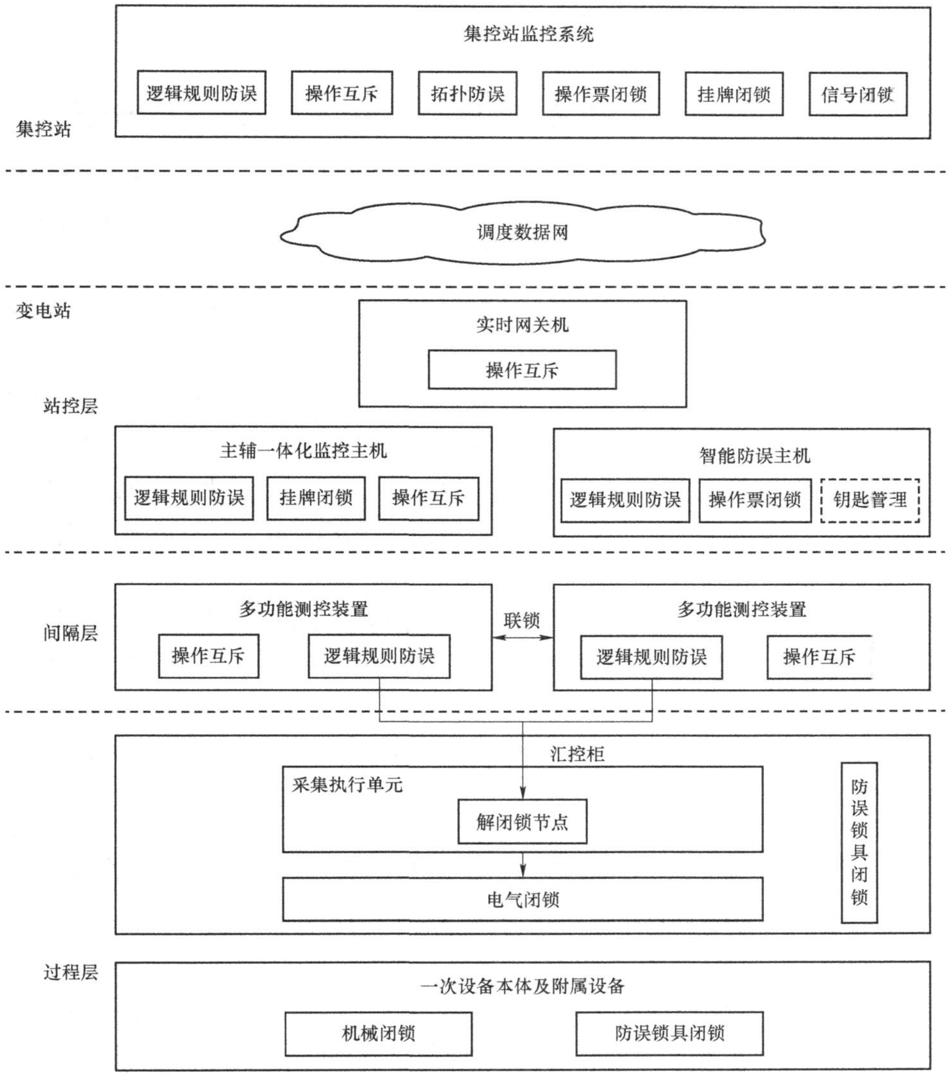

图 18－1　操作防误架构图

6. 简述监控主机遥控操作防误校核流程。

答：（1）智能防误主机开操作票，进行模拟预演，逻辑规则校核成功后执行操作票；

（2）监控主机执行遥控操作，判断操作互斥、挂牌闭锁、智能防误主机操作票闭锁、防误双校核各环节是否校核通过，若校核失败应停止操作并提示错误信息；

（3）监控主机发送遥控命令至多功能测控装置，多功能测控装置判断操作互斥、逻辑规则防误是否校核通过，校核通过后闭合采集执行单元的解闭锁接点，若校核失败应停止操作并提示错误信息；

（4）多功能测控装置发送GOOSE报文至采集执行单元，采集执行单元经汇控柜电气闭锁校核通过后出口。

7. 简述逻辑规则变电站校核模式下集控站遥控操作的防误校核流程。

答：（1）集控站监控系统开操作票，拓扑防误校核成功后生成倒闸操作票文件。

（2）倒闸操作票文件经实时网关机下发给监控主机，监控主机生成临时顺控操作票。

（3）集控站监控系统下发预演指令，监控主机启动临时顺控操作票模拟预演，进行防误双校核，返回单步预演结果和操作票预演总结果。

（4）集控站监控系统确认预演结果后，下发执行指令，监控主机启动临时顺控操作票执行，执行时判断操作互斥、挂牌闭锁、防误双校核各环节是否校核通过，若校核失败应停止操作并提示错误信息。临时顺控操作票执行完一步后，监控主机返回单步执行结果，等待集控站监控系统人工确认，人工确认本步操作成功后，下发下一步的执行指令，直至执行完全部操作步骤。

（5）每一步指令执行时监控主机发送遥控命令至多功能测控装置，多功能测控装置判断操作互斥、逻辑规则防误是否校核通过，校核通过后闭合采集执行单元的解闭锁接点，若校核失败应停止操作并提示错误信息。

（6）多功能测控装置发送GOOSE报文至采集执行单元，采集执行单元经汇控柜电气闭锁校核通过后出口。

8. 简述逻辑规则集控站校核模式下集控站遥控操作防误校核流程。

答：（1）集控站监控系统开操作票，进行模拟预演，拓扑防误、逻辑规则校核成功后执行操作票；

（2）集控站监控系统执行遥控操作，判断操作互斥、挂牌闭锁、操作票闭锁、信号闭锁、拓扑防误、逻辑规则防误各环节是否校核通过，若校核失败应停止操作并提示错误信息；

（3）集控站监控系统下发遥控命令，经实时网关机发送至多功能测控装置，多功能测控装置判断操作互斥、逻辑规则防误是否校核通过，校核通过后闭合采集执行单元的解闭锁接点，若校核失败应停止操作并提示错误信息；

（4）多功能测控装置发送GOOSE报文至采集执行单元，采集执行单元经汇控柜电气闭锁校核通过后出口。

9. 简述紧急遥控模式下集控站遥控操作防误应用场景。

答：紧急遥控模式下集控站遥控操作防误仅针对断路器和主变压器中性点接地开关。

10. 简述紧急遥控模式下集控站遥控操作防误校核流程。

答：（1）集控站监控系统执行遥控操作，判断操作互斥、挂牌闭锁、信号闭锁、拓扑防误各环节是否校核通过，若校核失败应停止操作并提示错误信息；

（2）集控站监控系统下发遥控命令，经实时网关机发送至多功能测控装置，多功能测控装置判断操作互斥、逻辑规则防误是否校核通过，校核通过后闭合采集执行单元的解闭锁接点，若校核失败应停止操作并提示错误信息；

（3）多功能测控装置发送GOOSE报文至采集执行单元，采集执行单元经汇控柜电气闭锁校核通过后出口。

11. 简述顺控操作防误校核流程。

答：（1）集控站监控系统或监控主机调取已校核的顺控操作票；

（2）由监控主机负责模拟预演，进行防误双校核，模拟预演成功后才可进行指令执行；

（3）由监控主机负责指令执行，指令执行时判断操作互斥、挂牌闭锁、防误双校核各环节是否校核通过，若校核失败应停止操作并提示错误信息；

（4）每一步指令执行时监控主机发送遥控命令至多功能测控装置，多功能测控装置判断操作互斥、逻辑规则防误是否校核通过，校核通过后闭合采集执行单元的解闭锁接点，若校核失败应停止操作并提示错误信息；

（5）多功能测控装置发送GOOSE报文至采集执行单元，采集执行单元经汇控柜电气闭锁校核通过后出口。

12. 简述智能防误主机就地操作防误校核流程。

答：（1）智能防误主机开操作票（可选）；

（2）智能防误主机进行操作票模拟预演，逻辑规则校核通过后执行操作票；

（3）智能防误主机将操作票传送给电脑钥匙；

（4）电脑钥匙按照操作票中的操作序列顺序开启相关设备上的防误锁具，执行就地操作；

（5）操作票执行完毕后，电脑钥匙回传操作信息，智能防误主机更新接地桩、网门设备状态。

13. 简述站控层防误对实时网关机的技术要求。

答：（1）应具备操作互斥功能，某一主站控制时，应闭锁其他主站控制；

（2）应具备远方/就地功能，处于就地状态时禁止远方控制；

（3）应具备倒闸操作票转发、顺控指令转发、执行结果上送等功能。

14. 简述站控层防误对主辅一体化监控主机的技术要求。

答：（1）应支持逻辑规则的编辑、存储、导出；

（2）应支持多功能测控装置逻辑规则文件的召唤和下装；

（3）应支持从智能防误主机或多功能测控装置采集接地桩、网门等设备状态信息；

（4）应支持在数据品质位无效、可疑等状态时，判断逻辑规则校核不通过；

（5）顺控操作时，与智能防误主机交互，满足防误双校核要求，若校核失败，应停止操作并提示双校核各自的校核结果；

（6）应具备挂牌闭锁功能；

（7）应具备操作互斥功能，一个节点在进行电气设备操作时，应闭锁其他节点的电气设备操作；

（8）应支持判断实时网关机远方/就地状态，处于远方状态时禁止本地操作。

15. 简述智能防误主机技术要求。

答：（1）应支持与监控主机配合，实现遥控、顺控操作防误功能；

（2）应支持与电脑钥匙、防误锁具配合，实现就地操作防误功能；

（3）应具备研发、升级、维护的全程可控能力；

（4）遵循 GB/T 36572—2018《电力监控系统网络安全防护导则》的安全要求。

16. 简述智能防误主机的主要功能。

答：智能防误主机的主要功能为数据采集及处理、操作票生成、操作票预演及执行、操作票管理、电脑钥匙、防误锁具管理、逻辑规则防误、配置管理。

17. 简述智能防误主机的数据采集及处理功能。

答：（1）应支持从监控主机采集断路器、隔离开关等设备状态；

（2）应支持接收电脑钥匙操作回传信息，更新接地桩、网门等设备状态；

（3）与监控主机通信中断后，相应数据品质应在中断前品质基础上置可疑；

（4）初始化过程中与监控主机无法通信，应将来自监控主机的数据品质置无效。

18. 简述智能防误主机的操作票生成功能。

答：（1）应支持通过图形、手工及调用典型票、历史票、预存票等方式开操作票；

（2）应具备操作票修改功能，可根据现场运行需求增加或删除操作步骤，可手动或自动增加相关二次设备、检查项等内容；

（3）应根据操作任务，结合逻辑规则和运行方式，自动生成符合操作规范的操作票。

19. 简述智能防误主机的操作票预演及执行功能。

答：（1）操作票执行前应先预演，应支持手动预演和自动预演两种方式；

（2）预演界面与执行界面应有明显的视觉区分；

（3）操作票预演时应具备逻辑规则校核功能，校核不通过时，停止预演并给出明确提示，禁止操作；

（4）应具备操作票闭锁功能，对不符合操作票内容或顺序的操作实施闭锁；

（5）应支持多张没有关联的操作票同时执行；

（6）应支持和监控主机交互，实现顺控操作票预演和执行的防误双校核。

20. 简述智能防误主机的操作票管理功能。

答：（1）操作票应能按预开、作废、已执行等分类保存及显示；

（2）操作票应具备打印功能，标题、单位标志、操作内容等应能灵活设置，符合现场运行要求；

（3）操作票应支持条件查询。

21. 简述智能防误主机的电脑钥匙、防误锁具管理功能要求。

答：（1）电脑钥匙、防误锁具功能和技术指标及应满足 DL/T 687—2010《微机型防止电气误操作系统通用技术条件》的技术要求；

（2）应具备对电脑钥匙校时功能。

22. 简述智能防误主机的逻辑规则防误功能。

答：（1）应支持逻辑规则的编辑、存储、导出；

（2）支持将逻辑规则文件上传到综合应用主机进行版本管控；

（3）应支持在数据品质可疑、无效时，判断逻辑规则校核不通过。

23. 简述智能防误主机的配置管理功能。

答：（1）应具备人员权限管理功能，可设置人员姓名、密码、部门、角色等；

（2）应具备角色管理功能，可对角色分配开操作票、模拟预演、逻辑规则修改等权限；

（3）应具备电气接线图编辑功能；

（4）应具备操作术语设置功能；

（5）应具备防误锁具配置功能；

（6）应具备数据备份、还原功能；

（7）应支持 SCD 文件的导入、解析、入库，来源于 SCD 文件的信息应禁止修改；

（8）应根据 SCD 文件和 SCD 版本更新文件完成数据库、图形、逻辑规则等相关工程配置的更新，宜提供人工确认手段；

（9）应支持当前使用 SCD 文件版本、校验码的在线查询功能。

24. 简述智能防误主机接口。

答：（1）智能防误主机应通过 DL/T 860 通信报文规范，接收监控主机发送的断路器、隔离开关、接地开关等设备状态；

（2）智能防误主机应通过 DL/T 860 通信报文规范，接收监控主机的防误校核请求；

（3）智能防误主机应通过 DL/T 860 通信报文规范，向监控主机发送操作防误许可；

（4）智能防误主机应通过 DL/T 860 通信报文规范，向监控主机和实时网关机发送接地桩、网门状态信息；

（5）智能防误主机应通过 DL/T 860 通信报文规范，向综合应用主机发送逻辑规则文件；

（6）智能防误主机通过私有协议和电脑钥匙通信，完成操作任务下装，接地桩、网门状态采集。

25. 简述智能防误主机技术指标。

答：（1）接收到设备状态后画面中设备状态更新时间不大于 2s；

（2）单步遥控操作防误校核时间不大于 2s；

（3）顺控票预演过程中的防误校核时间（30 个操作步骤内）不大于 10s；

（4）遥控、顺控请求记录数据存储时间不少于 3 年；

（5）就地操作历史记录存储时间不少于 3 年；

（6）系统日志数据存储时间不少于 3 年。

26. 简述间隔层防误实现途径。

答：间隔层防误由多功能测控装置实现。

27. 简述间隔层防误功能。

答：（1）应在监控主机统一配置生成“五防”规则文件，文件名定义为“wf.dat”；

（2）“五防”规则文件应具备版本号和校验码信息；

（3）应能通过站控层网络 DL/T 860 通信报文规范文件服务实现“五防”规则文件的上传和下装。文件下装操作需在装置处于检修态时进行。

28. 简述过程层防误功能。

答：（1）采集执行单元应具备解闭锁接点与遥控开出接点串联闭锁功能；

（2）电气闭锁回路应直接使用断路器、隔离开关、接地开关等设备的辅助接点，严禁使用重动继电器；

（3）机械闭锁应能可靠锁死电气设备的传动机构；

（4）应对高压电气设备及其附属装置就地操动机构安装防误锁具，实现强制闭锁。

29. 简述逻辑规则文件组成。

答：逻辑规则文件由信息头、逻辑规则、结束符三部分组成。

30. 简述逻辑规则文件文件版本的命名规则。

答：版本号均从 1.0 开始，当逻辑规则文件版本升级时，以步长 0.1 向上累加。

31. 简述逻辑规则文件的修改时间。

答：指逻辑规则文件修改后的保存时间。

32. 逻辑规则文件逻辑规则包含哪些操作类型?

答：原规范操作类型包含合操作和分操作；扩展手车操作类型包含试验转运行、试验转检修、检修转试验、运行转试验。

33. 描述逻辑规则文件中的逻辑表达式。

答：使用状态量常数描述逻辑表达式：0 表示分位，1 表示合位。

（1）断路器、隔离开关、接地开关：0 为断开位置，1 为合上位置；

（2）网（柜）门：0 为打开状态，1 为关闭状态；

（3）接地桩：0 为接地线拆除状态，1 为接地线挂接状态；

（4）手车：0 为检修位置，1 为运行位置，2 为试验位置。

34. 全站逻辑规则文件名是什么?

答：Logicrules.rul。

35. 测控装置逻辑规则文件名是什么?

答：wf.dat。

36. 简述智能防误主机模型的公用信息。

答：公用信息包括物理设备（LPHD）、公共信息（LLN0）及运行状态（StaGGIO），其中物理设备和公共信息描述了设备台账信息，运行状态描述了智能防误主机的实际运行状态。

37．简述智能防误主机模型的在线监测信息。

答： 在线监测信息包括 CPU 状态监视（SCPU）、内存在线监测（SMEM）、硬盘在线监测（SDSK）。

38．简述智能防误主机模型的对时管理信息。

答： 对时管理信息包括对时状态（LTSM）。

39．简述智能防误主机模型的接地桩、网门逻辑节点。

答： 接地桩、网门逻辑节点在 GGIO 类上扩充，最大容纳 150 个数据对象，超过时应建立多个逻辑节点，按序号分组。

40．简述智能防误主机模型的文件传输逻辑节点。

答： 文件传输逻辑节点应在 GGIO 类上扩充，包含两类状态信息：

（1）TicChecked：顺控票检验完成后触发；

（2）LogUpdated：逻辑规则文件更新时触发。

41．简述智能防误主机模型数据集及报告控制块应遵循的原则。

答：（1）应建立网门状态数据集，名称为 cabStatDS；

（2）应建立接地桩状态数据集，名称为 gndStatDS；

（3）每个数据集 FCDA 条目不超过 150；

（4）网门/接地桩数据集数目大于 1 时，数据集名称加序号后缀；

（5）报告应支持不少于 16 个实例；

（6）网门状态、接地桩状态信息应使用缓存报告。

42．简述智能防误主机模型 SSD 信息关联中接地桩的相关信息。

答：（1）扩充定义接地桩设备类型，type =“GND”，端接数为 1；

（2）扩充定义接地桩图元样式，symbol =“groundPoint”；

（3）每个接地桩按 type =“GND”建模，支持 SSD 布局扩展属性；

（4）根据实际的拓扑连接，所有的接地桩设备信息包含在 Bay 对象内，接地桩的 Terminal 与 ConnectivityNode 相连；

（5）对于接地桩，配置逻辑节点“GndGGIO”中的数据对象，应关联到 ConductingEquipment type =“GND”对象下；

（6）设备对象 name 采用“设备类型代码”+“调度编号”描述，防误逻辑规则中的接地桩设备编号，采用 name 中的“调度编号”。

43. 简述 SSD 信息关联中网门的相关信息。

答：（1）所有与一次设备相关的网门状态信息，应通过配置逻辑节点“CabGGIO”中的数据对象，关联到对应的一次设备下；

（2）防误逻辑规则中的网门设备编号，从 SCD 文件中取逻辑节点“CabGGIO”对应的数据对象（DO）的描述信息（dU）。

44. 简述智能防误主机模型的文件服务访问路径。

答：（1）访问路径为 TICKETCHK，文件名为 Ticket_x_chk.txt，应用性质为顺控票校验；

（2）访问路径为 LOGRULES，文件名为 Logicrules.rul，应用性质为逻辑规则。

45. 简述智能防误主机模型的 IED Name 命名结构。

答：第 1 个字符和第 2 个字符为 IED 类型，对于智能防误主机模型此处应为 PM（智能防误主机，smart preventing mal－operation host）；第 3 个字符为归属设备类型，对于智能防误主机模型此处应为 Y；第 4 个字符和第 5 个字符为电压等级；第 6 个字符和第 7 个字符为归属设备编号；第 8 个字符为 IED 编号。

46. 简述智能防误主机与监控主机之间的交互关系。

答：智能防误主机与监控主机使用 DL/T 860 通信报文进行交互，智能防误主机做服务端，监控主机做客户端，包含报告服务、远程过程调用服务和文件服务。

47. 简述智能防误主机与监控主机交互所用的接地桩、网门状态上送报告服务。

答：智能防误主机通过报告服务向监控主机发送接地桩、网门信息，其中包含：

（1）总召报告：响应监控主机的总召请求，发送总召报告，包括接地桩、网门全数据；

（2）变化报告：主动上送变化报告，反映接地桩、网门状态变化。

48. 简述智能防误主机与监控主机交互所用的远程过程调用服务。

答：（1）通过远程过程调用服务，提供数据更新接口，由监控主机调用，智能防误主机实现对断路器、隔离开关、接地开关等设备状态的采集更新；

（2）通过远程过程调用服务，提供操作防误校核接口，由监控主机调用，实现单步操作防误校核功能。

49. 简述智能防误主机与监控主机交互所用的文件服务。

答：通过文件服务，实现顺控票文件及校核结果文件的交互。

50. 简述智能防误主机对于一次设备状态更新提供的接口和方法。

答：接口为 iAskOperCheck，方法为 mUpdateAllStat（一次设备状态全数据更新）、mUpdateChgStat（一次设备状态变化更新）。

51. 简述智能防误主机和监控主机之间对于一次设备状态更新的交互过程。

答：监控主机周期调用 mUpdateAllStat 方法，刷新智能防误主机一次设备状态全数据；一次设备状态发生变化时，监控主机调用 mUpdateChgStat 方法，刷新智能防误主机一次设备状态。

52. 简述智能防误主机和监控主机之间对于顺控票防误校核的交互过程。

答：通过文件服务，智能防误主机接收监控主机发送的顺控票，完成顺控票防误校核且生成顺控票校验结果文件后，触发数据变位报告，数据对象为“TicChecked”，值为 1。监控主机收到通知后，通过 GetFile 方法从智能防误主机中获取顺控票校验结果文件。

53. 对于遥控操作防误校核，智能防误主机提供的接口和方法分别是什么?

答：接口为 iAskOperCheck，方法为 mAskOperCheck。

54. 简述 mAskOperCheck 方法的请求参数和返回参数。

答：（1）请求参数（reqData）：为键值形式数据，其中键为一次设备的 reference，值为 UINT8 类型的设备操作初状态和末状态；

（2）返回参数（rspData）：获取方法的返回结果为操作防误校核结果，返回值为 0 代表允许遥控，返回值为 1 代表禁止遥控。

55. 简述智能防误主机和监控主机之间对于遥控操作防误校核的交互过程。

答：监控主机通过调用 mAskOperCheck 方法，将监控主机请求的一次设备操作初状态和末状态发送至智能防误主机；智能防误进行防误校核，mAskOperCheck 返回值为 0 代表允许遥控，返回值为 1 代表禁止遥控。

56. 简述智能防误主机与综合应用主机之间的交互关系。

答： 智能防误主机与综合应用主机使用 DL/T 860 通信报文进行交互，智能防误主机做服务端，综合应用主机做客户端。智能防误主机的规则逻辑文件有更新时，触发数据变位报告，数据对象为“LogUpdated”，值为 1。通过文件服务，综合应用主机读取当前规则逻辑文件。

57. 简述智能防误主机与实时网关机之间的交互关系。

答： 智能防误主机与实时网关机使用 DL/T 860 通信报文进行交互，智能防误主机做服务端，实时网关机做客户端。智能防误主机通过报告服务，发送接地桩、网门信息。

58. 简述线路、开关操作的闭锁信号。

答：（1）间隔一、二次设备的事故类及异常类信号；

（2）相关电压等级公用闭锁信号：包含母线 TV 二次电压并列（含并列异常）信号、母线采集执行单元异常类信号、母线保护的事故类及异常类信号、反映母线保护信号的公用测控通信信号；

（3）全站公用闭锁信号包含全站事故总信号、直流系统（一体化电源）的直流失地、直流系统绝缘故障信号、反映直流系统（一体化电源）信号的公用测控通信信号。

59. 简述母线操作的闭锁信号。

答：（1）母线保护的事故类及异常类信号、所操作线路间隔、主变压器开关间隔及母联（分）断路器间隔一、二次设备的事故类及异常类信号、母线 TV 二次电压并列（含并列异常）信号、母线采集执行单元异常类信号、GIS 母线本体气室及与母线气室直接连通的隔离开关气室告警信号（含备用间隔及待用间隔气室告警信号）；

（2）相关电压等级公用闭锁信号：包含反映母线保护信号的公用测控通信信号；

（3）全站公用闭锁信号包含全站事故总信号、直流系统（一体化电源）的直流失地、直流系统绝缘故障信号、反映直流系统（一体化电源）信号的公用测控通信信号。

60. 简述主变压器操作的闭锁信号。

答：（1）主变压器本体间隔及所操作开关间隔一、二次设备的事故类及异常类信号；

（2）相关电压等级公用闭锁信号包含母线保护的事故类及异常类信号、反映母线保护信号的公用测控通信信号、母线 TV 二次电压并列（含并列异常）信号、母线采集执行单元异常类信号；

（3）全站公用闭锁信号包含全站事故总信号、直流系统（一体化电源）的直流失地、直流系统绝缘故障信号、反映直流系统（一体化电源）信号的公用测控通信信号。

61. 简述智能防误主机测试要求及测试方法。

答：智能防误主机测试包括以下几个方面：

（1）结构和外观。

1）测试要求：设备外观及接口应与技术要求一致。

2）测试方法：记录被测样品的结构、配置、电源及外部接口情况。

（2）接口测试。

智能防误主机与监控主机、综合应用主机、实时网关机、电脑钥匙的接口如图 18－2 所示。

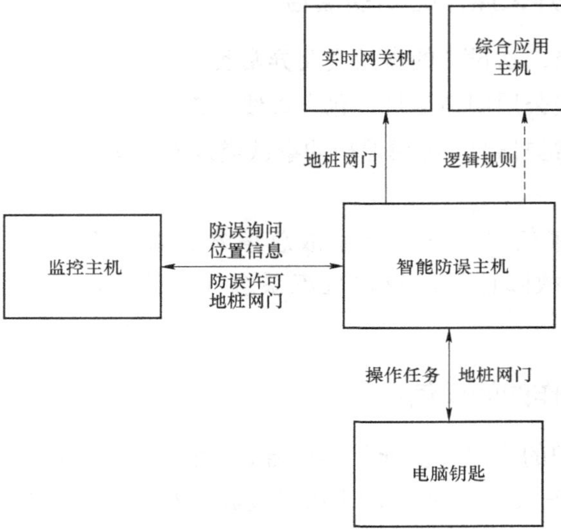

图 18－2　智能防误主机接口示意图

1）测试要求：

a. 智能防误主机应通过 DL/T 860 通信协议，接收监控主机发送的断路器、隔离开关、接地开关等设备状态；

b. 智能防误主机应通过 DL/T 860 通信协议，接收监控主机的防误校核请求；

c. 智能防误主机应通过 DL/T 860 通信协议，向监控主机发送操作防误许可；

d. 智能防误主机应通过 DL/T 860 通信协议，向监控主机和实时网关机发送接地桩、网门状态信息；

e. 智能防误主机应通过 DL/T 860 通信协议，向综合应用主机发送逻辑规则文件；

f. 智能防误主机通过私有协议和电脑钥匙通信，完成操作任务下装，接地桩、网门状态采集。

2）测试方法：

a. 智能防误主机做服务端，监控主机做客户端，按照 DL/T 860 通信协议进行通信，智能防误主机能实时更新断路器、隔离开关、接地开关等设备状态；

b. 智能防误主机与监控主机按 DL/T 860 通信协议方式进行通信，在监控主机上开一张顺控票，智能防误主机能收到监控主机发送的顺控票，且能对其进行顺控票防误校核并将校核结果发送给监控主机；

c. 智能防误主机与监控主机按 DL/T 860 通信协议方式进行通信，在监控主机上按照顺控票顺序进行遥控操作，智能防误主机能收到监控主机的防误校核请求，且能将操作防误许可校验结果发送给监控主机；

d. 智能防误主机与监控主机按 DL/T 860 通信协议方式进行通信，在监控主机上开一张顺控票，智能防误主机校核通过后，在监控主机上执行顺控票过程中，撤销该顺控票，智能防误主机应能收到监控主机发送的顺控票撤销文件，并结束当前顺控票操作任务；

e. 检查上述操作中生成的顺控票文件、顺控票撤销文件、顺控票校验结果文件，其格式是否符合运检一〔2018〕63 号文的要求；

f. 智能防误主机与监控主机按 DL/T 860 通信协议方式进行通信，监控主机能收到智能防误主机的接地桩、网门状态信息，两边状态保持一致；

g. 智能防误主机与实时网关机按 DL/T 860 通信协议方式进行通信，实时网关机能收到智能防误主机的接地桩、网门状态信息，两边状态保持一致；

h. 智能防误主机与综合应用主机按 DL/T 860 通信协议方式进行通信，在智能防误主机上更新规则逻辑文件，检测智能防误主机能否将此文件发送到综合应用主机上；

i. 智能防误接口检查：

接口检查按要求的各接口检测步骤实施。在智能防误主机上生成一个操作任务，并将该操作任务传输给电脑钥匙，电脑钥匙能接收到该操作任务。

（3）实时遥信采集功能测试。

1）测试要求：应支持接收电脑钥匙操作回传信息，更新网柜门、接地线等设备状态。

2）测试方法：

a. 智能防误主机与监控主机通信正常情况下，在监控主机上模拟断路器、隔离开关等设备变位，检查智能防误主机对应设备状态；

b. 设备的状态实时发生变化，智能防误主机对应设备状态显示正确，设备图形及颜色显示正确。

（4）操作回传信息采集功能测试。

1）测试要求：应支持接收、处理电脑钥匙操作记录回传信息。

2）测试方法：用电脑钥匙操作对应设备，操作完成后进行回传，检查智能防误主机是否能接收、处理电脑钥匙操作记录回传信息。

（5）数据品质测试。

1）测试要求：

a. 与监控主机通信中断后，相应数据品质应在中断前品质基础上置可疑；

b. 初始化过程中与监控主机无法通信，应将来自监控主机的数据品质置无效。

2）测试方法：

a. 断开与监控主机通信，检查智能防误主机数据品质是否正确；

b. 模拟初始化时智能防误主机与监控主机无法建立通信，检查智能防误主机上是否有相关数据品质无效（非法）标志。

（6）操作票生成功能测试。

1）测试要求：

a. 应支持通过图形、手工及调用典型票、历史票、预存票等方式开操作票；

b. 应具备操作票修改功能，可根据现场运行需求增加或删除操作步骤，可手动或自动增加相关二次设备、检查项等内容；

c. 应根据操作任务，结合逻辑规则和运行方式，自动生成符合操作规范的操作票。

2）测试方法：

a. 在智能防误系统通过图形、手工及调用典型票、历史票、预存票等方式开操作票，检测是否能够成功；

b. 进行操作票修改，实施增加或删除操作，检测是否能够成功，检测是否可手动或自动增加相关二次设备、检查项等内容；

c. 根据操作任务，结合逻辑规则和运行方式，自动生成符合操作规范的操作票。

（7）操作票预演功能测试。

1）测试要求：

a. 操作票执行前应先预演，应支持手动预演和自动预演两种方式；

b. 预演界面与执行界面应有明显的视觉区分；

c. 操作票预演时应具备逻辑规则校核功能，校核不通过时，停止预演并给出明确提示，禁止操作；

d. 应具备操作票闭锁功能，对不符合操作票内容或顺序的操作实施闭锁；

e. 应支持多张没有关联的操作票同时执行；

f. 应支持和监控主机交互，实现顺控操作票预演和执行的防误双校核。

2）测试方法：

a. 在智能防误主机上对已经生成的操作票进行模拟操作预演，检测是否能手动点击预演操作步骤，也能自动预演操作步骤；

b. 在智能防误主机上分别进入操作票预演界面和操作票执行界面，检测系统对界面是否进行了明显的视觉区分；

c. 在智能防误主机上生成一张操作票，在模拟预演之前修改其设备状态或逻辑规则，使操作票中操作顺序不满足逻辑规则，操作票在模拟预演时校核不能通过，预演停止并提示禁止操作；

d. 在智能防误主机上生成一张操作票后，在监控主机上模拟请求不按操作票内容或顺序操作设备时，智能防误主机会禁止监控主机操作；

e. 在智能防误主机上生成操作票内容及逻辑规则上都没有关联的多张操作票，多张操作票能同时执行；

f. 在监控主机上生成顺控操作票并进行预演，智能防误主机能收到该顺控票，并返回防误校验结果；

g. 预演成功后在监控主机上执行操作票，智能防误主机能接收到顺控操作的操作防误校验请求并返回防误校验结果。

（8）操作票管理功能测试。

1）测试要求：

a. 操作票应能按预开、作废、已执行等分类保存及显示；

b. 操作票应具备打印功能，标题、单位标志、操作内容等应能灵活设置，符合现场运行要求；

c. 操作票应支持条件查询。

2）测试方法：

a. 在智能防误主机上分别预开、作废、执行几张操作票，查看操作票记录，智能防误主机能按预开、作废、已执行等分类保存及显示操作票；

b. 在智能防误主机上生成一张操作票，系统能根据现场要求对标题、单位标志、操作内容等灵活设置并打印；

c. 在智能防误主机上按输入的检索条件对操作票进行查询，系统能按要求查询到数据。

（9）逻辑规则测试。

1）测试要求：

a. 应支持逻辑规则的编辑、存储、导出；

b. 应支持将逻辑规则文件上传到综合应用主机进行版本管控；

c. 应支持在数据品质可疑、无效时，判断逻辑规则校核不通过。

2）测试方法：

a. 在智能防误主机上，对逻辑规则进行编辑、存储、导出等操作；

b. 在智能防误主机上更新逻辑规则文件，检查智能防误主机能否将文件上传到综合应用主机；

c. 在设备数据品质可疑或无效的情况下，进行遥控操作防误校验或顺控票操作防误校验，逻辑规则校核不通过。

（10）配置管理功能测试。

1）测试要求：

a. 应具备人员权限管理功能，可设置人员姓名、密码、部门、角色等；

b. 应具备角色管理功能，可对角色分配开操作票、模拟预演、逻辑规则修改等权限；

c. 应具备电气接线图编辑功能；

d. 应具备操作术语设置功能；

e. 应具备防误锁具配置功能；

f. 应具备数据备份、还原功能；

g. 应支持SCD文件的导入、解析、入库，来源于SCD文件的信息应禁止修改；

h. 应根据SCD文件和SCD版本更新文件完成数据库、图形、逻辑规则等相关工程配置的更新，宜提供人工确认手段；

i. 应支持当前使用SCD文件版本、校验码的在线查询功能。

2）测试方法：

a. 在智能防误主机上添加人员，设置其姓名、密码、所属部门、角色等相关属性信息，检查是否添加成功；

b. 在智能防误主机上对定义的角色分配权限，进行各类角色的开操作票、模拟预演、逻辑规则修改等权限分配，按人员所属的角色进行相关操作，检查其操作权限与分配是否一致；

c. 运行图形编辑程序，绘制电气接线图并进行相关编辑；

d. 在智能防误主机上对操作术语进行设置，检查操作术语是否设置成功；

e. 在智能防误主机上对设备的防误锁具进行配置，检查设备的防误锁具是否配置成功；

f. 在智能防误主机上进行数据备份操作，检查智能防误主机是否正确生成数据备份文件；

g. 在智能防误主机上选择数据备份文件进行数据还原，检查智能防误主机能否成功还原备份数据；

h. 在智能防误主机上导入某工程的SCD文件，检查智能防误主机能否正确解析及入库，检查更新后实际内容与SCD文件描述是否一致；

i. 检查在智能防误主机上是否禁止对导入的调度双编号、接线图连接关系内容等进行修改；

j. 在智能防误主机上导入已修改的SCD文件，检查智能防误主机能否正确解析并完成对数据库、图形、逻辑规则等相关工程配置的更新。

（11）互操作测试。

1）测试要求：智能防误主机应能与不同厂家的主辅一体化监控主机通信正常，能够正确进行操作票、设备状态的交互，能正常进行预演、执行和防误校核结果回传。

2）测试方法：

a. 使用不同厂家的监控主机与智能防误主机进行开票、预演、执行、校核信息上送等操作，检测是否能够互联互通；

b. 使用不同厂家的网关机，在集控站进行相关交互操作，检测与智能防误主机进行相关操作的正确性。

62. 简述就地防误单元测试要求及测试方法。

答：就地防误单元测试包括数据转发功能、充电功能、基本功能和接口测试四个方面。

（1）数据转发功能测试。

1）测试要求：

a. 应具备数据转发功能，向电脑钥匙转发操作序列，向智能防误主机转发操作记录；

b. 应具备 IrDA 或其他通信方式，与电脑钥匙进行数据交互；

c. 应具备 RS232、以太网等通信方式，与智能防误主机进行数据交互。

2）测试方法：

a. 智能防误主机通过就地防误单元向电脑钥匙下发操作序列，检查电脑钥匙能否接收到操作序列；

b. 电脑钥匙通过就地防误单元向智能防误主机发送操作记录，检查智能防误主机能否接收到操作记录；

c. 就地防误单元通过 IrDA 或其他通信方式与电脑钥匙进行数据交互，检查能否正常进行数据交互；

d. 就地防误单元分别通过 RS232、以太网等通信方式与智能防误主机进行数据交互，检查能否正常进行数据交互。

（2）充电功能测试。

1）测试要求：

a. 应具备对电脑钥匙充电功能；

b. 应具备充电异常告警提示功能。

2）测试方法：

a. 就地防误单元对电脑钥匙进行充电操作，检查电脑钥匙能否正常充电；

b. 充电过程中，出现接触不良等充电回路故障时，检查就地防误单元有无充电异常告警提示。

（3）基本功能测试。

1）测试要求：

a. 应设置显示屏，显示屏具有自发光或背景光，在黑暗处可视，显示内容清晰，便于观看；

b. 应具备良好的人机交互界面；

c. 应支持声、光等方式对通信状态、充电状态进行提示。

2）测试方法：

a. 检查就地防误单元，就地防误单元是否设置显示屏，显示屏是否具有自发光或背景光；

b. 将就地防误单元放置黑暗处，检查显示屏在黑暗处是否可视，显示内容是否清晰、便于观看；

c. 查看就地防误单元人机交互界面，查看就地防误单元人机交互界面是否和技术规范要求一致；

d. 检查就地防误单元在通信、充电过程中有无声、光提示。

（4）接口测试。

1）测试要求：

a. 具备与智能防误主机以太网/RJ45、RS232/DB9公插头通信接口，用于传输操作序列、操作记录等，接口数量不少于1个；

b. 具备与电脑钥匙IrDA或其他通信接口，用于传输操作序列、操作记录等，接口数量不少于1个。

2）测试方法：

a. 检查就地防误单元与智能防误主机通信接口类型及数量；

b. 检查就地防误单元与电脑钥匙通信接口类型及数量。

63. 简述电脑钥匙测试要求及测试方法。

答：电脑钥匙测试包括接收操作序列、开锁操作、回传操作和基本功能测试四个方面：

（1）接收操作序列测试。

1）测试要求：

a. 应支持接收智能防误主机下发的操作序列；

b. 应支持浏览查看操作序列内容；

c. 应支持电脑钥匙关机或取下电池后，操作序列内容不改变和丢失。

2）测试方法：

a. 智能防误主机给电脑钥匙下发操作序列，检查电脑钥匙能否成功接收到智能防误主机下发的操作序列；

b. 在电脑钥匙上查看操作序列内容，检查电脑钥匙显示的操作序列内容与智能防误主机下发的内容是否一致；

c. 关机或取下电池后再重新上电开机，检查操作序列内容是否不改变和不丢失。

（2）开锁操作测试。

1）测试要求：

a. 应支持按照操作序列的顺序进行开锁操作，操作过程中不能出现错项或漏项；

b. 不满足操作顺序的开锁操作应禁止，并有声、光或语音告警；

c. 应支持按照操作序列的内容正确识别编码锁，操作过程中读码应稳定，不能出现误码、失码、跳码等；

d. 开锁应顺畅、灵活、无卡涩；

e. 应具有操作过程信息记录功能，信息应包含操作时间、操作人员、操作设备、操作方式等；

f. 应支持浏览查看操作信息内容；

g. 电脑钥匙关机或取下电池后，操作信息内容不应改变和丢失。

2）测试方法：

a. 电脑钥匙接收操作序列后执行开锁操作，检测操作过程中能否按照操作序列顺序进行开锁，不出现错项或漏项；

b. 执行开锁操作过程中，将电脑钥匙插入不满足操作顺序的编码锁，检测电脑钥匙是否禁止开锁，并有声、光或语音告警；

c. 按照操作序列内容执行开锁操作，检测电脑钥匙能否正确识别编码锁，操作过程中读码稳定，无误码、失码、跳码等现象，开锁顺畅、灵活、无卡涩；

d. 操作完毕后，浏览电脑钥匙操作过程信息记录内容。检测电脑钥匙是否具有操作过程信息记录功能，记录内容是否准确无误，信息包含操作时间、操作人员、操作设备、操作方式等；

e. 关机或取下电池后再重新上电开机，检查操作信息内容，操作信息内容应不改变和不丢失。

（3）回传操作测试。

1）测试要求：

a. 应支持将操作信息回传给智能防误主机；

b. 应支持操作结束回传、中止回传。

2）测试方法：

a. 操作序列全部执行操作完毕，回传操作信息。检测电脑钥匙是否能够成功将操作信息回传给智能防误主机；

b. 操作序列部分执行操作完毕，回传操作信息。检测电脑钥匙是否能够成功将操作信息回传给智能防误主机。

（4）基本功能测试。

1）测试要求：

a. 应设置显示屏，显示屏具有自发光或背景光，在黑暗处可视，显示内容清晰，便于观看；

b. 应具备良好的人机交互界面；

c. 应装配可充电、可更换的电池；

d. 应具备电池电量检测和充电管理功能；

e. 应支持跳步钥匙授权跳步功能，每次授权仅能跳步一项；

f. 应具备对时功能，可通过智能防误主机进行对时；

g. 应具备实时时钟功能；

h. 开锁接口应包括机械编码锁开锁接口、电气编码锁开锁接口。

2）测试方法：

a. 检查电脑钥匙是否设置显示屏，显示屏是否具有自发光或背景光；

b. 将电脑钥匙放置黑暗处，检查显示屏在黑暗处是否可视，显示内容是否清晰、便于观看；

c. 查看电脑钥匙人机交互界面是否与技术规范要求一致；

d. 检查电脑钥匙电池是否可充电、可更换；

e. 对电脑钥匙进行充电，查看电脑钥匙电池电量，检查电脑钥匙是否能够正常充电，并显示电池电量，充满电后停止充电；

f. 使用跳步钥匙对电脑钥匙授权后，进行跳步操作，检查电脑钥匙是否支持跳步钥匙授权跳步操作，每次授权是否仅能跳步一项；

g. 设置电脑钥匙时间，使之与智能防误主机时间不一致，通过智能防误主机进行对时，检查电脑钥匙是否对时成功，时间与智能防误主机上时间一致，且误差不超过 3s；

h. 检查电脑钥匙开锁接口，电脑钥匙开锁接口是否包括机械编码锁开锁接口、电气编码锁开锁接口。

64. 简述防误锁具测试要求及测试方法。

答：（1）防误锁具测试要求：

1）机械编码锁应具备机械结构和编码片；

2）机械编码锁应支持钥匙右旋开锁；

3）机械编码锁解锁机构应顺畅、灵活、无卡涩；

4）室外使用的机械编码锁应配备防尘盖；

5）电气编码锁应具备电气结构和编码片；

6）编码片为编码锁提供唯一的识别码，采用非接触式读码。

（2）防误锁具测试方法：

1）检查机械锁是否备机械结构和编码片；

2）使用配套电脑钥匙开锁，检查电脑钥匙能否正确开锁；

3）对机械编码锁进行解锁操作，检查操作是否顺畅、灵活、无卡涩；

4）检查室外使用的机械编码锁是否配备防尘盖；

5）检查电气编码锁是否具备电气结构和编码片；

6）检查编码片技术指标，编码片是否为编码锁提供唯一的识别码，采用非接触式读码。

65. 简述解锁钥匙测试要求及测试方法。

答：（1）解锁钥匙测试要求：

1）应具备编码锁解锁功能；

2）解锁应顺畅、灵活、无卡涩；

3）采用纯机械结构。

（2）解锁钥匙测试方法：

1）使用解锁钥匙对编码锁进行解锁操作，检测是否能正常解锁，且解锁操作顺畅、灵活、无卡涩；

2）检查解锁钥匙结构。

66. 简述跳步钥匙测试要求及测试方法。

答：（1）跳步钥匙测试要求：

1）应具备编码片；

2）应支持为电脑钥匙提供跳步授权功能。

（2）跳步钥匙测试方法：

1）检查跳步钥匙是否具备编码片；

2）使用跳步钥匙对电脑钥匙进行跳步授权，检测是否能对电脑钥匙进行跳步授权。

67. 简述人机界面测试要求及测试方法。

答：（1）人机界面测试要求：

1）界面应布局合理、层次清晰、标示清楚、意义明确、简洁美观；

2）界面的展示风格、字体、颜色、设备运行状态的着色及标识应统一、含义清晰；

3）界面整体框架宜采用 16:9（宽高比）比例作为基准进行设计布置；

4）界面宜采用蓝色背景；

5）不同电压等级的一次设备应采用不同的颜色进行着色，设备不带电时，均使用失电颜色标识，设备命名与量测名称的标注字体应统一，应根据测点属性及品质值对遥信状态、遥测数据进行着色；

6）界面上的预演、执行、暂停、终止等图元应符合技术规范要求；

7）各界面显示布局与功能要求应与技术规范一致。

（2）人机界面测试方法：

1）给定智能防误系统变电站主接线图、变电站 SCD 模型，检查变电站智能防误系统主接线图布局是否能够清楚标识变电站的拓扑结构和设备信息，是否按照层次结构展示变电站信息、电压等级及间隔等标识是否完整；

2）检测界面展示风格、字体、颜色是否与技术规范要求一致，检查不同电压等级的一次设备是否采用不同的颜色进行着色，设备不带电时，是否使用失电颜色标识，电压等级是否按色别定义；

3）检测界面整体框架是否按照16:9设计；

4）检测界面背景主体的RGB值及颜色；

5）检测一次设备图元库信息，是否满足技术规范要求，通过拖拽等形式进行修改，图形基本形态保持比例缩放，检查设备命名和标注字体是否统一，模拟设备遥测、遥信信号品质变化，检查界面设备及信号的着色情况是否与要求一致；

6）检测界面的一键顺控、设备图元等是否符合相关技术规范要求；

7）逐个功能分图和间隔分图进行检查，检测界面的布局、功能、按键操作闭锁、图形符号显示、动态展示等是否与技术规范要求一致。

68. 简述智能防误系统防误锁具功能测试方法。

答：（1）检查机械锁，应具备机械结构和编码片；

（2）使用配套电脑钥匙开锁，电脑钥匙应能正确开锁；

（3）对机械编码锁进行解锁操作，操作应顺畅、灵活、无卡涩；

（4）检查防尘盖，室外使用的机械编码锁应配备防尘盖；

（5）检查电气编码锁，应具备电气结构和编码片；

（6）检查编码片技术指标，编码片应为编码锁提供唯一的识别码，采用非接触式读码。

69. 简述智能防误系统通信安全测试方法。

答：（1）查看当前的网络连接白名单，使用白名单外的设备连接系统，系统应拒绝白名单外的通信对象的接入；

（2）身份认证：对于具备证书认证功能的系统，分别使用正确证书、错误证书进行通信，只允许正确证书的设备认证成功并建立通信，错误证书设备、无证书设备应拒绝通信；

（3）使用攻击工具在通信网络施加网络风暴、泛洪攻击、拒绝服务等攻击，检测监控系统是否出现误动、误发报文、死机、重启等现象，攻击结束后，系统应能正常工作；

（4）抓取敏感数据传输报文，检测是否存在明文传输敏感数据；

（5）传输较长的业务报文时，传输过程中中断，检测是否具备断点续传功能，检测重要的业务数据是否有校验机制，保证数据的完整性；

（6）截取防误系统实时数据采集、控制等业务通信报文，对通信报文进行篡改，修改业务数据为非法数据，检测是否能够过滤非法业务数据；

（7）截取防误系统实时数据采集、控制等通信报文，对通信报文进行重放，是否能够识别通信数据合法性，检查是否能够拒绝响应；

（8）使用协议健壮性工具构造随机、半随机数据进行模糊测试，检测监控系统是否能够正确处理各类畸形报文和攻击报文，确保业务的正常交互；

（9）检测异常连接访问、通信认证异常等是否记录相应审计日志。

70. 简述智能防误系统数据安全测试方法。

答：（1）查看业务数据、配置数据、审计数据、敏感数据等访问权限，检测是否具备访问控制策略；

（2）查看是否对数据划分了不同的安全级别，并检测是否对安全级别较高的数据进行保护；

（3）检测身份凭证信息等重要数据在存储时是否采用国密算法进行加密；

（4）检测是否采用校验技术或密码技术等对重要业务数据、敏感数据在存储时进行完整性校验；

（5）尝试修改、删除审计数据，检测是否操作不成功；

（6）模拟软、硬件异常情况，检测软硬件异常情况下存储的历史数据、配置数据等是否完整、正确；

（7）检测重要业务数据是否具备备份与恢复功能，且实现正确；

（8）用户访问存储数据行为、数据备份、数据恢复等应记录安全审计日志。

71. 简述智能防误系统智能防误主机性能测试方法。

答：（1）模拟开关等设备变位后，记录智能防误系统画面中对应设备变位时间，画面中对应设备状态更新时间不大于2s；

（2）记录从接收监控主机遥控操作防误校验请求到返回防误校验结果的时间，防误校验时间不大于3s；

（3）开一张有30个操作步骤的顺控票后，记录防误校验时间，整个防误校验时间不大于10s；

（4）按平均每月10条的遥控或顺控操作记录、10条就地操作记录、1500条系统日志记录数据大小，计算硬盘容量是否支持2年的记录数据；

（5）系统日志数据存储时间不少于2年。

72. 简述智能防误系统防误锁具性能技术要求。

答：（1）防护等级：室外用编码锁应满足IP56，室内用编码锁应满足IPX；

（2）耐腐蚀性：不少于铜盐加速醋酸盐雾试验（CASS试验）16h。

73. 简述智能防误系统环境影响检测技术要求。

答：（1）耐受温度：锁具在－40℃～+70℃范围正常使用，电脑钥匙－25℃～+55℃范围正常使用；

（2）耐湿热影响：试验温度为55℃±2℃；相对湿度为在55℃时93%±3%；持续时间为48h。

74. 简述智能防误系统绝缘性能检测技术要求。

答：（1）受试样品（就地防误单元）被试部分（交流额定电压220V和/或直流额定电压110、220V接线端子对地）在施加试验电压500V稳定5s后，正常大气条件下绝缘电阻不小于100MΩ，交变湿热试验后绝缘电阻不小于10MΩ；

（2）受试样品（就地防误单元）被试部分（交流额定电压220V和/或直流额定电压110、220V接线端子对地）应能承受频率为50Hz，历时1min的工频耐压（电压值：正常大气条件下2000V；交变湿热试验后1600V）；

（3）受试样品（就地防误单元）被试部分（交流额定电压220V和/或直流额定电压110、220V接线端子对地）应能承受电压值为5kV、开路电压波形为1.2/50μs的标准雷电波冲击试验。

75. 简述智能防误系统网络交换机VLAN配置测试方法。

答：交换机VLAN配置的测试方法：

（1）查看交换机端口，VLANID是否默认为1，端口PVID默认为1；查看交换机所有端口是否加入VLAN 2和VLAN3（VLANID=2和VLANID=3）；查看隔离交换机所有端口是否加入VLAN3（VLANID=3）。

（2）使用网络测试仪发送6个数据流到交换机端口检测VLAN，6个检测流分别如下：

1）stream1：GOOSE报文，VID为0；

2）stream2：GOOSE报文，VID为1；

3）stream3：GOOSE报文，VID为2；

4）stream4：GOOSE报文，VID为3；

5）stream5：GOOSE报文，VID为4；

6）stream6：普通IP报文，VID为4。

（3）测试仪发送到交换机端口的数据流，若VLAN ID号不同，则交换机丢弃该数据流；若相同，可转发至相同VLAN的端口。

76. 简述智能防误系统交换机网络安全监测数据传输检测技术要求。

答：（1）交换机的网络安全监测数据传送至部署于特定管理区域上的网络安全监测应用中，具体网络安全监测信息见Q/GDW 11914—2018《电力监控系统网络安全检测装置技术规范》附录B.2中表B.10；

（2）支持通过SNMP、SNMP TRAP V2c及以上版本协议与网络安全监测应用进行通信；

（3）支持通过 SNMP 和日志协议传输交换机事件信息；

（4）支持通过 SNMP TRAP 协议主动传输交换机事件信息。

77. 如何校验电脑钥匙的对时功能?

答：可通过智能防误主机校验电脑钥匙的对时功能，具体方法为：设置电脑钥匙时间，使之与智能防误主机时间不一致，通过智能防误主机进行对时。电脑钥匙对时成功，时间与智能防误主机上时间一致，误差不超过 3s。

78. 简述就地防误单元的绝缘性能要求。

答：（1）受试样品（就地防误单元）被试部分（交流额定电压 220V 和/或直流额定电压 110、220V 接线端子对地）在施加试验电压 500V 稳定 5s 后，正常大气条件下绝缘电阻不小于 100MΩ，交变湿热试验后绝缘电阻不小于 10MΩ；

（2）受试样品（就地防误单元）被试部分（交流额定电压 220V 和/或直流额定电压 110、220V 接线端子对地）应能承受频率为 50Hz，历时 1min 的工频耐压（电压值：正常大气条件下 2000V；交变湿热试验后 1600V）；

（3）受试样品（就地防误单元）被试部分（交流额定电压 220V 和/或直流额定电压 110、220V 接线端子对地）应能承受电压值为 5kV、开路电压波形为 1.2/50μs 的标准雷电波冲击试验。

第十九章

二次设备安全防护

1. 简述电力二次设备安全防护的总体目标。

答：在变电站的网络边界防护基础上，提升内生安全防护水平，加固变电站二次系统整体防护，防控主要网络安全威胁，达到等级保护三级要求。

2. 变电站监控系统密码设置为“xiaowang”，是否满足安全要求？

答：不满足，密码设置应为大写字母、小写字母、数字、特殊字符中三种或三种以上的组合。

3. 无线传感器是否可以接入到变电站？

答：无线传感器经无线安全接入区、正反向隔离装置，可接入至变电站。

4. 小王为便于记住监控系统的登录密码，将登录密码明文保存在主机中比较隐蔽的文件夹下，这种做法是否正确？

答：不正确，登录密码等敏感数据信息不能明文保存在任何可存储的介质中。

5. 简述电力二次设备安全防护面临的主要网络安全威胁。

答：（1）黑客入侵：有组织的黑客团体对变电站二次系统进行恶意攻击、窃取数据，破坏变电站二次系统的正常运行；

（2）旁路控制：非授权者发送非法控制命令，导致变电站二次系统事故，甚至系统瓦解；

（3）完整性破坏：非授权修改变电站二次系统配置、程序、控制命令；

（4）越权操作：超越已授权限进行非法操作；

（5）无意或故意行为：无意或有意地泄露口令等敏感信息，或不谨慎地配置访问控制规则等；

（6）拦截篡改：拦截或篡改控制命令、参数设置等敏感信息；

（7）非法用户：非授权用户使用计算机或网络资源；

（8）信息泄露：口令、证书等敏感信息泄密；

（9）网络欺骗：Web 服务欺骗攻击；IP 欺骗攻击；

（10）身份伪装：入侵者伪装合法身份，进入变电站二次系统；

（11）拒绝服务攻击：向变电站二次系统发送大量雪崩数据，造成系统瘫痪；

（12）窃听：黑客在信道上搭线窃听明文传输的敏感信息，为后续攻击做准备。

6. 简述电力二次设备安全防护的总体要求。

答：（1）应满足国家法律法规和技术标准的相关要求，如《中华人民共和国网络安全法》《中华人民共和国数据安全法》《电力监控系统安全防护规定》（国家发展改革委第 14 号令）、《电力监控系统安全防护总体方案》（国家能源局 36 号文）、GB/T 22239—2019《信息安全技术 网络安全等级保护基本要求》、GB/T 36572—2018《电力监控系统网络安全防护导则》等；

（2）应构建安全可靠的网络，并充分识别二次系统在生产控制、信息管理、运维调试、辅控接入等运行中的结构性边界，严格遵循“安全分区、网络专用、横向隔离、纵向认证”的基本要求，提高系统的边界防护能力；

（3）应全面加强设备的访问控制、数据保密、记录审计等安全配置，应排除设备自身的安全漏洞风险，提高设备的本体安全防护能力；

（4）宜加强设备自身系统启动、应用加载、工具连接、设备间交互等环节的身份识别和可信验证，提高系统的主动安全免疫能力；

（5）应加强对二次系统网络空间的管理事件、安全事件和系统日志的采集，从系统的不同层级、不同设备种类、不同应用类型等多个维度建立网络安全监测及风险评估能力。

7. 简述变电站二次设备安全防护架构。

答：（1）根据系统的组成和总体要求，构建系统“结构安全、本体安全、可信免疫、安全监测”的安全防护架构（如图 19－1 所示），形成多层次多维度的综合安全防护体系。

（2）建立系统的结构性边界防护能力。建立相对独立的系统网络，并按照网络结构和业务种类，划分生产控制区、管理信息区等不同等级的安全区域，在安全区域的纵向和横向边界上部署相应的网络安防设备，对生产控制区通过无线通信网、电力企业其他数据网（非电力调度数据网）或者外部公用数据网的虚拟专用网络方式（VPN）等通信方式和终端进行采集接入时，应在接入边界上设置安全接入区，对现场的调试运维等临时性工作边界也应建立符合安全区要求的边界防护措施。

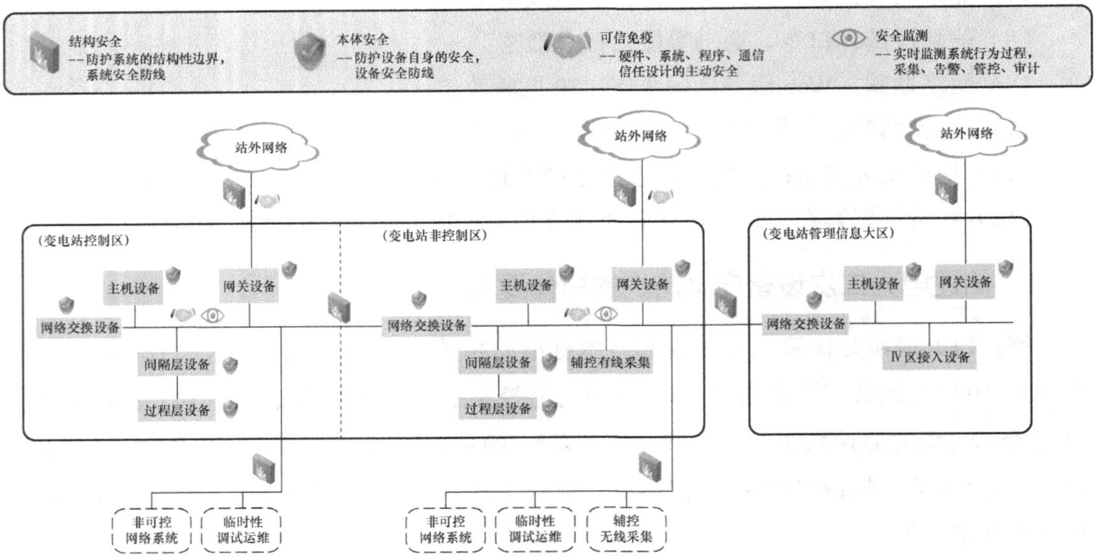

图 19－1　变电站安全防护架构

（3）建立设备的本体安全能力。设备硬件及基础组件应实现国产安全可控，包括硬件、操作系统、数据库、密码算法等，并且具备访问控制、数据保密、关闭端口和不必要的服务、修复系统漏洞、记录审计等安全防护措施。

（4）宜采用可信计算技术建立设备及系统的可信免疫能力。从设备的安全启动、操作系统引导到应用程序加载的各个环节植入可信度量，同时对工具软件的连接、对设备间的通信交互建立可信验证，从而建立起从设备自身到系统内交互的全方位的信任免疫机制。

（5）建立全面的网络安全监测和分析能力。从生产控制大区站控层到间隔层，从主机设备、网络交换设备到网络安防设备，实现网络安全信息采集和全面的安全监测评估，并通过综合应用主机汇总后，经服务网关机上送网络安全管理平台。

8. 按照部署层次及被攻击后对电网造成风险的程度，二次安防设备可以分为哪几类？

答：变电站内二次设备按照其部署层次及被攻击后对电网造成风险的程度，总体架构上划分为主要承担信息交互和网络安全的网关设备、网络交换设备、网络安防设备，以及主要承担变电站应用功能的过程层设备、间隔层设备、主机设备和辅助设备。

（1）网关设备：统一承担变电站与调度/集控主站的信息交互，包括实时网关机和服务网关机。网关设备配合调度/集控主站完成对变电站访问的身份认证。

（2）网络交换设备：承担信息交互的流量传输，包括站控层和间隔层交换机。

（3）网络安防设备：负责内部网络和外部网络的隔离，以及变电站内部各安全分区的隔离，包括防火墙和隔离装置。

（4）过程层设备：承担变电站内二次设备和一次设备间的数据和控制交互，包括采集执行单元。

（5）间隔层设备：承担变电站内保护、自动化及计量业务的保护、测控和计量功能，包括多功能测控、继电保护装置、安全稳定控制装置、智能录波器、集中计量装置、结算计量装置。

（6）主机设备：承担变电站内保护、自动化及辅助控制设备的监测分析功能，以及站内运维管理功能，包括监控主机、综合应用主机、Ⅳ区巡检主机。

（7）辅助设备：承担变电站的辅助监控工作，包括辅助终端设备、有线传感器、无线传感器、汇聚节点、安全接入网关等。

9. 二次安防设备有哪几种身份认证方式?

答：（1）登录身份认证：二次设备应具备就地登录身份认证功能；

（2）配置软件认证：应能对配套使用的配置工具软件在连接使用时进行基于国密算法的身份认证，未经认证授权的配置工具软件禁止访问设备的任何功能；

（3）连接身份认证：对于传输重要操作控制命令的链路，当主子站间链路建立时，宜有身份认证机制保证双方身份的合法性。

10. 简述二次安防设备就地登录身份认证功能。

答：（1）登录身份认证通常可采用数字证书、生物特征识别和口令认证，根据设备安全防护需求不同，可选用不同的认证方式或多种认证方式的组合；

（2）身份凭证信息应为密文存储；

（3）具有登录失败处理功能，应配置并启用结束会话、限制非法登录次数和当登录连接超时自动退出等相关措施，多次登录失败后锁定账户一段时间（[2，10] min），并且有相应的提示，防止暴力破解口令；

（4）当用户在登录超时时间（[1，30] min）内未进行任何操作时，系统应能自动结束该用户会话并退出登录；

（5）登录用户执行重要操作具备再次身份认证的机制。

11. 简述二次安防设备（辅控传感器除外）安全审计功能。

答：（1）审计记录留存时间应不小于 6 个月；

（2）审计日志内容应至少包括以下内容：事件的日期和时间，发生事件的组件，用户/主体的 ID/IP 地址，操作内容，该事件的结果；

（3）应提供对审计数据进行查询的功能，主机设备还应提供排序、分类、分析统计的功能；

（4）保护审计信息和审计功能不被非授权访问、修改和删除，审计员应可访问审计日志，无法执行修改、删除审计日志的操作；

（5）审计记录产生时添加基于系统时间的时间戳；

（6）审计记录应支持本地离线方式导出；

（7）各类设备的审计事件记录应包括安全性事件和重要业务事件。

12. 二次安防设备如何实现访问控制？

答：（1）除过程层设备和辅控传感器外，其他各类二次设备业务系统应设置操作员、管理员和审计员三种角色，不允许存在超级用户，权限的设置应基于最小权限原则：

1）操作员：对用户信息、厂家设置信息等进行配置管理，设备配置/数据等进行配置操作（如遥测参数、遥信参数、遥控参数、同期参数等配置）；

2）管理员：具有创建除审计员外的用户账户，并管理除自身外其他用户权限的能力；

3）审计员：查看并操作终端审计日志，审计用户可由审计管理员创建或为内置的唯一用户，可采用远程查看方式。

（2）除画面查看等公共权限外，应保证不同角色间权限互斥，且不能将不同的角色授予同一用户。

（3）访问控制的粒度应达到主体为用户级，客体为文件级、数据库表级、记录或字段级。

（4）应建立网络白名单机制，白名单之外的连接不允许访问相应的业务。

13. 二次安防设备如何保证数据安全？

答：应对数据划分不同安全级别，并采用不同的访问控制权限。一般数据在存储过程中不需要加密和认证；口令等重要数据在存储时应采用国密算法进行加密，访问时需要进行身份认证。

14. 二次安防设备如何实现安全监测？

答：位于生产控制大区的网络交换设备、网络安防设备及主机设备应支持网络安全监测信息采集，并满足网络安全管理平台的接入要求。

15. 二次安防设备如何保证通信安全？

答：（1）变电站二次系统宜采用安全可控的通信协议；

（2）通信协议宜支持身份认证功能；

（3）采用无线传输的通信协议应支持身份认证和数据加密功能；

（4）面对网络风暴、泛洪攻击、拒绝服务攻击，装置不应出现误动、误发报文、死机、重启等现象。

16. 如何对二次安防设备进行安全加固？

答：（1）应修复设备的高危及中危安全漏洞，漏洞分级参照 GB/T 30279—2020《信息安全技术 网络安全漏洞分类分级指南》；

（2）应禁止使用易遭受恶意攻击的高危端口和高危服务，禁止开启与业务无关的端口和服务；不允许使用 Telnet、FTP 等高风险服务，部署于生产控制大区的设备不允许使用 E-Mail、Web、Rlogin、TFTP、SMB 等服务；

（3）应具备文件上传、下载的权限控制和校验功能。

17. 简述对二次安防设备源代码的要求。

答：源代码中应不包含已知的高、中风险等级漏洞。

18. 二次安防设备如何进行备份与恢复？

答：除辅控传感器外，其他各类二次设备应具备配置文件、数据文件等关键数据的备份功能，并可通过备份文件进行设备的运行恢复。

19. 二次安防设备如何保证业务逻辑安全？

答：（1）应对应用输入和配置信息进行检查，保证输入值的合理性，语法的完整性、有效性和正确性；

（2）能够明确拒绝不正确长度的输入；

（3）执行业务操作时，不能返回与业务操作无关的信息。

20. 简述二次安防设备对可信免疫能力的要求。

答：对于主机设备、网关设备及网络安防设备，宜采用可信计算技术建立设备及系统的可信免疫能力。

21. 各类二次安防设备如何进行设备接入控制？

答：（1）过程层设备：过程层设备在和间隔层设备业务通信时，应通过各项标识（包括 MAC 地址、APPID）的一致性校验对间隔层设备进行接入控制；

（2）间隔层设备：间隔层设备在和过程层设备、间隔层设备业务通信时，应通过各项标识（包括 MAC 地址、APPID）的一致性校验对过程层、间隔层设备进行接入控制；

（3）网络交换设备：在装置中建立白名单，装置应能够拒绝响应非法 IP 地址、MAC 地址的客户端连接；

（4）网络安防设备：应提供必要的标识和鉴别机制，包括：

1）应对接入设备身份进行合法性的认证，拒绝非法终端接入；

2）应与接入设备实现双向身份认证，并保证传输通道的安全；

3）应对接入设备的数据进行业务和端口的验证，禁止未注册的业务数据通过，通过的数据通过加密隧道构建安全传输环境。

22. 哪些二次安防设备应具备登录身份认证功能？

答：间隔层设备、主机设备、网络交换设备、网关设备、网络安防设备。

23. 简述间隔层设备登录身份认证功能。

答：（1）间隔层设备应采用用户名和口令方式，实现人员在登录应用时的身份认证；

（2）仅依靠非触摸式液晶面板及按键实现人机交互的间隔层设备，身份鉴别信息复杂度要求口令不得小于 4 位，不使用重复性（三位及以上均为同一字符或数字）、连续性（三位及以上均为连续性字符或数字）数字或字符；

（3）自带触摸式液晶面板、图形管理界面或依靠上位机实现人机交互的间隔层设备，身份鉴别信息复杂度要求口令不得小于 8 位，且为字母、数字和特殊符号的混合组合，用户名和口令不允许相同；

（4）就地登录用户执行重要操作（如就地控制、开合闸、修改定值等）时应再次进行身份认证。

24. 间隔层设备如何保证业务逻辑安全？

答：禁止同一个时间响应多个控制操作命令，接收异常控制报文应能够识别并拒绝服务响应。

25. 简述主机设备安全代理方式。

答：Ⅰ区、Ⅱ区主机设备应支持采用安全代理 Agent 的方式，向Ⅱ区综合应用主机上的网络安全监测应用发送自身网络安全事件的功能，并接受网络安全管理平台下发的控制指令。

26. 简述主机设备登录身份认证功能。

答：（1）应采用数字证书、生物特征识别和口令等两种或两种以上组合的认证技术对用户进行身份鉴别；

（2）身份标识具有唯一性，身份鉴别信息具有复杂度要求，应保证用户口令长度下限不能低于 8 位，应为大写字母、小写字母、数字、特殊字符中三种或三种以上的组合；

（3）系统应强制要求用户定期（至少 3 个月一次）修改口令，且不能与用户名相同或包含用户名；

（4）系统应可设置登录失败锁定与解锁策略。

27. 主机设备如何进行会话管理?

答：（1）应具备会话管理机制，当用户处于控制界面并在一段时间内（不大于 30min）未做任何操作时，应退出控制界面；

（2）系统应在注销或关闭客户端时自动结束会话。

28. 简述网络交换设备登录身份认证功能。

答：（1）采用用户名和口令方式，实现人员在登录时的身份认证。

（2）用户名具有唯一性，登录口令不得小于 8 位，且为字母、数字或特殊符号的组合，用户名和口令不允许相同；首次登录必须修改口令。

29. 简述对网络交换设备遇到报文风暴攻击时的要求。

答：网络交换设备在遇到报文风暴攻击时，不应出现死机、重启、误发等异常状况。

30. 网络交换设备如何保证通信安全?

答：（1）端口隔离性：网络交换设备各个网口应具备 VLAN 等隔离功能，网口不能接收到被隔离网口的数据；

（2）设备接入控制：在装置中建立白名单，装置应能够拒绝响应非法 IP 地址、MAC 地址的客户端连接。

31. 网关设备有哪几种身份认证方式?

答：（1）登录身份认证；

（2）连接身份认证；

（3）密钥证书：应采用基于国密算法的数字证书进行身份认证，网关设备的装置证书应具备唯一性，应保证密钥存储的安全性；

（4）与主站的连接身份认证：对于传输重要操作控制命令的链路，当网关设备与主站间链路建立时，宜有身份认证机制保证双方身份的合法性。

32. 简述网关设备登录身份认证功能。

答：（1）网关设备应采用口令鉴别的身份认证手段，实现人员在登录应用系统时的身份认证；

（2）身份标识具有唯一性，身份鉴别信息具有复杂度要求，登录口令不得小于 8 位，且为字母、数字或特殊符号的组合，用户名和口令不允许相同；

（3）应用应强制要求用户定期修改口令，且不能与用户名相同或包含用户名；

（4）应用可设置登录失败锁定与解锁策略。

33. 网关设备与主站采用的通信协议有几种情况？

答：（1）采用 DL/T 634.5104—2009《远动设备及系统　第 5－104 部分：传输规约　采用标准传输协议集的 IEC60870－5－101 网络访问》通信协议接入主站；

（2）采用 DL/T 860 通信报文规范接入主站；

（3）采用具有重要操作命令的其他协议接入主站时，宜在协议中增加双向身份认证过程。

34. 服务网关机上传网络安全事件主要包括哪些信息？

答：服务器、工作站的登录成功、退出登录、U 盘插拔、异常网络访问、网口 UP/DOWN 等事件；网络设备的登录成功、退出登录、异常网络访问、网口 UP/DOWN、流量超阈值等事件；防火墙、隔离装置的用户登录、修改配置、CPU 使用率超阈值、内存使用率超阈值等事件。

35. 网关设备如何保证业务逻辑安全？

答：（1）不应存在默认路由；

（2）通信对端不满足协议一致性时，网关设备应具备处理异常的能力；

（3）网关设备作为服务端时，应支持客户端 IP 地址白名单配置功能。

36. 简述网络安防设备登录身份认证功能。

答：网络安防设备应采用数字证书、生物特征识别和口令等两种或两种以上组合的鉴别技术对用户进行身份鉴别。

37. 简述二次安防关于无线接入的安全防护措施。

答：无线传感器和汇聚节点的接入，应采用双向身份认证、通信链路加密等安全措施，如图 19－2 所示。

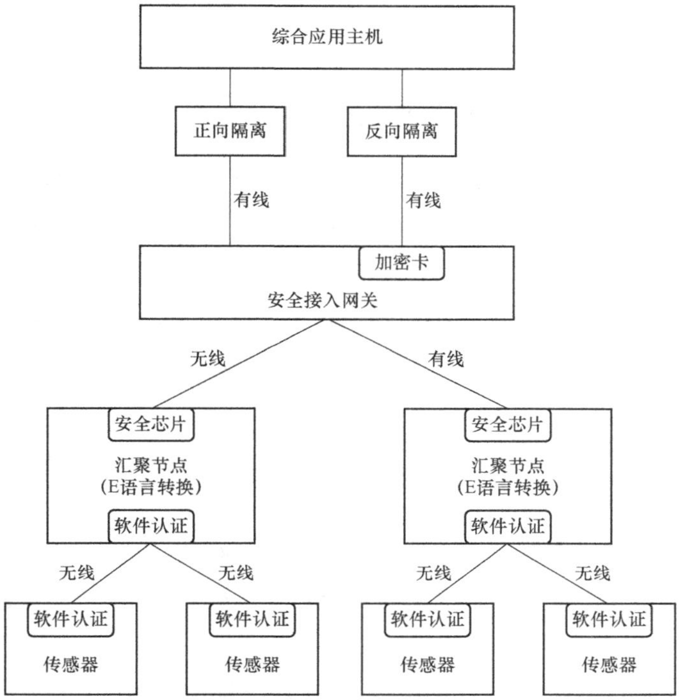

图 19－2　无线传感器和汇聚节点的接入

38. 简述无线传感器与汇聚节点之间通信的技术要求。

答：（1）与汇聚节点之间采用 TCP/IP 网络协议时，应采用硬件或者软件模块进行双向身份认证和数据加密，软件模块可采用 SM2、SM9 等国密算法实现；

（2）无线传感器与汇聚节点之间采用非 TCP/IP 的专用网络协议时，应采用具有加密认证功能的传输协议，并支持国密算法；

（3）无法满足（1）（2）要求时，网络安全防护方案需经过公司网络安全专家的评估；

（4）无线传感器与汇聚节点相互通信时，应在网络协议、数据格式、数值有效性上进行过滤和校验，防御各种注入攻击。

39. 简述汇聚节点的技术要求。

答：（1）接入传感器时应在网络协议、数据格式、数值有效性上加强过滤和校验，并实现身份认证；

（2）汇聚节点与安全接入网关通过有线或者无线相互通信时，应采用电力专用安全芯片或者硬件安全模块（TF 卡等），通过国密算法实现双向身份认证和数据加密；

（3）数据传输宜采取端对端认证、加密通道等方式，增加身份认证、数据完整性验证；

（4）应将传感器上送的采集数据转换成E语言格式数据，再发送给安全接入网关；

（5）应具备生成E语言格式数据功能，传输E语言格式数据至安全接入网关，应能监测E语言格式数据的有效性确保数据上送安全。

40. 简述无线安全接入网关应满足的要求。

答：（1）满足《国家电网有限公司关于印发泛在电力物联网全场景网络安全防护方案和互联网业务数据安全架构典型设计的通知》（国网互联〔2019〕806号）中对安全接入网关的要求；

（2）采用国产四级安全操作系统和国产可信计算模块，应基于可信根对系统引导程序、系统程序、重要配置参数和应用程序等进行可信验证，并在应用程序的所有环节进行动态可信验证；

（3）符合《中华人民共和国密码法》的相关要求，支持SM1/SM2/SM3/SM4国产商用密码算法；

（4）采用双向认证实现终端安全接入，可支持1000个终端并发连接；

（5）针对接入终端类型，提供配套的安全芯片、安全TF卡、安全薄膜卡等接入解决方案；

（6）支持国密标准SSL安全认证协议，支持应用透明传输；

（7）支持LoRa等非TCP/IP协议安全接入；

（8）对特定的电力协议、接口等进行安全过滤，支持白名单、规则等方式；

（9）配置电力专用加密卡，能够与反向隔离装置进行双向认证和加密通信。

41. 简述二次安防辅助终端设备的组成与相关要求。

答：（1）辅助终端设备包括变压器监测终端、开关监测终端、容性设备/避雷器监测终端、安防监控终端、门禁监控终端、锁控监控终端、动环监控终端；

（2）布置于站内室外、缺乏物理安全防护的辅助终端设备，身份认证安全防护要求与汇聚节点相同；

（3）布置于室外的辅助终端设备应关闭设备调试接口，防范软硬件逆向工程；

（4）布置于室外的辅助终端设备应支持本地及远程升级，并校验升级包的合法性。

42. 简述有线传感器的技术要求。

答：（1）宜采用总线方式通信、有专用的识别码或地址码进行验证；

（2）使用IP进行通信的有线传感器宜按照辅助终端要求进行安全防护，达不到要求应绑定IP、MAC和端口进行身份验证和数据传输；

（3）布置于室外的有线传感器应关闭设备调试接口，防范软硬件逆向工程。

43. 简述网络安全监测的总体要求。

答：（1）网络安全监测功能以应用的方式部署在综合应用主机的特定管理区域（如沙箱等）上，和平台及其他业务相互独立；

（2）网络安全监测应用采集服务器/工作站、网络设备、网络安防设备及自身相关的安全事件并通过服务网关机上送主站，同时接受主站下发的控制操作进行基线核查、版本管控、参数设置、历史调阅等功能；

（3）应部署在独立的网络区域，具备独立的IP与服务网关机等设备进行通信。

44. 简述网络安全监测数据采集的范围和内容。

答：（1）对服务器、工作站、网络设备、安全防护设备、数据库等监测对象进行数据采集；

（2）采集服务器、工作站的用户登录、操作信息、运行状态、移动存储设备接入、异常网络访问等事件信息；

（3）采集数据库的操作信息、运行状态等事件信息；

（4）采集网络设备的用户登录、操作信息、配置变更信息、流量信息、网口状态信息等事件信息；

（5）采集安全防护设备的用户登录、配置变更、运行状态、安全事件信息等事件信息；

（6）采集触发性事件信息和周期性上送的状态类信息；

（7）采集资产参数配置以外的监测对象。

45. 简述网络安全监测的数据存储与访问功能。

答：（1）网络安全监测应用数据应存储于综合应用主机的特定管理区域（如沙箱等）上的数据库或者文件系统；

（2）应支持采集信息的本地存储，保存至少6个月；

（3）应支持上传事件信息的本地存储，保存至少12个月；

（4）应支持日志数据的本地存储，本地日志审计记录条数至少10 000条；

（5）应支持以下历史数据查询方式：① 按开始时间、结束时间进行查询；② 按设备类型进行查询；③ 按事件等级、事件条数进行查询。

46. 简述网络安全监测控制操作代理功能。

答：（1）网络安全监测应用参数控制操作，网络安全监测应用实现的参数控制操作如表19－1所示；

（2）对服务网关机的控制命令（如参数查看、参数设置、基线核查等）直接在服务网关机上实现，无需转发至网络安全监测应用，其他设备的控制命令均转发至网络安全监测应用。

表 19-1　　网络安全监测应用实现的参数控制操作

参数类别	内容	修改权限	实现载体
系统参数	Q/GDW 11914—2018 中 8.6.2 对系统参数的要求	本地可配置，远程只读	服务网关机
通信参数	Q/GDW 11914—2018 中 8.6.3 表 18 对通信参数 1～3 条目的要求	本地可配置，远程只读	网络安全监测应用
	Q/GDW 11914—2018 中 8.6.3 表 18 对通信参数 4～13 条目的要求	远程可读写	服务网关机
事件处理参数	Q/GDW 11914—2018 中 8.6.4 对事件处理参数的要求	远程可读写	网络安全监测应用
资产参数	Q/GDW 11914—2018 中 8.6.5 对资产参数的要求	远程可读写	网络安全监测应用
证书参数	Q/GDW 11914—2018 中 8.6.5 对证书参数的要求	远程可读写	服务网关机

47. 简述网络安全监测整体架构。

答： 网络安全监测整体架构如图 19-3 所示。

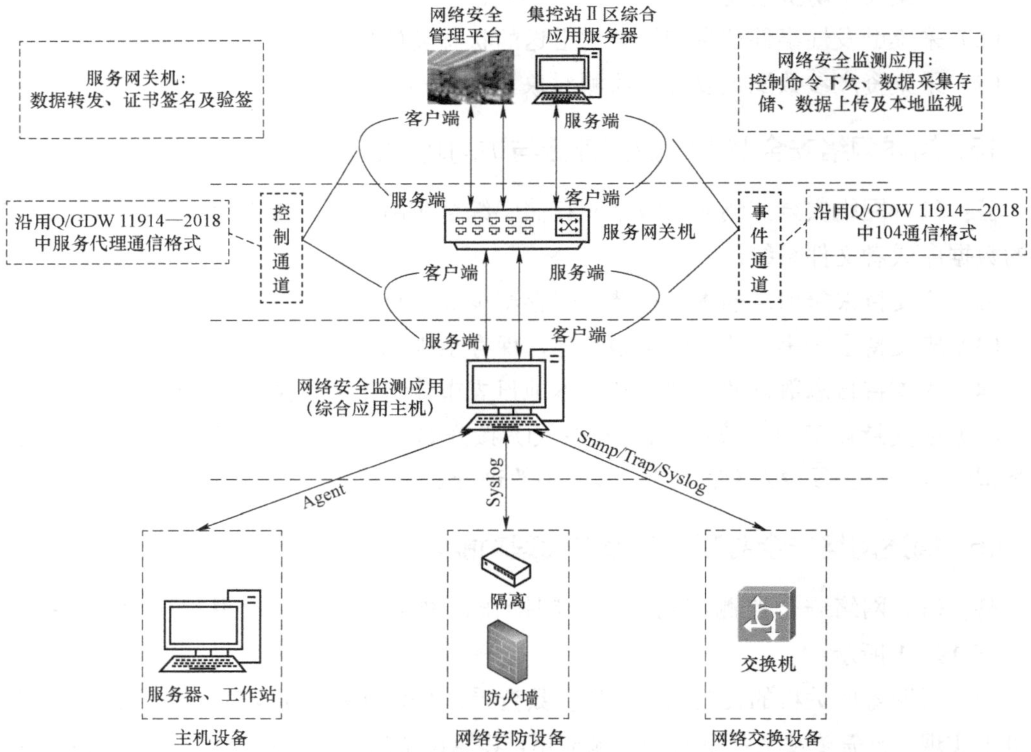

图 19-3　网络安全监测框架

48. 简述网络安全监测与服务网关机的通信要求。

答：网络安全监测应用应支持通过代理的方式与服务网关机通信，实现网络安全监测信息的上传和执行网络安全管理平台下发的控制、操作命令，具体要求如下：

（1）网络安全监测应用和服务网关机之间建立一条 TCP 长连接，网络安全监测应用为客户端，服务网关机为服务端实现网络安全事件的上送；连接时需要进行身份验证。

（2）网络安全监测应用和服务网关机之间建立一条 TCP 短连接，网络安全监测应用为服务端，服务网关机为客户端实现控制命令的下发；重要操作需要进行身份验证。

（3）网络安全监测应用同一时刻只允许网络安全管理平台的一个控制命令（包括调阅、参数修改、操作命令等）。

49. 简述网络安全监测关于应用参数配置的要求。

答：网络安全监测应用参数配置项至少包括以下参数的配置：

（1）通信参数、事件处理参数、资产参数，参照 Q/GDW 11914—2018《电力监控系统网络安全检测装置技术规范》中 8.6 对参数配置的要求，具体要求见该规范的 5.9.5 章节；

（2）同时支持与服务网关机的代理通信参数的配置；

（3）支持参数配置导出功能及同产品的参数配置备份导入功能；

（4）与服务网关机通信参数的配置见表 19－2。

表 19－2　　与服务网关机通信参数配置表

序号	参数项	描述	默认值	备注
1	网络安全监测应用代理端口	网络安全监测应用开启 TCP 服务端口	8801	本地配置、远程不可读写
2	服务网关机事件代理端口	网络安全监测应用连接服务网关机开启的接受事件端口	8800	本地配置、远程不可读写

50. 简述网络安全监测的性能指标。

答：网络安全监测的性能指标：

（1）采集信息吞吐量不少于 2000 条/s；

（2）支持监测对象数量（资产内及资产外监测对象总数）不少于 500 个；

（3）对上传事件信息的处理时间不大于 2s；

（4）对远程调阅的处理时间不大于 5s；

（5）支持采集信息的本地存储，保存至少 6 个月；

（6）支持上传事件信息的本地存储，保存至少 12 个月；

（7）本地日志审计记录条数不少于 10 000 条。

51. 简述数字证书的申请流程。

答：数字证书的申请流程如图 19－4 所示。

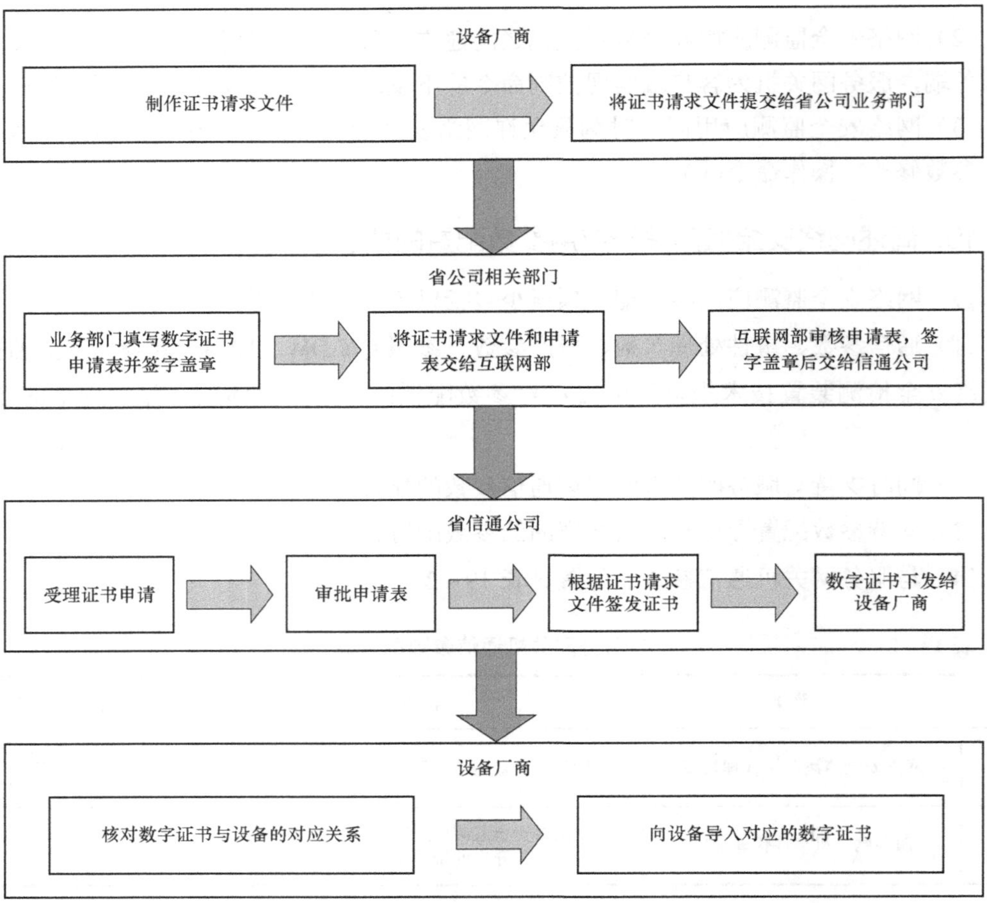

图 19－4　数字证书的申请流程

（1）提出申请。

1）设备厂家制作证书请求文件，并将其交给省公司业务部门（通常是运检部门），证书请求文件包括：① 证书密钥类型（SM2）；② 证书主题内容（即证书 DN），格式大致如下：CN＝DTU_SCK002356（终端名称/序列号），OU＝XX 省电力公司，O＝国家电网有限公司，C＝CN；③ 当前申请证书所用的公钥。

2）省公司业务部门填写数字证书申请表并签字盖章，将证书请求文件和申请表交给互联网部。互联网部审核申请表，签字盖章后交给信通公司。

（2）受理申请。

1）省信通公司受理证书申请，对申请表进行审批。根据证书请求文件签发证书，把数据证书下发给设备厂家。

2）证书部署。

3）设备厂家核对数字证书与设备（私钥）的对应关系，确认无误后，向相关设备导入对应的数字证书。

52. DL/T 634.5104—2009《远动设备及系统　第 5－104 部分：传输规约　采用标准传输协议集的 IEC 60870－5－101 网络访问》协议网关机双向认证方式是如何实现的？

答：当网关设备采用 DL/T 634.5104 通信协议接入主站时，网关设备作为服务端，主站作为客户端。主站与网关设备建立 TCP 连接之后，需要完成基于调度数字证书的双向身份认证。认证请求由主站发起。整个认证过程应在 TCP 连接建立成功后 30s 内完成，超时则关闭 TCP 连接重新开始。在完成认证过程之前，不得发送任何其他与安全认证无关的报文，否则接收方关闭 TCP 连接重新开始。通信状态序列图见图 19－5。

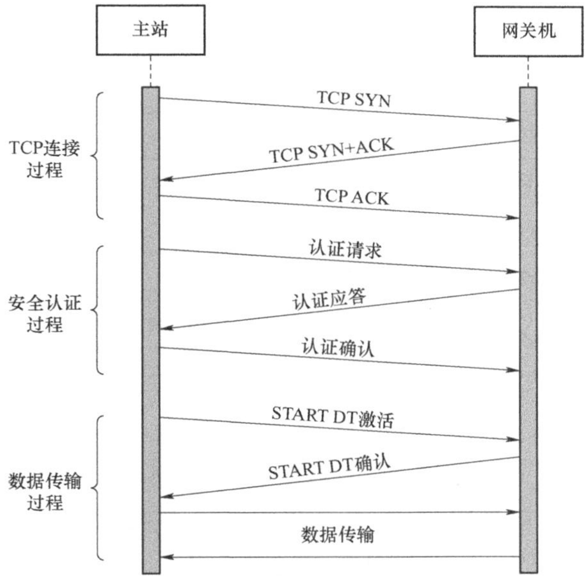

图 19－5　通信状态序列图

（1）认证请求报文。认证请求报文由调度平台主站发起，调度平台主站在与网关机建立 TCP 连接之后，需要向网关机发起认证请求。认证请求报文采用 I 格式，类型标识为 0x91，其信息体格式见表 19－3。

表 19－3　　认证请求报文

内容项		长度	说明
报文内容总长度		2 字节	网络字节序
当前报文内容偏移量		2 字节	网络字节序（从 0x01 开始，0 表示未分帧）
报文内容长度		1 字节	当前帧报文内容长度
报文内容	调度主站名称信息	64 字节	字符串，如果包含中文则采用 utf8 格式编码
	调度主站 IP 地址	4 字节	网络字节序
	随机数 r1	8 字节	由调度主站生成
	签名结果值	64 字节	为启动字符（含）到签名结果值之间所有数据的 SM2 签名

注　认证请求报文的发送序列号、接收序列号均置 0。

（2）认证应答报文。当网关机收到调度平台主站的认证请求报文后，开始进行验证。如验证未通过，则断开 TCP 连接；如验证通过，向调度平台主站发送认证应答报文。认证应答报文采用 I 格式，类型标识为 0x92，其信息体格式见表 19－4。

表 19－4　　认证应答报文

内容项		长度	说明
报文内容总长度		2 字节	网络字节序
当前报文内容偏移量		2 字节	网络字节序（从 0x01 开始，0 表示未分帧）
报文内容长度		1 字节	当前帧报文内容长度
报文内容	网关机名称信息	64 字节	字符串，如果包含中文则采用 utf8 格式编码
	网关机 IP 地址	4 字节	网络字节序
	随机数 r1	8 字节	从认证请求报文中获取
	随机数 r2	8 字节	由网关机生成
	签名结果值	64 字节	为启动字符（含）到签名结果值之间所有数据的 SM2 签名

注　认证应答报文的发送序列号、接收序列号均置 0。

（3）认证确认报文。当调度平台主站收到网关机的认证应答报文后，开始进行验证。如验证未通过，则断开当前 TCP 连接，重新建立 TCP 连接并开始认证过程；如验证通过，将向网关机送认证确认报文。认证确认报文采用 I 格式，类型标识为 0x93，其信息体格式见表 19－5。

表 19－5　　认证确认报文

内容项	长度	说明
报文内容总长度	2 字节	网络字节序

续表

内容项		长度	说明
当前报文内容偏移量		2 字节	网络字节序（从 0x01 开始，0 表示未分帧）
报文内容长度		1 字节	当前帧报文内容长度
报文内容	随机数 r2	8 字节	从认证应答报文中获取
	签名结果值	64 字节	为启动字符（含）到签名结果值之间 所有数据的 SM2 签名

注　认证确认报文的发送序列号、接收序列号均置 0。

53. 简述网络安全监测应用的安全要求。

答：（1）网络安全监测应用应通过独立的网口进行信息的采集和上传；

（2）平台及其他应用的故障应不影响网络安全监测应用的正常运行；

（3）系统应划定独立的存储区域进行网络安全监测应用的部署和数据的存储；

（4）网络安全监测应用应具备独立的数据库，和平台相对独立；

（5）系统应分配专门的用户进行网络安全监测应用的部署和维护，其他用户无权访问；

（6）平台应能监视网络安全监测应用的运行状态，在网络安全监测应用异常时应能自动重启应用；

（7）网络安全监测应用应和宿主机共用时钟系统。

54. 简述纵向认证的概念和功能。

答：纵向认证是指采用认证、加密、访问控制等技术实现数据的远方安全传输及纵向边界的安全防护的措施。其功能包括：支持采用源地址、目标地址、端口和协议进行访问控制；具备完善的日志审计功能；具有防攻击功能。

55. 阐述变电站安全区定义及各区典型业务，并绘制电力系统安全防护框架图。

答：根据电力二次系统的特点，划分为生产控制大区和管理信息大区。生产控制大区分为控制区（安全Ⅰ区）和非控制区（安全Ⅱ区）。管理信息大区分为生产管理区（安全Ⅲ区）和管理信息区（安全Ⅳ区）。电力系统安全防护框架图如图 19－6 所示。

不同安全区确定不同安全防护要求，其中安全Ⅰ区安全等级最高，安全Ⅱ区次之，其余依次类推。

安全Ⅰ区典型系统：调度自动化系统、变电站自动化系统、继电保护、安全自动控制系统等。

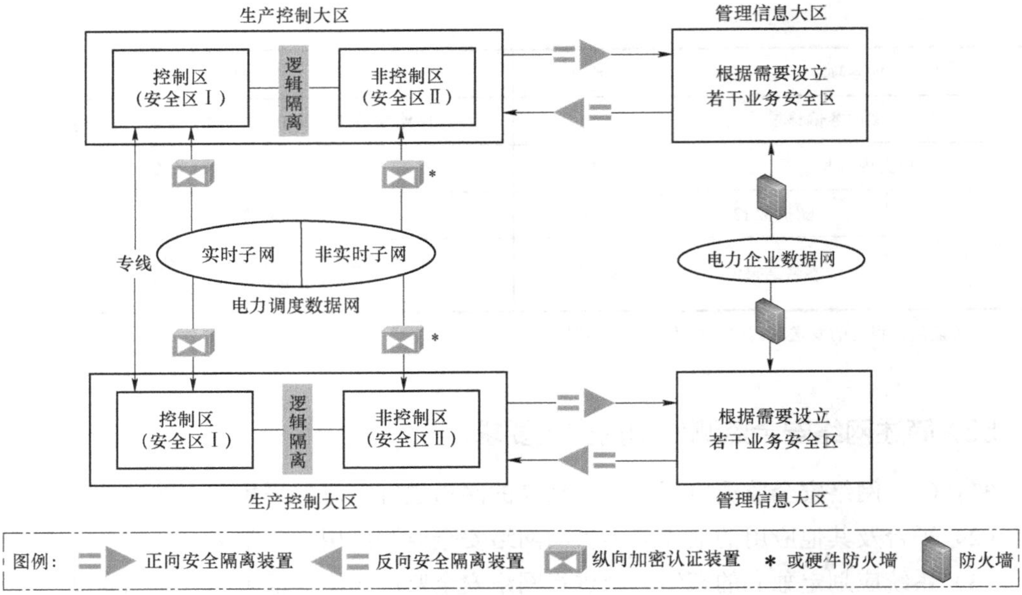

图 19－6　电力系统安全防护框架图

安全Ⅱ区典型系统：水库调度自动化系统、电能量计量系统、继保及故障录波信息管理系统等。

安全Ⅲ区典型系统：调度生产管理系统（DMIS）、雷电监测系统、统计报表系统等。

安全Ⅳ区典型系统：管理信息系统（MIS）、办公自动化系统（OA）、客户服务系统等。

56. 阐述正反向隔离装置工作原理。

答：电力系统按照安全等级的要求把计算机系统分为了Ⅰ区、Ⅱ区、Ⅲ区等。Ⅰ区和Ⅱ区之间要有防火墙，Ⅰ、Ⅱ区与Ⅲ区之间则要在物理上做隔离，即Ⅰ、Ⅱ区发到Ⅲ区的数据要经过正向隔离装置，Ⅲ区发到Ⅰ、Ⅱ区的数据要经过反向隔离装置。正向隔离装置不接受Ⅲ区的数据（最多只能过一个字节的数据），反向隔离装置只容许Ⅲ区的文件穿透到Ⅰ区。

（1）正向隔离装置工作原理。

1）两个安全区之间的非网络方式的安全的数据交换，并且保证安全隔离装置内外两个处理系统不同时连通；

2）表示层与应用层数据完全单向传输，即从安全Ⅲ区到安全Ⅰ、Ⅱ区的 TCP 应答禁止携带应用数据；

3）透明工作方式：虚拟主机 IP 地址、隐藏 MAC 地址；

4）基于 MAC、IP、传输协议、传输端口及通信方向的综合报文过滤与访问控制；

5）支持 NAT；

6）防止穿透性 TCP 连接：禁止两个应用网关之间直接建立 TCP 连接，将内外两个应用网关之间的TCP连接分解成内外两个应用网关分别到隔离装置内外两个网卡的两个TCP虚拟连接。隔离装置内外两个网卡在装置内部是非网络连接，且只允许数据单向传输；

7）具有可定制的应用层解析功能，支持应用层特殊标记识别；

8）安全、方便的维护管理方式：基于证书的管理人员认证，使用图形化的管理界面。

（2）反向隔离装置工作原理。

反向隔离装置用于从安全Ⅲ区到安全Ⅰ、Ⅱ区传递数据，是安全Ⅲ区到安全Ⅰ、Ⅱ区的唯一数据传递途径。反向隔离装置集中接收安全Ⅲ区发向安全Ⅰ、Ⅱ区的数据，进行签名验证、内容过滤、有效性检查等处理后，转发给安全Ⅰ、Ⅱ区内部的接收程序，具体过程如下：

1）Ⅲ区内的数据发送端首先对需要发送的数据签名，然后发给反向隔离装置；

2）反向隔离装置接收数据后进行签名验证，并对数据进行内容过滤、有效性检查等处理。

57. 简述安全Ⅰ、Ⅱ区内部接收程序的功能及装置安全保障要点。

（1）安全Ⅰ、Ⅱ区内部接收程序功能：

1）具有应用网关功能，实现应用数据的接收与转发；

2）具有应用数据内容有效性检查功能；

3）具有基于数字证书的数据签名/解签名功能；

4）实现两个安全区之间的非网络方式的安全的数据传递；

5）支持透明工作方式：虚拟主机IP地址、隐藏MAC地址；

6）支持NAT；

7）基于MAC、IP、传输协议、传输端口及通信方向的综合报文过滤与访问控制；

8）防止穿透性TCP连接。

（2）装置安全保障要点。

隔离装置本身应该具有较高的安全防护能力，其安全性要求主要包括：

1）用非INTEL指令系统的（及兼容）微处理器；

2）安全、固化的操作系统；

3）不存在设计与实现上的安全漏洞，抵御除Dos以外的已知的网络攻击。

58. 阐述防火墙工作原理。

答：防火墙产品可部署在安全Ⅰ区与安全Ⅱ区之间（横向），实现两个区域的逻辑隔离、报文过滤、访问控制等功能。对于调度数据专网条件不完善的地方，还需考虑在调度数据接入处部署纵向加密装置，以保证本地调度系统的安全。防火墙安全策略主要是基于业务流量的IP地址、协议、应用端口号及方向的报文过滤。选用的防火墙必须经过有关部门认可。

59. 阐述变电站Ⅰ、Ⅱ区防火墙的隔离策略。

答： 没有写明允许的，全部禁止（黑名单）；没有写明禁止的，全部允许（白名单）。

60. 阐述安全岛摆渡工作机制。

答： 安全岛摆渡工作机制如图19－7所示，具体过程如下：

（1）数据到达接口机A，这时接口机A与安全半岛间、安全半岛间与接口机B间均处于断开状态。

（2）接口机A确认数据可以通过后，与安全半岛连通，将数据送上安全半岛，然后断开与安全半岛的连接。

（3）接口机A通知接口机B安全半岛上有待接收数据。

（4）接口机B与安全半岛连通，取走数据，然后断开与安全半岛的连接。

（5）接口机B根据收到的数据组织报文，将数据发出。

（6）反方向只有单个比特位。

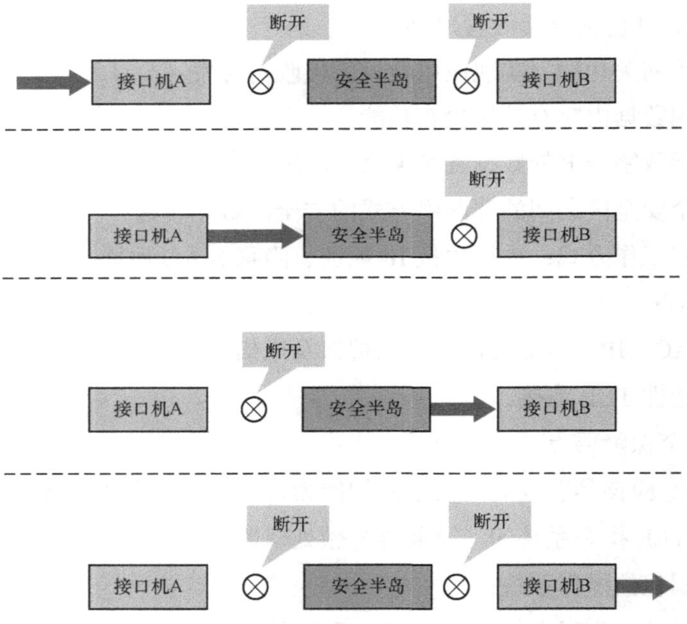

图19－7　安全岛摆渡工作机制图

61. 阐述TCP非穿透性连接实现方式。

答： TCP非穿透性连接实现方式如图19－8所示，具体过程如下：

（1）主机Ⅰ发起连接，接口机A代理主机Ⅱ应答，建立起连接。

（2）接口机A通过安全岛装置通知接口机B和主机Ⅰ、Ⅱ建立起连接。

（3）主机Ⅰ发送数据，接口机A收到数据后进行综合过滤，提取可以通过的报文中的数据通过安全岛装置发送给接口机 B。

（4）接口机 B 接收数据，组织报文发送给主机Ⅱ。

（5）反方向同样传送，保证在数据传递过程中不存在穿透性连接。

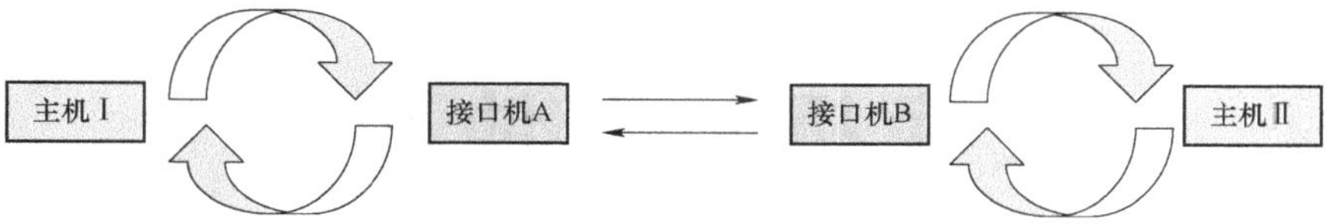

图 19－8　TCP 非穿透性连接示意图

62. 描述传统变电站远动装置与调度主站、变电站站内设备网络接线图。

答：传统变电站远动装置与调度主站、变电站站内设备网络接线如图 19－9 所示。

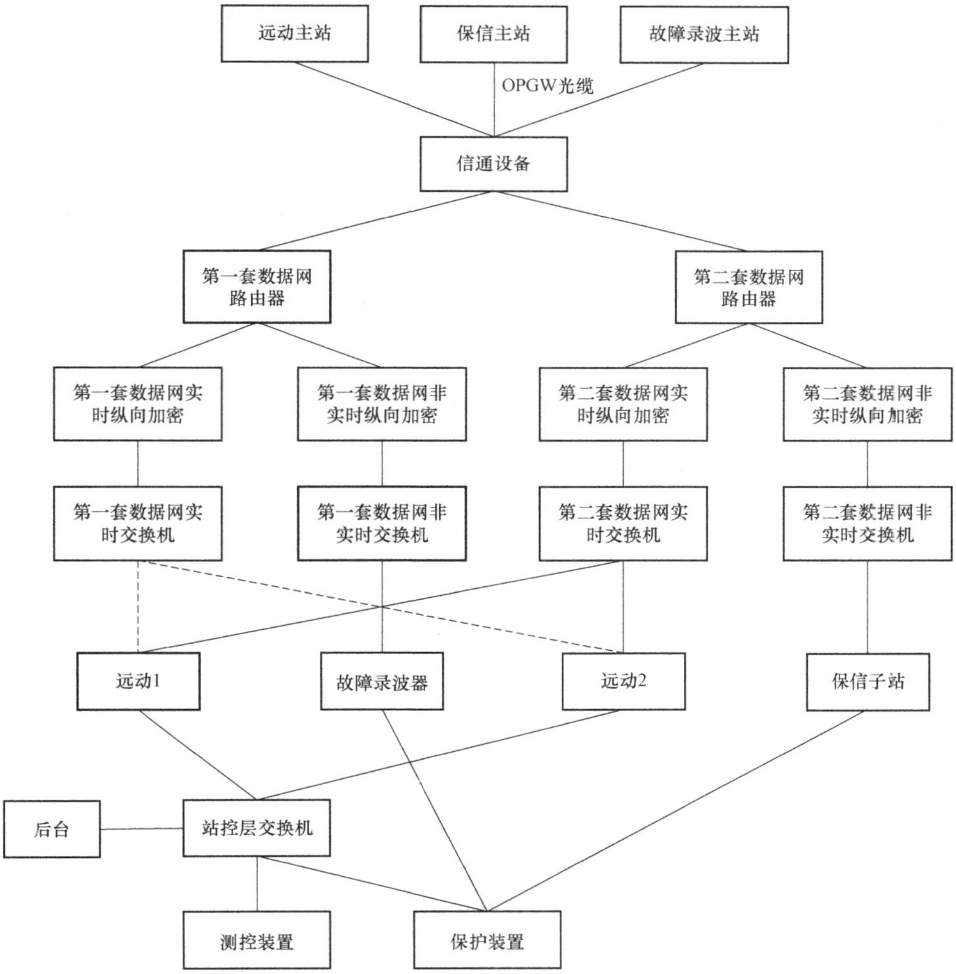

图 19－9　传统变电站远动装置与调度主站、变电站站内设备网络接线示意图

第二十章

交换机及其他测试

1. 简述整机吞吐量测试要求及测试方法。

答：（1）整机吞吐量测试要求：交换机整机吞吐量应等于端口速率乘以端口数量（流控关闭时）。

（2）整机吞吐量测试方法：

1）按照图 20－1 将交换机所有端口接入测试仪，按以太网链路测试基准 RFC 2544（网络互联设备基准测试方法，Benchmarking Methodology for Network Interconnect Devices）的规定进行吞吐量测试，测试仪以全网状拓扑构建整机转发的数据流；

2）测试帧长分别设置为 64、65、128、256、512、1024、1280、1518 字节；

3）每个帧长测试时间为 60s。

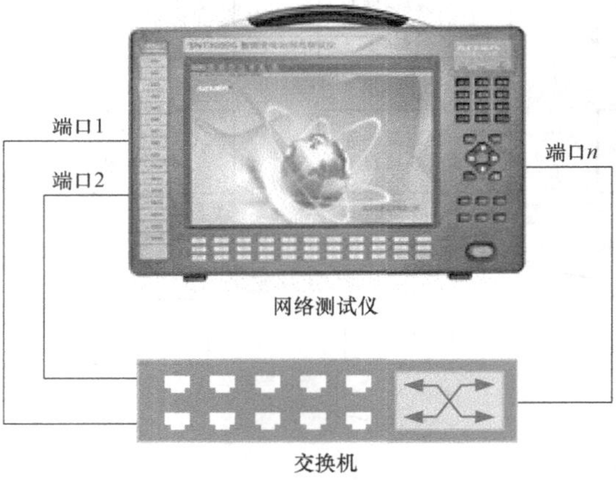

图 20－1　整机吞吐量测试

2. 简述存储转发时延测试要求及测试方法。

答：（1）存储转发时延测试要求：

1）交换机一对端口线速转发下的平均时延应小于 10μs；

2）交换机启用交换延时累加功能后存储转发延时应小于 20μs。

（2）存储转发时延测试方法：

1）按照图 20－2 方式将交换机任意两个同类型端口与测试仪相连接，按 RFC 2544 的规定进行存储转发时延测试；

2）两个端口同时以相应负载互相发送数据，测试帧长分别设置为 64、65、128、256、512、1024、1280、1518 字节；

3）每个帧长测试时间为 60s，负载率设置为：重载 95%，轻载 10%；

4）记录不同帧长的平均存储转发时延。

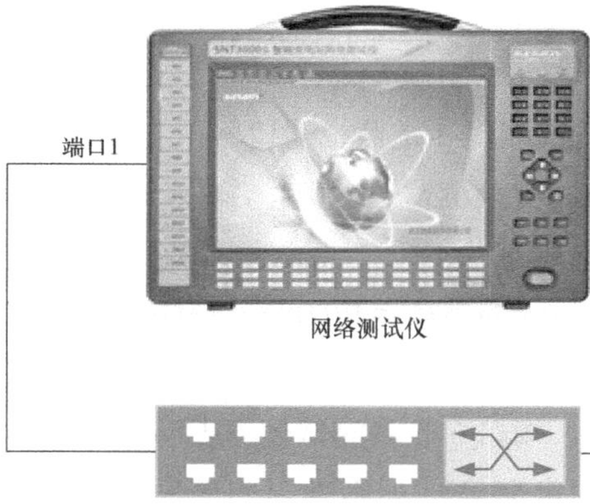

图 20－2　存储转发时延测试

3. 简述时延抖动测试要求及测试方法。

答：（1）时延抖动测试要求：交换机时延抖动应小于 1μs。

（2）时延抖动测试方法：

1）将交换机任意两个同类型端口与测试仪相连接，按 RFC 2544 的规定进行时延抖动测试；

2）两个端口同时以相应负载互相发送数据，测试帧长分别设置为 64、65、128、256、512、1024、1280、1518 字节；

3）每个帧长测试时间为 60s，负载率设置为 100%；

4）记录不同帧长的转发时延抖动。

4. 简述端口转发速率测试要求及测试方法。

答：（1）端口转发速率测试要求：交换机端口的存储转发速率应等于端口线速。

（2）端口转发速率测试方法：

1）将交换机任意两个同类型端口与测试仪相连接，按 RFC 2544 的规定进行存储转发速率测试；

2）两个端口同时以线速互相发送数据，测试帧长分别设置为 64、65、128、256、512、

1024、1280、1518 字节；

3）每个帧长测试时间为 60s；

4）记录不丢包情况下的最大端口转发速率。

5. 简述地址缓存能力测试要求及测试方法。

答：（1）地址缓存能力测试要求：交换机 MAC 地址缓存能力应不低于 4096 个，MAC 地址老化时间可以配置，默认设置为 300s。

（2）地址缓存能力测试方法：

1）按照图 20－3 接线方式，网络测试仪三个端口与交换机三个端口相连，端口 1 是学习端口，端口 2 是测试端口，端口 3 是监视端口；

2）网络测试仪学习端口向交换机发送学习帧，每一帧报文含有唯一的目的 MAC、但不唯一的源 MAC；

3）测试端口以交换机可接受的帧速率传输测试帧，测试帧目的 MAC 地址采用步骤 2）的源 MAC 地址，源 MAC 地址为步骤 2）的目的 MAC 地址；

4）监视端口侦听泛洪帧，端口 3 收到测试帧即表明交换机泛洪；

5）使用二分法搜索，确定交换机正确学习和转发地址的最大数量（无泛洪的情况下）。

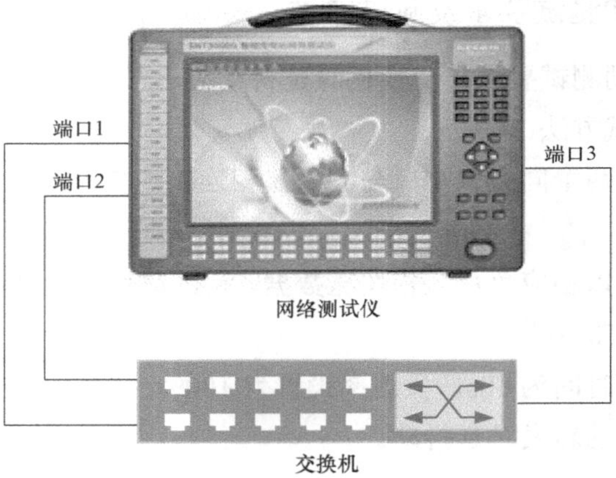

图 20－3　地址缓存能力测试

6. 简述地址缓存速率测试要求及测试方法。

答：（1）地址缓存速率测试要求：交换机 MAC 地址缓存速率（FPS）应大于 1000 个/s。

（2）地址缓存速率测试方法：

1）网络测试仪三个端口与交换机三个端口相连，端口 1 是学习端口，端口 2 是测试端口，端口 3 是监视端口；

2）网络测试仪学习端口向交换机发送学习帧，每一帧报文含有唯一的目的 MAC、但不唯一的源 MAC。学习帧的帧数应当不大于 MAC 地址缓存容量；

3）测试端口向交换机发送测试帧，测试帧目的 MAC 地址采用步骤 2）的源 MAC 地址，源 MAC 地址为步骤 2）的目的 MAC 地址，并设置测试帧的帧速率 FPS；

4）监视端口侦听泛洪帧；

5）使用二分法搜索，确定交换机正确学习和转发地址的最大学习帧速率（无泛洪的情况下）。

7. 简述帧丢失率测试要求及测试方法。

答：（1）帧丢失率测试要求：交换机端口线速转发时的帧丢失率应为 0。

（2）帧丢失率测试方法：

1）将交换机任意两个同类型端口与测试仪相连接，按 RFC 2544 的规定进行帧丢失率测试；

2）两个端口同时互相发送数据，测试帧长分别设置为 64、65、128、256、512、1024、1280、1518 字节；

3）每个帧长测试时间为 120s，负载率设置为 100%；

4）记录不同帧长的丢包率。

8. 简述背靠背测试要求及测试方法。

答：（1）背靠背测试要求：智能变电站交换机相关标准对背靠背帧不做指标要求，由厂家在产品标准中定义，一般应达到端口线速转发帧数。

（2）背靠背测试方法：

1）网络测试仪两个端口与交换机两个端口相连，端口之一是发送端口，另一个是接收端口。

2）测试仪向交换机发送学习帧（ARP 报文），确保交换机在每次测试结束前不会地址老化；

3）设置测试帧长为 64、65、128、256、512、1024、1280、1518 字节，发送端口以最小帧间隔发送测试数据，测试时间为 2s，重复 50 次；

4）接收端口接收以上测试数据，记录背靠背帧数。

9. 简述队头阻塞测试要求及测试方法。

答：（1）队头阻塞测试要求：交换机应避免产生队头阻塞，不堵塞端口的帧丢失率为 0。

（2）队头阻塞测试方法：

1）按照图 20－4 接线方式，交换机任选 4 个端口与网络测试仪的端口 1 至端口 4 相连接；

2）网络测试仪、交换机均关闭流控，网络测试仪端口 1 与端口 2 双向发送 100%流量，端口 3 向端口 2 发送 50%流量，端口 3 向端口 4 发送 50%的流量；

3）测试帧长分别设置为 64、65、128、256、512、1024、1280、1518 字节；

4）记录网络测试仪端口 3 向端口 4 发送数据帧的接收情况，端口 4 接收应无丢包。

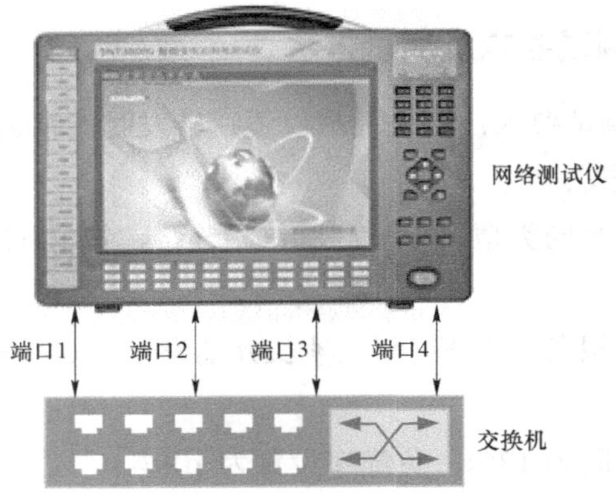

图 20－4　队头阻塞测试

10. 简述数据帧过滤测试要求及测试方法。

答：（1）数据帧过滤测试要求：交换机应实现基于 MAC 地址的数据帧过滤功能。

（2）数据帧过滤测试方法：

1）任选交换机两个端口连接至网络测试仪的端口 1、端口 2；

2）网络测试仪端口 1 向端口 2 发送源 MAC 地址为组播地址、广播地址的报文，观察数据帧接收情况，端口 2 应接收不到数据帧。

11. 简述网络风暴抑制测试要求及测试方法。

答：（1）网络风暴抑制测试要求：交换机应支持广播风暴抑制、组播风暴抑制和未知单播风暴抑制功能，默认设置广播风暴抑制功能开启。网络风暴实际抑制值不宜超过抑制设定值的 110%。

（2）网络风暴抑制测试方法：

1）交换机任选两个端口与网络测试仪的端口 1、端口 2 相连接；

2）交换机分别开启广播风暴抑制、组播风暴抑制和未知单播风暴抑制功能；

3）使用默认抑制值或者设置抑制值为 1Mbit/s；

4）网络测试仪端口 1 向端口 2 发送 3 条数据流，分别为 Stream1（广播帧）、Stream2

（广播帧）、Stream3（IPv4 帧），端口 2 向端口 1 发送 2 条数据流，分别为 Stream4（组播帧）、Stream5（未知单播帧）；

5）测试帧长设置为随机帧长，端口负载为线速，测试时间 30s；

6）记录不同数据流的帧丢失率，判断网络风暴抑制功能是否设置成功；

7）根据帧丢失率，计算网络风暴抑制比偏差。

12. 简述流量控制测试要求及测试方法。

答：（1）流量控制测试要求：

1）交换机应支持组播流量控制功能，根据组播 MAC 地址自动识别不同的组播组并按设定的阈值进行流量控制，避免异常组播对变电站网络产生有害影响。

2）流量控制阈值的取值范围在 0 至 100Mbit/s 之间可选，最小设置单位不大于 64kbit/s。单路 GOOSE 控制块的默认控制阈值为 2Mbit/s，单路 SV 控制块的默认控制阈值为 15Mbit/s。流量控制应按组播目的地址进行限制，同一组播地址的报文从任一端口输出时不应超过默认控制阈值。

（2）流量控制测试方法：

1）网络测试仪端口 1、端口 2、端口 3 分别与被测交换机端口 1、端口 2、端口 3 相连接。

2）网络测试仪测试口 1 与测试口 2 分别向测试口 3 发送负载为端口线速 50%的数据流量。

3）配置被测交换机为基于组播 MAC 地址的流量控制，配置 GOOSE 流量阈值为 2Mbit/s，配置 SV 流量阈值为 15Mbit/s。

4）网络测试仪测试口 1 与测试口 2 按照步骤 3）配置的组播 MAC 地址，分别向测试口 3 发送负载为端口线速 50%的数据流量。

5）测试仪端口 3 将接收到交换机端口 3 转发的测试数据流量，并分别计算 SV、GOOSE 数据流的抑制比。

13. 简述虚拟局域网 VLAN 测试要求及测试方法。

答：（1）虚拟局域网 VLAN 测试要求：交换机应支持 IEEE 802.1Q 定义的 VLAN 标准，至少应支持 4094 个 VLAN，应支持在转发的帧中插入标记头，删除标记头功能；

（2）虚拟局域网 VLAN 测试方法：

1）交换机任选 4 个端口与网络测试仪的端口 1 至端口 4 相连接；

2）测试帧长为 64 字节，测试时间为 30s，端口负载设置为 100%；

3）网络测试仪端口 4 构建如下 9 条数据流：

a. stream1：GOOSE 报文，无 VID 标识；

b. stream2：GOOSE 报文，VID 为 1；

c. stream3：GOOSE 报文，VID 为 A（A 为 2～4094 的任意值）；

d. stream4：GOOSE 报文，VID 为 B（B 为 2～4094 的任意值）；

e. stream5：IPv4 报文，无 VID 标识；

f. stream6：IPv4 报文，VID 为 1；

g. stream7：IPv4 报文，VID 为 A（A 为 2～4094 的任意值）；

h. stream8：IPv4 报文，VID 为 B（B 为 2～4094 的任意值）；

i. stream9：广播报文，无 VID 标识；

4）根据数据流设置交换机 4 个端口为不同的 VLAN（A、B、A、1），与测试仪端口 4 连接的端口设置为 trunk 接口；

5）网络测试仪端口 4 向端口 1、端口 2、端口 3 发送构建的数据流；

6）记录不同数据流的发送与接收情况，判断 VLAN 是否划分成功；

7）网络测试仪端口 1 构建 4 条数据流（stream1～stream4）、端口 2 构建 4 条数据流（stream5～stream8）、端口 3 构建上 1 条数据流（stream9）；

8）网络测试仪端口 1、端口 2 和端口 3 向端口 4 以一定负荷发送数据；

9）记录不同数据流的发送与接收情况，判断 VLAN trunk 是否成功。

14. 简述优先级 Qos 测试要求及测试方法。

答：（1）优先级 Qos 测试要求：

1）交换机应支持 IEEE 802.1p 流量优先级控制标准，提供流量优先级和动态组播过滤服务；

2）应至少支持 4 个优先级队列，具有绝对优先级功能，应能够确保关键应用和时间要求高的信息流优先进行传输，不应使带有序列标签的数据，如 SV、GOOSE 等报文，以免产生乱序现象；

3）默认设置绝对优先级功能开启，电力部分业务报文优先级常规设置为：GOOSE 优先级为 7，SV 优先级为 4，MMS 优先级为 1；

4）优先级队列为：7、6、5、4、3、2、1、0，其中 7 为最高优先级，依次降低，0 为最低优先级。

（2）优先级 Qos 测试方法：

1）交换机任选三个端口与网络测试仪的端口 1 至端口 3 相连接；

2）网络测试仪端口 1 和端口 2 共同构建 4 个不同优先级的数据流；

3）端口 1 和端口 2 同时向端口 3 发送数据；

4）测试帧长度为 64 字节，测试时间为 30s，端口负荷设置为 100%；

5）记录不同数据流的帧丢失率，判断优先级是否设置成功。

15. 简述组播测试要求及测试方法。

答：（1）组播测试要求：交换机应支持通过配置静态组播地址表的方式实现组播报文的过滤，交换机支持的静态组播组数量应不少于 512 个。

配置方式包括：

1）基于组播 MAC 地址、VLAN 号和端口等方式配置。

2）基于 CSD 文件配置。

3）组播组外的端口不转发，未知组播默认不转发。

（2）组播测试方法：

1）交换机端口 1 至端口 3 与网络测试仪的端口 1 至端口 3 相连接；

2）配置交换机的静态组播地址表项并绑定至端口 3，不少于 512 条；

3）网络测试仪端口 1 按交换机配置的静态组播地址表构建组播组流量 1 和静态组播地址表之外的组播组流量 2，并以端口线速发送；

4）记录组播组 1 和组播组 2 的接收情况，端口 3 应能收到组播组 1 且无丢帧，端口 2、3 均无法接收到组播组 2。

16. 简述端口镜像测试要求及测试方法。

答：（1）端口镜像测试要求：交换机应支持端口镜像功能，当镜像数据速率不大于端口转发速率时，不应出现帧丢失、乱序、复制现象；

（2）端口镜像测试方法：

1）测试帧长度为 64 字节，测试时间不小于 30s；

2）交换机任选四个端口与网络测试仪的端口 1 至端口 4 相连接；

3）交换机与测试仪端口 4 连接的端口设置成镜像端口，与端口 1 和端口 3 连接的端口设置为镜像源端口，镜像方式为输入和输出同时镜像；

4）网络测试仪端口 1 与端口 2 双向发送数据，端口 2 与端口 3 双向发送数据，负载率分别为 25%；

5）记录网络测试仪端口 4 接收到的数据帧数量，判断镜像功能是否设置成功。

17. 简述时间同步测试要求及测试方法。

答：（1）时间同步测试要求：交换机应支持 SNTP 协议，并满足 IETF RFC 2030 的要求，交换机 SNTP 时间同步准确度应优于 10ms。交换机应支持以下时间同步管理功能：

1）基于 NTP 协议的服务器模式；

2）主动上送时间同步管理状态自检信息；

3）与其他厂家网络设备的互联互通；

4）只允许在运维端口、调试端口开放 SNTP 协议和 NTP 协议。

（2）时间同步测试方法：分别将 SNTP 服务器连接到运维端口、调试端口、业务端口，检查装置是否对时成功，对时精度是否满足要求。

18. 简述交换机延时累加测试要求以及测试方法。

答：（1）交换机累加延时要求：

1）交换机仅对符合 DL/T 860 规定的 SV 数据帧进行交换时延的累加；

2）SV 数据帧长度为 64～1522 字节，交换机端口以线速转发时，交换延时累加功能正常工作；

3）交换延时累加的准确度应优于 200ns；

4）交换延时累加值（ART）的分辨率为 8ns，字长为 24 比特，最大值为 0xFFFFFF（134 217 720ns）；

5）默认情况下，溢出标志位（OVF）置为 0；

6）当交换机检测到累加本机交换延时后而导致 ART 值的溢出，或交换机由于硬件故障等原因无法完成交换延时累加功能时，将 OVF 标志位置 1，ART 值保持不变；

7）由于交换延时累加功能和 IEC 62351－6、IEC 62351－7 都使用 SV 数据帧的保留字段，出于兼容性考虑，当使用 IEC 62351 功能时，交换机将 OVF 标志位置 1，保留字段保持不变；

8）交换机检测到 OVF 标志位为 1 时，保持 SV 数据帧的保留字段不变。

（2）交换机累加延时方法：

1）网络测试仪自环，测试口 1 向测试口 2 发送随机帧长的 SV 报文，测得自环固有时延 t_1；

2）将网络测试仪端口 1、端口 2 分别与交换机端口 1、端口 2 相连；

3）配置网络测试仪测试端口 1 经被测交换机（同速率端口）向测试端口 2 线速发送数据流量（包括 SV 测试报文及背景流量，并设置初始 ART＝0x000000），测得 SV 报文经被测设备转发后的报文时延 t_2，解析收到的 SV 测试报文中保留字段中的 ART 值，从 ART 值中解析出交换延时 t_3；

4）被测设备的交换延时累加精度 $t=|t_3-(t_2-t_1)|$；

5）配置网络测试仪测试端口 1 发送 SV 测试报文的 ART 值为 Ox1FFFFF，解析网络测试仪测试端口 2 收到的 SV 报文的 ART 值，计算交换延时及其累加精度，记录 OVF 位状态；

6）配置网络测试仪测试端口 1 发送 SV 测试报文的 ART 值为 0xFFFFFE，解析网络测试仪测试口 2 收到的 SV 报文的 ART 值，计算交换延时及其累加精度，记录 OVF 位状态；

7）配置网络测试仪测试端口 1 发送 SV 测试报文的 ART 值为 0x40FF0000，解析网络测试仪测试口 2 收到的 SV 报文的 ART 值，记录 OVF 位状态；

8）配置网络测试仪测试端口 1 发送 CRC 错误的 SV 报文至测试口 2，查看并分析网络测试仪测试端口 2 的报文接收情况。

19. 简述交换机离线配置测试要求及测试方法。

答：（1）交换机离线配置要求。

交换机应支持 CSD 配置文件，通过导入 CSD 配置文件完成交换机的离线自动配置。交换机也可将当前运行的配置参数以 CSD 文件格式导出，并满足以下要求：

1）支持过程层网络的 CSD 文件和单台交换机的 CSD 文件导入功能；

2）支持导出仅包含本交换机订阅关系和配置的 CSD 文件；

3）下装 CSD 文件异常时，装置应能告警，不应死机或频繁重启；

4）单台交换机的 CSD 文件中的 Switch name 与 IEDNAME 不一致时，装置应告警，且 CSD 文件不应生效；

5）交换机应从 CID 中获取 IEDNAME，Web 界面仅允许查看 IEDNAME。

6）交换机通过 CSD 实现组播配置时，未配置的业务端口除镜像端口外宜默认自动关闭（端口状态自动配置为 DISABLE）。

（2）交换机离线配置测试方法：

1）使用网络测试仪测试交换机静态组播配置，并判断实际静态组播配置是否与 CSD 文件一致；

2）向交换机导入全站 CSD 配置文件，然后导出当前交换机 CSD 配置；

3）导入 CSD 文件，使得 Switch name 与 IEDNAME 不一致，查看静态组播是否生效；

4）导入 CSD 文件，查看端口使能状态是否与 CSD 配置文件一致。

20. 简述业务报文传输测试要求及测试方法。

答：（1）业务报文传输要求：交换机业务端口仅允许传输 GOOSE、SV 等过程层业务报文。

（2）业务报文传输测试方法：

1）交换机任选两个端口与网络测试仪的端口 1 至端口 2 相连接；

2）交换机传输业务报文设置为使能；

3）配置网络测试仪端口 1，向端口 2 发送 SV 报文；

4）配置网络测试仪端口 1，向端口 2 发送 GOOSE 报文；

5）配置网络测试仪端口 1，向端口 2 发送 TCP 报文；

6）配置网络测试仪端口 1，向端口 2 发送 UDP 报文；

7）配置网络测试仪端口 1，向端口 2 发送 ARP 报文；

8）记录不同报文的转发情况，交换机应只转发 SV、GOOSE 报文。

21. 简述非法报文过滤测试要求及测试方法。

答：（1）非法报文过滤测试要求：交换机应支持对非法数据报文的过滤功能，如FCS帧校验错误、超短帧、超长帧等；

（2）非法报文过滤测试方法：

1）交换机任选两个端口与网络测试仪的端口1至端口2相连接；

2）配置网络测试仪端口1，向端口2发送CRC校验错误报文；

3）配置网络测试仪端口1，向端口2发送超短帧报文；

4）配置网络测试仪端口1，向端口2发送超长帧报文；

5）网络测试仪端口2不应收到任何报文。

22. 简述端口独立测试要求及测试方法。

答：（1）端口独立测试要求：交换机业务端口应与运维端口、调试端口物理隔离，禁止通过业务端口进行远程运维、调试等操作。

（2）端口独立测试方法：分别在业务端口、运维端口、调试端口进行交换机远程运维和调试，其中业务端口应无法执行任何操作。

23. 简述MAC地址绑定测试要求及测试方法。

答：（1）MAC地址绑定测试要求：交换机支持基于端口的MAC绑定功能。

（2）MAC地址绑定测试方法：

1）任选交换机两个端口连接至网络测试仪；

2）网络测试仪端口1构建并发送两条数据流，源MAC地址分别为A、B，查看端口2的接收情况，应能接收到所有的数据流；

3）交换机配置与测试仪端口1相连端口的MAC地址绑定功能，仅允许源MAC地址为A的数据流接入；

4）查看端口2的接收情况，应只接收到源MAC地址为A的数据流。

24. 简述客户端一致性检测中数据帧格式检测的测试方法。

答：（1）装置向模拟服务器工具发送各类通信服务请求，服务器根据协商参数APDUSize、ASDUSize正确分帧返回响应时，检查装置能否正确处理；

（2）装置向模拟服务器工具发送各类通信服务请求，服务器根据协商参数APDUSize、ASDUSize错误分帧返回响应时，检查装置是否出现异常；

（3）使用模拟服务器工具向装置返回编码错误的数据包，检查装置是否出现异常。

25. 简述客户端一致性检测中对应用关联检测的技术要求。

答：（1）应用关联应符合DL/T 860.10—2018《电力自动化通信网络和系统　第10

部分：一致性测试》中 6.2.5.7 的要求；

（2）装置能够正确发送协商、关联请求，并处理模拟服务器返回的响应；

（3）释放服务超时处理原则：服务请求方收到响应后，装置应主动关闭 TCP 连接；

（4）协商失败处理原则：协商响应方回复否定协商响应后，装置应主动关闭 TCP 连接。

26. 简述客户端一致性检测中对应用关联检测的测试方法。

答：（1）使用模拟服务器工具模拟多个服务器，检查装置能否正确发送协商、关联、释放、异常中止请求，模拟服务器回复肯定响应时，检查装置能否正确处理；

（2）装置发送协商、关联、释放、异常中止等请求，模拟服务器回复否定响应时，检查装置能否正确处理；

（3）用模拟服务器工具接收到协商、关联请求后，返回否定响应，装置应能正确处理响应，并及时关闭 TCP 连接；

（4）使用模拟服务器工具返回带有错误参数的响应，检查装置能否正确处理。

27. 简述客户端一致性检测中对安全认证检测的测试方法。

答：（1）检查装置能否基于 TLS 协议采用 ECDHE_SM4_SM3 或 ECC_SM4_SM3 套件与模拟服务器协商、关联，并验证模拟服务器返回的响应；

（2）装置与模拟服务器建立正确的关联，检查装置是否根据配置具有重协商机制；

（3）使用模拟服务器返回错误的证书、认证参数，验证装置能否正确处理模拟服务器返回的响应。

28. 简述客户端一致性检测中对 GOOSE 控制块检测的测试方法。

答：（1）检查装置能否正确发送读 GOOSE 引用（GetGoReference）、读 GOOSE 元素序号（GetGOOSEElementNumber）、读 GOOSE 控制块值（GetGoCBValues）、设置 GOOSE 控制块值（SetGoCBValues）服务请求；

（2）使用模拟服务器工具对装置发送的请求分别回复肯定响应与否定响应，检查装置能否正确处理。

29. 简述客户端一致性检测中对采样值控制块检测的测试方法。

答：（1）检查装置能否正确发送读多播采样值控制块值（GetMSVCBValues）、设置多播采样值控制块值（SetMSVCBValues）服务请求；

（2）使用模拟服务器工具对装置发送的请求分别回复肯定响应与否定响应，检查装置能否正确处理。

30. 简述客户端一致性检测中对时间同步模型检测的测试方法。

答：装置连接对时信号，检查装置的时标准确度是否符合服务器时标品质要求。

31. 简述客户端一致性检测中对远程调用模型检测的测试方法。

答：（1）检查装置能否正确发送读远程调用接口目录（GetRpcInterfaceDirectory）、读远程调用方法目录（GetRpcMethodDirectory）、读远程调用接口定义（GetRpcInterfaceDefinition）、读远程调用方法定义（GetRpcMethodDefinition）、远程过程调用（RpcCall）服务请求；

（2）使用模拟服务器工具对装置发送的请求分别回复肯定响应与否定响应，检查装置能否正确处理。

32. 人机安全测试中的双因子测试如何进行？

答：分别登录当前已有管理员、审计员及操作员用户及新建用户，检测是否采用用户密码认证与数字证书、生物特征识别等两种或两种以上组合的认证技术，对用户进行身份鉴别。

33. 应用安全测试包括哪些方面？

答：（1）控制业务安全测试方法；

（2）分析与处理业务安全测试方法；

（3）文件操作安全测试方法。

34. 电磁兼容性能检测包括哪些试验？

答：（1）静电放电抗扰度试验；

（2）射频电磁场辐射抗扰度试验；

（3）电快速瞬变脉冲群抗扰度试验；

（4）浪涌（冲击）抗扰度试验；

（5）射频场感应的传导骚扰抗扰度试验；

（6）工频磁场抗扰度试验；

（7）脉冲磁场抗扰度试验；

（8）阻尼振荡波抗扰度试验。

35. 站控层交换机及隔离交换机的端口应如何配置？

答：（1）站控层交换机及隔离交换机的所有端口默认 VLANID 为 1（即端口 PVID 为 1）；

（2）站控层交换机所有端口应加入到 VLAN 2 和 VLAN3（VLANID=2 和

VLANID＝3）；

（3）隔离交换机所有端口应加入 VLAN3（VLANID＝3）。

36. 简述使用网络测试仪发送数据流到交换机端口检测 VLAN 配置的原理。

答：测试仪发送到交换机端口的数据流，若 VLAN ID 号不同，则交换机丢弃该数据流；若相同，可转发至相同 VLAN 的端口。通过报文即可检测交换机 VLAN 配置。

37. 交换机端口应支持端口流量限制和广播风暴抑制，其中广播风暴是指什么？

答：一个数据帧或包被传输到本地网段（由广播域定义）上的每个节点就是广播。由于网络拓扑的设计和连接问题或其他原因，导致广播在网段内大量复制，传播数据帧，导致网络性能下降甚至网络瘫痪，这就是广播风暴。

38. 交换机人机安全测试有哪些方面？

答：登录认证安全测试；权限管理安全测试；操作安全测试。

39. 交换机源代码安全测试应至少满足哪些要求？

答：（1）不应存在违背安全编码规则、输入处理、输出处理、文件操作等安全要求内容；

（2）不应存在口令硬编码、软件后门、内存溢出、明文存储、异常管理等安全特征内容；

（3）不应存在资源泄露、越界访问、缓冲区溢出、命令注入、设计缺陷/业务逻辑等安全漏洞。

40. 简述静电放电抗扰度测试方法。

答：静电放电干扰信号经放电枪的接触放电和空气放电两个放电探头分别对装置的导电部位和非导电部位进行放电，期间检查装置是否有故障或重启现象，是否有数据误发、漏发现象，功能是否正常。

41. 简述浪涌（冲击）抗扰度测试方法。

答：（1）浪涌（冲击）干扰信号经过耦合去耦网络按线—地、线—线方式施加于装置的电源端口，期间检查装置是否有故障或重启现象，是否有数据误发、漏发现象，功能是否正常；

（2）浪涌（冲击）干扰信号经过耦合去耦网络按线—地方式施加于装置的通信端口，期间检查装置是否有故障或重启现象，是否有数据误发、漏发现象，功能是否正常。

42. 简述工频磁场抗扰度测试方法。

答：按要求的磁场线圈的感应因数对 1m×1m 的磁场线圈通入工频电流，通电装置按浸入法放置于线圈中心部位，分 *X*、*Y*、*Z* 三个极化方向施加磁场干扰，期间检查装置是否有故障或重启现象，是否有数据误发、漏发现象，功能是否正常。

43. 简述射频场感应的传导骚扰抗扰度测试方法。

答：（1）射频骚扰信号经过耦合去耦网络施加于装置的电源端口，期间检查装置是否有故障或重启现象，是否有数据误发、漏发现象，功能是否正常；

（2）射频骚扰信号经过电磁钳施加于装置的通信端口，期间检查装置是否有故障或重启现象，是否有数据误发、漏发现象，功能是否正常。